现代数学基础丛书·典藏版 95

非线性常微分方程边值问题

葛渭高 著

科学出版社
北京

内 容 简 介

本书是作者近年来研究工作的总结. 在介绍拓扑度理论的基础上, 分别对二阶非线性微分方程边值问题, 带 p-Laplace 算子的二阶方程边值问题, 周期边值问题和高阶微分方程边值问题, 给出了有解性、多解性及解的唯一性的判断依据, 展示了各类问题的研究技巧和方法.

本书适用于大学数学专业高年级学生、研究生、教师及对本方向有兴趣的研究人员.

图书在版编目(CIP)数据

非线性常微分方程边值问题/葛渭高著. —北京: 科学出版社, 2007
(现代数学基础丛书·典藏版; 95)
ISBN 978-7-03-019046-8

I. 非… II. 葛… III. 非线性—常微分方程—边值问题 IV. O175.14

中国版本图书馆 CIP 数据核字(2007) 第 079869 号

责任编辑: 张　扬 贾瑞娜 / 责任校对: 陈玉凤
责任印制: 徐晓晨 / 封面设计: 王　浩

科 学 出 版 社 出版
北京东黄城根北街 16 号
邮政编码: 100717
http://www.sciencep.com

北京凌奇印刷有限责任公司 印刷
科学出版社发行　各地新华书店经销
*
1994 年 12 月第 一 版　开本: B5(720×1000)
2015 年 7 月印　　刷　印张: 29 1/4
字数: 557 000

POD定价: 178.00元
(如有印装质量问题, 我社负责调换)

《现代数学基础丛书》序

对于数学研究与培养青年数学人才而言，书籍与期刊起着特殊重要的作用．许多成就卓越的数学家在青年时代都曾钻研或参考过一些优秀书籍，从中汲取营养，获得教益．

20世纪70年代后期，我国的数学研究与数学书刊的出版由于文化大革命的浩劫已经破坏与中断了十余年，而在这期间国际上数学研究却在迅猛地发展着．1978年以后，我国青年学子重新获得了学习、钻研与深造的机会．当时他们的参考书籍大多还是50年代甚至更早期的著述．据此，科学出版社陆续推出了多套数学丛书，其中《纯粹数学与应用数学专著》丛书与《现代数学基础丛书》更为突出，前者出版约40卷，后者则逾80卷．它们质量甚高，影响颇大，对我国数学研究、交流与人才培养发挥了显著效用．

《现代数学基础丛书》的宗旨是面向大学数学专业的高年级学生、研究生以及青年学者，针对一些重要的数学领域与研究方向，作较系统的介绍．既注意该领域的基础知识，又反映其新发展，力求深入浅出，简明扼要，注重创新．

近年来，数学在各门科学、高新技术、经济、管理等方面取得了更加广泛与深入的应用，还形成了一些交叉学科．我们希望这套丛书的内容由基础数学拓展到应用数学、计算数学以及数学交叉学科的各个领域．

这套丛书得到了许多数学家长期的大力支持，编辑人员也为其付出了艰辛的劳动．它获得了广大读者的喜爱．我们诚挚地希望大家更加关心与支持它的发展，使它越办越好，为我国数学研究与教育水平的进一步提高作出贡献．

杨　乐

2003年8月

前　言

边值问题是非线性常微分方程理论研究中一个活跃而成果丰硕的领域. 多年来在国家自然科学基金、教育部博士点专项基金及北京理工大学基础研究基金的支持下, 我和我的学生在这一领域中作了探索. 本书是我们研究工作的总结.

本书出版的目的是希望为有兴趣研究常微分方程边值问题的青年学子提供一本进入该领域的基本读物. 为此, 本书从基本概念、方法入手, 给出最新结果的论证. 在众多模型的讨论中, 既揭示总体方法的共同性, 又展示具体技巧的多样性, 努力将我们的研究体会融入相关内容之中.

全书分 6 章.

第 1 章概述了常微分方程边值问题研究的进展, 对线性边值问题的共振与非共振情况作了区分, 给出了非共振情况下 Green 函数的计算方法, 讨论了共振情况下线性算子核的维数与约束条件间的联系. 这些讨论, 是为运用算子方法研究非线性常微分方程边值问题作好准备.

第 2 章介绍拓扑度理论, 并由拓扑度理论导出边值问题研究中常用的各种不动点定理和连续性定理, 包括我们所构造的定理及所作的推广. 这些定理构成了以后各章研究具体边值问题所需的理论基础.

第 3 章研究二阶非线性微分方程边值问题, 对上下解方法作了分析, 提供了非线性项变号情况下讨论正解存在性的技巧和方法, 给出了新的结果.

第 4 章讨论带 p-Laplace 算子的二阶微分方程边值问题. 通过引进广义极坐标系, 给出了多解的存在条件; 通过论证算子的全连续性及引进适当的泛函, 得出了正解存在的各类依据; 运用推广的连续性定理, 证明了相关条件下共振边值问题解的存在性和多重性.

第 5 章讨论周期边值问题, 包括周期解问题. 首先对两者的联系作了说明, 证明了适于研究泛函微分方程和迭代微分方程周期解的一些新颖而实用的引理, 并用于对各类方程给出周期解存在的条件.

第 6 章探讨高阶微分方程边值问题. 对高阶边值问题的 “降阶” 作了论证; 运用上下解方法和不动点定理给出了三阶、四阶微分方程边值问题的有解性条件; 对一般的高阶微分方程边值问题讨论了正解的存在性, 对多种共振边值问题, 给出了有解性条件.

书中的结果绝大部分已发表于国内外学术刊物. 在整理成书时, 对条件的设定、证明的步骤、结论的表述再次进行了简化、改进或拓广. 但是错漏不当之处在所难免, 敬请专家、读者指正.

在此, 对国家自然科学基金委员会、教育部科技发展中心和北京理工大学科研处一贯的支持, 表示由衷的感谢.

作　者

2007 年元月于北京理工大学

目　录

第1章　导　　论

1.1　历史背景和发展

给定一个常微分方程

$$x^{(n)} = f(t, x, x', \cdots, x^{(n-1)}), \tag{1.1.1}$$

其中 $f: I \times \mathbf{R}^n \to \mathbf{R}$，当需要寻求满足特定条件

$$U(x) = 0 \tag{1.1.2}$$

的解时，就得到常微分方程定解问题，其中 $U: C^{n-1}(I, \mathbb{R}^n) \to \mathbb{R}^n$ 与 x 及 x 的直到 $n-1$ 阶导数在 t 的某些给定点上的取值有关，值域在 $\mathbf{R}^n$ 之中. 式 (1.1.2) 称为方程 (1.1.1) 的定解条件. 依据定解条件的不同，可分为不同的定解问题. 当条件 (1.1.2) 仅对解 $x = x(t)$ 及其直至 $n-1$ 阶导数在某一点 $t = t_0$ 处的取值或这些联值间的相互联系加以限定时，就是初值问题；当对解 x 及相关导数在自变量 t 的至少两个点处的值进行限定时，就是边值问题. n 阶常微分方程 (1.1.1) 的定解条件通常由 n 个方程构成. 例如

$$\begin{cases} x'' = f(t, x, x'), \\ x(0) = x'(0) = 0 \end{cases}$$

是一个初值问题，而

$$\begin{cases} x'' = f(t, x, x'), \\ x(0) = x(1) = 0 \end{cases}$$

是一个边值问题. 为简单起见，以后用 BVP 表示边值问题，其中的定解条件称为边界条件.

由于常微分方程边值问题是微分方程理论研究中的一个基本问题，因此相关的理论可以追溯到牛顿和莱布尼茨建立微积分学的最初阶段.

虽然牛顿在 1666 年 10 月就将他在微积分研究领域中取得的成果写成了一篇总结性论文[1]，但只在同事中传阅，没有正式发表. 莱布尼茨分别在 1684 年和 1686 年发表了他的第一篇微分学论文[2] 和第一篇积分学论文[3]. 其后，牛顿在他 1687 年出版的力学名著《自然哲学的数学原理》(Philosophiae Nuturalis Principia

Methematica)[4] 中公开了他的研究工作. 就在微积分学创建和发展的日子里，瑞士数学家雅克 · 伯努利 (Jacob Bernoulli) 在 1690 年提出了著名的悬链线问题[5]：一根柔软但不能伸长的绳子自由悬挂于两定点 $A(a,\alpha),B(b,\beta)$，求绳子在重力作用下形成的曲线. 第二年莱布尼茨等给出了问题的解答. 通过对绳子上各点受力情况的分析，建立了常微分方程

$$\frac{\mathrm{d}^2y}{\mathrm{d}x^2}=\frac{1}{\lambda}\sqrt{1+y^2}\qquad (\lambda\text{与绳长有关}),\tag{1.1.3}$$

定解条件是

$$y(a)=\alpha,\qquad y(b)=\beta,\tag{1.1.4}$$

这是一个二阶微分方程的两点边值问题.

常微分方程边值问题的另一个早期例子是最速降线问题[6]，设质点由 $A(a,\alpha)$ 下降到 $B(b,\beta)$，$\beta<\alpha$，求一条轨线使从 A 到 B 下降的时间最短. 这一问题是雅克 · 伯努利的弟弟约翰 · 伯努利 (John Bernoulli) 在 1696 年向当时的欧洲数学家，尤其可能是向牛顿提出的公开挑战. 之后，牛顿、莱布尼茨及伯努利兄弟等都给出了正确的答案，通过对运动规律的分析，问题归结为求积分

$$J=\frac{1}{\sqrt{2g}}\int_a^b\sqrt{\frac{1+[y'(x)]^2}{y(x)-\alpha}}\mathrm{d}x$$

的最小值，运用变分学原理，又转换为求解

$$\begin{cases}y''=-\dfrac{1+y'^2}{2(y-\alpha)},\\ y(a)=\alpha,\qquad y(b)=\beta,\end{cases}\tag{1.1.5}$$

这是一个常微分方程边值问题.

18 世纪中，由于伯努利兄弟、欧拉（Lesnard Euler)、法国数学家拉格朗日（J.L.Lagrange）等的卓越工作，在一阶及高阶常微分方程的求解上取得了重大进展，给出了各种解法，常微分方程成为新的数学分支 [1]. 19 世纪初，法国数学家傅里叶（J.Fourier）用分离变量法求解热传导问题，导出了二阶常微分方程的两点边值问题

$$\begin{cases}\varPhi''(x)+\lambda k^2\varPhi(x)=0,\\ \varPhi(0)=\varPhi(l)=0,\end{cases}\tag{1.1.6}$$

其中 λ 是参数，由于边值问题 (1.1.6) 的解是否存在与 λ 的取值有关，从而导出了特征值的概念. 从 19 世纪 30 年代起，法国巴黎大学教授斯图姆（Charles Sturm）

和法兰西学院教授刘维尔（Joseph Liouville）共同研究二阶常微分方程的两点边值问题. 他们将二阶线性微分方程化为

$$(P(t)x^{'})^{'} + \lambda q(t)x = 0, \qquad p(t), q(t) > 0, \tag{1.1.7}$$

变换后的方程所应满足的边界条件写成一般形式

$$x^{'}(a) - \alpha x(a) = x^{'}(b) + \beta x(b) = 0, \qquad \alpha, \beta \geqslant 0, \tag{1.1.8}$$

现称为斯图姆 - 刘维尔边界条件，他们的研究得到了关于特征值的一系列结果，形成斯图姆 - 刘维尔理论 [7, 8].

20 世纪以来，泛函分析逐渐成为研究常微分方程边值问题的重要理论基础. 事实上，常微分运算和积分运算的共同特征是，它们作用到一个函数后都得出新的函数，可以将这些运算统一抽象为算子. 泛函分析正是在算子概念的基础上发展起来的. 30 年代中期法国数学家勒雷（J.Leray）和绍德尔（J.Schauder）建立了 Leray-Schauder 度理论 [9,10]. 他们的方法用于研究线性微分、积分、泛函方程时，取得了巨大成功. 尤其是这种理论对常微分方程边值问题的应用，形成了常微分方程拓扑方法或泛函分析方法 [11,12]. 其核心是各类不动点定理的建立和应用.

在泛函分析理论以及实际问题的推动下，常微分方程边值问题的研究在近半个世纪里发展十分迅速. 除了传统的二阶常微分方程两点边值问题之外，开始研究高阶微分方程的边值问题 [13,14]. 并且随着新问题的出现，形成了许多新的研究方向.

首先是奇异边值问题.

1927 年托马斯 [15](L.H.Thomas) 和费米 [16](E.Fermi) 为确定原子中的电动势独立导出了二阶常微分方程的奇性边值问题

$$\begin{cases} x^{''} - t^{-\frac{1}{2}} x^{\frac{3}{2}} = 0, \\ x(0) = 1, \qquad x(b) = 0, \end{cases} \tag{1.1.9}$$

这里所说的奇性，是指 $\lim\limits_{t\to 0^+} x^{''}(t) = \lim\limits_{t\to 0^+} t^{-\frac{1}{2}} x^{\frac{3}{2}}(t) = \infty$. 之后对这类边值问题的研究形成了有其独特方法的研究方向，即奇异边值问题 [17,18].

其次是无穷区间上的边值问题.

最早的例子由基德（R.E.Kider）给出 [19]. 设半无穷多孔介质在起始时刻 $t = 0$ 时充满压力为 P_0 的气体，此时在流出面上的压力突然由 P_0 减到 P_1 且以后一直保持 P_1 压力，这样气体就在介质中产生非稳态流. 对于从 $x = 0$ 延伸至 $x = \infty$ 的一维介质，压力与位置及时间的关系为

$$\frac{\partial}{\partial x}\left(P\frac{\partial P}{\partial x}\right) = A\frac{\partial P}{\partial t},$$

其中 A 是由介质性质确定的常数，压力应满足的初边值条件为

$$\begin{cases} P(x,0) = P_0, & 0 < x < \infty, \\ P(0,t) = P_1, & 0 < t < \infty, \end{cases}$$

引进度量 $z = \dfrac{x}{\sqrt{t}}\left(\dfrac{A}{4P_0}\right)^{\frac{1}{2}}$ 及量纲一变量

$$W(z) = \alpha^{-1}\left(1 - \frac{P^2(x)}{P_0^2}\right),$$

其中 $\alpha = 1 - \dfrac{P_1^2(x)}{P_0^2}$，就得出无穷区间上的边值问题

$$\begin{cases} W'' + \dfrac{2z}{(1-\alpha W^{\frac{1}{2}})^{\frac{1}{2}}} W' = 0, \\ W(0) = 1, \quad W(\infty) = 0, \end{cases} \tag{1.1.10}$$

对这类问题的一系列研究，形成了无穷区间上的边值问题 [20].

带 p-Laplace 算子或 Laplace-like （拉普拉斯型）算子的微分方程边值问题是二阶微分方程边值问题的推广. 这类问题产生于非牛顿流体理论和多孔介质中气体的湍流理论，最早提出的模型 [21,22] 是

$$(\Phi_p(u'))' = q(t)f(t,u,u') \tag{1.1.11}$$

及边界条件

$$u(0) = a, \quad u(1) = b \tag{1.1.12}$$

或

$$u'(0) = a, \quad u(1) = b, \tag{1.1.13}$$

其中 $\Phi_p(s) = s|s|^{p-2}(p > 1)$ 称为 p- 拉普拉斯算子 (p-Laplacian operator) 或拟线性算子 (quasilinear operator) . 智利数学家较早地研究了此类边值问题 [23] ，并很快引起数学界的重视，取得了一系列研究成果 [24,25] ，成为一个经久不衰的研究热点.

经典的二阶常微分方程边值问题，无论是周期边界条件还是 Sturm-Liouville 边界条件，定解条件都是在给定区间的两端施加限制. 鉴于边界条件的离散化，从 20 世纪 80 年代中期开始研究二阶常微分方程的多点边值问题 [26,27] ，也就是所给的两个定解条件涉及端点间其他点上的函数值，例如

$$\begin{cases} u'' + f(t,u,u') = 0, \\ u(0) = u(1) - \alpha u(\xi) = 0 \end{cases} \tag{1.1.14}$$

就是一个二阶常微分方程的三点边值问题. 以此类推就有四点边值问题，n 点边值问题. 常微分方程多点边值问题也常被称为常微分方程非局部边值问题 [28].

与此同时，常微分方程的脉冲效应也引起了人们的重视 [29,30]，这种脉冲效应造成微分方程的瞬时改变，因此可以认为是微分方程和差分方程的相互结合. 保加利亚数学家对此作了大量的研究 [31,32]. 在常微分方程边值问题中结合脉冲效应，就得到常微分方程脉冲边值问题，例如

$$\begin{cases} x'' + f(t,x,x') = 0, \qquad t \neq t_k, k = 1,\cdots,m, \\ \Delta x(t_k) = I_k(x(t_k), x'(t_k)), \\ \Delta x'(t_k) = J_k(x(t_k), x'(t_k)), \\ x(0) = x(1) = 0, \end{cases} \tag{1.1.15}$$

其中 $0 < t_1 < \cdots < t_m < 1$. 在这类边值问题中，脉冲周期边值问题 [33,34] 研究得比较早也比较充分.

除了以上提到的研究方向外，在方程中引进时滞而得到时滞边值问题，边界条件为相关点上函数的非线性约束的情况都有一系列研究工作 [35,36].

1.2 常微分方程线性边值问题

常微分方程线性边值问题是研究非线性边值问题的基础.

1.2.1 线性边值问题的分类

设

$$Lx = x^{(n)} + \sum_{i=1}^{n} a_i(t) x^{(n-i)}, \tag{1.2.1}$$

$$U(x) = [U_1(x), U_2(x), \cdots, U_n(x)]^{\mathrm{T}}, \tag{1.2.2}$$

其中 $U_i(x) = \sum\limits_{k=0}^{m-1}\sum\limits_{j=0}^{n-1} a_{ikj} x^{(j)}(\alpha_k), i = 1,2,\cdots,n,$

$$a = \alpha_0 \leqslant \alpha_1 \leqslant \cdots \leqslant \alpha_{m-1} = b, \qquad m \geqslant 1.$$

又设 $\eta = [\eta_1, \eta_2, \cdots, \eta_n]^{\mathrm{T}}$, $f(t)$ 是已知函数，则

$$\begin{cases} Lx = f(t), \\ U(x) = \eta \end{cases} \tag{1.2.3}$$

是线性边值问题的一般形式，它由微分方程和边界条件两部分构成. 在古典意义下研究边值问题 (BVP)(1.2.3)，要求式 (1.2.1) 中的 a_i 及 $f(t)$ 在 $[a,b]$ 上连续，即

$$f \in C[a,b], \qquad a_i \in C[a,b], i = 1,2,\cdots,n, \tag{1.2.4}$$

这时求得的解 x 满足 $x \in C^n[a,b]$.

在非古典意义下研究 BVP(1.2.3)，其中的微分方程理解为

$$Lx = f(t), \qquad \text{a.e.} t \in [a,b]$$

时，通常只要求

$$f \in L^p[a,b], \qquad a_i \in L^p[a,b], \qquad i = 1,2,\cdots,n, \tag{1.2.5}$$

这时求得的解 x 满足 $x \in W^{n,p}[a,b]$.

不论是在古典意义下还是非古典意义下，BVP(1.2.3) 中如果 $f(t) \equiv 0, \quad \eta = 0$，则称为线性齐次边值问题，否则称为线性非齐次边值问题. 非齐次边值问题中，如果

$$f(t) \not\equiv 0, \qquad \eta = 0 \tag{1.2.6}$$

或

$$f(t) \equiv 0, \qquad \eta \neq 0, \tag{1.2.7}$$

又称为半齐次边值问题. 其中，当式 (1.2.6) 满足时，称为第一类半齐次边值问题，当式 (1.2.7) 满足时，称为第二类半齐次边值问题.

设 $x_0(t), \hat{x}(t), \overline{x}(t)$ 分别是

$$\begin{cases} Lx = 0, \\ U(x) = 0, \end{cases} \tag{1.2.8}$$

$$\begin{cases} Lx = f(t), \\ U(x) = 0 \end{cases} \tag{1.2.9}$$

和

$$\begin{cases} Lx = 0, \\ U(x) = \eta \end{cases} \tag{1.2.10}$$

的解，令

$$x(t) = x_0(t) + \widehat{x}(t) + \overline{x}(t), \tag{1.2.11}$$

可得 $Lx = f(t), U(x) = \eta$ 的解. 因此 BVP(1.2.3) 的有解性等价于 BVP(1.2.9) 和 BVP(1.2.10) 的有解性.

1.2.2 线性边值问题有解的条件

设 $x_1(t),\cdots,x_n(t)$ 是 $Lx=0$ 的 n 个线性无关解，$\forall x(t)=\sum\limits_{l=1}^{n}c_lx_l(t)$，有

$$\begin{aligned}U_i(x)&=\sum_{k=0}^{m-1}\sum_{j=0}^{n-1}a_{ikj}x^{(j)}(\alpha_k)\\&=\sum_{l=1}^{n}c_l\sum_{k=0}^{m-1}\sum_{j=0}^{n-1}a_{ikj}x_l^{(j)}(\alpha_k)\\&=\sum_{l=1}^{n}c_lU_i(x_l).\end{aligned}$$

因此，设 $x(t)=\sum\limits_{l=1}^{n}\bar{c}_lx_l(t)$ 是 BVP(1.2.10) 的解，代入方程 (1.2.10) 的边界条件，有

$$\begin{pmatrix}U_1(x_1)&\cdots&U_1(x_n)\\\vdots&\ddots&\vdots\\U_n(x_1)&\cdots&U_n(x_n)\end{pmatrix}\begin{pmatrix}\bar{c}_1\\\vdots\\\bar{c}_n\end{pmatrix}=\begin{pmatrix}\eta_1\\\vdots\\\eta_n\end{pmatrix},\tag{1.2.12}$$

故 BVP(1.2.10) 有解的条件是

$$\operatorname{rank}\begin{pmatrix}U_1(x_1)&\cdots&U_1(x_n)\\\vdots&\ddots&\vdots\\U_n(x_1)&\cdots&U_n(x_n)\end{pmatrix}=\operatorname{rank}\begin{pmatrix}U_1(x_1)&\cdots&U_1(x_n)&\eta_1\\\vdots&\ddots&\vdots&\vdots\\U_n(x_1)&\cdots&U_n(x_n)&\eta_n\end{pmatrix}.\tag{1.2.13}$$

设 $\widehat{x}(t)$ 是 BVP(1.2.9) 中微分方程的一个特解，则其通解是

$$x(t)=\sum_{l=1}^{n}\widehat{c}_lx_l(t)+\widehat{x}(t),\tag{1.2.14}$$

代入方程 (1.2.9) 中的边界条件，得

$$\begin{pmatrix}U_1(x_1)&\cdots&U_1(x_n)\\\vdots&\ddots&\vdots\\U_n(x_1)&\cdots&U_n(x_n)\end{pmatrix}\begin{pmatrix}\widehat{c}_1\\\vdots\\\widehat{c}_n\end{pmatrix}=\begin{pmatrix}-U_1(\widehat{x})\\\vdots\\-U_n(\widehat{x})\end{pmatrix}\tag{1.2.15}$$

有解的条件是

$$\operatorname{rank}\begin{pmatrix}U_1(x_1)&\cdots&U_1(x_n)\\\vdots&\ddots&\vdots\\U_n(x_1)&\cdots&U_n(x_n)\end{pmatrix}=\operatorname{rank}\begin{pmatrix}U_1(x_1)&\cdots&U_1(x_n)&U_1(\widehat{x})\\\vdots&\ddots&\vdots&\vdots\\U_n(x_1)&\cdots&U_n(x_n)&U_n(\widehat{x})\end{pmatrix}.\tag{1.2.16}$$

综合以上讨论，BVP(1.2.3) 有解的条件是

$$\operatorname{rank}\begin{pmatrix} U_1(x_1) & \cdots & U_1(x_n) & \eta_1 & U_1(\widehat{x}) \\ \vdots & \ddots & \vdots & \vdots & \vdots \\ U_n(x_1) & \cdots & U_n(x_n) & \eta_n & U_n(\widehat{x}) \end{pmatrix} = \operatorname{rank}\begin{pmatrix} U_1(x_1) & \cdots & U_1(x_n) \\ \vdots & \ddots & \vdots \\ U_n(x_1) & \cdots & U_n(x_n) \end{pmatrix}. \tag{1.2.17}$$

条件 (1.2.17) 和基本解组 $x_1(t), \cdots, x_n(t)$ 的具体选取无关.

当 BVP(1.2.3) 有解时，如果

$$\operatorname{rank}\begin{pmatrix} U_1(x_1) & \cdots & U_1(x_n) \\ \vdots & \ddots & \vdots \\ U_n(x_1) & \cdots & U_n(x_n) \end{pmatrix} = r \leqslant n,$$

则由式 (1.2.12), 式(1.2.15) 可解得相同的解向量，由线性代数的理论可知，这些向量构成 $n-r$ 维解空间，从而在式 (1.2.11) 中 $x_0(t)$ 可取自 $n-r$ 维的函数空间.

由此不难得出 BVP(1.2.3) 有唯一解的条件实际是

$$\det\begin{pmatrix} U_1(x_1) & \cdots & U_1(x_n) \\ \vdots & \ddots & \vdots \\ U_n(x_1) & \cdots & U_n(x_n) \end{pmatrix} \neq 0. \tag{1.2.18}$$

1.2.3 边值问题的共振情况

首先考察如下例子

$$\begin{cases} x'' + m^2 x = f(t), \\ x(0) - x(2\pi) = x'(0) - x'(2\pi) = 0, \end{cases} \tag{1.2.19}$$

其中 $f(t)$ 连续，$f(t+2\pi) = f(t), m > 0$ 为正整数，这是一个周期边值问题，要求 $x(t)$ 及其导数在两端点处分别相等. 当 $f(t) = \sin mt$ 时式 (1.2.19) 中微分方程的通解是

$$x(t) = c_1 \cos mt + c_2 \sin mt + \frac{1}{m}\int_0^t \sin m(t-s) \sin ms \mathrm{d}s,$$

求满足边界条件的解，得方程组

$$\begin{pmatrix} \cos 0 - \cos 2m\pi & \sin 0 - \sin 2m\pi \\ -m \sin 0 + m \sin 2m\pi & m\cos 0 - m\cos 2m\pi \end{pmatrix}\begin{pmatrix} c_1 \\ c_2 \end{pmatrix} = \begin{pmatrix} -\dfrac{1}{m}\displaystyle\int_0^{2\pi} \sin^2 ms \mathrm{d}s \\ \displaystyle\int_0^{2\pi} \cos ms \sin ms \mathrm{d}s \end{pmatrix}, \tag{1.2.20}$$

其中第一个方程为

$$0 = -\frac{1}{m}\int_0^{2\pi} \sin^2 ms\mathrm{d}s.$$

由于 $\int_0^{2\pi} \sin^2 ms\mathrm{d}s = \pi \neq 0$，故边值问题无解.

记 $x_1(t) = \cos mt, x_2(t) = \sin mt, U_1(x) = x(0) - x(2\pi), U_2(x) = x'(0) - x'(2\pi)$，这时有

$$\det\begin{pmatrix} U_1(x_1) & U_1(x_2) \\ U_2(x_1) & U_2(x_2) \end{pmatrix} = 0. \tag{1.2.21}$$

这种情况可以从物理背景上作分析. 由于齐次方程 $x'' + m^2x = 0$ 所确定的系统其固有频率 $\frac{2\pi}{m}$ 和外力 $f(t) = \sin mt$ 的频率一致，使系统按其固有频率作周期振荡时，在每一个振荡周期内因外力的作用而使振幅不断增大. 这种现象就是共振.

将数学结果和物理背景结合起来，当式 (1.2.21) 成立时，就说边值问题 (1.2.19) 是一个共振情况下的边值问题. 虽然，严格地说，式 (1.2.21) 只是边值问题 (1.2.19) 出现共振的必要条件.

由此推广：设 $Lx = x^{(n)} + \sum_{i=1}^{n} a_i(t)x^{(n-i)}, U(x) = [U_1(x), \cdots, U_n(x)]^{\mathrm{T}}$ 为线性算子，$Lx = 0$ 的基本解组是

$$x_1(t), x_2(t), \cdots, x_n(t),$$

记

$$Q(x) = \begin{pmatrix} U_1(x_1) & \cdots & U_1(x_n) \\ \vdots & \ddots & \vdots \\ U_n(x_1) & \cdots & U_n(x_n) \end{pmatrix}, \tag{1.2.22}$$

则当 $\det Q(x) = 0$ 时，我们称 BVP (1.2.9) 是共振情况下的边值问题，否则就说是非共振情况下的边值问题.

1.3 Green 函 数

Green 函数是讨论边值问题的重要概念. 利用 Green 函数可以将半齐次边值问题的解用一个数学式表示出来. 现有对于 Green 函数的讨论大都局限于两点边值问题. 随着对多点边值问题研究的深入，需要讨论更广泛的半齐次线性边值问题的 Green 函数及相应的表示式 [37].

设 $L : C^n[a, b] \to C[a, b]$ 由

$$Lx = x^{(n)} + \sum_{i=1}^{n} a_i(t)x^{(n-i)}$$

给定，则 L 是一个线性算子，其中 $a_i \in C[a,b]$. $U: C^{n-1}[a,b] \to \mathbf{R}^n$, 由

$$U_i(x) = \sum_{k=0}^{m-1}\sum_{j=0}^{n-1} a_{ikj}x^{(j)}(\alpha_k), \qquad i=1,\cdots,n$$

定义，其中 $\alpha_k,(k=0,1,\cdots,m-1)$ 满足

$$a=\alpha_0 \leqslant \alpha_1 \leqslant \cdots \leqslant \alpha_{m-1}=b.$$

显然 U 也是一个线性算子. 对 $\forall f \in C[a,b]$, 以下讨论线性边值问题 (1.2.9) 在非共振情况下的解，即假设式 (1.2.22) 定义的 $Q(x)$ 有 $\det Q(x) \neq 0$.

设 $x_1(t),x_2(t),\cdots,x_n(t)$ 是线性方程 $Lx=0$ 的基础解系，记 $W_x(t)$ 是它们的 Wronsky 行列式，显然 $W_x(t)\neq 0, t\in[a,b]$. 记

$$R_x(t,s) = \begin{pmatrix} x_1(s) & x_2(s) & \cdots & x_n(s) \\ x_1'(s) & x_2'(s) & \cdots & x_n'(s) \\ \vdots & \vdots & \ddots & \vdots \\ x_1^{(n-2)}(s) & x_2^{(n-2)}(s) & \cdots & x_n^{(n-2)}(s) \\ x_1(t) & x_2(t) & \cdots & x_n(t) \end{pmatrix}, \tag{1.3.1}$$

$$B_x(t,s) = \frac{1}{W_x(s)}\det R_x(t,s).$$

由常数变易法得 $Lx=f(t)$ 的一个特解为

$$\hat{x}_r(t) = \int_r^t B_x(t,s)f(s)\mathrm{d}s, \tag{1.3.2}$$

其中 $r\in[a,b]$ 为常数，但这时 $Lx=f(t)$ 的通解为

$$x(t) = \sum_{i=1}^n c_i x_i(t) + \hat{x}_r(t),$$

代入边界条件 $U(x)=0$ 中，得

$$\begin{pmatrix} U_1(x_1) & \cdots & U_1(x_n) \\ \vdots & \ddots & \vdots \\ U_n(x_1) & \cdots & U_n(x_n) \end{pmatrix}\begin{pmatrix} c_1 \\ \vdots \\ c_n \end{pmatrix} = \begin{pmatrix} -U_1(\hat{x}_r) \\ \vdots \\ -U_n(\hat{x}_r) \end{pmatrix},$$

由

$$Q(x) = \begin{pmatrix} U_1(x_1) & \cdots & U_1(x_n) \\ \vdots & \ddots & \vdots \\ U_n(x_1) & \cdots & U_n(x_n) \end{pmatrix},$$

记 $Q_i(x)$ 为 $Q(x)$ 中第 i 列被 $[U_1(\hat{x}), U_2(\hat{x}), \cdots, U_n(\hat{x})]^{\mathrm{T}}$ 代替后所得的矩阵. 根据 Cramer 法则得

$$c_i = \frac{|Q_i(x)|}{|Q(x)|},$$

其中 $|Q_i(x)|, |Q(x)|$ 分别表示 $\det Q_i(x)$ 和 $\det Q(x)$. 于是

$$x(t) = \frac{1}{|Q(x)|}\left(-\sum_{i=1}^{n} x_i|Q_i(x)| + \hat{x}_r|Q(x)|\right),$$

由

$$|Q_i(x)| = \begin{vmatrix} U_1(x_1) & \cdots & U_1(x_i) & \cdots & U_1(x_n) & U_1(\hat{x}_r) \\ U_2(x_1) & \cdots & U_2(x_i) & \cdots & U_2(x_n) & U_2(\hat{x}_r) \\ \vdots & \ddots & \vdots & \ddots & \vdots & \vdots \\ U_n(x_1) & \cdots & U_n(x_i) & \cdots & U_n(x_n) & U_n(\hat{x}_r) \\ 0 & \cdots & -1 & \cdots & 0 & 0 \end{vmatrix}$$

得

$$-x_i|Q_i(x)| = \begin{vmatrix} U_1(x_1) & \cdots & U_1(x_i) & \cdots & U_1(x_n) & U_1(\hat{x}_r) \\ U_2(x_1) & \cdots & U_2(x_i) & \cdots & U_2(x_n) & U_2(\hat{x}_r) \\ \vdots & \ddots & \vdots & \ddots & \vdots & \vdots \\ U_n(x_1) & \cdots & U_n(x_i) & \cdots & U_n(x_n) & U_n(\hat{x}_r) \\ 0 & \cdots & x_i & \cdots & 0 & 0 \end{vmatrix}$$

及

$$\hat{x}_r|Q(x)| = \begin{vmatrix} U_1(x_1) & \cdots & U_1(x_n) & U_1(\hat{x}_r) \\ \vdots & \ddots & \vdots & \vdots \\ U_n(x_1) & \cdots & U_n(x_n) & U_n(\hat{x}_r) \\ 0 & \cdots & 0 & \hat{x}_r \end{vmatrix},$$

故有

$$x(t) = \frac{1}{|Q(x)|}\begin{vmatrix} U_1(x_1) & \cdots & U_1(x_n) & U_1(\hat{x}_r) \\ \vdots & \ddots & \vdots & \vdots \\ U_n(x_1) & \cdots & U_n(x_n) & U_n(\hat{x}_r) \\ x_1(t) & \cdots & x_n(t) & \hat{x}_r(t) \end{vmatrix}. \tag{1.3.3}$$

设 $r \in [a,b]$ 取定. 下证 $x(t)$ 和基础解系的选取无关. 实际上设在另一基础解系 $z_1(t), \cdots, z_n(t)$ 之下得解

$$z(t) = \frac{1}{|Q(z)|}\begin{vmatrix} U_1(z_1) & \cdots & U_1(z_n) & U_1(\hat{z}_r) \\ \vdots & \ddots & \vdots & \vdots \\ U_n(z_1) & \cdots & U_n(z_n) & U_n(\hat{z}_r) \\ z_1(t) & \cdots & z_n(t) & \hat{z}_r(t) \end{vmatrix}.$$

由于存在可逆常阵 $C=(c_{ij})$, 使

$$\begin{pmatrix} z_1(t) & \cdots & z_n(t) \\ \vdots & \ddots & \vdots \\ z_1^{(n-1)}(t) & \cdots & z_n^{(n-1)}(t) \end{pmatrix} = \begin{pmatrix} x_1(t) & \cdots & x_n(t) \\ \vdots & \ddots & \vdots \\ x_1^{(n-1)}(t) & \cdots & x_n^{(n-1)}(t) \end{pmatrix} C,$$

即

$$z_j^{(l)}(t) = \sum_{i=1}^{n} c_{ij} x_i^{(l)}(t), \qquad l=0,1,\cdots,n-1; j=1,2,\cdots,n,$$

因此

$$U_k(z_j) = \sum_{i=1}^{n} c_{ij} U_k(x_i), \qquad k,j=1,2,\cdots,n.$$

$$\begin{pmatrix} U_1(z_1) & \cdots & U_1(z_n) \\ \vdots & \ddots & \vdots \\ U_n(z_1) & \cdots & U_n(z_n) \end{pmatrix} = \begin{pmatrix} U_1(x_1) & \cdots & U_1(x_n) \\ \vdots & \ddots & \vdots \\ U_n(x_1) & \cdots & U_n(x_n) \end{pmatrix} C,$$

即

$$Q(z) = Q(x)C. \tag{1.3.4}$$

同时由

$$R_z(t,s) = R_x(t,s)C, \qquad W_z(s) = W_x(s)\det C,$$

可得

$$B_z(t,s) = B_x(t,s), \tag{1.3.5}$$

故有 $\widehat{z}_r(t) = \widehat{x}_r(t)$. 于是 $U_k(\widehat{z}_r) = U_k(\widehat{x}_r)$,

$$\begin{pmatrix} U_1(z_1) & \cdots & U_1(z_n) & U_1(\hat{z}_r) \\ \vdots & \ddots & \vdots & \vdots \\ U_n(z_1) & \cdots & U_n(z_n) & U_n(\hat{z}_r) \\ z_1(t) & \cdots & z_n(t) & \hat{z}_r(t) \end{pmatrix} = \begin{pmatrix} U_1(z_1) & \cdots & U_1(z_n) & U_1(\widehat{x}_r) \\ \vdots & \ddots & \vdots & \vdots \\ U_n(z_1) & \cdots & U_n(z_n) & U_n(\widehat{x}_r) \\ z_1(t) & \cdots & z_n(t) & \widehat{x}_r(t) \end{pmatrix}$$

$$= \begin{pmatrix} U_1(x_1) & \cdots & U_1(x_n) & U_1(\widehat{x}_r) \\ \vdots & \ddots & \vdots & \ddots \\ U_n(x_1) & \cdots & U_n(x_n) & U_n(\widehat{x}_r) \\ x_1(t) & \cdots & x_n(t) & \widehat{x}_r(t) \end{pmatrix} \widetilde{C}$$

其中$\widetilde{C} = \begin{pmatrix} C & \mathbf{0}_{n\times 1} \\ \mathbf{0}_{1\times n} & 1 \end{pmatrix}$, 且

$$\mathbf{0}_{1\times n}=(\overbrace{0,\cdots,0}^{n}),\mathbf{0}_{n\times 1}=\mathbf{0}_{1\times n}^{\mathrm{T}}.$$

故

$$\det\begin{pmatrix} U_1(z_1) & \cdots & U_1(z_n) & U_1(\hat{z}_r) \\ \vdots & \ddots & \vdots & \vdots \\ U_n(z_1) & \cdots & U_n(z_n) & U_n(\hat{z}_r) \\ z_1(t) & \cdots & z_n(t) & \hat{z}_r(t) \end{pmatrix}=\det\begin{pmatrix} U_1(x_1) & \cdots & U_1(x_n) & U_1(\widehat{x}_r) \\ \vdots & \ddots & \vdots & \vdots \\ U_n(x_1) & \cdots & U_n(x_n) & U_n(\widehat{x}_r) \\ z_1(t) & \cdots & z_n(t) & \widehat{z}_r(t) \end{pmatrix}\det C.$$

于是

$$z(t)=x(t),\qquad t\in[a,b].$$

根据式 (1.3.5)，我们可将 $B_x(t,s)$ 简单记为 $B(t,s)$.

再证式 (1.3.3) 所给的 $x(t)$，与式 (1.3.2) 中积分下限的取法无关.

设取

$$\widetilde{x}(t)=\int_{\widetilde{r}}^{t}B(t,s)f(s)\mathrm{d}s,$$

则由式 (1.3.3) 得

$$y(t)=\frac{1}{|Q(x)|}\begin{vmatrix} U_1(x_1) & \cdots & U_1(x_n) & U_1(\widetilde{x}) \\ \vdots & \ddots & \vdots & \vdots \\ U_n(x_1) & \cdots & U_n(x_n) & U_n(\widetilde{x}) \\ x_1(t) & \cdots & x_n(t) & \widetilde{x}(t) \end{vmatrix}.$$

于是

$$\begin{aligned} y(t)-x(t)&=\frac{1}{|Q(x)|}\begin{vmatrix} U_1(x_1) & \cdots & U_1(x_n) & U_1(\widetilde{x}-\widehat{x}_r) \\ \vdots & \ddots & \vdots & \vdots \\ U_n(x_1) & \cdots & U_n(x_n) & U_n(\widetilde{x}-\widehat{x}_r) \\ x_1(t) & \cdots & x_n(t) & \widetilde{x}-\widehat{x}_r \end{vmatrix}\\ &=\frac{1}{|Q(x)|}\begin{vmatrix} U_1(x_1) & \cdots & U_1(x_n) & U_1\left(\int_{\widetilde{r}}^{r}B(t,s)f(s)\mathrm{d}s\right) \\ \vdots & \ddots & \vdots & \vdots \\ U_n(x_1) & \cdots & U_n(x_n) & U_n\left(\int_{\widetilde{r}}^{r}B(t,s)f(s)\mathrm{d}s\right) \\ x_1(t) & \cdots & x_n(t) & \int_{\widetilde{r}}^{r}B(t,s)f(s)\mathrm{d}s \end{vmatrix} \end{aligned}$$

$$
= \frac{1}{|Q(x)|} \begin{vmatrix} U_1(x_1) & \cdots & U_1(x_n) & \int_{\widetilde{r}}^{r} U_1(B(t,s))f(s)\mathrm{d}s \\ \vdots & \ddots & \vdots & \vdots \\ U_n(x_1) & \cdots & U_n(x_n) & \int_{\widetilde{r}}^{r} U_n(B(t,s))f(s)\mathrm{d}s \\ x_1(t) & \cdots & x_n(t) & \int_{\widetilde{r}}^{r} B(t,s)f(s)\mathrm{d}s \end{vmatrix}
$$

$$
= \frac{1}{|Q(x)|} \int_{\widetilde{r}}^{r} \begin{vmatrix} U_1(x_1) & \cdots & U_1(x_n) & U_1(B(t,s)) \\ \vdots & \ddots & \vdots & \vdots \\ U_n(x_1) & \cdots & U_n(x_n) & U_n(B(t,s)) \\ x_1(t) & \cdots & x_n(t) & B(t,s) \end{vmatrix} f(s)\mathrm{d}s.
$$

在 $R_x(t,s)$ 中记 $x_i(t)$ 的代数余子式为 $A_i(s)$，则

$$
B(t,s) = \frac{1}{W_x(s)} \sum_{i=1}^{n} A_i(s)x_i(t),
$$

$$
U_k(B(t,s)) = \frac{1}{W_x(s)} \sum_{i=1}^{n} A_i(s)U_k(x_i).
$$

因此，对 $\forall s \in [\widetilde{r}, r]$，有

$$
\begin{vmatrix} U_1(x_1) & \cdots & U_1(x_n) & U_1(B(t,s)) \\ \vdots & \ddots & \vdots & \vdots \\ U_n(x_1) & \cdots & U_n(x_n) & U_n(B(t,s)) \\ x_1(t) & \cdots & x_n(t) & B(t,s) \end{vmatrix} = 0,
$$

并得出 $y(t) = x(t)$.

注 1.3.1　$x(t)$ 的表达式 (1.3.3) 与 r 的取值无关，但由式 (1.3.2) 给出的特解 $\widehat{x}_r$ 与 r 的取值有关.

由式 (1.3.1) 易得

$$
\begin{cases} \left.\dfrac{\partial^j}{\partial t^j}\right|_{t=s} B(t,s) = 0, \qquad j = 0, \cdots, n-2, \\ \left.\dfrac{\partial^{n-1}}{\partial t^{n-1}}\right|_{t=s} B(t,s) = 1. \end{cases}
$$

因而有

$$
\frac{\mathrm{d}^j}{\mathrm{d}t^j}\hat{x}(t) = \int_a^t \frac{\partial^j}{\partial t^j} B(t,s)f(s)\mathrm{d}s, \qquad j = 0, 1, \cdots, n-1,
$$

$$\frac{\mathrm{d}^n}{\mathrm{d}t^n}\hat{x}(t)=f(t)+\int_\tau^t\frac{\partial^n}{\partial t^n}B(t,s)f(s)\mathrm{d}s,$$

以及

$$\begin{aligned}U_i(\hat{x})&=\sum_{k=0}^{m-1}\sum_{j=0}^{n-1}a_{i,k,j}\frac{\mathrm{d}^j}{\mathrm{d}t^j}\hat{x}(\alpha_k)\\&=\sum_{k=0}^{m-1}\sum_{j=0}^{n-1}a_{i,k,j}\int_\tau^{\alpha_k}\frac{\partial^j}{\partial t^j}B(\alpha_k,s)f(s)\mathrm{d}s.\end{aligned}$$

对 $\forall z\in[a,b]$, 记

$$\hat{B}_r(z,s)=\begin{cases}-B(z,s), & a\leqslant z\leqslant s\leqslant r\leqslant b,\\ B(z,s), & a\leqslant r\leqslant s\leqslant z\leqslant b,\\ 0, & a\leqslant s\leqslant\min\{r,z\}\leqslant b, a\leqslant\max\{r,z\}\leqslant b.\end{cases}\tag{1.3.6}$$

由 (1.3.6) 可知 $\hat{B}_r\in C^{n-2}([a,b]^2,R)$. 于是

$$\begin{aligned}U_i(\hat{x})&=\sum_{k=0}^{m-1}\sum_{j=0}^{n-1}a_{i,k,j}\int_a^b\frac{\partial^j}{\partial t^j}\hat{B}_r(\alpha_k,s)f(s)\mathrm{d}s\\&=\int_a^b\left[\sum_{k=0}^{m-1}\sum_{j=0}^{n-1}a_{i,k,j}\frac{\partial^j}{\partial t^j}\hat{B}_r(\alpha_k,s)\right]f(s)\mathrm{d}s\\&=\int_a^b U_i(\hat{B}_r(t,s))f(s)\mathrm{d}s,\end{aligned}\tag{1.3.7}$$

其中

$$U_i(\widehat{B}_r(t,s)):=\sum_{k=0}^{m-1}\sum_{j=0}^{n-1}a_{i,k,j}\frac{\partial^j}{\partial t^j}\widehat{B}_r(\alpha_k,s).\tag{1.3.8}$$

将它代入 (1.3.3) 中得

$$\begin{aligned}x(t)&=\frac{1}{|Q(x)|}\begin{vmatrix}U_1(x_1) & \cdots & U_1(x_n) & \int_a^b U_1(\hat{B}(t,s))f(s)\mathrm{d}s\\ \vdots & & \vdots & \vdots\\ U_n(x_1) & \cdots & U_n(x_n) & \int_a^b U_n(\hat{B}(t,s))f(s)\mathrm{d}s\\ x_1(t) & \cdots & x_n(t) & \int_a^b \hat{B}(t,s)f(s)\mathrm{d}s\end{vmatrix}\\&=\int_a^b\frac{1}{|Q(x)|}\begin{vmatrix}U_1(x_1) & \cdots & U_1(x_n) & U_1(\hat{B}(t,s))\\ \vdots & & \vdots & \vdots\\ U_n(x_1) & \cdots & U_n(x_n) & U_n(\hat{B}(t,s))\\ x_1(t) & \cdots & x_n(t) & \hat{B}(t,s)\end{vmatrix}f(s)\mathrm{d}s,\end{aligned}$$

记

$$G(t,s)=\frac{1}{|Q(x)|}\begin{vmatrix} U_1(x_1) & \cdots & U_1(x_n) & U_1(\hat{B}(t,s)) \\ \vdots & \ddots & \vdots & \vdots \\ U_n(x_1) & \cdots & U_n(x_n) & U_n(\hat{B}(t,s)) \\ x_1(t) & \cdots & x_n(t) & \hat{B}(t,s) \end{vmatrix}, \qquad a \leqslant s,t \leqslant b, \quad (1.3.9)$$

则 BVP(1.2.9) 的唯一解可表示为

$$x(t)=\int_a^b G(t,s)f(s)\mathrm{d}s,$$

其中 $G(t,s)$ 由式 (1.3.9) 给出，称为对应 BVP(1.2.9) 的 Green 函数. 由以上推导得如下定理.

定理 1.3.1 当线性边值问题 (1.2.9) 为非共振情况时，存在唯一的 Green 函数 $G(t,s)$，使 BVP(1.2.9) 的唯一解可表示为

$$x(t)=\int_a^b G(t,s)f(s)\mathrm{d}s.$$

由式 (1.3.6) 及式 (1.3.7) 很容易得到

$$\frac{\partial^j \hat{B}(t,s)}{\partial t^j}\Big|_{t=s^+}-\frac{\partial^j \hat{B}(t,s)}{\partial t^j}\Big|_{t=s^-}=0, \qquad j=0,1,\cdots,n-2,$$

$$\frac{\partial^{n-1} \hat{B}(t,s)}{\partial t^{n-1}}\Big|_{t=s^+}-\frac{\partial^{n-1} \hat{B}(t,s)}{\partial t^{n-1}}\Big|_{t=s^-}=\frac{\partial^{n-1} B(t,s)}{\partial t^{n-1}}-0=1.$$

于是

$$\frac{\partial^j G(t,s)}{\partial t^j}\Big|_{t=s^+}-\frac{\partial^j G(t,s)}{\partial t^j}\Big|_{t=s^-}=0, \qquad j=0,1,\cdots,n-2, \qquad (1.3.10)$$

$$\frac{\partial^{n-1} G(t,s)}{\partial t^{n-1}}\Big|_{t=s^+}-\frac{\partial^{n-1} G(t,s)}{\partial t^{n-1}}\Big|_{t=s^-}=1, \qquad (1.3.11)$$

且 $G(t,s)$ 显然满足

$$U_i(G(t,s))=0, \qquad i=1,2,\cdots,n, \qquad (1.3.12)$$

$$LG(t,s)=0. \qquad (1.3.13)$$

注 1.3.2 Green 函数 $G(t,s)$ 也可以定义为满足式 (1.3.10) ~ 式(1.3.13) 各条性质的函数

$$G:[a,b]^2\to \mathbf{R},$$

G 在 $[a,b]\times[a,b]$ 上有直至 $n-2$ 阶的连续导数，且在 $[a,s]$ 和 $[s,b]$ 上有关于 t 的 $n-1$ 阶导数.

不妨取 $r=a$，式 (1.3.9) 给出的表达式可具体表示为：
当 $\alpha_{k-1}\leqslant t\leqslant\alpha_k, k=1,2,\cdots,n-1$ 时

$$
G(t,s)=\frac{1}{|Q(x)|}\begin{cases}
\begin{vmatrix}
U_1(x_1) & \cdots & U_1(x_n) & \sum\limits_{q=l}^{m-1}\sum\limits_{j=0}^{n-1}a_{1qj}\dfrac{\partial^j B(\alpha_q,s)}{\partial t^j}\\
\vdots & \ddots & \vdots & \vdots\\
U_n(x_1) & \cdots & U_n(x_n) & \sum\limits_{q=l}^{m-1}\sum\limits_{j=0}^{n-1}a_{nqj}\dfrac{\partial^j B(\alpha_q,s)}{\partial t^j}\\
x_1(t) & \cdots & x_n(t) & B(t,s)
\end{vmatrix}, \\
\qquad a\leqslant\alpha_{l-1}\leqslant s\leqslant\alpha_l\leqslant\alpha_{k-1}\leqslant t,\\
\begin{vmatrix}
U_1(x_1) & \cdots & U_1(x_n) & \sum\limits_{q=k}^{m-1}\sum\limits_{j=0}^{n-1}a_{1qj}\dfrac{\partial^j B(\alpha_q,s)}{\partial t^j}\\
\vdots & \ddots & \vdots & \vdots\\
U_n(x_1) & \cdots & U_n(x_n) & \sum\limits_{q=k}^{m-1}\sum\limits_{j=0}^{n-1}a_{nqj}\dfrac{\partial^j B(\alpha_q,s)}{\partial t^j}\\
x_1(t) & \cdots & x_n(t) & B(t,s)
\end{vmatrix}, \\
\qquad a\leqslant\alpha_{k-1}\leqslant s\leqslant t\leqslant\alpha_k,\\
\begin{vmatrix}
U_1(x_1) & \cdots & U_1(x_n) & \sum\limits_{q=k}^{m-1}\sum\limits_{j=0}^{n-1}a_{1qj}\dfrac{\partial^j B(\alpha_q,s)}{\partial t^j}\\
\vdots & \ddots & \vdots & \vdots\\
U_n(x_1) & \cdots & U_n(x_n) & \sum\limits_{q=k}^{m-1}\sum\limits_{j=0}^{n-1}a_{nqj}\dfrac{\partial^j B(\alpha_q,s)}{\partial t^j}\\
x_1(t) & \cdots & x_n(t) & 0
\end{vmatrix}, \\
\qquad a\leqslant\alpha_{k-1}\leqslant t\leqslant s\leqslant\alpha_k,\\
\begin{vmatrix}
U_1(x_1) & \cdots & U_1(x_n) & \sum\limits_{q=l}^{m-1}\sum\limits_{j=0}^{n-1}a_{1qj}\dfrac{\partial^j B(\alpha_q,s)}{\partial t^j}\\
\vdots & \ddots & \vdots & \vdots\\
U_n(x_1) & \cdots & U_n(x_n) & \sum\limits_{q=l}^{m-1}\sum\limits_{j=0}^{n-1}a_{nqj}\dfrac{\partial^j B(\alpha_q,s)}{\partial t^j}\\
x_1(t) & \cdots & x_n(t) & 0
\end{vmatrix}, \\
\qquad t\leqslant\alpha_k\leqslant\alpha_{l-1}\leqslant s\leqslant\alpha_l\leqslant b.
\end{cases}
\tag{1.3.14}
$$

显然，由两点边值问题向多点边值问题推广，Green 函数的计算量将迅速增加.

例 1.3.1 计算

$$\begin{cases} x''' - 3x'' + 2x' = f(t), \\ x(0) = x(\xi) = x(1) = 0 \end{cases} \tag{1.3.15}$$

的 Green 函数 $G(t,s)$，使其解表示为 $\int_0^1 G(t,s)f(s)\mathrm{d}s$，其中 $\xi \in (0,1)$. 这里

$$Lx = x''' - 3x'' + 2x', \quad U_1(x) = x(0), \quad U_2(x) = x(\xi), \quad U_3(x) = x(1).$$

$Lx = 0$ 有基础解系

$$1, \mathrm{e}^t, \mathrm{e}^{2t},$$

相应的 Wronsky 行列式为 $W(s) = 2\mathrm{e}^{3s}$ 及

$$|Q(x)| = \begin{vmatrix} 1 & 1 & 1 \\ 1 & \mathrm{e}^{\xi} & \mathrm{e}^{2\xi} \\ 1 & \mathrm{e} & \mathrm{e}^2 \end{vmatrix} = (\mathrm{e}^{\xi} - 1)(\mathrm{e} - 1)(\mathrm{e} - \mathrm{e}^{\xi}) \neq 0,$$

故 BVP(1.3.15) 不是共振情况，$B(t,s) = \frac{1}{2}(\mathrm{e}^{t-s} - 1)^2$.

当 $0 \leqslant t \leqslant \xi$ 时，若 $0 \leqslant s \leqslant t \leqslant \xi$,

$$G(t,s) = \frac{1}{|Q(x)|} \begin{vmatrix} 1 & 1 & 1 & 0 \\ 1 & \mathrm{e}^{\xi} & \mathrm{e}^{2\xi} & \frac{1}{2}(\mathrm{e}^{\xi-s} - 1)^2 \\ 1 & \mathrm{e} & \mathrm{e}^2 & \frac{1}{2}(\mathrm{e}^{1-s} - 1)^2 \\ 1 & \mathrm{e}^t & \mathrm{e}^{2t} & \frac{1}{2}(\mathrm{e}^{t-s} - 1)^2 \end{vmatrix}$$

$$= \frac{1}{2\mathrm{e}^{2s}} \left[(\mathrm{e}^t - \mathrm{e}^s)^2 - \frac{(\mathrm{e}^t - 1)(\mathrm{e}^t - \mathrm{e}^{\xi})}{(\mathrm{e} - 1)(\mathrm{e} - \mathrm{e}^{\xi})} (\mathrm{e} - \mathrm{e}^s)^2 + \frac{(\mathrm{e}^t - 1)(\mathrm{e}^t - \mathrm{e})}{(\mathrm{e}^{\xi} - 1)(\mathrm{e} - \mathrm{e}^{\xi})} (\mathrm{e}^{\xi} - \mathrm{e}^s)^2 \right];$$

若 $0 \leqslant t \leqslant s \leqslant \xi$, 则

$$G(t,s) = \frac{1}{|Q(x)|} \begin{vmatrix} 1 & 1 & 1 & 0 \\ 1 & \mathrm{e}^{\xi} & \mathrm{e}^{2\xi} & \frac{1}{2}(\mathrm{e}^{\xi-s} - 1)^2 \\ 1 & \mathrm{e} & \mathrm{e}^2 & \frac{1}{2}(\mathrm{e}^{1-s} - 1)^2 \\ 1 & \mathrm{e}^t & \mathrm{e}^{2t} & 0 \end{vmatrix}$$

$$= \frac{1}{2\mathrm{e}^{2s}} \left[\frac{(\mathrm{e}^t - 1)(\mathrm{e}^t - \mathrm{e})}{(\mathrm{e}^{\xi} - 1)(\mathrm{e} - \mathrm{e}^{\xi})} (\mathrm{e}^{\xi} - \mathrm{e}^s)^2 - \frac{(\mathrm{e}^t - 1)(\mathrm{e}^t - \mathrm{e}^{\xi})}{(\mathrm{e} - 1)(\mathrm{e} - \mathrm{e}^{\xi})} (\mathrm{e} - \mathrm{e}^s)^2 \right];$$

若 $0 \leqslant t \leqslant \xi \leqslant s \leqslant 1$，则

$$G(t,s)=\frac{1}{|Q(x)|}\begin{vmatrix} 1 & 1 & 1 & 0 \\ 1 & \mathrm{e}^{\xi} & \mathrm{e}^{2\xi} & 0 \\ 1 & \mathrm{e} & \mathrm{e}^{2} & \frac{1}{2}(\mathrm{e}^{1-s}-1)^2 \\ 1 & \mathrm{e}^{t} & \mathrm{e}^{2t} & 0 \end{vmatrix}$$

$$=-\frac{(\mathrm{e}^t-1)(\mathrm{e}^t-\mathrm{e}^{\xi})}{2\mathrm{e}^{2s}(\mathrm{e}-1)(\mathrm{e}-\mathrm{e}^{\xi})}(\mathrm{e}-\mathrm{e}^s)^2.$$

当 $\xi \leqslant t \leqslant 1$ 时，若 $0 \leqslant s \leqslant \xi$，

$$G(t,s)=\frac{1}{|Q(x)|}\begin{vmatrix} 1 & 1 & 1 & 0 \\ 1 & \mathrm{e}^{\xi} & \mathrm{e}^{2\xi} & \frac{1}{2}(\mathrm{e}^{\xi-s}-1)^2 \\ 1 & \mathrm{e} & \mathrm{e}^{2} & \frac{1}{2}(\mathrm{e}^{1-s}-1)^2 \\ 1 & \mathrm{e}^{t} & \mathrm{e}^{2t} & \frac{1}{2}(\mathrm{e}^{t-s}-1)^2 \end{vmatrix}$$

$$=\frac{1}{2\mathrm{e}^{2s}}\left[(\mathrm{e}^t-\mathrm{e}^s)^2-\frac{(\mathrm{e}^t-1)(\mathrm{e}^t-\mathrm{e}^{\xi})}{(\mathrm{e}-1)(\mathrm{e}-\mathrm{e}^{\xi})}(\mathrm{e}-\mathrm{e}^s)^2+\frac{(\mathrm{e}^t-1)(\mathrm{e}^t-\mathrm{e})}{(\mathrm{e}^{\xi}-1)(\mathrm{e}-\mathrm{e}^{\xi})}(\mathrm{e}^{\xi}-\mathrm{e}^s)^2\right];$$

若 $\xi \leqslant s \leqslant t \leqslant 1$，则

$$G(t,s)=\frac{1}{|Q(x)|}\begin{vmatrix} 1 & 1 & 1 & 0 \\ 1 & \mathrm{e}^{\xi} & \mathrm{e}^{2\xi} & 0 \\ 1 & \mathrm{e} & \mathrm{e}^{2} & \frac{1}{2}(\mathrm{e}^{1-s}-1)^2 \\ 1 & \mathrm{e}^{t} & \mathrm{e}^{2t} & \frac{1}{2}(\mathrm{e}^{t-s}-1)^2 \end{vmatrix}$$

$$=\frac{1}{2\mathrm{e}^{2s}}\left[(\mathrm{e}^t-\mathrm{e}^s)^2-\frac{(\mathrm{e}^t-1)(\mathrm{e}^t-\mathrm{e}^{\xi})}{(\mathrm{e}-1)(\mathrm{e}-\mathrm{e}^{\xi})}(\mathrm{e}-\mathrm{e}^s)^2\right];$$

若 $\xi \leqslant t \leqslant s \leqslant 1$，则

$$G(t,s)=\frac{1}{|Q(x)|}\begin{vmatrix} 1 & 1 & 1 & 0 \\ 1 & \mathrm{e}^{\xi} & \mathrm{e}^{2\xi} & 0 \\ 1 & \mathrm{e} & \mathrm{e}^{2} & \frac{1}{2}(\mathrm{e}^{1-s}-1)^2 \\ 1 & \mathrm{e}^{t} & \mathrm{e}^{2t} & 0 \end{vmatrix}$$

$$=\frac{-(\mathrm{e}^t-1)(\mathrm{e}^t-\mathrm{e}^{\xi})}{2\mathrm{e}^{2s}(\mathrm{e}-1)(\mathrm{e}-\mathrm{e}^{\xi})}(\mathrm{e}-\mathrm{e}^s)^2.$$

综合以上计算得

$$G(t,s)=\begin{cases}\dfrac{1}{2\mathrm{e}^{2s}}\left[(\mathrm{e}^t-\mathrm{e}^s)^2-\dfrac{(\mathrm{e}^t-1)(\mathrm{e}^t-\mathrm{e}^\xi)}{(\mathrm{e}-1)(\mathrm{e}-\mathrm{e}^\xi)}(\mathrm{e}-\mathrm{e}^s)^2+\dfrac{(\mathrm{e}^t-1)(\mathrm{e}^t-\mathrm{e})}{(\mathrm{e}^\xi-1)(\mathrm{e}-\mathrm{e}^\xi)}(\mathrm{e}^\xi-\mathrm{e}^s)^2\right],\\ \quad 0\leqslant s\leqslant \min\{t,\xi\}\leqslant 1,\\ \dfrac{1}{2\mathrm{e}^{2s}}\left[\dfrac{(\mathrm{e}^t-1)(\mathrm{e}^t-\mathrm{e})}{(\mathrm{e}^\xi-1)(\mathrm{e}-\mathrm{e}^\xi)}(\mathrm{e}^\xi-\mathrm{e}^s)^2-\dfrac{(\mathrm{e}^t-1)(\mathrm{e}^t-\mathrm{e}^\xi)}{(\mathrm{e}-1)(\mathrm{e}-\mathrm{e}^\xi)}(\mathrm{e}-\mathrm{e}^s)^2\right],\\ \quad 0\leqslant t\leqslant s\leqslant \xi,\\ \dfrac{1}{2\mathrm{e}^{2s}}\left[(\mathrm{e}^t-\mathrm{e}^s)^2-\dfrac{(\mathrm{e}^t-1)(\mathrm{e}^t-\mathrm{e}^\xi)}{(\mathrm{e}-1)(\mathrm{e}-\mathrm{e}^\xi)}(\mathrm{e}-\mathrm{e}^s)^2\right],\\ \quad \xi\leqslant s\leqslant t\leqslant 1,\\ \dfrac{-(\mathrm{e}^t-1)(\mathrm{e}^t-\mathrm{e}^\xi)}{2\mathrm{e}^{2s}(\mathrm{e}-1)(\mathrm{e}-\mathrm{e}^\xi)}(\mathrm{e}-\mathrm{e}^s)^2,\\ \quad \max\{\xi,t\}\leqslant s\leqslant 1.\end{cases}\tag{1.3.16}$$

注 1.3.3 式 (1.3.9) 中 $G(t,s)$ 是从 $Lx=f(t)$ 的特解 $\hat{x}(t)=\int_a^t B(t,s)f(s)\mathrm{d}s$ 导出的，如果我们选取特解

$$x^*(t)=-\int_t^b B(t,s)f(s)\mathrm{d}s,$$

并且对 $\forall z\in[a,b]$，定义

$$B^*(z,s)=\begin{cases}B(z,s), & a\leqslant z\leqslant s\leqslant b,\\ 0, & a\leqslant s\leqslant z\leqslant b,\end{cases}$$

则 Green 函数可表示为

$$G(t,s)=-\frac{1}{Q(x)}\begin{vmatrix}U_1(x_1) & \cdots & U_1(x_n) & U_1(B^*(t,s))\\ \vdots & \ddots & \vdots & \vdots\\ U_n(x_1) & \cdots & U_n(x_n) & U_n(B^*(t,s))\\ x_1(t) & \cdots & x_n(t) & B^*(t,s)\end{vmatrix}.\tag{1.3.17}$$

利用式 (1.3.17) 计算例 1.3.1 中当 $0\leqslant s\leqslant\min\{t,\xi\}$ 的 Green 函数得

$$\begin{aligned}G(t,s)&=\frac{(1-\mathrm{e}^s)^2(\mathrm{e}-\mathrm{e}^\xi)(\mathrm{e}^t-\mathrm{e}^\xi)(\mathrm{e}^t-\mathrm{e})}{2(\mathrm{e}^\xi-1)(\mathrm{e}-1)(\mathrm{e}-\mathrm{e}^\xi)\mathrm{e}^{2s}}\\ &=\frac{(\mathrm{e}^t-\mathrm{e}^\xi)(\mathrm{e}^t-\mathrm{e})(\mathrm{e}^s-1)^2}{2\mathrm{e}^{2s}(\mathrm{e}^\xi-1)(\mathrm{e}-1)},\qquad 0\leqslant s\leqslant\min\{t,\xi\}.\end{aligned}$$

由 Green 函数的唯一性，知式 (1.3.16) 中的第一个表示式可以用上式代替，从而使表达式更简洁一些.

实际上，由定义不难得到

$$B(t,s)=\hat{B}(t,s)+B^*(t,s)$$

及

$$U_i(B(t,s))=U_i(\hat{B}(t,s))+U_i(B^*(t,s)),\qquad i=1,\cdots,n.$$

在矩阵

$$\begin{pmatrix} x_1(s) & x_2(s) & \cdots & x_n(s)\\ \vdots & \vdots & \ddots & \vdots\\ x_1^{(n-2)}(s) & x_2^{(n-2)}(s) & \cdots & x_n^{(n-2)}(s)\\ x_1(t) & x_2(t) & \cdots & x_n(t)\end{pmatrix} \tag{1.3.18}$$

中记 $W_i(s)$ 是 $x_i(t)$ 的代数余子式，故

$$B(t,s)=\frac{1}{W(s)}\sum_{i=1}^{n}x_i(t)W_i(s),$$

$$\frac{\partial^j B(t,s)}{\partial t^j}=\frac{1}{W(s)}\sum_{i=1}^{n}x_i^{(j)}(t)W_i(s),\qquad i=1,2,\cdots,n-1.$$

于是

$$U_i(B(t,s))=U_i(\hat{B}(t,s))+U_i(B^*(t,s)),\qquad i=1,2\cdots,n,$$

$$U_i(B(t,s))=\frac{1}{W(s)}\sum_{k=1}^{n}W_k(s)U_i(x_k),\qquad i=1,2,\cdots,n,$$

$$0=\begin{vmatrix} U_1(x_1) & \cdots & U_1(x_n) & \displaystyle\sum_{k=1}^{n}\frac{W_k(s)}{W(s)}U_i(x_k)\\ \vdots & \ddots & \vdots & \vdots\\ U_n(x_1) & \cdots & U_n(x_n) & \displaystyle\sum_{k=1}^{n}\frac{W_k(s)}{W(s)}U_i(x_k)\\ x_1(t) & \cdots & x_n(t) & \displaystyle\sum_{k=1}^{n}\frac{W_k(s)}{W(s)}x_n(t)\end{vmatrix}$$

$$=\begin{vmatrix} U_1(x_1) & \cdots & U_1(x_n) & U_1(B(t,s))\\ \vdots & \ddots & \vdots & \vdots\\ U_n(x_1) & \cdots & U_n(x_n) & U_n(B(t,s))\\ x_1(t) & \cdots & x_n(t) & B(t,s)\end{vmatrix}.$$

由此导出

$$\begin{vmatrix} U_1(x_1) & \cdots & U_1(x_n) & U_1(\hat{B}(t,s)) \\ \vdots & \ddots & \vdots & \vdots \\ U_n(x_1) & \cdots & U_n(x_n) & U_n(\hat{B}(t,s)) \\ x_1(t) & \cdots & x_n(t) & \hat{B}(t,s) \end{vmatrix} = - \begin{vmatrix} U_1(x_1) & \cdots & U_1(x_n) & U_1(B^*(t,s)) \\ \vdots & \ddots & \vdots & \vdots \\ U_n(x_1) & \cdots & U_n(x_n) & U_n(B^*(t,s)) \\ x_1(t) & \cdots & x_n(t) & B^*(t,s) \end{vmatrix},$$

并得出表达式 (1.3.9) 和 (1.3.17) 的等价性.

定理 1.3.2[37]　线性边值问题 (1.2.9) 在非共振情况下对应的 Green 函数存在而且唯一.

证明　存在性前面已证，下证唯一性. 设 $\widetilde{B}_1(t,s), \widetilde{B}_2(t,s)$ 是以上对应 $r_1, r_2 \in [a,b]$ 的两个 Green 函数，则可知 $\forall f \in C[a,b]$，有

$$\int_a^b [\widetilde{B}_1(t,s) - \widetilde{B}_2(t,s)] f(s)\mathrm{d}s = 0, \qquad t \in [a,b].$$

于是 $\forall t \in [a,b]$,

$$\widetilde{B}_1(t,s) - \widetilde{B}_2(t,s) = 0, \qquad \text{a.e. } s \in [a,b].$$

由于 $(\widetilde{B}_1(t,\cdot) - \widetilde{B}_2(t,\cdot))(s)$，当 $t \in [a,b]$ 时，关于 $s \in [a,b]$ 连续，故

$$\widetilde{B}_1(t,s) - \widetilde{B}_2(t,s) = 0, \qquad \forall s,t \in [a,b].$$

于是 Green 函数的唯一性得证.

注 1.3.4　如果式 (1.2.9) 中的线性算子和方程中的非齐次项分别由 $\hat{L}x = \sum_{i=0}^{n} a_i(t)x^{(n-i)}$ 及 $\widehat{f}(t)$ 给出，$a_0(t) \neq 0$, 记其 Green 函数为 $\hat{G}(t,s)$. 由于边值问题

$$\begin{cases} \hat{L}x = \hat{f}(t), \\ U(x) = 0 \end{cases}$$

等价于

$$\begin{cases} Lx = f(t), \\ U(x) = 0, \end{cases}$$

其中 $Lx = x^{(n)} + \sum_{i=1}^{n} \dfrac{a_i(t)}{a_0(t)} x^{(n-i)}, f(t) = \dfrac{\hat{f}(t)}{a_0(t)}$. 仍记式 (1.2.9) 的 Green 函数为 $G(t,s)$，则

$$x(t) = \int_a^b G(t,s)\frac{\hat{f}(a)}{a_0(s)}\mathrm{d}s = \int_a^b \frac{G(t,s)}{a_0(s)}\hat{f}(s)\mathrm{d}s,$$

故 $\hat{G}(t,s)=\dfrac{G(t,s)}{a_0(s)}$.

注 1.3.5　Green 函数的给定和非齐次项 $f(t)$ 在等式中的位置有关，如果 $f(t)$ 在等式左方，即 $Lx+f(t)=0$，则 $x(t)=\int_a^b G(t,s)f(s)\mathrm{d}s$ 中的 Green 函数和我们对式 (1.2.9) 给出的 Green 函数，两者差一个 "–" 号.

关于线性边值问题其余有关结论，可参阅文献 [38]、[39].

1.4　共振情况下边值问题的解

1.4.1　第一类半齐次边值问题

由上节知，在共振情况下线性 BVP(1.2.9) 的有解性等价于 $|Q(x)|=0$ 时方程组

$$\begin{pmatrix} U_1(x_1) & \cdots & U_1(x_n) \\ \vdots & \ddots & \vdots \\ U_n(x_1) & \cdots & U_n(x_n) \end{pmatrix}\begin{pmatrix} c_1 \\ \vdots \\ c_n \end{pmatrix}=-\begin{pmatrix} U_1(\hat{x}) \\ \vdots \\ U_n(\hat{x}) \end{pmatrix}$$

的有解性，其中 $\widehat{x}$ 由式 (1.3.2) 给定. 取 $r=a$，则

$$\widehat{x}(t)=\int_a^t \begin{vmatrix} x_1(s) & \cdots & x_n(s) \\ \vdots & \ddots & \vdots \\ x_1^{(n-2)}(s) & \cdots & x_n^{(n-2)}(s) \\ x_1(t) & \cdots & x_n(t) \end{vmatrix}\frac{f(s)}{W(s)}\mathrm{d}s,$$

具有性质

$$\hat{x}^{(j)}(t)=\int_a^t \begin{vmatrix} x_1(s) & \cdots & x_n(s) \\ \vdots & \ddots & \vdots \\ x_1^{(n-2)}(s) & \cdots & x_n^{(n-2)}(s) \\ x_1^{(j)}(t) & \cdots & x_n^{(j)}(t) \end{vmatrix}\frac{f(s)}{W(s)}\mathrm{d}s, \qquad j=0,1,\cdots,n-1.$$

记 $A_l(s)$ 为矩阵

$$\begin{pmatrix} x_1(s) & \cdots & x_n(s) \\ \vdots & \ddots & \vdots \\ x_1^{(n-2)}(s) & \cdots & x_n^{(n-2)}(s) \\ x_1(t) & \cdots & x_n(t) \end{pmatrix}$$

中元素 $x_l(t)$ 的代数余子式，且记

$$d_l(t)=\int_a^t \frac{A_l(s)}{W(s)}f(s)\mathrm{d}s, \qquad l=1,2,\cdots,n,$$

则

$$\hat{x}^{(j)}(t)=\sum_{l=1}^{n}d_l(t)x_l^{(j)}(t).$$

根据式 (1.2.9) 有解的条件 (1.2.16)，设

$$\operatorname{rank}\begin{bmatrix}U_1(x_1) & \cdots & U_1(x_n)\\ \vdots & \ddots & \vdots\\ U_n(x_1) & \cdots & U_n(x_n)\end{bmatrix}=r<n,$$

则存在

$$Q_r(x)=\begin{pmatrix}U_{i_1}(x_{j_1}) & \cdots & U_{i_1}(x_{j_r})\\ \vdots & \ddots & \vdots\\ U_{i_r}(x_{j_1}) & \cdots & U_{i_r}(x_{j_r})\end{pmatrix},$$

使 $\det Q_r(x)\neq 0$. 又记

$$R_{n-r}(x)=\begin{pmatrix}U_{i_{r+1}}(x_{j_1}) & \cdots & U_{i_{r+1}}(x_{j_r})\\ \vdots & \ddots & \vdots\\ U_{i_n}(x_{j_1}) & \cdots & U_{i_n}(x_{j_r})\end{pmatrix},$$

$$U^{<1>}(\hat{x})=\begin{pmatrix}U_{i_1}(\hat{x})\\ \vdots\\ U_{i_r}(\hat{x})\end{pmatrix},\qquad U^{<2>}(\hat{x})=\begin{pmatrix}U_{i_{r+1}}(\hat{x})\\ \vdots\\ U_{i_n}(\hat{x})\end{pmatrix},$$

由式 (1.2.16)，存在 $C^{<1>}=(c_{j_1},c_{j_2},\cdots,c_{j_r})^{\mathrm{T}}$ 使

$$\begin{pmatrix}Q_r(x)\\ R_{n-r}(x)\end{pmatrix}C^{<1>}=\begin{pmatrix}-U^{<1>}(\hat{x})\\ -U^{<2>}(\hat{x})\end{pmatrix}.$$

从而式 (1.2.9) 有解的条件可记为

$$U^{<2>}(\hat{x})-R_{n-r}(x)Q_r^{-1}(x)U^{<1>}(\hat{x})=0. \tag{1.4.1}$$

根据式 (1.3.7)，$U^{<2>}(\hat{x}),U^{<1>}(\hat{x})$ 中每个分量 $U_l(\hat{x})$ 可以表示为

$$U_l(\hat{x})=U_l\left(\int_a^b\hat{B}(t,s)f(s)\mathrm{d}s\right)=\int_a^b U_l(\hat{B}(t,s))f(s)\mathrm{d}s.$$

因此式 (1.4.1) 等价于

$$\int_a^b\left[U^{<2>}(\hat{B}(t,s))-R_{n-r}(x)Q_r^{-1}(x)U^{<1>}(\hat{B}(t,s))\right]f(s)\mathrm{d}s=\mathbf{0}, \tag{1.4.2}$$

即要求上式左方的 $n-r$ 维向量为零.

设 Y 是 $[a,b]$ 上的赋范实函数空间. 对 $f\in L^p[a,b]$ 定义

$$\Gamma(f)=\int_a^b\left[U^{<2>}(\hat{B}(t,s))-R_{n-r}(x)Q_r^{-1}(x)U^{<1>}(\hat{B}(t,s))\right]f(s)\mathrm{d}s, \tag{1.4.3}$$

则 $\Gamma:Y\to\mathbf{R}^{n-r}$ 是一个连续的线性算子. 这样式 (1.4.2) 又可简记为

$$\Gamma(f)=\mathbf{0}. \tag{1.4.4}$$

在式 (1.4.4) 满足的前提下，再记

$$S_{n-r}(x)=\begin{pmatrix} U_{i_1}(x_{j_{r+1}}) & \cdots & U_{i_1}(x_{j_n}) \\ \vdots & \ddots & \vdots \\ U_{i_r}(x_{j_{r+1}}) & \cdots & U_{i_r}(x_{j_n}) \end{pmatrix},\qquad k=\begin{pmatrix} k_1 \\ \vdots \\ k_{n-r} \end{pmatrix}, \tag{1.4.5}$$

其中 k 为任意 $n-r$ 维常向量. 同时记

$$x^{<1>}=(x_{i_1}(t),\cdots,x_{i_r}(t)),\qquad x^{<2>}=(x_{i_{r+1}}(t),\cdots,x_{i_n}(t)). \tag{1.4.6}$$

求解式 (1.2.15) 等价于求解 $C^{<1>}$ 使

$$\begin{pmatrix} Q_r(x) & S_{n-r} \end{pmatrix}\begin{pmatrix} C^{<1>} \\ k \end{pmatrix}=-U^{<1>}(\hat{x}),$$

即

$$C^{<1>}=-Q_r^{-1}S_{n-r}(x)k-Q_r^{-1}U^{<1>}(\hat{x}). \tag{1.4.7}$$

这时 BVP(1.2.9) 的解为

$$\begin{aligned} x(t)&=\left[x^{<2>}(t)-x^{<1>}(t)Q_r^{-1}(x)S_{n-r}(x)\right]k+\left[\hat{x}(t)-x^{<1>}(t)Q_r^{-1}(x)U^{<1>}(\hat{x})\right] \\ &=\left[x^{<2>}(t)-x^{<1>}(t)Q_r^{-1}(x)S_{n-r}(x)\right]k+\int_a^b\frac{1}{|Q_r(x)|}\begin{vmatrix} Q_r(x) & U^{<1>}(\hat{B}(t,s)) \\ x^{<1>}(t) & \hat{B}(t,s) \end{vmatrix} \\ &\quad\cdot f(s)\mathrm{d}s. \end{aligned} \tag{1.4.8}$$

显然 $r=n$ 时（即非共振情况）上式也成立.

1.4.2 第二类半齐次线性边值问题的解

对式 (1.2.10)

$$\begin{cases} Lx=0, \\ U(x)=\eta, \end{cases}$$

当 $\text{rank}Q(x) = r$ 时，$Q_r(x), S_{n-r}(x), R_{n-r}(x)$ 仍和 1.4.1 小节中一样定义. 令

$$\eta^{<1>} = (\eta_{i_1}, \cdots, \eta_{i_r})^{\mathrm{T}}, \qquad \eta^{<2>} = (\eta_{i_{r+1}}, \cdots, \eta_{i_n})^{\mathrm{T}}, \tag{1.4.9}$$

则式 (1.2.10) 有解的条件是

$$\Delta(\eta) = \eta^{<2>} - R_{n-r}(x)Q_r^{-1}(x)\eta^{<1>} = 0. \tag{1.4.10}$$

这时, BVP (1.2.10) 有解

$$x(t) = \left[x^{<2>}(t) - x^{<1>}(t)Q_r^{-1}(x)S_{n-r}(x)\right]k + x^{<1>}(t)Q_r^{-1}(x)\eta^{<1>}.$$

显然上式对非共振的情况也成立.

1.4.3 非齐次线性边值问题的解

综合 1.4.1 小节和 1.4.2 小节中得到的结果，当

$$\Gamma(f) = 0, \qquad \Delta(\eta) = 0 \tag{1.4.11}$$

满足时，

$$\begin{cases} Lx = f(t), \\ U(x) = \eta \end{cases}$$

的解是

$$\begin{aligned} x(t) &= \left[x^{<2>}(t) - x^{<1>}(t)Q_r^{-1}(x)S_{n-r}(x)\right]k \\ &\quad + \left[\hat{x}(t) - x^{<1>}(t)Q_r^{-1}(x)U^{<1>}(\hat{x})\right] + x^{<1>}(t)Q_r^{-1}(x)\eta^{<1>} \\ &= \left[x^{<2>}(t) - x^{<1>}(t)Q_r^{-1}(x)S_{n-r}(x)\right]k \\ &\quad + \left[\hat{x}(t) + x^{<1>}(t)Q_r^{-1}(x)\left(\eta^{<1>} - U^{<1>}(\hat{x})\right)\right]. \end{aligned} \tag{1.4.12}$$

1.5 非线性边值问题的算子表示

1.5.1 空间和算子

在 BVP(1.2.3) 中，如果 $f(t)$ 和 η 分别用 $f(t,x,x',\cdots,x^{(q)}), g(x,x',\cdots,x^{(q)})$ 代替，其中 $q \leqslant n-1$，就得到一般的非线性边值问题

$$\begin{cases} Lx = f(t,x,x',\cdots,x^{(q)}), \\ U(x) = g(x,x',\cdots,x^{(q)}). \end{cases} \tag{1.5.1}$$

讨论式 (1.5.1) 的解，通常需要将它转化为给定空间中的抽象方程.

由于 L 和 U 都是线性算子，可取

$$\mathcal{F} = \begin{pmatrix} L \\ U \end{pmatrix},$$

当 $f:[a,b]\times \mathbf{R}^{q+1}\to \mathbf{R}$ 为 L^p-Carathedory，$p\geqslant 1$，即:

对 $\forall (x_0, x_1, \cdots, x_q)$, f 关于 t 是 L^p 可测的;

对 a.e. $t\in [a,b]$, f 关于 $(x_0, x_1, \cdots, x_q)$ 连续，

可取 $X = W^{q,p}[a,b]$, $Y = L^p[a,b]\times \mathbf{R}^n$, 这时

$$\mathcal{F} : X \cap \mathrm{dom}\mathcal{F} \to Y,$$

其中 $\mathrm{dom}\mathcal{F} = W^{n,p}[a,b] \subset X$, $\forall x\in X$，定义范数

$$\|x\|_X = \left(\sum_{i=0}^{q}\int_a^b |x^{(i)}(t)|^p \mathrm{d}t\right)^{\frac{1}{p}},$$

$\forall y\in Y$，设 $y=(y_1,y_2)\in L^p[a,b]\times \mathbf{R}^n$，定义

$$\|y\|_Y = \left(\int_a^b |y_1(t)|^p \mathrm{d}t\right)^{\frac{1}{p}} + |y_2|,$$

其中 $|y_2|$ 表示 y_2 在 $\mathbf{R}^n$ 中的范数，这时

$$\{X, \|\cdot\|_X\}, \qquad \{Y, \|\cdot\|_Y\}$$

都是 Banach 空间.

当 $\mathrm{rank}Q(x) = r < n$ 时，$\forall u\in X$，记

$$F_u(t) = f(t, u(t), u'(t), \cdots, u^{(q)}(t)),$$

$$\widehat{x}_u(t) = \int_r^t B(t,s)F_u(s)\mathrm{d}s,$$

$$\eta_u = g(u, u', \cdots, u^{(q)}),$$

由上节的式 (1.4.11) 和式 (1.4.12) 知

$$\begin{cases} Lx = F_u(t), \\ U(x) = \eta_u \end{cases} \tag{1.5.2}$$

有解的条件是

$$\Gamma(F_u) = 0, \qquad \Delta(\eta_u) = 0, \tag{1.5.3}$$

其中 $\Gamma(F_u) = U^{<2>}(\widehat{x}_u) - R_{n-r}(x)Q_r^{-1}(x)U^{<1>}(\widehat{x}_u)$，$\Delta(\eta_u) = \eta_u^{<2>} - R_{n-r}(x)Q_r^{-1} \cdot (x)\eta_u^{<1>}$. 在此条件下，解可以表示为

$$\begin{aligned} x(t) = &\left[x^{<2>}(t) - x^{<1>}(t)Q_r^{-1}(x)S_{n-r}(x)\right]k \\ &+\widehat{x}_u(t) + x^{<1>}(t)Q_r^{-1}(x)(\eta_u^{<1>} - U^{<1>}(\widehat{x}_u)). \end{aligned} \tag{1.5.4}$$

对每一个 $\varsigma \in \mathbf{R}^{n-r}$，当 $u \in Y$ 满足条件 (1.5.3) 时，定义

$$\begin{aligned} (\mathcal{K}_\varsigma u)(t) = &\left[x^{<2>}(t) - x^{<1>}(t)Q_r^{-1}(x)S_{n-r}(x)\right]\varsigma \\ &+\widehat{x}_u(t) + x^{<1>}(t)Q_r^{-1}(x)(\eta_u^{<1>} - U^{<1>}(\widehat{x}_u)), \end{aligned} \tag{1.5.5}$$

则 $\mathcal{K}_\varsigma$ 在定义域上是连续的，且

$$\mathrm{dom}\mathcal{K}_\varsigma \subset W^{n,p}[a,b] \subset W^{q,p}[a,b].$$

由于 $W^{n,p}[a,b]$ 紧嵌入于 $W^{q,p}[a,b]$ 中，故 $\mathcal{K}_\varsigma$ 是 X 上的全连续算子.

由式 (1.4.3) 易知 $\Gamma(F_u) = 0$ 对 $F_u(t)$ 施加了 $n-r$ 个约束条件

$$U_{i_l}(\widehat{x}_u) - (U_{i_l}(x_{j1}), \cdots, U_{i_l}(x_{jr}))Q_r^{-1}(x)U^{<1>}(\widehat{x}_u) = 0, \qquad l = r+1, r+2, \cdots, n.$$

即

$$\begin{vmatrix} Q_r(x) & U^{<1>}(\widehat{x}_u) \\ R_{n-r,l} & U_{i_l}(\widehat{x}_u) \end{vmatrix} = 0, \qquad l = r+1, r+2, \cdots, n. \tag{1.5.6}$$

同样，$\Delta(\eta_u) = 0$ 中对 η_u 的 $n-r$ 个约束可表示为

$$\begin{vmatrix} Q_r(x) & \eta_u^{<1>} \\ R_{n-r,l} & \eta_{u,l}^{<2>} \end{vmatrix} = 0, \qquad l = r+1, r+2, \cdots, n, \tag{1.5.7}$$

其中 $\eta_{u,l}^{<2>} = (\eta_u)_{i_l}$ 是 η_u 中的第 i_l 个分量.

同时，由 $\widehat{x}_u(t) = \int_r^t \hat{B}(t,s)f_u(s)\mathrm{d}s$ 不难得出，式 (1.5.6) 等价于

$$\int_a^b \begin{vmatrix} Q_r(x) & U^{<1>}(\widehat{B}(t,s)) \\ R_{n-r}(x) & U_{i_l}(\widehat{B}(t,s)) \end{vmatrix} f(s)\mathrm{d}s = 0, \qquad l = r+1, r+2, \cdots, n. \tag{1.5.8}$$

如果 $f \in C([a,b] \times \mathbf{R}^{q+1}, R)$，则取

$$X = C^q[a,b], \qquad Y = C[a,b] \times \mathbf{R}^n,$$

这时 $\mathrm{dom}\mathcal{K} = C^n[a,b]$，按式 (1.5.5) 定义 $\mathcal{K}_\varsigma$，一样可得 $\mathcal{K}_\varsigma$ 是 X 上的全连续算子.

1.5.2 非线性边值问题化为抽象算子的不动点问题

已知非线性边值问题 (1.5.1) 在 f 和 g 中用 $x=u(t)$ 代入后，如果式 (1.5.3) 成立，则解由式 (1.5.4) 给出，故取定向量 $\varsigma\in\mathbf{R}^{n-r}$，由定义 (1.5.5) 知，BVP(1.5.1) 的解 $x=u(t)$ 等价于

$$u=\mathcal{K}_\varsigma u,$$

即 u 是 $\mathcal{K}_\varsigma$ 的不动点，即

定理 1.5.1 $x=u(t)$ 是 BVP (1.5.1) 的解，当且仅当式 (1.5.3)，即

$$\varGamma(F_u)=0,\qquad \Delta(\eta_u)=0$$

成立，且对某个 $\varsigma\in\mathbf{R}^{n-r}$，

$$u=\mathcal{K}_\varsigma u. \tag{1.5.9}$$

以下讨论如何建立全连续算子 K_ς.

当 $r=n$ 时，$\eta_u^{<1>}=\eta_u, x^{<1>}(t)=(x_1(t),\cdots,x_n(t))$，式 (1.5.3) 自动成立，$\varsigma$ 在 0 维空间中只能取 0 值，又 $Q_r(x)=Q(x)$，故 $r=n$ 时，$x=u(t)$ 是式 (1.5.1) 的解等价于 $u(t)$ 满足

$$u=\widehat{x}_u+(x_1,\cdots,x_n)Q^{-1}(x)(\eta_u-U(\widehat{x}_u)). \tag{1.5.10}$$

记 $\mathcal{K}u=\widehat{x}_u+(x_1,\cdots,x_n)Q^{-1}(x)(\eta_u-U(\widehat{x}_u))$，式 (1.5.10) 成立意味着 $u=u(t)$ 是 $\mathcal{K}$ 的不动点，反之亦然.

记 $\widetilde{x}(t)=(x_1(t),\cdots,x_n(t))$，由于

$$\begin{aligned}\widehat{x}_u(t)-(x_1(t),\cdots,x_n(t))Q^{-1}(x)U(\widehat{x}_u)&=\widehat{x}_u(t)-\widetilde{x}(t)Q^{-1}(x)U(\widehat{x}_u)\\&=\begin{vmatrix} I & Q^{-1}(x)U(\widehat{x}_u)\\ \widetilde{x}(t) & \widehat{x}_u(t)\end{vmatrix}\\&=\frac{1}{\det Q(x)}\begin{vmatrix} Q(x) & U(\widehat{x}_u)\\ \widetilde{x}(t) & \widehat{x}_u(t)\end{vmatrix}\\&=\int_a^b G(t,s)F_u(s)\mathrm{d}s,\end{aligned}$$

$$\begin{aligned}(x_1(t),\cdots,x_n(t))Q^{-1}(x)\eta_u&=\widetilde{x}(t)Q^{-1}(x)\eta_u\\&=-\begin{vmatrix} I & Q^{-1}(x)\eta_u\\ \widetilde{x}(t) & 0\end{vmatrix}\\&=-\frac{1}{\det Q(x)}\begin{vmatrix} Q(x) & \eta_u\\ \widetilde{x}(t) & 0\end{vmatrix}\\&=:\psi(u)(t).\end{aligned}$$

于是

$$(\mathcal{K}u)(t)=\int_a^b G(t,s)F_u(s)\mathrm{d}s+\psi(u)(t). \tag{1.5.11}$$

当 $Lx=x^{(n)}$ 时，$Lx=0$ 的基础解系由 $1,t,\cdots,t^{n-1}$ 构成，$\psi(t)$ 是 t 的 $n-1$ 次多项式，称为 BVP (1.5.1) 的内插多项式.

当 $r<n$ 时，任取 $u\in X$，式 (1.5.3) 不一定成立. 为使式 (1.5.5) 对 $\forall u\in X$ 都有意义，作如下处理.

记 $\Gamma(F_u)=(\Gamma_1(F_u),\Gamma_2(F_u),\cdots,\Gamma_{n-r}(F_u))^{\mathrm{T}}$，其中 $\Gamma_i(F_u)$ 表示式 (1.4.3) 中 $\Gamma(F_u)$ 的第 i 个分量.

记 $l_1=\dim\operatorname{span}\{\bigcup\limits_{u\in X}\Gamma(F_u)\}\leqslant n-r$. 设有 $y_1,y_2,\cdots,y_{l_1}\in Y$ 线性无关，且当记

$$\mu(y)=\begin{pmatrix}\Gamma_1(y_1) & \cdots & \Gamma_1(y_{l_1})\\ \vdots & \ddots & \vdots\\ \Gamma_{l_1}(y_1) & \cdots & \Gamma_{l_1}(y_{l_1})\end{pmatrix}$$

时，满足

$$\det\mu(y)\neq 0, \tag{1.5.12}$$

记 $y=(y_1,\cdots,y_{l_1}),Y$ 中由 $y_1,\cdots,y_{l_1}$ 张成的子空间记为 V. 由

$$Q^{<1>}F_u=y\mu^{-1}(y)\Gamma(F_u)$$

定义投影算子 $Q^{<1>}:Y\to V$, 这时有

$$\begin{aligned}\Gamma(F_u-Q^{<1>}F_u)&=\Gamma(F_u)-\Gamma(Q^{<1>}F_u)\\&=\Gamma(F_u)-\Gamma(y\mu^{-1}(y)\Gamma(F_u))\\&=\Gamma(F_u)-\mu(y)\mu^{-1}(y)\Gamma(F_u)\\&=0,\end{aligned} \tag{1.5.13}$$

即 $\Gamma(F_u-Q^{<1>}F_u)=0$. 又记 $l_2=\operatorname{dimspan}\{\bigcup\limits_{u\in X}\Gamma(\eta_u)\}\leqslant n-r$.

同样，

$$e=(e_{r+1},e_{r+2},\cdots,e_n),\qquad \Delta(e)=(\Delta e_{r+1},\Delta e_{r+2},\cdots,\Delta e_{l_2}),$$

其中 $e_i(i=1,\cdots,l_2)$ 是 $\mathbf{R}^{l_2}$ 的单位标准基.

定义投影 $Q^{<2>}:\mathbf{R}^n\to\mathbf{R}^{l_2}$，使 $\forall\eta\in\mathbf{R}^n$,

$$Q^{<2>}(\eta)=e\Delta(\eta).$$

则

$$\Delta(\eta_u - Q^{<2>}\eta_u) = 0.$$

记 $Q = (Q^{<1>}, Q^{<2>})$，则

$$Q : Y \to V \times \mathbf{R}^l.$$

对边值问题

$$\begin{cases} Lx = F_u - Q^{<1>}F_u, \\ U(x) = \eta_u - Q^{<2>}\eta_u, \end{cases}$$

分别用 $F_u - Q^{<1>}F_u, \eta_u - Q^{<2>}\eta_u$ 代替 F_u 和 η_u，根据式 (1.4.12) 得解

$$\begin{aligned} x(t) = &[x^{<2>}(t) - x^{<1>}Q_r^{-1}(x)S_{n-r}(x)]k + \widehat{x}(t) - x^{<1>}(t)Q_r^{-1}(x)U^{<1>}(\widehat{x}) \\ &+x^{<1>}Q_r^{-1}(x)(\eta_u^{<1>} - Q^{<2>}\eta_u^{<1>}). \end{aligned} \tag{1.5.14}$$

记

$$\begin{aligned} &\widehat{x}(t) - x^{<1>}(t)Q_r^{-1}(x)U^{<1>}(\widehat{x}) \\ =&\frac{1}{\det Q_r(x)}\begin{vmatrix} Q_r(x) & U^{<1>}(\widehat{x}) \\ x^{<1>}(t) & \widehat{x}(t) \end{vmatrix} \\ =&\int_a^b \frac{1}{\det Q_r(x)}\begin{vmatrix} Q_r(x) & U^{<1>}(\widehat{B}(t,s)) \\ x^{<1>}(t) & \widehat{B}(t,s) \end{vmatrix}(F_u(s) - Q^{<1>}F_u)\mathrm{d}s \\ =:&\ K_1(F_u - Q^{<1>}F_u)(t), \\ &-x^{<1>}(t)Q_r^{-1}(x)(\eta_u^{<1>} - Q^{<2>}\eta_u^{<1>}) =: K_2(\eta_u^{<1>} - Q^{<2>}\eta_u^{<1>}), \end{aligned}$$

则 $K_1 : (I - Q^{<1>})Y \to X, K_2 : \mathbf{R}^n \to \mathrm{span}\{x_{i_1}, x_{i_2}, \cdots, x_{i_r}\}$. 这时式 (1.4.12) 的解可表示为

$$\begin{aligned} x(t) = &[x^{<2>}(t) - x^{<1>}(t)Q_r^{-1}(x)S_{n-r}(x)]k + K_1(F_u - Q^{<1>}F_u)(t) \\ &+K_2(\eta_u^{<1>} - Q^{<2>}\eta_u^{<1>}). \end{aligned} \tag{1.5.15}$$

易知，当

$$Q^{<1>}F_u = 0, \qquad Q^{<2>}\eta_u = 0 \tag{1.5.16}$$

时，即可保证条件 (1.5.3) 成立.

为确定算子 K_ς，需要在 $\mathbf{R}^{n-r}$ 中取到合适的 ς，记

$$(z_1(t), \cdots, z_{n-r}(t)) := (x^{<2>}(t) - x^{<1>}(t)Q_r^{-1}S_{n-r}(x)),$$

这是 $\ker L$ 的一组基. 取泛函

$$V_i : \mathrm{dom}L \to \mathbf{R},$$

使

$$\det V(z) = \det \begin{pmatrix} V_1(z_1) & \cdots & V_1(z_{n-r}) \\ \vdots & \ddots & \vdots \\ V_{n-r}(z_1) & \cdots & V_{n-r}(z_{n-r}) \end{pmatrix} \neq 0.$$

对 $u \in X$，由

$$Pu = (z_1, \cdots, z_{n-r}) V^{-1}(z) \begin{pmatrix} V_1(u) \\ \vdots \\ V_{n-r}(u) \end{pmatrix},$$

定义投影算子 $P : X \to \ker L$. 于是在式 (1.5.15) 中取

$$\begin{aligned} \varsigma = & V^{-1}(z)(V_1(u), \cdots, V_{n-r}(u))^{\mathrm{T}} - V^{-1}(z)[V_1(K_1(F_u - Q^{<1>} F_u)) \\ & + K_2(\eta_u^{<1>} - Q^{<2>} \eta_u^{<1>})], \end{aligned}$$

就有

$$K_\varsigma u = Pu + (I - P)[K_1(F_u - Q^{<1>} F_u) + K_2(\eta_u^{<1>} - Q^{<2>} \eta_u^{<1>})]. \tag{1.5.17}$$

如果记 $Nu = (N_1 u, N_2 u) = (F_u, \eta_u)$，则

$$(I - Q)Nu = ((I_1 - Q^{<1>})F_u, (I_2 - Q^{<2>})\eta_u^{<1>}),$$

其中 I_1, I_2 分别是 $\mathbf{R}^r$ 和 $\mathbf{R}^{n-r}$ 中的恒等算子. 又记

$$K(I - Q)Nu = K_1(I_1 - Q^{<1>})F_u + K_2(I_2 - Q^{<2>})\eta_u^{<1>},$$

$$K_\varsigma u = Pu + (I - P)K(I - Q)Nu. \tag{1.5.18}$$

因此当条件 (1.5.16) 成立，即

$$QNu = 0 \tag{1.5.19}$$

时，K_ς 的不动点就是 BVP(1.5.1) 的解.

进一步，我们建立新的全连续算子 T，使 T 的不动点必是 K_ς 的不动点，且任何不动点 u 蕴含了条件 (1.5.19).

设 $l_1 + l_2 = l \geqslant n - r$，令 $\widetilde{L} : X \times \mathbf{R}^{l+r-n} \to Y \times \{0\}$. 则 $\ker\widetilde{L} = \ker L \times \mathbf{R}^{l+r-n}$. 记 $J : \mathrm{Im}Q \to \ker\widetilde{L}$ 为同构映射，

$$T = P + (I - P)K(I - Q) + JQN,$$

则当 u 是 T 的不动点，即

$$u=[P+(I-P)K(I-Q)+JQN]u$$

时，u 既满足有解性条件 (1.5.19)，又是 $P+(I-P)K(I-Q)N$ 的不动点，从而是 BVP(1.5.1) 的解，这样就将式 (1.5.1) 的有解性转化为抽象算子 T 在 X 上的不动点问题.

需要注意的是，式 (1.5.1) 中边界条件 $U(x)=g(x,x',\cdots,x^{(q)})$ 右边的某个分量 $g_i\neq 0$ 时，令 $\hat{g}_i=g_i-U_i(x)$ 从而用

$$o=\hat{g}_i(x,\cdots,x^{(q)})$$

代替原边界条件讨论，较为方便.

用抽象算子的不动点定理讨论边值问题的工作，还可参看任景莉、薛春艳最近出版的文献 [40].

评　注

在非共振线性边值问题中，对边界条件分离型的两点边值问题，可以用较直接的方法求 Green 函数. 所谓边界条件分离型是指，边界条件 $U(x)=0$ 的每一个约束条件只依赖于待求函数在区间的一个端点处的取值.

设 $Lu=u^{(n)}+\sum\limits_{i=1}^{n}a_i(t)u^{(n-i)}$，两点边值问题

$$\begin{cases}Lu=f(t,u,\cdots,u^{(n-1)}),\\ U(x)=0\end{cases}$$

中

$$U_i(x)=\sum_{j=1}^{n-1}a_{ij}U^{(j)}(a),\qquad i=1,2,\cdots,l,$$
$$U_i(x)=\sum_{j=1}^{n-1}a_{ij}U^{(j)}(b),\qquad i=l+1,\cdots,n,$$

则可以找到 $Lu=0$ 的一个基础解系

$$x_1(t),x_2(t),\cdots,x_n(t),$$

使 $x_1(t),x_2(t),\cdots,x_{n-l}(t)$ 满足

$$U_i(x)=0,\qquad i=1,2,\cdots,l,$$

$x_{n-l+1}, x_{n-l+2}, \cdots, x_n(t)$ 满足

$$U_i(x) = 0, \qquad i = l+1, l+2, \cdots, n,$$

于是

$$Q(x) = \begin{pmatrix} Q_{l\times(n-l)} & Q_l(x) \\ Q_{n-l}(x) & Q_{(n-l)\times l} \end{pmatrix},$$

其中 $Q_{l\times(n-l)}, Q_{(n-l)\times l}$ 分别是 l 行 $(n-l)$ 列零阵和 $(n-l)$ 行 l 列零阵,$Q_l(x), Q_{n-l}(x)$ 分别是 $Q(x)$ 中右上方 l 阶子阵和左下方 $(n-l)$ 阶子阵

$$Q_l(x^{<2>}) = \begin{pmatrix} U_1(x_{n-l+1}) & \cdots & U_1(x_n) \\ \vdots & \ddots & \vdots \\ U_l(x_{n-l+1}) & \cdots & U_l(x_n) \end{pmatrix},$$

$$Q_{n-l}(x^{<1>}) = \begin{pmatrix} U_{l+1}(x_1) & \cdots & U_{l+1}(x_{n-l}) \\ \vdots & \ddots & \vdots \\ U_n(x_1) & \cdots & U_n(x_{n-l}) \end{pmatrix},$$

其中 $x^{<1>} = (x_1, \cdots, x_{n-l}), x^{<2>} = (x_{n-l+1}, \cdots, x_n)$. 由于式 (1.3.3) 中 $x(t)$ 与 r 的取值无关，从而 $G(t,s)$ 与 r 的取值无关，故 $s \in [a,t)$ 时，取 $r=b$，有 $\widehat{B}_b(t,s)=0$,

$$U_i(\widehat{B}_b(t,s)) = 0, \qquad i = l+1, \cdots, a \leqslant s < t < b;$$

$s \in (t,b]$ 时，取 $r=a$，有 $\widehat{B}_a(t,s)=0$,

$$U_i(\widehat{B}_a(t,s)) = 0, \qquad i = 1, 2, \cdots, l, a < t < s \leqslant b.$$

无论 $r=a$ 还是 $r=b$，均有

$$|Q(x)| = (-1)^{l(n-l)} |Q_l(x^{<2>})| \cdot |Q_{n-l}(x^{<1>})|.$$

又，$r=b$ 时，记

$$U^{<1>}(\widehat{B}_b(t,s)) = (U_1(\widehat{B}_b(t,s)), \cdots, U_l(\widehat{B}_b(t,s)))^{\mathrm{T}},$$

$r=a$ 时，记

$$U^{<2>}(\widehat{B}_a(t,s)) = (U_{l+1}(\widehat{B}_a(t,s)), \cdots, U_n(\widehat{B}_a(t,s)))^{\mathrm{T}},$$

则 $s\in[a,t)$ 时，

$$
\begin{aligned}
G(t,s)&=\frac{1}{|Q(x)|}\begin{vmatrix} Q_{l\times(n-l)} & Q_l(x^{<2>}) & U^{<1>}(\widehat{B}_b(t,s)) \\ Q_{n-l}(x^{<1>}) & Q_{(n-l)\times l} & \mathbf{0} \\ x^{<1>}(t) & x^{<2>}(t) & \mathbf{0} \end{vmatrix} \\
&=\frac{(-1)^{l(n-l)}Q_{n-l}(x^{<1>})}{|Q(x)|}\begin{vmatrix} Q_l(x^{<2>}) & U^{<1>}(\widehat{B}_b(t,s)) \\ x^{<2>}(t) & \mathbf{0} \end{vmatrix} \\
&=\frac{1}{|Q_l(x^{<2>})|}\begin{vmatrix} Q_l(x^{<2>}) & U^{<1>}(\widehat{B}_b(t,s)) \\ x^{<2>}(t) & \mathbf{0} \end{vmatrix} \\
&=-x^{<2>}(t)Q_l^{-1}(x^{<2>})U^{<1>}(\widehat{B}_b(t,s)) \\
&=x^{<2>}(t)Q_l^{-1}(x^{<2>})U^{<1>}(B(t,s)).
\end{aligned}
$$

同理，$s\in(t,b]$ 时，

$$
G(t,s)=-x^{<1>}(t)Q_{n-l}^{-1}(x^{<1>})U^{<2>}(B(t,s)).
$$

仍记式 (1.3.18) 中 $x_i(t)$ 的代数余子式为 $W_i(s)$，则

$$
B(t,s)=\frac{1}{W(s)}\sum_{i=1}^{n}W_i(s)x_i(t),
$$

$$
U^{<1>}(B(t,s))=\frac{1}{W(s)}\sum_{i=n-l+1}^{n}W_i(s)U^{<1>}(x_i),
$$

$$
U^{<2>}(B(t,s))=\frac{1}{W(s)}\sum_{i=1}^{n-l}W_i(s)U^{<2>}(x_i).
$$

于是

$$
G(t,s)=-\frac{1}{W(s)}\begin{cases} -\displaystyle\sum_{i=n-l+1}^{n}W_i(s)x^{<2>}(t)Q_l^{-1}(x^{<2>})U^{<1>}(x_i), & a\leqslant s\leqslant t\leqslant b, \\ \displaystyle\sum_{i=1}^{n-l}W_i(s)x^{<1>}(t)Q_{n-l}^{-1}(x^{<1>})U^{<2>}(x_i), & a\leqslant t\leqslant s\leqslant b, \end{cases}
$$

或者也可以表示为

$$
G(t,s)=\begin{cases} \dfrac{1}{W(s)|Q_l(x^{<2>})|}\displaystyle\sum_{i=n-l+1}^{n}\begin{vmatrix} Q_l(x^{<2>}) & W_i(s)U^{<1>}(x_i) \\ x^{<2>}(t) & \mathbf{0} \end{vmatrix}, & a\leqslant s\leqslant t\leqslant b, \\ \dfrac{-1}{W(s)|Q_{n-l}(x^{<1>})|}\displaystyle\sum_{i=1}^{n-l}\begin{vmatrix} Q_{n-l}(x^{<1>}) & W_i(s)U^{<2>}(x_i) \\ x^{<1>}(t) & \mathbf{0} \end{vmatrix}, & a\leqslant t\leqslant s\leqslant b. \end{cases}
$$

特别当 $n=2, l=1$ 时，有

$$x^{<1>}(t)=x_1(t), \qquad x^{<2>}(t)=x_2(t),$$

$$W_1(s)=-x_2(s), \qquad W_2(s)=x_1(s),$$

$$Q_l(x^{<2>})=U_1(x_2)=U^{<1>}(x_2),$$

$$Q_{n-l}(x^{<1>})=U_2(x_1)=U^{<2>}(x_1),$$

因此，

$$G(t,s)=\frac{-1}{W(s)}\begin{cases} x_1(s)x_2(t), & a\leqslant s\leqslant t\leqslant b,\\ x_1(t)x_2(s), & a\leqslant t\leqslant s\leqslant b. \end{cases}$$

这是求二阶 Sturm-Liouville 边值问题 Green 函数的简便途径.

参 考 文 献

[1] 李文林. 数学史概论. 北京: 高等教育出版社，2002

[2] Leibniz G W. Nova Methodus pro Maximis et Minimis, Itemque Tangentibus, Quae nec Irrationales Quantitates Moratur et Singulaze Proilli Calculi Genus. Acta Eruditorum, 1684

[3] Leibniz G W. De Geometria Recondita et Analysi Indivisibilium Atque Infinitorum. Acta Eruditorum, 1686

[4] Newton I. Philosophiae Naturalis Principia Mathematica, London, 1687

[5] Bell E T. Men of Mathematics: The lives and the Achievements of the Great Mathematicians from Zeno to Poincaeé, 1965(中译本：徐源泽. 数学大师，从芝诺到庞加莱. 上海科技出版社, 上海: 2004)

[6] Harman P, Mitton S. Cambridge Scientific Minds. Cambridge: Cambridge Univ. Press. 2002(中译本：李佐文等译. 剑桥科学伟人. 保定: 河北大学出版社, 2005)

[7] Sturm J C F. Memoire our les Equations Differentielles Lineaures du Second Ordre, JMPA, 1836(1): 106∼186

[8] Liouville J. Sur le développment des fonctions ou partieo de fouctions en sérieo dont leo divers termes sont assujetties à satisfaire a une même équation differentièlles du second ordre contenent un paramètre variable, JMPA, 1836(1): 253∼265; 1837(2): 16∼35; 418∼436

[9] Leray J., Schauder J. Topologie et equations fonctionelles. Ann. Sci. Ecole Norm, Sup 51: 1934(3): 45∼78

[10] Leray J. Les Problèmes non Lineaires. L′enseignement Math. 1936(35): 139∼151

[11] Mawhin J. Topological degree methods in nonlinear boundary value problems. CBMS 40, Amer. Math. Soc., Providence, R.I., 1979

[12] Mawhin J. Topological degree and boundary value problems for nonlinear differential equations. In: Topological Methods for Ordinary Differential Equations. Spinger-Verlag, Berlin Heidelberg, 1993

[13] Usmani R A, Taylor P J. Finite difference method for solving $(p(x)y'')''+q(x)y=r(x)$, Intern. J. Computer Math., 1983(14): 277∼293

[14] Ravi P Agarwal. Boundary Value Problems for Higher Order Differential Equations. World Scientific, Singapore, 1986

[15] Thomas L H. The calculation of atomic fields. Proc. Camb. Phil. Soc. 1927(23): 542~548

[16] Fermi E. Un methodo statistico perla determunazione di alcune proprièta dell′atoma. Rend. Accard. Naz. del Linceri. Cl. sci. fis. mat. e nat. 1927(6): 602~607

[17] Donal O′Regan. Theory of Singulai Boundary Value Problems. World Scientific Publishing, Singapore, 1994

[18] Aganwal R P, Regan D, Singular Differential and Integral Equations with Applications. Kluwer Academic Publishing, London, 2003

[19] Kider R E. Unsteady flow of gas through a semi-infinite porous medium, J. Appl. Mech., 1957(27): 329~332

[20] Aganwal R P, Regan D, Infinite Interval Problems for Differential, Difference and Integral Equatins. Kluwer Academic Publishers, London, 2001

[21] Herrero M A, Vazquez J L. On the propagation properties of a nonlinear degenerate parabolic equation. Comm. Partial Diff. Eqns, 1982(7): 1381~1402

[22] Esteban J R, Vazquez J L. On the equation of the turbulent filtration in dimensional porous media, Nonlinear Analysis, 1986(10): 1305~1325

[23] Pino M Del, Elgueta M, Manásevich R. A homotopic deformation along p of a Leray-Schäuder degree result and existence for $(|u'|^{p-2}u')' + f(t,u) = 0, u(0) = u(T) = 0, p > 1$. J. Differential Equations, 1989(80): 1~13

[24] Manasévich R. Zanolin F. Time mappings and multiplicity of solutions for the one dimensional p-Laplacian. Nonlinear Anal. 1993(21): 269~291

[25] Manasevich R, Mawhin J. Periodic solutions for nonlinear systems with p-Laplacian-like operators. J.D.E., 1998(145): 367~393

[26] Il'in V, Moiseev E. Nonlocal boundary value problems of first kind for a Sturm-Liouville operator in its differential and finite difference aspects. Diff. Eqns., 1987 (23): 803~810

[27] Gupta C P. Solvablity of three-point boundary value problems for a second order ordinary differential equation. JMAA, 1992(168): 540~551

[28] 马如云. 非线性常微分方程非局部问题. 北京: 科学出版社，2004

[29] Bainov D D. et al., Periodic boundary value problems for systems of first order impulsive equations, Differential and Integral Eqns., 2:1 (1989): 37~43

[30] Hu S, Lakshmikantham V. Periodic boundary value problems for second order impulsive differential systems. Nonlinear Analysis, 1989 13, (1): 75~85

[31] Bainov D D, Kostadinor S I, Myshkio A D. Bounded and periodic solutions of differential equations with impulse effect in a Banach space. Differential and Integral Equations, 1988, 1 (2): 223~230

[32] Bainov D D, Simeonor P S. Systems with Impulse Effect: Stablity, Theory and Applications, Ellis Horwood Series in Mathematics and Its Applications, Ellis Horwood, Chichester, 1989

[33] Bainov D D, Simeonor P S. Impulsive Differential Equations: Periodic Solutions and Applications. Hacloi: Longman Scientific & Technical. 1993

[34] Vatsala A S, Sun Y. Periodic boundary value problems of impulsive differential eqautions, Applicable Analysis, 1992(44): 145~158

[35] Lee J W, O'Regan D. Existence results for differential delay equations-I, J.D.E. 1993(102): 342～359

[36] Weng P, Jiang D. Existence of positive solutions for boundary value problem of second-order FDE. Comp. Math. Appl., 1999(37): 1～9

[37] Ge W. Research on Green's Function for Boundary Value Problems of Ordinary Differential Equations, Preprint

[38] 邓宗琦. 常微分方程边值问题和 Sturm 比较理论引论. 武汉: 华中师范大学出版社，1999

[39] Hunu M，Miller W. Second Course in Ordinary Differential Equations for Scientists and Engineers, Spinger-Verlag, World Publ. Corp. 1988

[40] 任景莉, 薛春艳. 微分方程中泛函方法的应用研究. 北京: 北京科学技术出版社,2006

第 2 章　度理论和不动点定理

度理论和相关的不动点定理是研究非线性常微分方程边值问题的基本工具.

2.1　度理论概要

度理论是非线性泛函分析的核心内容. 1912 年 L.E.J. Brouwer 首先对有限维空间的连续映射建立拓扑度 [1]. 1934 年 J. Leray 和 J. Schauder 将 Brouwer 的理论推广到无穷维空间，在 Banach 空间中对一类全连续映射定义了拓扑度 [2,3]，使度理论臻于成熟，并成为研究非线性微分方程的重要工具. J.T. Schwartz[4] 在 1969 年系统地介绍了度理论，其后 J. Mawhin[5,6] 成功地将 Leray-Schauder 方法用于非线性边值问题的求解，并提出了重合度的概念. 其中，由 Leray-Schauder 连续性原理给出的连续性定理，成为一系列研究工作的有用框架. 葛渭高和任景莉 [7] 2004 年成功地将 Mawhin 的连续性定理推广到含有拟线性算子的情况，为连续性定理用于带 p-Laplacian 算子的非线性边值问题准备了条件.

国内从 20 世纪 80 年代中期开始，已陆续出现介绍度理论的书籍，陈文嫄[8]、郭大钧 [9]、赵义纯 [10] 及钟承奎等 [11] 编写的教材都可资参考.

2.1.1　度应具有的性质

设 $(a,b)\subset \mathbf{R}$ 为一个开区间，$f:[a,b]\to\mathbf{R}$ 是一个连续函数，$p\in\mathbf{R}$ 是一个定值，则方程 $f(x)=p$ 有解的一个最简单的充分条件是

$$(f(a)-p)(f(b)-p)<0.$$

现在考虑图 $\Gamma=\{(x,f(x)):x\in[a,b]\}$ 及直线 $L=\{(x,p):x\in[a,b]\}$. 如果 $x=x_0\in[a,b]$ 是 $f(x)=p$ 的解，则当且仅当 (x_0,p) 是 Γ 和 L 的公共点. 假设 $f(a),f(b)\neq p$ 且 Γ 和 L 仅有有限个公共点

$$(x_1,p),(x_2,p),\cdots,(x_m,p),$$

我们将每个 x_k 和一个整数对应: 如果 $f(x)$ 在 x_k 单调增大，Γ 由 L 下方经 (x_k,p) 进入 L 的上方，对 x_k 赋值 1；反之由 L 上方进入 L 下方，则赋值 -1；Γ 在经过 (x_k,p) 时不穿越 L 则赋值 0.

将各公共点处对 x_k 的赋值求代数和，这个和必定是整数，由于赋值的代数和

与区间 (a,b)、实数 p 及 $[a,b]$ 上端点处不等于 p 的连续函数 f 有关，所以它可以表示为 $\sigma\{f,(a,b),p\}$，记

$$E=\{(f,(a,b),p):(a,b)\subset\mathbf{R}\text{为有界开区间},p\in\mathbf{R},f\in C[a,b],f(a),f(b)\neq p\},$$

则赋值代数和为算子

$$\sigma:E\to\mathbf{Z}$$

满足：

(1) $\sigma\{\text{id},(a,b),p\}=\begin{cases}1, & p\in(a,b),\\ 0, & p\notin[a,b],\end{cases}$ 其中 id 表示 $\mathbf{R}$ 上的恒等算子，

(2) $\sigma\{f,(a,b),p\}\neq 0$ 时，$f(x)=p$ 在 (a,b) 上有解，

这样对 $f(x)=p$ 有解性的讨论就可以转为对赋值和 $\sigma\{f,(a,b),p\}$ 取值的讨论.

由此，我们希望将赋值代数和 σ 的概念推广到一般的线性赋范空间 $X=\mathbf{R}^n$ 上，用于讨论 $f(x)=p$ 在 Ω 上是否有解的问题，其中

$$f:\overline{\Omega}\subset X\to X \qquad (\Omega\subset X\text{为有界开集}),$$

$p\in X$，这时赋值函数和 σ 用相应的算子符号 deg (度) 表示. 记

$$E=\{(f,\Omega,p):\Omega\subset X\text{有界开},p\in X,f\in C(\mathbf{R}^n),\ \text{对}\,\forall x\in\partial\Omega,f(x)\neq p\},$$

则

$$\deg:E\to\mathbf{Z}$$

表示一个算子，为了使算子 deg 的值（就是度）与 $f(x)=p$ 的有解性联系起来，并且对复杂的映射 f 能在一定条件下计算出度的值，我们要求它具有如下性质：

(i) (正规性)

$$\deg\{\text{id},\Omega,p\}=\begin{cases}1, & p\in\Omega,\\ 0, & p\notin\overline{\Omega},\end{cases}$$

其中 $\text{id}:X\to X$ 为恒等映射.

(ii) (可解性)

$$\deg\{f,\Omega,p\}\neq 0\Rightarrow f(x)=p\ \text{在}\Omega\text{中有解}.$$

(iii) (区域可加性)

设 $\Omega_1,\Omega_2\subset X$ 为有界开集，$\Omega_1\cap\Omega_2=\varnothing$，有

$$\Omega=\Omega_1\cup\Omega_2\Longrightarrow\deg\{f,\Omega,p\}=\deg\{f,\Omega_1,p\}+\deg\{f,\Omega_2,p\}.$$

(iv) (切除性)

设 K 为 $\overline{\Omega}$ 中的闭集，

$$p \notin f(K) \Longrightarrow \deg\{f, \Omega, p\} = \deg\{f, \Omega \setminus K, p\}.$$

(v) (同伦不变性)

设 $H : \overline{\Omega} \times [0,1] \to X$ 连续，$p : [0,1] \to X$ 连续，且 $\forall \lambda \in [0,1]$,

$$p(\lambda) \notin H(\partial\Omega, \lambda) \Rightarrow \deg\{H(\cdot, \lambda), \Omega, p(\lambda)\} \text{与} \lambda \text{ 无关}.$$

2.1.2 Brouwer 度的建立

设 $X = \mathbf{R}^n$，对于 $\Omega \subset X$，首先考虑 $f \in C^1(\overline{\Omega})$ 且要求 $p \in X \setminus (f(\partial\Omega) \cup Z_f)$，其中

$$Z_f = \{f(x) : x \in \overline{\Omega}, \text{s.t. } \det f'(x) = 0\}.$$

这时可以证明 $f^{-1}(p) = \{x \in \Omega : f(x) = p\}$ 是一个有限集，因而可定义

$$\deg\{f, \Omega, p\} = \sum_{x \in f^{-1}(p)} \operatorname{sgn} \det f'(x). \tag{2.1.1}$$

不难验证，这样定义的度，具有性质 (i)~(v).

利用 Sard 引理，当 $p \in f(\Omega) \cap Z_f$ 时，存在 q 充分靠近 p，$q \notin Z_f$. 再由 Heinz 的工作可定义

$$\deg\{f, \Omega, p\} := \deg\{f, \Omega, q\}, \tag{2.1.2}$$

从而去掉了 $p \notin Z_f$ 的限制.

最后，$f \in C(\overline{\Omega})$ 时，可用 $g \in C^1(\overline{\Omega})$ 逼近，当

$$\|g - f\| < \rho(p, f(\partial\Omega))$$

时，定义

$$\deg\{f, \Omega, p\} := \deg\{g, \Omega, p\}. \tag{2.1.3}$$

可以证明，由此定义的度 $\deg\{f, \Omega, p\}$ 与具体的 g 有关. 这样就建立了 E 上的整值连续函数. 对 $p \notin f(\partial\Omega)$ 时 f 在 Ω 上关于 p 的度，称为 Brouwer 度.

当 n 维空间 X 不是 $\mathbf{R}^n$，如

$$X = \left\{ x = \sum_{i=0}^{n-1} a_i t^{n-1-i} : a_0, \cdots, a_{n-1} \in \mathbf{R} \right\}$$

时，可以通过 X 和 $\mathbf{R}^n$ 之间的同胚而建立度的概念，如下：

设 n 维空间 X 到 $\mathbf{R}^n$ 有同胚映射

$$h: X \to \mathbf{R}^n,$$

$\Omega \subset X$ 是有界开集，$F: \overline{\Omega} \to X$ 为连续映射，且 $p \notin F(\partial\Omega)$. 这时 $f = h \circ F \circ h^{-1}: h(\overline{\Omega}) \to \mathbf{R}^n$ 为连续映射，且 $h(\overline{\Omega}) = \overline{h(\Omega)}$，$h(\Omega)$ 为 $\mathbf{R}^n$ 中有界开集. 显然，由 $p \notin F(\partial\Omega)$ 可得

$$h(p) \notin h \circ F(\partial\Omega) = h \circ F \circ h^{-1}(h(\partial\Omega)) = f(h(\partial\Omega)) = f(\partial h(\Omega)).$$

因而可以定义

$$\deg\{F, \Omega, p\} := \deg\{f, h(\Omega), h(p)\}. \tag{2.1.4}$$

由此建立的度，具有性质 (i)~(v).

2.1.3 Leray-Schauder 度

在有限维空间上对连续算子建立的 Brouwer 度，不能简单地推广到无穷维空间. 给定无穷维空间 X 中的开子集 Ω，及全连续算子 $F: \overline{\Omega} \to X$, J. Leray 和 J. Schauder 成功地将 Brouwer 度推广到 $\overline{\Omega}$ 上的无穷维算子 $(I - F): \overline{\Omega} \to X$.

推广的基础是有限维空间中的一个简化定理，即当 $f = I - F: \overline{\Omega} \to \mathbf{R}^n, \Omega \subset \mathbf{R}^n$ 是非空有界开集，$F: \overline{\Omega} \to \mathbf{R}^m \subset \mathbf{R}^n$，$m < n$, 为连续算子，$p \in \mathbf{R}^m \setminus f(\partial\Omega)$, 易证

$$\deg\{I - F, \Omega, p\} := \deg\{(I - F)|_{\mathbf{R}^m}, \Omega \cap \mathbf{R}^m, p\}, \tag{2.1.5}$$

其中 $I: \mathbf{R}^n \to \mathbf{R}^n$ 为恒等算子，$I|_{\mathbf{R}^m}$ 是 $\mathbf{R}^m$ 上的恒等算子.

设 X 为实赋范线性空间，$\Omega \subset X$ 为非空有界开集，$F: \overline{\Omega} \to \mathbf{R}^m \subset X$ 为有限维算子（即 $F(\overline{\Omega})$ 在 X 的有限维子空间，不妨设 $\mathbf{R}^m$ 中），对 $p \notin (I - F)(\partial\Omega)$，可假定 $p \in \mathbf{R}^m$. 设不然记 $X_{m+1} = \text{span}\{\mathbf{R}^m, p\}$, 它同胚于 $\mathbf{R}^{m+1}$，空间中选取适当的基，使 X_{m+1} 等同于 $\mathbf{R}^{m+1}$. 这时可用 $\mathbf{R}^{m+1}$ 代替 $\mathbf{R}^m$. 在上述条件下定义

$$\deg\{I - F, \Omega, p\} := \deg\{(I - F)|_{\mathbf{R}^m}, \Omega \cap \mathbf{R}^m, p\}. \tag{2.1.6}$$

现在将式 (2.1.6) 中所讨论的有限维算子 F 推广为全连续算子. 由于全连续算子 $F: \overline{\Omega} \to X$ 可以用有限维连续算子族 $F_m: \overline{\Omega} \to \mathbf{R}^m$ 来逼近，即

$$\lim_{m \to \infty} \|F_m - F\| = 0.$$

故可以定义

$$\deg\{I - F, \Omega, p\} := \lim_{m \to \infty} \deg\{(I - F_m)|_{\mathbf{R}^m}, \Omega \cap \mathbf{R}^m, p\}. \tag{2.1.7}$$

这样就得到了 Leray-Schauder 度. 式 (2.1.7) 所定义的度由 Brouwer 度求极限而得，容易验证它具有性质 (i)~(v).

2.1.4 锥上的拓扑度

设 X 是赋范实线性空间，$K \subset X$ 为闭凸集，满足:

(1) $\forall x \in K, \lambda \geqslant 0 \Longrightarrow \lambda x \in K$;

(2) $x, -x \in K \Rightarrow x = 0$,

则 K 称为 X 中的一个闭锥，简称锥. 由锥 K 可在 X 上建立偏序"$\preceq$"，即 $\forall x, y \in X$，

$$x \preceq y \Leftrightarrow y - x \in K.$$

以后我们恒假设由 K 建立的序是增序，即 $x, y \in K$，

$$x \preceq y \Rightarrow \|x\| \leqslant \|y\|. \tag{2.1.8}$$

当 $x \leqslant y$ 且 $x \neq y$ 时, 记为 $x < y$.

设 $\Omega \subset K$ 为有界相对开集，$F : \overline{\Omega} \to K$ 为全连续算子. 由于 Ω 不一定是 X 中的有界开集，记 $\partial\Omega$ 为 Ω 在 K 中的相对边界，则即使 $p \notin (I - F)(\partial\Omega)$，仍然不能直接用式 (2.1.7) 定义 $I - F$ 在 Ω 上关于 p 的度.

为克服困难，取 X 中有界开集 D, 使 $\Omega = D \cap K$，由 Dugundji 扩张定理，存在 F 在 $\overline{D}$ 上的全连续扩张，$F^* : \overline{D} \to \overline{F(\overline{\Omega})} \subset K$, 满足 $F^*|_{\overline{\Omega}} = F$，这时可定义

$$\deg\{I - F, \Omega, p\} := \deg\{I - F^*, D, p\}. \tag{2.1.9}$$

可以证明，式 (2.1.9) 右方的值和具体的 D 的选取及 D 上具体的扩张方式 F^* 无关，因此定义 (2.1.9) 是合理的. 同样，由式 (2.1.9) 定义的锥上的度，具有性质 (i)~(v).

在锥上定义的度对讨论各类方程正解的存在性十分有效.

2.2 不动点定理

根据度理论，可以建立各种各样的不动点定理.

2.2.1 Schauder 不动点定理

定理 2.2.1 设 X 是一个赋范实线性空间，而 $\overline{\Omega} \subset X$ 为非空有界闭子集，与单位闭球 $\overline{B}$ 同胚. 又设 $F : \overline{\Omega} \to \overline{\Omega}$ 为全连续算子，则 F 在 $\overline{\Omega}$ 中有不动点.

证明 $0 \notin (I - F)(\partial\Omega)$, 否则定理已成立. 设

$$h : \overline{\Omega} \to \overline{B}$$

是一个同胚映射，记 $f = h \circ F \circ h^{-1}$，它是映 $\overline{B}$ 入 $\overline{B}$ 的全连续算子，且 $0 \notin (I-f)(\partial B)$. 定义同伦 $H: \overline{B} \times [0,1] \to \overline{B}$，它由

$$H(x,\lambda) = \lambda f(x), \qquad x \in \overline{B}$$

给定，则 $0 \notin (I - H(\cdot,\lambda))(\partial B)$, 由度的性质 (v) 得

$$\deg\{I-f, B, 0\} = \deg\{I, B, 0\} = 1,$$

因此 $\exists x_0 \in B$, 使 $x_0 = f(x_0)$, 即

$$h^{-1}(x_0) = F(h^{-1}(x_0)) \in \Omega,$$

所以 $h^{-1}(x_0)$ 是 F 在 Ω 中的不动点.

注 2.2.1　如果 X 是有限维空间, 则定理中只需要求 $F: \overline{\Omega} \to \overline{\Omega}$ 是连续算子.

定理 2.2.1 中 $F: \overline{\Omega} \to \overline{\Omega}$ 中的条件可以适当放宽.

定理 2.2.2[10]　设 X 是赋范实线性空间，$\Omega \subset X$ 为非空有界凸开集, $F: \overline{\Omega} \to X$ 为全连续算子, 且 $F(\partial\Omega) \subset \overline{\Omega}$, 则 F 在 $\overline{\Omega}$ 中有不动点.

证明　不妨设 $0 \in \Omega$, 取闭球 $\overline{B}$，使 $\overline{\Omega} \cup F(\Omega) \subset \overline{B}$. 定义 $T: \overline{B} \to \overline{\Omega}$，使

$$Tx = \begin{cases} x, & x \in \overline{\Omega}, \\ u(x), & x \in \overline{B} \setminus \overline{\Omega}, \end{cases}$$

其中 $u(x) = \lambda x \in \partial\Omega, \lambda > 0$. 易知

$$T \circ F: \overline{\Omega} \to \overline{\Omega}$$

为全连续算子. 由定理 2.2.1 知，存在 $x_0 \in \overline{\Omega}$

$$x_0 = T \circ F(x_0).$$

当 $x_0 \in \Omega$ 时, 由于 $T|_\Omega = I$, 故 $x_0 = F(x_0)$; 当 $x \in \partial\Omega$ 时，由 $F(\partial\Omega) \subset \overline{\Omega}, T \circ F(x_0) = F(x_0)$ 得 $x_0 = F(x_0)$.

注 2.2.2　如果定理条件中令 $F(\partial\Omega) \subset \Omega$, 则易证明 $x_0 \notin \partial\Omega$, 故结论可加强为 F 在 Ω 中有不动点.

推论 2.2.1　设 X 是赋范实线性空间，$\Omega \subset X$ 是与单位开球 B 同胚的有界开集，$F: \overline{\Omega} \to \overline{\Omega}$ 为全连续算子，又 $\Omega_1, \Omega_2 \subset \Omega, \Omega_1 \cap \Omega_2 = \varnothing$, 且 Ω_1, Ω_2 和 B 同胚

$$F(\overline{\Omega}_1) \subset \Omega_1, \qquad F(\overline{\Omega}_2) \subset \Omega_2, \tag{2.2.1}$$

则 F 在 Ω 中至少有三个不动点 x_1, x_2, x_3，其中

$$x_1 \in \Omega_1, \quad x_2 \in \Omega_2, \quad x_3 \in \overline{\Omega} \setminus (\overline{\Omega}_1 \cup \overline{\Omega}_2).$$

证明 由定理 2.2.1 可知 F 在 Ω_1, Ω_2 中分别有不动点 x_1 和 x_2，且

$$\deg\{I - F, \Omega_1, 0\} = \deg\{I - F, \Omega_2, 0\}.$$

如果存在 $x_3 \in \partial\Omega$，使 $x_3 = F(x_3)$，则定理得证. 如果 $0 \notin (I - F)(\partial\Omega)$，则由定理 2.2.1 的证明知

$$\deg\{I - F, \Omega, 0\} = 1.$$

又由式 (2.2.1) 知 $0 \notin (I - F)(\partial\Omega_1 \cup \partial\Omega_2)$，则 $\deg\{I - F, \Omega \setminus (\overline{\Omega}_1 \cup \overline{\Omega}_2), 0\}$ 有意义，且由切除性及区域可加性，有

$$\begin{aligned}\deg\{I - F, \Omega, 0\} &= \deg\{I - F, \Omega \setminus (\partial\Omega_1 \cup \partial\Omega_2), 0\} \\ &= \deg\{I - F, \Omega \setminus (\overline{\Omega}_1 \cup \overline{\Omega}_2), 0\} + \sum_{i=1}^{2} \deg\{I - F, \Omega_i, 0\},\end{aligned}$$

于是

$$\deg\{I - F, \Omega \setminus (\overline{\Omega}_1 \cup \overline{\Omega}_2), 0\} = -1,$$

故存在 $x_3 \in \Omega \setminus (\overline{\Omega}_1 \cup \overline{\Omega}_2)$, 使 $x_3 = F(x_3)$.

设 X 是实线性赋范空间，“ $\preceq$ ” 是 X 中的偏序，对 $x, y \in X, x \preceq y$, 称 $[x, y] = \{u \in X : x \preceq u \preceq y\}$ 为 X 中的序空间，易证它是 X 中的一个非空有界闭凸集，由定理 2.2.2 可得如下推论.

推论 2.2.2 设 $[x, y]$ 为实线性赋范空间 X 中的序空间，$T : [x, y] \to X$ 为全连续算子且 $T\partial([x, y]) \subset [x, y]$，则 T 在 $[x, y]$ 中至少有一个不动点.

推论 2.2.3 设 X 为实线性赋范空间，$x_1, y_1, x_2, y_2 \in X$. 设 $T : [x_1, y_2] \to X$ 为全连续算子，$T\partial([x_i, y_i]) \subset [x_i, y_i], i = 1, 2$, 且

$$x \neq Tx, \quad \forall x \in \partial([x_1, y_1]) \cup \partial([x_2, y_2]),$$

则 T 在 $[x_1, y_2]$ 中至少有三个不动点 u_1, u_2, u_3，其中 $u_1 \in [x_1, y_1], u_2 \in [x_2, y_2], u_3 \in [x_1, y_2] \setminus ([x_1, y_1] \cup [x_2, y_2])$.

证明 由所给条件很容易证得

$$\begin{aligned}&\deg\{I - T, \text{int}[x_1, y_2], 0\} = \deg\{I - T, \text{int}[x_1, y_1], 0\} \\ &= \deg\{I - T, \text{int}[x_2, y_2], 0\} \\ &= 1,\end{aligned}$$

由区域可加性和切除性，又有

$$\begin{aligned}&\deg\{I-T,\text{int}[x_1,y_2]\setminus([x_1,y_1]\cup[x_2,y_2]),0\}\\=&\deg\{I-T,\text{int}[x_1,y_2],0\}-\sum_{i=1}^{2}\deg\{I-T,\text{int}[x_i,y_i],0\}\\=&-1,\end{aligned}$$

可知结论成立.

推论 2.2.2 和推论 2.2.3 可以用作上、下解方法的依据.

2.2.2 锥压缩 – 拉伸定理

锥压缩 – 拉伸定理由 Krasnoselskii 给出.

定理 2.2.3[12] 设 X 为赋范实线性空间，$K\subset X$ 是锥，$\Omega_1,\Omega_2\subset K$ 为非空相对开集，且 $O\in\Omega_1\subset\overline{\Omega}_1\subset\Omega_2$, 设 $F:\overline{\Omega}_2\to K$ 为全连续算子，满足:

(1) $\|F(x)\|\leqslant\|x\|,\forall x\in\partial\Omega_1;\|F(x)\|\geqslant\|x\|,\forall x\in\partial\Omega_2$, 或

(2) $\|F(x)\|\geqslant\|x\|,\forall x\in\partial\Omega_1;\|F(x)\|\leqslant\|x\|,\forall x\in\partial\Omega_2$,

则 F 在 $\overline{\Omega}_2\setminus\Omega_1$ 上有不动点.

证明 我们只对情况 (1) 给出证明，情况 (2) 证法类似. 不妨设 $F(x)\neq x,\forall x\in\partial\Omega_1\cup\partial\Omega_2$，否则结论已经成立.

由于 $F:\overline{\Omega}_2\to K$ 全连续，由 $\|F(x)\|\geqslant\|x\|$ 得 $F(x)\not<x$. 取 $p\in K\setminus\{0\}$ 使

$$x-F(x)\neq\lambda p,\qquad\lambda\geqslant0.$$

记 $M=\sup\{\|x-F(x)\|:x\in\overline{\Omega}_2\}+1,\ \lambda_0=M/\|p\|$, 则

$$\{x\in\overline{\Omega}_2:x-F(x)=\lambda_0p\}=\varnothing.$$

建立同伦 $H_2:\overline{\Omega}_2\times[0,\lambda_0]\to K$，使

$$H_2(x,\lambda)=F(x)+\lambda p,$$

显然 H_2 是一个全连续算子族. 由度的同伦不变性有

$$\begin{aligned}\deg\{I-F,\Omega_2,0\}&=\deg\{I-H_2(\cdot,0),\Omega_2,0\}\\&=\deg\{I-H_2(\cdot,\lambda_0),\Omega_2,0\}\\&=\deg\{I-F-\lambda_0p,\Omega_2,0\}\\&=0.\end{aligned}$$

考虑 $F:\overline{\Omega}_1\to K$，建立同伦 $H_1:\overline{\Omega}_1\times[0,1]\to K$ 使

$$H_1(x,\lambda)=\lambda F(x).$$

易证，$\forall x \in \partial\Omega_1, \lambda \in [0,1], x \neq H_1(x,\lambda)$, 于是

$$\deg\{I-F,\Omega_1,0\} = \deg\{I,\Omega_1,0\} = 1.$$

于是

$$\begin{aligned}\deg\{I-F,\Omega_2 \setminus \overline{\Omega}_1,0\} &= \deg\{I-F,\Omega_2,0\} - \deg\{I-F,\Omega_1,0\} \\ &= 0-1=-1 \neq 0.\end{aligned}$$

由拓扑度的性质 (ii)，F 在 $\Omega_2 \setminus \overline{\Omega}_1$ 中有不动点.

注 2.2.3 定理中条件 $\|F(x)\| \leqslant \|x\|, \|F(x)\| \geqslant \|x\|$ 分别用 $F(x) \not\geq x$ 和 $F(x) \not\leq x$ 代替，结论仍成立.

推论 2.2.4 设 X 为赋范实线性空间，$K \subset X$ 为锥，记

$$K_i = \{x \in K : \|x\| < r_i\}, \qquad i=1,2,\ 0<r_1<r_2,$$

如果 $F:\overline{K}_2 \to K$ 为全连续算子，且

(1)$\|F(x)\| \leqslant r_1, x \in \partial K_1; \|F(x)\| \geqslant r_2, x \in \partial K_2$，或

(2)$\|F(x)\| \geqslant r_1, x \in \partial K_1; \|F(x)\| \leqslant r_2, x \in \partial K_2$，

则 F 在 $\overline{K}_2 \setminus K_1$ 上有不动点 $x: r_1 \leqslant \|x\| \leqslant r_2$，

由定理 2.2.3 很容易得出多个不动点的存在定理.

定理 2.2.4 设 X 为赋范实线性空间，$K \subset X$ 为锥，记 $K_i = \{x \in K : \|x\| < r_i\}$, 其中 $i=1,2,3, r_3>r_2>r_1>0$, 设 $F:\overline{K}_3 \to K$ 为全连续算子，如果

(1) $\|F(x)\| < r_1, x \in \partial K_1; \|F(x)\| > r_2, x \in \partial K_2; \|F(x)\| \leqslant r_3, x \in \partial K_3$，

则 F 在 $\overline{K}_3$ 中至少有三个不动点 x_1, x_2, x_3，

$$\|x_1\| < r_1 < \|x_2\| < r_2 < \|x_3\| \leqslant r_3.$$

如果

(2) $\|F(x)\| \geqslant r_1, x \in \partial K_1; \|F(x)\| < r_2, x \in \partial K_2; \|F(x)\| \geqslant r_3, x \in \partial K_3$，

则 F 在 $\overline{K}_3$ 中至少有两个不动点 x_2, x_3，

$$r_1 \leqslant \|x_2\| < r_2 < \|x_3\| \leqslant r_3.$$

证明 我们仅对情况 (1) 给出证明，情况 (2) 证明类似.

由于 $F:\overline{K}_1 \to K$ 为全连续算子，在定理 2.2.3 的证明中用 K_1 代替 Ω_1，得

$$\deg\{I-F,K_1,0\} = 1,$$

知 F 在 K_1 中有不动点 x_1，且 $\|x_1\| < r_1$，之后用 K_1, K_2 代替定理 2.2.3 中的 Ω_1, Ω_2，由 $F: \overline{K}_2 \to K$ 全连续，得

$$\deg\{I - F, K_2 \setminus \overline{K}_1, 0\} = -1,$$

知 F 在 $K_2 \setminus \overline{K}_1$ 中有不动点 $x_2: r_1 < \|x_2\| < r_2$.

同时，由定理 2.2.3 中的证明还可得

$$\deg\{I - F, K_2, 0\} = 0.$$

下证第三个不动点 x_3 的存在性，如果存在 $x_3 \in \partial K_3$ 使 $x_3 = F(x_3)$，则结论已成立，不妨设

$$x \neq F(x), \qquad \forall x \in \partial K_3,$$

则由 $F: \overline{K}_3 \to K$ 全连续，$x \neq \lambda F(x), \forall x \in \partial K_3, \lambda \in [0,1]$ 得

$$\deg\{I - F, K_3, 0\} = 1,$$

从而

$$\deg\{I - F, K_3 \setminus \overline{K}_2, 0\} = \deg\{I - F, K_3, 0\} - \deg\{I - F, K_2, 0\} = 1,$$

知存在 $x_3 \in K_3 \setminus \overline{K}_2$, 使 $x_3 = F(x_3)$, 即 x_3 是第三个不动点，满足 $r_2 < \|x_3\| < r_3$.

注 2.2.4　定理的第二部分中 "$\|F(x)\| \geqslant r_1, x \in \partial K_1$" 可以删除，仍有两个不动点 x_2, x_3 存在，但对 x_2 只能保证 $0 \leqslant \|x_2\| < r_2$, 而不能保证 $\|x_2\| > 0$.

由于推论 2.2.2 和定理 2.2.4 中的 K_i 较定理 2.2.3 中的 Ω_i 明确，所以更便于讨论微分方程边值问题正解的存在性. 但同时我们也注意到，在锥 K 上实现拉伸条件 "$\|F(x)\| \geqslant \|x\|$"，往往需要对锥的定义施加较强的限制，而这种限制对于实现压缩条件 "$\|F(x)\| \leqslant \|x\|$" 又是不必要的. 因此我们提出在双锥上讨论算子的不动点.

设 X 是一个赋范实线性空间，$K \subset X$ 是一个锥，对任意常数 $r > 0$, 记

$$K_r = \{x \in K : \|x\| < r\}, \qquad \partial K_r = \{x \in K : \|x\| = r\}.$$

设 $\alpha: K \to \mathbf{R}^+$ 是一个连续增泛函，即 α 是连续的，且 $\forall x, y \in K, x \prec y \Rightarrow \alpha(x) \leqslant \alpha(y)$. 对 $\forall a, b > 0$, 记

$$K(b) = \{x \in K : \alpha(x) < b\}, \qquad \partial K(b) = \{x \in K : \alpha(x) = b\},$$

$$K_a(b) = \{x \in K : a < \|x\|, \alpha(x) < b\}.$$

定理 2.2.5[13] 设 X 为赋范实线性空间，K, K^* 为 X 中两个锥，且 $K^* \subset K$，设 $\alpha: K^* \to \mathbf{R}^+$ 为全连续增泛函，存在 $M \geqslant 1$ 使

$$\alpha(x) \leqslant \|x\| \leqslant M\alpha(x), \qquad \forall x \in K^*.$$

又设存在 $b > 0, F: \overline{K(b)} \to K, F^*: \overline{K^*(b)} \to K^*$ 为两个全连续算子，如果存在 $a \in (0,b)$，使

(1) $\|F(x)\| < a, x \in \partial K_a$;

(2) $\|F^*(x)\| < a, x \in \partial K_a^*$，且 $\alpha(F^*(x)) > b, x \in \partial K^*(b)$;

(3) $F(x) = F^*(x)$ 当 $x \in \{x \in K_a^*(b) : x = F^*(x)\}$，

则 F 在 $\overline{K(b)}$ 中至少有两个不动点 x_1 和 x_2，

$$0 \leqslant \|x_1\| < a < \|x_2\|, \qquad \alpha(x_2) \leqslant b.$$

证明 由条件 (1) 得 K 上的拓扑度

$$\deg\{I - F, K_a, \theta\} = 1,$$

故算子 F 在 K_a 中有不动点 $x_1 : 0 \leqslant \|x_1\| < a$. 同样由条件 (1) 得锥 K^* 上的拓扑度

$$\deg\{I - F^*, K_a^*, \theta\} = 1.$$

下证

$$\deg\{I - F^*, K^*(b), \theta\} = 0,$$

由关系式 $\alpha(x) \leqslant \|x\| \leqslant M\alpha(x)$ 及条件 (2) 的后半部分可得

$$\inf_{x \in \partial K^*(b)} \|F^*(x)\| \geqslant b > 0.$$

记 $\widetilde{F}: \overline{K}^*(b) \to K^*$ 为 $F^*|_{\partial K^*(b)} : \partial K^*(b) \to K^*$ 的一个扩张. Dugundji 扩张定理 [14] 保证 $\widetilde{F}$ 为全连续，且 $\widetilde{F} \subset \overline{\mathrm{conv}} F^*(\partial K^*(b))$, 因此

$$\inf_{x \in \overline{K}^*(b)} \|\widetilde{F}(x)\| \geqslant b > 0.$$

取同伦 $H(x,\lambda) = x - \lambda \widetilde{F}x$, 我们断言

$$H(x,\lambda) \neq \theta, \qquad \forall x \in \partial K^*(b), \lambda \geqslant 1.$$

设不然，有 $\lambda_0 \geqslant 1$ 及 $x_0 \in \partial K^*(b)$ 使

$$x_0 - \lambda_0 \widetilde{F}(x_0) = \theta,$$

即

$$x_0 = \lambda_0 \widetilde{F}(x_0),$$

于是

$$b = \alpha(x_0) = \alpha(\lambda_0 \widetilde{F}(x_0)) = \alpha(\lambda_0 F^*(x_0)) \geqslant \alpha(F^*(x_0)) > b,$$

得出矛盾，因此

$$\deg\{I - F^*, K^*(b), \theta\} = \deg\{I - \widetilde{F}, K^*(b), \theta\} = \deg\{I - \lambda\widetilde{F}, K^*(b), \theta\}.$$

当 $\lambda > M$ 时，对 $\forall x \in \overline{K}^*(b)$ 我们有

$$\|x\| \leqslant Mb, \qquad \|\lambda\widetilde{F}(x)\| = \lambda\|\widetilde{F}(x)\| \geqslant \lambda b > Mb,$$

故 $x - \lambda\widetilde{F}x = \theta$ 在 $\overline{K}^*(b)$ 中无解，于是

$$\deg\{I - F^*, K^*(b), \theta\} = 0,$$

且

$$\deg\{I - F^*, K_a^*(b), \theta\} = \deg\{I - F^*, K^*(b), \theta\} - \deg\{I - F^*, K_a^*, \theta\} = -1.$$

可见 F^* 在 $K_a^*(b)$ 中有不动点 $x_2 : a < \|x_2\|, \alpha(x_2) < b$, 条件 (3) 蕴涵 $x_2 = F^*x_2 = Fx_2 \in K^* \subset K$. 定理得证.

在定理 2.2.4 中，将算子关于范数的压缩或拉伸换成某个泛函的“压缩”或“拉伸”，可以得到类似的三个不动点的存在定理.

首先定义凹（凸）泛函，设 K 是 Banach 空间 X 中的一个锥，$\psi : K \to \mathbf{R}^+$ 为连续泛函，对 $\forall x, y \in K, \forall\lambda \in [0, 1]$，满足

$$\psi(\lambda x + (1-\lambda)y) - \lambda\psi(x) - (1-\lambda)\psi(y) \geqslant\ 0\ (\leqslant 0),$$

则称 ψ 为 K 上的一个凹（凸）泛函. 记

$$K_r = \{x \in K : \|x\| < r\}, \quad K(\psi, a, b) = \{x \in K : a \leqslant \psi(x), \|x\| \leqslant b\},$$

则有如下定理.

定理 2.2.6[15]　设有常数 $0 < a < b < d \leqslant c$，算子 $T : \overline{K}_c \to \overline{K}_c$ 为全连续，$\alpha : K \to \mathbf{R}^+$ 为连续凹泛函，$\alpha(x) \leqslant \|x\|$ 对 $\forall x \in \overline{K}_c$ 成立，又设:

(L_1) $\{x \in K(\alpha, b, d) : \alpha(x) > b\} \neq \varnothing, \alpha(Tx) > b$，当 $x \in K(\alpha, b, d)$;

(L_2) $\|Tx\| < a$, 当 $\|x\| \leqslant a$;

(L_3) $\alpha(Tx) > b$, 当 $x \in K(\alpha, b, c)$ 且 $\|Tx\| > d$,

则 T 至少有三个不动点 x_1, x_2, x_3 满足 $\|x_1\| < a < \|x_3\|, \alpha(x_3) < b < \alpha(x_2)$.

证明 记 $\Omega = K_{c+\varepsilon}, \varepsilon > 0$ 是一个正数，由 Dugundji 扩张定理，全连续算子 $T : \overline{K}_c \to \overline{K}_c$ 在 $\overline{\Omega}$ 上有全连续扩张，值域仍在闭凸集 $\overline{K}_c$ 中，不妨仍记扩张算子为 $T : \overline{\Omega} \to \overline{K}_c$，由 $H(x, \lambda) = \lambda Tx$ 建立同伦

$$H : \overline{\Omega} \times [0, 1] \to \overline{K}_c,$$

则 $\forall x \in \partial\Omega, \lambda \in [0, 1]$

$$x - H(\lambda, x) \neq \theta,$$

于是

$$\deg\{I - T, \Omega, \theta\} = \deg\{I, \Omega, \theta\} = 1.$$

记 $\Omega_1 = K_a$，可得 $\deg\{I - T, \Omega_1, \theta\} = 1$, 故有 $x_1 \in \Omega_1$，使 $Tx_1 = x_1$, 满足 $\|x_1\| < a$.

记 $\Omega_2 = \{x \in K_{c+\varepsilon} : \alpha(x) > b\}, \forall x, y \in \Omega_2, \lambda \in [0, 1]$ 有

$$\|\lambda x + (1 - \lambda)y\| \leqslant \lambda\|x\| + (1 - \lambda)\|y\| < c + \varepsilon,$$

$$\alpha(\lambda x + (1 - \lambda)y) \geqslant \lambda\alpha(x) + (1 - \lambda)\alpha(y) > b.$$

故 Ω_2 是非空凸集. 取一点 $u \in \Omega_2 \cap K_d$, 建立同伦 $H_2 : \overline{\Omega}_2 \times [0, 1] \to \overline{K}_c$ 使 $H_2(x, \lambda) = \lambda Tx + (1 - \lambda)u$, 这时 $\|u\| < d, \alpha(u) > b$，且

$$\partial\Omega_2 = \partial\Omega \cup \{x \in \overline{\Omega} : \alpha(x) = b\}.$$

下证 $\forall x \in \partial\Omega, \lambda \in [0, 1], H_2(x, \lambda) \neq x$.

设不然，存在 $x_0 \in \partial\Omega_2, \lambda_0 \in [0, 1]$ 使 $H_2(x_0, \lambda_0) = x_0$，则当 $x_0 \in \partial\Omega_2$ 时，

$$c + \varepsilon = \|x_0\| = \|H_2(x_0, \lambda_0)\| \leqslant \lambda_0\|Tx_0\| + (1 - \lambda_0)\|u\| < c + \varepsilon,$$

得出矛盾. 当 $x_0 \in \{x \in \overline{\Omega} : \alpha(x) = b\}$，则

$$\alpha(x_0) = b, \qquad \|x_0\| \leqslant c.$$

如果 $\|x_0\| \leqslant d$，则由条件 (L_1) 知 $\alpha(Tx_0) > b$，于是

$$\begin{aligned} b = \alpha(x_0) &= \alpha(H_2(x_0, \lambda_0)) = \alpha(\lambda_0 Tx_0 + (1 - \lambda_0)u) \\ &\geqslant \lambda_0\alpha(Tx_0) + (1 - \lambda_0)\alpha(u) > b, \end{aligned}$$

得出矛盾；如果 $d < \|x_0\| \leqslant c$, 由于

$$d < \|x_0\| = \|\lambda_0 Tx_0 + (1 - \lambda_0)u\| \leqslant \lambda_0\|Tx_0\| + (1 - \lambda_0)\|u\|$$

及 $\|u\| < d$，可知必有 $\|Tx_0\| > d$，从而由条件 (L_3) 得，$\alpha(Tx_0) > b$. 于是利用 $\alpha(u) > b$，有

$$b = \alpha(x_0) = \alpha(\lambda_0 Tx_0 + (1-\lambda_0)u) \geqslant \lambda_0\alpha(Tx_0) + (1-\lambda_0)\alpha(u) > b,$$

同样得到矛盾. 由 Leray-Schauder 度的同伦不变性原理，得

$$\deg\{I-T, \Omega_2, \theta\} = \deg\{I-u, \Omega_2, \theta\} = 1.$$

于是存在 $x_2 \in \Omega_2$, 使 $x_2 = Tx_2 : b < \alpha(x_2), \|x_2\| < c$. 再由 $\forall x \in \partial\Omega_2 \cup \partial\Omega_1$, $Tx \neq x$，有

$$\deg\{I-T, \Omega \setminus (\overline{\Omega}_1 \cup \overline{\Omega}_2), \theta\} = \deg\{I-T, \Omega, \theta\} - \sum_{i=1}^{2} \deg\{I-T, \Omega_i, \theta\} = -1.$$

故 T 在 $\Omega \setminus (\overline{\Omega}_1 \cup \overline{\Omega}_2)$ 中有不动点 x_3，

$$a < \|x_3\|, \qquad \alpha(x_3) < b.$$

由于 $T : \overline{\Omega} \to \overline{K}_c$, 则不动点 $x_1, x_2, x_3 \in \overline{K}_c$，可知 x_1, x_2, x_3 也是 $T|_{\overline{K}_c} : \overline{K}_c \to \overline{K}_c$ 的不动点，定理得证.

将定理 2.2.6 和定理 2.2.4 中的情况 (1) 作比较: 定理 2.2.6 中的 a, b, c 对应定理 2.2.4 中的 r_1, r_2, r_3，不难看出其差异主要是将 "$\|Tx\| > r_2$，当 $\|x\| = r_2$" 换成了 "$\alpha(Tx) > b$, 当 $\alpha(x) = b$"，即范数条件 (范数是个凸泛函) 换成了凹泛函条件.

对定理 2.2.4 中的情况 (2)，也可以用泛函条件代替范数条件，给出全连续算子存在两个不动点的条件，为此，先给出一些相关的定义.

设 X 为 Banach 空间，$K \subset X$ 为给定的锥，$\alpha : K \to \mathbf{R}^+$ 为非负连续实泛函，如果

$$\alpha(x) \leqslant \alpha(y), \qquad \text{当 } x, y \in K, x \preceq y,$$

则说 α 是 K 上的一个增泛函. 对 $\forall r > 0$，记

$$K(\alpha, r) = \{x \in K : \alpha(x) < r\}.$$

定理 2.2.7 [16] 设 K 是 Banach 空间 X 中的一个锥，$\alpha, \gamma : K \to \mathbf{R}^+$ 为非负连续增泛函，$\theta : K \to \mathbf{R}^+$ 为非负连续泛函，存在 $M, c > 0$，使

(i) $\theta(0) = 0$，且 $\gamma(x) \leqslant \theta(x) \leqslant \alpha(x)$，$\|x\| \leqslant M\gamma(x)$，当 $x \in \overline{K}(\gamma, c)$;

(ii) 存在 $0 < a < b < c$，对 $\forall\lambda \in [0,1], x \in \partial K(\theta, b)$，有

$$\theta(\lambda x) \leqslant \lambda\theta(x);$$

(iii) 算子 $T:\overline{K}(\gamma,c)\to K$ 为全连续；

(iv) $\gamma(Tx)>c$，当 $x\in\partial K(\gamma,c)$; $\theta(Tx)<b$，当 $x\in\partial K(\theta,b)$; $K(\alpha,a)\neq\varnothing$, 且 $\alpha(Tx)>a$, 当 $x\in\partial K(\alpha,a)$,

则 T 在 $K(\gamma,c)$ 中有两个不动点 x_1,x_2，

$$a<\alpha(x_1),\qquad \theta(x_1)<b<\theta(x_2),\qquad \gamma(x_2)<c.$$

证明 令 $\Omega=K(\gamma,c)$, 由 (iii) 知 $T(\partial\Omega)$ 为 X 中紧集, 再由 (iv) 知 $0\notin T(\partial\Omega)$, 于是

$$r=\inf_{x\in\partial\Omega}\|Tx\|>0.$$

取 $m>\max\left\{1,\dfrac{Mc}{r}\right\}$，并由 $h(x,\lambda)=\lambda Tx$ 定义

$$h:\overline{\Omega}\times[1,m]\to K,$$

这是一个全连续算子，易证 $\forall x\in\partial\Omega,\lambda\in[1,m],h(x,\lambda)\neq x$，故

$$\deg\{I-T,\Omega,0\}=\deg\{I-mT,\Omega,0\}.$$

又 $\forall x\in\overline{\Omega}$, 由 $\|x\|\leqslant Mc$, 从而 $\|mTx\|>\dfrac{Mc}{r}\cdot r=Mc$, 知 $x=mTx$ 在 $\overline{\Omega}$ 中无解，于是 $\deg\{I-mT,\Omega,0\}=0$，从而

$$\deg\{I-T,\Omega,0\}=0.$$

令 $\Omega_1=K(\alpha,a)\subset K(\gamma,c)$，同理可证

$$\deg\{I-T,\Omega_1,0\}=0.$$

记 $\Omega_2=K(\theta,b)\subset K(\gamma,c)$，则 $\overline{\Omega}_1\subset\Omega_2$，由条件 (iv)，$\forall x\in\partial\Omega_2,x\neq Tx$.

同样由 $h(x,\lambda)=\lambda Tx$ 定义全连续算子

$$h:\Omega_2\times[0,1]\to K,$$

$\forall\lambda\in[0,1],x\in\partial\Omega_2,h(x,\lambda)\neq x$. 设不然，存在 $\lambda_0\in[0,1],x_0\in\partial\Omega_2$，使 $x_0=\lambda_0Tx_0$，则

$$b=\theta(x_0)=\theta(\lambda_0Tx_0)\leqslant\lambda_0\theta(Tx_0)<b,$$

得出矛盾. 于是

$$\deg\{I-T,\Omega_2,0\}=\deg\{I,\Omega_2,0\}=1.$$

由于 T 在 $\partial\Omega_1, \partial\Omega_2$ 上无不动点，则

$$\deg\{I-T, \Omega\setminus\overline{\Omega}_2, 0\} = -1,$$

$$\deg\{I-T, \Omega_2\setminus\overline{\Omega}_1, 0\} = 1,$$

可知 T 在 $\Omega\setminus\overline{\Omega}_2$ 和 $\Omega_2\setminus\overline{\Omega}_1$ 中各有一不动点. 定理得证.

注 2.2.5 上述定理如果在 (i) 中去掉 $\theta(x)\leqslant\alpha(x)$ 的限制，则仍可得到两个不动点 x_1, x_2，但位置关系需更改为

$$a<\alpha(x_1), \qquad \theta(x_1)<b<\theta(x_2), \qquad \gamma(x_2)<c$$

或

$$\alpha(x_1), \alpha(x_2)<a, \qquad \theta(x_1)<b<\theta(x_2).$$

对定理 2.2.7 的条件还可稍加改变得到三个不动点的存在性.

定理 2.2.8 设 X 是 Banach 空间，$K\subset X$ 是一个闭锥，$\alpha,\beta,\gamma: K\to\mathbf{R}^+$ 为三个连续增泛函，且 $\exists c, M>0$，当 $x\in\overline{K(\gamma,c)}$ 时有

$$\gamma(x)\leqslant\beta(x)\leqslant\alpha(x), \qquad \|x\|\leqslant M\gamma(x).$$

$T:\overline{K(\gamma,c)}\to K$ 为全连续算子，设有常数 $c>b>a>0$，使

(1) $\gamma(Tx)<c$, 当 $x\in\partial K(\gamma,c)$;

(2) $\beta(Tx)>b$, 当 $x\in\partial K(\beta,b)$;

(3) $K(\alpha,a)\neq\varnothing$, $\alpha(Tx)<a$，当 $x\in\partial K(\alpha,a)$，

则 T 在 $\overline{K(\gamma,c)}$ 中至少有三个不动点，满足

$$0\leqslant\alpha(x_1)<a<\alpha(x_2), \qquad \beta(x_2)<b<\beta(x_3), \qquad \gamma(x_3)<c.$$

证明 取 $\Omega=K(\gamma,c)$, 则 $\Omega\subset K$ 为有界开集，由条件 (1) 可得

$$\deg\{I-T,\Omega,0\}=\deg\{I,\Omega,0\}=1.$$

同时取 $\Omega_1=K(\beta,b), \Omega_2=K(\alpha,a)$，则分别由条件 (2) 和条件 (3) 得

$$\deg\{I-T,\Omega_1,0\}=0, \qquad \deg\{I-T,\Omega_2,0\}=1.$$

在 $\overline{K(\gamma,c)}$ 上，由三个泛函给定的不等式关系可知

$$\Omega_2\subset\overline{\Omega}_2\subset\Omega_1\subset\overline{\Omega}_1\subset\Omega,$$

故

$$\Omega\setminus\Omega_1\neq\varnothing, \qquad \Omega_1\setminus\Omega_2\neq\varnothing.$$

根据锥上拓扑度的区域可加性原理有

$$\deg\{I-T,\Omega\setminus\overline{\Omega}_1,0\}=\deg\{I-T,\Omega,0\}-\deg\{I-T,\Omega_1,0\}=1,$$

$$\deg\{I-T,\Omega_1\setminus\overline{\Omega}_2,0\}=\deg\{I-T,\Omega_1,0\}-\deg\{I-T,\Omega_2,0\}=-1,$$

这样，T 在 Ω_2，$\Omega_1\setminus\overline{\Omega}_2$，$\Omega\setminus\overline{\Omega}_1$ 中各有一个不动点 x_1,x_2,x_3. 根据 Ω,Ω_1 和 Ω_2 的定义可知

$$0\leqslant\alpha(x_1)<a<\alpha(x_2),\qquad \beta(x_2)<b<\beta(x_2),\qquad \gamma(x_3)<c.$$

I.Avery 还用类似的方法证明了另一个三不动点定理，其中用不同的五个泛函来界定锥中的有界非空开集.

对 Banach 空间中闭锥 K，设 $\alpha,\psi:K\to\mathbf{R}^+$ 为非负连续凹泛函，$\gamma,\beta,\theta:K\to\mathbf{R}^+$ 为非负连续凸泛函，记

$$K(\gamma,\alpha;a,c)=\{x\in K:a\leqslant\alpha(x),\gamma(x)\leqslant c\},$$

$$K(\gamma,\theta,\alpha;a,b,c)=\{x\in K:a\leqslant\alpha(x),\theta(x)\leqslant b,\gamma(x)\leqslant c\},$$

$$Q(\gamma,\beta;d,c)=\{x\in K:\beta(x)\leqslant d,\gamma(x)\leqslant c\},$$

$$Q(\gamma,\beta,\psi;h,d,c)=\{x\in K:h\leqslant\psi(x),\beta(x)\leqslant d,\gamma(x)\leqslant c\}.$$

定理 2.2.9 [17] K 是 Banach 空间 X 中的一个锥，$\alpha,\psi:K\to\mathbf{R}^+$ 为连续凹泛函，$\gamma,\beta,\theta:K\to\mathbf{R}^+$ 为连续凸泛函，存在 $c,M>0$ 使

$$\alpha(x)\leqslant\beta(x),\qquad \|x\|\leqslant M\gamma(x).$$

设 $T:\overline{K}_c\to K_c$ 为全连续，且有 $h,d,a,b\geqslant 0,0<d<a$, 使

(1) $\{x\in K(\gamma,\theta,\alpha;a,b,c):\alpha(x)>a\}\neq\varnothing$, 且

$$\alpha(Tx)>a,\quad 当\ x\in K(\gamma,\theta,\alpha;a,b,c);$$

(2) $\{x\in Q(\gamma,\beta,\psi;h,d,c):\beta(x)<d\}\neq\varnothing$, 且

$$\beta(Tx)<d,\quad 当\ x\in Q(\gamma,\beta,\psi;h,d,c);$$

(3) $\alpha(Tx)>a$，当 $x\in K(\gamma,\alpha;a,c),\theta(Tx)>b$;

(4) $\beta(Tx)<d$，当 $x\in Q(\gamma,\beta;d,c),\psi(Tx)<d$,

则 T 在 $\overline{K}_c$ 中至少有三个不动点 x_1,x_2,x_3，

$$\beta(x_1)<d,\qquad a<\alpha(x_2),\qquad d<\beta(x_3),\qquad \alpha(x_3)<a.$$

证明 类似定理 2.2.6 和定理 2.2.7，略.

以上各定理的实质，都是用范数或泛函界定出锥 K 的若干有界域，再在每个有界域中给出条件，保证算子 $I-T$ 关于原点的 Leray-Schauder 度非零. 由于当 $X=C^{(n)}[0,T]$ 时，其范数需考虑函数及其各阶导数的绝对值，我们提出用多个泛函约束代替范数，用于界定有界域.

定理 2.2.10[18] 设 K 是 Banach 空间中的一个闭锥，$\alpha,\beta:K\to\mathbf{R}^+$ 为连续凸泛函，满足 $\alpha(\lambda x)=\lambda\alpha(x),\lambda\geqslant 0$; $\beta(\mu x)=|\mu|\beta(x),\mu\in\mathbf{R}$. 又设存在 $c>a>0,b,M>0$, 使 $x\in\overline{\Omega}$ 时有

$$\|x\|\leqslant M\max\{\alpha(x),\beta(x)\},$$

其中 $\Omega=\{x\in K:0<\alpha(x)<c,\beta(x)<b\}$ 为 K 中开集，且 $\exists p\in K\setminus\{0\}$ 使

$$\alpha(x+p)=\alpha(x)+\alpha(p),\qquad \beta(x+p)=\beta(x),\qquad x\in K.$$

设 $T:\overline{\Omega}\to K$ 为全连续算子. 如果:

(1) $\beta(Tx)\leqslant b$，当 $\beta(x)=b$;

(2) $\alpha(Tx)\leqslant c$，当 $\alpha(x)=c;\alpha(Tx)\geqslant a$, 当 $\alpha(x)=a$，或

$\alpha(Tx)\geqslant c$，当 $\alpha(x)=c;\alpha(Tx)\leqslant a$, 当 $\alpha(x)=a$,

则 T 在 $\overline{\Omega}$ 中至少有一个不动点.

证明 不妨设条件 (2) 中的第一组条件成立，对第二组条件成立的情况，证明类似. 设 T 在 $\partial\Omega$ 上无不动点. 取 $\widetilde{p}=\mu p$，使 $\alpha(\widetilde{p})\in(a,c)$，这时

$$\beta(\widetilde{p})=\beta(\mu p)=\mu\beta(p)\neq 0.$$

故 $\widetilde{p}\in\Omega$，且 $\forall x\in K,\alpha(x+\widetilde{p})=\alpha(x)+\alpha(\widetilde{p})$ 成立.

构造同伦 $h(x,\lambda)=\lambda Tx+(1-\lambda)\widetilde{p}$, 则

$$h:\overline{\Omega}\times[0,1]\to K$$

全连续，且 $\forall x\in\partial\Omega$,

(1) 当 $\alpha(x)=a$，对 $\lambda\in[0,1)$

$$\alpha(h(x,\lambda))=\lambda\alpha(Tx)+(1-\lambda)\alpha(\widetilde{p})>a=\alpha(x).$$

(2) 当 $\alpha(x)=c$，对 $\lambda\in[0,1)$

$$\alpha(h(x,\lambda))=\lambda\alpha(Tx)+(1-\lambda)\alpha(\widetilde{p})<c=\alpha(x).$$

(3) 当 $\beta(x)=b$，对 $\lambda\in[0,1)$

$$\beta(h(x,\lambda))=\beta(\lambda Tx)<\beta(Tx)\leqslant b=\beta(x).$$

故有

$$\deg\{I-T,\Omega,0\}=\deg\{I-\widetilde{p},\Omega,0\}=\deg\{I,\Omega,\widetilde{p}\}=1,$$

从而结论成立.

下面给出一个适用范围比定理 2.2.3 稍广的锥拉伸锥压缩定理.

定理 2.2.11[11] 设 X 是赋范线性空间，$K\subset X$ 是一个闭锥，Ω_1,Ω_2 为 K 中非空有界开集，且 $\theta\in\Omega_1\subset\overline{\Omega}_1\subset\Omega_2$. 设 $F:\overline{\Omega}_2\to K$ 为全连续算子，满足

(1) $F(x)\neq\lambda x,\forall\lambda\in[0,1),x\in\partial\Omega_1$; $F(x)\neq\lambda x,\forall\lambda\in(1,\infty),x\in\partial\Omega_2$，或

(2) $F(x)\neq\lambda x,\forall\lambda\in(1,\infty),x\in\partial\Omega_1$; $F(x)\neq\lambda x,\forall\lambda\in[0,1),x\in\partial\Omega_2$，

则 F 在 $\overline{\Omega}_2\setminus\Omega_1$ 上有不动点.

证明 我们仅对条件 (1) 给出证明.

不妨设 $F(x)\neq x,\forall x\in\partial\Omega_1\cup\partial\Omega_2$，否则结论已成立.

由于 $\forall x\in\partial\Omega_1,F(x)\neq 0,F(\partial\Omega_1)$ 为紧集，故

$$\inf_{x\in\partial\Omega_1}\|F(x)\|=\alpha>0.$$

记 F^* 是 $F|_{\partial\Omega_1}$ 在 $\overline{\Omega}_1$ 上的全连续扩张,F^* 的存在性由 Dugundji 扩张定理所保证. 这时

$$F^*|_{\partial\Omega_1}=F|_{\partial\Omega_1},\qquad F^*(\overline{\Omega}_1)\subset\overline{\mathrm{conv}}F(\partial\Omega_1),$$

于是 $\inf\limits_{x\in\overline{\Omega}_1}\|F^*(x)\|=\alpha>0$，记 $\beta=\sup\limits_{x\in\overline{\Omega}_1}\|x\|$，并取 $R>\beta/\alpha$，则 $x\neq RF^*(x),\forall x\in\overline{\Omega}_1$. 故

$$\deg\{I-RF^*,\Omega_1,0\}=0.$$

建立同伦

$$H(x,\mu)=\mu F^*(x),\qquad x\in\overline{\Omega}_1,\mu\in[1,R].$$

下证 $\forall\mu\in[1,R],x\in\partial\Omega_1,H(x,\mu)\neq x$. 设不然，由 $x=\mu F^*(x)$，得 $F^*(x)=F(x)=\dfrac{1}{\mu}x$，得矛盾，故有

$$\deg\{I-F,\Omega_1,0\}=\deg\{I-RF^*,\Omega_1,0\}=0.$$

同样易证

$$\deg\{I-F,\Omega_2,0\}=1.$$

由切除性原理得

$$\deg\{I-F,\Omega_2\setminus\overline{\Omega}_1,0\}=1-0=1.$$

因此 F 在 $\Omega_2\setminus\overline{\Omega}_1$ 中有不动点，定理得证.

设 X 为 Banach 空间，$K\subset X$ 是锥，$\alpha,\beta:X\to\mathbf{R}^+$ 为两个连续泛函，满足

$$\alpha(x),\beta(x)\leqslant\|x\|\leqslant M\max\{\alpha(x),\beta(x)\},\tag{2.2.2}$$

$$\alpha(\lambda x)=\lambda\alpha(x),\qquad\beta(\lambda x)=\lambda\beta(x),x\in K,\quad\lambda\in[0,1].\tag{2.2.3}$$

定理 2.2.12[20]　设 X 为 Banach 空间, $K\subset X$ 是锥，设常数 $r_2>r_1>0,L_2>L_1>0$，记

$$\Omega_i=\{x\in K:\alpha(x)<r_i,\beta(x)<L_i\},\qquad i=1,2,$$

则 $\theta\in\Omega_1\subset\overline{\Omega}_1\subset\Omega_2$, 又记

$$C_i=\{x\in K:\alpha(x)=r_i,\beta(x)\leqslant L_i\},$$
$$D_i=\{x\in K:\alpha(x)\leqslant r_i,\beta(x)=L_i\},i=1,2.$$

设 $T:K\to K$ 是全连续算子，满足

(1)
$$\alpha(Tx)\leqslant r_1,x\in C_1,\beta(Tx)\leqslant L_1,x\in D_1,$$

$$\alpha(Tx)\geqslant r_2,x\in C_2,\beta(Tx)\geqslant L_2,x\in D_2,$$

或

(2)
$$\alpha(Tx)\geqslant r_1,x\in C_1,\beta(Tx)\geqslant L_1,x\in D_1,$$

$$\alpha(Tx)\leqslant r_2,x\in C_2,\beta(Tx)\leqslant L_2,x\in D_2,$$

则 T 在 $\overline{\Omega}_2\setminus\Omega_1$ 中至少有一个不动点.

证明　不妨设条件 (1) 成立.

我们假设 T 在 $\partial\Omega_1\cup\partial\Omega_2$ 上没有不动点, 否则定理结论已成立.

当 $x\in\partial\Omega_1$ 时，则 $x\in C_1\cup D_1$. 下证 $\forall x\in\partial\Omega_1,\lambda>1,T(x)\neq\lambda x$. 设不然，存在 $x\in\partial\Omega_1,\lambda>1$ 使 $Tx=\lambda x$，则

$$\alpha(Tx)\leqslant\alpha(x)<\lambda\alpha(x)=\alpha(\lambda x),\qquad 当x\in C_1,$$

$$\beta(Tx)\leqslant\beta(x)<\lambda\beta(x)=\beta(\lambda x),\qquad 当x\in D_1,$$

得出矛盾. 同理可证 $x\in\partial\Omega_2$ 时, $\forall x\in\partial\Omega_2,\lambda\in(0,1),Tx\neq\lambda x$. 于是由定理 2.2.11 知结论成立.

定理 2.2.13[21,22]　设 X 是 Banach 空间，范数记为 $\|\cdot\|$，$K\subset X$ 为一个闭锥. 又设 $\alpha:K\to\mathbf{R}^+$ 是一个连续泛函，对 $\forall x\in K$ 及 $\lambda\geqslant 0$ 满足

$$\alpha(x)\leqslant\|x\|,\qquad\alpha(\lambda x)=\lambda\alpha(x),$$

且存在 $\eta\in K\setminus\{0\}$，使

$$\alpha(\eta)=1,\qquad\alpha(x+\eta)=1+\alpha(x).$$

设 $T:K\to K$ 为全连续算子，满足：

(1) 存在非减函数 $m:\mathbf{R}^+\to\mathbf{R}^+$, 使 $\forall x\in K,d\geqslant 0$ 及 $\mu\in[0,1]$，当 $x=\mu Tx+(1-\mu)d\eta$ 时有

$$\|x\|<m(\alpha(x+d\eta));$$

(2) 存在 $a,b>0$, 使 $u\in K$ 时有

$$\|Tu\|\leqslant a,\quad 当\|u\|=a,\qquad 且\alpha(Tu)\geqslant b,\quad 当\alpha(u)=b,\tag{2.2.4}$$

或

$$\|Tu\|\geqslant a,\quad 当\|u\|=a,\qquad 且\alpha(Tu)\leqslant b,\quad 当\alpha(u)=b,\tag{2.2.5}$$

则 T 至少有一个不动点 u 满足

$$\min\{a,b\}\leqslant\|u\|,\qquad \alpha(u)\leqslant\max\{a,b\}.$$

证明 当 $a<b$ 时, 取 $d>0$ 及

$$\Omega_1=\{u\in K:\|u\|<a\},\quad \Omega_2=\{u\in K:\alpha(u)<b,\|u\|<m(b+d)\},$$

其中，当式 (2.2.4) 成立时，取 $d>b$；当式 (2.2.5) 成立时，取 $d\in(0,b)$.

当 $a\geqslant b$ 时，令

$$\Omega=\{u\in K:b<\alpha(u),\|u\|<a\}.$$

我们仅就 $a<b$ 的情况给出证明.

(1) 设式 (2.2.4) 成立.

显然 $0\in\Omega_1\subset\overline{\Omega}_1\subset\Omega_2$. 不失一般性，设

$$u\neq Tu,\qquad u\in\partial\Omega_1\cap\partial\Omega_2.$$

令

$$H(u,\mu)=\mu Tu+(1-\mu)d\eta,\qquad \mu\in[0,1],$$

则 $H:K\times[0,1]\to K$ 是全连续的. 下证

$$H(u,\mu)\neq u,\qquad \forall u\in\partial\Omega_2,\mu\in[0,1).\tag{2.2.6}$$

设式 (2.2.6) 不成立，则存在 $u_0\in\partial\Omega_2,\mu_0\in[0,1)$，使

$$u_0=\mu_0Tu_0+(1-\mu_0)d\eta.\tag{2.2.7}$$

于是

$$\begin{aligned}\alpha(u_0) &= \alpha(\mu_0 Tu_0 + (1-\mu_0)d\eta) \\ &= \mu_0\alpha(Tu_0) + (1-\mu_0)d.\end{aligned}$$

当 $u_0 \in \partial\Omega_2$ 时，必有

$$\alpha(u_0) = b, \quad \|u_0\| \leqslant m(b+d) \quad \text{或} \quad \alpha(u_0) < b, \quad \|u_0\| = m(b+d).$$

如果 $\alpha(u_0) = b$，$\|u_0\| \leqslant m(b+d)$，则

$$b = \alpha(u_0) = \mu_0\alpha(Tu_0) + (1-\mu_0)d \geqslant \mu_0 b + (1-\mu_0)d > b,$$

产生矛盾. 如果 $\alpha(u_0) < b, \|u_0\| = m(b+d)$, 则由条件 (1),

$$m(b+d) = \|u_0\| < m(\alpha(u_0 + d\eta)) = m(\alpha(u_0) + d) = m(b+d),$$

也产生矛盾. 于是式 (2.2.6) 成立.

因为 $\alpha(d\eta) = d > b$, 所以 $d\eta \notin \overline{\Omega}_2$. 据此得

$$\deg\{I-T, \Omega_2, 0\} = \deg\{I - d\eta, \Omega_2, 0\} = \deg\{I, \Omega_2, d\eta\} = 0.$$

同时我们可得出

$$\deg\{I-T, \Omega_1, 0\} = 1.$$

于是由

$$\deg\{I-T, \Omega_2 \setminus \overline{\Omega}_1, 0\} = \deg\{I-T, \Omega_2, 0\} - \deg\{I-T, \Omega_1, 0\} = -1,$$

得 T 在 $\overline{\Omega}_2 \setminus \Omega_1$ 中至少有一个不动点 u 使得

$$a \leqslant \|u\|, \quad \alpha(u) \leqslant b.$$

(2) 设式 (2.2.5) 成立.

类似证明可得

$$\deg\{I-T, \Omega_2, 0\} = 1, \quad \deg\{I-T, \Omega_1, 0\} = 0.$$

由

$$\deg\{I-T, \Omega_2 \setminus \overline{\Omega}_1, 0\} = \deg\{I-T, \Omega_2, 0\} - \deg\{I-T, \Omega_1, 0\} = 1,$$

知 T 在 $\overline{\Omega}_2 \setminus \Omega_1$ 中至少有一个不动点 u 满足

$$a \leqslant \|u\|, \quad \alpha(u) \leqslant b.$$

当 $b \leqslant a$ 时，可类似证明 T 在 $\overline{\Omega}$ 中有不动点 u 满足

$$b \leqslant \alpha(u) \leqslant \|u\| \leqslant a.$$

综合以上各种情况即得定理结论.

2.3 连续性定理

在和 Schauder 一起建立 Leray-Schauder 度理论之后，Leray 就提出了一种求解非线性方程 $x-F(x)=0$ 的方法[3]，这种方法可以归结为如下定理.

定理 2.3.1[3] 设 X 是一个 Banach 空间，$F: X \to X$ 为全连续算子，$x=F(x)$ 的解集 Σ_1 有界，又设 $H: X\times[0,1]\to X$ 为全连续，$H(x,0)=0$，且

$$x = H(x,\lambda)$$

的解集 Σ_λ，当 $\lambda\to 0$ 时，Σ_λ 连续地趋于 $\{0\}$, 则 $x=F(x)$ 有解.

证明 由于 Σ_1 在 X 中有界，且 Σ_λ 连续变为 $\{0\}$，由 $[0,1]$ 区间的紧性，可知 $\exists R>0$，$\bigcup\limits_{\lambda\in[0,1]}\Sigma_\lambda\subset B_R=\Omega$. 显然，$\forall\lambda\in[0,1], x\in\partial\Omega$，

$$x \neq H(x,\lambda).$$

由 Leray-Schauder 度的同伦不变性原理得

$$\begin{aligned}\deg\{I-F,\Omega,0\} &= \deg\{I-H(\cdot,\lambda),\Omega,0\}\\ &= \deg\{I,\Omega,0\}\\ &= 1,\end{aligned}$$

从而 $x=F(x)$ 在 Ω 中有解.

定理 2.3.1 以另一种形式陈述，就得到如下的非线性备择性定理.

定理 2.3.2[18,19] 设 X 为线性赋范空间，$K\subset X$ 为有界凸子集，$\Omega\subset K$ 为相对开集，$T:\overline{\Omega}\to K$ 为全连续算子，点 $p\in\Omega$, 则下列结论至少有一个成立:

(1) T 在 $\overline{\Omega}$ 中有不动点;

(2) $\exists x\in\partial\Omega, \lambda\in(0,1)$，使 $x=\lambda Tx+(1-\lambda)p$ 有解.

证明 设 T 在 $\partial\Omega$ 中无不动点，记

$$h(x,\lambda)=\lambda Tx+(1-\lambda)p.$$

如果结论 (2) 的陈述不成立，则 $\forall x\in\partial\Omega, \lambda\in[0,1]$，

$$h(x,\lambda)\neq x.$$

由 $h(\cdot,\lambda)$ 的全连续性，得

$$\deg\{I-T,\Omega,0\}=\deg\{I-p,\Omega,0\}=1,$$

因而 T 在 Ω 中有不动点.

设 X,Y 为线性赋范空间，$J:X\to Y$ 为同构映射，则定理 2.3.1 很容易推广用于讨论非线性方程

$$Jx=F(x) \tag{2.3.1}$$

的可解性.

定理 2.3.3 设 X,Y 为 Banach 空间,$J:X\to Y$ 为同构映射，$H:X\times[0,1]\to Y$ 为全连续算子，$H(x,0)=0, H(x,1)=F(x)$, 如果 $\Omega\subset X$ 为有界开集，

$$Jx\neq H(x,\lambda),\qquad \forall x\in\partial\Omega,\lambda\in(0,1), \tag{2.3.2}$$

则方程 (2.3.1) 在 $\overline{\Omega}$ 中有解.

证明 由于式 (2.3.2) 等价于

$$x\neq J^{-1}H(x,\lambda),\qquad \forall x\in\partial\Omega,\lambda\in(0,1),$$

且由 H 的全连续性易得 $J^{-1}H(x,\lambda)$ 的全连续性. 因此结论是显然的.

J.Mawhin 将 Leray-Schauder 的连续性原理加以推广，用于研究抽象方程

$$Lx=Nx \tag{2.3.3}$$

解的存在性，其中 L 是满足一定要求的线性算子，N 为非线性算子，在 Mawhin 的连续性原理中，需要先建立一些相关的概念.

设 X,Y 为赋范实线性空间，线性算子

$$L:X\cap\mathrm{dom}L\to Y$$

如果满足:

(1) $\ker L=L^{-1}(0)\subset X$ 为有限维空间，且

(2) $\mathrm{Im}L=L(\mathrm{dom}L)\subset Y$ 为闭子空间，其补空间为有限维线性空间，

则被称为 Fredholm 算子，且整数

$$\dim\ker L-\mathrm{co}\dim\mathrm{Im}L$$

定义为 L 的指标.

当 L 是指标为零的 Fredholm 算子时，记

$$P:X\to\ker L,\qquad Q:Y\to Y/\mathrm{Im}L$$

为投影算子，则有

$$X=\ker L\oplus\ker P,\qquad Y=\mathrm{Im}L\oplus\mathrm{Im}Q.$$

这时

$$L|_{\mathrm{dom}L\cap\mathrm{ker}L}:\mathrm{dom}L\cap\mathrm{ker}L\to\mathrm{Im}L$$

是双射，记其逆为 K_p.

设 $\Omega\subset X$ 为非空有界开集，连续算子

$$N:\overline{\Omega}\to Y$$

如果满足

$$QN:\overline{\Omega}\to Y,\qquad K_p(I-Q)N:\overline{\Omega}\to X$$

都是紧算子，则说 N 在 $\overline{\Omega}$ 上是 L- 紧的.

由此，可给出 Mawhin 连续定理的简明表述如下：

定理 2.3.4[5,6] 设 X,Y 为赋范实线性空间，$L:\mathrm{dom}L\subset X\to Y$ 是指标为零的 Fredholm 算子，$\Omega\subset X$ 为非空有界开集，N 在 $\overline{\Omega}$ 上为 L- 紧，当

(1) $\forall(x,\lambda)\in(\mathrm{dom}L\cap\partial\Omega)\times(0,1)$, 有

$$Lx\neq\lambda Nx;$$

(2) $\forall x\in\partial\Omega\cap\mathrm{ker}L, QNx\neq 0$;

(3) $\deg\{JQN|_{\mathrm{ker}L},\Omega\cap\mathrm{ker}L,0\}\neq 0$,

其中 $J:\mathrm{Im}Q\to\mathrm{ker}L$ 为同构映射，则抽象方程 $Lx=Nx$ 在 $\Omega\cap\mathrm{dom}L$ 中至少有一解.

证明 令 $H(x,\lambda)=Px+\lambda K_p(I-Q)Nx+JQNx$, 则由 N 在 $\overline{\Omega}$ 上的连续性及 L- 紧性，P 是有限维投影算子，知

$$H:\overline{\Omega}\times[0,1]\to X$$

为全连续算子.

下证 $\lambda\in(0,1]$ 时，$Lx=\lambda Nx$ 和 $x=H(x,\lambda)$ 在 $\overline{\Omega}$ 中的解相同.

设 $\lambda=\lambda_0\in(0,1]$ 时，$x_0\in\Omega$ 满足 $Lx_0=\lambda_0 Nx_0$，则由 $\lambda_0 QNx_0=QLx_0=0$ 得 $QNx_0=0$, 于是有 $JQNx_0=0$ 和 $Lx_0=\lambda_0(I-Q)Nx_0$. 由于 $Lx_0\in\mathrm{Im}L$, 故 $K_pLx_0=x_0-Px_0$, 由 $K_pLx_0=\lambda_0K_p(I-Q)Nx_0$ 得

$$\begin{aligned}x_0&=Px_0+\lambda_0K_p(I-Q)Nx_0\\&=Px_0+\lambda_0K_p(I-Q)Nx_0+JQNx_0\\&=H(x_0,\lambda_0),\end{aligned}$$

即 x_0 是 $x = H(x, \lambda_0)$ 的解.

反之设 $\lambda = \lambda_0 \in (0, 1]$ 时，$x_0 \in \overline{\Omega}$ 满足 $x_0 = H(x_0, \lambda_0)$，则

$$Lx_0 = LH(x_0, \lambda_0) = \lambda_0(I - Q)Nx_0, \tag{2.3.4}$$

$$Px_0 = Px_0 + P(JQNx_0), \tag{2.3.5}$$

由式 (2.3.5) 得 $P(JQNx_0) = 0$. 由 $JQNx_0 \in \ker L = \mathrm{Im}P$，故 $JQNx_0 = 0$, 进而有 $QNx_0 = 0$, 于是

$$Lx_0 = \lambda_0(I - Q)Nx_0 = \lambda_0 Nx_0,$$

知 x_0 是 $Lx = \lambda_0 Nx$ 的解.

根据以上结果，不妨设 $\forall x \in \partial\Omega, x \neq H(x, 1)$, 而由条件 (1)，$\lambda \in (0, 1)$ 时，$\forall x \in \partial\Omega, x \neq H(x, \lambda)$, 当 $\lambda = 0$ 时，$H(x, 0) = Px + JQNx \in \ker L$，故条件 (2) 保证 $\forall x \in \partial\Omega$，$x \neq H(x, 0)$，由度的同伦不变性原理，我们有

$$\begin{aligned}
\deg\{I - H(\cdot, 1), \Omega, 0\} &= \deg\{I - H(\cdot, 0), \Omega, 0\} \\
&= \deg\{I - (P + JQN), \Omega, 0\} \\
&= \deg\{I - (P + JQN)|_{\ker L}, \Omega \cap \ker L, 0\} \\
&= \deg\{-JQN|_{\ker L}, \Omega \cap \ker L, 0\} \\
&= (-1)^{\dim\ker L}\deg\{JQN|_{\ker L}, \Omega \cap \ker L, 0\} \\
&\neq 0,
\end{aligned}$$

于是 $x = H(x, 1)$ 在 Ω 中有解，即 $Lx = Nx$ 在 Ω 中有解，此解必在 $\mathrm{dom}L$ 中，故定理得证.

近年由于含 p-Laplacian 算子（或 Laplace 型算子）边值问题的出现，需要研究比式 (2.3.3) 更广泛的抽象方程

$$Mx = Nx \tag{2.3.6}$$

的有解性问题，其中 M 是一类比线性算子 L 更一般的算子，称为拟线性算子，线性算子是这类算子的特殊情况.

和 Mawhin 的连续性定理一样，我们先界定一些概念.

设 X, Y 是两个赋范实线性空间，范数分别表示为 $\|\cdot\|_X, \|\cdot\|_Y$，连续算子

$$M : X \cap \mathrm{dom}M \to Y$$

如果满足:

(1) $\mathrm{Im}M := M(X \cap \mathrm{dom}M) \subset Y$ 为闭集;

(2) $\ker M := \{x \in X \cap \mathrm{dom} M : Mx = 0\}$ 线性同胚于 $\mathbf{R}^n, n < \infty$，则称之为拟线性算子.

设 $Q : Y \to Y_1 \subset Y$，满足 $Q^2 = Q$，则称 Q 为 $Y \to Y_1$ 的一个半投影算子.

令 $X_1 = \ker M, X_2$ 是 X_1 在 X 中的余子空间，则 $X = X_1 \oplus X_2$，同样设 Y_1 是 Y 的子空间，Y_2 是 Y_1 在 Y 中的余子空间，则有 $Y = Y_1 \oplus Y_2$，设 $P : X \to X_1$, 是投影算子 $Q : Y \to Y_1$ 是半投影算子，$\Omega \subset X$ 为有界开集，且原点 $\theta \in \Omega$.

设 $N_\lambda : \overline{\Omega} \to Y, \lambda \in [0,1]$ 为连续算子，且 $(I-Q)N_0$ 为零算子，记 $N = N_1, \Sigma_\lambda = \{x \in \overline{\Omega} : Mx = N_\lambda x\}$.

如果下列条件满足：

(a) 存在 Y 中的子空间 $Y_1, \dim Y_1 = \dim X_1 < \infty$ 及全连续算子 $R : \overline{\Omega} \times [0,1] \to X_2$, 使 $\forall \lambda \in [0,1]$，有

$$(I-Q)N_\lambda(\overline{\Omega}) \subset \mathrm{Im} M \subset (I-Q)Y;$$

(b) $QN_\lambda x = 0, \lambda \in (0,1) \Leftrightarrow QNx = 0$;

(c) $R(\cdot,0)$ 是零算子，且 $R(\cdot,\lambda)|_{\sum_\lambda} = (I-P)|_{\sum_\lambda}$;

(d) $M(P + R(\cdot,\lambda)) = (I-Q)N_\lambda, \lambda \in [0,1]$，

则说 N_λ 在 $\overline{\Omega}$ 上是 M- 紧的.

当 $M = L$ 为线性算子时，由 N 的 L- 紧可得 N_λ 的 M- 紧.

设 $J : Y_1 \to X_1$ 是同构映射，定义

$$S_\lambda = P + R(\cdot,\lambda) + JQN, \tag{2.3.7}$$

则 $S_\lambda : \overline{\Omega} \cap \mathrm{dom} M \to X, \lambda \in [0,1]$, 是全连续算子.

考虑抽象方程

$$Mx = N_\lambda x, \qquad \lambda \in (0,1). \tag{2.3.8}$$

引理 2.3.1[7,20] 设 X, Y 为赋范实线性空间，$\Omega \subset X$ 为非空开集，M 为拟线性算子，如 $\forall \lambda \in (0,1), N_\lambda$ 在 $\overline{\Omega}$ 中是 M- 紧的，则方程 (2.3.8) 有解 $x \in \overline{\Omega}(\partial\Omega)$ 当且仅当 x 是 S_λ 在 $\overline{\Omega}(\partial\Omega)$ 中的不动点，其中 S_λ 由式 (2.3.7) 定义.

证明 我们仅证 $x \in \overline{\Omega}$ 时的结论，$x \in \partial\Omega$ 时的证法相同.

设 $x \in \overline{\Omega}$ 是方程 (2.3.8) 的一个解，则由条件 (a) 得

$$N_\lambda x = Mx \in \mathrm{Im} M \subset (I-Q)NX = Y_2,$$

于是有

$$QN_\lambda x = 0, \qquad N_\lambda x = (I-Q)N_\lambda x.$$

由条件 (b) 得 $QNx = 0$，因此由条件 (c) 及 J 的性质得

$$(I-P)x = R(x,\lambda), \qquad JQNx = 0.$$

导出

$$\begin{aligned} x &= Px + R(x,\lambda) \\ &= Px + R(x,\lambda) + JQNx \\ &= S_\lambda x, \end{aligned}$$

即 x 是 S_λ 在 $\overline{\Omega}$ 中的不动点.

另一方面，对 $\lambda \in (0,1)$，如果 $\exists x \in \overline{\Omega}$，使

$$x = S_\lambda x,$$

则

$$Px = PS_\lambda x = Px + P(JQNx),$$

故有 $JQNx = 0$，从而 $QNx = 0$，且 $QN_\lambda x = 0$，于是

$$\begin{aligned} x = S_\lambda x &= Px + R(x,\lambda), \\ Mx &= M[Px + R(x,\lambda)] \\ &= (I-Q)N_\lambda x \\ &= N_\lambda x - QN_\lambda x \\ &= N_\lambda x, \end{aligned}$$

引理结论成立.

定理 2.3.5[7,20] 设 X, Y 是两个赋范实线性空间，范数分别记为 $\|\cdot\|_X$ 和 $\|\cdot\|_Y$, $\Omega \subset X$ 为非空有界开集，设

$$M : X \cap \mathrm{dom} M \to Y$$

是拟线性算子，且算子

$$N_\lambda : \overline{\Omega} \to Y, \quad \lambda \in [0,1]$$

在 $\overline{\Omega}$ 上为 M- 紧，如果：

(1) $Mx \neq N_\lambda x$, 对 $\forall x \in \partial\Omega, \lambda \in (0,1)$;

(2) $QNx \neq 0$, 对 $\forall x \in \partial\Omega \cap \ker M$;

(3) $\deg\{JQN, \Omega \cap \ker M, 0\} \neq 0$, 其中 $N = N_1$,

则抽象方程 $Mx = Nx$ 在 $\overline{\Omega}$ 中至少有一解.

证明 由于 N_λ 在 $\overline{\Omega}$ 是 M- 紧的，故 $S_\lambda : \overline{\Omega} \to X$ 是全连续算子.

由条件 (1) 及引理 2.1 知 $\forall \lambda \in (0,1), x \in \partial\Omega$,

$$x \neq S_\lambda x.$$

不妨设 $\lambda = 1$ 时,$\forall x \in \partial\Omega, x \neq S_1 x$. 否则定理结论自然成立.

当 $\lambda = 0$ 时, $S_0 x = Px + JQNx$, 如果 $\exists x \in \partial\Omega$, 使 $x = S_0 x$, 即 $x = Px + JQNx$, 则用投影算子 P 作用于上式两边, 有 $Px = Px + P(JQNx)$, 从而由 $JQNx = 0$ 得出 $QNx = 0$, 和条件 (ii) 矛盾, 故 $x \neq S_\lambda x$, 对 $\forall \lambda \in [0,1], x \in \partial\Omega$ 成立.

由度的同伦性原理

$$\begin{aligned}\deg\{I - S, \Omega, 0\} &= \deg\{I - S_0, \Omega, 0\} \\ &= \deg\{-JQN, \Omega \cap \ker M, 0\} \\ &\neq 0,\end{aligned}$$

知 S_1 在 Ω 中有不动点 x, x 就是抽象方程 $Mx = Nx$ 的解.

评　注

本章内容显示, 各种不动点定理及连续性原理, 包括非线性备择原理, 都源自拓扑度理论, 而拓扑度理论的核心就是将区域 Ω, 算子 T, 目标点 p 与整数集相对应, 并保证这种对应关系满足预设的性质 (i)~(v).

至于如何将非线性分析中的抽象结果应用于相对较具体的非线性方程, 就需要和第 1 章中关于非线性边值问题的算子表示及有界性条件结合起来. 在共振边值问题中, 两者的结合表明线性算子 L 的零空间 (或称核空间) 实际上是齐次线性方程 $Lx = 0$ 解空间的某个子空间. 当齐次边界条件组 $U(x) = 0$ 中各边界条件线性无关时,L 零空间的维数必然和约束条件的个数相等, 从而 L 是指标为零的 Fredholm 算子. 如果 $U(x) = 0$ 中各边界条件线性相关时, 需要考虑条件 $\Delta(\eta_u) = 0$. 当 $\Delta(\eta_u) = 0$ 和 $\varGamma(F_u) = 0$ 确定的约束条件总个数 $l_1 + l_2 \geqslant n - r$ 时, 需要定义 $\widetilde{L}: X \times \mathbf{R}^{l_1+l_2-(n-r)}$, 使 $\widetilde{L}(X, \mathbf{R}^{l_1+l_2-(n-r)}) = (Lx, 0)$, 从而 $\widetilde{L}$ 的零空间的维数 $l_1 + l_2$ 和约束条件的总个数相等, 使 $\widetilde{L}$ 成指标为零的 Fredholm 算子, 这时方程中非线性项 f 和边界条件 $U(x) = g(x)$ 中的非线性部分 $g(x)$ 一起纳入 Nx 的定义之中. 同时由于有解性条件 $\varGamma(F_u) = 0, \Delta(\eta_u) = 0$, 实际上只要求 $F_u = f(t, u(t), \cdots, u^{(n-1)}(t))$ 及 $g(u)$ 满足零值要求, 因此对算子 Q 而言, 只需满足半投影性质 $Q^2 = Q$ 即可, 但对算子 P 而言, 除要求 $P^2 = P$ 外, 还需满足 $P(x + y) = Px + Py$, 才能由 $x = Px + \lambda K(I - P)Nx + JQNx$ 导出 $JQNx = 0$. 因此 P 应当具有投影算子的性质, 这是 P 和 Q 两个算子的不同之点.

参 考 文 献

[1] Brouwer L E J. Invarianz des n-dimensional Gabieto. Math. Ann., 1912(71): 305~313
[2] Leray J, Schäuder J. Topologie et equations fonctionelles. Ann. Sci. Ecole Nor., Sup 1934(51): 45~78
[3] Leray J. Les Problèmes nonlineaires. L'enseiġnement math., 1936(35): 139~151
[4] Schwartz J T. Nonlinear Functional Analysis. New York: Golden and Breach, 1969
[5] Gaines R E, Mawhin J. Coincidence Degree and Nonlinear Differential Equations. Lecture Notes in Math., 586, Berlin: Springer-Verlag, 1977
[6] Mawhin J. Topological Degree Methods in Nonlinear Boundary Value Problems. CBMS 40, Amer. Math. Soc. Providence, R.I., 1979
[7] Ge W, Ren J. An extension of Mawhin's continuation theorem and its application to boundary value problems. Nonlinear Analysis, 2004(58): 477~488
[8] 陈文嫄. 非线性泛函分析. 兰州: 甘肃人民出版社，1982
[9] 郭大钧. 非线性泛函分析. 济南: 山东科技出版社，1985
[10] 赵义纯. 非线性泛函分析及其应用. 北京: 高等教育出版社，1989
[11] 钟承奎等. 非线性泛函分析引论. 兰州: 兰州大学出版社，1998
[12] Krasnoselskii M A. Positive Solutions of Operator Equations. P. Noordhoff Ltd, Gronigen, 1964(Translated from Russion by R.E. Flaherty)
[13] 葛渭高, 任景莉. 双锥不动点定理及其在非线性边值问题中的应用. 数学年刊, 2006(27A2): 155~168
[14] Dugundji J. An extension of Teitze theorem. Pacif. J. Math., 1951 (1): 353~367
[15] Leggett R W, Williams L R. Multiple positive fixed solutions of nonlinear operators on ordered Banach spaces. Indiana Univ. Math. J. 1979(28): 673~688
[16] Avery R I et al. Twin solutions of boundary value problems for ordinary differential equations and finite difference equations. Comp. Math. Appl., 2001(42): 695~704
[17] Avery R I. A generalization of the Leggett-Williams fixed point theorem. Math. Sci. Res., Hot line, 1999(3): 9~14
[18] Granas A et al. Some general existence principles in the Carathéodory theory of nonlinear differential systems. J. Math. Pures et Appl. 1991(70): 153~196
[19] Mawhin J. Topological Degree Method in Nonlinear Boundary Value Problems, NSFCBMS Regional Conference Series in Mathematics. Amer. Math. Soc., Providence, RI, 1979
[20] 任景莉. 不动点理论和微分方程边值问题. 北京理工大学博士学位论文，2004
[21] Bai Zh, Ge W, Wang Y. Multiplicity results for some second order four-point problems, Nonlinear Analysis, 2005(60): 491~500
[23] 任景莉, 薛春艳, 微分方程中的泛函方法应用研究. 北京：北京科学技术出版社, 2006

第 3 章　二阶微分方程边值问题

二阶非线性常微分方程边值问题，因方程中非线性项性态的不同，边界条件形式的差异以及研究侧重点的不同，使研究中采用的具体方法也各有差异.

3.1　上下解方法与多点边值问题

3.1.1　上下解方法

用上下解方法确定二阶微分方程两点边值问题解的存在条件是一种比较常用的方法 [1,2]，我们首先将上下解概念及其相关定理加以推广.

由于并非所有的二阶微分方程边值问题都可以用上下解方法来讨论，我们提出边值问题匹配的概念.

设二阶微分方程边值问题

$$\begin{cases} x'' = f(t, x, x'), \\ U_1(x) = A, \\ U_2(x) = B, \end{cases} \tag{3.1.1}$$

其中 $f \in C([a, b] \times \mathbf{R^2}, \mathbf{R})$，且对 $a = \alpha_1 < \alpha_2 < \cdots < \alpha_m = b$，有

$$U_i(x) = \sum_{k=1}^{m} \sum_{j=0}^{1} a_{ik_j} x^{(j)}(\alpha_k), \qquad i = 1, 2.$$

又记

$$S = \{ =,\ \leqslant,\ \geqslant \},$$

对 $\forall \Delta_i \in S$，用 ∇_i 表示它在 S 中的“逆”，即

$$\Delta_i = \text{“}=\text{”时}, \qquad \nabla_i = \text{“}=\text{”},$$

$$\Delta_i = \text{“}\leqslant\text{”时}, \qquad \nabla_i = \text{“}\geqslant\text{”},$$

$$\Delta_i = \text{“}\geqslant\text{”时}, \qquad \nabla_i = \text{“}\leqslant\text{”}.$$

显然 Δ_i 和 ∇_i 是互“逆”的.

引理 3.1.1　以下两个条件是等价的:

(H_1) 设 $\exists\Delta_1,\Delta_2\in S$, 使 $\forall x\in C^2[a,b]$，当满足：

(i) $x(t)\geqslant 0$ 时，$x''(t)\geqslant 0$，且在 $[a,b]$ 上 $x''(t)\not\equiv 0$;

(ii) $x(t)<\max\{x(a),x(b)\},t\in(a,b)$;

(iii) $U_1(x)\Delta_1\, 0,\ \ U_2(x)\Delta_2\, 0$,

保证 $x(t)\leqslant 0$ 成立.

(H_2) 设 $\exists\,\nabla_1,\nabla_2\in S$，使 $\forall\, x\in C^2[a,b]$，当满足：

(i) $x(t)\leqslant 0$ 时，$x''(t)\leqslant 0$, 且在 $[a,b]$ 上 $x''(t)\not\equiv 0$;

(ii) $x(t)>\min\{x(a),x(b)\},t\in(a,b)$;

(iii) $U_1(x)\nabla_1\, 0,\ \ U_2(x)\nabla_2\, 0$,

保证 $x(t)\geqslant 0$ 成立.

证明　我们证 $(H_1)\Rightarrow(H_2)$. 设 (H_1) 成立，现证对 $x\in C^2[a,b]$ 满足 (H_2) 中的 (i)~(iii) 时 $x(t)\geqslant 0$ 成立. 令 $u(t)=-x(t)$，则 $u(t)$ 满足 (H_1) 中的条件，故有 $u(t)\leqslant 0$，于是 $x(t)\geqslant 0$.

同理可证 $(H_2)\Rightarrow(H_1)$.

定义 3.1.1　BVP(3.1.1) 如果满足引理 3.1.1 中的条件之一，就说 BVP(3.1.1) 是匹配的，并说“$\geqslant,\Delta_1,\Delta_2$”是下匹配关系，“$\leqslant,\nabla_1,\nabla_2$”是上匹配关系.

定义 3.1.2　设 BVP(3.1.1) 是匹配的，“$\leqslant,\nabla_1,\nabla_2$”和“$\geqslant,\Delta_1,\Delta_2$”分别是上匹配关系和下匹配关系. 则如果 $\exists\, u\in C^2[a,b]$（$v\in C^2[a,b]$），使

$$\begin{cases} u''(t)\geqslant f(t,u(t),u'(t)),\\ U_1(u)\ \Delta_1\ A,\\ U_2(u)\ \Delta_2\ B\end{cases}\qquad \left(\begin{cases} v''(t)\leqslant f(t,v(t),v'(t)),\\ U_1(v)\ \nabla_1\ A,\\ U_2(v)\ \nabla_2\ B\end{cases}\right)$$

成立，则说 u 是 BVP(3.1.1) 的一个下解（v 是 BVP(3.1.1) 的一个上解）.

3.1.2　四点边值问题的匹配性

考虑四点边值问题

$$\begin{cases} x''(t)=f(t,x(t),x'(t)),\\ x(0)-ax(\xi)=0,\\ x(1)-bx(\eta)=0,\end{cases}\tag{3.1.2}$$

其中 $\xi,\eta\in(0,1),\ \xi\leqslant\eta,\ f\in C([0,1]\times\mathbf{R}^2,\mathbf{R}),\ a,b\geqslant 0$ 是常数.

引理 3.1.2　当 $0\leqslant a\leqslant 1/(1-\xi),0\leqslant b\leqslant 1/\eta$ 满足

$$\rho:=a\xi(1-b)+(1-a)(1-b\eta)\geqslant 0$$

时，BVP(3.1.2) 是匹配的，且“$\geqslant;\leqslant,\leqslant$”和“$\leqslant;\geqslant,\geqslant$”分别是下匹配关系和上匹配关系.

证明 设 $w \in C^2[0,1]$, $w''(t) \geqslant 0\ (\not\equiv 0)$，$t \in (0,1)$，

$$w(0) - aw(\xi) \leqslant 0,\ \ w(1) - bw(\eta) \leqslant 0,$$

且 $w(t) < \max\{w(0), w(1)\}$ 对 $t \in (0,1)$ 成立. 下证

$$\max\{w(0), w(1)\} \leqslant 0. \tag{3.1.3}$$

不妨设 $w(0) \geqslant w(1)$，则式 (3.1.3) 等价于证明

$$w(0) \leqslant 0. \tag{3.1.4}$$

如果 $a = 0$，式 (3.1.4) 显然成立. 故设 $a > 0$，$w(0) > 0$.

由 $\rho \geqslant 0$ 得

$$-a[(1-\xi) - b(\eta - \xi)] + (1 - b\eta) \geqslant 0.$$

当 $\xi = \eta$ 时，$(1-\xi) - b(\eta-\xi) = 1-\xi > 0$；当 $\xi < \eta$ 时，由 $b \leqslant 1/\eta < (1-\xi)/(\eta-\xi)$，可知 $(1-\xi) - b(\eta-\xi) > 0$. 于是有

$$a \leqslant \frac{1 - b\eta}{(1-\xi) - b(\eta - \xi)}. \tag{3.1.5}$$

记 $E = \{t \in [0,1] : x(t) \leqslant 0\}$. 由于 $w(t) \geqslant 0$ 时，$w''(t) \geqslant 0$, 可知 E 不是空集，就是单点集或一个闭区间.

如果 $E \neq \varnothing$，则 $\exists\, t_0 \in (0,1]$，使

$$w(t_0) = 0, \qquad w(t) > 0, \qquad \text{当 } t \in [0, t_0).$$

设 $t_0 \in (0,1)$. 当 $\xi \in (0, t_0)$ 时，由于在 $[0, t_0]$ 上 $w''(t) \geqslant 0$，故 $w(\xi) \leqslant \dfrac{t_0 - \xi}{t_0} w(0)$, 从而

$$w(0) \geqslant \frac{t_0}{t_0 - \xi} w(\xi) > \frac{1}{1-\xi} w(\xi) \geqslant aw(\xi),$$

得出矛盾. 当 $\xi \in (t_0, 1)$ 时，由于 $w(\xi) \geqslant \dfrac{1}{a} w(0) > 0$，故 $w(1) > 0$，且有 $t_1 \in [t_0, \xi)$ 使 $t \in [t_1, 1]$ 时 $w(t) \geqslant 0$. 于是 $w''(t) \geqslant 0$ 在 $[t_1, 1]$ 上成立，从而 $w(\eta) \leqslant \dfrac{\eta - t_1}{1 - t_1} w(1) < \eta w(1)$. 这样由

$$w(1) > \frac{1}{\eta} w(\eta) \geqslant bw(\eta)$$

导出矛盾.

设 $t_0 = 1$，则在 $[0,1]$ 上由 $w''(t) \geqslant 0$ 及 $w''(t) \not\equiv 0$ 知 $w(\xi) < (1-\xi)w(0)$，即 $w(0) > aw(\xi)$, 同样得矛盾. 对 $E = \varnothing$，我们有

$$w(t) < (1-t)w(0) + tw(1), \qquad \forall\, t \in (0,1),$$

$$w(0) > \frac{1}{1-t}w(t) - \frac{t}{1-t}w(1), \qquad \forall\, t \in (0,1).$$

于是

$$w(0) > \frac{1}{1-\xi}w(\xi) - \frac{\xi}{1-\xi}w(1).$$

由 $w(1) \leqslant bw(\eta)$，得

$$w(0) > \frac{1}{1-\xi}w(\xi) - \frac{b\xi}{1-\xi}w(\eta). \tag{3.1.6}$$

当 $\xi = \eta$ 时，得

$$w(0) > \frac{1-b\xi}{1-\xi}w(\xi) \geqslant aw(\xi),$$

和条件 $w(0) - aw(\xi) \leqslant 0$ 矛盾. 设 $\xi < \eta$, 由 $w(t)$ 在 $[\xi,1]$ 上的凸性，我们有

$$w(\eta) \leqslant \frac{1-\eta}{1-\xi}w(\xi) + \frac{\eta-\xi}{1-\xi}w(1),$$

即

$$w(\eta) \leqslant \frac{1-\eta}{1-\xi}w(\xi) + \frac{b(\eta-\xi)}{1-\xi}w(\eta).$$

于是

$$w(\eta) \leqslant \frac{1-\eta}{(1-\xi)-b(\eta-\xi)}w(\xi),$$

上式代入式 (3.1.6) 中得

$$\begin{aligned}
w(0) &> \frac{1}{1-\xi}w(\xi) - \frac{b\xi}{1-\xi}\cdot\frac{1-\eta}{(1-\xi)-b(\eta-\xi)}w(\xi) \\
&= \frac{1-b\eta}{(1-\xi)-b(\eta-\xi)}w(\xi) \\
&\geqslant aw(\xi).
\end{aligned}$$

由假设 $w(0) > 0$, 上列不等式无论 $w(\xi)$ 是否正值都成立, 但它和条件 $w(0) \leqslant aw(\xi)$ 矛盾.

由此 $w(0) \leqslant 0$ 得证.

3.1.3 非线性项有界时解的存在性

先讨论 BVP(3.1.2) 在非共振情况下解的存在性.

定理 3.1.1 设 $\exists\, M>0$，使 $|f(t,x,y)|\leqslant M$，且 $a,b\geqslant 0$ 满足

$$\rho := a\xi(1-b)+(1-a)(1-b\eta)>0,$$

则 BVP(3.1.2) 至少有一个解.

证明 由于 $\rho>0$，故边值问题

$$\begin{cases} x''=0, \\ x(0)-ax(\xi)=0, \\ x(1)-bx(\eta)=0 \end{cases} \tag{3.1.7}$$

是非共振的，Green 函数 $G(t,s)$ 存在，计算得

$$G(t,s)=-\frac{1}{\rho}\begin{cases} s[(1-b\eta)+(b-1)t], & 0\leqslant s\leqslant \min\{t,\xi\}, \\ t[(1-b\eta)+(b-1)s], & 0\leqslant t\leqslant s\leqslant \xi, \\ [a\xi+(1-a)s][(1-b\eta)+(b-1)t], & \xi\leqslant s\leqslant \min\{t,\eta\}, \\ [a\xi+(1-a)t][(1-b\eta)+(b-1)s], & \max\{t,\xi\}\leqslant s\leqslant \eta, \\ (1-\delta)[a\xi+(1-a)t]+\delta(s-t), & \eta\leqslant s\leqslant t\leqslant 1, \\ (1-\delta)[a\xi+(1-a)t], & \max\{t,\eta\}\leqslant s\leqslant 1. \end{cases}$$

$\forall\, x\in C^1[0,1]$，定义

$$(Tx)(t)=\int_0^1 G(t,s)f(s,x(s),x'(s))\mathrm{d}s,$$

则 $T:C^1[0,1]\to C^1[0,1]$ 为全连续算子，记 $\|x\|_0=\max\limits_{0\leqslant t\leqslant 1}|x(t)|$，则 $C^1[0,1]$ 中的范数 $\|\cdot\|$ 由

$$\|x\|=\max\{\ \|x\|_0,\ \|x'\|_0\}$$

给出. 显然 $G(t,s)$ 和 $\dfrac{\partial}{\partial t}G(t,s)$ 在 $(t,s)\in[0,1]\times[0,1]$ 中有界，记

$$K=\max\left\{\max_{0\leqslant s,t\leqslant 1}|G(t,s)|,\ \sup_{0\leqslant s,t\leqslant 1}\left|\frac{\partial}{\partial t}G(t,s)\right|\right\},$$

取

$$\overline{\Omega}=\{x\in C^1[0,1]:\|x\|\leqslant MK\},$$

则有 $T(\overline{\Omega}) \subset \overline{\Omega}$. 由定理 2.2.1，$T$ 在 $\overline{\Omega}$ 中有不动点 $x(t)$，$x(t)$ 就是 BVP(3.1.2) 的解.

定理 3.1.2 设 $\exists\, M, R > 0$，使

$$|f(t,x,y)| \leqslant M, \qquad (t,x,y) \in [0,1] \times \mathbf{R}^2,$$

$$f(t,x,y)\mathrm{sgn}x \geqslant \frac{M}{2}, \quad (t,y) \in [0,1] \times \mathbf{R}, \quad |x| \geqslant R.$$

又设 $0 \leqslant a \leqslant 1/(1-\xi), 0 \leqslant b \leqslant 1/\eta$ 满足 $\rho := a\xi(1-b) + (1-a)(1-b\eta) = 0$，则 BVP(3.1.2) 至少有一个解.

证明 记 $X = \{x \in C^1[0,1] : x(0) - ax(\xi) = x(1) - bx(\eta) = 0\}$，$Y = C[0,1]$. $\forall\, x \in X, y \in Y$，定义

$$\|x\|_X = \max\{\ \|x\|_0,\ \|x'\|_0\}, \qquad \|y\|_Y = \|y\|_0,$$

其中 $\|\cdot\|_0$ 的定义同定理 3.1.1. 因为 $\rho = 0$ 时是共振情况，我们用 Mawhin 的连续性定理给出证明.

定义 $(Lx)(t) = x''(t), (Nx)(t) = f(t, x(t), x'(t))$. 由 1.4 节知，$L : X \cap \mathrm{dom}L \to Y$ 是指标为零的 Fredholm 算子，$\forall\, \Omega \subset X$，$N$ 在 $\overline{\Omega}$ 上是 L- 紧的,

$$\ker L = \{\ c(a\xi + (1-a)t) : c \in \mathbf{R}\ \}.$$

记 $U_1(u) = u(0) - au(\xi), U_2(u) = u(1) - bu(\eta)$. $Lx = 0$ 有基本解组 $x_1 = 1, x_2 = t$. $\forall\, x \in Y$，由

$$\begin{cases} Lu = \lambda f(t, x(t), x'(t)), \\ U_1(u) = U_2(u) = 0 \end{cases} \tag{3.1.8}$$

解得

$$\begin{aligned} u(t) &= c(a\xi + (1-a)t) + \lambda \int_0^t (t-s) f(s, x(s), x'(s))\mathrm{d}s \\ &= c(a\xi + (1-a)t) + \lambda \hat{u}(t), \end{aligned} \tag{3.1.9}$$

其中 $\hat{u}(t) = \displaystyle\int_0^t (t-s) f(s, x(s), x'(s))\mathrm{d}s$, 而方程 (3.1.8) 有解 (3.1.9) 的条件为

$$\begin{pmatrix} U_1(x_1) & U_1(x_2) \\ U_2(x_1) & U_2(x_2) \end{pmatrix} \cdot \begin{pmatrix} c_1 \\ c_2 \end{pmatrix} = -\begin{pmatrix} U_1(\hat{u}) \\ U_2(\hat{u}) \end{pmatrix} \tag{3.1.10}$$

有解.

当 $a=1$ 时，由 $\rho=0$ 得 $b=1$，从而 $U_1(x_1)=U_2(x_1)=0$. 故方程 (3.1.10) 有解等价于

$$U_1(x_2)U_2(\hat{u})-U_2(x_2)U_1(\hat{u})=0. \tag{3.1.11}$$

即

$$\int_0^1 g_1(s)f(s,x(s),x'(s))\mathrm{d}s=0,$$

其中

$$g_1(s)=\begin{cases} s(1-\eta), & 0\leqslant s\leqslant \xi,\\ \xi(1-\eta), & \xi\leqslant s\leqslant \eta,\\ \xi(1-s), & \eta\leqslant s\leqslant 1.\end{cases}$$

当 $a\neq 1$ 时，得 $b\neq 1, U_1(x_1),U_2(x_2)\neq 0$，方程 (3.1.10) 有解等价于

$$U_1(x_1)U_2(\hat{u})-U_2(x_1)U_1(\hat{u})=0. \tag{3.1.12}$$

即

$$\int_0^1 g_2(s)f(s,x(s),x'(s))\mathrm{d}s=0,$$

其中

$$g_2(s)=\begin{cases} s(1-b), & 0\leqslant s\leqslant \xi,\\ (1-a)[b(\eta-s)-(1-s)], & \xi\leqslant s\leqslant \eta,\\ (1-a)(s-1), & \eta\leqslant s\leqslant 1.\end{cases}$$

记

$$g(s)=\begin{cases} g_1(s), & \text{当 } a=1,\\ g_2(s), & \text{当 } a\neq 1.\end{cases}$$

由 $\rho=0$，得 $(a-1)(b-1)<0$，故对 $s\in(0,1)$ 有

$$\begin{cases} g(s)>0, & \text{当 } a\geqslant 1,\\ g(s)<0, & \text{当 } 0\leqslant a<1.\end{cases}$$

现考虑

$$\begin{cases} x''=\lambda f(t,x,x'),\\ x(0)-ax(\xi)=x(1)-bx(\eta)=0,\end{cases} \tag{3.1.13$_\lambda$}$$

其中 $\lambda\in[0,1)$，由 X,Y,L,N 的定义，式 $(3.1.13)_\lambda$ 等价于

$$Lx=\lambda Nx, \qquad x\in \mathrm{dom}L. \tag{3.1.14$_\lambda$}$$

定义投影算子 $P: X \to \ker L$, $Q: Y \to Y/\mathrm{Im} L$.

$$\forall\, x \in X, \qquad (Px)(t) = 2x\left(\frac{1}{2}\right)(1-a+2a\xi)[a\xi+(1-a)t],$$

$$\forall\, y \in Y, \qquad (Qy)(t) = \int_0^1 g(s)y(s)\mathrm{d}s.$$

(A) 证 $\exists\, d>0$, $\forall\, \lambda \in (0,1)$，方程 $(3.1.14)_\lambda$ 的解 $x(t)$ 满足 $\|x\|<d$.

不妨设 $0 \leqslant a \leqslant 1$，当 $1 \leqslant a \leqslant 1/(1-\xi)$ 时，只要注意到

$$a\xi+(1-a)t = (1-a(1-\xi))+(a-1)(1-t),$$

就可以用类似的方法证明.

当 $0<a\leqslant 1$，取 $c = R/(a\xi) > R$.

设 $x(t)$ 是方程 $(3.1.14)_\lambda$ 的一个解. 记 $w(t) = x(t) - c[a\xi+(1-a)t]$, 则 $w(t) \geqslant 0$ 时，$w''(t) \geqslant M/2 > 0$,

$$w(0) - aw(\xi) = w(1) - bw(\eta) = 0.$$

由引理 3.1.2 得，$w(t) \leqslant 0$，于是

$$x(t) \leqslant \frac{R}{a\xi}[a\xi+(1-a)t] \leqslant R\left(1+\frac{1-a}{a\xi}\right).$$

同理可证

$$x(t) \geqslant -\frac{R}{a\xi}[a\xi+(1-a)t] \geqslant -R\left(1+\frac{1-a}{a\xi}\right).$$

当 $a=0$ 时，$b=1/\eta$. 取 $0<\varepsilon<\eta/3$, $\displaystyle\int_\varepsilon^1 g(s)\mathrm{d}s - 2\int_0^\varepsilon g(s)\mathrm{d}s < 0$，证 $x(t) \leqslant R/\varepsilon$. 设不然，$\exists\, t_0 \in [0,1]$，使

$$x(t_0) = \max_{0\leqslant t\leqslant 1} x(t) > \frac{R}{\varepsilon}.$$

由于 $x(0)=0$ 及 $x''(t) > M/2 > 0$，当 $t \in (0,t_0)$，故 $t_0 = 1$. 由此 $x(\eta) = (1/b)x(1) = \eta x(1) > R$，且 $x'(\eta) < \dfrac{x(1)-x(\eta)}{1-\eta} = x(1)$.

当 $t \in [\varepsilon, \eta)$ 时，$x(t) \geqslant R$，且

$$x'(t) = x'(\eta) - \int_t^\eta x''(s)\mathrm{d}s \leqslant x'(\eta) - \frac{M}{2}(\eta - t) < x(1).$$

特别是 $x'(\varepsilon) \leqslant x'(\eta) - \dfrac{M}{2}(\eta - \varepsilon) < x(1)$. 当 $t \in [0, \varepsilon)$ 时，

$$\begin{aligned} x'(t) &= x'(\varepsilon) - \int_t^\varepsilon x''(s)\mathrm{d}s < x'(\varepsilon) + M(\varepsilon - t) \\ &\leqslant x'(\eta) - \frac{M}{2}(\eta - \varepsilon) + M\varepsilon \\ &< x(1) - \frac{M}{2}(\eta - 3\varepsilon) < x(1). \end{aligned}$$

故 $x(\eta) = \int_0^\eta x'(s)\mathrm{d}s < x(1)\eta = x(\eta)$，得出矛盾. 于是 $x(t) \leqslant R/\varepsilon$ 成立. 同样可证 $x(t) \geqslant -R/\varepsilon$.

$$d_1 = \begin{cases} \left(1 + \dfrac{1-a}{a\xi}\right)R, & \text{当 } a \neq 0, \\ \dfrac{R}{\varepsilon}, & \text{当 } a = 0. \end{cases} \tag{3.1.15}$$

则有 $|x(t)| \leqslant d_1$. 由此知 $\exists\, t_1 \in [0, 1]$，使

$$|x'(t_1)| \leqslant 2d_1.$$

从而

$$|x'(t)| = \left| x'(t_1) + \int_{t_1}^t x''(s)\mathrm{d}s \right| \leqslant |x'(t_1)| + \int_0^1 |x''(s)|\mathrm{d}s \leqslant 2d_1 + M.$$

令 $d = 2d_1 + M$，则

$$\|x\| \leqslant d. \tag{3.1.16}$$

(B) 证 $x \in \ker L$ 使 $QNx = 0$ 时，式 (3.1.16) 成立. 设 $x(t) = c(a\xi + (1-a)t)$，使

$$\int_0^1 g(s)f(s, c(a\xi + (1-a)s), c(1-a))\mathrm{d}s = 0. \tag{3.1.17}$$

仍然不妨设 $a \in [0, 1]$.

当 $0 < a < 1$ 时，若 $c \geqslant R/(a\xi)$，则

$$c(a\xi + (1-a)s) \geqslant R, \text{ 当 } s \in [0, 1],$$

这时

$$\int_0^1 g(s)f(s, c(a\xi + (1-a)s), c(1-a))\mathrm{d}s \leqslant \frac{M}{2}\int_0^1 g(s)\mathrm{d}s < 0;$$

若 $c \leqslant -R/a\xi$，则

$$\int_0^1 g(s)f(s, c(a\xi + (1-a)s), c(1-a))\mathrm{d}s \geqslant -\frac{M}{2}\int_0^1 g(s)\mathrm{d}s > 0.$$

故式 (3.1.2) 的解 $x(t)$ 满足

$$|x(t)| \leqslant R\left(1+\frac{1-a}{a\xi}\right), \qquad |x'(t)| \leqslant \frac{1-a}{a\xi}R.$$

当 $a=0$ 时，ε 如 (A) 中所取，则 $c>R/\varepsilon$ 时，

$$cs>R, \quad s\in[\varepsilon,1].$$

故

$$\int_0^1 g(s)f(s,cs,c)\mathrm{d}s < \int_\varepsilon^1 g(s)\frac{M}{2}\mathrm{d}s - \int_0^\varepsilon g(s)M\mathrm{d}s < 0.$$

同样，$c<-R/\varepsilon$ 时，

$$\int_0^1 g(s)f(s,cs,c)\mathrm{d}s > 0.$$

由此方程 (3.1.2) 的解满足 $|x(t)|\leqslant R/\varepsilon$, $|x'(t)|\leqslant R/\varepsilon$.

由方程 (3.1.2) 定义 d_1, 则 $|x(t)|$, $|x'(t)|\leqslant d_1<d$，故式 (3.1.16) 成立.

(C) 令 $\Omega=\{x\in X:\|x\|<d+1\}$. 证

$$\deg\{JQN|_{\mathrm{ker}L},\Omega|_{\mathrm{ker}L},0\}\neq 0. \tag{3.1.18}$$

仍设 $0\leqslant a<1$，取 $J:\mathbf{R}\to\mathbf{R}$ 为恒等映射，由 (B) 中讨论知

$$x\in\partial\Omega|_{\mathrm{ker}L}=\left\{c(a\xi+(1-a)t):c=\pm\frac{d+1}{a\xi+1-a}\right\}$$

时有

$$H(x,\lambda)=\lambda(-x)+(1-\lambda)QNx\neq 0, \quad x\in\partial\Omega|_{\mathrm{ker}L}, \ \lambda\in[0,1].$$

故

$$\begin{aligned}
&\deg\{JQN|_{\mathrm{ker}L},\Omega|_{\mathrm{ker}L},0\}\\
&=\deg\{QN|_{\mathrm{ker}L},\Omega|_{\mathrm{ker}L},0\}\\
&=\deg\left\{-I,\left\{c(a\xi+(1-a)t):|c|<\frac{d+1}{a\xi+1-a}\right\},0\right\}\\
&=-1.
\end{aligned}$$

由此知 $Lx=Nx$ 在 $\overline{\Omega}$ 中有解.

3.1.4 Nagumo 条件与解的导数的有界性

定义 3.1.3 设 $f\in C([\alpha,\beta]\times\mathbf{R}^2,\mathbf{R})$，$u,v\in C[\alpha,\beta]$，$u(t)\leqslant v(t)$，如果对 $\forall\, t\in[\alpha,\beta]$，$u(t)\leqslant x\leqslant v(t)$，有 $h\in C(\mathbf{R}^+,(0,\infty))$，满足 $\int_0^\infty s/h(s)\mathrm{d}s=\infty$，使

$$|f(t,x,y)|\leqslant h(|y|)$$

成立，则说 f 在 $[\alpha,\beta]$ 上关于 u,v 满足 Nagumo 条件.

引理 3.1.3[1] 设 f 在 $[\alpha,\beta]$ 上关于 u,v 满足 Nagumo 条件，则当 $x''=f(t,x,x')$ 的解 x 满足

$$u(t)\leqslant x(t)\leqslant v(t),\qquad t\in[\alpha,\beta]$$

时，$\exists N=N(u,v)>0$，使

$$|x'(t)|\leqslant N.$$

N 称为 f 在 $[\alpha,\beta]$ 上关于 u,v 的一个 Nagumo 常数.

3.1.5 BVP(3.1.2) 的有解性

定理 3.1.3 设 $0\leqslant a\leqslant 1/(1-\xi)$, $0\leqslant b\leqslant 1/\eta$, $\rho=a\xi(1-b)+(1-a)(1-b\eta)\geqslant 0$，$u,v\in C^2[0,1]$ 是 BVP(3.1.2) 的下解和上解，$u(t)\leqslant v(t)$，且 f 在 $[0,1]$ 上关于 u,v 满足 Nagumo 条件，则 BVP(3.1.2) 有解 x，满足

$$u(t)\leqslant x(t)\leqslant v(t),\qquad t\in[0,1].$$

证明 设 N 是 f 在 $[0,1]$ 上关于 u,v 的 Nagumo 常数. 定义

$$f^*(t,x,y)=\begin{cases}f(t,x,N), & y>N,\\ f(t,x,y), & |y|\leqslant N,\\ f(t,x,-N), & y<-N.\end{cases}$$

$$F(t,x,y)=\begin{cases}f^*(t,v(t),y)+(M-f^*(t,v(t),y))g(x-v(t)), & x>v(t),\\ f^*(t,x,y), & u(t)\leqslant x\leqslant v(t),\\ f^*(t,u(t),y)+(M-f^*(t,u(t),y))g(x-u(t)), & x<u(t).\end{cases}$$

其中 $M=2\max\{\,|f(t,x,y)|\ :0\leqslant t\leqslant 1,\ u(t)\leqslant x\leqslant v(t),\ |y|\leqslant N\}$,

$$g(s)=\begin{cases}1, & s>1,\\ s, & |s|\leqslant 1,\\ -1, & s<-1.\end{cases}$$

考虑边值问题

$$\begin{cases}x''=F(t,x,x'),\\ x(0)-ax(\xi)=x(1)-bx(\eta)=0,\end{cases}\tag{3.1.19}$$

则 $|F(t,x,y)| \leqslant M$，且当取 $R = 1 + \max\{\|u\|_0, \ \|v\|_0\}$ 时有

$$F(t,x,y)\mathrm{sgn}x = M > \frac{M}{2}, \qquad (t,y) \in [0,1] \times \mathbf{R}, \qquad |x| \geqslant R.$$

当 $\rho > 0$ 时根据定理 3.1.1，$\rho = 0$ 时根据定理 3.1.2，可知，BVP(3.1.19) 有解 $x(t)$: $u(t) \leqslant x(t) \leqslant v(t)$，由于 $u(t) \leqslant x(t) \leqslant v(t)$ 时，$F(t,x,x') = f^*(t,x,x')$，故 $x(t)$ 也是

$$\begin{cases} x'' = f^*(t,x,x'), \\ x(0) - ax(\xi) = x(1) - bx(\eta) = 0 \end{cases} \tag{3.1.20}$$

的解. 又由 f 在 $[0,1]$ 上关于 u, v 满足 Nagumo 条件，设 $|f(t,x,y)| \leqslant h(|y|)$，$u(t) \leqslant x \leqslant v(t)$，$t \in [0,1]$，则有

$$|f^*(t,x,y)| \leqslant h(|y|), \qquad u(t) \leqslant x \leqslant v(t), \ t \in [0,1].$$

故 N 也是 f^* 在 $[0,1]$ 上关于 u 和 v 的一个 Nagumo 常数，故 $|x'(t)| \leqslant N$. 于是有

$$f^*(t,x(t),x'(t)) = f(t,x(t),x'(t)).$$

可知，$x(t)$ 也是 BVP(3.1.2) 的解. 定理得证.

在 BVP(3.1.2) 中，如果 $f(t,x,x')$ 不显含 x'，则成为

$$\begin{cases} x'' = f(t,x), \\ x(0) - ax(\xi) = x(1) - bx(\eta) = 0. \end{cases} \tag{3.1.21}$$

由于 $\forall\, u,v \in C[0,1]$, $u(t) \leqslant v(t)$，可取

$$\max\{|f(t,x)| : 0 \leqslant t \leqslant 1, \ u(t) \leqslant x \leqslant v(t)\} = M,$$

令 $h(|y|) = M$，则 $\int_0^\infty s/M\mathrm{d}s = \infty$，$f$ 在 $[0,1]$ 上关于 u, v 满足 Nagumo 条件，故有如下推论.

推论 3.1.1 设 $0 \leqslant a \leqslant 1/(1-\xi)$, $0 \leqslant b \leqslant 1/\eta$ 时，$\rho = a\xi(1-b) + (1-a)(1-b\eta) \geqslant 0$. u, v 分别是 BVP(3.1.21) 的下解和上解，则 BVP(3.1.21) 有解 x，满足 $u(t) \leqslant x(t) \leqslant v(t)$.

注 3.1.1 以上结果主要取自文献 [2]、[3]，但是在具体证明方法上作了改进，使 $\rho > 0$，即非共振情况下的有解性结论由 $0 \leqslant a, b < 1$ 扩展到 $0 \leqslant a \leqslant 1/(1-\xi)$, $0 \leqslant b \leqslant 1/\eta$; 而当 $\rho = 0$，即共振情况时，有解性结论由 $0 < a < 1/(1-\xi)$, $0 < b < 1/\eta$ 扩展为 $0 \leqslant a \leqslant 1/(1-\xi)$, $0 \leqslant b \leqslant 1/\eta$，且对 u, v 只要求是下解和上解，不要求严格下解和严格上解.

注 3.1.2 当 $a = 0$ 时，是文献 [4] 中已讨论过的二阶三点边值问题，与文献 [4] 的结果比较，推论 3.1.1 减弱了对 u, v 为严格下、上解的要求.

3.2 多点共振边值问题的有解性

上节中我们在上下解存在的前提下讨论了二阶四点边值问题解的存在条件，其结论既适用于共振情况，也适用于非共振情况. 本节研究共振情况下二阶多点边值问题

$$\begin{cases} x'' = f(t,x,x') + e(t), \\ x'(0) - x'(\xi) = x(1) - \sum_{i=1}^{m-3} \beta_i x(\eta_i) = 0 \end{cases} \tag{3.2.1}$$

和

$$\begin{cases} x'' = f(t,x,x') + e(t), \\ x'(0) - x'(\xi) = x'(1) - \sum_{i=1}^{m-3} \beta_i x'(\eta_i) = 0 \end{cases} \tag{3.2.2}$$

解的存在条件. 其中 $0 < \xi < 1$, $0 < \beta_1 < \beta_2 < \cdots < \beta_{m-3} < 1$. 对 BVP(3.2.1) 和 BVP(3.2.2) 分别令

$$U_1(x) = x'(0) - x'(\xi), \qquad U_2(x) = x(1) - \sum_{i=1}^{m-3} \beta_i x(\eta_i)$$

和

$$U_1(x) = x'(0) - x'(\xi), \qquad U_2(x) = x'(1) - \sum_{i=1}^{m-3} \beta_i x'(\eta_i).$$

由于 $x'' = 0$ 的基本解组为 $x_1 = 1$, $x_2 = t$，则对 BVP(3.2.1) 和 BVP(3.2.2) 分别有

$$Q(x) = \begin{pmatrix} 0 & 0 \\ 1 - \sum_{i=1}^{m-3} \beta_i & 1 - \sum_{i=1}^{m-3} \beta_i \eta_i \end{pmatrix}$$

和

$$Q(x) = \begin{pmatrix} 0 & 0 \\ 0 & 1 - \sum_{i=1}^{m-3} \beta_i \end{pmatrix}.$$

由于 $\det Q(x) = 0$，故 BVP(3.2.1) 和 BVP(3.2.2) 是共振情况下的边值问题.

对二阶多点边值问题，讨论共振情况的已有不少结果 [5~7]，但都只涉及 $\ker L$ 为一维空间的情况. 我们将在本节中研究 $\dim \ker L = 2$ 时 BVP(3.2.1) 和 BVP(3.2.2) 解的存在性. $\ker L$ 维数的增加无疑增加了问题的难度.

$\dim \ker L = 2$，对 BVP(3.2.1) 而言，等价于

$$\sum_{i=1}^{m-3} \beta_i = 1, \qquad \sum_{i=1}^{m-3} \beta_i \eta_i = 1; \tag{3.2.3}$$

对 BVP(3.2.2) 而言, 当且仅当

$$\sum_{i=1}^{m-3} \beta_i = 1. \tag{3.2.4}$$

3.2.1 BVP(3.2.1) 的有解性

设式 (3.2.3) 成立.

取 $X = \left\{ x \in C^1[0,1] : x'(0) - x'(\xi) = x(1) - \sum_{i=1}^{m-3} \beta_i x(\eta_i) = 0 \right\}, \qquad Y = L^1[0,1].$

定义

$$L : \mathrm{dom}L \subset X \to Y, \qquad Lx = x'',$$
$$N : X \to Y, \qquad (Nx)(t) = f(t, x(t), x'(t)) + e(t),$$

其中 $\mathrm{dom}L = \{x \in X : x'' \in L^1[0,1]\}$. 显然

$$\ker L = \{A + Bt : A, B \in \mathbf{R}, t \in [0,1]\} \subset \mathrm{dom}L.$$

定义投影算子

$$P : X \to \ker L,$$
$$x \mapsto x(1) - x'(1) + x'(1)t.$$

在运用 Mawhin 的连续性定理时，通常假设 $\sum\limits_{i=1}^{m-3} \beta_i \eta_i^2 \neq 1$，以便定义算子 $Q : Y \to Y/\mathrm{Im}L$. 我们的存在性条件中不要求上述假设.

为此，先给出一个引理.

引理 3.2.1[8,9] $S = \left\{ k \in \mathbf{Z}^+ : \dfrac{2}{(k+1)\xi^{k-1}} \left(1 - \sum\limits_{i=1}^{m-3} \beta_i \eta_i^{k+1}\right) = 1 - \sum\limits_{i=1}^{m-3} \beta_i \eta_i^2 \right\}$ 是一个有限集.

证明 记 $c = 1 - \sum\limits_{i=1}^{m-3} \beta_i \eta_i^2$. 若结论不真，则存在序列 $\{k_j\} \subset S, j = 1, 2, \cdots$, $k_j < k_{j+1}$，使

$$c = \frac{2}{(k_j+1)\xi^{k_j-1}} \left(1 - \sum_{i=1}^{m-3} \beta_i \eta_i^{k_j+1}\right).$$

然而，由

$$c = \lim_{k_j \to \infty} \frac{2}{(k_j+1)\xi^{k_j-1}} \left(1 - \sum_{i=1}^{m-3} \beta_i \eta_i^{k_j+1}\right) = \infty$$

得出矛盾，故引理成立.

推论 3.2.1 $\exists\, k_0>0$，当 $k\geqslant k_0$ 时

$$\frac{2}{(k+1)\xi^{k-1}}\left(1-\sum_{i=1}^{m-3}\beta_i\eta_i^{k_j+1}\right)\neq 1-\sum_{i=1}^{m-3}\beta_i\eta_i^2. \tag{3.2.5}$$

与此同时，我们还可以给出一个更加明确的结论.

引理 3.2.2 当 $\sum\limits_{i=1}^{m-3}\beta_i=\sum\limits_{i=1}^{m-3}\beta_i\eta_i=1$ 时，$\exists\, k\in\{2,3,\cdots,m-3\}$，使

$$\sum_{i=1}^{m-3}\beta_i\eta_i^{k+1}\neq 1. \tag{3.2.6}$$

证明 假设结论不真，则有

$$\sum_{i=1}^{m-3}\beta_i\eta_i^{k+1}=1,\qquad k=0,1,2,\cdots,m-3.$$

于是

$$\begin{pmatrix}\eta_1 & \eta_2 & \cdots & \eta_{m-3}\\ \eta_1^2 & \eta_2^2 & \cdots & \eta_{m-3}^2\\ \vdots & \vdots & \ddots & \vdots\\ \eta_1^{m-2} & \eta_2^{m-2} & \cdots & \eta_{m-3}^{m-2}\end{pmatrix}\cdot\begin{pmatrix}\beta_1\\ \beta_2\\ \vdots\\ \beta_{m-3}\end{pmatrix}=\begin{pmatrix}1\\ 1\\ \vdots\\ 1\end{pmatrix}.$$

即

$$\begin{pmatrix}\eta_1 & \eta_2 & \cdots & \eta_{m-3} & 1\\ \eta_1^2 & \eta_2^2 & \cdots & \eta_{m-3}^2 & 1\\ \vdots & \vdots & \ddots & \vdots & \vdots\\ \eta_1^{m-3} & \eta_2^{m-3} & \cdots & \eta_{m-3}^{m-3} & 1\\ \eta_1^{m-2} & \eta_2^{m-2} & \cdots & \eta_{m-3}^{m-2} & 1\end{pmatrix}\cdot\begin{pmatrix}\beta_1\\ \beta_2\\ \vdots\\ \beta_{m-3}\\ -1\end{pmatrix}=\begin{pmatrix}0\\ 0\\ \vdots\\ 0\\ 0\end{pmatrix}.$$

由于

$$\begin{aligned}&\det\begin{pmatrix}\eta_1 & \eta_2 & \cdots & \eta_{m-3} & 1\\ \eta_1^2 & \eta_2^2 & \cdots & \eta_{m-3}^2 & 1\\ \vdots & \vdots & \ddots & \vdots & \vdots\\ \eta_1^{m-2} & \eta_2^{m-2} & \cdots & \eta_{m-3}^{m-2} & 1\end{pmatrix}\\ &=\eta_1\cdots\eta_{m-3}\cdot\det\begin{pmatrix}1 & 1 & \cdots & 1 & 1\\ \eta_1 & \eta_2 & \cdots & \eta_{m-3} & 1\\ \vdots & \vdots & \ddots & \vdots & \vdots\\ \eta_1^{m-3} & \eta_2^{m-3} & \cdots & \eta_{m-3}^{m-3} & 1\end{pmatrix}\neq 0,\end{aligned}$$

导出 $(\beta_1,\beta_2,\cdots,\beta_{m-3},-1)=(0,0,\cdots,0,0)$，但此结果不成立，故引理得证.

引理 3.2.3[8,9]　如果 $\sum_{i=1}^{m-3}\beta_i=\sum_{i=1}^{m-3}\beta_i\eta_i=1,\ 0<\xi<1$, 则 $L:\mathrm{dom}L\subset X\to Y$ 是一个指标为零的 Fredholm 算子. 取 $k>k_0$，使

$$D=2\xi\left(1-\sum_{i=1}^{m-3}\beta_i\eta_i^{k+1}\right)-(k+1)\xi^k\left(1-\sum_{i=1}^{m-3}\beta_i\eta_i^{k+1}\right)\neq 0.$$

定义投影算子

$$\begin{aligned}Q:\ Y&\to Y_1=\{A+Bt^{k-1}:A,B\in\mathbf{R}\}\subset Y,\\ y(t)&\mapsto\frac{1}{D}(a+b\,t^{k-1}),\end{aligned}$$

其中

$$\begin{aligned}a&=2\left(1-\sum_{i=1}^{m-3}\beta_i\eta_i^{k+1}\right)\int_0^\xi y(s)\mathrm{d}s+2(k+1)\xi^k\sum_{i=1}^{m-3}\beta_i\int_{\eta_i}^1(s-\eta_i)y(s)\mathrm{d}s,\\ b&=-k(k+1)\left(1-\sum_{i=1}^{m-3}\beta_i\eta_i^2\right)\int_0^\xi y(s)\mathrm{d}s-2k(k+1)\xi\sum_{i=1}^{m-3}\beta_i\int_{\eta_i}^1(s-\eta_i)y(s)\mathrm{d}s.\end{aligned}$$

k_0 由推论 3.2.1 给出，则 Q 满足 $\mathrm{Im}L=(I-Q)Y$.

又当定义

$$\begin{aligned}K_p:\ \mathrm{Im}L&\to\mathrm{dom}L\cap\ker P,\\ y(t)&\mapsto\int_t^1(s-t)y(s)\mathrm{d}s\end{aligned}\tag{3.2.7}$$

时，$\forall\, y\in\mathrm{Im}L$，有 $\|K_py\|\leqslant\|y\|_{L^1}$.

证明　$\forall\, x\in\mathrm{dom}L$，使 $x''=y$ 成立，则 $y\in Y$ 需且只需满足

$$\sum_{i=1}^{m-3}\beta_i\int_{\eta_i}^1(s-\eta_i)y(s)\mathrm{d}s=\int_0^\xi y(s)\mathrm{d}s=0.\tag{3.2.8}$$

因此

$$\mathrm{Im}L=\left\{y\in Y:\sum_{i=1}^{m-3}\beta_i\int_{\eta_i}^1(s-\eta_i)y(s)\mathrm{d}s=\int_0^\xi y(s)\mathrm{d}s=0\right\}.$$

显然，$\forall\, y\in\mathrm{Im}L$，有 $Qy=0$，反之 $\forall\, y\in Y$，如果 $Qy=0$，则

$$\begin{pmatrix}2k(k+1)\xi & k(k+1)\left(1-\sum_{i=1}^{m-3}\beta_i\eta_i^2\right)\\ 2(k+1)\xi^k & 2\left(1-\sum_{i=1}^{m-3}\beta_i\eta_i^{k+1}\right)\end{pmatrix}\cdot\begin{pmatrix}\sum_{i=1}^{m-3}\beta_i\int_{\eta_i}^1(s-\eta_i)y(s)\mathrm{d}s\\ \int_0^\xi y(s)\mathrm{d}s\end{pmatrix}=\begin{pmatrix}0\\0\end{pmatrix}.$$

由于

$$\det\begin{pmatrix} 2k(k+1)\xi & k(k+1)\left(1-\sum\limits_{i=1}^{m-3}\beta_i\eta_i^2\right) \\ 2(k+1)\xi^k & 2\left(1-\sum\limits_{i=1}^{m-3}\beta_i\eta_i^{k+1}\right)\end{pmatrix} = 2k(k+1)D \neq 0,$$

故式 (3.2.8) 成立，即 $y\in \mathrm{Im}L$. 于是 $\mathrm{Im}L=(I-Q)Y$.

由此知 $\dim\ker L = 2 = \mathrm{codim}\ \mathrm{Im}L$，$L$ 是指标为零的 Fredholm 算子.

下证式 (3.2.7) 中定义的 K_p 是 $L:\mathrm{dom}L\cap X\to Y$ 的广义逆. 事实上对 $\forall\, y\in\mathrm{Im}L$，我们有

$$(LK_p)y(t)=[(K_py)(t)]''=\left[\int_t^1 (s-t)y(s)\mathrm{d}s\right]''=y(t).$$

而对 $\forall\ x\in\mathrm{dom}L\cap\ker P$，有

$$(K_pL)x(t)=\int_t^1(s-t)x''(s)\mathrm{d}s=x(t)-[x(1)-x'(1)+x'(1)t]=x(t)-Px.$$

由 $x\in\mathrm{dom}L\cap\ker P$ 知 $Px=0$. 于是 $(K_pL)x(t)=x(t)$. 这就证明了 $K_p=(L|_{\mathrm{dom}L\cap\ker P})^{-1}$. 又由

$$\|K_py\|_0\leqslant\int_0^1(1-t)|y(s)|\mathrm{d}s\leqslant\|y\|_{L^1},\qquad \|(K_py)'\|\leqslant\|y\|_{L^1},$$

故 $\|K_py\|\leqslant\|y\|_{L^1}$.

引理 3.2.4[8,9] 引理 3.2.3 中如果 $\sum\limits_{i=1}^{m-3}\beta_i\eta_i^2=1$ 成立，取 $k\in\{2,3,\cdots,m-3\}$，满足 $\sum\limits_{i=1}^{m-3}\beta_i\eta_i^{k+1}\neq 1$，则可定义

$$Q:\ Y\to Y_1=\{A+Bt^{k-1}: A,B\in\mathbf{R}\}\subset Y,$$
$$y(t)\mapsto\frac{1}{\xi\left(1-\sum\limits_{i=1}^{m-3}\beta_i\eta_i^{k+1}\right)}(a+b\ t^{k-1}),$$

其中

$$a=\left(1-\sum_{i=1}^{m-3}\beta_i\eta_i^{k+1}\right)\int_0^\xi y(s)\mathrm{d}s+(k+1)\xi^k\sum_{i=1}^{m-3}\beta_i\int_{\eta_i}^1(s-\eta_i)y(s)\mathrm{d}s,$$
$$b=-k(k+1)\xi\sum_{i=1}^{m-3}\beta_i\int_{\eta_i}^1(s-\eta_i)y(s)\mathrm{d}s.$$

定理 3.2.1[8,9]　设 $f:[0,1]\times\mathbf{R}^2\to\mathbf{R}$ 连续，又设:

(A_1) $\exists\, a,b,r\in L^1[0,1]$，使 $\forall (x,y)\in\mathbf{R}^2, t\in(0,1]$，有

$$|f(t,x,y)|\leqslant a(t)|x|+b(t)|y|+r(t);$$

(A_2) $\exists\, M>0$，使 $x\in\mathrm{dom}L, |x(t)|>M$ 时,

$$\mathrm{sgn}x(t)\sum_{i=1}^{m-3}\beta_i\int_{\eta_i}^{1}(s-\eta_i)[f(s,x(s),x'(s))+e(s)]\mathrm{d}s>0$$

或

$$\mathrm{sgn}x(t)\sum_{i=1}^{m-3}\beta_i\int_{\eta_i}^{1}(s-\eta_i)[f(s,x(s),x'(s))+e(s)]\mathrm{d}s<0$$

成立;

(A_3) $\exists\, M'>0$，使 $\forall\, x\in\mathrm{dom}L$，$|x'(t)|>M'$ 时,

$$\mathrm{sgn}x'(t)\int_0^{\xi}[f(\tau,x(\tau),x'(\tau))+e(\tau)]\mathrm{d}\tau>0$$

或

$$\mathrm{sgn}x'(t)\int_0^{\xi}[f(\tau,x(\tau),x'(\tau))+e(\tau)]\mathrm{d}\tau<0$$

对 $\forall\, t\in[0,\xi]$ 成立. 则对 $\forall\, e\in L^1[0,1]$ 和 $\beta_i\in\mathbf{R}:\sum\limits_{i=1}^{m-3}\beta_i=\sum\limits_{i=1}^{m-3}\beta_i\eta_i=1$，当 $\|a\|_1+\|b\|_1<1/4$ 时，BVP(3.2.1) 至少有一个解.

证明　$Q:Y\to Y_1=Y/\mathrm{Im}L$ 由式 (3.2.7) 定义，k 满足 $k>k_0$. 定义同构使

$$J:Y_1\to\ker L,$$
$$J(A+Bt^{k-1})=A+Bt.$$

令

$$\Omega_1=\{x\in\mathrm{dom}L\setminus\ker L:Lx=\lambda Nx,\lambda\in(0,1]\}.$$

如果 $x\in\Omega_1$, 则 $Nx\in\mathrm{Im}L=\ker Q$, i.e.,

$$\sum_{i=1}^{m-3}\beta_i\int_{\eta_i}^{1}(s-\eta_i)[f(s,x(s),x'(s))+e(s)]\mathrm{d}s=0,$$
$$\int_0^{\xi}[f(s,x(s),x'(s))+e(s)]\mathrm{d}s=0.$$

由 (A_2)，$\exists\ t_0 \in [\eta_1, 1]$ 使 $|x(t_0)| \leqslant M$. 由

$$x(1) = x(t_0) + x'(1)(1 - t_0) - \int_{t_0}^{1} (s - t_0) x''(s)\mathrm{d}s$$

得

$$|x(1)| \leqslant M + |x'(1)| + \|x''\|_{L^1} \leqslant M + |x'(1)| + \|Nx\|_{L^1}.$$

由 (A_3)，$\exists\ t_1 \in [0, \xi]$，使 $|x'(t_1)| \leqslant M'$. 由

$$|x'(1)| \leqslant M' + \|x''\|_{L^1} \leqslant M' + \|Nx\|_{L^1}$$

得

$$|x(1)| \leqslant M + M' + 2\|Nx\|_{L^1}.$$

由于 $x \in \Omega_1$ 蕴含 $(I - P)x \in \mathrm{dom}L \cap \ker P$, $LPx = 0$，故

$$\|(I - P)x\| = \|K_p L(I - P)x\| \leqslant \|L(I - P)x\|_{L^1} = \|Lx\|_{L^1} \leqslant \|Nx\|_{L^1}.$$

再由 $x = (I - P)x + Px$ 可得

$$\begin{aligned}\|x\| &\leqslant \|Px\| + \|(I - P)x\| \leqslant |x(1)| + |x'(1)| + \|Nx\|_{L^1} \\ &\leqslant M + 2M' + 4\|Nx\|_{L^1}.\end{aligned}$$

根据 (A_1)，有

$$\|x\| \leqslant M + 2M' + 4\left(\|a\|_{L^1} \cdot \|x\|_0 + \|b\|_{L^1} \cdot \|x'\|_0 + \|r\|_{L^1} + \|e\|_{L^1}\right).$$

由 $\|x\|_0, \|x'\|_0 \leqslant \|x\|$ 得

$$\|x\|_0 \leqslant \frac{4}{1 - 4\|a\|_{L^1}} \left(\|b\|_{L^1} \cdot \|x'\|_0 + \|r\|_{L^1} + \|e\|_{L^1} + \frac{M + 2M'}{4}\right),$$

$$\|x'\|_0 \leqslant \frac{4}{1 - 4\|a\|_{L^1} - 4\|b\|_{L^1}} \left(\|r\|_{L^1} + \|e\|_{L^1} + \frac{M + 2M'}{4}\right) := M_1,$$

进而有

$$\|x\|_0 \leqslant \frac{4}{1 - 4\|a\|_{L^1}} \left(\|b\|_{L^1} M_1 + \|r\|_{L^1} + \|e\|_{L^1} + \frac{M + 2M'}{4}\right) := M_2,$$

故

$$\|x\| \leqslant \max\{M_1, M_2\}.$$

可知 Ω_1 是有界的.

设 $\Omega_2=\{x\in\ker L: Nx\in \mathrm{Im}L\}$. 对 $x\in\Omega_2$，有

$$x\in\ker L=\{x\in \mathrm{dom}L: x=A+Bt,\quad A,B\in\mathbf{R}, t\in[0,1]\}.$$

令

$$u=\sum_{i=1}^{m-3}\beta_i\int_{\eta_i}^1(s-\eta_i)[f(s,A+Bs,B)+e(s)]\mathrm{d}s,$$
$$v=\int_0^{\xi}[f(s,A+Bs,B)+e(s)]\mathrm{d}s.$$

如果 $QNx=0$，由投影算子 Q 的定义，我们有

$$\begin{cases}2k(k+1)\xi u+k(k+1)\left(1-\sum\limits_{i=1}^{m-3}\beta_i\eta_i^2\right)v=0,\\ 2(k+1)\xi^k u+2\left(1-\sum\limits_{i=1}^{m-3}\beta_i\eta_i^{k+1}\right)v=0.\end{cases}\tag{3.2.9}$$

由引理 3.2.1，所取 k 使

$$\det\begin{pmatrix}2k(k+1)\xi & k(k+1)\left(1-\sum\limits_{i=1}^{m-3}\beta_i\eta_i^2\right)\\ 2(k+1)\xi^k & 2\left(1-\sum\limits_{i=1}^{m-3}\beta_i\eta_i^{k+1}\right)\end{pmatrix}\neq 0,$$

故式 (3.2.9) 成立的充要条件是 $u=v=0$. 由条件 (A_2) 和 (A_3)，这时在 u,v 的定义中，$|B|\leqslant M'$, $|A|\leqslant M+M'$. 因此

$$|A+Bt|\leqslant M+2M'.$$

显然 Ω_2 有界.

取 $\Omega=\{x\in X:\|x\|<1+\max\{M_1,M_2,M+2M'\}\}$，这是有界开集，由 Arzelà-Ascoli 定理，$K_p(I-Q)N\overline{\Omega}$ 为紧集，因而 N 在 $\overline{\Omega}$ 上 L - 紧.

另一方面，对 $x=A+Bt\in\ker L$，有

$$\begin{aligned}(JQNx)(t)=&\frac{1}{D}\left[2\left(1-\sum_{i=1}^{m-3}\beta_i\eta_i^{k+1}\right)v+2(k+1)\xi^k u\right.\\&\left.-\left(2k(k+1)\xi u-k(k+1)\left(1-\sum_{i=1}^{m-3}\beta_i\eta_i^2\right)v\right)t\right].\end{aligned}$$

记

$$p=\frac{2}{D}\left(1-\sum_{i=1}^{m-3}\beta_i\eta_i^{k+1}\right),\qquad q=\frac{2}{D}(k+1)\xi^k,$$

$$\rho=\frac{2}{D}k(k+1)\xi,\qquad \sigma=-\frac{1}{D}k(k+1)\left(1-\sum_{i=1}^{m-3}\beta_i\eta_i^2\right).$$

由引理 3.2.3 中 k 的选取，有 $p\rho-q\sigma\neq 0$. 于是

$$(JQNx)(t)=(pv+qu)+(\rho u+\sigma v)t.$$

设

$$\begin{aligned}H(x,\lambda)&=\lambda[(pB+qA)+(\rho A+\sigma B)t]+(1-\lambda)[(pv+qu)+(\rho u+\sigma v)t]\\&=[p(\lambda B+(1-\lambda)v)+q(\lambda A+(1-\lambda)u)]+[\rho(\lambda A+(1-\lambda)u)\\&\quad+\sigma(\lambda B+(1-\lambda)v)]t.\end{aligned}$$

对 $x\in\partial\Omega\cap\ker L$，如果 $\exists\lambda\in[0,1]$，使 $H(x,\lambda)=0$，则

$$\begin{cases}q(\lambda A+(1-\lambda)u)+p(\lambda B+(1-\lambda)v)=0,\\ \rho(\lambda A+(1-\lambda)u)+\sigma(\lambda B+(1-\lambda)v)=0.\end{cases}$$

由 $p\rho-q\sigma\neq 0$，得 $\lambda A+(1-\lambda)u=\lambda B+(1-\lambda)v=0$，即

$$\begin{cases}\lambda B+(1-\lambda)\displaystyle\int_0^\xi[f(s,A+Bs,B)+e(s)]\mathrm{d}s=0,\\ \lambda A+(1-\lambda)\displaystyle\sum_{i=1}^{m-3}\beta_i\int_{\eta_i}^1(s-\eta_i)[f(s,A+Bs,B)+e(s)]\mathrm{d}s=0.\end{cases}\tag{3.2.10}$$

然而，由 $x\in\partial\Omega\cap\ker L$，则 $|A|>M+M',|B|>M'$ 至少有一个成立，从而式 (3.2.10) 中至少有一个等式不真. 故有

$$\deg\{JQN|_{\ker L},\Omega\cap\ker L,0\}=\deg\{(pB+qA)+(\rho A+\sigma B)t,\ \Omega,\ 0\}.$$

定义同构

$$\begin{aligned}h:\ &\ker L\to\mathbf{R}^2,\\&A+Bt\mapsto(A,B),\end{aligned}$$

则

$$\begin{aligned}&\deg\{JQN|_{\ker L},\Omega\cap\ker L,0\}\\=&\deg\{((pB+qA),(\rho A+\sigma B)),\ h(\Omega),\ 0\}\\=&\operatorname{sgn}(\sigma q-\rho p)\neq 0.\end{aligned}$$

由以上论证知，定理 2.3.3 的条件满足，因而 $Lx=Nx$ 在 $\mathrm{dom}L\cap\overline{\Omega}$ 中至少有一解，即 BVP(3.2.1) 在 $\overline{\Omega}$ 中有解.

3.2.2　BVP(3.2.2) 的有解性

设条件 (3.2.4)，即 $\sum\limits_{i=1}^{m-3}\beta_i=1$ 满足.

和 3.2.1 小节中讨论类似，可得以下结论.

取 $X=\left\{x\in C^1[0,1]:x'(0)-x'(\xi)=x'(1)-\sum\limits_{i=1}^{m-3}\beta_i x'(\eta_i)=0\right\}$，$Y=L^1[0,1]$. 仍令

$$Lx=x'',\qquad (Nx)(t)=f(t,x(t),x'(t))+e(t).$$

将 BVP(3.2.2) 记为

$$Lx=Nx,\qquad x\in X.$$

这时，$\ker L=\{A+Bt:A,B\in\mathbf{R},t\in[0,1]\}\subset \mathrm{dom}L$. 定义投影算子

$$\begin{aligned}P:\ X&\to \ker L,\\ x&\mapsto x(0)+x'(0)t.\end{aligned}$$

引理 3.2.5　设 $\xi,\eta_i\in(0,1),0<\eta_1<\eta_2<\cdots<\eta_{m-3}<1$, $\beta_i\in\mathbf{R}$, $\sum\limits_{i=1}^{m-3}\beta_i=1$，则对每个 $l\in\{1,2,\cdots,m-1\}$，存在 $k\in\{1,2,\cdots,m-1\}$, $k\neq l$，使

$$D=\xi^k\left(1-\sum_{i=1}^{m-3}\beta_i\eta_i^l\right)-\xi^l\left(1-\sum_{i=1}^{m-3}\beta_i\eta_i^k\right)\neq 0.$$

引理 3.2.6　在引理 3.2.5 中取 $l=1$，则 $\exists\, k\in\{2,3,\cdots,m-1\}$，使

$$D=\xi^k\left(1-\sum_{i=1}^{m-3}\beta_i\eta_i\right)-\xi\left(1-\sum_{i=1}^{m-3}\beta_i\eta_i^k\right)\neq 0.$$

定义投影算子

$$\begin{aligned}Q:\ Y&\to Y=\{a+bt^{k-1}:a,b\in\mathbf{R}\},\\ y(t)&\mapsto a+bt^{k-1},\end{aligned}$$

其中

$$a=-\frac{1}{D}\left[\left(1-\sum_{i=1}^{m-3}\beta_i\eta_i^k\right)\int_0^\xi y(s)\mathrm{d}s-\xi^k\sum_{i=1}^{m-3}\beta_i\int_{\eta_i}^1 y(s)\mathrm{d}s\right],$$

$$b=-\frac{1}{D}\left[k\xi\sum_{i=1}^{m-3}\beta_i\int_{\eta_i}^1 y(s)\mathrm{d}s-k\left(1-\sum_{i=1}^{m-3}\beta_i\eta_i\right)\int_0^\xi y(s)\mathrm{d}s\right].$$

同时定义算子

$$K_P:\ \mathrm{Im}L \to \mathrm{dom}L \cap \ker P,$$
$$y(t) \mapsto \int_0^t (t-s)y(s)\mathrm{d}s.$$

定理 3.2.2[9,10] 设 $f:[0,1]\times \mathbf{R}^2 \to \mathbf{R}$ 为连续函数，且

(A_1) $\exists\, a,b,r \in L^1[0,1]$，使 $\forall\,(x,y)\in \mathbf{R}^2$，$t\in[0,1]$，

$$|f(t,x,y)| \leqslant a(t)|x| + b(t)|y| + r(t);$$

(A_2) $\exists\, M>0$, 当 $|x(t)|>M$，对 $\forall\, t\in[\eta_1,1]$，有

$$\mathrm{sgn}x(t)\sum_{i=1}^{m-3}\beta_i\int_{\eta_i}^1[f(s,x(s),x'(s))+e(s)]\mathrm{d}s>0$$

或

$$\mathrm{sgn}x(t)\sum_{i=1}^{m-3}\beta_i\int_{\eta_i}^1[f(s,x(s),x'(s))+e(s)]\mathrm{d}s<0;$$

(A_3) $\exists\, M'>0$，当 $|x'(t)|>M'$，对 $\forall\, t\in[0,\xi]$，有

$$\mathrm{sgn}x'(t)\int_0^{\xi}[f(s,x(s),x'(s))+e(s)]\mathrm{d}s>0$$

或

$$\mathrm{sgn}x'(t)\int_0^{\xi}[f(s,x(s),x'(s))+e(s)]\mathrm{d}s<0,$$

则对 $\forall\, e\in L^1[0,1]$ 和 $\sum\limits_{i=1}^{m-3}\beta_i=1$，只要 $\|a\|_{L^1}+\|b\|_{L^1}<1/4$，BVP(3.2.2) 在 X 中至少有一解.

3.2.3 例

例 3.2.1 考虑二阶边值问题

$$\begin{cases} x''=\dfrac{1}{4}(1-t)h(t)x+\dfrac{1}{12}(1-h(t))x'+\sin(x')^2+\cos(x^{\frac{1}{3}})+e(t), \\ x'(0)-x'\left(\dfrac{1}{8}\right)=x(1)+2x\left(\dfrac{1}{4}\right)-3x\left(\dfrac{1}{2}\right)=0, \end{cases} \tag{3.2.11}$$

其中 $e\in L^1[0,1]$,

$$h(t)=\begin{cases} 0, & 0\leqslant t\leqslant \dfrac{1}{8}, \\ 8t-1, & \dfrac{1}{8}\leqslant t\leqslant \dfrac{1}{4}, \\ 1, & \dfrac{1}{4}\leqslant t\leqslant 1. \end{cases}$$

这里 $f(t,x,y)=\frac{1}{4}(1-t)h(t)x+\frac{1}{12}(1-h(t))y+\sin(y^2)+\cos(x^{\frac{1}{3}})$, $\beta_1=-2,\beta_2=3,\xi=1/8,\eta_1=1/4,\eta_2=1/2$，因此条件 (3.2.3) 满足，这是 $\dim \ker L=2$ 的共振边值问题，且

$$|f(t,x,y)|\leqslant\begin{cases}\frac{1}{12}|y|+2, & t\in\left[0,\frac{1}{8}\right],\\ \frac{3}{16}|x|+\frac{1}{12}|y|+2, & t\in\left[\frac{1}{8},\frac{1}{4}\right],\\ \frac{3}{16}|x|+2, & t\in\left[\frac{1}{4},1\right].\end{cases}$$

因此，$t\in[0,1]$ 时，

$$|f(t,x,y)|\leqslant\frac{3}{16}|x|+\frac{1}{12}|y|+2.$$

记 $M_0=3/8+\|e\|_{L^1}/2,\ L_0=1536/11$，则当 $t\in[\eta_1,1]$，如果 $|x(t)|\geqslant M=M_0L_0$，则

$$\begin{aligned}
&\mathrm{sgn}x(t)\sum_{i=1}^{2}\beta_i\int_{\eta_i}^{1}(s-\eta_i)[f(s,x(s),x'(s))+e(s)]\mathrm{d}s\\
=&\mathrm{sgn}x(t)\left[-2\int_{\frac{1}{4}}^{1}\left(s-\frac{1}{4}\right)\left(\frac{1}{4}(1-s)x(s)+\sin(x'(s))^2+\cos(x(s))^{\frac{1}{3}}+e(s)\right)\mathrm{d}s\right.\\
&\left.+3\int_{\frac{1}{2}}^{1}\left(s-\frac{1}{2}\right)\left(\frac{1}{4}(1-s)x(s)+\sin(x'(s))^2+\cos(x(s))^{\frac{1}{3}}+e(s)\right)\mathrm{d}s\right]\\
=&\mathrm{sgn}x(t)\left[-2\int_{\frac{1}{4}}^{\frac{1}{2}}\left(s-\frac{1}{4}\right)\cdot\frac{1}{4}(1-s)x(s)\mathrm{d}s+\int_{\frac{1}{2}}^{1}(s-1)\cdot\frac{1}{4}(1-s)x(s)\mathrm{d}s\right.\\
&-2\int_{\frac{1}{4}}^{\frac{1}{2}}\left(s-\frac{1}{4}\right)(\sin(x'(s))^2+\cos(x(s))^{\frac{1}{3}}+e(s))\mathrm{d}s\\
&\left.+\int_{\frac{1}{2}}^{1}(s-1)(\sin(x'(s))^2+\cos(x(s))^{\frac{1}{3}}+e(s))\mathrm{d}s\right]\\
\leqslant&-\frac{1}{2}\int_{\frac{1}{4}}^{\frac{1}{2}}(1-s)\left(s-\frac{1}{4}\right)|x(s)|\mathrm{d}s-\frac{1}{4}\int_{\frac{1}{2}}^{1}(1-s)^2|x(s)|\mathrm{d}s+4\int_{\frac{1}{4}}^{\frac{1}{2}}\left(s-\frac{1}{4}\right)\mathrm{d}s\\
&+2\int_{\frac{1}{2}}^{1}(1-s)\mathrm{d}s+\frac{1}{4}\int_{\frac{1}{4}}^{\frac{1}{2}}|e(s)|\mathrm{d}s+\frac{1}{2}\int_{\frac{1}{2}}^{1}|e(s)|\mathrm{d}s\\
<&-\frac{M}{4}\left[2\int_{\frac{1}{4}}^{1}(1-s)\left(s-\frac{1}{4}\right)\mathrm{d}s+\int_{\frac{1}{2}}^{1}(1-s)^2\mathrm{d}s\right]+\frac{3}{8}+\frac{1}{2}\|e\|_{L^1}\\
=&-\frac{M}{4}\cdot\frac{11}{384}+M_0=0.
\end{aligned}$$

取 $M' = 24 + 96\|e\|_{L^1}$，则 $|x'(t)| > M'$ 在 $\left[0, \frac{1}{8}\right]$

$$\begin{aligned}
&\operatorname{sgn}x'(t) \cdot \int_0^{\xi} [f(s, x(s), x'(s)) + e(s)]\mathrm{d}s \\
=&\operatorname{sgn}x'(t) \cdot \int_0^{\frac{1}{8}} \left[\frac{1}{12}x'(s) + \sin(x'(s))^2 + \cos(x(s))^{\frac{1}{3}} + e(s)\right] \mathrm{d}s \\
>&\frac{M'}{12} \int_0^{\frac{1}{8}} \mathrm{d}s - 2 \cdot \frac{1}{8} - \int_0^{\frac{1}{8}} |e(s)|\mathrm{d}s \\
\geqslant&\frac{M'}{96} - \left(\frac{1}{4} + \|e\|_{L^1}\right) = 0.
\end{aligned}$$

因此定理 3.2.1 的条件满足，BVP(3.2.11) 至少有一解.

例 3.2.2 考虑边值问题

$$\begin{cases} x'' = \dfrac{1}{16}(1-t)h(t)x + \dfrac{1}{4}(1-h(t))x' + \sin(x')^2 + \cos(x^{\frac{1}{3}}) + e(t), \\ x'(0) - x'\left(\dfrac{1}{4}\right) = x'(1) - 3x'\left(\dfrac{1}{2}\right) + 2x'\left(\dfrac{3}{4}\right) = 0, \end{cases} \tag{3.2.12}$$

其中 $e \in L^1[0,1]$,

$$h(t) = \begin{cases} 0, & 0 \leqslant t \leqslant \dfrac{1}{4}, \\ 4t-1, & \dfrac{1}{4} \leqslant t \leqslant \dfrac{1}{2}, \\ 1, & \dfrac{1}{2} \leqslant t \leqslant 1. \end{cases}$$

记 $f(t,x,y) = \frac{1}{16}(1-t)h(t)x + \frac{1}{4}(1-h(t))y + \sin(y^2) + \cos(x^{\frac{1}{3}})$, $\beta_1 = 3, \beta_2 = -2, \xi = \frac{1}{4}, \eta_1 = \frac{1}{2}, \eta_2 = \frac{3}{4}, \beta_1 + \beta_2 = 1$. 易知 $t \in [0,1]$ 时,

$$|f(t,x,y)| \leqslant \frac{1}{32}|x| + \frac{1}{8}|y| + 2,$$

因此,

$$\|a\|_{L^1} + \|b\|_{L^1} \leqslant \frac{1}{32} + \frac{1}{8} \leqslant \frac{1}{4}.$$

取 $M=\dfrac{256}{5}(2+\|e\|_{L^1})$, 则当 $t\in[1/2,1]$, $|x(t)|>M$ 时, 有

$$
\begin{aligned}
&\operatorname{sgn}x(t)\sum_{i=1}^{2}\beta_i\int_{\eta_i}^{1}[f(s,x(s),x'(s))+e(s)]\mathrm{d}s\\
=&\operatorname{sgn}x(t)\left[3\int_{\frac{1}{2}}^{1}\frac{1-s}{16}x(s)\mathrm{d}s-2\int_{\frac{3}{4}}^{1}\frac{1-s}{16}x(s)\mathrm{d}s+3\int_{\frac{1}{2}}^{1}(\sin(x'(s))^2\right.\\
&\left.+\cos(x(s))^{\frac{1}{3}}+e(s))\mathrm{d}s-2\int_{\frac{3}{4}}^{1}(\sin(x'(s))^2+\cos(x(s))^{\frac{1}{3}}+e(s))\mathrm{d}s\right]\\
=&\operatorname{sgn}x(t)\left[\frac{3}{16}\int_{\frac{1}{2}}^{\frac{3}{4}}(1-s)x(s)\mathrm{d}s+\frac{1}{16}\int_{\frac{3}{4}}^{1}(1-s)x(s)\mathrm{d}s+3\int_{\frac{1}{2}}^{\frac{3}{4}}(\sin(x'(s))^2\right.\\
&\left.+\cos(x(s))^{\frac{1}{3}}+e(s))\mathrm{d}s+\int_{\frac{3}{4}}^{1}(\sin(x'(s))^2+\cos(x(s))^{\frac{1}{3}}+e(s))\mathrm{d}s\right]\\
>&\frac{M}{16}\left[\int_{\frac{1}{2}}^{\frac{3}{4}}3(1-s)\mathrm{d}s+\int_{\frac{3}{4}}^{1}(1-s)\mathrm{d}s\right]-\left(6\cdot\frac{1}{4}+2\cdot\frac{1}{4}+3\|e\|_{L^1}\right)\\
=&\frac{M}{16}\cdot\frac{5}{16}-(2+3\|e\|_{L^1})=0.
\end{aligned}
$$

取 $M'=8+4\|e\|_{L^1}$，则当 $t\in\left[0,\dfrac{1}{4}\right]$，$|x'(t)|>M'$ 时

$$
\begin{aligned}
&\operatorname{sgn}x'(t)\cdot\int_{0}^{\frac{1}{4}}[f(s,x(s),x'(s))+e(s)]\mathrm{d}s\\
\geqslant&\operatorname{sgn}x'(t)\cdot\int_{0}^{\frac{1}{4}}\frac{1}{4}x'(s)\mathrm{d}s-\int_{0}^{\frac{1}{4}}[2+|e(s)|\,]\mathrm{d}s\\
>&\frac{M'}{16}-\left(\frac{1}{2}+\frac{1}{4}\|e\|_{L^1}\right)=0.
\end{aligned}
$$

由于定理 3.2.2 的条件满足，故 BVP(3.2.12) 至少有一个解.

3.3 非线性项非负条件下正解的存在性

利用上下解方法，可以在一定条件下得到边值问题解的存在性，且可保证在上解、下解之间必定有解. 当下解 $u(t) \geqslant 0$ 时，由解 $x(t) \geqslant u(t)$ 即可得到 $x(t) \geqslant 0$ 的结论. 但是正解存在性一般是通过定义适当的锥，运用锥映射的不动点定理来讨论的. 这里所说的正解，是指边值问题的解除端点外应处处大于 0.

3.3.1 二阶 m 点边值问题的正解

考虑 m 点边值问题

$$\begin{cases} x'' = -a(t)f(x), \\ x(0) = x(1) - \sum\limits_{i=1}^{m-2} \beta_i x(\eta_i) - b = 0, \end{cases} \tag{3.3.1}$$

其中 $b, \beta_i > 0, i = 1, 2, \cdots, m-2,\ 0 < \eta_1 < \eta_2 < \cdots < \eta_{m-2} < 1$. 假设

(H_1) $f \in C(\mathbf{R}^+, \mathbf{R}^+)$, $a : (0,1) \to \mathbf{R}^+$ 连续，且在 (0,1) 的任一子区间上 $a(t) \not\equiv 0$，$\int_0^1 a(s)\mathrm{d}s < \infty$, $0 < \sum\limits_{i=1}^{m-2} \beta_i \eta_i < 1$.

由于 $a(t)$ 只在 $(0,1)$ 上有定义，因此式 (3.3.1) 中的方程在 $t = 0, 1$ 允许有奇性.

引理 3.3.1[11,12] 设 $0 < \sum\limits_{i=1}^{m-2} \beta_i \eta_i < 1$, $y \in C((0,1), \mathbf{R}^+)$, $\int_0^1 (1-s)y(s)\mathrm{d}s < \infty$，则

$$\begin{cases} x'' = -y(t), \\ x(0) = x(1) - \sum\limits_{i=1}^{m-2} \beta_i x(\eta_i) = 0 \end{cases} \tag{3.3.2}$$

有唯一正解

$$x(t) = \int_0^1 G(t,s)y(s)\mathrm{d}s, \tag{3.3.3}$$

其中 Green 函数

$$G(t,s)=\frac{1}{1-\sum\limits_{i=1}^{m-2}\beta_i\eta_i}\begin{cases} s(1-t)-\sum\limits_{j=i}^{m-2}\beta_j(\eta_j-t)s+\sum\limits_{j=1}^{i-1}\beta_j\eta_j(t-s), \\ \qquad \eta_{i-1}\leqslant s\leqslant \min\{\eta_i,t\},\quad i=1,2,\cdots,m-1, \\ t(1-s)-\sum\limits_{j=i}^{m-2}\beta_j(\eta_j-s)t, \\ \qquad \max\{\eta_{i-1},t\}\leqslant s\leqslant \eta_i,\quad i=1,2,\cdots,m-1. \end{cases} \tag{3.3.4}$$

式中取 $\eta_0=0,\eta_{m-1}=1$.

证明 由于 $\sum\limits_{i=1}^{m-2}\beta_i\eta_i\neq 1$, 故 BVP(3.3.2) 为非共振边值问题. 按第 1 章方法计算，乘上 (-1) 得 Green 函数 (3.3.4). 由式 (3.3.4) 可知 $G(0,s)=G(1,s)=0$, $G(t,s)>0, 0<t<1$，根据假设 (H_1) 得

$$x(t)=\int_0^1 G(t,s)y(s)\mathrm{d}s>0,\qquad 0<t<1.$$

因此, $x(t)$ 是方程 (3.3.2) 的唯一正解.

引理 3.3.2[12,13] 假设 $\sum\limits_{i=1}^{m-2}\beta_i\eta_i>0$, $y\in C((0,1),\mathbf{R}^+)$, 则 BVP(3.3.2) 的唯一解 $x(t)$ 满足

$$\inf_{\eta_1\leqslant t\leqslant 1} x(t)\geqslant \gamma\|x\|, \tag{3.3.5}$$

其中

$$\gamma=\min\left\{\eta_1,\ \min_{1\leqslant s\leqslant m-1}\frac{\sum\limits_{i=1}^{s-1}\beta_i\eta_i+\sum\limits_{i=s}^{m-2}\beta_i(1-\eta_i)}{1-\sum\limits_{i=s}^{m-2}\beta_i\eta_i}\right\},$$

且规定

$$\sum_{i=l}^{m}u_i=u_l+u_{l+1}+\cdots+u_m,\ \text{当 } l\leqslant m;\qquad \sum_{i=l}^{m}u_i=0,\ \text{当 } l>m.$$

证明 $x(\sigma)=\|x\|$，设 $\sigma\in(\eta_{s-1},\eta_s]$，则

$$\frac{x(\eta_i)-x(1)}{1-\eta_i}\geqslant\frac{x(\sigma)-x(1)}{1-\sigma}\geqslant x(\sigma)-x(1),\qquad i=s,s+1,\cdots,m-1;$$

$$x(\eta_i)-\eta_i x(1)\geqslant x(\sigma)(1-\eta_i),\qquad i=s,s+1,\cdots,m-1.$$

同时，当 $1 \leqslant i \leqslant s-1$ 时，有

$$x(\eta_i) \geqslant \eta_i x(\sigma).$$

因此，

$$\sum_{i=1}^{m-2} \beta_i x(\eta_i) - \sum_{i=s}^{m-2} \beta_i \eta_i x(1) \geqslant \left[\sum_{i=1}^{s-1} \beta_i \eta_i + \sum_{i=s}^{m-2} \beta_i (1-\eta_i)\right] x(\sigma).$$

由 $x(1) = \sum_{i=1}^{m-2} \beta_i x(\eta_i)$ 得

$$x(1) \geqslant \frac{1}{1 - \sum_{i=s}^{m-2} \beta_i \eta_i} \left[\sum_{i=1}^{s-1} \beta_i \eta_i + \sum_{i=s}^{m-2} \beta_i (1-\eta_i)\right] \|x\|.$$

故式 (3.3.5) 成立.

定理 3.3.1[12,13] 设条件 (H_1) 成立，且 $\exists\, c > 0$，使

$$f(u) < \frac{c}{L}, \qquad u \in [0, c],$$

其中

$$L = \left[1 - \sum_{i=1}^{m-2} \beta_i \eta_i\right]^{-1} \cdot \int_0^1 (1-s) a(s) \mathrm{d}s,$$

则当 $b \in \left[0, c - L \max\limits_{0 \leqslant u \leqslant c} f(u)\right)$ 时，BVP(3.3.1) 至少有一个正解.

证明 设 h 是半齐次线性边值问题

$$\begin{cases} x'' = 0, \qquad t \in (0,1), \\ x(0) = x(1) - \sum\limits_{i=1}^{m-2} \beta_i x(\eta_i) - 1 = 0 \end{cases} \tag{3.3.6}$$

的唯一解，则 $h(t) = \left(1 - \sum_{i=1}^{m-2} \beta_i \eta_i\right)^{-1} t$，令 $x = v + bh(t)$，则 BVP(3.3.1) 等价于

$$\begin{cases} v'' + a(t) f(v + bh) = 0, \\ v(0) = v(1) - \sum\limits_{i=1}^{m-2} \beta_i v(\eta_i) = 0. \end{cases} \tag{3.3.7}$$

记 $X=C([0,1],\mathbf{R})$. 对 $\forall\, x\in X$，定义 $\|x\|=\max\limits_{0\leqslant t\leqslant 1}|x(t)|$, $(X,\|\cdot\|)$ 成为一个 Banach 空间. 取 $\Omega=\{v\in X:0<v(t)<c-b\}$，由 b 的取值范围得 $\max\limits_{0\leqslant u\leqslant c}f(u)\leqslant(c-b)/L$. 定义

$$
\begin{aligned}
T:\ &\overline{\Omega}\to X,\\
&v(t)\mapsto\int_0^1 G(t,s)a(s)f(v+bh(s))\mathrm{d}s.
\end{aligned}
\tag{3.3.8}
$$

由式 (3.3.4) 易知

$$
0<G(t,s)\leqslant\frac{t(1-s)}{1-\sum\limits_{i=1}^{m-2}\beta_i\eta_i},\qquad 0\leqslant s,t\leqslant 1.
$$

因而 $\forall\, v\in\overline{\Omega}$, 有

$$
\begin{aligned}
|(Tv)(t)|&\leqslant\frac{t}{1-\sum\limits_{i=1}^{m-2}\beta_i\eta_i}\int_0^1(1-s)a(s)f(v+bh(s))\mathrm{d}s\\
&\leqslant\frac{t}{1-\sum\limits_{i=1}^{m-2}\beta_i\eta_i}\int_0^1(1-s)a(s)\mathrm{d}s\cdot\frac{c-b}{L}\\
&\leqslant c-b.
\end{aligned}
$$

于是得 $T\overline{\Omega}\subset\overline{\Omega}$. 由 f 的连续性易得 T 的连续性. 下证 $T:\overline{\Omega}\to X$ 是紧的.

事实上由于 $s\in[0,1]$ 时，$G(t,s)$ 关于 t 一致连续，故 $\forall\,\varepsilon>0,\exists\,\delta>0$, 当 $|t_2-t_1|<\delta$, $s\in[0,1]$ 时，

$$
|G(t_2,s)-G(t_1,s)|<\frac{L\varepsilon}{c\displaystyle\int_0^1 a(s)\mathrm{d}s}.
$$

于是 $\forall\, v\in\overline{\Omega}$, $t_1,t_2\in[0,1]$, $|t_2-t_1|<\delta$ 时，

$$
|(Tv)(t_2)-(Tv)(t_1)|\leqslant\frac{c}{L}\int_0^1|G(t_2,s)-G(t_1,s)|a(s)\mathrm{d}s<\varepsilon.
$$

因此，$T\overline{\Omega}$ 是等度连续的，显然 $T\overline{\Omega}\subset\overline{\Omega}$ 已经保证 $T\overline{\Omega}$ 是一致有界的. 由 Arzelà-Ascoli 定理，紧性得证.

最后，依据 Schauder 不动点定理，即知定理的结论成立.

定理 3.3.2　设条件 (H_1) 成立，且 $\lim\limits_{u\to\infty}f(u)/u=\infty$, 则存在 $b^*>0$, 当 $b>b^*$ 时，BVP(3.3.1) 无正解.

证明 设 u 是 BVP(3.3.1) 的解，则 $v=u-bh$ 是 BVP(3.3.7) 的解. 由引理 3.3.2 得，$\inf\limits_{\eta_1\leqslant t\leqslant 1} v(t)\geqslant\gamma\|v\|$，而 $\inf\limits_{\eta_1\leqslant t\leqslant 1} bh(t)\geqslant\eta_1\|bh\|\geqslant\gamma\|bh\|$，故

$$\inf_{\eta_1\leqslant t\leqslant 1}(v+bh)(t)\geqslant\gamma\|v+bh\|. \tag{3.3.9}$$

记 $R=\left[\gamma\max\limits_{0\leqslant t\leqslant 1}\int_{\eta_1}^1 G(t,s)a(s)\mathrm{d}s\right]^{-1}$，则 $\exists M>0$，当 $u>M$ 时，$f(u)>2Ru$. 取 $b^*=\gamma^{-1}M$，下证 $b>b^*$ 时，BVP(3.3.1) 无正解.

设不然，u 是 BVP(3.3.1) 的正解，则 $v=u-bh$ 是 BVP(3.3.7) 的正解.

$$\begin{aligned}v(t)&=\int_0^1 G(t,s)a(s)f(v(s)+bh(s))\mathrm{d}s\\&\geqslant\int_{\eta_1}^1 G(t,s)a(s)f(v(s)+bh(s))\mathrm{d}s,\end{aligned}$$

由于 $\|v+bh\|\geqslant b>\gamma^{-1}M$，故 $v(s)+bh(s)\geqslant M$ 对 $\eta_1\leqslant s\leqslant 1$ 成立. 由此导出

$$\begin{aligned}v(t)&\geqslant\int_{\eta_1}^1 G(t,s)a(s)2R(v(s)+bh(s))\mathrm{d}s\\&\geqslant 2R\gamma\|v+bh\|\int_{\eta_1}^1 G(t,s)a(s)\mathrm{d}s\\&\geqslant 2R\gamma\|v\|\int_{\eta_1}^1 G(t,s)a(s)\mathrm{d}s,\end{aligned}$$

$$\|v\|\geqslant 2R\gamma\|v\|\max_{0\leqslant t\leqslant 1}\int_{\eta_1}^1 G(t,s)a(s)\mathrm{d}s=2\|v\|,$$

并得 $\|v\|=0$ 及 $u=bh$. 由 h 的定义可知

$$f(bh(t))\equiv 0,$$

这和 $t\in[\eta_1,1]$ 时，$f(bh(t))>2Rbh(t)$ 矛盾.

因此，$b>b^*$ 时 BVP(3.3.1) 无正解.

定理 3.3.3 设条件 (H_1) 成立，$\lim\limits_{u\to\infty} f(u)/u=\infty$，且 $\exists\, c>0$，使

$$f(u)<\frac{c}{L},\qquad u\in[0,c],$$

其中

$$L=\left(1-\sum_{i=1}^{m-2}\beta_i\eta_i\right)^{-1}\int_0^1(1-s)a(s)\mathrm{d}s,$$

则 $\exists\, b^*>0$，$0<b<b^*$ 时，BVP(3.3.1) 有正解；$b>b^*$ 时，BVP(3.3.1) 无正解.

证明　记 $B=\{b\geqslant 0:\text{BVP(3.3.1)有正解}\}$. 由定理 3.3.1 和定理 3.3.2 知，$B\neq\varnothing$，且有 $b^*=\sup B<\infty$. 下证 $\forall\, b<b^*$，BVP(3.3.1) 有正解.

由 b^* 的定义，$\exists\, c\in(b,b^*)$，

$$\begin{cases} u''+a(t)f(u)=0, & t\in(0,1), \\ u(0)=u(1)-\sum_{i=1}^{m-2}\beta_i u(\eta_i)-c=0 \end{cases} \tag{3.3.10}$$

有正解 $u_c(t)$. 容易证明，$u_c(t)\geqslant 0$ 是 BVP(3.3.1) 的一个上解，而 $v(t)\equiv 0$ 是 BVP(3.3.1) 的一个下解.

令

$$f^*(u(t))=\begin{cases} f(u_c(t)), & u(t)>u_c(t), \\ f(u(t)), & 0\leqslant u(t)\leqslant u_c(t), \\ f(0), & u(t)<0. \end{cases}$$

由于 f^* 有界，依据 Schauder 不动点定理，

$$\begin{cases} u''(t)+a(t)f^*(u(t))=0, & t\in(0,1), \\ u(0)=u(1)-\sum_{i=1}^{m-2}\beta_i u(\eta_i)-b=0 \end{cases} \tag{3.3.11}$$

有解 $u=u(t)$，且由于 $u\equiv 0$ 和 $u=u_c(t)$ 也是 BVP(3.3.11) 的下解和上解，故 $0\leqslant u(t)\leqslant u_c(t)$，即 $u(t)$ 也是 BVP(3.3.1) 的解. 又由

$$u(1)=\sum_{i=1}^{m-2}\beta_i u(\eta_i)+b\geqslant b>0$$

及 $u(t)$ 在 $[0,1]$ 上的凹性，知

$$u(t)>0,\qquad t\in(0,1].$$

因而 $u(t)$ 是 BVP(3.3.1) 的一个正解.

由此，定理得证.

注 3.3.1　以上结果是对文献 [14] 所作三点边值问题的推广. 除将三点边值问题推广至一般的 m 点边值问题外，BVP(3.3.1) 允许有奇性，即允许 $a(t)$ 在 $t=0$ 和 $t=1$ 无定义.

3.3.2 二阶 m 点边值问题的多个正解

我们讨论 m 点边值问题

$$\begin{cases} u''+f(t,u)=0, & 0\leqslant t\leqslant 1, \\ u(0)=u(1)-\displaystyle\sum_{i=1}^{m-2}\beta_i u(\eta_i)=0. \end{cases} \tag{3.3.12}$$

和 BVP(3.3.1) 相比，非线性项的形式更一般，但排除了奇性，且边界条件现在只考虑齐次的情况. 我们要求 $0=\eta_0<\eta_1<\eta_2<\cdots<\eta_{m-2}<\eta_{m-1}=1$，$\beta_i>0$，且假设

(H_2) $f\in C([0,1]\times\mathbf{R}^+,\mathbf{R}^+)$, $0<\sum\limits_{i=1}^{m-2}\beta_i\eta_i<1$.

$\forall\, x\in C([0,1],\mathbf{R}^+)$ 代入 f 中，记 $y(t)=f(t,x(t))$，由引理 3.3.1 和引理 3.3.2 可知，BVP(3.3.12) 的解可以表示为

$$u(t)=\int_0^1 G(t,s)f(s,x(s))\mathrm{d}s,$$

其中 $G(t,s)$ 由式 (3.3.4) 给出，且 $\exists\,\gamma>0$，使

$$\inf_{\eta_1\leqslant t\leqslant 1} u(t)\geqslant\gamma\|u\|.$$

记

$$m=\min_{\eta_1\leqslant t\leqslant 1}\int_{\eta_1}^1 G(t,s)\mathrm{d}s,\quad M=\max_{0\leqslant t\leqslant 1}\int_0^1 G(t,s)\mathrm{d}s.$$

显然，$M>m>0$.

取 $X=C([0,1],\mathbf{R})$，在 $\|u\|=\max\limits_{0\leqslant t\leqslant 1}|u(t)|$ 的定义下，X 为 Banach 空间，定义

$$K=\{u\in X: u(t)\geqslant 0, \text{在 } [0,1] \text{ 上为凹函数}, \min u(t)\geqslant\gamma\|u\|,\ \eta_1\leqslant t\leqslant 1\},$$

则 $K\subset X$ 是锥. 由

$$\alpha(u)=\min_{\eta_1\leqslant t\leqslant 1} u(t)$$

定义凹泛函 $\alpha: K\to\mathbf{R}^+$.

定理 3.3.4[11,12] 设条件 (H_2) 成立，又设 $\exists\, a,b,c>0$ 满足 $a<b\leqslant\min\{\gamma, m/M\}c$，$f(t,0)\not\equiv 0$，且:

(1) $f(t,u)\leqslant c/M$, $(t,u)\in[0,1]\times[a,c]$;

(2) $f(t,u)<a/M$, $(t,u)\in[0,1]\times[0,a]$;

(3) $f(t,u)\geqslant b/m$, $(t,u)\in[\eta_1,1]\times[b,\gamma^{-1}b]$,

则 BVP(3.3.12) 至少有三个正解 u_1, u_2, u_3，

$$\|u_1\| < a < \|u_3\| \leqslant c, \qquad \alpha(u_3) < b < \alpha(u_2).$$

证明 定义

$$\begin{aligned} T:\ & K \to K, \\ & u \mapsto \int_0^1 G(t,s)f(s,u(s))\mathrm{d}s, \end{aligned}$$

则 u 是 BVP(3.3.12) 的正解当且仅当 u 是 T 在 K 中的不动点.

和定理 3.3.1 中一样，对 $\forall\, \Omega \subset K$ 相对开集，非空，可证 $T|_{\overline{\Omega}}: \overline{\Omega} \to K$ 是全连续的.

记

$$\begin{aligned} K_r &= \{x \in K : \|x\| < r\}, \\ K(\alpha, b, c) &= \{x \in K : b \leqslant \alpha(x),\ \ \|x\| \leqslant c\}. \end{aligned}$$

如果 $u \in \overline{K}_c$，即 $\|u\| \leqslant c$，则

$$\begin{aligned} \|Tu\| &= \max_{0 \leqslant t \leqslant 1} |(Tu)(t)| \\ &= \max_{0 \leqslant t \leqslant 1} \left| \int_0^1 G(t,s)f(s,u(s))\mathrm{d}s \right| \\ &\leqslant \frac{c}{M} \max_{0 \leqslant t \leqslant 1} \int_0^1 G(t,s)\mathrm{d}s = c. \end{aligned}$$

故 $T\overline{K}_c \subset \overline{K}_c$，同样可证 $T\overline{K}_a \subset \overline{K}_a$.

在定理 2.2.6 中，令 $d = \gamma^{-1} b$，则

$$\{u \in K(\alpha, b, d) : \alpha(u) > b\} \neq \varnothing,$$

且 $\forall\, u \in K(\alpha, b, d)$，当 $s \in [\eta_1, 1]$ 时

$$b \leqslant u(s) \leqslant \frac{b}{\gamma}.$$

这时

$$\begin{aligned} \alpha(Tu) &= \min_{\eta_1 \leqslant t \leqslant 1} \int_0^1 G(t,s)f(s,u(s))\mathrm{d}s \\ &> \min_{\eta_1 \leqslant t \leqslant 1} \int_{\eta_1}^1 G(t,s)f(s,u(s))\mathrm{d}s \\ &\geqslant \frac{b}{m} \cdot \min_{\eta_1 \leqslant t \leqslant 1} \int_{\eta_1}^1 G(t,s)\mathrm{d}s = b. \end{aligned}$$

又当 $u \in K(\alpha, b, c)$，且 $\|Tu\| > d = \gamma^{-1}b$ 时，

$$\alpha(Tu) = \min_{\eta_1 \leqslant t \leqslant 1} (Tu)(t) \geqslant \gamma \|Tu\| > b.$$

这样，定理 2.2.6 的条件全部满足，故算子 T 在 $\overline{K}_c$ 中至少有三个不动点 u_1, u_2, u_3:

$$\|u_1\| < a < \|u_3\| \leqslant c, \qquad \alpha(u_3) < b < \alpha(u_2).$$

由于 $f(t, 0) \not\equiv 0$，故 $u_i(t) \not\equiv 0$，由 $u_i(t)$ 的凹性，得 $u_i(t) > 0$, $t \in (0, 1)$. 故 $u_i(t)$ 是 BVP(3.3.12) 的正解. 定理得证.

当 $m = 3$ 时，BVP(3.3.12) 就成为三点边值问题

$$\begin{cases} u'' + f(t, u) = 0, & 0 \leqslant t \leqslant 1, \\ u(0) = u(1) - \beta u(\eta) = 0, \end{cases} \tag{3.3.13}$$

其中 $\eta \in (0, 1), 0 < \beta\eta < 1$. 这时设条件 (H_2) 成立.

由前讨论可知，BVP(3.3.13) 的正解存在性等价于全连续算子 T 在 K 中有不动点. 这时

$$(Tu)(t) = \int_0^1 G(t, s) f(s, u(s)) \mathrm{d}s$$

中的 Green 函数可表示为

$$G(t, s) = \frac{1}{1 - \beta\eta} \begin{cases} s(1-t) - \beta s(\eta - t), & 0 \leqslant s \leqslant \min\{\eta, t\}, \\ t(1-s) - \beta t(\eta - s), & 0 \leqslant t \leqslant s \leqslant \eta, \\ s(1-t) + \beta\eta(t - s), & \eta \leqslant s \leqslant t \leqslant 1, \\ t(1-s), & \max\{\eta, t\} \leqslant s \leqslant 1. \end{cases} \tag{3.3.14}$$

经计算，$0 \leqslant t \leqslant 1$ 时，

$$\int_0^1 G(t, s) \mathrm{d}s = \frac{t}{2(1 - \beta\eta)} [(1 - \beta\eta^2) - (1 - \beta\eta)t] = -\frac{t^2}{2} + \frac{(1 - \beta\eta^2)t}{2(1 - \beta\eta)};$$

$\eta \leqslant t \leqslant 1$ 时，

$$\int_\eta^1 G(t, s) \mathrm{d}s = \frac{1}{2(1 - \beta\eta)} [-(1 - \beta\eta)t^2 + (1 + \eta^2 - 2\beta\eta^2)t - \eta^2(1 - \beta\eta)].$$

因此，

$$\begin{aligned} M &= \max_{0 \leqslant t \leqslant 1} \int_0^1 G(t, s) \mathrm{d}s \\ &= \begin{cases} \displaystyle\int_0^1 G\left(\frac{1 - \beta\eta^2}{2(1 - \beta\eta)}, s\right) \mathrm{d}s, & 0 < \beta < \dfrac{1}{\eta(2 - \eta)}, \\ \displaystyle\int_0^1 G(1, s) \mathrm{d}s, & \dfrac{1}{\eta(2 - \eta)} \leqslant \beta < \dfrac{1}{\eta}, \end{cases} \end{aligned}$$

$$=\begin{cases}\dfrac{(1-\beta\eta^2)^2}{8(1-\beta\eta)^2}, & 0<\beta<\dfrac{1}{\eta(2-\eta)},\\ \dfrac{\beta\eta(1-\eta)}{2(1-\beta\eta)}, & \dfrac{1}{\eta(2-\eta)}\leqslant\beta<\dfrac{1}{\eta},\end{cases}\tag{3.3.15}$$

$$\begin{aligned}m&=\min_{\eta\leqslant t\leqslant 1}\int_\eta^1 G(t,s)\mathrm{d}s\\&=\min\left\{\int_\eta^1 G(\eta,s)\mathrm{d}s,\ \int_\eta^1 G(1,s)\mathrm{d}s\right\}\\&=\min\left\{\frac{\eta(1-\eta)^2}{2(1-\beta\eta)},\frac{\beta\eta(1-\eta)^2}{2(1-\beta\eta)}\right\}\\&=\frac{\eta(1-\eta)^2}{2(1-\beta\eta)}\cdot\min\{1,\beta\}.\end{aligned}\tag{3.3.16}$$

且这时

$$\gamma=\min\left\{\eta,\beta\eta,\frac{\beta(1-\eta)}{1-\beta\eta}\right\}.\tag{3.3.17}$$

我们有如下定理.

定理 3.3.5[15,16]　设条件 (H_2) 成立，且存在常数 $a,b,c>0$ 满足 $a<b<\gamma c$，使 $f(t,0)\neq 0$，

(1) $f(t,u)\leqslant c/M,\ \ (t,u)\in[0,1]\times[0,c]$；

(2) $f(t,u)<a/M,\ \ (t,u)\in[0,1]\times[0,a]$；

(3) $f(t,u)\geqslant b/m,\ \ (t,u)\in[\eta,1]\times[b,\gamma^{-1}b]$，

则 BVP(3.3.13) 至少有三个正解 $u_1(t),u_2(t),u_3(t)$，

$$\|u_1\|<a<\|u_3\|\leqslant c,\qquad \alpha(u_3)<b<\alpha(u_2).$$

注 3.3.2　定理 3.3.5 可以看作定理 3.3.4 的一个推论，但定理 3.3.5 是运用 Leggett-Williams 不动点定理讨论微分方程边值问题三解存在性的最早工作之一，而且对定理中的 m，M 可以给出明确的表示式.

3.3.3　显含一阶导数的二阶边值问题

当非线性项显含未知函数的一阶导数时，讨论边值问题的正解将会面临更多的困难. 这是由于在锥上定义一个有界区域时，必须考虑一阶导数的取值范围，从而使边界的“拉伸”或是“压缩”不易实现. 为此，我们引进两个泛函以代替范数，用于界定有界区域.

考虑二阶三点边值问题

$$\begin{cases}u''+f(t,u,u')=0,\\ u(0)=u(1)-\beta u(\eta)=0\end{cases}\tag{3.3.18}$$

正解的存在性，其中 $\eta\in(0,1)$，且设

(H_3) $f\in C([0,1]\times\mathbf{R}^+\times\mathbf{R},\ \mathbf{R}^+)$，$0<\beta\eta<1$.

取 $X=C^1([0,1],\mathbf{R})$，对 $\forall\, x\in X$，定义范数

$$\|x\|=\max_{0\leqslant t\leqslant 1}[x^2(t)+(x'(t))^2]^{\frac{1}{2}},$$

又取 $K=\{x\in X: x(t)\geqslant 0,\ x$在 $[0,1]$ 上为凹函数 $\}$，则 K 是非正规锥. 对 $\forall\, x\in K$，定义泛函

$$\alpha(x)=\max_{0\leqslant t\leqslant 1}x(t),\qquad \beta(x)=\max_{0\leqslant t\leqslant 1}|x'(t)|. \tag{3.3.19}$$

则 α,β 都是凸泛函，且

$$\|x\|\leqslant\sqrt{2}\max\{\alpha(x),\beta(x)\},$$

$$\alpha(\lambda x)=|\lambda|\alpha(x),\qquad \beta(\lambda x)=|\lambda|\beta(x),\qquad x\in K,\lambda\geqslant 0,$$

$$\alpha(1+x)=1+\alpha(x),\qquad \beta(1+x)=\beta(x).$$

由

$$(Tu)(t)=\int_0^1 G(t,s)f(s,u(s),u'(s))\mathrm{d}s. \tag{3.3.20}$$

定义 $T:K\to K$. 这是一个全连续算子，其中 $G(t,s)$ 由式 (3.3.14) 给出，并由式 (3.3.15)、式 (3.3.16)、式 (3.3.17) 得到 M,m 和 γ. 同时，取

$$Q=\frac{3-\beta\eta+\beta\eta^2}{2(1-\beta\eta)}. \tag{3.3.21}$$

定理 3.3.6[12,17]　设条件 (H_3) 成立，且 $\exists\, L,a,b>0$ 满足 $a<\gamma b<b<L$，使

(1) $f(t,u,v)\leqslant a/M,\quad (t,u,v)\in[0,1]\times[0,a]\times[-L,L]$;

(2) $f(t,u,v)\geqslant b/m,\quad (t,u,v)\in[0,1]\times[\gamma b,b]\times[-L,L]$;

(3) $f(t,u,v)\leqslant L/Q,\quad (t,u,v)\in[0,1]\times[0,b]\times[-L,L]$,

则 BVP(3.3.18) 至少有一个正解 $u(t)$:

$$a<\max_{0\leqslant t\leqslant 1}u(t)<b,\qquad |u'(t)|<L.$$

证明　令

$$\Omega_1=\{x\in K: x(t)<a,|x'(t)|<L\},\qquad \Omega_2=\{x\in K: x(t)<b,|x'(t)|<L\}.$$

则 $\Omega_1,\Omega_2\subset K$ 为两个相对开集. 又令

$$f_1(t,u,v)=\begin{cases} f(t,u,L), & (t,u,v)\in[0,1]\times[0,b]\times(L,\infty),\\ f(t,u,v), & (t,u,v)\in[0,1]\times[0,b]\times[-L,L],\\ f(t,u,-L), & (t,u,v)\in[0,1]\times[0,b]\times(-\infty,-L].\end{cases}$$

$$f^*(t,u,v)=\begin{cases} f_1(t,u,v), & (t,u,v)\in[0,1]\times[0,b]\times\mathbf{R}, \\ f_1(t,b,v), & (t,u,v)\in[0,1]\times[b,\infty]\times\mathbf{R}, \end{cases}$$

则 $f^*(t,u,v)\in C([0,1]\times\mathbf{R}^+\times\mathbf{R},\mathbf{R}^+)$. 定义

$$(T^*u)(t)=\int_0^1 G(t,s)f^*(s,u(s),u'(s))\mathrm{d}s,$$

$T^*:K\to K$ 是一个全连续算子，且有

$$T^*|_{\overline{\Omega}_2}=T|_{\overline{\Omega}_2}. \tag{3.3.22}$$

这时引理 3.3.2 中的结论 (3.3.5) 可表示为

$$\inf_{\eta\leqslant t\leqslant 1} x(t)\geqslant\gamma\alpha(x). \tag{3.3.23}$$

记

$$D_1=\{x\in K:\alpha(x)=a\},\qquad D_2=\{x\in K:\alpha(x)=b\}.$$

$\forall\, x\in D_1$，有

$$\begin{aligned}\alpha(T^*x)&=\max_{0\leqslant t\leqslant 1}\int_0^1 G(t,s)f^*(s,x(s),x'(s))\mathrm{d}s\\ &\leqslant\max_{0\leqslant t\leqslant 1}\int_0^1 G(t,s)\mathrm{d}s\cdot\frac{a}{M}=a.\end{aligned}$$

$\forall\, x\in D_2$，有 $x(t)\geqslant\gamma b$，当 $\eta\leqslant t\leqslant 1$, 因此

$$\begin{aligned}\alpha(T^*x)&=\max_{0\leqslant t\leqslant 1}\int_0^1 G(t,s)f^*(s,x(s),x'(s))\mathrm{d}s\\ &\geqslant\max_{0\leqslant t\leqslant 1}\int_\eta^1 G(t,s)f^*(s,x(s),x'(s))\mathrm{d}s\\ &\geqslant\frac{b}{m}\max_{0\leqslant t\leqslant 1}\int_\eta^1 G(t,s)\mathrm{d}s\geqslant b.\end{aligned}$$

$\forall\ x\in\{u\in K:\beta(x)\leqslant L\}$，我们有

$$\begin{aligned}\beta(T^*x)&=\max_{0\leqslant t\leqslant 1}\left|\int_0^1\frac{\partial G(t,s)}{\partial t}f(s,x(s),x'(s))\mathrm{d}s\right|\\&=\max_{0\leqslant t\leqslant 1}\left|-\int_0^t f^*(s,x(s),x'(s))\mathrm{d}s+\frac{1}{1-\beta\eta}\int_0^1(1-s)f^*(s,x(s),x'(s))\mathrm{d}s\right.\\&\quad\left.-\frac{\beta}{1-\beta\eta}\int_0^\eta(\eta-s)f^*(s,x(s),x'(s))\mathrm{d}s\right|\\&\leqslant\left[1+\frac{1}{1-\beta\eta}\int_0^1(1-s)\mathrm{d}s+\frac{\beta}{1-\beta\eta}\int_0^\eta(\eta-s)\mathrm{d}s\right]\frac{L}{Q}\\&=\frac{3-\beta\eta+\beta\eta^2}{2(1-\beta\eta)}\cdot\frac{L}{Q}=L.\end{aligned}$$

不妨设 T^* 在 $\partial\Omega_2\cup\partial\Omega_1$ 上无不动点，则由定理 2.2.10 知 T^* 在 $\Omega_2\backslash\overline{\Omega}_1$ 中有不动点 $u(t)$，式 (3.3.22) 表明 $u(t)$ 也是 T 在 $\Omega_2\backslash\overline{\Omega}_1$ 中的不动点，从而是 BVP(3.3.18) 的非负解. 由于 $\max\limits_{0\leqslant t\leqslant 1}u(t)>a>0$，再由 u 的凹性，可知 $u(t)>0,\ 0<t<1$，从而 $u(t)$ 是 BVP(3.3.18) 的一个正解.

注 3.3.3 在定理 3.3.6 的条件 (2) 中，我们仍采用了式 (3.3.16) 中 m 的定义，实际上由 $x\in D_2$ 时，$\alpha(T^*x)\geqslant b$ 的证明中，可以用

$$\widetilde{m}=\max_{\eta\leqslant t\leqslant 1}\int_\eta^1 G(t,s)\mathrm{d}s$$

代替 m，结论仍成立.

我们给出与定理 3.3.6 平行的结果.

定理 3.3.7 设条件 (H_3) 成立，且 $\exists\, L,a,b>0$，满足 $a<\min\{mb/M,mL/Q\}$，使

$$\frac{a}{m}\leqslant f(t,u,v)\leqslant\min\left\{\frac{b}{M},\frac{L}{Q}\right\},$$

当 $(t,u,v)\in(([0,\eta]\times[at/\eta,b])\cup([\eta,1]\times[a,b]))\times[-L,L]$ 时成立，则 BVP(3.3.18) 有正解 $u(t)$

$$a\leqslant\min_{\eta\leqslant t\leqslant 1}u(t)<\max_{0\leqslant t\leqslant 1}u(t)\leqslant b,\qquad |u'(t)|\leqslant L.$$

证明 记 $D=([0,\eta]\times[at/\eta,b])\cup([\eta,1]\times[a,b])$. 令

$$f_1(t,u,v)=\begin{cases}f(t,u,L), & (t,u,v)\in D\times[L,\infty),\\ f(t,u,v), & (t,u,v)\in D\times[-L,L],\\ f(t,u,-L), & (t,u,v)\in D\times(-\infty,-L],\end{cases}$$

$$f^*(t,u,v)=\begin{cases}f_1(t,b,v), & (t,u,v)\in[0,1]\times[b,+\infty)\times\mathbf{R},\\ f_1(t,u,v), & (t,u,v)\in D\times\mathbf{R},\\ f_1\left(t,\dfrac{a}{\eta}t,v\right), & (t,u,v)\in[0,\eta]\times\left(-\infty,\dfrac{a}{\eta}t\right]\times\mathbf{R},\\ f_1(t,a,v), & (t,u,v)\in[\eta,1]\times(-\infty,a]\times\mathbf{R}.\end{cases}$$

由式 (3.3.20)

$$(T^*u)(t)=\int_0^1 G(t,s)f^*(s,u(s),u'(s))\mathrm{d}s$$

定义全连续算子 $T^*:K\to K$，则

$$(T^*u)'(t)=\int_0^1\frac{\partial G(t,s)}{\partial t}f^*(s,u(s),u'(s))\mathrm{d}s.$$

凸泛函 α,β 如前定义，又定义凹泛函

$$\delta(x)=\min_{\eta\leqslant t\leqslant 1}x(t),\qquad \forall\, x\in K,$$

并在 K 中取

$$\Omega=\{x\in K:\alpha(x)<b,\beta(x)<L,\delta(x)>a\},$$

则 $\overline{\Omega}$ 是 X 中的有界闭凸集.

由定理 3.3.6 中同样的计算可得，对 $x\in\overline{\Omega}$ 有

$$\begin{aligned}\alpha(T^*x)&=\max_{0\leqslant t\leqslant 1}\int_0^1 G(t,s)f^*(s,x(s),x'(s))\mathrm{d}s\\&\leqslant\frac{b}{M}\max_{0\leqslant t\leqslant 1}\int_0^1 G(t,s)\mathrm{d}s=b,\\ \beta(T^*x)&=\max_{0\leqslant t\leqslant 1}\left|\int_0^1\frac{\partial G(t,s)}{\partial t}f^*(s,x(s),x'(s))\mathrm{d}s\right|\leqslant L,\\ \delta(T^*x)&=\min_{\eta\leqslant t\leqslant 1}\int_\eta^1 G(t,s)f^*(s,x(s),x'(s))\mathrm{d}s\geqslant a.\end{aligned}$$

即 $T^*\overline{\Omega}\subset\overline{\Omega}$，由 Schauder 不动点定理，知 $\exists\, u\in\overline{\Omega}$，使 $T^*u=u$，由于在 $\overline{\Omega}$ 上

$$T^*|_{\overline{\Omega}}=T|_{\overline{\Omega}},$$

故 $u \in \overline{\Omega} \subset K$ 也是 T 的不动点，即 u 是 BVP(3.3.18) 的正解. 由 Ω 的定义，知 $u(t)$ 具有定理所要求的性质.

下面我们利用定理 2.2.12，对 BVP(3.3.18) 中 $\beta = 0$ 的一种特殊情况给出与定理 3.3.6 有所不同的正解存在判据.

考虑边值问题

$$\begin{cases} u'' + f(t,u,u') = 0, & 0 < t < 1, \\ u(0) = u(1) = 0. \end{cases} \tag{3.3.24}$$

设

(H_4) $f \in C([0,1] \times \mathbf{R}^+ \times \mathbf{R}, \mathbf{R}^+)$.

仍令 $X = C^1([0,1], \mathbf{R})$，如前定义范数. 取

$$K = \left\{ x \in X : x(t) \geqslant 0, \text{且 } t \in \left[\frac{1}{4}, \frac{3}{4}\right] \text{ 时 } x(t) \geqslant \max_{0 \leqslant t \leqslant 1} x(t) \right\}.$$

在 K 上由式 (3.3.19) 定义凸泛函 $\alpha, \beta : K \to \mathbf{R}$. 记

$$G(t,s) = \begin{cases} t(1-s), & 0 \leqslant t \leqslant s \leqslant 1, \\ s(1-t), & 0 \leqslant s \leqslant t \leqslant 1. \end{cases}$$

由式 (3.3.20) 定义全连续算子 $T : K \to K$，这时

$$M = \max_{0 \leqslant t \leqslant 1} \int_0^1 G(t,s)\mathrm{d}s = \frac{1}{8}, \qquad N = \max_{0 \leqslant t \leqslant 1} \int_{\frac{1}{4}}^{\frac{3}{4}} G(t,s)\mathrm{d}s = \frac{3}{32}.$$

BVP(3.3.24) 有解 $u(t)$ 当且仅当 u 是 T 在 K 中的不动点.

定理 3.3.8[1,2] 设条件 (H_4) 成立，且 $L_2 > L_1 > 0$, $b > a > 0$, $h \in (0, 1/2)$，使

(1) $f(t,u,v) \geqslant \dfrac{a}{N}$, $(t,u,v) \in \left[\dfrac{1}{4}, \dfrac{3}{4}\right] \times \left[\dfrac{a}{4}, a\right] \times [-L_1, L_1]$;

(2) $f(t,u,v) \geqslant \dfrac{2L_1}{1-2h}$, $(t,u,v) \in [h, 1-h] \times [0,a] \times [-L_1, L_1]$;

(3) $f(t,u,v) \leqslant \min\left\{\dfrac{b}{M}, 2L_2\right\}$, $(t,u,v) \in [0,1] \times [0,b] \times [-L_2, L_2]$,

则 BVP(3.3.24) 至少有一个正解 $u(t)$:

$$a \leqslant \max_{0 \leqslant t \leqslant 1} u(t) \leqslant b, \qquad 0 < \max_{0 \leqslant t \leqslant 1} |u'(t)| \leqslant L_2$$

或

$$L_1 \leqslant \max_{0 \leqslant t \leqslant 1} |u'(t)| \leqslant L_2, \qquad 0 < \max_{0 \leqslant t \leqslant 1} u(t) \leqslant b.$$

证明　令

$$\Omega_1 = \{x \in K : \alpha(x) < a,\ \ \beta(x) < L_1\},$$

$$\Omega_2 = \{x \in K : \alpha(x) < b,\ \ \beta(x) < L_2\}$$

及

$$C_1 = \{x \in K : \alpha(x) = a, \beta(x) \leqslant L_1\},\ \ D_1 = \{x \in K : \alpha(x) \leqslant a, \beta(x) = L_1\},$$

$$C_2 = \{x \in K : \alpha(x) = b, \beta(x) \leqslant L_2\},\ \ D_2 = \{x \in K : \alpha(x) \leqslant b, \beta(x) = L_2\}.$$

则 $\partial\Omega_1 \subset C_1 \cup D_1$，$\partial\Omega_2 \subset C_2 \cup D_2$.

$\forall\, x \in C_1$, 有 $x(t) \geqslant a/4$，于是

$$\begin{aligned}\alpha(Tx) &= \max_{0\leqslant t\leqslant 1}\int_0^1 G(t,s)f(s,x(s),x'(s))\mathrm{d}s\\ &\geqslant \max_{0\leqslant t\leqslant 1}\int_{\frac14}^{\frac34} G(t,s)f(s,x(s),x'(s))\mathrm{d}s\\ &\geqslant \frac{a}{N}\max_{0\leqslant t\leqslant 1}\int_{\frac14}^{\frac34} G(t,s)\mathrm{d}s = a.\end{aligned}$$

$\forall\, x \in D_1$，则

$$\begin{aligned}\beta(Tx) &= \max_{0\leqslant t\leqslant 1}|(Tx)'(t)|\\ &= \max_{0\leqslant t\leqslant 1}\left|-\int_0^t sf(s,x(s),x'(s))\mathrm{d}s + \int_t^1 (1-s)f(s,x(s),x'(s))\mathrm{d}s\right|\\ &= \max\left\{\int_0^1 (1-s)f(s,x(s),x'(s))\mathrm{d}s, \int_0^1 sf(s,x(s),x'(s))\mathrm{d}s\right\}\\ &\geqslant \frac{2L_1}{1-2h}\max\left\{\int_h^{1-h}(1-s)\mathrm{d}s, \int_h^{1-h} s\mathrm{d}s\right\}\\ &\geqslant \frac{2L_1}{1-2h}\cdot\frac{1-2h}{2} = L_1.\end{aligned}$$

故 $\forall\, x \in C_2$，有

$$\begin{aligned}\alpha(Tx) &= \max_{0\leqslant t\leqslant 1}\int_0^1 G(t,s)f(s,x(s),x'(s))\mathrm{d}s\\ &\leqslant \frac{b}{M}\max_{0\leqslant t\leqslant 1}\int_0^1 G(t,s)\mathrm{d}s = b,\end{aligned}$$

$\forall\, x \in D_2$，

$$\begin{aligned}\beta(Tx) &= \max_{0\leqslant t\leqslant 1} |(Tx)'(t)| \\ &= \max\left\{\int_0^1 (1-s)f(s,x(s),x'(s))\mathrm{d}s, \int_0^1 sf(s,x(s),x'(s))\mathrm{d}s\right\} \\ &\leqslant 2L_2 \max\left\{\int_0^1 (1-s)\mathrm{d}s, \int_0^1 s\mathrm{d}s\right\} \\ &= 2L_2 \cdot \frac{1}{2} = L_2.\end{aligned}$$

由定理 2.2.12，知 T 在 $\overline{\Omega}_2\backslash\Omega_1$ 中有不动点 u 满足所给要求.

例 3.3.1 考虑边值问题

$$\begin{cases} u'' + f(t,u,u') = 0, & 0 < t < 1, \\ u(0) = u(1) = 0, \end{cases}$$

其中

$$f(t,x,y) = \begin{cases} 64\left[\mathrm{e}^t + x^2 + \left(\dfrac{y}{3000}\right)^3\right], & x \leqslant 10, \\ 64\left[\mathrm{e}^t + 100 + \left(\dfrac{y}{3000}\right)^3\right], & x > 10. \end{cases}$$

取 $h = 0, a = 3, L_1 = 8, b = 840, L_2 = 3400$，验证定理 3.3.8 的条件成立. 因此所给边值问题有一个正解 $u(t) \geqslant 0$，满足

$$3 \leqslant \max_{0\leqslant t\leqslant 1} u(t) \leqslant 840, \qquad \max_{0\leqslant t\leqslant 1} |u'(t)| \leqslant 3400$$

或

$$8 \leqslant \max_{0\leqslant t\leqslant 1} u'(t) \leqslant 3400, \qquad 0 < \max_{0\leqslant t\leqslant 1} u(t) \leqslant 840.$$

3.3.4 显含一阶导数的奇性二阶边值问题

讨论奇性边值问题正解的存在性，需要用到逼近的方法，也就是先对无奇性的一系列二阶边值问题得出正解，再由这些正解构成序列逼近奇性边值问题的正解. 这样，所给判据中的条件往往比较多一些.

我们讨论二次线性项较复杂的二阶边值问题

$$\begin{cases} \dfrac{1}{p(t)}(p(t)u')' + q(t)f(t,u,p(t)u') = 0, & 0 < t < 1, \\ \lim\limits_{t\to 0^+} p(t)u'(t) = u(1) = 0, \end{cases} \tag{3.3.25}$$

其中我们恒假设

(H$_5$) $p\in C[0,1]\cap C^1(0,1)$, $q\in C(0,1)$, $p(t)$, $q(t)>0$ 当 $t\in(0,1)$，$\int_0^1 p(t)q(t)\mathrm{d}t$, $\int_0^1 (p(t))^{-1}\mathrm{d}t<\infty$，$f\in C([0,1]\times\mathbf{R}^+\times(-\infty,0),\mathbf{R}^+)$.

定义 BVP(3.3.25) 的解为若 $u\in C[0,1]\cap C^1(0,1)$，满足 $pu'\in C[0,1]\cap C^1(0,1)$，代入 BVP(3.3.25) 中使方程在 $0<t<1$ 时成立且适合边界条件，则 u 称为 BVP(3.3.25) 的一个解.

取 $X=\{u\in C[0,1]: pu'\in AC[0,1]\}$, $\forall\, x\in X$, 定义

$$\|x\|=\max\left\{\max_{0\leqslant t\leqslant 1}|x(t)|,\ \max_{0\leqslant t\leqslant 1}|p(t)x'(t)|\right\},$$

则 X 为 Banach 空间. 令 $K=\{x\in X: x(t)\geqslant 0\}$. 定义

$$(Tx)(t)=\int_0^1 G(t,s)p(s)q(s)f(s,x(s),p(s)x'(s))\mathrm{d}s, \tag{3.3.26}$$

其中

$$G(t,s)=\begin{cases}\displaystyle\int_t^1\frac{\mathrm{d}\tau}{p(\tau)}, & 0\leqslant s\leqslant t,\\ \displaystyle\int_s^1\frac{\mathrm{d}\tau}{p(\tau)}, & t\leqslant s\leqslant 1.\end{cases} \tag{3.3.27}$$

则 BVP(3.3.25) 有正解 $u(t)$ 当且仅当 $u(t)$ 是 T 在 K 中的不动点. 但是由于 $f(t,u,v)$ 在 $v=0$ 时有奇性，难以保证 T 在 K 上是全连续算子，故需先讨论辅助边值问题

$$\begin{cases}\dfrac{1}{p(t)}(p(t)u')'+q(t)f(t,u,p(t)u')=0, & 0<t<1,\\ \displaystyle\lim_{t\to 0^+}p(t)u'(t)=-\frac{1}{n}, & u(1)=0.\end{cases} \tag{3.3.28$_n$}$$

记 $\varphi(t)=\int_t^1(p(s))^{-1}\mathrm{d}s$，易证 $u_n(t)$ 是式 $(3.3.28)_n$ 的正解当且仅当 $u_n(t)$ 满足

$$x(t)=\frac{1}{n}\varphi(t)+\int_0^1 G(t,s)p(s)q(s)f(s,x(s),p(s)x'(s))\mathrm{d}s.$$

令

$$(T_nx)(t)=\frac{1}{n}\varphi(t)+\int_0^1 G(t,s)p(s)q(s)f(s,x(s),p(s)x'(s))\mathrm{d}s,$$

则 $u_n(t)$ 是 $T_n: K\to K$ 的一个不动点. 取

$$\Omega_n=\left\{x\in K: \frac{1}{n}\varphi(t)<x(t)<M_1, -M_2<p(t)x'(t)<-\frac{1}{n}\right\}, \tag{3.3.29}$$

其中 $M_1, M_2 > \frac{1}{n}$ 为两正数，由 f 在 $\overline{\Omega}_n$ 上连续，标准的讨论可证

$$T_n : \overline{\Omega}_n \to K$$

为全连续算子.

引理 3.3.3 设 $y \in C[0,1] \cap C^2(0,1)$, $py' \in AC[0,1]$, $p(t) > 0, t \in (0,1)$, $\int_0^1 (p(s))^{-1} \mathrm{d}s < \infty$. 如果 y 满足

$$(p(t)y')' \leqslant 0,\ t \in (0,1), \qquad (py')(0) = a \leqslant 0,\ y(1) = 0,$$

则

$$y(t) \geqslant y(0)(1-t) = (1-t) \max_{0 \leqslant t \leqslant 1} |y(t)|, \qquad t \in [0,1].$$

证明 由 $(py')(0) \leqslant 0$ 及 $(py')' \leqslant 0$ 得 $(py')(t) \leqslant 0$，于是 $y'(t) \leqslant 0$, $t \in (0,1)$. 可知

$$0 \leqslant y(1) \leqslant y(t) \leqslant y(0), \qquad y(0) = \max_{0 \leqslant t \leqslant 1} |y(t)|.$$

令 $\tau(t) = \int_0^t \frac{\mathrm{d}s}{p(s)} \Big/ \int_0^1 \frac{\mathrm{d}s}{p(s)}$，则 $\tau \in C([0,1],[0,1])$ 单调增，且满足 $\mathrm{d}\tau/\mathrm{d}t > 0, t \in (0,1), \tau(0) = 0, \tau(1) = 1$.

当自变量为 τ 时，$y(\tau)$ 满足

$$y''(\tau) \leqslant 0, \qquad y'(0) = a \leqslant 0, \qquad y(1) = 0.$$

在 $0 \leqslant \tau \leqslant 1$ 上，$y(\tau)$ 是单调减的凹函数，从而有

$$y(\tau) \geqslant y(0)(1-\tau), \qquad t \in [0,1].$$

上式中将自变量符号直接换为 t，即得引理的结论.

定理 3.3.9[18,19] 假设条件 (H_5) 成立，且:

(1) $f(t,u,v) \leqslant h(u)[g(v) + r(v)]$, $(t,u,v) \in [0,1] \times \mathbf{R}^+ \times (-\infty, 0)$, 其中 $g \in C((-\infty,0),(0,+\infty))$ 单调不减，$r \in C((-\infty,0),\mathbf{R}^+)$ 单调不增，$h \in C(\mathbf{R}^+,\mathbf{R}^+)$ 单调不减.

(2) 记 $I(z) = \int_z^0 \frac{\mathrm{d}v}{g(v) + r(v)}$, $z < 0$, 则 $I \in C((-\infty,0),(0,+\infty))$ 单调减. 设

$$\sup_{c \in (0,+\infty)} \frac{c}{-\int_0^1 \frac{1}{p(t)} I^{-1}\left(h(c) \int_0^1 p(s)q(s)\mathrm{d}s\right) \mathrm{d}t} > 1.$$

(3) $\forall\, H, L>0, \exists\, \gamma\in[0,1)$ 及函数 $\psi\in C([0,1],\mathbf{R}^+)$, $\psi(t)>0,\ t\in(0,1)$，使

$$f(t,u,v)\geqslant\psi(t)u^{\gamma},\qquad (t,u,v)\in[0,1]\times[0,H]\times[-L,0).$$

(4) ψ 另需满足

$$\int_0^1 p(s)q(s)\psi(s)(1-s)^{\gamma}\mathrm{d}s<\infty,$$

$$\int_0^1 p(t)q(t)g\left(-k_0\int_0^t p(s)q(s)\psi(s)(1-s)^{\gamma}\mathrm{d}s\right)\mathrm{d}t<\infty,\qquad \forall\, k_0>0.$$

则 BVP(3.3.25) 至少有一个正解 $u\in C[0,1]\cap C^2(0,1)$，满足

$$pu'\in AC(0,1],\qquad u(t)>0 \text{ 当 } t\in[0,1).$$

证明　选取 $M>0$，使

$$\frac{M}{-\displaystyle\int_0^1\frac{1}{p(t)}I^{-1}\left(h(M)\int_0^1 p(s)q(s)\mathrm{d}s\right)\mathrm{d}t}>1,$$

并取 $\varepsilon\in(0,M)$, 使

$$\frac{M}{-\displaystyle\int_0^1\frac{1}{p(t)}I^{-1}\left(h(M)\int_0^1 p(s)q(s)\mathrm{d}s+I(-\varepsilon)\right)\mathrm{d}t}>1.$$

则 $\exists\, n_0\in\mathbf{N}^+, n\geqslant n_0$ 时，$n^{-1}<\varepsilon$.

令 $M_1=M,\ M_2=-I^{-1}\left[h(M)\displaystyle\int_0^1 p(s)q(s)\mathrm{d}s+I(-\varepsilon)\right]+1$, 则式 (3.3.29) 中的 Ω_n 相应给定. 下证 T_n 在 $\overline{\Omega}_n$ 有不动点.

对 $\lambda\in(0,1)$，先证 $(1-\lambda)\varphi+\lambda T_n$ 在 $\partial\Omega_n$ 上无不动点，即 $\forall\,\lambda\in(0,1)$,

$$\begin{cases}\dfrac{1}{p(t)}(p(t)u')'+\lambda q(t)f(t,u,p(t)u')=0, & 0<t<1,\\ \lim\limits_{t\to0^+}p(t)u'(t)=-\dfrac{1}{n}, \quad u(1)=0,\ n\geqslant n_0\end{cases}\tag{3.3.30$_n^\lambda$}$$

对 $u\in\partial\Omega_n$ 无解. 不妨设 $f\left(t,\dfrac{1}{n}\varphi(t),\dfrac{1}{n}p(t)\varphi'(t)\right)=f\left(t,\dfrac{1}{n}\varphi(t),-\dfrac{1}{n}\right)\neq0$, 否则 $\dfrac{1}{n}\varphi(t)$ 就是 T_n 在 $\overline{\Omega}_n$ 中的不动点. 因此，当 $u\in\partial\Omega_n$，我们有

$$(Tu)(t)=\frac{1}{n}\varphi(t)+\int_0^1 G(t,s)p(s)q(s)f(s,u(s),p(s)u'(s))\mathrm{d}s>\frac{1}{n}\varphi(t),\qquad t\in[0,1).$$

如果 u 是式 $(3.3.30)_n^\lambda$ 的解，则由

$$(pu')' \leqslant 0$$

导出

$$(pu')(t) \leqslant -\frac{1}{n}, \qquad u(t) \geqslant \frac{1}{n}\varphi(t) > 0, \qquad t \in [0,1).$$

进一步由条件 (1) 得

$$-(p(t)u'(t))' \leqslant \lambda p(t)q(t)h(u(t))[g(p(t)u'(t)) + r(p(t)u'(t))].$$

两边除以 $g(p(t)u'(t)) + r(p(t)u'(t))$，再从 0 到 t 积分得

$$-\int_0^t \frac{(p(s)u'(s))'\mathrm{d}s}{g(p(s)u'(s)) + r(p(s)u'(s))} \leqslant h(u(0))\int_0^t p(s)q(s)\mathrm{d}s,$$

因而

$$\int_{p(t)u'(t)}^{-\frac{1}{n}} \frac{\mathrm{d}z}{g(z)+r(z)} \leqslant h(u(0))\int_0^1 p(s)q(s)\mathrm{d}s,$$

$$I(p(t)u'(t)) - I\left(-\frac{1}{n}\right) \leqslant h(u(0))\int_0^1 p(s)q(s)\mathrm{d}s,$$

即

$$\begin{aligned} p(t)u'(t) &\geqslant I^{-1}\left(h(u(0))\int_0^1 p(s)q(s)\mathrm{d}s + I\left(-\frac{1}{n}\right)\right) \\ &\geqslant I^{-1}\left(h(u(0))\int_0^1 p(s)q(s)\mathrm{d}s + I(-\varepsilon)\right). \end{aligned}$$

两边除以 $p(t)$ 后从 0 到 1 积分，得

$$\frac{u(0)}{-\int_0^1 \frac{1}{p(t)} I^{-1}\left[h(u(0))\int_0^1 p(s)q(s)\mathrm{d}s + I(-\varepsilon)\right]\mathrm{d}t} \leqslant 1,$$

因此, $\max\limits_{0\leqslant t\leqslant 1} u(t) = u(0) \neq M = M_1$，而且由

$$0 > -\frac{1}{n} \geqslant p(t)u'(t) > I^{-1}\left[h(u(0))\int_0^1 p(s)q(s)\mathrm{d}s + I(-\varepsilon)\right] \geqslant -M_2$$

可知, 当 $0<\lambda<1$ 时方程 $(3.3.30)_n^\lambda$ 在 $\partial\Omega_n$ 上无解.

取 $p = \frac{1}{n}\varphi(t)$，则由定理 2.3.2 得 BVP$(3.3.28)_n$ 在 $\overline{\Omega}_n$ 中有解 $u_n(t)$:

$$\frac{1}{n}\varphi(t) \leqslant u_n(t) < M_1, \quad -M_2 < p(t)u_n'(t) \leqslant -\frac{1}{n} < 0. \tag{3.3.31}$$

取 $H = M_1, L = M_2, \gamma \in [0,1)$ 和 ψ 是条件 (3) 设定的函数，下证 $\{u_n(t)\}, n = n_0, n_0+1, \cdots$ 是 K 中相对紧集.

式 (3.3.31) 保证 $\{u_n(t)\}$ 在 K 中一致有界，故只需证等度连续性. 由于

$$\begin{aligned} 0 \leqslant -(p(t)u_n'(t))' &\leqslant p(t)q(t)h(M)[g(p(t)u_n'(t)) + r(p(t)u_n'(t))] \\ &\leqslant p(t)q(t)h(M)[g(p(t)u_n'(t)) + r(-M_2)], \end{aligned} \tag{3.3.32}$$

且因

$$f(t, u_n(t), p(t)u_n'(t)) \geqslant \psi(t)u_n^{\gamma}(t), \quad (t, u_n(t), p(t)u_n'(t)) \in [0,1] \times [0, M_1] \times [-M_2, 0),$$

可得

$$-(p(t)u_n'(t))' \geqslant p(t)q(t)\psi(t)u_n^{\gamma}(t).$$

从 0 到 t 积分

$$\begin{aligned} -p(t)u_n'(t) &\geqslant \int_0^t p(s)q(s)\psi(s)u_n^{\gamma}(s)\mathrm{d}s + \frac{1}{n} \\ &> \int_0^t p(s)q(s)\psi(s)u_n^{\gamma}(s)\mathrm{d}s. \end{aligned}$$

由于 $u_n(t)$ 满足引理 3.3.3 的条件，故

$$-p(t)u_n'(t) > \int_0^t p(s)q(s)\psi(s)u_n^{\gamma}(0)(1-s)^{\gamma}\mathrm{d}s,$$

两边除以 $p(t)$ 后从 t 积分到 1，得

$$u_n(t) > \int_t^1 \frac{1}{p(r)} \int_0^r p(s)q(s)\psi(s)u_n^{\gamma}(0)(1-s)^{\gamma}\mathrm{d}s\mathrm{d}r,$$

$$u_n(0) > u_n^{\gamma}(0) \int_0^1 \frac{1}{p(r)} \int_0^r p(s)q(s)\psi(s)(1-s)^{\gamma}\mathrm{d}s\mathrm{d}r.$$

于是

$$u_n(0) > \left[\int_0^1 \frac{1}{p(r)} \int_0^r p(s)q(s)\psi(s)(1-s)^{\gamma}\mathrm{d}s\mathrm{d}r\right]^{\frac{1}{1-\gamma}} := a_0,$$

且

$$-p(t)u_n'(t) > a_0^{\gamma} \int_0^t p(s)q(s)\psi(s)(1-s)^{\gamma}\mathrm{d}s,$$

以此代入式 (3.3.32)，有

$$0 \leqslant -(p(t)u_n'(t))' \leqslant h(M)p(t)q(t)\left[g\left(-a_0^{\gamma}\int_0^t p(s)q(s)\psi(s)(1-s)^{\gamma}\mathrm{d}s\right) + r(-M_2)\right]. \tag{3.3.33}$$

记 $N(t)=g\left(-a_0^{\gamma}\int_0^t p(s)q(s)(1-s)^{\gamma}\mathrm{d}s\right)$. 对 $\forall\ t_1,t_2\in[0,1],t_1<t_2$，有

$$0\leqslant -p(t_2)u_n'(t_2)+p(t_1)u_n'(t_1)\leqslant h(M)\int_{t_1}^{t_2}p(s)q(s)N(s)\mathrm{d}s+h(M)r(-M_2)\int_{t_1}^{t_2}p(s)q(s)\mathrm{d}s.$$

由假设 (H_5) 及条件 (4)，对 $\forall\ \varepsilon>0,\exists\ \delta>0$, 当 $|t_2-t_1|<\delta$ 时，

$$|(pu_n')(t_2)-(pu_n')(t_1)|<\varepsilon.$$

故 pu_n' 在 $[0,1]$ 上是等度连续的. 再由式 (3.3.31) 得

$$-\frac{M_2}{p(t)}\leqslant u_n'(t)<0.$$

$\forall\ t_1,t_2\in[0,1],t_2>t_1$,

$$|u_n(t_2)-u_n(t_1)|\leqslant M_2\int_{t_1}^{t_2}\frac{\mathrm{d}s}{p(s)}.$$

由 $\varphi(t)=\displaystyle\int_0^t(p(s))^{-1}\mathrm{d}s$ 在 $[0,1]$ 上的连续性，可得一致连续性，从而 $u_n(t)$ 在 $[0,1]$ 上等度连续.

根据 Arzelà-Ascoli 定理，$\{u_n(t)\}$ 在 K 中的紧性成立，从而 $\exists u_0\in K$，使 $u_n(t)\to u_0(t)$.

由 $u_n(t)=(T_nu_n)(t)$，即

$$u_n(t)=\frac{1}{n}\varphi(t)+\int_0^1 G(t,s)p(s)q(s)f(s,u_n(s),p(s)u_n'(s))\mathrm{d}s. \tag{3.3.34}$$

在推导式 (3.3.33) 时，我们实际上已导出了

$$0\leqslant f(t,u_n(t),p(t)u_n'(t))\leqslant h(M)[N(t)+r(-M_2)].$$

由于假设 (H_5) 和条件 (4) 保证

$$\int_0^1 p(s)q(s)h(M)[N(s)+r(-M_2)]\mathrm{d}s$$

的存在性，从而

$$\int_0^1 G(t,s)p(s)q(s)h(M)[N(s)+r(-M_2)]\mathrm{d}s$$

存在，于是由控制收敛定理，在式 (3.3.34) 两端令 $n\to\infty$ 得

$$\begin{aligned}u_0(t)&=\int_0^1 G(t,s)p(s)q(s)f(s,u_0(s),p(s)u_0'(s))\mathrm{d}s\\&=(Tu_0)(t).\end{aligned}$$

即 u_0 是 T 在 K 中的不动点，即 $u_0(t)$ 是 BVP(3.3.25) 的解. 由条件 (3) 和 (4) 知 $f(t,0,0)\neq 0$，从而 $u_0(t)\neq 0$，再由 $u_n'(t)\leqslant 0$ 得，$u_0'(t)\leqslant 0$，从而 $u_0(t)$ 单调减，导出 $u_0(t)>0,\ t\in[0,1)$.

定理证毕.

例 3.3.2　奇异边值问题

$$\begin{cases} u''+\alpha(u')^{-\frac{2}{3}}u^{\beta}=0, \qquad 0<t<1, \\ \lim\limits_{t\to 0^+} u'(t)=u(1)=0, \end{cases} \tag{3.3.35}$$

其中 $\alpha>0,\beta\in[0,1)$，则解 $u\in C[0,1]\cap C^2(0,1)$.

证明　在定理中取 $p(t)=q(t)=1,\ g(v)=v^{\frac{2}{3}}, r(v)=0$，$h(u)=\alpha u^{\beta}$，$I(z)=\displaystyle\int_z^0 u^{\frac{2}{3}}\mathrm{d}u=-\frac{3}{5}z^{\frac{5}{3}}$ ，$\gamma=\beta<1, \psi(t)=L^{-\frac{2}{3}}$，则

$$\sup_{c>0}\frac{c}{-\displaystyle\int_0^1 I^{-1}(h(c))\mathrm{d}t}=\sup_{c>0}\frac{c^{1-\frac{3}{5}\beta}}{\left(\dfrac{5}{3}\alpha\right)^{\frac{3}{5}}}=\infty.$$

由定理 3.3.9 即得结论.

注 3.3.4　定理 3.3.9 和定理 3.3.1 证明的不同之处在于后者是先有解 $x(t)$ 的预定范围 $u(t)\leqslant x(t)\leqslant v(t)$，再根据条件确定 $x'(t)$ 的可能范围 $|x'(t)|\leqslant N$. 而前者则是先估计解的导数 $u'(t)$ 与 $p(t)$ 乘积的范围，再由设定条件确定 $u(t)$ 的范围. 之后在目标区域内证明正解的存在.

但是，由于 BVP(3.3.25) 在 $u'=0$ 时有奇性，所以先讨论辅助 BVP$(3.3.28)_n$ 正解 $u_n(t)$ 的存在性，其实质是先避开 $u'=0$ 时的奇性，利用定理条件 (1) 和 (2) 导出全连续算子 T_n 在 K 中的不动点. 之后由序列 $\{u_n\}$ 的收敛性得出 BVP(3.3.25) 的正解存在性. 为保证 $\{u_n\}$ 收敛, 在条件 (3) 和 (4) 中引进正函数 $\psi(t)$, 以保证集合 $\{u_n\}$ 具有紧性，其出发点还是用 $\psi(t)$ 将 $u'=0$ 时奇性“隔离”开来.

基于以上思路，可以讨论 BVP(3.3.25) 在 $u=0$ 和 $u'=0$ 都有奇性的情况. 对 BVP(3.3.25), 设

(H_6)　$p\in C[0,1]\cap C^1(0,1),\ q\in C(0,1), p(t),\ q(t)>0,\ t\in(0,1), \displaystyle\int_0^1(p(s))^{-1}\mathrm{d}s$, $\displaystyle\int_0^1 p(s)q(s)\mathrm{d}s<\infty,\ f\in C([0,1]\times(0,\infty)\times(-\infty,0),\mathbf{R}^+),\ p^2q\in C[0,1]$.

考虑辅助边值问题

$$\begin{cases} \dfrac{1}{p(t)}(p(t)u')'+q(t)f(t,u,p(t)u')=0, \\ \lim\limits_{t\to 0^+} p(t)u'(t)=-\dfrac{1}{n},\ u(1)=\dfrac{1}{n}. \end{cases} \tag{3.3.36$_n$}$$

记 $\widetilde{\varphi}(t)=1+\int_t^1(p(s))^{-1}\mathrm{d}s$，定义 $\widetilde{T}_n:K\to X$

$$(\widetilde{T}_nu)(t)=\frac{1}{n}\widetilde{\varphi}(t)+\int_0^1G(t,s)p(s)q(s)f(s,u(s),p(s)u'(s))\mathrm{d}s.$$

则式 $(3.3.36)_n$ 正解的存在性等价于 $\widetilde{T}_n$ 在 K 上不动点的存在性.

定理 3.3.10[18,19] 假设条件 (H_6) 成立，且:

(1) $f(t,u,v)\leqslant[h(u)+\omega(u)][g(v)+r(v)]$, $(t,u,v)\in[0,1]\times(0,\infty)\times(-\infty,0)$, 其中 $g\in C((-\infty,0),(0,\infty))$ 单调不减；$r\in C((-\infty,0),\mathbf{R}^+)$ 单调不增；$h\in C((0,\infty),\mathbf{R})$ 单调不减；$\omega\in C((0,\infty),(0,\infty))$ 单调不增；$\forall\ a>0$, $\int_0^a\omega(t)\mathrm{d}t<\infty$.

(2) 记 $I(z)=\int_z^0\frac{v\mathrm{d}v}{g(v)+r(v)}, z<0$，则 $I\in C((-\infty,0],(-\infty,0])$ 单增，且满足 $I(-\infty)=-\infty$ 和

$$\sup_{0<c<\infty}\frac{c}{-\int_0^1\frac{1}{p(t)}I^{-1}\left(-Q\left[ch(c)+\int_0^c\omega(s)\mathrm{d}s\right]\right)\mathrm{d}t}>1,$$

其中 $Q=\max\limits_{0\leqslant t\leqslant1}(p^2q)(t)$.

(3) 对 $\forall\ H,L>0$，存在相应的函数 $\psi\in C[0,1]$, $\psi(t)>0,\ t\in(0,1)$，使

$$f(t,u,v)\geqslant\psi(t),\qquad(t,u,v)\in(0,1)\times(0,H]\times[-L,0).$$

(4) $\int_0^1p(t)q(t)g\left(-\int_0^tp(s)q(s)\psi(s)\mathrm{d}s\right)\mathrm{d}t<\infty$,

则 BVP(3.3.25) 至少有一个正解 $u\in C[0,1]\cap C^2(0,1)$:

$$u(t)>0,\qquad t\in[0,1).$$

注 3.3.5 由条件 (2) 和假设 (H_6) 可得

$$\int_0^1\left[\int_t^1\frac{1}{p(s)}\int_0^sp(x)q(x)\psi(x)\mathrm{d}x\mathrm{d}s\right]p(t)q(t)\mathrm{d}t<\infty.$$

证明 由条件 (2)，选取 $M>0$，$\varepsilon\in\left(0,\frac{M}{2}\right)$，使

$$\frac{M}{\varepsilon-\int_0^1\frac{1}{p(t)}I^{-1}\left(-Q\left[Mh(M)+\int_0^M\omega(s)\mathrm{d}s+I(-\varepsilon)\right]\right)\mathrm{d}t}>1.$$

取 $n_0 \geqslant 1$，使 $n_0^{-1} < \varepsilon$. 记 $M_1 = M$,

$$M_2 = -I^{-1}\left(-Q\left[Mh(M) + \int_0^M \omega(s)\mathrm{d}s + I(-\varepsilon)\right]\right) + 1.$$

由

$$\begin{aligned}\Omega_n &= \left\{x \in K : \frac{1}{n}\widetilde{\varphi}(t) < x(t) < M_1,\ -M_2 < p(t)x'(t) < -\frac{1}{n}\right\}\\ &= \left\{x \in K : \frac{1}{n}(1+\widetilde{\varphi}(t)) < x(t) < M_1,\ -M_2 < p(t)x'(t) < -\frac{1}{n}\right\}\end{aligned}$$

定义开集 $\Omega_n \subset K$，并由

$$(T_n x)(t) = \frac{1}{n}\widetilde{\varphi}(t) + \int_0^1 G(t,s)p(s)q(s)f(s,x(s),p(s)x'(s))\mathrm{d}s$$

定义 $\overline{\Omega}_n$ 上的全连续算子

$$T_n : \overline{\Omega}_n \to K.$$

和定理 3.3.9 一样，为证 T_n 在 $\overline{\Omega}_n$ 中有不动点，我们先证：$\forall\, \lambda \in (0,1)$，$x \in \partial\overline{\Omega}_n$，$x \neq \lambda T_n x + (1-\lambda)\widetilde{\varphi}$，即证 $\forall\, \lambda \in (0,1)$，

$$\begin{cases}\dfrac{1}{P(t)}(P(t)u')' + \lambda q(t)f(t,u,p(t)u') = 0, & 0 < t < 1,\\ \lim\limits_{t\to 0^+} p(t)u'(t) = -\dfrac{1}{n}, \qquad u(1) = \dfrac{1}{n}\end{cases} \tag{3.3.37$_n^\lambda$}$$

在 $\partial\Omega_n$ 上无解.

不妨设 $f\left(t, \dfrac{1}{n}\widetilde{\varphi}(t), \dfrac{1}{n}p(t)\widetilde{\varphi}'(t)\right) \not\equiv 0$, 否则 T_n 在 $\overline{\Omega}_n$ 中就有了不动点. 设 $u(t)$ 是方程 $(3.3.37)_n^\lambda$ 的一个解，则

$$\begin{aligned}0 &\leqslant -(p(t)u'(t))' = p(t)q(t)f(t,u(t),p(t)u'(t))\\ &\leqslant p(t)q(t)[h(u(0)) + \omega(u(t))][g(p(t)u'(t)) + r(p(t)u'(t))].\end{aligned} \tag{3.3.38}$$

于是

$$\frac{-(p(t)u'(t))'}{g(p(t)u'(t)) + r(p(t)u'(t))} \leqslant p(t)q(t)[h(u(0)) + \omega(u(t))],$$

两边乘 $p(t)u'(t)$ 后从 0 积分到 t，得

$$\begin{aligned}I(p(t)u'(t)) - I\left(-\frac{1}{n}\right) &\geqslant Q\left[h(u(0))(u(t)-u(0)) + \int_{u(0)}^0 \omega(x)\mathrm{d}x\right]\\ &\geqslant -Q\left[u(0)h(u(0)) + \int_0^{u(0)} \omega(x)\mathrm{d}x + I(-\varepsilon)\right],\end{aligned}$$

$$u'(t) \geqslant \frac{1}{p(t)} I^{-1}\left(-Q\left[u(0)h(u(0)) + \int_0^{u(0)} \omega(x)\mathrm{d}x + I(-\varepsilon)\right]\right), \tag{3.3.39}$$

从 0 积分到 1，有

$$u(0) \leqslant \frac{1}{n} - \int_0^1 \frac{1}{p(t)} I^{-1}\left(-Q\left[u(0)h(u(0)) + \int_0^{u(0)} \omega(x)\mathrm{d}x + I(-\varepsilon)\right]\right)\mathrm{d}t.$$

由此得

$$\frac{u(0)}{\varepsilon - \displaystyle\int_0^1 \frac{1}{p(t)} I^{-1}\left(-Q\left[u(0)h(u(0)) + \int_0^{u(0)} \omega(x)\mathrm{d}x + I(-\varepsilon)\right]\right)\mathrm{d}t} \leqslant 1,$$

可知 $u(t) \leqslant u(0) < M_1$，同时由式 (3.3.38) 和式 (3.3.39) 得

$$-\frac{1}{n} \geqslant p(t)u'(t) > I^{-1}\left(-Q\left[u(M)h(M) + \int_0^M \omega(x)\mathrm{d}x + I(-\varepsilon)\right]\right) - 1 = -M_2.$$

取 $p = \dfrac{1}{n}\widetilde{\varphi}(t)$, 则由定理 2.3.2 知，$T_n$ 在 $\overline{\Omega}_n$ 中有不动点 u_n，即 BVP$(3.3.36)_n$ 有正解 $u_n(t)$:

$$\frac{1}{n} \leqslant u_n(t) < M_1, \qquad -M_2 < p(t)u_n'(t) \leqslant -\frac{1}{n}. \tag{3.3.40}$$

对 $n \geqslant n_0$，式 (3.3.40) 表明 $\{u_n(t)\}$ 在 K 中是一致有界的. 由式 (3.3.40) 中的第二式得

$$-\frac{M_2}{p(t)} < u_n'(t) \leqslant -\frac{1}{np(t)}.$$

而 $\displaystyle\int_0^1 (p(s))^{-1}\mathrm{d}s < \infty$，则意味着函数 $\displaystyle\int_0^t (p(s))^{-1}\mathrm{d}s$ 是一致连续的，即 $\forall\, \varepsilon > 0, \exists\, \delta > 0$，当 $|t_2 - t_1| < \delta$ 时，

$$\left|\int_{t_1}^{t_2} \frac{\mathrm{d}s}{p(s)}\right| < \frac{\varepsilon}{M_2},$$

从而

$$|u_n(t_2) - u_n(t_1)| \leqslant \left|\int_{t_1}^{t_2} u'(s)\mathrm{d}s\right| < M_2 \left|\int_{t_1}^{t_2} \frac{\mathrm{d}s}{p(s)}\right| < \varepsilon,$$

即 $\{u_n\}$ 在 $[0,1]$ 上等度连续.

同时取 $L = M_2$, $H = M_1$，得到相应的 $\psi(t)$. 于是对 $u_n \in \overline{\Omega}_n$，有

$$f(t, u_n(t), p(t)u_n'(t)) \geqslant \psi(t), \qquad t \in [0,1].$$

从而

$$-(p(t)u_n'(t))' \geqslant p(t)q(t)\psi(t).$$

从 0 到 t 积分，有

$$-M_2 \leqslant p(t)u_n'(t) \leqslant -\frac{1}{n} - \int_0^t p(s)q(s)\psi(s)\mathrm{d}s < -\int_0^t p(s)q(s)\psi(s)\mathrm{d}s.$$

故

$$u_n(t) > \int_t^1 \frac{1}{p(s)} \int_0^s p(x)q(x)\psi(x)\mathrm{d}x\mathrm{d}s.$$

根据式 (3.3.38) 及 h, ω, g, r 的单调性，得

$$\begin{aligned}
0 \leqslant -(p(t)u_n'(t))' &\leqslant p(t)q(t)[h(M) + \omega(u_n(t))][g(pu_n'(t)) + r(-M_2)] \\
&\leqslant p(t)q(t)\left[h(M) + \omega\left(\int_t^1 \frac{1}{p(s)} \int_0^s p(x)q(x)\psi(x)\mathrm{d}x\mathrm{d}s\right)\right] \\
&\quad \cdot \left[g\left(-\int_0^t p(s)q(s)\psi(s)\mathrm{d}s\right) + r(-M_2)\right] \\
&= H(t).
\end{aligned}$$

由条件 (4) 及注 3.3.5，得 $\int_0^1 H(t)\mathrm{d}t < \infty$. 从而可得 pu_n' 在 $[0,1]$ 上等度连续. 因此，$\{u_n\} \subset K$ 是等度连续的. 根据 Ascoli-Arzelà定理，不妨设 K 上

$$u_n(t) \to u_0(t).$$

由 $u_n = \widetilde{T}_n u_n$, 应用控制收敛定理可得 $n \to \infty$ 时，

$$u_0 = Tu_0,$$

即 $u_0(t)$ 是 BVP(3.3.25) 的正解. 由 $u_0'(t) \leqslant 0$ 及 $f(t,0,0) \geqslant \psi(t) > 0,\ t \in (0,1)$, 知 $u_0(t) > 0$. 因而有

$$u_0(t) > 0, \qquad t \in [0,1).$$

定理得证.

例 3.3.3　奇异边值问题

$$\begin{cases} u'' + \alpha(u')^{-\frac{2}{3}}y^{-\beta} = 0, & 0 < t < 1, \\ y'(0) = y(1) = 0, \end{cases} \tag{3.3.41}$$

当 $0 < \beta < 1$ 时，对 $\forall\, \alpha > 0$ 都有解 $u \in C[0,1] \cap C^2(0,1)$，且

$$u(t) > 0, \qquad t \in [0,1).$$

证明 在定理 3.3.10 中取 $p(t) = q(t) \equiv 1$, $h(u) = r(v) \equiv 0$, $g(v) = v^{-\frac{2}{3}}$, $\omega(u) = \alpha u^{-\beta}$, $\psi(t) \equiv \alpha H^{-\beta}(-L)^{-\frac{2}{3}}$, 则

$$\sup_{c>0} \frac{c}{-\int_0^1 I^{-1}\left(-\int_0^c \omega(x)\mathrm{d}x\right)\mathrm{d}t} = \sup_{c>0} \frac{c}{\left(\frac{8}{3}\alpha c^{1-\beta}\right)^{\frac{3}{8}}} = \sup_{c>0} \frac{c^{\frac{5}{8}+\frac{3}{8}\beta}}{\left(\frac{8}{3}\alpha\right)^{\frac{3}{8}}} = \infty.$$

由定理 3.3.10 知，结论成立.

3.4 非线性项变号的二阶边值问题的正解

当非线性项变号时，二阶微分方程边值问题一般不适于通过在非负凹函数所定义的闭锥中研究算子的不动点而得出正解的存在性. 因为这时难于保证算子具有锥映射性质，更不易得出锥拉伸锥压缩的效果. 为克服其中的困难，我们考虑将上下解方法与锥映射结合起来，给出正解存在的判据.

3.4.1 两点边值问题的正解

考虑边值问题

$$\begin{cases} (p(t)u')' + \lambda a(t)f(t,u) = 0, \\ \alpha_1 u(0) - \beta_1 p(0)u'(0) = \alpha_2 u(1) + \beta_2 p(1)u'(1) = 0, \end{cases} \tag{3.4.1}$$

其中 $\lambda > 0$. 设

(H_7) $p \in C([0,1],(0,\infty))$, $f \in C([0,1]\times\mathbf{R}^+,\mathbf{R})$, $a \in C((0,1),\mathbf{R}^+)$;

$$\alpha_i, \beta_i \geqslant 0,\ i=1,2, \rho = \alpha_1\beta_2 + \alpha_2\beta_1 + \alpha_1\alpha_2\int_0^1 (p(s))^{-1}\mathrm{d}s > 0;$$

$$0 < \int_0^1 G(t,s)a(s)\mathrm{d}s < \infty,$$

其中

$$G(t,s) = \frac{1}{\rho}\begin{cases} \left(\beta_1 + \alpha_1\int_0^t \frac{\mathrm{d}\tau}{p(\tau)}\right)\left(\beta_2 + \alpha_2\int_s^1 \frac{\mathrm{d}\tau}{p(\tau)}\right), & 0 \leqslant t \leqslant s \leqslant 1, \\ \left(\beta_1 + \alpha_1\int_0^s \frac{\mathrm{d}\tau}{p(\tau)}\right)\left(\beta_2 + \alpha_2\int_t^1 \frac{\mathrm{d}\tau}{p(\tau)}\right), & 0 \leqslant s \leqslant t \leqslant 1. \end{cases} \tag{3.4.2}$$

令 $X = C([0,1],\mathbf{R})$, $K = \{x \in X : x(t) \geqslant 0\}$, $\|\cdot\|$ 定义为 X 的上确界范数. 算子 $\theta : X \to K$ 定义为

$$(\theta x)(t) = \max\{x(t), \omega(t)\}, \qquad x \in X, \tag{3.4.3}$$

其中 $\omega \in C([0,1],\mathbf{R}^+)$.

首先我们给出两个引理.

引理 3.4.1[20]　设 $\alpha_i,\beta_i\geqslant 0,\ i=1,2,\ \rho=\alpha_1\beta_2+\alpha_2\beta_1+\alpha_1\alpha_2\int_0^1(p(\tau))^{-1}\mathrm{d}\tau>0$, 则对 $\forall\ v\in L[0,1], v(t)\geqslant 0$，边值问题

$$\begin{cases}(p(t)u')'+v(t)=0,\\ \alpha_1u(0)-\beta_1p(0)u'(0)=\alpha_2u(1)+\beta_2p(1)u'(1)=0\end{cases}\tag{3.4.4}$$

的解由

$$u(t)=\int_0^1 G(t,s)v(s)\mathrm{d}s$$

唯一给出，其中 $G(t,s)$ 由式 (3.4.2) 定义.

注 3.4.1　记

$$\gamma=\frac{1}{\rho}\left(\beta_1+\alpha_1\int_0^1\frac{\mathrm{d}r}{p(r)}\right)\left(\beta_2+\alpha_2\int_0^1\frac{\mathrm{d}r}{p(r)}\right).\tag{3.4.5}$$

由于 $G(t,t),G(s,s)\geqslant G(t,s)\geqslant 0$，因而方程 (3.4.4) 的解 $u(t)$ 满足

$$\begin{aligned}u(t)&\geqslant\frac{\left(\beta_1+\alpha_1\displaystyle\int_0^t\frac{\mathrm{d}r}{p(r)}\right)\left(\beta_2+\alpha_2\displaystyle\int_t^1\frac{\mathrm{d}r}{p(r)}\right)}{\left(\beta_1+\alpha_1\displaystyle\int_0^1\frac{\mathrm{d}r}{p(r)}\right)\left(\beta_2+\alpha_2\displaystyle\int_0^1\frac{\mathrm{d}r}{p(r)}\right)}\int_0^1 G(s,s)v(s)\mathrm{d}s\\&\geqslant\frac{G(t,t)}{\gamma}\|u\|\\&=\frac{\|u\|}{\gamma\|a\|_{L^2}}\int_0^1G(t,t)a(s)\mathrm{d}s\\&\geqslant\frac{\|u\|}{\gamma\|a\|_{L^2}}\int_0^1G(t,s)a(s)\mathrm{d}s.\end{aligned}$$

记 $\omega(t)=\displaystyle\int_0^1G(t,s)a(s)\mathrm{d}s$, 它是 BVP(3.4.4) 当 $v(t)\equiv 1$ 时的唯一解，则

$$u(t)\geqslant\frac{\|u\|}{\gamma\|a\|}\omega(t).\tag{3.4.6}$$

引理 3.4.2[21,22]　设 $T:K\to X$ 是全连续算子，对 $\forall\ w\in C([0,1],\mathbf{R}^+)$，由式 (3.4.3) 定义算子 $\theta:X\to K$, 则

$$\theta\circ T:K\to K$$

是全连续算子.

证明 由算子 T 的全连续性可知，T 连续，且将 K 中的每个有界集映为 X 中的相对紧集.

$\forall\, h\in K, \forall\, \varepsilon>0, \exists\, \delta>0$，使 $\forall\, g\in K$，$\|g-h\|<\delta$ 时，

$$\|Th-Tg\|<\varepsilon.$$

因为

$$\begin{aligned}|(\theta\circ Th)(t)-(\theta\circ Tg)(t)|&=|\max\{(Th)(t),\omega(t)\}-\max\{(Tg)(t),\omega(t)\}|\\&\leqslant|(Th)(t)-(Tg)(t)|<\varepsilon,\end{aligned}$$

故 $\|(\theta\circ T)(h)-(\theta\circ T)(g)\|<\varepsilon$, 即 $\theta\circ T$ 连续.

对任意有界集 $D\subset K, \forall\, \varepsilon>0, \exists\, y_i$，$i=1,2,\cdots,m$, 使

$$T(D)\subset\bigcup_{i=1}^{m}B(y_i,\varepsilon),$$

其中 $B(y_i,\varepsilon)=\{x\in K:\|x-y_i\|<\varepsilon\}$，因而对 $\forall\, \bar{y}\in(\theta\circ T)(D)$，$\exists\, y\in T(D)$，使 $\bar{y}(t)=\max\{y(t),\omega(t)\}\in(\theta\circ T)(D)$. 选取 $y_i\in\{y_1,\cdots,y_m\}$ 使 $\|y-y_i\|<\varepsilon$. 由

$$\max_{0\leqslant t\leqslant 1}|\bar{y}(t)-\bar{y}_i(t)|\leqslant\max_{0\leqslant t\leqslant 1}|y(t)-y_i(t)|$$

可得 $\bar{y}\in B(\bar{y}_i,\varepsilon)$. 因此 $(\theta\circ T)(D)$ 有有限 ε- 网，即 $(\theta\circ T)(D)$ 为相对紧集.

记 $A=\max\limits_{0\leqslant t\leqslant 1}\displaystyle\int_0^1 G(t,s)a(s)\mathrm{d}s$.

定理 3.4.1[21,22] 设条件 (H_7) 成立，且存在 $R>r>0$，使

$$0<\frac{r}{\min\limits_{0\leqslant t\leqslant 1}f(t,r\omega(t))}=a<b=\frac{R}{A\max\limits_{\substack{0\leqslant t\leqslant 1\\ r\omega(t)\leqslant u\leqslant R}}f(t,u)} \tag{3.4.7}$$

成立，则当 $\lambda\in[a,b)$ 时，BVP(3.4.1) 至少有一个正解 u:

$$0<r\omega(t)\leqslant u(t)\leqslant\|u\|\leqslant R,\qquad 0<t<1. \tag{3.4.8}$$

证明 令

$$f^*(t,u)=\begin{cases}f(t,u), & u\geqslant r\omega(t),\\ f(t,r\omega(t)), & u\leqslant r\omega(t).\end{cases}$$

由

$$(Tx)(t)=\int_0^1 G(t,s)a(s)f^*(s,x(s))\mathrm{d}s$$

定义全连续算子 $T: K \to X$，再由

$$(\theta y)(t) = \max\{y(t), 0\}, \qquad \forall\, y \in X$$

定义算子 $\theta: X \to K$. 由引理 3.4.2，知 $\theta \circ T: K \to K$ 也是全连续的，并且易知，对 $\forall\, \lambda > 0$，有

$$\theta \circ (\lambda T) = \lambda(\theta \circ T).$$

任取 $\lambda \in [a, b)$, BVP(3.4.1) 有正解等价于 λT 在 K 中有不动点. 我们先证 $\lambda(\theta \circ T)$ 在 K 中有不动点.

取 $\Omega = \{x \in K : \|x\| < R\}$，不妨设 $\lambda(\theta \circ T)$ 在 $\partial\Omega$ 上无不动点，建立同伦类

$$H(x, \mu) = \mu\lambda(\theta \circ T)x, \qquad 0 \leqslant \mu \leqslant 1.$$

记 $I_\mu = \{t \in [0,1] : f^*(t, u(t)) \geqslant 0\}$. $\forall\, u \in \partial\Omega, \mu \in [0,1)$，有

$$\begin{aligned}
\mu \cdot \lambda(\theta \circ T)u(t) &= \mu \max\left\{\lambda \int_0^1 G(t,s)a(s)f^*(s,u(s))\mathrm{d}s, 0\right\} \\
&\leqslant \mu\lambda \int_{I_u} G(t,s)a(s)f^*(s,u(s))\mathrm{d}s \\
&< b \max_{\substack{0 \leqslant t \leqslant 1 \\ 0 \leqslant u \leqslant R}} f^*(t,u) \int_{I_u} G(t,s)a(s)\mathrm{d}s \\
&\leqslant b \max_{\substack{0 \leqslant t \leqslant 1 \\ r\omega(t) \leqslant u \leqslant R}} f(t,u) \int_0^1 G(t,s)a(s)\mathrm{d}s \\
&= bA \max_{\substack{0 \leqslant t \leqslant 1 \\ r\omega(t) \leqslant u \leqslant R}} f(t,u) = R.
\end{aligned}$$

从而 $\|\mu\lambda(\theta \circ T)u\| < \|u\|$,

$$H(u, \mu) \neq u, \qquad \forall\, u \in \partial\Omega, \qquad 0 \leqslant \mu \leqslant 1.$$

于是由

$$\deg\{I - \lambda\theta \circ T, \Omega, 0\} = \deg\{I, \Omega, 0\} = 1$$

得 $\lambda(\theta \circ T)$ 在 Ω 中有不动点 u.

下证，对不动点 $u = \lambda(\theta \circ T)u$，有

$$u(t) \geqslant r\omega(t), \qquad t \in [0,1]. \tag{3.4.9}$$

若不然，则 $\exists\, t_0 \in [0,1]$ 使

$$r\omega(t_0) - u(t_0) = \max_{0 \leqslant t \leqslant 1}\{r\omega(t) - u(t)\} = L > 0.$$

如果 $t_0=0$，则 $r\omega'(0)-u'(t_0)\leqslant 0$. 因为 $r\omega$ 和 u 都满足 BVP(3.4.4) 中的边界条件，故有

$$\alpha_1[r\omega(0)-u(0)]-\beta_1 p(0)[r\omega'(0)-u'(0)]=0,$$

从而导出 $\alpha_1=0$, $r\omega'(0)-u'(0)=0$. 在这种情况下我们断言

$$r\omega(t)>u(t),\qquad t\in[0,1]. \tag{3.4.10}$$

若不然，$\exists\, t_1\in(0,1]$, 使

$$r\omega(t)-u(t)>0,\qquad t\in[0,t_1),\qquad r\omega(t_1)-u(t_1)=0. \tag{3.4.11}$$

因而 $t\in(0,t_1]$ 时，由

$$\begin{aligned}
&p(t)r\omega'(t)-p(t)u'(t)\\
=&p(0)r\omega'(0)-p(0)u'(0)+\int_0^t[p(s)r\omega'(s)-p(s)u'(s)]'\mathrm{d}s\\
=&-\int_0^t a(s)[r-\lambda f^*(s,u(s))]\mathrm{d}s\\
=&\int_0^t a(s)[\lambda f^*(s,u(s))-r]\mathrm{d}s\\
\geqslant&\int_0^t a(s)[af(s,r\omega(s))-r]\mathrm{d}s\\
\geqslant&\left[a\min_{0\leqslant s\leqslant 1}f(s,r\omega(s))-r\right]\int_0^t a(s)\mathrm{d}s=0
\end{aligned}$$

得出 $r\omega'(t)-u'(t)\geqslant 0$. 于是

$$r\omega(t_1)-u(t_1)\geqslant r\omega(0)-u(0)>0,$$

和式 (3.4.11) 矛盾. 可知此时式 (3.4.10) 成立.

同样 $t_0=1$ 时，我们可以证明式 (3.4.10) 成立.

最后当 $t_0\in(0,1)$ 时，有 $r\omega'(t_0)-u'(t_0)=0$. 分别在 $[0,t_0]$ 和 $[t_0,1]$ 上用以上相应的方法可得出 $r\omega(t)-u(t)>0,\ \ t\in[0,t_0]\cup[t_0,1]=[0,1]$.

于是式 (3.4.10) 对所有可能的情况都成立. 但另一方面

$$\begin{aligned}
r\omega(t_0)-u(t_0)&=\int_0^1 G(t_0,s)a(s)r\mathrm{d}s-\lambda\int_0^1 G(t_0,s)a(s)f^*(s,u(s))\mathrm{d}s\\
&=\int_0^1 G(t_0,s)a(s)[r-\lambda f^*(s,u(s))]\mathrm{d}s\\
&\leqslant\left[r-a\min_{0\leqslant t\leqslant 1}f(t,r\omega(t))\right]\int_0^1 G(t_0,s)a(s)\mathrm{d}s\\
&=0
\end{aligned}$$

和式 (3.4.10) 矛盾. 由此可知式 (3.4.9) 成立，因而

$$u=(\theta\circ\lambda T)u=\lambda Tu,$$

u 是 BVP(3.4.1) 满足式 (3.4.8) 的正解.

定理 3.4.2[21,22]　设条件 (H_7) 成立，$f(t,0)\geqslant 0$，$a(t)f(t,0)\not\equiv 0$，且存在 $R>0$ 使

$$b=\frac{R}{A\max\limits_{\substack{0\leqslant t\leqslant 1\\ 0\leqslant u\leqslant R}} f(t,u)}>0, \tag{3.4.12}$$

则当 $\lambda\in(0,R]$ 时，BVP(3.4.1) 至少有一个正解 u:

$$0<\|u\|\leqslant R.$$

证明　令

$$f^*(t,u)=\begin{cases} f(t,u), & u\geqslant 0,\\ f(t,0)-u, & u<0.\end{cases}$$

类似定理 3.4.1，可证得 $\lambda\in(0,R]$ 时，$\lambda(\theta\circ T)$ 有一个不动点 $u\in\overline{\Omega}=\{x\in K:\|x\|\leqslant R\}$.

我们断言，对上述不动点 u 有

$$(Tu)(t)\geqslant 0,\qquad t\in[0,1]. \tag{3.4.13}$$

设不然，存在 $t_0\in[0,1]$ 使

$$(Tu)(t_0)=\min_{0\leqslant t\leqslant 1}(Tu)(t)=-L<0.$$

下证，在这种情况下

$$(Tu)(t)<0,\qquad t\in[0,1]. \tag{3.4.14}$$

否则 $\exists\, t_1\in[0,t_0)\cup(t_0,1]$，使

$$(Tu)(t_1)=0,\qquad (Tu)(t)<0,\qquad \text{当 } t\in(t_1,t_0)\quad \text{或}\quad t\in(t_0,t_1). \tag{3.4.15}$$

不妨设 $t_1\in[0,t_0)$，则有

$$u(t)=\lambda(\theta\circ Tu)(t)=0,\qquad t\in(t_1,t_0)$$

及 $(Tu)'(t_0)=0$. 所以

$$\begin{aligned}p(t)(Tu)'(t)&=p(t_0)(Tu)'(t_0)-\int_t^{t_0}(p(s)(Tu)'(s))'\mathrm{d}s\\&=\lambda\int_t^{t_0}a(s)f^*(s,u(s))\mathrm{d}s\\&=\lambda\int_t^{t_0}a(s)f(s,u(s))\mathrm{d}s\\&\geqslant 0.\end{aligned}$$

于是 $(Tu)'(t)\geqslant 0,\ t\in(t_1,t_0]$，并且

$$(Tu)(t_1)=(Tu)(t_0)+\int_{t_0}^{t_1}(Tu)'(s)\mathrm{d}s=-L-\int_{t_1}^{t_0}(Tu)'(s)\mathrm{d}s\leqslant -L<0,$$

与式 (3.4.15) 矛盾，由此知式 (3.4.14) 成立. 从而

$$u(t)\equiv\lambda(\theta\circ Tu)(t)\equiv 0.$$

但这时

$$\begin{aligned}(Tu)(t)&=\int_0^1 G(t,s)f^*(s,0)\mathrm{d}s\\&=\int_0^1 G(t,s)f(s,0)\mathrm{d}s\\&\geqslant 0,\qquad t\in[0,1]\end{aligned}$$

和式 (3.4.14) 矛盾. 因此式 (3.4.13) 成立，并有

$$u(t)=\lambda(\theta\circ Tu)(t)=\lambda(Tu)(t),$$

u 是 λT 的不动点. 由于 $a(s)f(s,0)\geqslant 0(\not\equiv 0)$, $G(t,s)>0,\ s,\ t\in(0,1)$, 得

$$u(t)=(\lambda Tu)(t)\geqslant 0(\not\equiv 0),\qquad t\in(0,1),$$

$u(t)$ 是 BVP(3.4.1) 的正解.

推论 3.4.1 设条件 (H_7) 成立，并存在 $r>0$ 使

$$a=\frac{r}{\min\limits_{0\leqslant t\leqslant 1}f(t,r\omega(t))}>0,\tag{3.4.16}$$

$$\lim_{u\to\infty}\frac{\max\limits_{0\leqslant t\leqslant 1}f(t,u)}{u}=0,\tag{3.4.17}$$

则当 $\lambda \geqslant a$ 时，BVP(3.4.1) 至少有一正解 $u(t)$:

$$0 < r\omega(t) \leqslant u(t) \leqslant \|u\| < \infty.$$

证明 只需证，对 $\forall\, b > a$, $\exists\, R > 0$，使

$$b \leqslant \frac{R}{A \max\limits_{\substack{0 \leqslant t \leqslant 1 \\ r\omega(t) \leqslant u \leqslant R}} f(t,u)}. \tag{3.4.18}$$

固定 $b > a > 0$，由条件 (3.4.17) 可得 $\exists\, L > 0$，使 $u \geqslant L$ 时，

$$\max_{0 \leqslant t \leqslant 1} \frac{f(t,u)}{u} < \frac{1}{bA}.$$

于是有 $R > L$，使

$$\max_{\substack{0 \leqslant t \leqslant 1 \\ r\omega(t) \leqslant u \leqslant R}} \frac{f(t,u)}{R} < \frac{1}{bA}.$$

从而式 (3.4.18) 成立. 由定理 3.4.2 得出推论成立.

推论 3.4.2 设条件 (H_7) 成立及条件 (3.4.17) 满足，且 $f(t,\delta) \geqslant 0$, $a(t)f(t,0) \neq 0$，则对 $\forall\, \lambda \in \mathbf{R}^+, \lambda \neq 0$. BVP(3.4.1) 至少有一个正解.

证明 $\forall\, b > 0$，由条件 (3.4.17) 可得 $\exists\, R > 0$，使式 (3.4.12) 成立，于是定理 3.4.2 保证推论成立.

以下我们给出 BVP(3.4.1) 存在两个正解的条件.

取 $\delta \in (0, 1/2)$, 记 $\sigma = \min\limits_{\delta \leqslant t \leqslant 1-\delta} \{\omega(t)/\gamma\|a\|\} > 0$, $l = \|\omega\| > 0$, $B = \max\limits_{0 \leqslant t \leqslant 1} \displaystyle\int_{\delta}^{1-\delta} G(t,s)a(s)\mathrm{d}s$, $\widetilde{K} = \{x \in K : x(t) \geqslant \sigma\|x\|,\ \delta \leqslant t \leqslant 1-\delta\}$.

定理 3.4.3[21,22] 设条件 (H_7) 成立，且有 $b, d > 0$ 及 $a_1, a_2 \in (0, b)$, $r_2 > \sigma r_2 > R + bdl > R > r_1 \max\{1, \gamma\|a\|\} > 0$，使:

(1) $f(t,u) \geqslant -d$，当 $0 \leqslant t \leqslant 1, r_1\omega(t) \leqslant u \leqslant r_2$;

(2) $0 < \dfrac{r_1}{\min\limits_{0 \leqslant t \leqslant 1} [f(t, r_1\omega(t)) + d]} = a_1$;

(3) $\dfrac{R}{A[d + \max\{f(t,u) : (t,u) \in [0,1] \times [r\omega(t), R]\}\ ]} = b$;

(4) $0 < \dfrac{r_2}{B[d + \min\{f(t,u) : (t,u) \in [\delta, 1-\delta] \times [-bdl + \sigma r_2, r_2]\}]} = a_2$,

则当 $\max\{a_1, a_2\} \leqslant \lambda \leqslant b$ 时，BVP(3.4.1) 至少有两个正解；当 $\min\{a_1, a_2\} \leqslant \lambda \leqslant \max\{a_1, a_2\}$ 时，BVP(3.4.1) 至少有一个正解.

证明 在 $t \in [0,1]$ 时，令

$$f_1(t,u) = \begin{cases} f(t,u), & u \geqslant r_1\omega(t), \\ f(t, r_1\omega(t)), & u < r_1\omega(t), \end{cases}$$

$$f_2(t,u)=d+f_1(t,u-\lambda d\omega(t)),$$

则

$$\begin{aligned}\min_{0\leqslant t\leqslant 1} f_2(t,r_1\omega(t))&=\min_{0\leqslant t\leqslant 1}[d+f_1(t,r_1\omega(t)-\lambda d\omega(t))]\\&=\min_{0\leqslant t\leqslant 1}[d+f_1(t,r_1\omega(t))]\\&=\min_{0\leqslant t\leqslant 1}[d+f(t,r_1\omega(t))],\end{aligned}\tag{3.4.19}$$

$$\begin{aligned}\max_{\substack{0\leqslant t\leqslant 1\\ r_1\omega(t)\leqslant u\leqslant R}} f_2(t,u)&=\max_{\substack{0\leqslant t\leqslant 1\\ r_1\omega(t)\leqslant u\leqslant R}}[d+f_1(t,u-\lambda d\omega(t))]\\&=\max_{0\leqslant t\leqslant 1}\{d+f_1(t,u):r_1\omega(t)-\lambda d\omega(t)\leqslant u\leqslant R-\lambda d\omega(t)\}\\&\leqslant\max_{0\leqslant t\leqslant 1}\{d+f_1(t,u):r_1\omega(t)\leqslant u\leqslant R\}\\&=\max_{0\leqslant t\leqslant 1}\{d+f(t,u):r_1\omega(t)\leqslant u\leqslant R\}\end{aligned}\tag{3.4.20}$$

和

$$\begin{aligned}&\min\{f_2(t,u):\sigma r_2\leqslant u\leqslant r_2,\ \delta\leqslant t\leqslant 1-\delta\}\\=&\min\{d+f_1(t,u-\lambda d\omega(t):\sigma r_2\leqslant u\leqslant r_2,\ \delta\leqslant t\leqslant 1-\delta\}\\=&\min\{d+f_1(t,u):\sigma r_2-\lambda d\omega(t)\leqslant u\leqslant r_2-\lambda d\omega(t),\ \delta\leqslant t\leqslant 1-\delta\}\\\geqslant&\min\{d+f(t,u):\sigma r_2-bdl\leqslant u\leqslant r_2,\ \delta\leqslant t\leqslant 1-\delta\}.\end{aligned}\tag{3.4.21}$$

由条件 (2)、(3) 和不等式 (3.4.19)、(3.4.20) 得

$$0<\frac{r_1}{\min\limits_{0\leqslant t\leqslant 1} f_2(t,r_1\omega(t))}\leqslant a_1<b\leqslant\frac{R}{A\max\limits_{\substack{0\leqslant t\leqslant 1\\ r_1\omega(t)\leqslant u\leqslant R}} f_2(t,u)}.$$

应用定理 3.4.1，即知 $\lambda\in[a_1,b]$ 时边值问题

$$\begin{cases}(p(t)u')'+\lambda a(t)f_2(t,u)=0,\\ \alpha_1u(0)-\beta_1p(0)u'(0)=\alpha_2u(1)+\beta_2u'(1)=0\end{cases}\tag{3.4.22}$$

有解 $u_1(t)$: $0<r_1\omega(t)\leqslant u_1(t)<R,\ \ 0<t<1.$

另一方面令 $f_3(t,u)=\max\{f_2(t,u),0\}$. 考虑

$$\begin{cases}(p(t)u')'+\lambda a(t)f_3(t,u)=0,\\ \alpha_1u(0)-\beta_1p(0)u'(0)=\alpha_2u(1)+\beta_2u'(1)=0.\end{cases}\tag{3.4.23}$$

由

$$(Tu)(t)=\int_0^1 G(t,s)f_3(s,u(s))\mathrm{d}s$$

定义算子 $T:\widetilde{K}\to\widetilde{K}$. 容易证明，$T$ 是一个全连续算子，显然 u 是 BVP(3.4.23) 的正解当且仅当 u 是 λT 在 $\widetilde{K}$ 的不动点.

令 $\Omega_1=\{x\in\widetilde{K}:\|x\|<R\}$，$\Omega_2=\{x\in\widetilde{K}:\|x\|<r_2\}$. 假设 $a_2\leqslant\lambda\leqslant b$，当 $u\in\partial\Omega_1$ 时，记 $I=\{t\in[0,1]:f_2(t,u(t))\geqslant 0\}$.

$$\begin{aligned}\lambda(Tu)(t)&=\lambda\int_0^1 G(t,s)a(s)f_3(s,u(s))\mathrm{d}s\\&=\lambda\int_I G(t,s)a(s)f_2(s,u(s))\mathrm{d}s\\&\leqslant b\int_I G(t,s)a(s)\max\{f_2(s,u):0\leqslant u\leqslant R,\ 0\leqslant s\leqslant 1\}\mathrm{d}s\\&=b\int_I G(t,s)a(s)\max\{f_2(s,u):r_1\omega(s)\leqslant u\leqslant R,\ 0\leqslant s\leqslant 1\}\mathrm{d}s\\&\leqslant b\int_I G(t,s)a(s)\max\{d+f(s,u):r_1\omega(s)\leqslant u\leqslant R,\ 0\leqslant s\leqslant 1\}\mathrm{d}s\\&\leqslant b\frac{R}{bA}\int_I G(t,s)a(s)\mathrm{d}s=R=\|u\|.\end{aligned}$$

当 $u\in\partial\Omega_2$ 时，由条件 (4) 和不等式 (3.4.21) 有

$$\begin{aligned}\lambda(Tu)(t)&=\lambda\int_0^1 G(t,s)a(s)f_3(s,u(s))\mathrm{d}s\\&\geqslant a_2\int_\delta^{1-\delta} G(t,s)a(s)f_3(s,u(s))\mathrm{d}s\\&\geqslant a_2\int_\delta^{1-\delta} G(t,s)a(s)\min\{f_3(s,u):\delta\leqslant s\leqslant 1-\delta,\ \sigma r_2\leqslant u\leqslant r_2\}\mathrm{d}s\\&\geqslant a_2\frac{r_2}{Ba_2}\int_\delta^{1-\delta} G(t,s)a(s)\mathrm{d}s.\end{aligned}$$

因而有

$$\|\lambda Tu\|\geqslant\max_{0\leqslant t\leqslant 1}(\lambda Tu)(t)\geqslant\frac{r_2}{B}\max_{0\leqslant t\leqslant 1}\int_\delta^{1-\delta} G(t,s)a(s)\mathrm{d}s=r_2=\|u\|.$$

所以边值问题 (3.4.23) 有解 $u_2\in\widetilde{K}$:

$$R\leqslant\|u_2\|\leqslant r_2.$$

结合注 3.4.1，我们有

$$u_2(t)\geqslant\frac{\|u_2\|}{\gamma\|a\|}\omega(t)\geqslant\frac{R}{\gamma\|a\|}\omega(t)>r_1\omega(t)\geqslant 0.$$

于是 $u_2(t)$ 也是 BVP(3.4.22) 的解.

令 $z_i(t)=u_i(t)-\lambda d\omega(t)$，则 $z_i(t)(i=1,2)$ 满足

$$\begin{cases}(p(t)z')'+\lambda a(t)[f_2(t,z+\lambda d\omega(t))-d]=0,\\ \alpha_1 z(0)-\beta_1 p(0)z'(0)=\alpha_2 z(1)+\beta_2 z'(1)=0.\end{cases}$$

由于 $f_2(t,z_i(t)+\lambda d\omega(t))-d=f_1(t,z_i(t))=f(t,z_i(t))$, 故 $z_1(t),z_2(t)$ 是 BVP(3.4.1) 的两个正解.

类似可证.

定理 3.4.4[21,22] 设条件 (H_7) 成立，且有 $b,d>0$, $a\in(0,b)$ 及 $R>\sigma R>r+bdl>r>0$，使

(1) $f(t,u)\geqslant -d,\ \ (t,u)\in[0,1]\times[0,R]$;

(2) $f(t,u)\geqslant 0,\ \ a(t)f(t,0)\not\equiv 0,\ \ t\in[0,1]$;

(3) $\dfrac{r}{A[d+\max\{f(t,u):(t,u)\in[0,1]\times[0,r]\}\ ]}=b$;

(4) $\dfrac{R}{B[d+\min\{f(t,u):(t,u)\in[\delta,1-\delta]\times[\sigma R-bdl,R]\}\ ]}=a$,

则 BVP(3.4.1) 至少有两个正解.

3.4.2 三点边值问题的正解

讨论三点边值问题

$$\begin{cases}u''+\lambda a(t)f(t,u)=0,\\ u(0)-\beta u'(0)=u(1)-\alpha u(\eta)=0,\end{cases}\tag{3.4.24}$$

其中 $\eta\in(0,1)$, $\alpha,\beta\geqslant 0$, 并设

(H_8) $0<\eta<1,\ f\in C([0,1],\mathbf{R}),\ \alpha\in(0,1),\ a\in L^1([0,1],\mathbf{R}^+),\ \displaystyle\int_0^1 a(t)\mathrm{d}t>0.$

引理 3.4.3[22,23] 设 $\rho=(1-\alpha\eta)+\beta(1-\alpha)\neq 0$, 则边值问题

$$\begin{cases}-u''=0,\\ u(0)-\beta u'(0)=u(1)-\alpha u(\eta)=0\end{cases}\tag{3.4.25}$$

存在 Green 函数

$$G(t,s)=\frac{1}{\rho}\begin{cases}(s+\beta)[(1-\alpha\eta)-(1-\alpha)t], & 0\leqslant s\leqslant\min\{t,\eta\},\\ (s+\beta)(1-t)+\alpha(t-s)(\eta+\beta), & \eta\leqslant s\leqslant t,\\ (t+\beta)[(1-\alpha\eta)-(1-\alpha)s], & t\leqslant s\leqslant\eta,\\ (t+\beta)(1-s), & \max\{t,\eta\}\leqslant s\leqslant 1.\end{cases}$$

且对 $\forall f \in L^1[0,1]$,

$$\begin{cases} -u'' = f(t), \\ u(0) - \beta u'(0) = u(1) - \alpha u(\eta) = 0 \end{cases} \tag{3.4.26}$$

的解可表示为

$$u(t) = \int_0^1 G(t,s)f(s)\mathrm{d}s.$$

证明　就 BVP(3.4.26) 求解，经整理，即可导出 Green 函数的表达式.

令 $\omega(t) = \int_0^1 G(t,s)a(s)\mathrm{d}s$，则当 $f(t) \equiv 1$ 时，$\omega(t)$ 是 BVP(3.4.26) 的解. 且当条件 (H_8) 成立时，由 $\rho > 0$，$G(t,s) > 0$，当 $(t,s) \in (0,1) \times (0,1)$ 时，可得 $\omega(t) > 0, t \in (0,1)$.

记 $A = \max\limits_{0 \leqslant t \leqslant 1} \int_0^1 G(t,s)a(s)\mathrm{d}s$.

和 3.4.1 小节中相同的方法可以得到如下平行的结论.

定理 3.4.5[22,23]　设条件 (H_8) 成立，且存在 $R > r > 0$ 使

$$0 < \frac{r}{\min\limits_{0 \leqslant t \leqslant 1} f(t, r\omega(t))} = a \leqslant b = \frac{R}{A \max\limits_{\substack{0 \leqslant t \leqslant 1 \\ r\omega(t) \leqslant u \leqslant R}} f(t,u)},$$

则当 $\lambda \in [a,b]$ 时，BVP(3.4.24) 至少存在一个正解 $u(t)$:

$$0 < r\omega(t) \leqslant u(t) \leqslant R, \qquad 0 < t < 1.$$

定理 3.4.6[22,23]　设条件 (H_8) 成立，$f(t,0) \geqslant 0$, $a(t)f(t,0) \not\equiv 0$，且存在 $R > 0$ 使

$$b = \frac{R}{A \max\limits_{\substack{0 \leqslant t \leqslant 1 \\ 0 \leqslant u \leqslant R}} f(t,u)} > 0,$$

则当 $\lambda \in (0,b]$ 时，BVP(3.4.24) 至少存在一个正解 $u(t)$:

$$0 < \|u\| \leqslant R.$$

推论 3.4.3[22,23]　设条件 (H_8) 成立，且 $\exists\, r > 0$ 使

$$a = \frac{r}{\min\limits_{0 \leqslant t \leqslant 1} f(t, r\omega(t))} > 0,$$

$$\lim_{u \to +\infty} \frac{\max\limits_{0 \leqslant t \leqslant 1} f(t,u)}{u} \leqslant 0,$$

则当 $\lambda \geqslant a$ 时，BVP(3.4.24) 至少有一个正解 $u(t)$

$$0 < r\omega(t) \leqslant u(t) \leqslant \|u\| < \infty.$$

推论 3.4.4[22,23] 假设条件 (H_8) 成立，$f(t,0) \geqslant 0$, $a(t)f(t,0) \not\equiv 0$，且

$$\lim_{u\to+\infty} \frac{\max\limits_{0\leqslant t\leqslant 1} f(t,u)}{u} \leqslant 0,$$

则 BVP(3.4.24) 至少有一个正解 u，$0 < \|u\| < \infty$.

3.4.3 两点边值问题的进一步结果

我们继续讨论 Sturm-Liouville 边值问题 (3.4.1)

$$\begin{cases} (p(t)u')' + \lambda a(t)f(t,u) = 0, \\ \alpha_1 u(0) - \beta_1 p(0)u'(0) = \alpha_2 u(1) + \beta_2 u'(1) = 0. \end{cases}$$

假设 $\lambda > 0$，条件 (H_7) 成立.

在 3.4.1 小节中我们对 $f(t,u)$ 取值的限制是就 (t,u) 在给定区域中统一给出的，现在考虑就不同的 t 对 $f(t,u)$ 的取值加以限制.

取 $X = C([0,1],\mathbf{R})$，$K = \{x \in X : x(t) \geqslant 0\}$. 由式 (3.4.2) 定义 Green 函数 $G(t,s)$，并由 $(Tu)(t) = \displaystyle\int_0^1 G(t,s)a(s)f(s,u(s))\mathrm{d}s$ 定义全连续算子 $T: K \to X$，记

$$p_1 = \min_{0\leqslant t\leqslant 1} p(t) \leqslant \max_{0\leqslant t\leqslant 1} p(t) = p_2,\quad A = \max_{0\leqslant t\leqslant 1}\int_0^1 G(t,s)a(s)\mathrm{d}s,\quad B = \int_0^1 a(t)\mathrm{d}t,$$

$$f_2(t,r) = \max_{0\leqslant x\leqslant r} f(t,x),\quad L(r) = \max_{0\leqslant t\leqslant 1}\int_0^1 G(t,s)a(s)f_2(s,r)\mathrm{d}s,$$

$$f_1^-(t,r) = \max\{-\min_{0\leqslant x\leqslant r} f(t,x), 0\},\quad h(r) = \int_0^1 a(s)f_1^-(s,r)\mathrm{d}s.$$

显然，$L(r), h(r)$ 是 $\mathbf{R}^+$ 上的连续不减函数，$h(r) \geqslant 0$. 因此如果 $\exists\, r_0 > 0$, $h(r_0) = 0$，则有

$$f(t,x) \geqslant 0,\qquad (t,x) \in [0,1]\times[0,r_0].$$

这时我们恒设 $L(0) > 0$. 若不然 $x(t) \equiv 0$ 就是 BVP(3.4.1) 的一个平凡解.

引理 3.4.4[9,24] $\lambda \in \left(0, \sup\limits_{r>0} r/L(r)\right)$ 时，$\exists\, r_0 > 0$，当 $u \in \partial K_{r_0}$ 时，$\|\lambda\theta Tu\| < \|u\|$.

证明 取 r_0 使 $\lambda < r_0/L(r_0)$，$u \in \partial K_{r_0}$，则 $0 \leqslant u(t) \leqslant r_0, \|u\| = r_0$. 于是

$$\begin{aligned}(\lambda Tu)(t) &= \lambda \int_0^1 G(t,s)a(s)f(s,u(s))\mathrm{d}s \\ &\leqslant \lambda \int_0^1 G(t,s)a(s)f_2(s,r_0)\mathrm{d}s \\ &\leqslant \lambda \max_{0\leqslant t\leqslant 1} \int_0^1 G(t,s)a(s)f_2(s,r_0)\mathrm{d}s \\ &< \frac{r_0}{L(r_0)} \cdot L(r_0) = r_0.\end{aligned}$$

故有

$$0 \leqslant (\lambda\theta Tu)(t) = \max\{(\lambda Tu)(t), 0\} < r_0.$$

即得 $\|\lambda\theta Tu\| < \|u\|$.

引理 3.4.5 设条件 (H_7) 成立，$r, \lambda > 0$ 满足不等式 $\lambda h(r)/r < p_1$，则对 $\lambda\theta T$ 在 K 中的不动点 u，当 $\|u\| \geqslant r$ 时，有 $u(t) > 0$, $t \in (0,1)$，即 u 是 λT 在 K 中的不动点.

证明 记 $v(t) = (\lambda u)(t)$. 由于

$$u(t) = (\lambda\theta Tu)(t) = \max\{(\lambda Tu)(t), 0\} = \max\{v(t), 0\}.$$

故只需证明

$$v(t) > 0, \qquad t \in (0,1). \tag{3.4.27}$$

设式 (3.4.27) 不真，则 $\exists\, t_0, t_1 \in [0,1]$，使

$$v(t_0) = u(t_0) = r, \qquad v(t_1) = \min_{0\leqslant t\leqslant 1} v(t) = d \leqslant 0.$$

不失一般性，设 $t_0 < t_1$，且 $d < v(t) < r$，$t \in (t_0, t_1)$. 因此

$$0 \leqslant u(t) < r, \qquad t \in (t_0, t_1).$$

当 $t_1 < 1$ 时，有 $v'(t_1) = 0$. 当 $t_1 = 1$ 时，可设 $d < 0$，否则式 (3.4.27) 自动成立. 由于 $v(t)$ 满足边界条件

$$\alpha_2 v(1) + \beta_2 v'(1) = \alpha_2 d + \beta_2 v'(1) = 0,$$

可得 $v'(1) \geqslant 0$. 因此无论 $t_1 < 1$ 或 $t_1 = 1$，均有 $v'(t_1) \geqslant 0$.

但由中值定理，$\exists\, t^* \in (t_0, t_1)$，使

$$v'(t^*) = \frac{v(t_1) - v(t_0)}{t_1 - t_0} \leqslant d - r \leqslant -r.$$

于是

$$\begin{aligned}0\leqslant p(t_1)v'(t_1)&=p(t^*)v'(t^*)-\lambda\int_{t^*}^{t_1}a(s)f(s,u(s))\mathrm{d}s\\&\leqslant p(t^*)v'(t^*)+\lambda\int_{t^*}^{t_1}a(s)f_1^-(s,r)\mathrm{d}s\\&\leqslant -p_1r+\lambda\int_0^1 a(s)f_1^-(s,r)\mathrm{d}s\\&\leqslant -p_1r+\lambda h(r)<0,\end{aligned}$$

得出矛盾. 由此式 (3.4.27) 成立，引理得证.

引理 3.4.6[9,24]　假设 $f(t,x)\geqslant -M-kx$, $a(t)>0$，其中 $M,k>0$ 是两个常数. 算子 $T:K\to X$ 如前定义. 设 $[\xi,\eta]\subset[0,1]$，且当 $\beta_2=0$ 时 $\eta<1$，$\beta_1=0$ 时 $\xi>0$. 定义泛函 $\alpha:K\to\mathbf{R}^+$ 为 $\alpha(x)=\max\limits_{\xi\leqslant t\leqslant\eta}x(t)\left(\alpha(x)=\min\limits_{\xi\leqslant t\leqslant\eta}x(t)\right)$，则存在不减函数 $m:\mathbf{R}^+\to\mathbf{R}^+$，使 $\forall\, d\geqslant 0,\mu\in[0,1]$，当 $x=\mu Tx+(1-\mu)d$ 时, 有

$$\|x\|\leqslant m(\alpha(x)+d),\tag{3.4.28}$$

且 $\lim\limits_{r\to\infty}m(r)/r<\infty$.

证明　取 $\eta=1$(常值函数)，则 α 满足定理 2.2.12 的要求. 给定 d 和 μ，对满足 $x=\mu Tx+(1-\mu)d$ 的 x 记 $r=\alpha(x)$.

令 $u=x-(1-\mu)d$，则

$$\alpha(u)=\alpha(x)-(1-\mu)d,\qquad \max_{0\leqslant t\leqslant 1}u(t)=\|x\|-(1-\mu)d,$$

因此式 (3.4.28) 等价于当 $u=\mu T(u+(1-\mu)d)$ 时，

$$\max_{0\leqslant t\leqslant 1}u(t)\leqslant m(\alpha(u)+(2-\mu)d)-(1-\mu)d.\tag{3.4.29}$$

下证存在连续不减函数 $m:\mathbf{R}^+\to\mathbf{R}^+$ 使式 (3.4.29) 成立.

设 $u=\mu T(u+(1-\mu)d)$，则 u 满足

$$\begin{cases}(p(t)u')'+\mu a(t)f(t,u+(1-\mu)d)=0,\\ \alpha_1u(0)-\beta_1u'(0)=\alpha_2u(1)+\beta_2u'(1)=0\end{cases}\tag{3.4.30}$$

且 $\alpha(u)=r-(1-\mu)d$. 于是 $\exists\, t_0\in[\xi,\eta]$，使

$$u(t_0)=r-(1-\mu)d.\tag{3.4.31}$$

如果 $t_0\in(\xi,\eta)$，则 $u'(t_0)=0$. 如果 $t_0=\xi=0$，则 $\beta_1>0$，因而 $u'(t_0)=u'(0)=\alpha_1{\beta_1}^{-1}u(0)=\alpha_1{\beta_1}^{-1}[r-(1-\mu)d]$. 而当 $t_0=\eta=1$ 时，则 $\beta_2>0$ 且 $u'(t_0)=u'(1)=-\alpha_2{\beta_2}^{-1}[r-(1-\mu)d]$.

我们断言:

(i) $\alpha(x)=\min\limits_{\xi\leqslant t\leqslant\eta}x(t)$ 时，如果 $t_0=\xi>0$，则

$$0\leqslant u'(t_0)=u'(\xi)\leqslant\frac{\mu(M+kr)B}{p_1}+\frac{p_2r}{p_1\xi}:=c_1(r),\tag{3.4.32}$$

如果 $t_0=\eta<1$，则

$$0\geqslant u'(t_0)=u'(\eta)\geqslant-\left[\frac{\mu(M+kr)B}{p_1}+\frac{p_2r}{p_1(1-\eta)}\right]:=-c_2(r);\tag{3.4.33}$$

(ii) $\alpha(x)=\max\limits_{\xi\leqslant t\leqslant\eta}x(t)$ 时，如果 $t_0=\xi>0$, 则

$$0\geqslant u'(t_0)=u'(\xi)\geqslant-\left[\frac{\mu(M+kr)B}{p_1}+\frac{p_2r}{p_1(1-\xi)}\right]:=-c_3(r),\tag{3.4.34}$$

如果 $t_0=\eta<1$，则

$$0\leqslant u'(t_0)=u'(\eta)\leqslant\frac{\mu(M+kr)B}{p_1}+\frac{p_2r}{p_1\eta}:=c_4(r).\tag{3.4.35}$$

由于每一情况的证明过程都是类似的，我们只证式 (3.4.32).

假设结论不成立，则有

$$u'(\xi)>c_1(r)=\frac{\mu(M+kr)B}{p_1}+\frac{p_2r}{p_1\xi}.$$

如果这样, 我们先证

$$u'(t)>\frac{r}{\xi},\qquad t\in[0,\xi].\tag{3.4.36}$$

如不然，$\exists\ t_1\in[0,\xi)$，使

$$u'(t)>\frac{r}{\xi},\qquad t\in(t_1,\xi),\qquad u'(t_1)=\frac{r}{\xi}.$$

于是当 $t\in[t_1,\xi]$ 时，我们有

$$0\leqslant u(t)+(1-\mu)d\leqslant u(\xi)+(1-\mu)d=r,$$

且

$$\begin{aligned}p(\xi)u'(\xi)-p(t_1)u'(t_1)&=-\mu\int_{t_1}^{\xi}a(s)f(s,u(s)+(1-\mu)d)\mathrm{d}s\\&\leqslant\mu\int_{t_1}^{\xi}a(s)(M+kr)\mathrm{d}s\\&=\mu(M+kr)\int_{t_1}^{\xi}a(s)\mathrm{d}s.\end{aligned}$$

因此，由

$$
\begin{aligned}
p(t_1)u'(t_1) &\geqslant p(\xi)u'(\xi) - \mu(M+kr)\int_{t_1}^{\xi} a(s)\mathrm{d}s \\
&> \mu(M+kr)B + \frac{p_2 r}{\xi} - \mu(M+kr)\int_{t_1}^{\xi} a(s)\mathrm{d}s \\
&> \frac{p_2 r}{\xi} > 0
\end{aligned}
$$

导出

$$
u'(t_1) > \frac{p_2 r}{p(t_1)\xi} \geqslant \frac{r}{\xi},
$$

和 $u'(t_1) = r/\xi$ 矛盾，得式 (3.4.36) 成立. 进一步得

$$
\begin{aligned}
&u(\xi) - u(0) > \int_0^{\xi} \frac{r}{\xi}\mathrm{d}s = r, \\
&u(0) < u(\xi) - r = 0,
\end{aligned}
$$

代入式 (3.4.30) 的边界条件中有

$$
0 = \alpha_1 u(0) - \beta_1 u'(0) < 0,
$$

出现矛盾，于是式 (3.4.32) 成立.

当 $\alpha(x) = \min\limits_{\xi \leqslant t \leqslant \eta} x(t)$ 时，令

$$
\varphi(r) = \begin{cases}
\max\{c_1(r), c_2(r)\}, & 0 < \xi \leqslant \eta < 1, \\
\max\left\{c_1(r), \dfrac{\alpha_2}{\beta_2}r\right\}, & 0 < \xi < \eta = 1, \\
\max\left\{c_2(r), \dfrac{\alpha_1}{\beta_1}r\right\}, & 0 = \xi < \eta < 1, \\
\max\left\{\dfrac{\alpha_1}{\beta_1}r, \dfrac{\alpha_2}{\beta_2}r\right\}, & 0 = \xi < \eta = 1.
\end{cases}
$$

当 $\alpha(x) = \max\limits_{\xi \leqslant t \leqslant \eta} x(t)$ 时，令

$$
\varphi(r) = \begin{cases}
\max\{c_3(r), c_4(r)\}, & 0 < \xi \leqslant \eta < 1, \\
\max\left\{c_3(r), \dfrac{\alpha_2}{\beta_2}r\right\}, & 0 < \xi < \eta = 1, \\
\max\left\{c_4(r), \dfrac{\alpha_1}{\beta_1}r\right\}, & 0 = \xi < \eta < 1, \\
\max\left\{\dfrac{\alpha_1}{\beta_1}r, \dfrac{\alpha_2}{\beta_2}r\right\}, & 0 = \xi < \eta = 1.
\end{cases}
$$

当 $\alpha(x)=x(0)$ 时，令 $\varphi(r)=\alpha_1 r/\beta_1$；当 $\alpha(x)=x(1)$ 时，令 $\varphi(r)=\alpha_2 r/\beta_2$. 这样 BVP(3.4.30) 的解 $u(t)$ 也就满足初值问题

$$\begin{cases} (p(t)y')'+\mu a(t)f(t,y+(1-\mu)d)=0, \\ y(t_0)=u(t_0)=r-(1-\mu)d, \\ y'(t_0)=u'(t_0)\leqslant\varphi(r). \end{cases} \tag{3.4.37}$$

设 $y=v(t)$ 是初值问题

$$\begin{cases} (p(t)y')'-\mu a(t)[M+k(y+(1-\mu)d)]=0, \\ y(t_0)=r-(1-\mu)d, \\ y'(t_0)=\varphi(r) \end{cases} \tag{3.4.38}$$

的解，易得

$$u(t)<v(t), \qquad t\in(t_0,1], \tag{3.4.39}$$

实际上，由于

$$u(t_0)=v(t_0), \qquad u'(t_0)\leqslant v'(t_0),$$

$$\begin{aligned} (p(t_0)u'(t_0))' &= -\mu a(t)f(t_0,u(t_0)+(1-\mu)d) \\ &= -\mu a(t)f(t_0,v(t_0)+(1-\mu)d) \\ &< \mu a(t)[M+k(v(t_0)+(1-\mu)d)] \\ &= (p(t_0)v'(t_0))', \end{aligned}$$

可知 $\exists\,\delta>0$，$[t_0,t_0+\delta)\subset[0,1]$，使 $t\in(t_0,t_0+\delta)$ 时，

$$(p(t)u'(t))'<(p(t)v'(t))'.$$

从而 $t\in(t_0,t_0+\delta]$ 时，

$$\begin{aligned} &p(t)u'(t)-p(t_0)u'(t_0)<p(t)v'(t)-p(t_0)v'(t_0), \\ &p(t)u'(t)<p(t)v'(t)-p(t_0)[v'(t_0)-u'(t_0)]\leqslant p(t)v'(t), \end{aligned}$$

得 $t\in(t_0,t_0+\delta)$ 时，$u'(t)<v'(t)$, $u(t)<v(t)$.

下证 $t\in(t_0+\delta,1]$，$u(t)<v(t)$. 若不然，$\exists\, t_1\in(t_0+\delta,1]$，使

$$u(t)<v(t), \qquad t\in(t_0+\delta,t_1), \qquad u(t_1)=v(t_1).$$

这时必定有 $t^* \in (t_0+\delta, t_1)$，使 $u'(t^*) > v'(t^*)$. 但由于 $t \in [t_0+\delta, t^*]$ 时，由

$$\begin{aligned}(p(t)u'(t))' &= -\mu a(t) f(t, u(t) + (1-\mu)d) \\ &< \mu a(t)[M + k(u(t) + (1-\mu)d)] \\ &< \mu a(t)[M + k(v(t) + (1-\mu)d)] \\ &= (p(t)v'(t))',\end{aligned}$$

得

$$\begin{aligned}&p(t)u'(t) - p(t_0+\delta)u'(t_0+\delta) < p(t)v'(t) - p(t_0+\delta)v'(t_0+\delta), \\ &p(t)u'(t) < p(t)v'(t),\ u'(t) < v'(t),\ \ u'(t^*) < v'(t^*),\end{aligned}$$

导出矛盾，所以式 (3.4.39) 成立.

将 $y = v(t)$ 代入式 (3.4.38) 中，由 $v(t_0), v'(t_0) > 0$ 及 $(p(t_0)v'(t_0))' > 0$ 可导出 $t \in [t_0, 1]$ 时，$v(t), v'(t), (p(t)v'(t))' > 0$. 于是

$$\begin{aligned}(p(t)v'(t))(p(t)v'(t))' &= \mu a(t)[M + k(v(t) + (1-\mu)d)]p(t)v'(t) \\ &\leqslant p_2\|a\|[(M+dk)v'(t) + kv(t)v'(t)],\end{aligned} \tag{3.4.40}$$

其中 $\|a\| = \max\limits_{0\leqslant t\leqslant 1} a(t)$. 在 $[t_0, t]$ 上积分式 (3.4.40) 得

$$\begin{aligned}(p(t)v'(t))^2 &\leqslant p_2\|a\|[2(M+dk)(v(t) - v(t_0)) + k(v^2(t) - v^2(t_0))] + (p(t_0)v'(t_0))^2 \\ &< p_2\|a\|[kv^2(t) + 2(M+kd)v(t)] + p_2^2\varphi^2(r) \\ &< \left[\sqrt{p_2\|a\|}\left(\sqrt{k}v(t) + \frac{M+kd}{\sqrt{k}}\right) + p_2\varphi(r)\right]^2.\end{aligned}$$

因此 $t \in [t_0, 1]$ 时，

$$\begin{aligned}0 < v'(t) &< \frac{\sqrt{\|a\|p_2}}{p(t)}\left(\sqrt{k}v(t) + \frac{M+kd}{\sqrt{k}}\right) + p_2\varphi(r) \\ &\leqslant \frac{\sqrt{kp_2\|a\|}}{p_1}v(t) + \left(p_2\varphi(r) + \sqrt{kp_2\|a\|}\frac{M+kd}{k}\right).\end{aligned}$$

解上列微分不等式得

$$\begin{aligned}0 < v(t) &< v(t_0)\mathrm{e}^{\frac{\sqrt{kp_2\|a\|}}{p_1}(t-t_0)} + \frac{p_1(kp_2\varphi(r) + (M+kd)\sqrt{kp_2\|a\|})}{k\sqrt{kp_2\|a\|}}\mathrm{e}^{\frac{\sqrt{kp_2\|a\|}}{p_1}(t-t_0)} \\ &< \left[r + \frac{p_1p_2\varphi(r)}{\sqrt{kp_2\|a\|}} + \frac{p_1(M+kd)}{k}\right]\mathrm{e}^{\frac{\sqrt{kp_2\|a\|}}{p_1}}.\end{aligned}$$

从而 $t\in[t_0,1]$ 时,

$$u(t)<\left[r+\frac{p_1p_2\varphi(r)}{\sqrt{kp_2\|a\|}}+\frac{p_1(M+kd)}{k}\right]\mathrm{e}^{\frac{\sqrt{kp_2\|a\|}}{p_1}}. \tag{3.4.41}$$

而当 $t\in[0,t_0]$ 时, 将 $u(t)$ 与

$$\begin{cases}(p(t)y')'=\mu[M+k(y+(1-\mu)d)],\\ y(t_0)=r,\\ y'(t_0)=-\varphi(r)\end{cases} \tag{3.4.42}$$

的解 $v(t)$ 作比较, 同样得出式 (3.4.41). 因此式 (3.4.41) 对 $t\in[0,1]$ 都成立. 由于 $x\in K$, 故

$$\begin{aligned}\|x\|&=\max_{0\leqslant t\leqslant1}x(t)=\max_{0\leqslant t\leqslant1}u(t)+(1-\mu)d\\ &<\left[r+\frac{p_1p_2\varphi(r)}{\sqrt{kp_2\|a\|}}+\frac{p_1(M+kd)}{k}\right]\mathrm{e}^{\frac{\sqrt{kp_2\|a\|}}{p_1}}+d.\end{aligned}$$

令 $m(r)=\left[2r+\frac{p_1p_2\varphi(r)}{\sqrt{kp_2\|a\|}}+\frac{p_1(M+kr)}{k}\right]\mathrm{e}^{\frac{\sqrt{kp_2\|a\|}}{p_1}}$, 显然 $m:\mathbf{R}^+\to\mathbf{R}^+$ 是连续增函数, 且

$$\|x\|<m(r+d)=m(\alpha(x)+d).$$

注意到 $\varphi(r)$ 是 r 的线性函数, 从而 $m(r)$ 是 r 的一次函数, 故 $\lim\limits_{r\to\infty}m(r)/r<\infty$. 引理证毕.

记 $r_{\mathrm{M}}=\sup\{r\in\mathbf{R}^+:h(r)=0\}$. 特别当 $\{r\in\mathbf{R}^+:h(r)=0\}=\varnothing$ 时, 记 $r_{\mathrm{M}}=0$, 当 $\{r\in\mathbf{R}^+:h(r)=0\}=\mathbf{R}^+$ 时, 记 $r_{\mathrm{M}}=\infty$. 显然当 $r_{\mathbf{M}}=\infty$ 时, 蕴含着 $f(t,x)\geqslant0,\ \ (t,x)\in[0,1]\times\mathbf{R}^+$. 当 $h(r)=0$ 时, 我们恒设 $L(r)>0$. 特别是当 $h(0)=0$ 时, $L(0)>0$.

定理 3.4.7[9,24]　设条件 (H_7) 成立, 且 $a(t)>0$. 又设:

(1) $\exists\,k,M\geqslant0$, 使

$$f(t,x)\geqslant-M-kx,\ \ (t,x)\in[0,1]\times\mathbf{R}^+;$$

(2) $\exists\,[\xi,\eta]\subset[0,1]$, $\eta-\xi>0$, 且 $\beta_1=0$ 时 $\xi>0$, $\beta_2=0$ 时 $\eta<1$, 使

$$\lim_{x\to\infty}\frac{f(t,x)}{x}=\infty,\ \ t\in[\xi,\eta].$$

记

$$\lambda^*=\begin{cases}\sup\limits_{r\geqslant 0}\dfrac{r}{L(r)}, & \text{当 } r_{\mathrm{M}}=\infty,\\ \max\left\{\sup\limits_{0<r\leqslant r_{\mathrm{M}}}\dfrac{r}{L(r)},\ \sup\limits_{r>r_{\mathrm{M}}}\min\left\{\dfrac{r}{L(r)},\ \dfrac{p_1 r}{h(r)}\right\}\right\}, & \text{当 } r_{\mathrm{M}}\in(0,\infty),\\ \sup\limits_{r>0}\ \min\left\{\dfrac{r}{L(r)},\ \dfrac{p_1 r}{h(r)}\right\}, & \text{当 } r_{\mathrm{M}}=0,\end{cases}$$

则当 $\lambda\in(0,\lambda^*)$ 时，BVP(3.4.1) 至少有一个正解.

证明 我们仅对 $r_{\mathrm{M}}\in(0,\infty)$ 的情况给出证明. 其余情况实际是其特例.

当 $\lambda^*=\sup\limits_{0<r\leqslant r_{\mathrm{M}}}\dfrac{r}{L(r)}$，则对 $\forall\ \lambda\in(0,\lambda^*)$，存在 $r_1\in(0,r_{\mathrm{M}})$ 使 $\lambda<\dfrac{r_1}{L(r_1)}$，即 $\lambda L(r_1)<r_1$.

取 $\Omega_1=\{x\in K:\|x\|<r_1\}$. $\forall\ x\in\overline{\Omega}_1$，有

$$\begin{aligned}(\lambda Tx)(t)&=\lambda\int_0^1 G(t,s)a(s)f(s,x(s))\mathrm{d}s\\&\leqslant\lambda\int_0^1 G(t,s)a(s)f_2(s,r_1)\mathrm{d}s\\&=\lambda L(r_1)<r_1.\end{aligned}$$

由于 $r\leqslant r_{\mathrm{M}}$ 时 $h(r)=0$，从而 $f(t,x)\geqslant 0$，当 $0\leqslant t\leqslant 1$, $0\leqslant x\leqslant r_{\mathrm{M}}$. 故有 $(\lambda Tx)(t)\geqslant 0$. 于是

$$(\lambda T)(\overline{\Omega}_1)\subset\Omega_1. \tag{3.4.43}$$

由于 λT 为 K 上的全连续算子，故 λT 在 $\overline{\Omega}_1$ 中有不动点 u. 由假设 $L(0)>0$，知 $u(t)\not\equiv 0$，从而 $u(t)$ 是 BVP(3.4.1) 的正解.

当 $\lambda^*=\sup\limits_{r>r_{\mathrm{M}}}\min\left\{\dfrac{r}{L(r)},\ \dfrac{p_1 r}{h(r)}\right\}$ 时，对 $\forall\ \lambda\in(0,\lambda^*)$，$\exists\ r_1>r_{\mathrm{M}}$ 使 $\lambda<\min\left\{\dfrac{r_1}{L(r_1)},\ \dfrac{p_1 r_1}{h(r_1)}\right\}$.

取 $\Omega_1=\{x\in K:\|x\|<r_1\}$. 由引理 3.4.4 得

$$(\lambda\theta T)(\overline{\Omega}_1)\subset\Omega_1. \tag{3.4.44}$$

对 $\forall\ x\in K$, 令 $\alpha(x)=\min\limits_{\xi\leqslant t\leqslant\eta}x(t)$. 用 $\lambda\theta T$ 代替引理 3.4.6 中的 T，则由条件 (1) 及引理 3.4.6 可知存在连续不减函数 $m:\mathbf{R}^+\to\mathbf{R}^+$，满足

$$\lim_{r\to\infty}\frac{m(r)}{r}<\infty. \tag{3.4.45}$$

记 $c=\max\limits_{\xi\leqslant t\leqslant\eta}\int_0^1 G(t,s)a(s)\mathrm{d}s$. 由式 (3.4.45) 及条件 (2) 可知存在 $R>\max\{1,r_1\}$, 使 $r>R$ 时,

$$\frac{f(t,r)}{r}>\frac{r+\lambda c(M+km(3r))}{\lambda r\Delta},\qquad t\in[\xi,\eta],$$

其中 $\Delta=\min\limits_{\xi\leqslant t\leqslant\eta}\int_\xi^\eta G(t,s)a(s)\mathrm{d}s$. 由 ξ,η 取值的规定, 得 $\Delta>0$.

取 $b>R, d=2b$, 定义

$$\Omega_2=\{x\in K:\alpha(x)<b,\ \ \|x\|<m(3b)\}.$$

当 $x\in K,\alpha(x)=b$ 时,

$$\begin{aligned}((\lambda\theta T)x)(t)\geqslant&(\lambda Tx)(t)=\lambda\int_0^1 G(t,s)a(s)f(s,x(s))\mathrm{d}s\\
=&\lambda\left[\left(\int_0^\xi+\int_\eta^1\right)G(t,s)a(s)f(s,x(s))\mathrm{d}s\right]+\lambda\int_\xi^\eta G(t,s)a(s)f(s,x(s))\mathrm{d}s\\
\geqslant&-\lambda\left[\left(\int_0^\xi+\int_\eta^1\right)G(t,s)a(s)(M+kx(s))\mathrm{d}s\right]\\
&+\frac{1}{\Delta}[b+\lambda c(M+km(3b))]\int_\xi^\eta G(t,s)a(s)\mathrm{d}s\\
>&-\lambda(M+km(3b))\int_0^1 G(t,s)a(s)\mathrm{d}s\\
&+\frac{1}{\Delta}[b+\lambda c(M+km(3b))]\int_\xi^\eta G(t,s)a(s)\mathrm{d}s.\end{aligned}$$

于是

$$\begin{aligned}\alpha(\lambda\theta Tx)=&\min_{\xi\leqslant t\leqslant\eta}((\lambda\theta T)x)(t)\\
&>-\lambda(M+km(3b))c+[b+\lambda c(M+km(3b))]\\
&=b=\alpha(x).\end{aligned}$$

由定理 2.2.12 得, $\lambda\theta T$ 在 K 中有不动点 u:

$$r_1<\|u\|,\qquad \alpha(u)<b.$$

由于 $\lambda<p_1r_1/h(r_1)$, 即 $\lambda h(r_1)/r_1<p_1$, 由引理 3.4.5 知 $u(t)>0,\ t\in(0,1)$, 从而 u 是 λT 的不动点, 即 u 是 BVP(3.4.1) 的正解.

评　注

至今研究的二阶微分方程边值问题, 二阶线性算子 L 通常取为 $Lx=x''$, 这是

$$Lx=x''+a_1(t)x'+a_2(t)x\tag{3.4.46}$$

当 $a_1(t) = a_2(t) \equiv 0$ 的特殊情况. 即使对 $a_1(t) = a_1$，$a_2(t) = a_2$ 的常系数情况也尚未得到充分讨论，今后值得深入研究.

究其原因，当 $a_1(t) = a_2(t) \equiv 0$ 时，$Lx = 0$ 的两个线性无关解容易求出，从而可计算 Green 函数. 因此对线性算子为式 (3.4.46) 的一般情况可先考虑

$$\lambda^2 + a_1(t)\lambda + a_2(t) = (\lambda - \lambda_1(t))(\lambda - \lambda_2(t))$$

的特例，尤其是 Lx 为常系数算子的情况.

此外，结合现有二阶微分方程各类边值问题的结果，讨论非线性项有时滞的情况也将是很有意义的工作.

参 考 文 献

[1] Agarwal R P. Boundary Value Problems for Higher Order Differential Equations. World Scientific, Singapore, 1986

[2] 白占兵. 泛函方法在非线性微分方程边值问题中的应用. 北京理工大学博士学位论文，2005

[3] Bai Zh, Li W, Ge W. Upper and lower solution method for a four-point boundary value problem at resonance. Nonlinear Analysis. 2005, (60): 1151～1162

[4] Ma R. Multiplicity results for a three point boundary value problem at resonance. Nonlinear Analysis. 2003, 79(3): 265～276

[5] Liu B, Yu J. Solvability of multi-point boundary value problem at resonance(I). Indian J. Pure and Appl. Math. 2002, (33): 475～494

[6] Liu B. Solvability of multi-point boundary value problem at resonance(II). Appl. Math. Comp. 2003, (136): 353～377

[7] Liu B, Yu J. Solvability of multi-point boundary value problem at resonance (III). Appl. Math. Comp. 2002, (129): 119～143

[8] 薛春艳，葛渭高. 共振条件下多点边值问题解的存在性. 数学学报，2005, 48(2): 281～290

[9] 薛春艳. 微分方程共振与非共振边值问题. 北京理工大学博士学位论文，2005

[10] Xue Ch, Ge W. Solvability of a multi-point boundary value problem of 2nd order differential equation at resonance. preprint.

[11] Guo Y, Ge W. Three positive solutions for second order m-point boundary value problems. Appl. Math. Camp. 2004, 156(3), 733～742

[12] 郭彦平. 微分方程边值问题的正解. 北京理工大学博士学位论文，2003

[13] Guo Y, Ge W. Positive solutions for second order m-point boundary value problems. J. Comp. Appl. Math. 2003, (151): 415～424

[14] Ma R. Positive solutions for second-order three-point boundary value problem. Appl. Math. Lett. 2001, 14(1): 1～5

[15] He X, Ge W. Triple solutions for second-order three-point boundary value problems. J. Math. Anal. Appl. 2002, (268): 256～265

[16] 贺晓明. 几类常泛函微分方程边值问题解的存在性. 北京理工大学博士学位论文, 2002

[17] Guo Y, Ge W. Positive solutions for three-point boundary value problems with dependence on first order derivative. J. Math. Anal. Appl. 2004, 290(1): 291～301

[18] 李翠哲，葛渭高. 二阶非线性奇异边值问题的正解. 数学学报，2002, 45(3): 489~498

[19] 李翠哲. 微分方程边值问题解的存在性研究. 北京理工大学博士学位论文，2002

[20] Erbe L H, Wang H. On the existence of positive solutions of ordinary differential equation. Proc.Amer.Math.Soc. 1994, (120): 743~748

[21] Ge W, Ren J. New existence theorems of positive solutions for Sturm-Liouville boundary value problems. Appl. Math. Comp. 2004, 148(3): 631~644

[22] 任景莉. 不动点理论和微分方程边值问题. 北京理工大学博士学位论文，2004

[23] Ren J, Ge W. Positive solutions for three-point boundary value problems with sign changing nonlinearity. Appl. Math. Lett. 2004, 17(4): 451~458

[24] Xue Ch, Ge W. Some fixed point theorems and existence of positive solutions of two point boundary value problems. preprint

第 4 章　带 p-Laplace 算子的二阶微分方程边值问题

p-Laplace 算子是形式为 $(\Phi_p(u'))'$ 的算子，其中 $\Phi_p(s)=|s|^{p-2}s, p>1$ 是实常数. 带 p-Laplace 算子的二阶微分方程边值问题来源于由偏微分方程边值问题导出的常微分方程模型. 由于 $(\Phi_2(u'))'=u''$，故 p-Laplace 算子可以看作是普通二阶微分算子的推广. 这也启发我们参照普通二阶方程边值问题的已有结果和方法开拓这一新的研究领域. 但毕竟 p-Laplace 算子 $(\Phi_p(u'))'$，当 $p\neq 2$ 时不是线性算子，所以不能简单套用第 3 章中已经涉及的具体方法. 本章中总设 $p>1$，且设 $q>1$ 满足 $\dfrac{1}{p}+\dfrac{1}{q}=1$. 这时 $\Phi_p(s)$ 有如下一些简单的性质

$$\Phi_p(-s)=-\Phi_p(s),\qquad s\Phi_p(s)>0\text{ 当 } s\neq 0,$$

$$\Phi_p(st)=\Phi_p(s)\Phi_p(t),\qquad \Phi_p^{-1}(s)=\Phi_q(s),$$

$$\Phi_p(s+t)\leqslant\begin{cases}2^{p-1}(\Phi_p(s)+\Phi_p(t)), & \text{当 } p\geqslant 2, s,t>0,\\ \Phi_p(s)+\Phi_p(t), & \text{当 } 1<p<2, s,t>0,\end{cases}$$

$$\Phi_p(0)=0,\qquad \Phi_p(1)=1,\qquad \Phi_p(-1)=-1.$$

4.1　广义极坐标系和全连续算子

对带 p-Laplace 算子的二阶微分方程边值问题，到目前为止研究得较多的是两点边值问题. 这类边值问题解的存在性可以通过两种途径来建立：一种是在二维空间中通过方程的解从初始位置到末位置的对应关系，得出满足边界条件的解; 另一种是在无穷维的函数空间中由方程的解结合边界条件定义算子，由算子的不动点给出边值问题的解. 第一种方法可借助广义极坐标进行讨论，第二种则首先要对定义的算子是否全连续加以论证.

4.1.1　广义极坐标系

设 $f,g\in C(\mathbf{R},\mathbf{R})$, 且 $x\neq 0$ 时，$xf(x),xg(x)>0$, 满足 $\lim\limits_{x\to\infty}\int_0^x f(s)\mathrm{d}s=\lim\limits_{x\to\infty}\int_0^x g(s)\mathrm{d}s=+\infty$.

记 $F(x)=\int_0^x f(s)\mathrm{d}s, G(x)=\int_0^x g(s)\mathrm{ds}$. 令

$$F(y)+G(x)=\frac{1}{2}r^2, \tag{4.1.1}$$

则 $\mathbf{R}^2=\bigcup_{r\geqslant 0}\left\{(x,y):F(y)+G(x)=\frac{1}{2}r^2\right\}$. 记 $\mathbf{R}^+=[0,+\infty),\mathbf{R}^-=(-\infty,0]$，显然 $F|_{\mathbf{R}^+},G|_{\mathbf{R}^+}$ 和 $F|_{\mathbf{R}^-},G|_{\mathbf{R}^-}$ 都是 $\mathbf{R}^+\to\mathbf{R}^+$ 或 $\mathbf{R}^-\to\mathbf{R}^+$ 的一一连续映射，故

$$(F|_{\mathbf{R}^+})^{-1},(F|_{\mathbf{R}^-})^{-1},(G|_{\mathbf{R}^+})^{-1},(G|_{\mathbf{R}^-})^{-1}$$

存在，分别定义

$$F^*,G^*:\mathbf{R}^+\to\mathbf{R}$$

为

$$z\mapsto F^*(z)=\begin{cases}(F|_{\mathbf{R}^+})^{-1}\left(\dfrac{1}{2}z^2\right), & z\in\mathbf{R}^+,\\ (F|_{\mathbf{R}^-})^{-1}\left(\dfrac{1}{2}z^2\right), & z\in\mathbf{R}^-,\end{cases}$$

$$z\mapsto G^*(z)=\begin{cases}(G|_{\mathbf{R}^+})^{-1}\left(\dfrac{1}{2}z^2\right), & z\in\mathbf{R}^+,\\ (G|_{\mathbf{R}^-})^{-1}\left(\dfrac{1}{2}z^2\right), & z\in\mathbf{R}^-.\end{cases}$$

又定义 $\mathcal{H}:\mathbf{R}^+\times\mathbf{R}\to\mathbf{R}^2$ 为

$$(x,y)=\mathcal{H}(r,\theta)=(G^*(r\cos\theta),F^*(r\sin\theta)),$$

则 (r,θ) 称为 (x,y) 在 $\mathbf{R}^2$ 上的广义极坐标，r 为广义半径，θ 为广义辐角.

很明显，闭曲线 (4.1.1) 上的解的所有点 (x,y) 都有相同的广义半径 r. 由于

$$G(x)=G(G^*(r\cos\theta))=\frac{1}{2}r^2\cos^2\theta,$$

$$F(y)=F(F^*(r\sin\theta))=\frac{1}{2}r^2\sin^2\theta$$

且 $\mathrm{sgn}y=\mathrm{sgn}(\sin\theta),\mathrm{sgn}x=\mathrm{sgn}(\cos\theta)$，可知 $\cos\theta\neq 0$ 时，

$$\tan\theta=\frac{\sqrt{F(y)}}{\sqrt{G(x)}}\mathrm{sgn}(xy)$$

及

$$\theta=\arctan\left[\frac{\sqrt{F(y)}}{\sqrt{G(x)}}\mathrm{sgn}(xy)\right]. \tag{4.1.2}$$

在上述极坐标系下讨论平面微分系统

$$\begin{cases} x' = -f(y), \\ y' = g(x). \end{cases} \tag{4.1.3}$$

闭曲线族 (4.1.1) 恰好是系统 (4.1.3) 的第一微分，为计算动点沿闭曲线移动一周所需的时间，设 $r > 0$ 给定，

$$\begin{aligned}\theta' &= \left(\arctan\frac{\sqrt{F(y)}}{\sqrt{G(x)}}\right)'\operatorname{sgn}(xy)\\ &= \frac{f(y)g(x)}{2\sqrt{F(y)G(x)}}\operatorname{sgn}(xy)\\ &= \frac{f(F^*(r\sin\theta))g(G^*(r\cos\theta))}{r^2|\cos\theta\sin\theta|}\operatorname{sgn}(\sin\theta\cos\theta)\\ &= \frac{f(F^*(r\sin\theta))g(G^*(r\cos\theta))}{r^2\cos\theta\sin\theta}.\end{aligned} \tag{4.1.4}$$

当 $\sin\theta\cos\theta \neq 0$ 时，有 $\theta' > 0$. 平面系统 (4.1.3) 绕轨道 (4.1.1) 绕行一周的时间为

$$T(r) = \int_0^{2\pi}\left[\frac{f(F^*(r\sin\theta))g(G^*(r\cos\theta))}{r^2\cos\theta\sin\theta}\right]^{-1}\mathrm{d}\theta.$$

注 4.1.1 一般而言 $T(r)$ 的值是随 r 而变的，如果 $\dfrac{(f\circ F^*)(\sigma)}{\sigma}$ 和 $\dfrac{(g\circ G^*)(\sigma)}{\sigma}$ 都是 $(0,+\infty)$ 上的单调增函数，则 $T(r)$ 在 $(0,\infty)$ 上是 r 的单调减函数. 反之，如果 $\dfrac{(f\circ F^*)(\sigma)}{\sigma}$ 和 $\dfrac{(g\circ G^*)(\sigma)}{\sigma}$ 都是 σ 在 $(0,+\infty)$ 上的单调减函数，则 $T(r)$ 在 $(0,\infty)$ 上关于 r 单调增.

特别是当 $f(y) = \varPhi_q(y), g(x) = k\varPhi_p(x)$，其中 $p, q > 1, \dfrac{1}{p} + \dfrac{1}{q} = 1$, 则系统

$$\begin{cases} x' = -\varPhi_q(y), \\ y' = k\varPhi_p(x) \end{cases} \tag{4.1.5}$$

的第一积分为

$$\frac{1}{q}|y|^q + \frac{k}{p}|x|^p = \frac{1}{2}r^2. \tag{4.1.6}$$

令

$$\begin{cases} x = \left(\dfrac{p}{2k}\right)^{\frac{1}{p}} r^{\frac{2}{p}}|\cos\theta|^{\frac{2-p}{p}}\cos\theta, \\ y = \left(\dfrac{q}{2}\right)^{\frac{1}{q}} r^{\frac{2}{q}}|\sin\theta|^{\frac{2-q}{q}}\sin\theta, \end{cases}$$

得

$$\theta' = \frac{1}{2}k^{\frac{1}{p}}q^{\frac{1}{p}}p^{\frac{1}{q}}|\sin\theta|^{\frac{2}{p}-1}|\cos\theta|^{\frac{2}{q}-1}.$$

系统 (4.1.5) 沿轨线 (4.1.6) 绕行一周的时间与 r 无关，

$$\begin{aligned}T&=\int_0^T \mathrm{d}t\\&=\frac{2}{k^{\frac{1}{p}}q^{\frac{1}{p}}p^{\frac{1}{q}}}\int_0^{2\pi}\frac{\mathrm{d}\theta}{|\sin\theta|^{\frac{2}{p}-1}|\cos\theta|^{\frac{2}{q}-1}}\\&=\frac{8}{k^{\frac{1}{p}}q^{\frac{1}{p}}p^{\frac{1}{q}}}\int_0^{\frac{\pi}{2}}\frac{\mathrm{d}\theta}{|\sin\theta|^{\frac{2}{p}-1}|\cos\theta|^{\frac{2}{q}-1}}\\&=\frac{4B\left(\frac{1}{p},\frac{1}{q}\right)}{k^{\frac{1}{p}}q^{\frac{1}{p}}p^{\frac{1}{q}}}\\&=\frac{4\pi}{k^{\frac{1}{p}}q^{\frac{1}{p}}p^{\frac{1}{q}}\sin\frac{\pi}{p}}.\end{aligned}\tag{4.1.7}$$

注意到 $\sin\frac{\pi}{p}=\sin\frac{\pi}{q}$，因而

$$\sin\frac{\pi}{p}=\frac{1}{2}\left(\sin\frac{\pi}{p}+\sin\frac{\pi}{q}\right)=\cos\frac{(p-q)\pi}{2pq},$$

故上式也可写成较对称的形式

$$T=\frac{4\pi}{k^{\frac{1}{p}}q^{\frac{1}{p}}p^{\frac{1}{q}}\cos\frac{(p-q)\pi}{2pq}}.\tag{4.1.8}$$

对二阶微分方程

$$(\Phi_p(u'))'+k\Phi_\beta(u)=0,$$

其中 $k>0,\beta>p>1$, 记 $q>1$ 满足 $\frac{1}{p}+\frac{1}{q}=1$, 令 $v=-\Phi_p(u')$，则上述方程等价于平面系统

$$\begin{cases}u'=-\Phi_q(v),\\v'=k\Phi_\beta(u),\end{cases}$$

其第一积分为 $\frac{k}{\beta}|u|^\beta+\frac{1}{q}|v|^q=\frac{1}{2}r^2$. 在 (u,v)- 平面上，由

$$\begin{cases}u=\left(\frac{\beta}{2k}\right)^{\frac{1}{\beta}}r^{\frac{2}{\beta}}|\cos\theta|^{\frac{2}{\beta}-1}\cos\theta,\\v=\left(\frac{q}{2}\right)^{\frac{1}{q}}r^{\frac{2}{q}}|\sin\theta|^{\frac{2}{q}-1}\sin\theta,\end{cases}$$

得

$$\theta'=\frac{1}{2}k^{\frac{1}{\beta}}q^{\frac{1}{p}}\beta^{\frac{\beta-1}{\beta}}r^{\frac{2(\beta-p)}{\beta p}}|\sin\theta|^{\frac{q-2}{q}}|\cos\theta|^{\frac{\beta-2}{\beta}},$$

故沿轨线走一周所需时间

$$T(r)=\frac{4r^{\frac{2(\beta-p)}{\beta p}}}{k^{\frac{1}{\beta}}q^{\frac{1}{p}}\beta^{\frac{\beta-1}{\beta}}}B\left(\frac{1}{q},\frac{1}{\beta}\right),$$

在 $0<r<\infty$ 上是增函数.

4.1.2 全连续算子

对带 p-Laplace 算子的二阶非线性微分方程

$$(\Phi_p(u'))'+f(t,u)=0,\qquad 0<t<1, \tag{4.1.9}$$

其中 $p>1$，当 $f\in C([0,1]\times\mathbf{R},\mathbf{R})$ 时，我们取 $X=C([0,1],\mathbf{R})$，方程 (4.1.9) 的解 $u(t)$ 需是 $u\in C^1([0,1],\mathbf{R}),\Phi_p(u')\in C^1([0,1],\mathbf{R})$，且满足方程 (4.1.9). 当 f 满足 L^p-Caratheodory 条件，即:

(1) 对 a.e. $t\in[0,1],f(t,\cdot)\in C(\mathbf{R},\mathbf{R})$;

(2) 对 $\forall x\in\mathbf{R},f(\cdot,x)\in L^p([0,1],\mathbf{R})$;

(3) $\forall r>0,\exists h_r\in L^p([0,1],\mathbf{R}^+)$，使 $|f(t,x)|\leqslant h_r(t)$，

当 $|x|\leqslant r$ 时，方程 (4.1.9) 的解 $u(t)$ 需是 $u\in C^1([0,1],\mathbf{R}),(\Phi_p(u'))'\in L^p([0,1],\mathbf{R}),X$ 仍取为 $C([0,1],\mathbf{R})$. X 在定义范数 $\|x\|=\sup\limits_{0\leqslant t\leqslant 1}|x(t)|$ 后成为 Banach 空间，显然 $f\in C([0,1]\times\mathbf{R},\mathbf{R})\Rightarrow f$ 满足L^p-Caratheodory 条件.

设 $D\subset X$ 是子集，$\forall x\in D$，令 $u=x(t)$ 代入方程 (4.1.9) 的非线性项 f 中得

$$(\Phi_p(u'))'+f(t,x(t))=0.$$

由此解方程

$$u(t)=c_1+\int_0^t\Phi_q\left(c_2-\int_0^s f(\tau,x(\tau))\mathrm{d}\tau\right)\mathrm{d}s, \tag{4.1.10}$$

将 $u(t)$ 看作 $x(t)$ 的映象，就得到 $C([0,1],\mathbf{R})$ 到 $C([0,1],\mathbf{R})$ 的集值映射.

结合微分方程 (4.1.9)，如果给出连续边界条件

$$U(u)=(U_1(u),U_2(u))=(0,0), \tag{4.1.11}$$

可以将式 (4.1.10) 中的 c_1 和 c_2 根据 $x(t)$ 唯一确定 $c_{1,x}$ 和 $c_{2,x}$，则定义

$$(Tx)(t)=c_{1,x}+\int_0^t\Phi_q\left(c_{2,x}-\int_0^s f(\tau,x(\tau))\mathrm{d}\tau\right)\mathrm{d}s, \tag{4.1.12}$$

$T:D\to X$ 为单值映射.

定理 4.1.1 设 $D \subset X, \forall x \in D$, 式 (4.1.10) 中的 c_1, c_2 由边界条件唯一确定为 $c_{1,x}$ 和 $c_{2,x}$，$\{(c_{1,x}, c_{2,x}) : x \in D\}$ 在 $\mathbf{R}^2$ 中有界，则由式 (4.1.12) 定义的算子

$$T : D \to X$$

为全连续算子.

证明 $\forall x_0 \in D$, 设 $x_n \in D$，在 D 中，$x_n \to x_0$，记 $u_n(t) = (Tx_n)(t), u_0(t) = (Tx_0)(t)$. 下证 T 在 x_0 连续，即

$$u_n(t) \to u_0(t), \qquad t \in [0,1].$$

为此，先证 c_{1x}, c_{2x} 关于 x 连续，即

$$(c_{1,x_n}, c_{2,x_n}) \to (c_{1,x_0}, c_{2,x_0}). \tag{4.1.13}$$

设式 (4.1.13) 不成立，由于 $\{(c_{1,x_n}, c_{2,x_n}) : n = 1, 2, \cdots\}$ 有界，则不妨设 $(c_{1,x_n}, c_{2,x_n}) \to (\widetilde{c_1}, \widetilde{c_2}) \neq (c_{1,x_0}, c_{2,x_0})$.

记 $|c_{2,x_n}| \leqslant M, |x_n(t)| \leqslant r, H_r(t) = \displaystyle\int_0^t h_r(s)\mathrm{d}s$, 则 $H_r(t)$ 是 $[0,1]$ 上的连续函数，由

$$\left|\varPhi_q\left(c_{2,x_n} - \int_0^s f(\tau, x(\tau))\right)\mathrm{d}\tau\right| \leqslant \varPhi_q(M + H_r(s)),$$

$$\int_0^t \varPhi_q(M + H_r(s))\mathrm{d}s < \infty$$

及 $|f(\tau, x(\tau))| \leqslant h_r(\tau), \displaystyle\int_0^s h_r(\tau)\mathrm{d}\tau < \infty$，利用控制收敛定理

$$\begin{aligned}
\lim_{n\to\infty} u_n(t) &= \widetilde{c}_1 + \lim_{n\to\infty}\int_0^t \varPhi_q\left(c_{2,x_n} - \int_0^s f(\tau, x_n(\tau))\mathrm{d}\tau\right)\mathrm{d}s \\
&= \widetilde{c}_1 + \int_0^t \varPhi_q\left(\widetilde{c_2} - \lim_{n\to\infty}\int_0^s f(\tau, x_n(\tau))\mathrm{d}\tau\right)\mathrm{d}s \\
&= \widetilde{c}_1 + \int_0^t \varPhi_q\left(\widetilde{c_2} - \int_0^s f(\tau, x_0(\tau))\mathrm{d}\tau\right)\mathrm{d}s \\
&=: \widetilde{u}(t).
\end{aligned} \tag{4.1.14}$$

由 $(U_1(u), U_2(u))$ 的连续性得

$$(0,0) = \lim_{n\to\infty}(U_1(u_n), U_2(u_n)) = (U_1(\widetilde{u}), U_2(\widetilde{u})),$$

于是当 $x = x_0(t)$ 时，式 (4.1.10) 中有两组常数 (c_{1,x_0}, c_{2,x_0}) 和 $(\widetilde{c_1}, \widetilde{c_2})$ 满足式 (4.1.11)，和条件矛盾，由此得

$$(c_{1,x_n}, c_{2,x_n}) \to (\widetilde{c_1}, \widetilde{c_2}) = (c_{1,x_0}, c_{2,x_0}).$$

由式 (4.1.14) 得

$$\lim_{n\to\infty} Tx_n = Tx_0,$$

T 的连续性得证.

下证 T 在 D 上的相对紧性.

设 $\forall \Omega \subset D$ 为有界集，$\forall x \in \Omega, \|x\| < R, |c_{1,x}|, |c_{2,x}| < M$, 则

$$\begin{aligned}\|Tx\| &= \max_{0\leqslant t\leqslant 1} |(Tx)(t)| \\ &\leqslant M + \int_0^1 \varPhi_q\left(M + \int_0^1 h_R(\tau)\mathrm{d}\tau\right)\mathrm{d}s \\ &= M + \varPhi_q(M + H_R(1)) := M_1,\end{aligned}$$

且 $\forall t_1, t_2 \in [0,1], t_2 > t_1$，

$$\begin{aligned}|(Tx)(t_2) - (Tx)(t_1)| &= \left|\int_{t_1}^{t_2} \varPhi_q\left(c_{2,x} - \int_0^s f(\tau, x(\tau))\mathrm{d}\tau\right)\mathrm{d}s\right| \\ &\leqslant \int_{t_1}^{t_2} \varPhi_q\left(\left|c_{2,x} - \int_0^s f(\tau, x(\tau))\mathrm{d}\tau\right|\right)\mathrm{d}s \\ &\leqslant \int_{t_1}^{t_2} \varPhi_q(M + H_R(1))\mathrm{d}s \\ &= \varPhi_q(M + H_R(1))(t_2 - t_1),\end{aligned}$$

由 Ascoli-Arzela 定理知 $T\Omega$ 为相对紧集.

于是 T 在 D 上的全连续性得证.

方程 (4.1.9) 中，如果非线性项 f 中显含 u'，即

$$(\varPhi_p(u'))' + f(t, u, u') = 0. \tag{4.1.15}$$

这时函数空间取 $X = C^1([0,1], \mathbf{R}), \forall x \in X$, 范数定义为

$$\|x\| = \left\{\left(\max_{0\leqslant t\leqslant 1} |x(t)|\right)^2 + \left(\max_{0\leqslant t\leqslant 1} |x'(t)|\right)^2\right\}^{\frac{1}{2}}.$$

对 f 的要求：或者 $f \in C([0,1] \times \mathbf{R}^2, \mathbf{R})$, 或者 f 满足 L^p-Caratheodory 条件.

当给定连续边界条件 (4.1.11) 后，对 $\forall x \in D \subset X$，如果

$$(\Phi_p(u'))' + f(t, x(t), x'(t)) = 0 \tag{4.1.16}$$

有唯一解

$$u(t) = c_{1,x} + \int_0^t \Phi_q\left(c_{2,x} - \int_0^s f(\tau, x(\tau), x'(\tau))\mathrm{d}\tau\right)\mathrm{d}s, \tag{4.1.17}$$

则可由

$$(Tx)(t) = c_{1,x} + \int_0^t \Phi_q\left(c_{2,x} - \int_0^s f(\tau, x(\tau), x'(\tau))\mathrm{d}\tau\right)\mathrm{d}s \tag{4.1.18}$$

定义 $T: D \to X$.

和定理 4.1.1 一样可证

定理 4.1.2　设 $D \subset X, \forall x \in D \subset X$，在连续边界条件 (4.1.11) 的限制下有唯一解 (4.1.17)，且 $\{(c_{1,x}, c_{2,x}) : x \in D\}$ 为 $\mathbf{R}^2$ 的有界子集，则由式 (4.1.18) 定义的 $T: D \to X$ 为全连续算子.

4.2　多解的存在性

4.2.1　线性齐次边界条件

我们首先利用广义极坐标系讨论两点边值问题

$$\begin{cases} (\Phi_p(u'))' + f(t, u, \Phi_p(u')) = 0, \\ au(0) - bu'(0) = cu(T) + du'(T) = 0, \end{cases} \tag{4.2.1}$$

其中 $a, b, c, d \geqslant 0, a^2 + b^2, c^2 + d^2 > 0$. 我们设条件

(H$_1$)　$f \in C([0, T] \times \mathbf{R}^2, \mathbf{R})$ 对 $\forall v \in \mathbf{R}$

$$0 < l_1 < \liminf_{u \to 0} \frac{f(t, u, v)}{\Phi_p(u)} \leqslant \limsup_{u \to 0} \frac{f(t, u, v)}{\Phi_p(u)} < l_2 < \infty,$$

$$0 < L_1 < \liminf_{u \to \infty} \frac{f(t, u, v)}{\Phi_p(u)} \leqslant \limsup_{u \to \infty} \frac{f(t, u, v)}{\Phi_p(u)} < L_2 < \infty$$

一致成立，且存在 $F \in C([0, T] \times \mathbf{R}, \mathbf{R}^+)$, 使 $|f(t, u, v)| \leqslant F(t, u)$.

令 $v = -\Phi_p(u')$, 则方程 (4.2.1) 等价于

$$\begin{cases} u' = -\Phi_q(v), \\ v' = f(t, u, -v), \\ au(0) + b\Phi_q(v(0)) = cu(T) - d\Phi_q(v(T)) = 0, \end{cases} \tag{4.2.2}$$

应用广义极坐标

$$\begin{cases} \dfrac{1}{p}\Phi_{p+1}(u)=\dfrac{1}{2}r^2|\cos\theta|\cos\theta, \\ \dfrac{1}{q}\Phi_{q+1}(v)=\dfrac{1}{2}r^2|\sin\theta|\sin\theta, \end{cases}$$

即

$$\begin{cases} u=\left(\dfrac{1}{2}\right)^{\frac{1}{p}}p^{\frac{1}{p}}r^{\frac{2}{p}}|\cos\theta|^{\frac{2-p}{p}}\cos\theta, \\ v=\left(\dfrac{1}{2}\right)^{\frac{1}{q}}q^{\frac{1}{q}}r^{\frac{2}{q}}|\sin\theta|^{\frac{2-q}{q}}\sin\theta, \end{cases} \tag{4.2.3}$$

或

$$\begin{cases} r\cos\theta=\sqrt{\dfrac{2}{p}}|u|^{\frac{p-2}{2}}u, \\ r\sin\theta=\sqrt{\dfrac{2}{q}}|v|^{\frac{q-2}{2}}v, \end{cases} \tag{4.2.4}$$

结合式 (4.2.2) 有 $\theta=\arctan\left(\sqrt{\dfrac{p}{q}}\dfrac{|v|^{\frac{q-2}{2}}v}{|u|^{\frac{p-2}{2}}u}\right)$, 且

$$\begin{aligned}
\theta'&=\frac{|u|^{\frac{p-2}{2}}|v|^{\frac{q-2}{2}}}{\sqrt{pq}r^2}(quv'-pu'v)\\
&=\frac{|u|^{\frac{p-2}{2}}|v|^{\frac{q-2}{2}}}{\sqrt{pq}r^2}[quf(t,u,-v)+pv\Phi_q(v)]\\
&=pqp^{-\frac{1}{p}}q^{-\frac{1}{q}}|\cos\theta|^{\frac{p-2}{p}}|\sin\theta|^{\frac{q-2}{q}}\left(\frac{1}{p}|u|^p\frac{f(t,u,-v)}{\Phi_p(u)}+\frac{1}{q}|v|^q\right)\frac{1}{r^2}\\
&=p^{\frac{1}{q}}q^{\frac{1}{p}}|\cos\theta|^{\frac{p-2}{p}}|\sin\theta|^{\frac{q-2}{q}}\left(\frac{1}{p}|u|^p\frac{f(t,u,-v)}{\Phi_p(u)}+\frac{1}{q}|v|^q\right)\frac{1}{r^2}.
\end{aligned} \tag{4.2.5}$$

这时式 (4.2.2) 中的边界条件当 $b,d\neq 0$ 时可表示为

$$\begin{cases} \tan\theta(0)=-\left(\dfrac{a}{b}\right)^{\frac{p}{2}}\sqrt{\dfrac{p}{q}}, \\ \tan\theta(T)=\left(\dfrac{c}{d}\right)^{\dfrac{p}{2}}\sqrt{\dfrac{p}{q}}. \end{cases} \tag{4.2.6}$$

$\forall l>0$，记

$$\varphi_0(l)=\begin{cases} -\arctan\left(\dfrac{a}{b}\right)^{\frac{p}{2}}\sqrt{\dfrac{p}{ql}}, & b\neq 0, \\ -\dfrac{\pi}{2}, & b=0, \end{cases}$$

$$\varphi_1(l)=\begin{cases} \arctan\left(\dfrac{c}{d}\right)^{\frac{p}{2}}\sqrt{\dfrac{p}{ql}}, & d\neq 0, \\ \dfrac{\pi}{2}, & d=0. \end{cases}$$

当 $\theta(0)=\varphi_0(1)(\theta(0)=\varphi_0(1)+\pi)$，则 $(u(t),v(t))$ 是方程 (4.2.2) 的解当且仅当它满足式 (4.2.2) 中的微分方程且存在 $n\geqslant 0(n\geqslant 1)$，使

$$\theta(T)=\varphi_1(1)+n\pi,$$

即

$$T=\int_{\varphi_0(1)}^{\varphi_1(1)+n\pi}\frac{\mathrm{d}\theta}{\theta'}\quad\left(T=\int_{\varphi_0(1)+\pi}^{\varphi_1(1)+n\pi}\frac{\mathrm{d}\theta}{\theta'}\right),$$

设 $(u(t),v(t)),t\in[0,T]$ 是式 (4.2.2) 中微分方程满足第一个边界条件的解，令

$$\frac{1}{p}|u(t)|^p+\frac{1}{q}|v(t)|^q=\frac{1}{2}r^2(t). \tag{4.2.7}$$

引理 4.2.1 设条件 (H_1) 成立，若 $(u(t),v(t))$ 是式 (4.2.2) 中微分方程组的解，由式 (4.2.7) 定义 $r(t)$，如果 $0<r(0)<\infty$，则 $\forall t\in[0,\tau]$, 有 $0<r(t)<\infty$，且当 $r(0)\to 0$ 时，$r(t)$ 一致趋于 0；$r(0)\to\infty$ 时，$r(t)$ 一致趋于 $+\infty$.

证明 我们先对 $r(0)\to 0$ 时证明 $r(t)$ 一致趋于零.

由条件 (H_1)，可知存在 $\varepsilon>0$，使 $|u|\leqslant\varepsilon$ 时

$$\frac{l_1}{2}\varPhi_p(u)\mathrm{sgn}(u)\leqslant f(t,u,-v)\mathrm{sgn}u\leqslant 2l_2\varPhi_p(u)\mathrm{sgn}(u),$$

记 $m=\frac{1}{2}\left[(1+2l_2)\max\left\{\frac{q}{p},\frac{p}{q}\right\}\right]$，当 $r(0)\leqslant\sqrt{\frac{2}{p}}\varepsilon^{\frac{p}{2}}\mathrm{e}^{-mT}$ 时，先证

$$r(t)\leqslant r(0)\mathrm{e}^{mT}<\sqrt{\frac{2}{p}}\varepsilon^{\frac{p}{2}}.$$

若不然，存在 $t_1\in(0,T)$，使

$$r(t_1)=\sqrt{\frac{2}{p}}\varepsilon^{\frac{p}{2}},\qquad r(t)<\sqrt{\frac{2}{p}}\varepsilon^{\frac{p}{2}},\qquad t\in[0,t_1).$$

由于 $t\in[0,t_1]$ 时，$|u(t)|\leqslant\left[\frac{p}{2}r^2(t)\right]^{\frac{1}{p}}\leqslant\varepsilon$, 故

$$\begin{aligned}\frac{1}{2}\left|\frac{\mathrm{d}r^2(t)}{\mathrm{d}t}\right|=&|-\varPhi_p(u(t))\varPhi_q(v(t))+\varPhi_q(v(t))f(t,u(t),-v(t))|\\ \leqslant&|\varPhi_q(v(t))|\left(|\varPhi_p(u(t))|+|f(t,u(t),-v(t))|\right)\\ \leqslant&|\varPhi_q(v(t))|\left(|\varPhi_p(u(t))|+2l_2|\varPhi_p(u)|\right)\\ =&(1+2l_2)|u(t)|^{p-1}|v(t)|^{q-1}\end{aligned}$$

$$
\begin{aligned}
&\leqslant(1+2l_2)\left(\frac{p-1}{p}|u(t)|^p+\frac{q-1}{q}|v(t)|^q\right)\\
&\leqslant(1+2l_2)\left(\frac{1}{q}|u(t)|^p+\frac{1}{p}|v(t)|^q\right)\\
&\leqslant(1+2l_2)\max\left\{\frac{q}{p},\frac{p}{q}\right\}\left(\frac{1}{p}|u(t)|^p+\frac{1}{q}|v(t)|^q\right)\\
&=mr^2(t).
\end{aligned}\tag{4.2.8}
$$

于是在 $t\in[0,t_1]$ 时,

$$
r(0)\mathrm{e}^{-mT}\leqslant r(0)\mathrm{e}^{-mt}\leqslant r(t)\leqslant r(0)\mathrm{e}^{mt}\leqslant r(0)\mathrm{e}^{mT},\tag{4.2.9}
$$

从而 $r(t_1)\leqslant r(0)\mathrm{e}^{mT}<\sqrt{\frac{2}{p}}\varepsilon^{\frac{p}{2}}$, 得出矛盾. 可知 $t\in[0,T]$ 时, $r(t)<\sqrt{\frac{2}{p}}\varepsilon^{\frac{p}{2}}$ 成立, 导出式 (4.2.8), 式 (4.2.9) 对 $t\in[0,T]$ 成立. $r(0)\to 0$ 时, $r(t)$ 一致趋于 0, 得证.

同样由条件 (H_1) 可得, 存在 $K>0$, 当 $|u|\geqslant K$ 时,

$$
\frac{L_1}{2}|\varPhi_p(u)|\leqslant f(t,u,-v)\mathrm{sgn}u\leqslant 2L_2|\varPhi_p(u)|,
$$

而当 $|u|\leqslant K$ 时,

$$
|f(t,u,-v)|\leqslant F(t,u)\leqslant\max_{0\leqslant t\leqslant T,|u|\leqslant K}F(t,u)=N_1,
$$

因此 $\forall u\in\mathbf{R}$, 有

$$
\frac{L_1}{2}|\varPhi_p(u)|-N_1\leqslant f(t,u,-v)\mathrm{sgn}u\leqslant 2L_2|\varPhi_p(u)|+N_1,
$$

记 $M=(1+L_2)\max\left\{\frac{p}{q},\frac{q}{p}\right\},N=\frac{2}{q}N_1^q$, 任取 $r(0)\geqslant\sqrt{\frac{2N}{M}}\mathrm{e}^{MT}$, 则

$$
\begin{aligned}
\frac{1}{2}\left|\frac{\mathrm{d}r^2(t)}{\mathrm{d}t}\right|&\leqslant|\varPhi_q(v(t))|\left(|\varPhi_p(u(t))|+|f(t,u(t),-v(t))|\right)\\
&\leqslant|\varPhi_q(v(t))|\left((1+2L_2)|\varPhi_p(u(t))|+N_1\right)\\
&\leqslant(1+2L_2)|\varPhi_p(u(t))\varPhi_q(v(t))|+N_1|v(t)|^{q-1}\\
&\leqslant\frac{(1+2L_2)}{2}\max\left\{\frac{q}{p},\frac{p}{q}\right\}r^2+\frac{1}{q}N_1^q+\frac{1}{p}|v(t)|^q\\
&\leqslant\frac{(1+2L_2)}{2}\max\left\{\frac{q}{p},\frac{p}{q}\right\}r^2+\frac{q}{p}\frac{1}{q}|v(t)|^q+\frac{1}{2}N\\
&<(1+L_2)\max\left\{\frac{q}{p},\frac{p}{q}\right\}r^2+\frac{1}{2}N\\
&=Mr^2+\frac{1}{2}N,
\end{aligned}
$$

即

$$-2Mr^2 - N \leqslant \frac{\mathrm{d}r^2}{\mathrm{d}t} \leqslant 2Mr^2 + N,$$

于是 $t \in [0,T]$ 时

$$r^2(0)\mathrm{e}^{-2Mt} - \frac{N}{2M}\left(1 - \mathrm{e}^{-2Mt}\right) \leqslant r^2(t) \leqslant r^2(0)\mathrm{e}^{2Mt} + \frac{N}{2M}(\mathrm{e}^{2Mt} - 1),$$

由 $r^2(0)\mathrm{e}^{2Mt} + \dfrac{N}{2M}(\mathrm{e}^{2Mt} - 1) < r^2(0)\mathrm{e}^{2MT} + \dfrac{1}{4}r^2(0) < \dfrac{5}{4}r^2(0) < \dfrac{5}{4}r^2(0)\mathrm{e}^{2MT}$ 及

$$\begin{aligned} r^2(0)\mathrm{e}^{-2Mt} - \frac{N}{2M}(1 - \mathrm{e}^{-2Mt}) &\geqslant \frac{1}{2}r^2(0)\mathrm{e}^{-2Mt} + \frac{1}{2}r^2(0)\mathrm{e}^{-2MT} - \frac{N}{2M} \\ &> \frac{1}{2}r^2(0)\mathrm{e}^{-2Mt} + \frac{N}{M} - \frac{N}{2M} \\ &> \frac{1}{2}r^2(0)\mathrm{e}^{-2Mt} \geqslant \frac{1}{2}r^2(0)\mathrm{e}^{-2MT} \end{aligned}$$

得 $t \in [0,T]$ 时

$$\frac{1}{2}r(0)\mathrm{e}^{-MT} < r(t) < \frac{\sqrt{5}}{2}r(0)\mathrm{e}^{MT}, \tag{4.2.10}$$

因此，$r(0) \to +\infty$ 时，在 $t \in [0,T]$ 上，$r(t)$ 一致趋于 $+\infty$.

最后证明 $0 < r(0) < \infty$ 时

$$0 < r(t) < \infty, \qquad t \in [0,\infty]. \tag{4.2.11}$$

当 $r(0) < \sqrt{\dfrac{2}{p}}\varepsilon^{\frac{p}{2}}\mathrm{e}^{-mT}$ 或 $r(0) > \sqrt{\dfrac{2N}{M}}\mathrm{e}^{MT}$ 时，分别由式 (4.2.9) 和式 (4.2.10) 可导出式 (4.2.11). 当 $r(0) \in \left[\sqrt{\dfrac{2}{p}}\varepsilon^{\frac{p}{2}}\mathrm{e}^{-mT}, \sqrt{\dfrac{2N}{M}}\mathrm{e}^{MT}\right] := I$ 时，如果 $\forall t \in [0,T], r(t) \in I$，则式 (4.2.11) 成立. 如果存在 $t_1 \in (0,T)$ 使 $r(t_1) \notin I$，不妨设

$$r(t_1) > \sqrt{\frac{2N}{M}}\mathrm{e}^{MT},$$

则存在 $t_0 \in [0,t_1)$，使 $r(t_0) = \sqrt{\dfrac{2N}{M}}\mathrm{e}^{MT}$，且 $t \in [0,t_0]$ 时，$r(t) \leqslant \sqrt{\dfrac{2N}{M}}\mathrm{e}^{MT}$，于是由 $\dfrac{\mathrm{d}r^2}{\mathrm{d}t} \leqslant 2Mr^2 + N$，导出 $t \in [t_0,T]$ 时

$$r(t) < \frac{\sqrt{5}}{2}r(t_0)\mathrm{e}^{M(t-t_0)} \leqslant \frac{\sqrt{5}}{2}r(t_0)\mathrm{e}^{MT} < \infty.$$

同样可证 $r(t) > 0$, 故式 (4.2.11) 成立.

记 $\eta(l) = \displaystyle\int_{\varphi_0(l)}^{\varphi_1(l)} \frac{\mathrm{d}\theta}{|\sin\theta|^{\frac{2}{p}-1}|\cos\theta|^{\frac{2}{q}-1}}$.

定理 4.2.1 设 (H_1) 成立，如果存在整数 $n>0$ 使得

$$\frac{l_2^{\frac{1}{p}}}{nB\left(\dfrac{1}{p},\dfrac{1}{q}\right)+\eta(l_2)}<\frac{2}{pT}\left(\frac{p}{q}\right)^{\frac{1}{p}}<\frac{L_1^{\frac{1}{p}}}{nB\left(\dfrac{1}{p},\dfrac{1}{q}\right)+\eta(L_1)} \tag{4.2.12}$$

或

$$\frac{L_2^{\frac{1}{p}}}{nB\left(\dfrac{1}{p},\dfrac{1}{q}\right)+\eta(L_2)}<\frac{2}{pT}\left(\frac{p}{q}\right)^{\frac{1}{p}}<\frac{l_1^{\frac{1}{p}}}{nB\left(\dfrac{1}{p},\dfrac{1}{q}\right)+\eta(l_1)}, \tag{4.2.13}$$

则 BVP (4.2.1) 至少有两个解 $u_1(t),u_2(t)$，且在 (u,v)- 平面上的广义辐角满足

$$n\pi\leqslant\theta_i(T)-\theta_i(0)\leqslant(n+1)\pi,\qquad i=1,2. \tag{4.2.14}$$

证明 设 $(u(t),v(t))$ 是式 (4.2.2) 中的方程组满足第一个边界条件 $au(0)+b\Phi_q(v(0))=0$ 的解. 对 $t\in[0,T]$，由引理 4.2.1，当 $r(0)\to 0(\infty)$ 时，$r(t)\to 0(\infty)$ 一致成立. 不妨设式 (4.2.12) 成立，由式 (4.2.5) 得 $r(0)\to 0$ 时

$$\begin{aligned}\theta'&\leqslant p^{\frac{1}{q}}q^{\frac{1}{p}}|\cos\theta|^{\frac{p-2}{p}}|\sin\theta|^{\frac{q-2}{q}}\left(\frac{l_2}{p}|u|^p+\frac{1}{q}|v|^q\right)\frac{1}{r^2}\\&=p^{\frac{1}{q}}q^{\frac{1}{p}}|\cos\theta|^{\frac{p-2}{p}}|\sin\theta|^{\frac{q-2}{q}}\left(\frac{l_2}{2}\cos^2\theta+\frac{1}{2}\sin^2\theta\right).\end{aligned}$$

于是

$$\begin{aligned}\int_{\varphi_0(1)}^{\varphi_1(1)+n\pi}\frac{\mathrm{d}\theta}{\theta'}&=\int_{\varphi_0(1)}^{\varphi_1(1)}\frac{\mathrm{d}\theta}{\theta'}+\int_{\varphi_1(1)}^{\varphi_1(1)+n\pi}\frac{\mathrm{d}\theta}{\theta'}\\&\geqslant\frac{2}{p^{\frac{1}{q}}q^{\frac{1}{p}}}\left[\int_{\varphi_0(1)}^{\varphi_1(1)}+\int_{\varphi_1(1)}^{\varphi_1(1)+n\pi}\frac{\mathrm{d}\theta}{(l_2\cos^2\theta+\sin^2\theta)|\cos\theta|^{\frac{p-2}{p}}|\sin\theta|^{\frac{q-2}{q}}}\right].\end{aligned}$$

令 $w=\arctan\left(\dfrac{1}{\sqrt{l_2}}\tan\theta\right)$，则

$$\begin{aligned}&\int_{\varphi_0(1)}^{\varphi_1(1)}\frac{\mathrm{d}\theta}{(l_2\cos^2\theta+\sin^2\theta)|\cos\theta|^{\frac{p-2}{p}}|\sin\theta|^{\frac{q-2}{q}}}\\=&\frac{1}{l_2^{\frac{1}{p}}}\int_{\varphi_0(l_2)}^{\varphi_1(l_2)}\frac{\mathrm{d}\omega}{|\sin\omega|^{\frac{q-2}{q}}|\cos\omega|^{\frac{p-2}{p}}}=\frac{1}{l_2^{\frac{1}{p}}}\eta(l_2),\end{aligned}$$

$$
\begin{aligned}
&\int_{\varphi_1(1)}^{\varphi_1(1)+n\pi} \frac{\mathrm{d}\theta}{(l_2\cos^2\theta+\sin^2\theta)|\cos\theta|^{\frac{p-2}{p}}|\sin\theta|^{\frac{q-2}{q}}}\\
=&2n\int_0^{\frac{\pi}{2}} \frac{\mathrm{d}\theta}{(l_2\cos^2\theta+\sin^2\theta)|\cos\theta|^{\frac{p-2}{p}}|\sin\theta|^{\frac{q-2}{q}}}\\
=&\frac{2n}{l_2^{\frac{1}{2}}}\int_0^{\frac{\pi}{2}} \frac{\mathrm{d}\omega}{l_2^{\frac{1}{p}-\frac{1}{2}}(\tan\omega)^{\frac{2}{p}-1}}\\
=&\frac{2n}{l_2^{\frac{1}{p}}}\int_0^{\frac{\pi}{2}} \frac{\mathrm{d}\omega}{|\sin\omega|^{\frac{2}{p}-1}|\cos\omega|^{1-\frac{2}{p}}}\\
=&\frac{n}{l_2^{\frac{1}{p}}}B\left(\frac{1}{p},\frac{1}{q}\right),
\end{aligned}
$$

故

$$
\int_{\varphi_0(1)}^{\varphi_1(1)+n\pi}\frac{\mathrm{d}\theta}{\theta'}\geqslant\frac{2}{l_2^{\frac{1}{p}}p^{\frac{1}{q}}q^{\frac{1}{p}}}\left[\eta(l_2)+nB\left(\frac{1}{p},\frac{1}{q}\right)\right]>T,
$$

$$
\int_{\varphi_0(1)+\pi}^{\varphi_1(1)+(n+1)\pi}\frac{\mathrm{d}\theta}{\theta'}>T.
$$

当 $r(0)\to\infty$ 时，类似可证

$$
\int_{\varphi_0(1)}^{\varphi_1(1)+n\pi}\frac{\mathrm{d}\theta}{\theta'}<T,\qquad \int_{\varphi_0(1)+\pi}^{\varphi_1(1)+(n+1)\pi}\frac{\mathrm{d}\theta}{\theta'}<T.
$$

因此取定 $\theta(0)=\varphi_0(1)(\theta(0)=\varphi_0(1)+\pi), r_1(r_2)\in(0,\infty)$, 使 $r(0)=r_1(r(0)=r_2)$ 时，由式 (4.2.2) 中微分系统及第一个边界条件确定的解 $(u_1(t),v_1(t))$ $((u_2(t),v_2(t)))$ 满足

$$
\int_{\varphi_0(1)}^{\varphi_1(1)+n\pi}\frac{\mathrm{d}\theta_1}{\theta_1'}=T,\qquad \int_{\varphi_0(1)+\pi}^{\varphi_1(1)+(n+1)\pi}\frac{\mathrm{d}\theta_2}{\theta_2'}=T,
$$

其中 $(r_i(t),\theta_i(t))$ 是 $(u_i(t),v_i(t))$ 在广义极坐标系下的相应表达式，$i=1,2$.

由于 $-\dfrac{\pi}{2}\leqslant\varphi_0(1)\leqslant 0$, $0\leqslant\varphi_1(1)\leqslant\dfrac{\pi}{2}$, 故

$$
n\pi\leqslant\theta_i(T)-\theta_i(0)\leqslant(n+1)\pi,\qquad i=1,2.
$$

推论 4.2.1　设 (H_1) 成立，如果存在两个整数 $m,n\geqslant 0$, 使

$$
\frac{l_2^{\frac{1}{p}}}{nB\left(\frac{1}{p},\frac{1}{q}\right)+\eta(l_2)}<\frac{2}{p^{\frac{1}{q}}q^{\frac{1}{p}}T}<\frac{L_1^{\frac{1}{p}}}{(n+m)B\left(\frac{1}{p},\frac{1}{q}\right)+\eta(L_1)}
$$

或

$$\frac{L_2^{\frac{1}{p}}}{nB\left(\frac{1}{p},\frac{1}{q}\right)+\eta(L_2)}<\frac{2}{p^{\frac{1}{q}}q^{\frac{1}{p}}T}<\frac{l_1^{\frac{1}{p}}}{(n+m)B\left(\frac{1}{p},\frac{1}{q}\right)+\eta(l_1)},$$

则 BVP(4.2.1) 至少有 $2(m+1)$ 个解 $u_{1,k}(t),u_{2,k}(t),k=n,\cdots,n+m$, 且

$$k\pi\leqslant\theta_{i,k}(T)-\theta_{i,k}(0)\leqslant(k+1)\pi,\qquad i=1,2.$$

证明 为证结论，只需注意到

$$\begin{aligned}\frac{l_2^{\frac{1}{p}}}{kB\left(\frac{1}{p},\frac{1}{q}\right)+\eta(l_2)}&\leqslant\frac{l_2^{\frac{1}{p}}}{nB\left(\frac{1}{p},\frac{1}{q}\right)+\eta(l_2)}\\&<\frac{L_1^{\frac{1}{p}}}{(n+m)B\left(\frac{1}{p},\frac{1}{q}\right)+\eta(L_1)}\\&\leqslant\frac{L_1^{\frac{1}{p}}}{kB\left(\frac{1}{p},\frac{1}{q}\right)+\eta(L_1)}\end{aligned}$$

及

$$\begin{aligned}\frac{L_2^{\frac{1}{p}}}{kB\left(\frac{1}{p},\frac{1}{q}\right)+\eta(L_2)}&\leqslant\frac{L_2^{\frac{1}{p}}}{nB\left(\frac{1}{p},\frac{1}{q}\right)+\eta(L_2)}\\&<\frac{L_2^{\frac{1}{p}}}{(n+m)B\left(\frac{1}{p},\frac{1}{q}\right)+\eta(l_1)}\\&\leqslant\frac{l_1^{\frac{1}{p}}}{kB\left(\frac{1}{p},\frac{1}{q}\right)+\eta(l_1)}\end{aligned}$$

对 $k=n,n+1,\cdots,n+m$ 成立，即可由定理 4.2.1 导出.

同时，注意到 $\forall l>0$，有

$$0\leqslant\eta(l)<B\left(\frac{1}{p},\frac{1}{q}\right),$$

可以很容易导出如下推论.

推论 4.2.2 设条件 (H_1) 成立，且存在 $m,n\geqslant 0$, 使

$$\frac{l_2^{\frac{1}{p}}}{nB\left(\frac{1}{p},\frac{1}{q}\right)} \leqslant \frac{2}{p^{\frac{1}{q}}q^{\frac{1}{p}}T} < \frac{L_1^{\frac{1}{p}}}{(n+m+1)B\left(\frac{1}{p},\frac{1}{q}\right)}$$

或

$$\frac{L_2^{\frac{1}{p}}}{nB\left(\frac{1}{p},\frac{1}{q}\right)} \leqslant \frac{2}{p^{\frac{1}{q}}q^{\frac{1}{p}}T} < \frac{l_1^{\frac{1}{p}}}{(n+m+1)B\left(\frac{1}{p},\frac{1}{q}\right)},$$

则 BVP(4.2.1) 至少有 $2(m+1)$ 个解 $u_{1,k}(t), u_{2,k}(t), k=n,\cdots,n+m$,

$$k\pi \leqslant \theta_{i,k}(T)-\theta_{i,k}(0) \leqslant (k+1)\pi, \qquad i=1,2.$$

注 4.2.1　推论 4.2.2 的条件比推论 4.2.1 强，但便于检验.

注 4.2.2　$B\left(\frac{1}{p},\frac{1}{q}\right)=\frac{\pi}{\sin\frac{\pi}{p}}=\frac{\pi}{\sin\frac{\pi}{q}}\ \left(\frac{1}{p}+\frac{1}{q}=1\right).$

4.2.2　线性非齐次边界条件

设边值问题为

$$\begin{cases} (\Phi(u'))'+g(u)=p(t,u,u'), \\ au(0)-bu'(0)=A, \qquad cu(T)+du'(T)=B, \end{cases} \tag{4.2.15}$$

其中 $a,b,c,d\geqslant 0$，$a^2+b^2, c^2+d^2>0$，$A,B\in\mathbf{R}$ 为常数.

假定 (H_2) $\Phi, g\in C(\mathbf{R},\mathbf{R}), p\in C([0,T]\times\mathbf{R}^2,\mathbf{R})$, Φ 严格单增，存在 $p>1, M\geqslant 0, l_2\geqslant l_1>0$，使

$$-M+l_1|y|^{p-1}\leqslant|\Phi(y)|\leqslant M+l_2|y|^{p-1}, \tag{4.2.16}$$

$$\lim_{|x|\to\infty}\frac{g(x)}{\Phi(x)}=+\infty, \tag{4.2.17}$$

其中满足式 (4.2.16) 的连续单增函数我们称之为 p-Laplace 型算子，当 $|\Phi(y)|=|y|^{p-1}$ 时，$\Phi(y)=\Phi_p(y)$，就是 p-Laplace 算子.

当 $\Phi(y)=|y|^{p-2}y$，且边界条件为较特殊的情况时，A. Capietto 等做过一系列研究 [3,4]. 这里我们准备在十分广泛的情况下由超线性 (即条件 (4.2.17)) 给出边值问题无穷多解的存在性.

令 $v=\Phi(u')$，则 BVP(4.2.15) 等价于微分系统边值问题

$$\begin{cases} u'=\Phi^{-1}(v), \qquad v'=-g(u)+p(t,u,\Phi^{-1}(v)), \\ au(0)-b\Phi^{-1}(v(0))=A, \qquad cu(T)+d\Phi^{-1}v(T)=B, \end{cases} \tag{4.2.18}$$

由式 (4.2.16) 导出：存在 $M_1 = M_1(M) > 0$，使

$$-M_1 + L_1|v|^{q-1} \leqslant \Phi^{-1}(v)\mathrm{sgn}(v) \leqslant M_1 + L_2|v|^{q-1}, \tag{4.2.19}$$

其中 $L_1 = \left(\dfrac{1}{2l_2}\right)^q, L_2 = \left(\dfrac{1}{l_1}\right)^q, q > 1$ 满足 $\dfrac{1}{p} + \dfrac{1}{q} = 1$. 记 $\Phi(v) = \displaystyle\int_0^v \Phi^{-1}(s)\mathrm{d}s$, 则由式 (4.2.19) 可得

$$-M_1|v| + \frac{L_1}{q}|v|^q \leqslant \Phi(v) \leqslant M_1|v| + \frac{L_2}{q}|v|^q. \tag{4.2.20}$$

因此，存在 $R_0 > 0$ 使

$$\frac{L_1}{2}|v|^{q-1} \leqslant \Phi^{-1}(v)\mathrm{sgn}(v) \leqslant 2L_2|v|^{q-1}, \qquad |v| \geqslant R_0, \tag{4.2.21}$$

$$\frac{l_1}{2}|y|^{p-1} \leqslant \Phi(y)\mathrm{sgn}(y) \leqslant 2l_2|y|^{p-1}, \qquad |y| \geqslant R_0. \tag{4.2.22}$$

同时，令 $G(u) = \displaystyle\int_0^u g(s)\mathrm{d}s$，则由假设 (H_2) 可得对任意 $k > 0$，存在 $R_0 > 0$，使 $|u| \geqslant R_0$ 时，有

$$g(u)\mathrm{sgn}(u) > k^2|u|^{p-1}, \qquad G(u) > \frac{1}{p}k^2|u|^p. \tag{4.2.23}$$

取 $\beta > p$，令 $h(v) = L_2|v|^{q-2}v, f(u) = |u|^{\beta-2}u$，对 $\lambda \in [0,1]$, 定义

$$h(v,\lambda)(t) = (1-\lambda)h(v)(t) + \lambda\Phi^{-1}(v)(t),$$

$$f(u,\lambda)(t) = (1-\lambda)f(u)(t) + \lambda g(u)(t),$$

显然 $h(v,0) = h(v), f(u,0) = f(u)$, 于是式 (4.2.20) 中的微分方程组可嵌入到微分方程族

$$u' = h(v,\lambda), \qquad v' = -f(u,\lambda) + \lambda p(t,u,\Phi^{-1}(v)) \tag{4.2.24}$$

中，对式 (4.2.22) 加上含参数 $\lambda \in [0,1]$ 的边界条件

$$U_1(u,v,\lambda) = U_2(u,v,\lambda) = 0, \tag{4.2.25}$$

其中

$$U_1(u,v,\lambda) = \begin{cases} \lambda(au(0) - A) - b\Phi^{-1}(v(0)), & b \neq 0, \\ au(0) - \lambda A, & b = 0, \end{cases}$$

$$U_2(u,v,\lambda) = \begin{cases} \lambda(cu(T) - B) + d\Phi^{-1}(v(T)), & d \neq 0, \\ cu(T) - \lambda B, & d = 0. \end{cases}$$

在 (u,v)- 平面上采用广义极坐标系

$$\begin{cases} u=\left(\frac{p}{2}\right)^{\frac{1}{p}} r^{\frac{2}{p}}|\cos\theta|^{\frac{2}{p}-1}\cos\theta, \\ v=\left(\frac{q}{2}\right)^{\frac{1}{q}} r^{\frac{2}{q}}|\sin\theta|^{\frac{2}{q}-1}\sin\theta, \end{cases}$$

即令

$$\begin{cases} r^2=\frac{2}{p}|u|^p+\frac{2}{q}|v|^q, \\ \tan\theta=\sqrt{\frac{p}{q}}\frac{|v|^{\frac{q}{2}-1}v}{|u|^{\frac{p}{2}-1}u}, \qquad u\neq 0. \end{cases}$$

$b\neq 0$ 时，边界条件 $U_1(u,v,\lambda)=0$ 等价于

$$\lambda a\left(\frac{p}{2}\right)^{\frac{1}{p}} r^{\frac{2}{p}}(0)|\cos\theta|^{\frac{2}{p}-1}\cos\theta-b\Phi^{-1}\left(\left(\frac{q}{2}\right)^{\frac{1}{q}} r^{\frac{2}{q}}(0)|\sin\theta|^{\frac{2}{q}-1}\sin\theta\right)=\lambda A,$$

其中 $\theta=\theta(0)$. 两边同除以 $r^{\frac{2}{p}}(0)$, 并令 $r(0)\to\infty$ 得

$$\lambda a\left(\frac{p}{2}\right)^{\frac{1}{p}}|\cos\theta|^{\frac{2}{p}-1}\cos\theta-b\lim_{r(0)\to\infty} r^{-\frac{2}{p}}(0)\Phi^{-1}\left(\left(\frac{q}{2}\right)^{\frac{1}{q}} r^{\frac{2}{q}}(0)|\sin\theta|^{\frac{2}{q}-1}\sin\theta\right)=0. \tag{4.2.26}$$

当 $\lambda a=0$ 时得 $\sin\theta(0)\to 0$，当 $\lambda a\neq 0$ 时，由 $\sin\theta\neq 0$，$\left(\frac{q}{2}\right)^{\frac{1}{q}} r^{\frac{2}{q}}(0)|\sin\theta|^{\frac{2}{q}}\to\infty$ 及式 (4.2.21) 知 $r(0)$ 充分大时

$$\frac{1}{2}L_1\left(\frac{q}{2}\right)^{\frac{1}{p}}|\sin\theta|^{\frac{2}{p}}\leqslant r^{-\frac{2}{p}}(0)\Phi^{-1}\left(\left(\frac{q}{2}\right)^{\frac{1}{q}} r^{\frac{2}{q}}(0)|\sin\theta|^{\frac{2}{q}}\right)\leqslant 2L_2\left(\frac{q}{2}\right)^{\frac{1}{p}}|\sin\theta|^{\frac{2}{p}}.$$

由式 (4.2.26) 知 $\sin\theta(0)\cos\theta(0)>0$，于是当 $\cos\theta(0)>0$ 时有

$$\lambda a\left(\frac{p}{2}\right)^{\frac{1}{p}}|\cos\theta|^{\frac{2}{p}-1}\cos\theta-2bL_2\left(\frac{q}{2}\right)^{\frac{1}{p}}|\sin\theta|^{\frac{2}{p}-1}\sin\theta\leqslant 0,$$

$$\lambda a\left(\frac{p}{2}\right)^{\frac{1}{p}}|\cos\theta|^{\frac{2}{p}-1}\cos\theta-\frac{1}{2}bL_1\left(\frac{q}{2}\right)^{\frac{1}{p}}|\sin\theta|^{\frac{2}{p}-1}\sin\theta\geqslant 0,$$

而当 $\cos\theta(0)<0$ 时有

$$\lambda a\left(\frac{p}{2}\right)^{\frac{1}{p}}|\cos\theta|^{\frac{2}{p}-1}\cos\theta-2bL_2\left(\frac{q}{2}\right)^{\frac{1}{p}}|\sin\theta|^{\frac{2}{p}-1}\sin\theta\geqslant 0,$$

$$\lambda a\left(\frac{p}{2}\right)^{\frac{1}{p}}|\cos\theta|^{\frac{2}{p}-1}\cos\theta-\frac{1}{2}bL_1\left(\frac{q}{2}\right)^{\frac{1}{p}}|\sin\theta|^{\frac{2}{p}-1}\sin\theta\leqslant 0,$$

两种情况下都有

$$0\leqslant\left(\frac{\lambda a}{2bL_2}\right)\sqrt{\frac{p}{q}}\leqslant\tan\theta(0)\leqslant\left(\frac{2\lambda a}{bL_1}\right)^{\frac{p}{2}}\sqrt{\frac{p}{q}}\leqslant\tan\theta(0)\leqslant\left(\frac{2a}{bL_1}\right)^{\frac{p}{2}}\sqrt{\frac{p}{q}}.$$

$b=0$ 时，边界条件 $U_1(u,v,\lambda)=0$ 等价于

$$a\left(\frac{p}{2}\right)^{\frac{1}{p}} r^{\frac{2}{p}}(0)|\cos\theta|^{\frac{2}{p}-1}\cos\theta=\lambda A,$$

两边同除以 $r^{\frac{2}{p}}(0)$，再令 $r(0)\to\infty$，则 $\cos\theta(0)=0$.

综上可知，对 BVP (4.2.24)，(4.2.25) 的解 $(u(t),v(t))$，存在 $R_1>R_0$，当 $r(0)>R_1$ 时，可使

$$-\frac{\pi}{4}<\theta(0)<\frac{3}{4}\pi \quad \left(\frac{5\pi}{4}<\theta(0)<\frac{7}{4}\pi\right), \qquad 当 b=0,$$

$$-\frac{\pi}{2}\sigma_1<\theta(0)<\frac{\pi}{2}(1-\sigma_1) \quad \left(\frac{\pi}{2}(2-\sigma_1)<\theta(0)<\frac{\pi}{2}(3-\sigma_1)\right), \qquad 当 b>0,$$

其中 $\sigma_1=\frac{1}{2}\left[1-\frac{2}{\pi}\arctan\left(\frac{2a}{bL_1}\right)^{\frac{p}{2}}\sqrt{\frac{p}{q}}\right]$，当 $a>0$; $\sigma_1=\frac{1}{2}$，当 $a=0$. 同样由 $U_2(u,v,\lambda)=0$ 可得，对 BVP (4.2.24)，(4.2.25) 的解 $(u(t),v(t))$，存在 $R_2>R_0$，当 $r(T)>R_2$ 时，

$$-m\pi-\frac{3}{4}\pi<\theta(T)<-m\pi-\frac{\pi}{4}, \qquad 当 d=0,$$

$$-m\pi-\frac{\pi}{2}(1-\sigma_2)<\theta(T)<-m\pi+\frac{\pi}{2}\sigma_2, \qquad 当 d>0,$$

其中 $m\geqslant 0$，$\sigma_2=\frac{1}{2}\left[1-\frac{2}{\pi}\arctan\left(\frac{2c}{dL_1}\right)^{\frac{p}{2}}\sqrt{\frac{p}{q}}\right]$，当 $c>0;\sigma_2=\frac{1}{2}$，当 $c=0$.

因此，对 BVP (4.2.24)，(4.2.25) 的解 $(u(t),v(t))$, 当 $r(0)>R_1$, $r(T)>R_2$ 时，有

(i) $b=d=0$ 时，

$$-m\pi-\frac{3}{2}\pi<\theta(T)-\theta(0)<-m\pi; \tag{4.2.27}$$

(ii) $b=0,d>0$ 时，

$$-m\pi-\frac{\pi}{4}(5-2\sigma_2)<\theta(T)-\theta(0)<-m\pi+\frac{\pi}{2}\left(\sigma_2+\frac{1}{2}\right); \tag{4.2.28}$$

(iii) $b>0,d=0$ 时，

$$-m\pi-\frac{\pi}{4}(5-2\sigma_1)<\theta(T)-\theta(0)<-m\pi-\frac{\pi}{4}(1-2\sigma_1); \tag{4.2.29}$$

(iv) $b,d>0$ 时，

$$-m\pi-\frac{\pi}{2}(2-\sigma_1-\sigma_2)<\theta(T)-\theta(0)<-m\pi+\frac{\pi}{2}(\sigma_1+\sigma_2). \tag{4.2.30}$$

易知 $0<\sigma_1,\sigma_2\leqslant\dfrac{1}{2}$. 设 $K,E>0$，使

$$|p(t,x,y)|\leqslant K(|x|^{p-1}+|y|^{p-1}+E). \tag{4.2.31}$$

引理 4.2.2[1]　设条件 (H_2) 和式 (4.2.31) 成立，$(u(t),v(t))$ 是 BVP (4.2.24), (4.2.25) 的解，$(u(t_0),v(t_0))=(u_0,v_0),t_0\in[0,T]$，在广义极坐标系中 $r(t_0)=r_0$, 则对 $\lambda\in[0,1],t\in[0,T]$，$r(t)$ 一致有界，且当 $r_0\to\infty$ 时，$r(t)$ 一致趋于 ∞.

证明　令

$$V(t,\lambda)=(1-\lambda)H(v(t))+\lambda\psi(v(t))+(1-\lambda)F(u(t))+\lambda G(u(t))+V_0,$$

其中 $G(u)=\displaystyle\int_0^u g(s)\mathrm{d}s,V_0>0$ 是选取的适当正数，

$$H(v)=\int_0^v h(s)\mathrm{d}s,\qquad \Psi(v)=\int_0^v \Phi^{-1}(s)\mathrm{d}s,\qquad F(u)=\int_0^u f(s)\mathrm{d}s.$$

显然，存在 $M_2>0$, 使 $g(u)\mathrm{sgn}u,f(u)\mathrm{sgn}u\geqslant|u|^{p-1}-M_2$, 结合 $h(v)$ 的定义及式 (4.2.19)，我们有

$$(1-\lambda)H(v)+\lambda\Psi(v)\geqslant\frac{L_1}{2q}|v|^q-M_1|v|,$$

$$(1-\lambda)F(u)+\lambda G(u)\geqslant\frac{2}{p}|u|^p-M_2|u|,$$

于是

$$\begin{aligned}V(t,\lambda)\geqslant&\frac{2}{p}|u|^p+\frac{L_1}{2q}|v|^q-M_2|u|-M_1|v|+V_0\\ \geqslant&\frac{2}{p}|u|^p+\frac{L_1}{2q}|v|^q-\frac{1}{p}|u|^p-\frac{1}{q}M_2^q-\frac{L_1}{4q}|v|^q-\frac{L_1}{4p}\left(\frac{4M_1}{L_1}\right)^p+V_0\\ =&\frac{1}{p}|u|^p+\frac{L_1}{4q}|v|^q+V_1,\end{aligned} \tag{4.2.32}$$

其中取 $V_0>0$ 使

$$V_1=V_0-\frac{1}{q}M_2^q-\frac{L_1}{4p}\left(\frac{4M_1}{L_1}\right)^p>0,$$

这时

$$\begin{aligned}\left|\frac{\mathrm{d}V(t,\lambda)}{\mathrm{d}t}\right|=&|(1-\lambda)h(v)+\lambda\Phi^{-1}(v)||p(t,u,\Phi^{-1}(v))|\\ \leqslant&K(L_2|v|^{q-1}+M_1)(|u|^{p-1}+|\Phi^{-1}(v)|^{p-1}+E)\\ \leqslant&K(L_2|v|^{q-1}+M_1)(|u|^{p-1}+(L_2|v|^{q-1}+M_1)^{p-1}+E)\\ \leqslant&K(L_2|v|^{q-1}+M_1)(|u|^{p-1}+2^{p-1}L_2^{p-1}|v|+2^{p-1}M_1^{p-1}+E)\end{aligned}$$

$$
\begin{aligned}
&\leqslant K\Big[L_2|u|^{p-1}|v|^{q-1}+2^{p-1}L_2^p|v|^q+M_1|u|^{p-1}+2^{p-1}M_1L_2^{p-1}|v| \\
&\quad +L_2\left(2^{p-1}M_1^{p-1}+E\right)|v|^{q-1}+M_1\left(2^{p-1}M_1^{p-1}+E\right)\Big] \\
&\leqslant K\left[\frac{L_2}{q}|u|^p+\frac{L_2}{p}|v|^q+2^{p-1}L_2^p|v|^q+\frac{M_1}{q}|u|^p+\frac{M_1}{p}\right. \\
&\quad +\frac{2^{p-1}L_2^{p-1}M_1}{q}|v|^q+\frac{2^{p-1}L_2^{p-1}M_1}{q}+\frac{\left(2^{p-1}M_1^{p-1}+E\right)L_2}{p}|v|^q \\
&\quad \left.+\frac{\left(2^{p-1}M_1^{p-1}+E\right)L_2}{p}+M_1\left(2^{p-1}M_1^{p-1}+E\right)\right] \\
&=K\left(L_3|u|^p+L_4|v|^q+V_2\right),
\end{aligned}
$$

其中

$$
L_3=\frac{L_2}{q}+\frac{M_1}{q},\qquad L_4=\frac{L_2}{p}+2^{p-1}L_2^p+\frac{1}{q}2^{p-1}L_2^{p-2}M_1+\frac{L_2}{p}\left(2^{p-1}M_1^{p-1}+E\right),
$$

$$
V_2=\frac{M_1}{p}(1+2^{p-1}L_2^{p-1})+\frac{L_2}{p}\left(2^{p-1}M_1^{p-1}+E\right)+M_1\left(2^{p-1}M_1^{p-1}+E\right),
$$

记 $N=K\max\left\{pL_3,\dfrac{4qL_4}{L_1},\dfrac{V_2}{V_1}\right\}$, 则

$$
\left|\frac{\mathrm{d}V(t,\lambda)}{\mathrm{d}t}\right|\leqslant N\left(\frac{1}{p}|u|^p+\frac{L_1}{4q}|v|^q+V_1\right)\leqslant NV(t,\lambda),
$$

因而 $t\in[0,T]$ 时,

$$
V(t_0,\lambda)\mathrm{e}^{-NT}\leqslant V(t_0,\lambda)\mathrm{e}^{-N|t-t_0|}\leqslant V(t,\lambda)\leqslant V(t_0,\lambda)\mathrm{e}^{N|t-t_0|}\leqslant V(t_0,\lambda)\mathrm{e}^{NT},
$$

记

$$
V_{\mathrm{m}}=\frac{1}{p}|u_0|^p+\frac{L_1}{4q}|v_0|^q+V_1,\qquad V_{\mathrm{M}}=H(v_0)+\Psi(v_0)+F(u_0)+G(u_0)+V_0,
$$

则 $V_{\mathrm{m}}\leqslant V(t_0,\lambda)\leqslant V_{\mathrm{M}}$，于是有

$$
V_{\mathrm{m}}\mathrm{e}^{-NT}\leqslant V(t,\lambda)\leqslant V_{\mathrm{M}}\mathrm{e}^{NT},
$$

记 $\eta=\min\left\{1,\dfrac{L_1}{4}\right\}$, 则由式 (4.2.32) 得

$$
2\eta r^2(t)+V_1=\frac{\eta}{p}|u|^p+\frac{\eta}{q}|v|^q+V_1\leqslant V(t,\lambda)\leqslant V_{\mathrm{M}}\mathrm{e}^{NT},
$$

$r(t)$ 在 $\lambda\in[0,1],t\in[0,T]$ 时的一致有界性得证.

另一方面，$r_0 \to \infty$ 时，$V_{\rm m} \to \infty$, 因此 $V(t,\lambda)$ 一致趋于 ∞. 由 $V(t,\lambda)$ 的定义可得

$$V(t,\lambda) \leqslant \frac{2L_2}{q}|v|^q + \frac{1}{\beta}|u|^\beta + G(u) + M_2|u| + M_1|v|,$$

于是 $r_0 \to \infty$ 时，$r(t)$ 一致趋于 ∞.

引理 4.2.3[1] 设条件 (H_2) 和式 (4.2.31) 成立，$(u(t),v(t))$ 是 BVP (4.2.24), (4.2.25) 的解, 存在 $R_3 > R_1$ 使广义半径 $r(0) \geqslant R_3$ 时有

$$\frac{\mathrm{d}\theta(t)}{\mathrm{d}t} \leqslant 0, \qquad t \in [0,T],$$

其中 R_3 与 $[0,1]$ 中 λ 的取值无关.

证明 记 $\varDelta = L_1\left(\dfrac{2^{p+1}L_2^{p-1}K}{pL_1}\right)^p$，由条件 (H_2)、式 (4.2.31)，对 $\forall k > \max\{2^pL_2^{p-1}K, 4K, \varDelta\}$, 存在 $M_1, M_2 > 0$，使

$$uf(u,\lambda) \geqslant 2k|u|^{\alpha+1} - M_2|u|, \qquad vh(v,\lambda) \geqslant L_1|v|^q - M_1|v|,$$

因此

$$\begin{aligned}
\frac{\mathrm{d}\theta(t)}{\mathrm{d}t} \leqslant & -\frac{p|u|^{\frac{p}{2}-1}|v|^{\frac{q}{2}-1}\left[uf(u,\lambda) + \dfrac{p}{q}vh(v,\lambda) - \lambda|u||p(t,u,\varPhi^{-1}(v))|\right]}{2\sqrt{\dfrac{p}{q}}\left(|u|^p + \dfrac{p}{q}|v|^q\right)} \\
\leqslant & -\frac{|u|^{\frac{p}{2}-1}|v|^{\frac{q}{2}-1}}{\sqrt{\dfrac{p}{q}}r^2(t)}\Big[2k|u|^{\alpha+1} + \frac{p}{q}L_1|v|^q - \frac{M_1}{q}|v| - M_2|u| \\
& -K\left(|u|^{p-1} + |\varPhi^{-1}(v)|^{p-1} + E\right)|u|\Big] \\
\leqslant & -\frac{\sqrt{q}|u|^{\frac{p}{2}-1}|v|^{\frac{q}{2}-1}}{\sqrt{p}r^2(t)}\left[2k|u|^{\alpha+1} + \frac{p}{q}L_1|v|^q - \frac{K}{4}|u|^p - \frac{Kp}{4q}\left(\frac{4M_2}{pK}\right)^q\right. \\
& \left. -\frac{L_1p}{4q}|v|^q - \frac{L_1}{4}\left(\frac{4M_1}{Lp}\right)^p - K|u|^p - K2^{p-1}L_2^{p-1}|u||v| - \left(2^{p-1}M_1^{p-1} + E\right)K|u|\right] \\
\leqslant & -\frac{\sqrt{q}|u|^{\frac{p}{2}-1}|v|^{\frac{q}{2}-1}}{\sqrt{p}r^2(t)}\left[\frac{27}{16}k|u|^p + \frac{3pL_1}{4q}|v|^q - \frac{Kp}{4q}\left(\frac{4M_2}{Kp}\right)^q - \frac{L_1}{4}\left(\frac{4M_1}{L_1p}\right)^p\right. \\
& \left. -\frac{L_1p}{4q}|v|^q - \frac{L_1}{4}\left(\frac{2^{p+1}L_2^{p-1}K}{pL_1}\right)^p|u|^p - \frac{k}{4}|u|^p - \frac{kp}{4q}\left(\frac{4(2^{p-1}M_1^{p-1} + E)K}{kp}\right)^q\right] \\
\leqslant & -\frac{\sqrt{q}|u|^{\frac{p}{2}-1}|v|^{\frac{q}{2}-1}}{\sqrt{p}r^2(t)}\left(\frac{19}{16}k|u|^p + \frac{pL_1}{2q}|v|^q - M_3\right) \\
\leqslant & -\frac{\sqrt{q}|u|^{\frac{p}{2}-1}|v|^{\frac{q}{2}-1}}{\sqrt{p}r^2(t)}\left(k|u|^p + \frac{pL_1}{2q}|v|^q - M_3\right),
\end{aligned} \tag{4.2.33}$$

其中

$$M_3 = \frac{Kp}{4q}\left(\frac{4M_2}{Kp}\right)^q + \frac{L_1}{4}\left(\frac{4M_1}{L_1 p}\right)^p + \frac{kp}{4q}\left[\frac{4(2^{p-1}M_1^{p-1}+E)K}{kp}\right]^q.$$

由引理 4.2.2 知，存在 $R_3 > R_1 > 0$，使 $r(0) > R_3$ 时，

$$\begin{aligned} k|u(t)|^p + \frac{pL_1}{2q}|v(t)|^q &\geqslant p\min\left\{k, \frac{L_1}{2}\right\}\left(\frac{1}{p}|u(t)|^p + \frac{1}{q}|v(t)|^q\right) \\ &\geqslant \frac{p}{2}\min\left\{k, \frac{L_1}{2}\right\} r^2(t) > 2M_3, \end{aligned} \tag{4.2.34}$$

从而 $\frac{\mathrm{d}\theta}{\mathrm{d}t} \leqslant 0$ 成立.

同样由引理 4.2.2，可设 $r(0) > R_3$ 时

$$r(t) > 1, \qquad t \in [0, T]. \tag{4.2.35}$$

记 $\delta(r) = 1/\max\{1, r^2\}, \forall (u, v) \in C([0, T], \mathbf{R}^2)$，由

$$\varphi(u, v, \lambda) = \frac{\sqrt{pq}}{\pi}\left|\int_0^T \frac{|u(t)|^{\frac{p}{2}-1}|v(t)|^{\frac{q}{2}-1}\left[\frac{1}{p}u(t)f(u(t),\lambda) + \frac{1}{q}v(t)h(v(t),\lambda) - \frac{\lambda}{p}p(t, u(t), \varPhi^{-1}(v(t)))\right]}{\delta(r(t))}\mathrm{d}t\right|$$

定义实泛函 $\varphi : C([0, T], \mathbf{R}^2) \times [0, 1] \to \mathbf{R}^+$，并记

$$\Sigma = \left\{(u, v, \lambda) \in C([0, T], \mathbf{R}^2) \times [0, 1] : (u, v)\text{是 BVP(4.2.24)，(4.2.25) 的解}\right\},$$

$$\Sigma_\lambda = \left\{(u, v, \lambda) \in C([0, T], R^2) : (u, v, \lambda) \in \Sigma\right\}.$$

引理 4.2.4[1] $\forall q > 0, \lambda \in [0, 1], \{(u, v, \lambda) \in \Sigma : \varphi(u, v, \lambda) \leqslant q\}$ 为有界集.

证明 设不然，对引理 4.2.3 中给出的 R_3，存在 $\lambda \in [0, 1]$, 及 BVP (4.2.24), (4.2.25) 的解 $(u(t), v(t))$，有 $t_0 \in [0, T]$, 使广义半径 $r(t_0) > R_3$，从而 $r(t) > 1, t \in [0, T]$，且

$$\delta(r(t)) = \frac{1}{r^2(t)}.$$

由此得

$$\begin{aligned} \varphi(u, v, \lambda) &= \frac{1}{\pi}\left|\int_0^T \left[\arctan\left(\sqrt{\frac{p}{q}}\frac{|v|^{\frac{q}{2}-1}}{|u|^{\frac{p}{2}-1}}\right)\right]'\mathrm{d}t\right| \\ &= \frac{1}{\pi}\left|\int_0^T \theta'(t)\mathrm{d}t\right| = \frac{1}{\pi}|\theta(T) - \theta(0)| \leqslant q, \end{aligned}$$

因而 $|\theta(T)-\theta(0)|\leqslant q\pi$. 不失一般性，设 $q\geqslant[q]=n>0$. 取

$$k>\left(\frac{4(n+1)}{T}\right)^{p}\left(\frac{2}{L_1}\right)^{\frac{p}{q}}\left(\frac{p}{q}\right)^{2-p}B^{p}\left(\frac{1}{p},\frac{1}{q}\right),$$

由式 (4.2.33)，式 (4.2.34) 得

$$\begin{aligned}\frac{\mathrm{d}\theta(t)}{\mathrm{d}t}\leqslant&-\frac{\sqrt{q}|u|^{\frac{p}{2}-1}|v|^{\frac{q}{2}-1}}{2\sqrt{p}r^{2}(t)}\left(k|u|^{p}+\frac{pL_1}{2q}|v|^{q}\right)\\=&-\frac{\sqrt{q}p^{\frac{1}{2}-\frac{1}{p}}q^{\frac{1}{2}-\frac{1}{q}}}{4\sqrt{p}}|\cos\theta|^{1-\frac{2}{p}}|\sin\theta|^{1-\frac{2}{q}}\left(k\cos^{2}\theta+\frac{pL_1}{2q}\sin^{2}\theta\right)\\=&-\frac{q^{\frac{1}{p}}}{4p^{\frac{1}{p}}}|\cos\theta|^{1-\frac{2}{p}}|\sin\theta|^{1-\frac{2}{q}}\left(k\cos^{2}\theta+\frac{pL_1}{2q}\sin^{2}\theta\right).\end{aligned}$$

于是

$$\begin{aligned}T=&\left|\int_{\theta(0)}^{\theta(T)}\frac{\mathrm{d}\theta}{\theta'}\right|\\\leqslant&4\left(\frac{p}{q}\right)^{\frac{1}{p}}\left|\int_{\theta(0)}^{\theta(T)}\frac{\mathrm{d}\theta}{|\cos\theta|^{1-\frac{2}{p}}|\sin\theta|^{1-\frac{2}{q}}\left(k\cos^{2}\theta+\frac{pL_1}{2q}\sin^{2}\theta\right)}\right|\\\leqslant&4\left(\frac{p}{q}\right)^{\frac{1}{p}}\left|\int_{\theta(0)}^{\theta(0)+(n+1)\pi}\frac{\mathrm{d}\theta}{|\cos\theta|^{1-\frac{2}{p}}|\sin\theta|^{1-\frac{2}{q}}\left(k\cos^{2}\theta+\frac{pL_1}{2q}\sin^{2}\theta\right)}\right|\\=&8(n+1)\left(\frac{p}{q}\right)^{\frac{1}{p}}\int_{0}^{\frac{\pi}{2}}\frac{\mathrm{d}\theta}{|\cos\theta|^{1-\frac{2}{p}}|\sin\theta|^{1-\frac{2}{q}}\left(k\cos^{2}\theta+\frac{pL_1}{2q}\sin^{2}\theta\right)}.\end{aligned}$$

令 $\xi=\arctan\left(\sqrt{\frac{pL_1}{2qk}}\tan\theta\right),0\leqslant\theta<\frac{\pi}{2}$，则

$$\begin{aligned}T\leqslant&\frac{8(n+1)}{k^{\frac{1}{p}}}\left(\frac{2}{L_1}\right)^{\frac{1}{q}}\left(\frac{p}{q}\right)^{\frac{2}{p}-1}\int_{0}^{\frac{\pi}{2}}\frac{\mathrm{d}\xi}{|\cos\xi|^{1-\frac{2}{p}}|\sin\xi|^{1-\frac{2}{q}}}\\=&\frac{4(n+1)}{k^{\frac{1}{p}}}\left(\frac{2}{L_1}\right)^{\frac{1}{q}}\left(\frac{p}{q}\right)^{\frac{2}{p}-1}B\left(\frac{1}{p},\frac{1}{q}\right)\\<&T.\end{aligned}$$

得出矛盾. 引理结论得证.

由引理 4.2.2 及 φ 的定义，结合式 (4.2.27)，式 (4.2.28) 得如下引理.

引理 4.2.5 当 $r(0) > R_3$ 时，对 BVP (4.2.24)，(4.2.25) 的解 $(u(t), v(t))$,

$$m - \frac{1}{2} < \varphi(u, v, \lambda) < m + \frac{1}{2}, \qquad 当 b = d = 0,$$

$$m - \frac{1}{4}(3 + 2\sigma_2) < \varphi(u, v, \lambda) < m + \frac{1}{4}(1 - 2\sigma_2), \qquad 当 b = 0, d > 0,$$

$$m - \frac{1}{4}(3 + 2\sigma_1) < \varphi(u, v, \lambda) < m + \frac{1}{4}(1 - 2\sigma_1), \qquad 当 b > 0, d = 0,$$

$$m - \frac{1}{2}(\sigma_1 + \sigma_2) < \varphi(u, v, \lambda) < m + \frac{1}{2}(2 - \sigma_1 - \sigma_2), \qquad 当 b, d > 0.$$

以下我们恒设引理 4.2.3 中的 R_3 满足

$$R_3 > d = \begin{cases} \left(\dfrac{2}{p}\left|\dfrac{A}{a}\right|^p\right)^{\frac{1}{2}}, & 当 b = 0, \\ \max\limits_{0 \leqslant \lambda \leqslant 1}\left(\dfrac{2}{q}\left|\varPhi\left(-\dfrac{\lambda A}{b}\right)\right|^q\right)^{\frac{1}{2}}, & 当 b > 0. \end{cases} \tag{4.2.36}$$

对 $z = (u, v) \in C([0, T], \mathbf{R}^2)$，记

$$\|z\| = \max_{0 \leqslant t \leqslant T} r(t) = \max_{0 \leqslant t \leqslant T}\left(\frac{2}{p}|u(t)|^p + \frac{2}{q}|v(t)|^q\right)^{\frac{1}{2}}$$

及 $N = \max\{\varphi(u, v, \lambda) : (u, v) \in \sum_\lambda, \lambda \in [0, 1], \|z\| \leqslant R_3\}$.

取 $X = C([0, T], \mathbf{R}^2)$, 对 $n = N + 1, N + 2, \cdots$，按如下方式定义 $E_n, F_n \in X$. 令

$$\varDelta_1 = \{(u, v) \in X : u(0) > 0\}, \qquad \varDelta_2 = \{(u, v) \in X : u(0) < 0\},$$

$$\varDelta_3 = \{(u, v) \in X : v(0) > 0\}, \qquad \varDelta_4 = \{(u, v) \in X : v(0) < 0\}.$$

当 $b = d = 0$ 时，

$$E_n = \varphi^{-1}\left(\left(n - \frac{1}{2}, n + \frac{1}{2}\right)\right) \cap \varDelta_3, \qquad F_n = \varphi^{-1}\left(\left(n - \frac{1}{2}, n + \frac{1}{2}\right)\right) \cap \varDelta_4.$$

当 $b = 0, d > 0$ 时，

$$E_n = \varphi^{-1}\left(\left(n - \frac{1}{4}(3 + 2\sigma_2), n + \frac{1}{4}(1 - 2\sigma_2)\right)\right) \cap \varDelta_3,$$

$$F_n = \varphi^{-1}\left(\left(n - \frac{1}{4}(3 + 2\sigma_2), n + \frac{1}{4}(1 - 2\sigma_2)\right)\right) \cap \varDelta_4.$$

当 $b > 0, d = 0$ 时，

$$E_n = \varphi^{-1}\left(\left(n - \frac{1}{4}(3 + 2\sigma_1), n + \frac{1}{4}(1 - 2\sigma_1)\right)\right) \cap \varDelta_1,$$

$$F_n = \varphi^{-1}\left(\left(n - \frac{1}{4}(3+2\sigma_1), n + \frac{1}{4}(1-2\sigma_1)\right)\right) \cap \Delta_2.$$

当 $b, d > 0$ 时，

$$E_n = \varphi^{-1}\left(\left(n - \frac{1}{2}(\sigma_1+\sigma_2), n + \frac{1}{2}(2-\sigma_1-\sigma_2)\right)\right) \cap \Delta_1,$$

$$F_n = \varphi^{-1}\left(\left(n - \frac{1}{2}(\sigma_1+\sigma_2), n + \frac{1}{2}(2-\sigma_1-\sigma_2)\right)\right) \cap \Delta_2.$$

引理 4.2.5 表明

$$\partial(\overline{E_n \cup F_n}) \cap \Sigma = \varnothing.$$

又 $b \neq 0$ 时，如果 $\exists z \in \partial\Delta_1 \cap \Sigma = \partial\Delta_2 \cap \Sigma$，则由 $U_1(u,v,\lambda) = 0$ 得

$$\lambda A = \lambda a u(0) - b\Phi^{-1}(v(0)) = -b\Phi^{-1}(v(0)),$$

从而 $|v(0)| = \left|\Phi\left(-\dfrac{\lambda A}{b}\right)\right|$,

$$r(0) = \left(\frac{2}{q}|v(0)|^q\right)^{\frac{1}{2}} = \left[\frac{2}{q}\left|\Phi\left(-\frac{\lambda A}{b}\right)\right|^q\right]^{\frac{1}{2}} < R_3 < r(0),$$

得出矛盾.

$b = 0$ 时，如果 $\exists z \in \partial\Delta_3 \cap \Sigma = \partial\Delta_4 \cap \Sigma$，则同样由 $U_1(u,v,\lambda) = 0$ 得

$$\lambda A = a u(0),$$

于是 $|u(0)| = \left|\dfrac{\lambda A}{a}\right| \leqslant \left|\dfrac{A}{a}\right|$,

$$r(0) = \left(\frac{2}{p}|u(0)|^p\right)^{\frac{1}{2}} < R_3 < r(0),$$

也得出矛盾.

因此有

$$\partial E_n \cap \Sigma = \partial F_n \cap \Sigma = \varnothing. \tag{4.2.37}$$

现在我们将 BVP (4.2.24), (4.2.25) 的求解转化为算子的不动点问题.

$\forall (u,v) \in X, \lambda \in [0,1]$，由

$$(T_\lambda(u,v))(t) = \begin{pmatrix} u(0) + U_1(u,v,\lambda) + \displaystyle\int_0^t h(v(s),\lambda)\mathrm{d}s \\ v(0) + U_2(u,v,\lambda) + \displaystyle\int_0^t \left[-f(u(s),\lambda) + \lambda p(s,u(s),\Phi^{-1}(v(s)))\right]\mathrm{d}s \end{pmatrix}$$

定义全连续算子，则 $(u(t),v(t))$ 是 BVP (4.2.24)，(4.2.25) 的解当且仅当 (u,v) 是 T_λ 的不动点.

如前定义 $E_n, F_n, n=N+1, N+2, \cdots$，由式 (4.2.37) 得

$$\deg\{I-T_1, E_n, 0\} = \deg\{I-T_0, E_n, 0\},$$

$$\deg\{I-T_1, F_n, 0\} = \deg\{I-T_0, F_n, 0\},$$

$\lambda=0$ 时，

$$(T_0(u,v))(t) = \begin{pmatrix} u(0)+U_1(u,v,0)+\displaystyle\int_0^t L_2|v(s)|^{q-2}v(s)\mathrm{d}s \\ v(0)+U_2(u,v,0)-\displaystyle\int_0^t |u(s)|^{\beta-2}u(s)\mathrm{d}s \end{pmatrix}. \tag{4.2.38}$$

(u,v) 是 T_0 的不动点，当且仅当 (u,v) 是

$$\begin{cases} u' = L_2|v|^{q-2}v, \\ v' = -|u|^{\beta-2}u \end{cases} \tag{4.2.39}$$

满足

$$U_1(u,v,0)=U_2(u,v,0)=0 \tag{4.2.40}$$

的解，式 (4.2.40) 中的边界条件视具体情况可分为 4 种：

$$v(0)=v(T)=0, \qquad 当b,d>0 \tag{4.2.41}$$
$$u(0)=v(T)=0, \qquad 当b=0,d>0 \tag{4.2.42}$$
$$v(0)=u(T)=0, \qquad 当b>0,d=0 \tag{4.2.43}$$
$$u(0)=u(T)=0, \qquad 当b=d=0. \tag{4.2.44}$$

式 (4.2.39) 中微分系统的轨线由

$$\frac{1}{\beta}|u|^\beta + \frac{L_2}{q}|v|^q = \frac{1}{2}\rho^2$$

给出，由于 $(\beta-1)(q-1)>(p-1)(q-1)=1$，利用式 (4.1.4) 易知当 $r(0)>R_3$ 时，$\varphi(u,v,0)=\dfrac{1}{\pi}|\theta(T)-\theta(0)|$ 是 $r(0)$ 的严格单调增函数，同时 $(u,v)\in E_n(F_n)\cap\Sigma_0$ 时，有

$$\varphi(u,v,0)=n.$$

因此 BVP (4.2.39)，(4.2.40) 在 $E_n(F_n)$ 仅有唯一解 $(u_n,v_n)\in E_n(F_n)$.

记 $\rho_n^2 = \dfrac{2}{\beta}|u_n(t)|^\beta + \dfrac{2L_2}{q}|v_n(t)|^q$. 取 $\varepsilon_n > 0$ 充分小，使

$$\Omega_n = \left\{(u,v) \in \varDelta_1 : \frac{1}{2}\rho_n^2 - \varepsilon_n < \frac{1}{\beta}|u(t)|^\beta + \frac{L_2}{q}|v(t)|^q < \frac{1}{2}\rho_n^2 + \varepsilon_n\right\} \subset E_n$$

$$\left(\Omega_n = \left\{(u,v) \in \varDelta_2 : \frac{1}{2}\rho_n^2 - \varepsilon_n < \frac{1}{\beta}|u(t)|^\beta + \frac{L_2}{q}|v(t)|^q < \frac{1}{2}\rho_n^2 + \varepsilon_n\right\} \subset F_n\right),$$

显然 $(u_n, v_n) = \Sigma_0 \cap E_n \subset \Omega_n((u_n, v_n) = \Sigma_0 \cap F_n \subset \Omega_n)$ 是 BVP(4.2.39), (4.2.40) 在 Ω_n 中的唯一解.

对 $u, v \in \mathbf{R}$，记

$$F(u) = \frac{1}{\beta}|u|^\beta, \qquad H(u) = \frac{L_2}{q}|v|^q,$$

$$G_n = \left\{(u,v) \in \mathbf{R}^2 : \frac{1}{2}\rho_n^2 - \varepsilon_n < F(u) + H(v) < \frac{1}{2}\rho_n^2 + \varepsilon_n, u > 0\right\}$$

$$\left(G_n = \left\{(u,v) \in \mathbf{R}^2 : \frac{1}{2}\rho_n^2 - \varepsilon_n < F(u) + H(v) < \frac{1}{2}\rho_n^2 + \varepsilon_n, u < 0\right\}\right).$$

设 $(u(t), v(t))$ 是方程 (4.2.39) 的满足初值 $(u(0), v(0)) = (x, y)$ 的解，由

$$(T_0(u,v))(t) = \begin{pmatrix} x + y + L_2\displaystyle\int_0^t |v(s)|^{q-2}v(s)\mathrm{d}s \\ y + v(T) - \displaystyle\int_0^t |u(s)|^{\beta-2}u(s)\mathrm{d}s \end{pmatrix} = \begin{pmatrix} y + u(t) \\ v(T) + v(t) \end{pmatrix}$$

知 (u, v) 是 T_0 的不动点, 当且仅当 $y = v(T) = 0$.

定义 $P : \mathbf{R}^2 \to \mathbf{R}^2$,

$$P(x,y) = \begin{pmatrix} x + y \\ y + v(T) \end{pmatrix}, \tag{4.2.45}$$

其中 $(u(t), v(t))$ 是方程 (4.2.39) 由初值 (x, y) 确定的唯一解，则 (x, y) 是 P 的不动点当且仅当 $y = v(T) = 0$，可见，在 $(u(t), v(t))$ 是方程 (4.2.39) 满足初值 (x, y) 的唯一解时，(u, v) 是 T_0 的不动点当且仅当 (x, y) 是 P 在 $\mathbf{R}^2$ 中的不动点.

我们引进如下概念.

定义 4.2.1[5] 设 $X = C([0,T], \mathbf{R}^2)$ 为 Banach 空间，$\Omega \subset X, G \subset \mathbf{R}^n$ 为有界集，$T_0 : \overline{\Omega} \to X, P : \overline{G} \to \mathbf{R}^n$ 为两个算子，T_0 由式 (4.2.38) 定义，设 T_0 和 P 在 $\partial\Omega$ 上都没有不动点，且 $u \in \Omega$ 是 T_0 的不动点当且仅当 $x = u(0) \in G$ 是 P 的不动点，则说 Ω 和 G 关于式 (4.2.38) 是共核的.

关于共核集 Ω 和 G 有如下结论.

引理 4.2.6[5] 设 $\Omega\subset X=C([0,T],\mathbf{R}^2), G\subset\mathbf{R}^2$ 为有界开集. P 由式 (4.2.45) 定义，Ω 和 G 关于式 (4.2.38) 共核，则

$$\deg\{I-T_0,\Omega,0\}=\deg\{I-P,G,0\}.$$

注 4.2.3 文献 [5] 中的定理 29.4 适用于高阶非线性微分方程，可取 $\Omega\subset X=C^{m-1}([0,T],\mathbf{R}^n), G\subset\mathbf{R}^n$. 引理 4.2.6 只是该定理的特例.

由切除性原理及引理 4.2.6 得

$$\deg\{I-T_0,E_n,0\}=\deg\{I-T_0,\Omega_n,0\}=\deg\{I-P,G_n,0\} \tag{4.2.46}$$

$$(\deg\{I-T_0,F_n,0\}=\deg\{I-T_0,\Omega_n,0\}=\deg\{I-P,G_n,0\}),$$

由于 $P:\mathbf{R}^2\to\mathbf{R}$，故 $\deg\{I-P,G_n,0\}=\deg\{P-I,G_n,0\}$，则 G_n 中 $(P-I)(x,y)=(y,v(T))$. 又由于 $(u_n(t),v_n(t))$ 是 T_0 在 Ω_n 中的唯一不动点，故

$$(u_n(0),v_n(0))=(x_n,0)$$

是 P 在 G_n 中的唯一不动点. 方程组 (4.2.39) 满足 $(u(0),v(0))=(x,y)$ 的情况为 $(u(t;x,y),v(t;x,y))$，则 $(u(T;x_n,0),v(T;x_n,0))=(x_n,0)$，因此

$$(P-I)(x_n,0)=(0,0).$$

由于方程组 (4.2.39) 的轨线都是顺时针方向的闭轨线，且 $|\theta'|$ 随 $r(0)$ 的增加而增加，故存在 $\varepsilon>0$ 充分小，使 $(x_n\pm\varepsilon,0)\in G_n$，这时有

$$(-1)^{n+1}v(T;x_n+\varepsilon,0)>0,\quad (-1)^{n+1}v(T;x_n-\varepsilon,0)<0,\text{当}x_n>0$$

$$\left((-1)^n v(T;x_n+\varepsilon,0)>0,(-1)^n v(T;x_n-\varepsilon,0)<0,\text{当}x_n<0\right),$$

从而存在 $\delta>0$，当 $|y|\leqslant\delta$ 时，

$$(-1)^{n+1}v(T;x_n+\varepsilon,0)>0,(-1)^{n+1}v(T;x_n-\varepsilon,0)<0,\qquad \text{当}x_n>0$$

$$\left((-1)^n v(T;x_n+\varepsilon,0)>0,(-1)^n v(T;x_n-\varepsilon,0)<0,\text{当}x_n<0\right),$$

且 $D_n=\{(x,y):|x-x_n|<\varepsilon,|y|<\delta\}\subset G_n$. 由

$$Q(x,y)=(y,(-1)^{n+1}(x-x_n))\quad (Q(x,y)=(y,(-1)^n(x-x_n)))$$

定义连续算子 $Q:\overline{D}_n\to\mathbf{R}^2$. 建立同伦

$$H(x,y,\mu)=\mu(P-I)(x,y)+(1-\mu)Q(x,y),\qquad (x,y)\in\overline{D}_n,0\leqslant\mu\leqslant1,$$

则当 $x_n > 0$ 时

$$\begin{aligned}H(x,y,\mu) &= (\mu y + (1-\mu)y, \mu v(T;x,y) + (1-\mu)(-1)^{n+1})\\ &= (y, \mu v(T;x,y) + (1-\mu)(-1)^{n+1}(x-x_n)).\end{aligned}$$

我们断言:

$$H(x,y,\mu) \neq 0, \qquad \forall \mu \in [0,1], (x,y) \in \partial D_n. \tag{4.2.47}$$

设不然，对某个 $\mu \in [0,1], (x,y) \in \partial D_n$，使 $H(x,y,\mu) = 0$，则得 $y = 0$，从而 $|x - x_n| = \varepsilon$.

当 $x - x_n = \varepsilon$ 时，

$$\mu(-1)^{n+1}v(T;x_n+\varepsilon,0) + (1-\mu)(x-x_n) > 0;$$

当 $x - x_n = -\varepsilon$ 时，

$$\mu(-1)^{n+1}v(T;x_n-\varepsilon,0) + (1-\mu)(x-x_n) < 0,$$

这和 $H(x,y,\mu) = 0$ 矛盾，故式 (4.2.47) 成立.

同样可证 $x_n < 0$ 时，式 (4.2.47) 也成立.

于是有

$$\deg\{P-I, D_n, 0\} = \deg\{Q, D_n, 0\} = (-1)^n \ \left((-1)^{n+1}\right),$$

故

$$\deg\{I-T_1, E_n, 0\} = \deg\{P-I, D_n, 0\} = (-1)^n,$$

$$\deg\{I-T_1, F_n, 0\} = \deg\{P-I, D_n, 0\} = (-1)^{n+1},$$

从而 BVP (4.2.24), (4.2.25) 在 $\lambda = 1$ 时在 E_n 和 F_n 各至少有一解 $(u_n^{(1)}(t), v_n^1(t))$ 和 $(u_n^{(2)}(t), v_n^2(t)), n = N+1, N+2, \cdots$. 由 φ 的定义及引理 4.2.2 知，$n \to \infty$ 时，$r_n^{(1)}(t), r_n^{(2)}(t)$ 一致趋于 ∞. 显然 $u_n^{(1)}(t), u_n^{(2)}(t), n = N+1, N+2, \cdots$ 是 BVP (4.2.15) 的解.

由此我们得到如下定理.

定理 4.2.2[1]　设条件 (H_2) 和式 (4.2.31) 成立，则 BVP (4.2.15) 各有无穷多个解分别满足 $u(0) > 0$ 和 $u(0) < 0$ ($u'(0) > 0$ 和 $u'(0) < 0$) 的要求.

注 4.2.4　在式 (4.2.16) 中取 $M = 0$，$l_1 = l_2 = 1, p = 2$，则定理 4.2.2 包含了文献 [3] 中的结果.

设

(H$_3$) $\Phi, g \in C(\mathbf{R}, \mathbf{R}), p \in C([0,T] \times \mathbf{R}^2, \mathbf{R})$, Φ 严格单增，存在 $M \geqslant 0, l_2 \geqslant l_1 > 0$ 使式 (4.2.16) 成立，即

$$-M + l_1|y|^{p-1} \leqslant |\Phi(y)| \leqslant M + l_2|y|^{p-1},$$

且存在 $\eta, \beta > p, D > 0$ 使

$$(\mathrm{sgn} x) g(x) \geqslant \eta |x|^{\beta - 1}, \qquad \text{当} |x| \geqslant D. \tag{4.2.48}$$

又设 $K, E > 0$ 使

$$|p(t,x,y)| \leqslant K \left(|x|^{\frac{\beta}{p}(p-1)} + |y|^{p-1} + E \right), \qquad (t,x,y) \in [0,T] \times \mathbf{R}^2, \tag{4.2.49}$$

用定理 4.2.2 的同样方法可证

定理 4.2.3[1] 设条件 (H$_3$) 和 (4.2.49) 成立，则 BVP (4.2.15) 各有无穷多个解分别满足 $u(0) > 0$ 和 $u(0) < 0(u'(0) > 0$和$u'(0) < 0)$ 的要求.

4.3 非线性项非负时两点边值问题的正解

4.3.1 正解的存在性

对带 p-Laplace 算子的边值问题研究正解的存在性, 始于 20 世纪 90 年代 [6,7]. 最初, 当将边值问题转化为算子的不动点问题时, 未能对算子的全连续性给出必要的证明.

为以后的讨论作准备，我们先给出一个引理.

引理 4.3.1 设 $X = C([0,1], \mathbf{R})$, 范数由 $\|x\| = \max\limits_{0 \leqslant t \leqslant 1} |x(t)|$ 定义. $K = \{x \in X : x(t) \geqslant 0$为凹函数$\}$, 则对 $\forall \delta \in \left(0, \dfrac{1}{2}\right)$, 当 $u \in K$ 时，有

$$u(t) \geqslant \delta \|u\|, \qquad t \in [\delta, 1-\delta], \tag{4.3.1}$$

特别当 $u(0) = \|u\|$ 时，

$$u(t) \geqslant \delta \|u\|, \qquad t \in [0, 1-\delta], \tag{4.3.2}$$

$u(1) = \|u\|$ 时，

$$u(t) \geqslant \delta \|u\|, \qquad t \in [\delta, 1], \tag{4.3.3}$$

$u\left(\dfrac{1}{2}\right) = \|u\|$ 时，

$$u(t) \geqslant 2\delta \|u\|, \qquad t \in [\delta, 1-\delta]. \tag{4.3.4}$$

上述结论容易由 u 的凹性及非负性证得.

现研究边值问题

$$\begin{cases} (\Phi_p(u'))' + f(t,u) = 0, \qquad t \in (0,1), \\ \alpha_1 u(0) - \beta_1 \Phi_p(u'(0)) = \alpha_2 u(1) + \beta_2 \Phi_p(u'(1)) = 0, \end{cases} \tag{4.3.5}$$

其中设

(H$_4$) $f \in C([0,1] \times \mathbf{R}^+, \mathbf{R}^+), \qquad \alpha_1, \alpha_2 > 0, \beta_1, \beta_2 \geqslant 0,$

这时对 $\forall x \in X$，在非线性项 f 中令 $u = x(t)$，解方程得

$$u(t) = c_1 + \int_0^t \Phi_q\left(c_2 - \int_0^s f(\tau, x(\tau))\mathrm{d}\tau\right)\mathrm{d}s, \tag{4.3.6}$$

由边界条件 $\alpha_1 u(0) - \beta_1 \Phi_p(u'(0)) = 0$ 及

$$u'(t) = \Phi_q\left(c_2 - \int_0^t f(\tau, x(\tau))\mathrm{d}\tau\right)$$

得 $u'(0) = \Phi_q(c_2), u(0) = c_1 = \dfrac{\beta_1}{\alpha_1}\Phi_p(u'(0)) = \dfrac{\beta_1}{\alpha_1}c_2, u(t)$ 进一步表示为

$$u(t) = \frac{\beta_1}{\alpha_1}c_2 + \int_0^t \Phi_q\left(c_2 - \int_0^s f(\tau, x(\tau))\mathrm{d}\tau\right)\mathrm{d}s. \tag{4.3.7}$$

再考虑第二个边界条件，由 $u'(1) = \Phi_q\left(c_2 - \displaystyle\int_0^1 f(\tau, x(\tau))\mathrm{d}\tau\right)$ 及

$$u(1) = \frac{\beta_1}{\alpha_1}c_2 + \int_0^1 \Phi_q\left(c_2 - \int_0^s f(\tau, x(\tau))\mathrm{d}\tau\right)\mathrm{d}s$$

得

$$\frac{\alpha_1\beta_2 + \alpha_2\beta_1}{\alpha_1}c_2 + \alpha_2\int_0^1 \Phi_q\left(c_2 - \int_0^s f(\tau, x(\tau))\mathrm{d}\tau\right)\mathrm{d}s - \beta_2\int_0^1 f(\tau, x(\tau))\mathrm{d}\tau = 0, \tag{4.3.8}$$

此式可唯一确定

$$c_2 = c_x \in \left(0, \int_0^1 f(\tau, x(\tau))\mathrm{d}\tau\right). \tag{4.3.9}$$

X, K 如引理 4.3.1 中所取，由

$$(Tx)(t) = \frac{\beta_1}{\alpha_1}c_x + \int_0^t \Phi_q\left(c_x - \int_0^s f(\tau, x(\tau))\mathrm{d}\tau\right)\mathrm{d}s, \tag{4.3.10}$$

定义算子 $T: K \to X$. 由定理 4.1.1 知 T 是 K 上的全连续算子. 由式 (4.3.9) 可得 $\sigma_x \in (0,1)$，使

$$c_x = \int_0^{\sigma_x} f(\tau, x(\tau))\mathrm{d}\tau, \tag{4.3.11}$$

将此式代入式 (4.3.10) 得

$$(Tx)(t)=\frac{\beta_1}{\alpha_1}\int_0^{\sigma_x}f(\tau,x(\tau))\mathrm{d}\tau+\int_0^t\Phi_q\left(\int_s^{\sigma_x}f(\tau,x(\tau))\mathrm{d}\tau\right)\mathrm{d}s,$$

于是由式 (4.3.8) 得

$$\frac{\alpha_1\beta_2+\alpha_2\beta_1}{\alpha_1}\int_0^{\sigma_x}f(\tau,x(\tau))\mathrm{d}\tau+\alpha_2\int_0^1\Phi_q\left(\int_s^{\sigma_x}f(\tau,x(\tau))\mathrm{d}\tau\right)\mathrm{d}s$$
$$-\beta_2\int_0^1 f(\tau,x(\tau))\mathrm{d}\tau=0,$$

即

$$\frac{\beta_1}{\alpha_1}\int_0^{\sigma_x}f(\tau,x(\tau))\mathrm{d}\tau+\int_0^t\Phi_q\left(\int_s^{\sigma_x}f(\tau,x(\tau))\mathrm{d}\tau\right)\mathrm{d}s$$
$$=\frac{\beta_2}{\alpha_2}\int_{\sigma_x}^1 f(\tau,x(\tau))\mathrm{d}\tau+\int_t^1\Phi_q\left(\int_{\sigma_x}^s f(\tau,x(\tau))\mathrm{d}\tau\right)\mathrm{d}s.$$

因此我们可将全连续算子 T 表示为

$$(Tx)(t)=\begin{cases}\dfrac{\beta_1}{\alpha_1}\displaystyle\int_0^{\sigma_x}f(\tau,x(\tau))\mathrm{d}\tau+\int_0^t\Phi_q\left(\int_s^{\sigma_x}f(\tau,x(\tau))\mathrm{d}\tau\right)\mathrm{d}s, & 0\leqslant t\leqslant\sigma_x,\\ \dfrac{\beta_2}{\alpha_2}\displaystyle\int_{\sigma_x}^1 f(\tau,x(\tau))\mathrm{d}\tau+\int_t^1\Phi_q\left(\int_{\sigma_x}^s f(\tau,x(\tau))\mathrm{d}\tau\right)\mathrm{d}s, & \sigma_x\leqslant t\leqslant 1.\end{cases} \tag{4.3.12}$$

则 BVP (4.3.5) 的正解对应 T 在 K 中的不动点.

引理 4.3.2 设全连续算子由式 (4.3.12) 给定, 则 $\forall x\in K,\|Tx\|=(Tx)(\sigma_x)$.

证明 $\forall t\in(0,\sigma_x),(Tx)'(t)=\Phi_q\left(\int_t^{\sigma_x}f(\tau,x(\tau))\mathrm{d}\tau\right)\geqslant 0$. $\forall t\in(\sigma_x,1)$, $(Tx)'(t)=-\Phi_q\left(\int_{\sigma_x}^t f(\tau,x(\tau))\mathrm{d}\tau\right)\leqslant 0$. 结论成立.

定理 4.3.1[8] 设条件 (H_4) 成立，且 $\exists\delta\in\left(0,\frac{1}{2}\right),b>\delta b>a>0,l>q\left(\frac{2}{1-2\delta}\right)^q,m>0$, 使 $\min\left\{\frac{\beta_1}{\alpha_1},\frac{\beta_2}{\alpha_2}\right\}a^{p-1}m^{p-1}+ma<a$,

$$f(t,u)\leqslant\Phi_p(ma),\qquad 0\leqslant t\leqslant 1,0\leqslant u\leqslant a,$$

$$f(t,u)\geqslant\Phi_p(lb),\qquad \delta\leqslant t\leqslant 1-\delta,\delta b\leqslant u\leqslant b,$$

则 BVP (4.3.5) 至少有一个正解 $u(t)$ 满足 $a\leqslant\|u\|\leqslant b$.

证明 我们只需证由式 (4.3.12) 定义的全连续算子 T 在 K 中有不动点即可，显然 $T(K)\subset K$.

记 $K_{a,b}=\{x\in K:a<\|x\|<b\}$. 不妨设 T 在 $\partial K_{a,b}$ 上没有不动点.

$\forall x\in\partial K_a$, 有

$$\begin{aligned}\|Tx\|&=(Tx)(\sigma_x)\\&\leqslant\frac{\beta_1}{\alpha_1}\int_0^1 f(\tau,x(\tau))\mathrm{d}\tau+\int_0^1\varPhi_q\left(\int_0^1 f(\tau,x(\tau))\mathrm{d}\tau\right)\mathrm{d}s\\&\leqslant\frac{\beta_1}{\alpha_1}\varPhi_p(ma)+ma\\&=\frac{\beta_1}{\alpha_1}m^{p-1}a^{p-1}+ma\end{aligned}$$

及

$$\|Tx\|\leqslant\frac{\beta_2}{\alpha_2}m^{p-1}a^{p-1}+ma,$$

故

$$\|Tx\|\leqslant\|x\|.$$

$\forall x\in\partial K_b$, 有 $x(t)\geqslant\delta b$, 当 $t\in[\delta,1-\delta]$.

不妨设 $\sigma_x\in\left[\frac{1}{2},1\right]$, 则

$$\begin{aligned}(Tx)\left(\frac{1}{2}\right)&\geqslant\int_0^{\frac{1}{2}}\varPhi_q\left(\int_s^{\frac{1}{2}}f(\tau,x(\tau))\mathrm{d}\tau\right)\mathrm{d}s\\&\geqslant\int_\delta^{\frac{1}{2}}\varPhi_q\left(\int_s^{\frac{1}{2}}f(\tau,x(\tau))\mathrm{d}\tau\right)\mathrm{d}s\\&\geqslant\int_\delta^{\frac{1}{2}}\varPhi_q\left(\left(\frac{1}{2}-\delta\right)\varPhi_p(lb)\right)\mathrm{d}s\\&=lb\cdot\frac{1}{q}\left(\frac{1-2\delta}{2}\right)^q>b\end{aligned}$$

故 $\|Tx\|\geqslant\|x\|$.

由定理 2.2.3 得, 结论成立.

同理可得如下定理.

定理 4.3.2[8]　设条件 (H_4) 成立, 且存在 $\delta\in\left(0,\frac{1}{2}\right)$, $b>a>0$, $l>\left(\frac{2}{1-2\delta}\right)^q$, $m>\frac{la}{b}$, 使

$$f(t,u)\geqslant\varPhi_p(la),\qquad\delta\leqslant t\leqslant1-\delta,\delta a\leqslant u\leqslant a,$$

$$f(t,u)\leqslant\varPhi_p(mb),\qquad 0\leqslant t\leqslant1,0\leqslant u\leqslant b,$$

则 BVP (4.3.5) 至少有一个正解 $u(t)$ 满足 $a\leqslant\|u\|\leqslant b$.

当 $\alpha_1, \beta_2 = 0$ 时，BVP (4.3.5) 成为较特殊的形式

$$\begin{cases} (\Phi_p(u'))' + f(t,u) = 0, \\ u'(0) = u(1) = 0, \end{cases} \tag{4.3.13}$$

用定理 4.3.1 类似的方法可证:

定理 4.3.3[9] 设条件 (H_4) 成立，且对 $\forall t \in [0,1]$,

$$\lim_{u\to 0} \frac{f(t,u)}{\Phi_p(u)} = 0, \qquad \lim_{u\to\infty} \frac{f(t,u)}{\Phi_p(u)} = \infty$$

或

$$\lim_{u\to 0} \frac{f(t,u)}{\Phi_p(u)} = \infty, \qquad \lim_{u\to\infty} \frac{f(t,u)}{\Phi_p(u)} = 0$$

时，BVP (4.3.13) 至少有一个正解.

注 4.3.1 由于 BVP (4.3.13) 中 $\alpha_1 = 0$，故定理 4.3.1 和定理 4.3.2 不适用于 BVP (4.3.13).

4.3.2 两个正解的存在性

在 BVP (4.3.5) 中，非线性项 $f(t,u)$ 用 $a(t)f(u)$ 代替，且边界条件中令 $\alpha_1 = \beta_2 = 0$，则得到较特殊一些的边值问题

$$\begin{cases} (\Phi_p(u'))' + a(t)f(u) = 0, \qquad 0 < t < 1, \\ u'(0) = u(1) = 0. \end{cases} \tag{4.3.14}$$

假设 (H_5) $f \in C(\mathbf{R}^+, \mathbf{R}^+), a \in C((0,1), \mathbf{R}^+), 0 < \int_0^1 a(t)\mathrm{d}t < \infty$, $0 < \int_0^1 \Phi_q\left(\int_0^s a(r)\mathrm{d}r\right)\mathrm{d}s < \infty$，测度 $\mathrm{mess}\{t \in [0,1] : a(t) = 0\} = 0$，记 $f_\infty = \lim\limits_{u\to\infty} \dfrac{f(u)}{\Phi_p(u)}$. Banach 空间 X 及锥 $K \subset X$ 如前定义，这时对 $\forall x \in K$，由式 (4.3.12) 定义的全连续算子中，$\sigma_x = 0$, 因而有

$$(Tx)(t) = \int_t^1 \Phi_q\left(\int_0^s a(\tau)f(x(\tau))\mathrm{d}\tau\right)\mathrm{d}s, \tag{4.3.15}$$

显然 BVP (4.3.14) 的正解的存在性等价于 T 在 K 中的不动点的存在性.

定理 4.3.4[9] 设假设 (H_5) 成立，且

(1) $f_0 = f_\infty = \infty$;

(2) $\exists \rho > 0$ 使得 $f(u) < (\eta\rho)^{p-1}$，当 $0 \leqslant u \leqslant \rho$，其中 $\eta = \left(\int_0^1 a(s)\mathrm{d}s\right)^{1-q}$，

则 BVP (4.3.14) 至少有两个正解 u_1 和 u_2, $0 < \|u_1\| < \rho < \|u_2\| < \infty$.

证明 由 $f_0=\infty$ 可知，对 $v \geqslant 2\left[\int_0^{\frac{1}{2}} \Phi_q\left(\int_0^s a(r)\mathrm{d}r\right)\mathrm{d}s\right]^{-1}$，$\exists 0<a \ll \rho$，当 $\frac{a}{2} \leqslant u \leqslant a$ 时，$f(u) \geqslant (vu)^{p-1} \geqslant \left(\frac{va}{2}\right)^{p-1}$.

记 $K_a=\{x \in K:\|x\|<a\}$. 则当 $u \in \partial K_a$ 时，有 $u(t) \geqslant \frac{a}{2}, 0 \leqslant t \leqslant \frac{1}{2}$. 于是

$$
\begin{aligned}
\|Tu\| &= (Tu)(0)=\int_0^1 \Phi_q\left(\int_0^s a(r) f(u(r))\mathrm{d}r\right)\mathrm{d}s \\
&> \int_0^{\frac{1}{2}} \Phi_q\left(\int_0^s a(r) f(u(r))\mathrm{d}r\right)\mathrm{d}s \\
&\geqslant \frac{va}{2}\int_0^{\frac{1}{2}} \Phi_q\left(\int_0^s a(r)\mathrm{d}r\right)\mathrm{d}s \geqslant a.
\end{aligned}
$$

当 $f_\infty=\infty$，对上述 $v \geqslant 2\left[\int_0^{\frac{1}{2}} \Phi_q\left(\int_0^s a(r)\mathrm{d}r\right)\mathrm{d}s\right]^{-1}$，$\exists b \gg \rho$，当 $\frac{b}{2} \leqslant u \leqslant b$ 时，使 $f(u) \geqslant (vu)^{p-1} \geqslant \left(\frac{vb}{2}\right)^{p-1}$，$\forall u \in \partial K_b$，有

$$
\|Tu\|=(Tu)(0)>\frac{vb}{2}\int_0^{\frac{1}{2}} \Phi_q\left(\int_0^s a(r)\mathrm{d}r\right)\mathrm{d}s \geqslant b.
$$

由条件 (2)，$\forall u \in \partial K_\rho$，

$$
\begin{aligned}
\|Tu\| &= (Tu)(0)=\int_0^1 \Phi_q\left(\int_0^s a(r) f(u(r))\mathrm{d}r\right)\mathrm{d}s \\
&< \eta\rho\int_0^1 \Phi_q\left(\int_0^s a(r)\mathrm{d}r\right)\mathrm{d}s \\
&< \eta\rho\left(\int_0^1 a(r)\mathrm{d}r\right)^{q-1} \\
&= \rho=\|u\|.
\end{aligned}
$$

容易验证 $TK \subset K$，因此由定理 2.2.7 即知由式 (4.3.15) 定义的全连续算子 T 在 K 中有两个不动点 u_1 和 $u_2, 0<\|u_1\|<\rho<\|u_2\|<\infty$，$u_1, u_2$ 也是 BVP(4.3.14) 的两个正解.

同理可证：

定理 4.3.5[9] 设假设 (H_5) 成立，且

(1) $f_0=f_\infty=0$;

(2) $\exists \rho>0$, 对 $u \in\left[\frac{1}{2}\rho, \rho\right]$，有 $f(u)>(\lambda\rho)^{p-1}$，其中 $\lambda=\left[\int_0^{\frac{1}{2}} \Phi_q\left(\int_0^s a(r)\mathrm{d}r\right)\mathrm{d}s\right]^{-1}$，

则 BVP(4.3.14) 至少有两个正解 $u_1, u_2, 0 < \|u_1\| < \rho < \|u_2\|$.

除了以范数定义锥上的开集外, 我们还可以用泛函界定锥上的开集讨论两个正解的存在性. 以下考虑的边值问题

$$\begin{cases} (\Phi_p(u'))' + a(t)f(u) = 0, \\ u'(0) = u(1) + B_1(u'(1)) = 0, \end{cases} \tag{4.3.16}$$

边界条件比 BVP(4.3.14) 略复杂一些. 假设

(H_6) $f \in C(\mathbf{R}^+, \mathbf{R}^+)$，在 $(0,1)$ 上 $a(t) \geqslant 0$ 可测，$0 < \int_0^{\frac{1}{2}} a(t)\mathrm{d}t \leqslant \int_0^1 a(r)\mathrm{d}r < \infty$; $B_1 \in C(\mathbf{R}, \mathbf{R})$ 不增，$B_1(-v) = -B(v)$, 且有 $m > 0$ 使

$$B_1(v)v \leqslant mv^2.$$

如前定义 Banach 空间 X 和锥 $K = \{x \in X : x(t) \geqslant 0, \text{凹，不增}\}$，由

$$\gamma(u) = \min_{r \leqslant t \leqslant \frac{1}{2}} u(t) = u\left(\frac{1}{2}\right),$$

$$\theta(u) = \max_{\frac{1}{2} \leqslant t \leqslant 1} u(t) = u\left(\frac{1}{2}\right),$$

$$\alpha(u) = \max_{r \leqslant t \leqslant 1} u(t) = u(r),$$

定义泛函 $\gamma, \theta, \alpha : K \to \mathbf{R}^+$，其中 $r \in \left(0, \dfrac{1}{2}\right)$. 易见 $\forall u \in K$，有

$$\gamma(u) = \theta(u) \leqslant \alpha(u), \qquad \|u\| \leqslant 2\gamma(u), \qquad \|u\| = u(0),$$

且对 $\forall \lambda \in [0,1], u \in K, \theta(\lambda u) = \lambda\theta(u)$. 为方便，记

$$\delta = \frac{1}{2}\Phi_q\left(\int_0^{\frac{1}{2}} a(r)\mathrm{d}r\right),$$

$$\eta = \left(m + \frac{1}{2}\right)\Phi_q\left(\int_0^1 a(r)\mathrm{d}r\right),$$

$$\delta_r = (1-r)\Phi_q\left(\int_0^r a(r)\mathrm{d}r\right).$$

定理 4.3.6[10] 假设 (H_6) 成立，且有常数 $a, b, c > 0$ 满足 $\dfrac{\delta_r}{2\eta}c > \dfrac{\delta_r}{\eta}b > a > 0$，使

(1) $f(u) > \Phi_p\left(\dfrac{c}{\delta}\right), c \leqslant u \leqslant 2c$;

(2) $f(u) < \Phi_p\left(\dfrac{b}{\eta}\right), 0 \leqslant u \leqslant 2b$;

(3) $f(u) > \Phi_p\left(\dfrac{a}{\delta_r}\right), 0 \leqslant u \leqslant a$,

则BVP(4.3.16) 至少存在两个正解 u_1 和 u_2，满足

$$a < \alpha(u_1), \qquad \theta(u_1) < b < \theta(u_2) = \gamma(u_2) < c.$$

证明 在 BVP(4.3.16) 的微分方程右方令 $u = x(t)$, 可求得线性边值问题的唯一解，经整理，由

$$(Tx)(t) = B_1\left(\Phi_q\left(\int_0^1 a(r)f(x(r))\mathrm{d}r\right)\right) + \int_t^1 \Phi_q\left(\int_0^s a(r)f(x(r))\mathrm{d}r\right)\mathrm{d}s$$

定义全连续算子 $T: K \to K$，则易证 u 是 BVP (4.3.16) 的正解当且仅当 u 是 T 在 K 中的不动点.

下证 T 在 K 中至少有两个不动点. 为此对任意泛函 $\varphi: K \to \mathbf{R}^+$，我们记 $K(\varphi, d) = \{x \in K : \varphi(x) < d\}$，这样 $u \in \partial K(\gamma, c)$ 时，有 $\gamma(u) = u\left(\dfrac{1}{2}\right) = c$, 因此

$$c \leqslant u(t) \leqslant 2c, \qquad 0 \leqslant t \leqslant \frac{1}{2}.$$

由条件 (1) 得 $f(u(s)) > \Phi_p\left(\dfrac{c}{\delta}\right), 0 \leqslant s \leqslant \dfrac{1}{2}$. 于是

$$\begin{aligned}\gamma(Tu) &= (Tu)\left(\frac{1}{2}\right)\\ &\geqslant \int_{\frac{1}{2}}^1 \Phi_q\left(\int_0^s a(r)f(u(r))\mathrm{d}r\right)\mathrm{d}s\\ &\geqslant \frac{1}{2}\Phi_q\left(\int_0^{\frac{1}{2}} a(r)f(u(r))\mathrm{d}r\right)\\ &> \frac{1}{2}\Phi_q\left(\int_0^{\frac{1}{2}} a(r)\mathrm{d}r\right) \times \frac{c}{\delta} = c.\end{aligned}$$

$u \in \partial K(\theta, b)$ 时，$\theta(u) = u(\dfrac{1}{2}) = b$，且

$$0 \leqslant u(t) \leqslant 2b, \qquad 0 \leqslant t \leqslant 1.$$

由条件 (2) 得 $f(u(s)) < \Phi_p\left(\dfrac{b}{\eta}\right), 0 \leqslant s \leqslant 1$.

$$\begin{aligned}\theta(Tu) &= (Tu)\left(\frac{1}{2}\right)\\ &= B_1\left(\Phi_q\left(\int_0^1 a(r)f(u(r))\mathrm{d}r\right)\right) + \int_{\frac{1}{2}}^1 \Phi_q\left(\int_0^s a(r)f(u(r))\mathrm{d}r\right)\mathrm{d}s\\ &\leqslant m\Phi_q\left(\int_0^1 a(r)f(u(r))\mathrm{d}r\right) + \int_{\frac{1}{2}}^1 \Phi_q\left(\int_0^s a(r)f(u(r))\mathrm{d}r\right)\mathrm{d}s\\ &\leqslant \left(m+\frac{1}{2}\right)\Phi_q\left(\int_0^1 a(r)f(u(r))\mathrm{d}r\right)\\ &< \left(m+\frac{1}{2}\right)\Phi_q\left(\int_0^1 a(r)\mathrm{d}r\right)\cdot\frac{b}{\eta} = b.\end{aligned}$$

当 $u \in \partial K(\alpha, a)$ 时，$\alpha(u) = u(r) = a$，因此

$$0 \leqslant u(t) \leqslant a, \qquad r \leqslant t \leqslant 1.$$

由条件 (3) 得 $f(u(s)) > \Phi_p\left(\dfrac{a}{\delta_r}\right), r \leqslant s \leqslant 1$, 故有

$$\begin{aligned}\alpha(Tu) &= (Tu)(r)\\ &\geqslant \int_r^1 \Phi_q\left(\int_0^s a(r)f(u(r))\mathrm{d}r\right)\mathrm{d}s\\ &\geqslant \int_r^1 \Phi_q\left(\int_0^r a(r)f(u(r))\mathrm{d}r\right)\mathrm{d}s\\ &> (1-r)\Phi_q\left(\int_0^r a(r)\mathrm{d}r\right)\cdot\frac{a}{\delta_r} = a.\end{aligned}$$

由定理 2.2.7 即知结论成立.

例 4.3.1 考虑边值问题

$$\begin{cases}(\Phi_{\frac{3}{2}}(u'))' + t^{-\frac{1}{2}}f(u) = 0, & 0 < t < 1,\\ u'(0) = u(1) + \dfrac{1}{2}u'(1) = 0,\end{cases} \tag{4.3.17}$$

其中

$$f(u) = \begin{cases}\dfrac{4}{3}, & 0 \leqslant u \leqslant 16;\\ \dfrac{4}{3} + \dfrac{14}{27}(u-16), & 16 \leqslant u \leqslant 25;\\ \dfrac{u+5}{\sqrt{u}}, & u > 25.\end{cases}$$

此例中，$m=\dfrac{1}{2},p=\dfrac{3}{2},q=3,a(t)=t^{-\frac{1}{2}}$, 方程在 $t=0$ 处有奇性，取 $r=\dfrac{1}{4}$，经计算

$$\delta=\frac{1}{2}\varPhi_3\left(\int_0^{\frac{1}{2}}a(r)\mathrm{d}r\right)=1,$$

$$\eta=\varPhi_3\left(\int_0^1 a(r)\mathrm{d}r\right)=4,$$

$$\delta_{\frac{1}{4}}=\frac{3}{4}\varPhi_3\left(\int_0^{\frac{1}{4}}a(r)\mathrm{d}r\right)=\frac{3}{4}.$$

如取 $a=1,b=8,c=25$, 则

$$f(u)=\frac{4}{3}>\frac{2}{3}\sqrt{3}=\varPhi_{\frac{3}{2}}\left(\frac{4}{3}\right)=\varPhi_{\frac{3}{2}}\left(\frac{a}{\delta_{\frac{1}{4}}}\right),\qquad 0\leqslant u\leqslant 1,$$

$$f(u)=\frac{4}{3}<\sqrt{2}=\varPhi_{\frac{3}{2}}(2)=\varPhi_{\frac{3}{2}}\left(\frac{b}{\eta}\right),\qquad 0\leqslant u\leqslant 16,$$

$$f(u)=\frac{u+5}{\sqrt{u}}>6>5=\varPhi_{\frac{3}{2}}\left(\frac{c}{\delta}\right),\qquad u\geqslant 25.$$

由定理 4.3.6 知，BVP (4.3.17) 至少有两个单调减的正解 u_1,u_2,

$$1<u_1\left(\frac{1}{4}\right),\qquad u_1\left(\frac{1}{2}\right)<8<u_2\left(\frac{1}{2}\right)<25.$$

注 4.3.2　定理 4.3.6 可以推广到边界条件为

$$u(0)-B_1(u'(0))=u(1)+B_2(u'(1))=0$$

的情况，其中 B_1,B_2 为连续非减函数

$$0\leqslant uB_1(u)\leqslant m_1u^2,\qquad 0\leqslant uB_2(u)\leqslant m_2u^2,$$

m_1,m_2 为正数.

4.3.3　三个正解的存在性

我们讨论比 BVP(4.3.16) 更一般的边值问题

$$\begin{cases}(\varPhi_p(u'))'+a(t)f(t,u)=0,\qquad 0<t<1,\\ u(0)-B_0(u'(0))=u(1)+B_1(u'(1))=0\end{cases}\tag{4.3.18}$$

三个正解的存在性，假设

(H_7) $f \in C([0,1]\times \mathbf{R}^+, \mathbf{R}^+), f(t,0)\not\equiv 0; a\in C((0,1),\mathbf{R}^+), 0<\int_0^1 a(r)\mathrm{d}r<\infty$, 测度 $\mathrm{mess}\{t\in(0,1): a(t)=0\}=0; B_0, B_1\in C(\mathbf{R},\mathbf{R})$ 不减，$B_0(-x)=-B_0(x), B_1(-x)=-B_1(x)$, 且有 $m>0$, 使 $0\leqslant xB_i(x)\leqslant mx^2, i=0,1$.

仍定义 $X=C([0,1],\mathbf{R}), K=\{x\in X: x(t)\geqslant 0\text{为凹}\}$. 取 $\delta\in\left(0,\dfrac{1}{2}\right)$, 记

$$L=\min_{\delta\leqslant t\leqslant 1-\delta}\left[\Phi_q\left(\int_\delta^t a(r)\mathrm{d}r\right)+\Phi_q\left(\int_t^{1-\delta} a(r)\mathrm{d}r\right)\right],$$

$$\lambda=(m+1)\Phi_q\left(\int_0^1 a(r)\mathrm{d}r\right),$$

并且由

$$\alpha(u)=\frac{u(\delta)+u(1-\delta)}{2}$$

定义线性泛函 $\alpha: K\to\mathbf{R}^+$.

定义算子

$$(Tu)(t)=\begin{cases}B_0\left(\Phi_q\left(\displaystyle\int_0^{\sigma_u} a(r)f(r,u(r))\mathrm{d}r\right)\right)\\ \quad+\displaystyle\int_0^t\Phi_q\left(\int_s^{\sigma_u} a(r)f(r,u(r))\mathrm{d}r\right)\mathrm{d}s, & 0\leqslant t\leqslant\sigma_u;\\ B_1\left(\Phi_q\left(\displaystyle\int_{\sigma_u}^1 a(r)f(r,u(r))\mathrm{d}r\right)\right)\\ \quad+\displaystyle\int_t^1\Phi_q\left(\int_{\sigma_u}^s a(r)f(r,u(r))\mathrm{d}r\right)\mathrm{d}s, & \sigma_u\leqslant t\leqslant 1.\end{cases}\tag{4.3.19}$$

由定理 4.1.1 和类似式 (4.3.12) 的推导可知，$T: K\to K$ 是一个全连续算子，而且 $u\in K$ 是 BVP (4.3.18) 的一个正解当且仅当它是算子 T 在 K 上的一个不动点.

定理 4.3.7[11] 设假设 (H_7) 成立，且存在 $\delta\in\left(0,\min\left\{\dfrac{1}{2},\Phi\left(\dfrac{1}{\lambda}\right)\right\}\right), a,b,c>0$ 满足 $d>\dfrac{b}{\delta}>b>\delta b>a>0$, 使

(1) $f(t,u)<\Phi_p\left(\dfrac{a}{\lambda}\right), (t,u)\in[0,1]\times[0,a]$;

(2) 下面条件之一成立：

(i) $\overline{\lim\limits_{u\to\infty}}\dfrac{f(t,u)}{\Phi_p(u)}<\Phi_p\left(\dfrac{1}{\lambda}\right)$ 对 $t\in[0,1]$ 一致成立；

(ii) $\exists\eta>d$，使

$$f(t,u)\leqslant\Phi_p\left(\frac{\eta}{\lambda}\right),\qquad (t,u)\in[0,1]\times[0,\eta];$$

(iii) $f(t,u) > \Phi_p\left(\dfrac{2b}{\delta L}\right), \quad (t,u) \in [\delta, 1-\delta] \times [\delta b, d]$,

则 BVP (4.3.18) 至少有三个正解 u_1, u_2 和 u_3，满足

$$\|u_1\| < a < \|u_3\|, \qquad \alpha(u_3) < b < \alpha(u_2).$$

证明　我们证由式 (4.3.19) 定义的全连续算子 $T: K \to K$ 有三个不动点满足上列要求.

首先证在条件 (2) 之下存在 $c \geqslant d$ 使

$$T: \overline{K_c} \to \overline{K_c}.$$

事实上，如果条件 (2) 中的 (ii) 成立，则取 $c = \eta$，对 $\forall u \in \overline{K_c}$，

$$\begin{aligned}
\|Tu\| &= (Tu)(\sigma_u) \\
&\leqslant B_0\left(\Phi_q\left(\int_0^1 a(r)f(r,u(r))\mathrm{d}r\right)\right) + \Phi_q\left(\int_0^1 a(r)f(r,u(r))\mathrm{d}r\right) \\
&\leqslant (m+1)\,\Phi_q\left(\int_0^1 a(r)f(r,u(r))\mathrm{d}r\right) \\
&\leqslant (m+1)\,\Phi_q\left(\int_0^1 a(r)\mathrm{d}r\right)\frac{\eta}{\lambda} \\
&= \eta = c,
\end{aligned}$$

而当条件 (2) 中的 (i) 成立时，存在 $D > 0, \varepsilon \in \left(0, \Phi_p\left(\dfrac{1}{\lambda}\right)\right)$，使

$$\frac{f(t,u)}{u^{p-1}} < \varepsilon, \qquad (t,u) \in [0,1] \times [D, \infty).$$

记 $M = \max\{f(t,u): 0 \leqslant t \leqslant 1, 0 \leqslant u \leqslant D\}$，则

$$f(t,u) \leqslant M + \varepsilon u^{p-1}, \qquad (t,u) \in [0,1] \times [0,\infty),$$

取 c 使

$$\Phi_p(c) > \max\left\{\Phi_p(d), M\left(\Phi_p\left(\frac{1}{\lambda}\right) - \varepsilon\right)^{-1}\right\},$$

则当 $u \in \overline{K_c}$ 时，有

$$\begin{aligned}\|Tu\| &\leqslant B_0 \left(\Phi_q \left(\int_0^1 a(r) f(r,u(r)) \mathrm{d}r \right) \right) + \Phi_q \left(\int_0^1 a(r) f(r,u(r)) \mathrm{d}r \right) \\ &\leqslant (m+1) \Phi_q \left(\int_0^1 a(r) f(r,u(r)) \mathrm{d}r \right) \\ &\leqslant (m+1) \Phi_q \left(\int_0^1 a(r)(\varepsilon \Phi_p(c) + M) \mathrm{d}r \right) \\ &< (m+1) \Phi_q \left(\int_0^1 a(r) \Phi_p \left(\frac{1}{\lambda} \right) \Phi_p(c) \mathrm{d}r \right) \\ &= (m+1) \frac{c}{\lambda} \Phi_q \left(\int_0^1 a(r) \mathrm{d}r \right) = c.\end{aligned}$$

因此 $u \in \overline{K_c}$ 时，由条件 (1) 可证得 $\forall u \in \overline{K_a}$，有 $\|Tu\| < a$. 记 $K(\alpha, b, d) = \{u \in K : b \leqslant \alpha(u), \|u\| \leqslant d\}$.

我们注意到对 $y(t) = \dfrac{b+d}{2}, 0 \leqslant t \leqslant 1$, 有 $y \in K(\alpha, b, d)$, 且 $\alpha(y) = \alpha \left(\dfrac{b+d}{2} \right) > b$, 故 $\{u \in K(\alpha, b, d) : \alpha(u) > b\} \neq \varnothing$.

当 $u \in K(\alpha, b, d)$ 时，$\alpha(u) = \dfrac{1}{2}[u(\delta) + u(1-\delta)] \geqslant \delta d \geqslant b$, 故 $b \leqslant \|u\| \leqslant d$. 对式 (4.3.19) 中的 σ_u 分三种情况讨论.

情况 1 $\sigma_u \in [0, \delta)$，则

$$\begin{aligned}\alpha(Tu) &= \frac{1}{2} [(Tu)(\delta) + (Tu)(1-\delta)] \\ &\geqslant (Tu)(1-\delta) \\ &\geqslant \int_{1-\delta}^1 \Phi_q \left(\int_{\sigma_u}^s a(r) f(r,u(r)) \mathrm{d}r \right) \mathrm{d}s \\ &\geqslant \int_{1-\delta}^1 \Phi_q \left(\int_\delta^{1-\delta} a(r) \Phi_p \left(\frac{2b}{\delta L} \right) \mathrm{d}r \right) \mathrm{d}s \\ &= \delta \frac{2b}{\delta L} \Phi_q \left(\int_\delta^{1-\delta} a(r) \mathrm{d}r \right) \\ &\geqslant 2b > b.\end{aligned}$$

情况 2　$\sigma_u > 1-\delta$，则

$$\begin{aligned}\alpha(Tu)&=\frac{1}{2}\left[(Tu)(\delta)+(Tu)(1-\delta)\right]\\&\geqslant(Tu)(\delta)\\&\geqslant\int_0^{\delta}\Phi_q\left(\int_s^{\sigma_u}a(r)f(r,u(r))\mathrm{d}r\right)\mathrm{d}s\\&\geqslant\delta\,\Phi_q\left(\int_{\delta}^{1-\delta}a(r)\,\Phi_p\left(\frac{2b}{\delta L}\right)\mathrm{d}r\right)\\&>\delta\cdot\frac{2b}{\delta L}\Phi_q\left(\int_{\delta}^{1-\delta}a(r)\mathrm{d}r\right)>b.\end{aligned}$$

情况 3　$\sigma_u\in[\delta,1-\delta]$，则

$$\begin{aligned}2\alpha(Tu)&=(Tu)(\delta)+(Tu)(1-\delta)\\&\geqslant\int_0^{\delta}\Phi_q\left(\int_s^{\sigma_u}a(r)f(r,u(r))\mathrm{d}r\right)\mathrm{d}s+\int_{1-\delta}^{1}\Phi_q\left(\int_{\sigma_u}^{s}a(r)f(r,u(r))\mathrm{d}r\right)\mathrm{d}s\\&\geqslant\delta\,\Phi_q\left(\int_{\delta}^{\sigma_u}a(r)f(r,u(r))\mathrm{d}r\right)+\delta\,\Phi_q\left(\int_{\sigma_u}^{1-\delta}a(r)f(r,u(r))\mathrm{d}r\right)\\&>\delta\left[\Phi_q\left(\int_{\delta}^{\sigma_u}a(r)\mathrm{d}r\right)+\Phi_q\left(\int_{\sigma_u}^{1-\delta}a(r)\mathrm{d}r\right)\right]\cdot\frac{2b}{\delta L}\\&\geqslant 2b,\end{aligned}$$

即 $\alpha(Tu)>b$. 这样, 由定理 2.2.6 得定理 4.3.7 成立.

例 4.3.2　在 BVP (4.3.18) 中取 $p=3,\delta=\dfrac{1}{4},B_0$ 和 B_1 满足 $0\leqslant B_1(u)u\leqslant u^2,a(t)=t^{-\frac{1}{2}}$,

$$f(t,u)=\begin{cases}\dfrac{1}{10}\mathrm{e}^{-t^2}u^2, & 0\leqslant t,u\leqslant 1,\\ \dfrac{1}{10}\mathrm{e}^{-t^2}[(81920e-1)(u-1)+1], & 0\leqslant t\leqslant 1\leqslant u.\end{cases}$$

经计算 $\lambda=(1+1)\left(\int_0^1 t^{-\frac{1}{2}}\mathrm{d}t\right)^{\frac{1}{2}}=2\sqrt{2},L=\min\limits_{\frac{1}{4}\leqslant t\leqslant\frac{3}{4}}\left[\Phi_{\frac{3}{2}}\left(\int_{\frac{1}{4}}^{t}r^{-\frac{1}{2}}\mathrm{d}r\right)+\Phi_{\frac{3}{2}}\left(\int_t^{\frac{3}{4}}r^{-\frac{1}{2}}\mathrm{d}r\right)\right]=\sqrt{\sqrt{3}-1}$.

取 $a=1,b=8,d=40$, 则

$$f(t,u)=\frac{1}{10}\mathrm{e}^{-t^2}u^2<\frac{1}{8}=\Phi_3\left(\frac{1}{2\sqrt{2}}\right),\qquad 0\leqslant t,u\leqslant 1,$$

$$f(t,u) > 8192 > \frac{4096}{\sqrt{3}-1} = \Phi_3\left(\frac{2b}{\delta L}\right), \qquad \frac{1}{4} \leqslant t \leqslant \frac{3}{4}, 2 \leqslant u \leqslant 40,$$

$$\overline{\lim_{u\to\infty}} \frac{f(t,u)}{u^2} = 0 < \frac{1}{8} = \Phi_3\left(\frac{1}{2\sqrt{2}}\right), \qquad 0 \leqslant t \leqslant 1.$$

由定理 4.3.7 知，这时 BVP (4.3.18) 有三个正解 u_1, u_2, u_3 满足

$$\|u_1\| < 1 < \|u_3\|, \qquad \alpha(u_3) < 8 < \alpha(u_2).$$

现在我们依据不同的不动点定理研究 BVP(4.3.14) 三正解的存在性. 泛函 γ, θ, α 的定义和定理 4.3.6 中相同，对 $r \in \left(0, \frac{1}{2}\right), m > 0$, 记

$$\eta = \left(\frac{1}{2} + m\right) \Phi_q \left(\int_0^1 a(r)\mathrm{d}r\right),$$

$$\delta = \frac{1}{2} \Phi_q \left(\int_0^{\frac{1}{2}} a(r)\mathrm{d}r\right),$$

$$\eta_r = (m + 1 - r) \Phi_q \left(\int_0^1 a(r)\mathrm{d}r\right).$$

定理 4.3.8[12] 设假设 (H_7) 成立，且存在 $a, b, c > 0$ 满足 $0 < a < \frac{1}{2}b < b < \frac{\delta}{2\eta}c$，使

(1) $f(u) < \Phi_p\left(\frac{c}{\eta}\right)$，当 $0 \leqslant u \leqslant 2c$;

(2) $f(u) > \Phi_p\left(\frac{b}{\delta}\right)$，当 $b \leqslant u \leqslant 2b$;

(3) $f(u) < \Phi_p\left(\frac{a}{\eta_r}\right)$，当 $0 \leqslant u \leqslant 2a$,

则 BVP(4.3.16) 至少有三个非负解 u_1, u_2, u_3，满足

$$0 \leqslant \alpha(u_1) < a < \alpha(u_2), \qquad \theta(u_2) < b < \theta(u_3), \qquad \gamma(u_3) < c.$$

证明 和定理 4.3.6 的证明中一样, 由

$$(Tu)(t) = B_1\left(\Phi_q\left(\int_0^1 a(r) f(u(r))\mathrm{d}r\right)\right) + \int_t^1 \Phi_q\left(\int_0^s a(r) f(u(r))\mathrm{d}r\right)\mathrm{d}s$$

定义全连续算子 $T: K \to K$，我们只需证 T 在 K 上至少有三个不动点.

设 $u\in\overline{K(\gamma,c)}$，则 $\|u\|\leqslant 2\gamma(u)\leqslant 2c$. $\forall u\in\partial K(\gamma,c)$，有 $f(u(s))<\Phi_p\left(\dfrac{c}{\eta}\right),0\leqslant s\leqslant 1$. 故

$$\begin{aligned}\gamma(Tu)=(Tu)\left(\frac{1}{2}\right)&\leqslant\left(m+\frac{1}{2}\right)\Phi_q\left(\int_0^1 a(r)f(u(r))\mathrm{d}r\right)\\&<\left(m+\frac{1}{2}\right)\frac{c}{\eta}\Phi_q\left(\int_0^1 a(r)\mathrm{d}r\right)\\&=c.\end{aligned}$$

对任意 $u\in\partial K(\beta,b)$，则 $\beta(u)=u\left(\dfrac{1}{2}\right)=b$，且

$$b\leqslant u(t)\leqslant 2b,\qquad 0\leqslant t\leqslant\frac{1}{2}.$$

因此 $f(u(s))>\Phi_p\left(\dfrac{b}{\delta}\right),0\leqslant s\leqslant\dfrac{1}{2}$，并导出

$$\begin{aligned}\beta(Tu)&=(Tu)\left(\frac{1}{2}\right)\\&\geqslant\int_{\frac{1}{2}}^1\Phi_q\left(\int_0^s a(r)f(u(r))\mathrm{d}r\right)\mathrm{d}s\\&\geqslant\frac{1}{2}\Phi_q\left(\int_0^{\frac{1}{2}}a(r)f(u(r))\mathrm{d}r\right)\\&>\frac{1}{2}\Phi_q\left(\int_0^{\frac{1}{2}}a(r)\mathrm{d}r\right)\frac{b}{\delta}\\&=b.\end{aligned}$$

同时 $K(\alpha,a)\neq\Phi$，且 $\forall u\in\partial K(\alpha,a)$，有 $\alpha(u)=u(r)=a$，由 $u(r)\geqslant(1-r)\|u\|=(1-r)u(0)$ 得

$$0\leqslant u(t)\leqslant\frac{1}{1-r}u(r)=\frac{a}{1-r}<2a,\qquad 0\leqslant t\leqslant 1.$$

结合条件 (3) 可得

$$f(u(s))<\Phi_p\left(\frac{a}{\eta_r}\right).$$

因此

$$\begin{aligned}\alpha(Tu)&=(Tu)(r)\\&=B_1\left(\Phi_q\left(\int_0^1 a(r)f(u(r))\mathrm{d}r\right)\right)+\int_r^1\Phi_q\left(\int_0^s a(r)f(u(r))\mathrm{d}r\right)\mathrm{d}s\\&\leqslant(m+1-r)\Phi_q\left(\int_0^1 a(r)f(u(r))\mathrm{d}r\right)\end{aligned}$$

$$
\begin{aligned}
&<(m+1-r)\Phi_q\left(\int_0^1 a(r)\mathrm{d}r\right)\frac{a}{\eta_r}\\
&=a.
\end{aligned}
$$

由定理 2.2.8 知 T 在 $K(\gamma, c)$ 中有三个不动点 u_1, u_2, u_3 满足结论要求，它们都是 BVP (4.3.16) 的非负解.

例 4.3.3 考虑边值问题

$$
\begin{cases}
(\Phi_{\frac{3}{2}}(u'))' + t^{-\frac{1}{2}} f(u) = 0, & 0 < t < 1,\\
u'(0) = u(1) + \dfrac{1}{2}u'(1) = 0,
\end{cases}
\tag{4.3.20}
$$

其中

$$
f(u) = \begin{cases}
\dfrac{1}{5}, & 0 \leqslant u \leqslant 2,\\
u - \dfrac{9}{5}, & 2 \leqslant u \leqslant 4,\\
\dfrac{11}{5}, & 4 \leqslant u \leqslant 72,\\
\dfrac{11}{5} + \dfrac{u-72}{\sqrt{u}}, & u \geqslant 72.
\end{cases}
$$

此例中 $B_1(v) = \dfrac{1}{2}v, m = \dfrac{1}{2}, p = \dfrac{3}{2}, q = 3, a(t) = t^{-\frac{1}{2}}$. 显然 $a(t)$ 在 $t = 0$ 有奇性，取 $r = \dfrac{1}{4}$，则

$$
\eta = \left(m + \frac{1}{2}\right)\Phi_3\left(\int_0^1 a(r)\mathrm{d}r\right) = 4,
$$

$$
\delta = \frac{1}{2}\Phi_3\left(\int_0^{\frac{1}{2}} a(r)\mathrm{d}r\right),
$$

$$
\eta_r = (m+1-r)\Phi_3\left(\int_0^1 a(r)\mathrm{d}r\right) = 5.
$$

选取 $a = 1, b = 4, c = 36$,

$$
f(u) = \frac{1}{5} \leqslant \frac{\sqrt{5}}{5} = \Phi_{\frac{3}{2}}\left(\frac{1}{5}\right) = \Phi_p\left(\frac{a}{\eta_r}\right), \qquad 0 \leqslant u \leqslant 2,
$$

$$
f(u) = \frac{11}{5} > 2 = \Phi_{\frac{3}{2}}(4) = \Phi_p\left(\frac{4}{\delta}\right), \qquad 4 \leqslant u \leqslant 8,
$$

$$
f(u) \leqslant \frac{11}{5} < 3 = \Phi_{\frac{3}{2}}(9) = \Phi_p\left(\frac{c}{\eta}\right), \qquad 0 \leqslant u \leqslant 72.
$$

由定理 4.3.8 可知,BVP(4.3.20) 至少有三个正解.

4.4　非线性项变号时两点边值问题的正解

非线性项的变号对于应用锥拉伸 - 压缩定理研究边值问题正解的存在性带来很大的困难, 当方程蕴含 p-Laplace 算子时尤其如此.

我们首先讨论边值问题

$$\begin{cases} (\Phi_p(u'))' + a(t)f(t,u) = 0, \qquad 0 < t < 1, \\ u(0) = u(1) = 0, \end{cases} \tag{4.4.1}$$

并假设方程和边界条件关于 $t = \dfrac{1}{2}$ 有对称性，即设

(H_8) $f : [0,1] \times \mathbf{R}^+ \to [-M, \infty)$ 为连续，$f(t,0) \geqslant 0 (\not\equiv 0)$; $a \in C((0,1), \mathbf{R}^+)$，测度 $\text{mess}\{t \in [0,1] : a(t) = 0\} = 0, \displaystyle\int_0^1 a(r)\mathrm{d}r < \infty$; $f(t,\cdot) = f(1-t,\cdot), a(t) = a(1-t)$, 其中 $M > 0$ 为任意给定实数.

取 $\delta \in \left(0, \dfrac{1}{2}\right)$, 并记 $X = C[0,1], K = \{x \in X : x(t) \geqslant 0, x(t) = x(1-t)\}$,

$$\alpha(x) = \min_{\delta \leqslant t \leqslant 1-\delta} x(t), \qquad \forall x \in K,$$

又定义 $\widehat{K} = \left\{ x \in K : x \text{在} \left[\dfrac{\delta}{2}, 1 - \dfrac{\delta}{2}\right] \text{上为凹，在} \left[0, \dfrac{\delta}{2}\right] \text{上不减}, x(0) = 0 \right\}$.

由于方程

$$(\Phi_p(u'))' + a(t)f(t,u) = 0$$

的解可以表示为

$$u(t) = c_1 + \int_0^t \Phi_q\left(c_2 - \int_0^s a(r)f(r,x(r))\mathrm{d}r\right)\mathrm{d}s.$$

由边界条件 $u(0) = u(1) = 0$，可唯一确定 c_1, c_2，即 $c_1 = 0$，c_2 为满足

$$\int_0^1 \Phi_q\left(c_2 - \int_0^s a(r)f(r,x(r))\mathrm{d}r\right)\mathrm{d}s = 0$$

的唯一解，记 $c_2 = c_x$.

因此对 $\forall x \in K$，由

$$(Tx)(t) = \int_0^t \Phi_q\left(c_x - \int_0^s a(r)f(r,x(r))\mathrm{d}r\right)\mathrm{d}s, \qquad 0 \leqslant t \leqslant 1$$

可定义算子 $T : K \to X$. 根据定理 4.1.1, T 是 K 上的全连续算子, 这时 BVP(4.4.1) 对称正解的存在性等价于 T 在 K 中不动点的存在性.

由 $(Tx)(1)=0$，即 $\int_0^1 \Phi_q\left(c_x-\int_0^s a(r)f(r,x(r))\mathrm{d}r\right)\mathrm{d}s=0$ 所确定的 c_x 可以表示为

$$c_x=\int_0^{\frac{1}{2}} a(r)f(r,x(r))\mathrm{d}r. \tag{4.4.2}$$

事实上，由

$$\begin{aligned}
&\int_0^1 \Phi_q\left(\int_0^{\frac{1}{2}} a(r)f(r,x(r))\mathrm{d}r-\int_0^s a(r)f(r,x(r))\mathrm{d}r\right)\mathrm{d}s\\
=&\int_0^1 \Phi_q\left(\int_s^{\frac{1}{2}} a(r)f(r,x(r))\mathrm{d}r\right)\mathrm{d}s\\
=&\int_0^{\frac{1}{2}} \Phi_q\left(\int_s^{\frac{1}{2}} a(r)f(r,x(r))\mathrm{d}r\right)\mathrm{d}s+\int_{\frac{1}{2}}^1 \Phi_q\left(\int_s^{\frac{1}{2}} a(r)f(r,x(r))\mathrm{d}r\right)\mathrm{d}s\\
=&\int_0^{\frac{1}{2}} \Phi_q\left(\int_s^{\frac{1}{2}} a(r)f(r,x(r))\mathrm{d}r\right)\mathrm{d}s-\int_{\frac{1}{2}}^0 \Phi_q\left(\int_{1-v}^{\frac{1}{2}} a(r)f(r,x(r))\mathrm{d}r\right)\mathrm{d}v\\
=&\int_0^{\frac{1}{2}} \Phi_q\left(\int_s^{\frac{1}{2}} a(r)f(r,x(r))\mathrm{d}r\right)\mathrm{d}s+\int_0^{\frac{1}{2}} \Phi_q\left(-\int_v^{\frac{1}{2}} a(1-\eta)f(1-\eta,x(1-\eta))\mathrm{d}\eta\right)\mathrm{d}v\\
=&\int_0^{\frac{1}{2}} \Phi_q\left(\int_s^{\frac{1}{2}} a(r)f(r,x(r))\mathrm{d}r\right)\mathrm{d}s+\int_0^{\frac{1}{2}} \Phi_q\left(\int_{\frac{1}{2}}^v a(\eta)f(\eta,x(\eta))\mathrm{d}\eta\right)\mathrm{d}v\\
=&0
\end{aligned}$$

知式 (4.4.2) 成立. 于是全连续算子可由

$$(Tx)(t)=\int_0^t \Phi_q\left(\int_s^{\frac{1}{2}} a(r)f(r,x(r))\mathrm{d}r\right)\mathrm{d}s,\qquad 0\leqslant t\leqslant 1 \tag{4.4.3}$$

定义，同时，根据

$$\begin{aligned}
&\int_0^t \Phi_q\left(\int_s^{\frac{1}{2}} a(r)f(r,x(r))\mathrm{d}r\right)\mathrm{d}s\\
=&\int_0^t \Phi_q\left(\int_s^{\frac{1}{2}} a(r)f(r,x(r))\mathrm{d}r\right)\mathrm{d}s-\int_0^1 \Phi_q\left(\int_s^{\frac{1}{2}} a(r)f(r,x(r))\mathrm{d}r\right)\mathrm{d}s\\
=&-\int_t^1 \Phi_q\left(\int_s^{\frac{1}{2}} a(r)f(r,x(r))\mathrm{d}r\right)\mathrm{d}s\\
=&\int_t^1 \Phi_q\left(\int_{\frac{1}{2}}^s a(r)f(r,x(r))\mathrm{d}r\right)\mathrm{d}s,\qquad 0\leqslant t\leqslant 1
\end{aligned}$$

可将算子 T 进一步表示为

$$(Tx)(t)=\begin{cases}\displaystyle\int_0^t \Phi_q\left(\int_s^{\frac{1}{2}} a(r)f(r,x(r))\mathrm{d}r\right)\mathrm{d}s, & 0\leqslant t\leqslant \dfrac{1}{2},\\ \displaystyle\int_t^1 \Phi_q\left(\int_{\frac{1}{2}}^{s} a(r)f(r,x(r))\mathrm{d}r\right)\mathrm{d}s, & \dfrac{1}{2}\leqslant t\leqslant 1.\end{cases} \tag{4.4.4}$$

另外，当 $x\in\widehat{K}$ 时，我们有

$$x(t)\geqslant \frac{\delta}{1-\delta}\max_{\frac{\delta}{2}\leqslant t\leqslant 1-\frac{\delta}{2}} x(t) > \delta \max_{\frac{\delta}{2}\leqslant t\leqslant 1-\frac{\delta}{2}} x(t),\qquad t\in[\delta,1-\delta],$$

故 $x\in\widehat{K}$ 时,

$$\delta \max_{\frac{\delta}{2}\leqslant t\leqslant 1-\frac{\delta}{2}} x(t)\leqslant \alpha(x)\leqslant \|x\|. \tag{4.4.5}$$

定理 4.4.1 设条件 (H_8) 成立，且 $\exists a,b,d>0$ 满足

$$b>\delta b>a\geqslant \frac{1-\delta}{2}\Phi_q\left(\Phi_p\left(\frac{2d}{\delta}+M\int_0^{\frac{\delta}{2}} a(r)\mathrm{d}r\right)\right)+d>0$$

使

(1) $f(t,u)<\dfrac{\Phi_p(2a)}{\displaystyle\int_0^{\frac{1}{2}} a(r)\mathrm{d}r}$，当 $(t,u)\in[0,1]\times[0,a]$;

(2) $f(t,u)\geqslant\dfrac{M\displaystyle\int_0^{\frac{\delta}{2}} a(r)\mathrm{d}r+\Phi_p(b)}{\displaystyle\int_{\frac{\delta}{2}}^{\frac{1}{2}} a(r)\mathrm{d}r}$，当 $(t,u)\in\left[\dfrac{\delta}{2},1-\dfrac{\delta}{2}\right]\times[d,b]$,

则 BVP(4.3.20) 至少有两正解 u_1,u_2

$$0<\|u_1\|<a<\|u_2\|,\qquad \min_{\delta\leqslant t\leqslant 1-\delta} u_2(t)<\delta b.$$

证明 首先证由式 (4.4.4) 表示的全连续算子 T 有不动点 u_1，满足 $0<\|u_1\|<a$.

定义算子 $\Theta: X\to K$ 为

$$(\Theta u)(t)=\max\{u(t),0\},\qquad t\in[0,1],$$

则 $\Theta\circ T: K\to K$ 为全连续算子.

$\forall u \in \partial K_a$,

$$\begin{aligned}\|(\Theta\circ T)u\| &= \max_{0\leqslant t\leqslant \frac12}\left(\max\left\{\int_0^t \Phi_q\left(\int_s^{\frac12} a(r)f(r,u(r))\mathrm{d}r\right)\mathrm{d}s, 0\right\}\right)\\ &< \frac12 \Phi_q\left(\int_0^{\frac12} a(r)\frac{\Phi_p(2a)}{\displaystyle\int_0^{\frac12} a(s)\mathrm{d}s}\mathrm{d}r\right).\\ &= a,\end{aligned}$$

由此很容易由

$$\deg\{I-\Theta\circ T, K_a, 0\} = 1$$

得到 $\Theta\circ T$ 在 K_a 中的不动点 u_1,

$$0\leqslant u_1(t) < a.$$

下证 $(Tu_1)(t)\geqslant 0, 0\leqslant t\leqslant 1$.

设不然，$\exists t_0\in(0,1)$ 使 $(Tu_1)(t_0)<0$. 这时 $\exists t_1\in[0,t_0), t_2\in(t_0,1]$，满足

$$(Tu_1)(t)<0,\quad t_1<t<t_2;\quad (Tu_1)(t_1) = (Tu_1)(t_0) = 0, \tag{4.4.6}$$

且

$$(Tu_1)'(t_1)\leqslant 0,\qquad (Tu_1)'(t_2)\geqslant 0. \tag{4.4.7}$$

根据 $u_1(t) = (\Theta\circ Tu_1)(t) = \max\{(Tu_1)(t),0\} = 0,\quad t_1\leqslant t\leqslant t_2$，故 $t\in[t_1,t_2]$ 时

$$(\Phi_p(Tu_1)')'(t) = -a(t)f(t,0)\leqslant 0.$$

由 $\Phi_p(Tu_1)'(t)$ 非增性，得到 $(Tu_1)'(t)$ 的非增性，结合式 (4.4.7) 我们有

$$(Tu_1)'(t)\equiv 0,\qquad t_1\leqslant t\leqslant t_2.$$

因此 $(Tu_1)(t)\equiv (Tu_1)(t_0)<0,\quad t_1\leqslant t\leqslant t_2$. 这和式 (4.4.6) 矛盾. 因而 $(Tu_1)(t)\geqslant 0$ 在 $[0,1]$ 上成立. 这样

$$u_1(t) = ((\Theta\circ T)u_1)(t) = (Tu_1)(t),\qquad 0\leqslant t\leqslant 1.$$

u_1 是 T 在 K_a 中的不动点.

为了得到 T 在 K 中的第二个不动点，取

$$l_1: x = \varphi(t) = d + \left(t-\frac{\delta}{2}\right)\Phi_q\left(\Phi_p\left(\frac{2d}{\delta}\right) + M\int_0^{\frac{\delta}{2}} a(r)\mathrm{d}r\right),\qquad t_*\leqslant t\leqslant \frac{\delta}{2},$$

$$l_2: x = \varphi(1-t) = d + \left(1-\frac{\delta}{2}-t\right)\Phi_q\left(\Phi_p\left(\frac{2d}{\delta}\right) + M\int_0^{\frac{\delta}{2}} a(r)\mathrm{d}r\right),$$

$$1-\frac{\delta}{2}\leqslant t\leqslant 1-t_*,$$

其中 t_* 是 $\varphi(t)$ 的零点, 易知 $t_*\in\left(0,\dfrac{\delta}{2}\right)$, 令

$$\eta(t)=\begin{cases}0, & 0\leqslant t\leqslant t_*,\\ \varphi(t), & t_*\leqslant t\leqslant \dfrac{\delta}{2},\\ d, & \dfrac{\delta}{2}\leqslant t\leqslant 1-\dfrac{\delta}{2},\\ \varphi(1-t), & 1-\dfrac{\delta}{2}\leqslant t\leqslant 1-t_0,\\ 0, & 1-t_0\leqslant t\leqslant 1\end{cases}$$

且定义

$$\widehat{f}(t,x)=\begin{cases}f(t,b), & 0\leqslant t\leqslant 1, x\geqslant b,\\ f(t,x), & 0\leqslant t\leqslant 1, b\geqslant x\geqslant \eta(t),\\ f(t,\eta(t)), & 0\leqslant t\leqslant 1, 0\leqslant x\leqslant \eta(t),\end{cases}$$

则 $\widehat{f}\in C([0,1]\times\mathbf{R}^+,[-M,\infty))$ 满足定理中 f 所要求的全部条件外, 还成立

$$\widehat{f}(t,x)\geqslant\frac{M\displaystyle\int_0^{\frac{\delta}{2}}a(r)\mathrm{d}r+\varPhi_p(b)}{\displaystyle\int_{\frac{\delta}{2}}^{\frac{1}{2}}a(r)\mathrm{d}r},\qquad (t,u)\in\left[\frac{\delta}{2},1-\frac{\delta}{2}\right]\times[0,\infty].$$

对 $u\in\widehat{K}$, 定义

$$\widehat{f}(t,x)=\begin{cases}f(t,x), & 0\leqslant t\leqslant 1, x\geqslant \eta(t),\\ \dfrac{x}{\eta(t)}f(t,\eta(t))+\dfrac{\eta(t)-x}{\eta(t)}f(t,0), & t_0<x\leqslant 1-t_0, 0\leqslant x\leqslant \eta(t),\\ f(t,0)-x, & 0\leqslant t\leqslant 1, x\leqslant 0,\end{cases}$$

则 $\widehat{f}\in C([0,1]\times\mathbf{R},\mathbf{R})$ 满足定理中关于 f 所要求的条件外, 还成立

$$\widehat{f}(t,x)\geqslant 0,\qquad \frac{\delta}{2}\leqslant t\leqslant 1-\frac{\delta}{2}, x\in\mathbf{R}.$$

$$(\widehat{T}u)(t)=\begin{cases}\displaystyle\int_0^t\varPhi_q\left(\int_s^{\frac{1}{2}}a(r)\widehat{f}(r,u(r))\mathrm{d}r\right)\mathrm{d}s, & 0\leqslant t\leqslant \dfrac{1}{2},\\ \displaystyle\int_t^1\varPhi_q\left(\int_{\frac{1}{2}}^{s}a(r)\widehat{f}(r,u(r))\mathrm{d}r\right)\mathrm{d}s, & \dfrac{1}{2}\leqslant t\leqslant 1,\end{cases}\tag{4.4.8}$$

因此 $v=\widehat{T}u$ 是线性边值问题

$$\begin{cases}(\Phi_p(v'))'+a(t)\widehat{f}(t,u(t))=0, & 0<t<1,\\ v(0)=v(1)=0\end{cases}$$

的唯一解. 由定理 4.1.1 知,$\widehat{T}:\widehat{K}\to X$ 为全连续算子.

(1) 证 $\widehat{T}(\widehat{K})\subset\widehat{K}$.

由于

$$\begin{aligned}v'(t)&=\Phi_q\left(\int_t^{\frac{1}{2}}a(r)\widehat{f}(r,u(r))\mathrm{d}r\right)\\&=\Phi_q\left(\int_t^{\frac{\delta}{2}}a(r)\widehat{f}(r,u(r))\mathrm{d}r+\int_{\frac{\delta}{2}}^{\frac{1}{2}}a(r)\widehat{f}(r,u(r))\mathrm{d}r\right)\\&>\Phi_q\left(-M\int_0^{\frac{\delta}{2}}a(r)\mathrm{d}r+\frac{M}{\int_0^{\frac{1}{2}}a(r)\mathrm{d}r}\int_{\frac{\delta}{2}}^{\frac{1}{2}}a(r)\mathrm{d}r\right)\\&\geqslant 0,\qquad 0\leqslant t\leqslant\frac{\delta}{2},\end{aligned}$$

故 $v(t)$ 在 $\left[0,\frac{\delta}{2}\right]$ 上不减. 又由 $v(t)>0, 0\leqslant t\leqslant 1$，知 $v(t)\geqslant 0$, $0\leqslant t\leqslant\frac{1}{2}$. 从而 $v(t)\geqslant 0$，$0\leqslant t\leqslant 1$.

又当 $t\in\left[\frac{\delta}{2},1-\frac{\delta}{2}\right]$ 时,

$$(\Phi_p(v'))'(t)=-a(t)\widehat{f}(t,u(t))<0,$$

即 $\Phi_p(v'(t))$ 在 $t\in\left[\frac{\delta}{2},1-\frac{\delta}{2}\right]$ 时单调减, 导出 $v'(t)$ 在 $\left[\frac{\delta}{2},1-\frac{\delta}{2}\right]$ 上单减，则 $v(t)$ 在 $\left[\frac{\delta}{2},1-\frac{\delta}{2}\right]$ 上是凹函数,$\widehat{T}(\widehat{K})\subset\widehat{K}$，得证.

取 $\Omega=\{x\in\widehat{K}:\|x\|>a,\alpha(x)<\delta b\}$，这是 $\widehat{K}$ 中的非空有界开集.

(2) 证 $\widehat{T}$ 在 Ω 中有不动点. 当 $\|x\|=a$ 时，

$$\begin{aligned}\|\widehat{T}x\|&=(\widehat{T}x)\left(\frac{1}{2}\right)\\&=\int_0^{\frac{1}{2}}\Phi_q\left(\int_s^{\frac{1}{2}}a(r)\widehat{f}(r,u(r))\mathrm{d}r\right)\mathrm{d}s\\&<\frac{1}{2}\Phi_q\left(\int_0^{\frac{1}{2}}a(r)\frac{\Phi_p(2a)}{\int_0^{\frac{1}{2}}a(s)\mathrm{d}s}\mathrm{d}r\right)\\&=a.\end{aligned}$$

当 $\alpha(a)=\delta b$ 时，

$$
\begin{aligned}
\alpha(\widehat{T}x) &= \min_{\delta\leqslant t\leqslant\frac{1}{2}}\int_0^t \varPhi_q\left(\int_s^{\frac{1}{2}} a(r)\widehat{f}(r,u(r))\mathrm{d}r\right)\mathrm{d}s \\
&= \int_0^{\delta} \varPhi_q\left(\int_s^{\frac{1}{2}} a(r)\widehat{f}(r,u(r))\mathrm{d}r\right)\mathrm{d}s \\
&= \int_0^{\delta} \varPhi_q\left(\int_s^{\frac{\delta}{2}} a(r)\widehat{f}(r,u(r))\mathrm{d}r+\int_{\frac{\delta}{2}}^{\frac{1}{2}} a(r)\widehat{f}(r,u(r))\mathrm{d}r\right)\mathrm{d}s \\
&> \int_0^{\delta} \varPhi_q\left(-M\int_0^{\frac{\delta}{2}} a(r)\mathrm{d}r+\frac{M\displaystyle\int_{\frac{\delta}{2}}^{\frac{1}{2}} a(r)\mathrm{d}r+\ \varPhi_p(b)}{\displaystyle\int_{\frac{\delta}{2}}^{\frac{1}{2}} a(r)\mathrm{d}r}\int_{\frac{\delta}{2}}^{\frac{1}{2}} a(r)\mathrm{d}r\right)\mathrm{d}s \\
&= \delta b.
\end{aligned}
$$

由拓扑度理论容易证得

$$
\begin{aligned}
\deg\{I-\widehat{T},\Omega,0\} &= \deg\{I-\widehat{T},\widehat{K}(\alpha,\delta h),0\}-\deg\{I-\widehat{T},\widehat{K}_a,0\} \\
&= -1.
\end{aligned}
$$

故 $\widehat{T}$ 在 Ω 中有不动点 u_2

$$
a<\|u_2\|,\qquad \alpha(u_2)<\delta b.
$$

(3) 证 u_2 也是 T 在 K 中的不动点.

为此, 我们只需证

$$
b\geqslant u_2(t)\geqslant \eta(t),\qquad 0\leqslant t\leqslant 1 \tag{4.4.9}
$$

即可. 由式 (4.4.5)，$u_2(t)\leqslant b$ 是显然的. 下证 $u_2(t)\geqslant\eta(t)$. 由 $u_2(t)$ 及 $\eta(t)$ 关于 $t=\dfrac{1}{2}$ 的对称性，只证

$$
u_2(t)\geqslant \eta(t),\qquad t_*\leqslant t\leqslant \frac{1}{2}. \tag{4.4.10}
$$

由 $\eta\left(\dfrac{\delta}{2}\right)=d$，我们证 $u_2\left(\dfrac{\delta}{2}\right)>d$.

设若不然 $u_2\left(\dfrac{\delta}{2}\right)\leqslant d$, 由 $\alpha(u_2)>\delta b>a$，则 $\exists t_0\in\left[\delta,\dfrac{1}{2}\right]$, 使 $u_2(t_0)>\delta b>a$, 从而 $\exists t_1\in\left(\dfrac{\delta}{2},t_0\right)$，使

$$u_2'(t_1)=\frac{u_2(t_0)-u_2\left(\dfrac{\delta}{2}\right)}{t_0-\dfrac{\delta}{2}}>\frac{2}{1-\delta}(a-d)=\varPhi_q\left(\varPhi_p\left(\frac{2d}{\delta}\right)+M\int_0^{\frac{\delta}{2}}a(r)\mathrm{d}r\right),$$

从而由 u_2 在 $\left[\dfrac{\delta}{2},1-\dfrac{\delta}{2}\right]$ 上的凹性，有

$$u_2'\left(\frac{\delta}{2}\right)\geqslant u_2'(t_1)>\varPhi_q\left(\varPhi_p\left(\frac{2d}{\delta}\right)+M\int_0^{\frac{\delta}{2}}a(r)\mathrm{d}r\right),$$

这时对 $t\in\left[0,\dfrac{\delta}{2}\right)$，有

$$\varPhi_p\left(u_2'\left(\frac{\delta}{2}\right)\right)-\varPhi_p(u_2'(t))=\int_t^{\frac{\delta}{2}}a(r)\widehat{f}(r,u_2(r))\mathrm{d}r\leqslant M\int_0^{\frac{\delta}{2}}a(r)\mathrm{d}r,$$

故 $\varPhi_p(u_2'(t))>\varPhi_p\left(\dfrac{2d}{\delta}\right)$，即 $u_2'(t)>\dfrac{2d}{\delta}$，$t\in\left[0,\dfrac{\delta}{2}\right)$，这样

$$u_2\left(\frac{\delta}{2}\right)>\frac{2d}{\delta}\int_0^{\frac{\delta}{2}}\mathrm{d}r=d,$$

和假设矛盾，因此 $u_2\left(\dfrac{\delta}{2}\right)>d$ 成立.

这样我们有

$$u_2(t_*)\geqslant\eta(t_*),\qquad u_2\left(\frac{\delta}{2}\right)>\eta\left(\frac{\delta}{2}\right).$$

在 $\left[t_*,\dfrac{\delta}{2}\right]$ 上，由于

$$\left[\varPhi_p(u_2'(t))-\varPhi_p(\eta'(t))\right]'\leqslant 0.\tag{4.4.11}$$

设式 (4.4.10) 不成立, 则存在 $t_0\in\left(t_*,\dfrac{\delta}{2}\right)$,

$$u_2(t_0)-\eta(t_0)=\min_{t_*\leqslant t\leqslant\frac{\delta}{2}}\{u_2(t)-\eta(t)\}<0,$$

则 $\eta'(t_0)=u_2'(t_0)$，即 $\varPhi_p(u_2'(t_0))-\varPhi_p(\eta'(t_0))=0$，结合式 (4.4.11) 得 $\varPhi_p(u_2'(t))-\varPhi_p(\eta'(t))\leqslant 0,t\in\left[t_0,\dfrac{\delta}{2}\right]$，即

$$u_2'(t)-\eta'(t)\leqslant 0,\qquad t\in\left[t_0,\frac{\delta}{2}\right],$$

于是由

$$0<u_2\left(\frac{\delta}{2}\right)-\eta\left(\frac{\delta}{2}\right)\leqslant u_2(t_0)-\eta(t_0)<0$$

得出矛盾，故式 (4.4.10) 成立，从而式 (4.4.9) 成立. 这样由于 $\widehat{f}(t,u_2(t))=f(t,u_2(t))$，就得

$$u_2=\widehat{T}(u_2)=T(u_2),$$

即 u_2 是 T 的不动点，定理得证.

现在讨论混合边值问题

$$\begin{cases}(\Phi_p(u'))'+a(t)f(t,u)=0, & 0<t<1,\\ u(0)=u'(1)=0,\end{cases} \tag{4.4.12}$$

在条件 (H_8) 中我们不再要求 $a(\cdot)$ 和 $f(\cdot,u)$ 关于 $t=\dfrac{1}{2}$ 对称，即仅假设

(H_9) $f\in C([0,1]\times\mathbf{R}^+,[-M,\infty))$, $f(t,0)\geqslant 0(\not\equiv 0)$; $a\in C((0,1),\mathbf{R}^+)$, 测度 $\operatorname{mess}\{t\in[0,1]:a(t)=0\}=0$, $\displaystyle\int_0^1 a(r)\mathrm{d}r<\infty$; 其中 $M>0$ 为常数.

仍取 $X=C([0,1],\mathbf{R})$，但 $K=\{x\in X: x(t)\geqslant 0\}$, $\widehat{K}=\left\{x\in K:\right.$ $x(t)$单调不减，在 $\left[\dfrac{\delta}{2},1\right]$ 上为凹$\left.\right\}$.

定义全连续算子 $T:K\to X$

$$(Tu)(t)=\int_0^t \Phi_q\left(\int_s^1 a(r)f(r,u(r))\mathrm{d}r\right)\mathrm{d}s, \tag{4.4.13}$$

易证 BVP (4.4.12) 的正解等价于 T 在 K 中的不动点.

现给出如下定理.

定理 4.4.2[12] 设条件 (H_9) 成立，且存在 $a,b,d>0$ 满足

$$0<\frac{2-\delta}{2}\Phi_q\left[\Phi_p\left(\frac{2d}{\delta}\right)+M\int_0^{\frac{\delta}{2}}a(r)\mathrm{d}r\right]+d\leqslant a<\frac{\delta}{2}b<b$$

使

(1) $f(t,x)<\dfrac{\Phi_p(a)}{\displaystyle\int_0^1 a(r)\mathrm{d}r}$, $(t,x)\in[0,1]\times[0,a]$;

(2) $f(t,x)\geqslant\dfrac{M\displaystyle\int_0^{\frac{\delta}{2}}a(r)\mathrm{d}r+\Phi_p\left(\dfrac{b}{2-\delta}\right)}{\displaystyle\int_{\frac{\delta}{2}}^1 a(r)\mathrm{d}r}$, $\quad (t,x)\in\left[\dfrac{\delta}{2},1\right]\times[d,b]$,

则 BVP (4.4.12) 至少有两个正解 u_1 和 u_2,

$$0<\|u_1\|<a<\|u_2\|,\qquad \min_{\delta\leqslant t\leqslant 1}u_2(t)<\frac{1}{2}\delta b.$$

证明 证明方法和定理 4.4.1 类似.

由条件 (1) 可以证得由式 (4.4.13) 定义的全连续算子在 K 中有不动点 u_1，满足 $0<\|u_1\|<a$.

至于 T 的第二个不动点，需考虑锥 $\widehat{K}$ 上的全连续算子 $\widehat{T}:\widehat{K}\to X$，它由

$$(\widehat{T}u)(t)=\int_0^t \Phi_q\left(\int_s^1 a(r)\widehat{f}(r,u(r))\mathrm{d}r\right)\mathrm{d}s \tag{4.4.14}$$

定义，其中先选取定理 4.4.1 证明中的 $\varphi(t)$，定义

$$\eta(t)=\begin{cases}0, & 0\leqslant t\leqslant t_*,\\ \varphi(t), & t_*\leqslant t\leqslant \dfrac{\delta}{2},\\ d, & \dfrac{\delta}{2}\leqslant t\leqslant 1\end{cases}$$

及

$$\widehat{f}(t,x)=\begin{cases}f(t,b), & 0\leqslant t\leqslant 1,\quad x\geqslant b,\\ f(t,x), & 0\leqslant t\leqslant 1,\quad \eta(t)\leqslant x\leqslant b,\\ f(t,\eta(t)), & 0\leqslant t\leqslant 1,\quad 0\leqslant x\leqslant \eta(t).\end{cases}$$

通过证明 $\widehat{T}(\widehat{K})\subset\widehat{K}$, $\widehat{T}$ 在 $\Omega=\left\{x\in\widehat{K}:\|x\|>a,\alpha(x)<\dfrac{\delta}{2}b\right\}$ 中有不动点 u_2，以及 $u_2(t)\geqslant\eta(t)$，就证明了 T 在 K 中有两个满足要求的不动点，定理证毕.

4.5 多点边值问题的正解

利用算子的不动点研究带 p-Laplace 算子的多点边值问题时，首先遇到的困难是如何确定合适的算子将边值问题的解转化为算子的不动点.

4.5.1 建立算子

记 $X=C[0,1], K=\{x\in X:x(t)\geqslant 0,\text{凹函数}\}$.

首先考虑多点边值问题

$$\begin{cases}(\Phi_p(u'))'+q(t)f(t,u)=0, & 0<t<1,\\ u'(0)=\displaystyle\sum_{i=1}^n\alpha_i u'(\xi_i), & u(1)=\displaystyle\sum_{i=1}^n\beta_i u(\xi_i),\end{cases} \tag{4.5.1}$$

其中 $\alpha_i,\beta_i\geqslant 0$，$\displaystyle\sum_{i=1}^n\alpha_i$，$\displaystyle\sum_{i=1}^n\beta_i<1$, $0<\xi_1<\xi_2<\cdots<\xi_n<1$，假设

(H_{10}) $q \in L^1(0,1), q(t) \geqslant 0, \mathrm{mess}\{t \in [0,1] : q(t) = 0\} = 0$，$0 < \int_0^1 q(t)\mathrm{d}t < \infty, f \in C([0,1] \times \mathbf{R}^+, \mathbf{R}^+)$，

$\forall x \in K$，由

$$\begin{cases} (\Phi_p(u'))' + q(t)f(t,x) = 0, & 0 < t < 1, \\ u'(0) = \sum\limits_{i=1}^n \alpha_i u'(\xi_i), & u(1) = \sum\limits_{i=1}^n \beta_i u(\xi_i) \end{cases}$$

解得

$$u'(t) = \Phi_q\left(A_x - \int_0^t q(s)f(s,x(s))\mathrm{d}s\right),$$

$$u(t) = B_x - \int_t^1 \Phi_q\left(A_x - \int_0^r q(s)f(s,x(s))\mathrm{d}s\right)\mathrm{d}r,$$

其中 A_x, B_x 为依赖于 x 的常数，由边界条件确定，即 A_x, B_x 满足

$$A_x = \Phi_p\left(\sum_{i=1}^n \alpha_i \Phi_q\left(A_x - \int_0^{\xi_i} q(s)f(s,x(s))\mathrm{d}s\right)\right), \tag{4.5.2}$$

$$B_x = -\frac{1}{1 - \sum\limits_{i=1}^n \beta_i}\left[\sum_{i=1}^n \beta_i \int_{\xi_i}^1 \Phi_q\left(A_x - \int_0^s q(r)f(r,x(r))\mathrm{d}r\right)\mathrm{d}s\right]. \tag{4.5.3}$$

引理 4.5.1[13]　对任意 $x \in K$, 存在唯一 $A_x \in [0,\infty)$ 使式 (4.5.2) 成立，且仅当所有

$$\int_0^{\xi_i} q(s)f(s,x(s))\mathrm{d}s = 0$$

时才有 $A_x = 0$.

证明　如果对所有的 $i \in \{1,2,\cdots,n\}$，

$$\int_0^{\xi_i} q(s)f(s,x(s))\mathrm{d}s = 0,$$

则

$$A_x = \Phi_p\left(\sum_{i=1}^n \alpha_i \Phi_q(A_x)\right),$$

即 $\left(1 - \sum\limits_{i=1}^n \alpha_i\right)\Phi_q(A_x) = 0$, 从而由 $\Phi_q(A_x) = 0$，得唯一解 $A_x = 0$.

如果 $\exists i \in \{1, 2, \cdots, n\}$, 使 $\int_0^{\xi_i} q(s)f(s, x(s))\mathrm{d}s \neq 0$，则显然 $A_x \neq 0$. 这时式 (4.5.2) 等价于

$$\sum_{i=1}^n \alpha_i \varPhi_q \left(1 - \frac{1}{A_x}\int_0^{\xi_i} q(s)f(s, x(s))\mathrm{d}s\right) = 1. \tag{4.5.4}$$

定义 $g(c) = \sum_{i=1}^n \alpha_i \varPhi_q \left(1 - \frac{1}{c}\int_0^{\xi_i} q(s)f(s, x(s))\mathrm{d}s\right)$，则

$$g : \mathbf{R}\backslash\{0\} \to \mathbf{R}$$

为连续函数，且在 $(-\infty, 0)$ 和 $(0, \infty)$ 都是严格单调增函数，由于

$$g(-\infty) = \varPhi_p\left(\sum_{i=1}^n \alpha_i\right) < 1, \qquad g(0^-) = +\infty,$$

$$g(0^+) = -\infty, \qquad g(+\infty) = \varPhi_p\left(\sum_{i=1}^n \alpha_i\right) < 1,$$

故式 (4.5.4) 仅有唯一解 $A_x \in (-\infty, 0)$，引理得证.

实际上，当取 $\bar{c}_x = -\dfrac{\varPhi_p\left(\sum_{i=1}^n \alpha_i\right)}{1 - \varPhi_p\left(\sum_{i=1}^n \alpha_i\right)}\int_0^1 q(s)f(s, x(s))\mathrm{d}s$ 时，

$$g(\bar{c}_x) = \sum_{i=1}^n \alpha_i \varPhi_q \left(1 + \frac{\left(1 - \varPhi_p\left(\sum_{i=1}^n \alpha_i\right)\right)\int_0^{\xi_i} q(s)f(s, x(s))\mathrm{d}s}{\varPhi_p\left(\sum_{i=1}^n \alpha_i\right)\int_0^1 q(s)f(s, x(s))\mathrm{d}s}\right)$$

$$\leqslant \sum_{i=1}^n \alpha_i \varPhi_q \left(1 + \frac{1 - \varPhi_p\left(\sum_{i=1}^n \alpha_i\right)}{\varPhi_p\left(\sum_{i=1}^n \alpha_i\right)}\right) = 1.$$

故可知

$$A_x \in [\bar{c}_x, 0]. \tag{4.5.5}$$

对任意 $x \in K$, 由式 (4.5.2) 和式 (4.5.3) 确定 A_x 和 B_x 后，就可由

$$(Tx)(t) = B_x - \int_t^1 \varPhi_q\left(A_x - \int_0^s q(r)f(r, x(r))\mathrm{d}r\right)\mathrm{d}s \tag{4.5.6}$$

定义算子 $T:K\to X$.

引理 4.5.2 由式 (4.5.6) 定义的算子 $T:K\to X$ 是全连续算子，且 $TK\subset K$.

证明 由定理 4.1.1, $\forall$ 有界集 $D\subset K$，只要证明 $\{(A_x,B_x):x\in\overline{D}\}$ 在 $\mathbf{R}^2$ 中有界即得全连续性，记

$$L_1=\max\{x(t):0\leqslant t\leqslant 1,\ x\in\overline{D}\},\quad L_2=\max\{f(t,x):0\leqslant t\leqslant 1,\ 0\leqslant x\leqslant L_1\},$$

$$M=\frac{\Phi_p\left(\sum_{i=1}^n\alpha_i\right)}{1-\Phi_p\left(\sum_{i=1}^n\alpha_i\right)}L_2\int_0^1 q(s)\mathrm{d}s,$$

则 $\forall x\in D$, 由于 $(t,x(t))\in[0,1]\times[0,L_1]$，故

$$0\leqslant f(t,x(t))\leqslant L_2.$$

因此

$$\overline{c}_x=-\frac{\Phi_p\left(\sum_{i=1}^n\alpha_i\right)}{1-\Phi_p\left(\sum_{i=1}^n\alpha_i\right)}\int_0^1 q(s)f(s,x(s))\mathrm{d}s\geqslant -M.$$

由式 (4.5.5) 得 $A_x\in[-M,0]$，即 A_x 有界，根据式 (4.5.3), 由 A_x 及 $f(t,x(t))$ 的有界性，易知 B_x 有界，于是全连续性得证.

$\forall x\in K$, 由于 $(\Phi_p(Tx)')'(t)=-q(t)f(t,x(t))\leqslant 0$，故 $(Tx)(t)$ 在 $[0,1]$ 上是凹的，又由

$$\Phi_p((Tx)')(t)=A_x-\int_0^t q(s)f(s,x(s))\mathrm{d}s\leqslant 0,\qquad t\in[0,1]$$

得 $(Tx)'(t)\leqslant 0$，特别是由 $(Tx)'(0)\leqslant 0$, 知 $(Tx)(t)$ 在 $[0,1]$ 上单减，再由

$$\begin{aligned}(Tx)(1)=B_x&=-\frac{1}{1-\sum_{i=1}^n\beta_i}\left[\sum_{i=1}^n\beta_i\int_{\xi_i}^1\Phi_q\left(A_x-\int_0^s q(r)f(r,x(r))\mathrm{d}r\right)\mathrm{d}s\right]\\&\geqslant 0\end{aligned}$$

可得 $(Tx)(t)\geqslant 0$，因此 $TK\subset K$.

易知 $x(t)$ 是 BVP(4.5.1) 的解当且仅当 x 是 T 的不动点.

至于三点边值问题

$$
\begin{cases} (\Phi_p(u'))' + q(t)f(t,u) = 0, \qquad 0 < t < 1, \\ u(0) = 0, \qquad u(1) = u(\eta), \end{cases} \tag{4.5.7}
$$

其边界条件和 BVP(4.5.1) 相比，属于不同的类型，式中 $\eta \in (0,1)$.

我们仍假设条件 (H_{10}) 成立，对 $\forall x \in K$，由

$$
\begin{cases} (\Phi_p(u'))' + q(t)f(t,x) = 0, \qquad 0 < t < 1, \\ u(0) = 0, \quad u(1) = u(\eta) \end{cases}
$$

解得

$$
u(t) = \int_0^t \Phi_q\left(A_x - \int_0^s q(r)f(r,x(r))\mathrm{d}r\right)\mathrm{d}s, \tag{4.5.8}
$$

其中 A_x 为依赖于 x 的常数，满足

$$
\int_\eta^1 \Phi_q\left(A_x - \int_0^s q(r)f(r,x(r))\mathrm{d}r\right)\mathrm{d}s = 0. \tag{4.5.9}
$$

由于

$$
F(c) = \int_\eta^1 \Phi_q\left(c - \int_0^s q(r)f(r,x(r))\mathrm{d}r\right)\mathrm{d}s
$$

是 c 的严格单调增函数，且

$$
F(0) \leqslant 0, \qquad F\left(\int_0^1 q(r)f(r,x(r))\mathrm{d}r\right) \geqslant 0,
$$

故 $F(c) = 0$ 有唯一解 $A_x \in \left[0, \int_0^1 q(r)f(r,x(r))\mathrm{d}r\right]$. 和对 BVP (4.5.1) 的讨论一样，对 $\forall D \subset K$，设 D 有界，则 $\forall x \in \overline{D}, A_x$ 是一致有界的. 因此，当定义

$$
(Tx)(t) = \int_0^t \Phi_q\left(A_x - \int_0^s q(r)f(r,x(r))\mathrm{d}r\right)\mathrm{d}s, \tag{4.5.10}
$$

则由定理 4.1.1 知，$T: K \to X$ 是全连续的，而且由 Tx 在 $[0,1]$ 上的凹性及

$$
(Tx)(0) = 0, \qquad (Tx)(\eta) = (Tx)(1),
$$

可得 $(Tx)(t) \geqslant 0, t \in [0,1]$. 设若不然, $\exists t_0 \in (0,1]$ 使 $(Tx)(t_0) = \min\limits_{0 \leqslant t \leqslant 1}(Tx)(t) < 0$.

如果 $t_0 \in (0,1)$，则 $\exists t_1 \in (0,t_0)$，使

$$
(Tx)'(t_1) = \frac{(Tx)(t_0)}{t_0} = a < 0,
$$

由 $(Tx)(t)$ 的凹性，$\forall t\in(t_0,1]$,

$$(Tx)'(t)\leqslant(Tx)'(t_0)\leqslant(Tx)'(t_1)=a<0.$$

故 $(Tx)(1)\leqslant(Tx)(t_0)+a(1-t_0)<(Tx)(t_0)$, 得出矛盾.

如果 $t_0=1$，则 $(Tx)(1)<(Tx)(t),t\in[0,1)$，则和边界条件 $u(1)=u(\eta)$ 矛盾.

因此 $(Tx)(t)\geqslant 0$ 成立.

综合以上讨论得如下引理.

引理 4.5.3　由式 (4.5.10) 定义的算子 $T:K\to X$ 是全连续算子，且 $TK\subset K$.

4.5.2　多点边值问题的迭代正解

引理 4.5.4　设条件 (H_{10}) 满足，且 $f(t,\cdot)$ 在 $\mathbf{R}^+$ 上单调不减，全连续算子 $T:K\to K$ 由式 (4.5.6) 给定，则对 $\forall x_1,x_2\in K,x_1(t)\leqslant x_2(t),0\leqslant t\leqslant 1$ 有 $(Tx_1)(t)\leqslant(Tx_2)(t)$.

证明　将式 (4.5.3) 代入式 (4.5.6) 后，得到算子 T 的表达式

$$\begin{aligned}(Tx)(t)=&\frac{1}{1-\sum\limits_{i=1}^{n}\beta_i}\left[\sum_{i=1}^{n}\beta_i\int_{\xi_i}^{1}\varPhi_q\left(-A_x+\int_0^s q(r)f(r,x(r))\mathrm{d}r\right)\mathrm{d}s\right]\\&+\int_t^1\varPhi_q\left(-A_x+\int_0^s q(r)f(r,x(r))\mathrm{d}r\right)\mathrm{d}s,\end{aligned}\tag{4.5.11}$$

其中 A_x 由式 (4.5.2) 确定. 先证由式 (4.5.2) 确定的

$$A:K\to\mathbf{R}^-$$

是单减的，如果 $A_{x_1}=0$, 则 $A_{x_2}\leqslant 0=A_{x_1}$. 如果 $A_{x_1}<0$，则由式 (4.5.4) 得

$$\sum_{i=1}^{n}\alpha_i\varPhi_q\left(1-\frac{1}{A_{x_m}}\int_0^{\xi_i}q(r)f(r,x_m(r))\mathrm{d}r\right)=1,\qquad m=1,2.$$

这时至少 $i\in\{1,\cdots,n\}$ 中有一个 i_0 使

$$\int_0^{\xi_{i_0}}q(r)f(r,x(r))\mathrm{d}r>0.$$

假定 $A_{x_2}\leqslant A_{x_1}$ 不成立，即 $0\geqslant A_{x_2}>A_{x_1}$，则

$$\begin{aligned}&\sum_{i=1}^{n}\alpha_i\varPhi_q\left(1-\frac{1}{A_{x_2}}\int_0^{\xi_i}q(r)f(r,x_2(r))\mathrm{d}r\right)\\>&\sum_{i=1}^{n}\alpha_i\varPhi_q\left(1-\frac{1}{A_{x_1}}\int_0^{\xi_i}q(r)f(r,x_2(r))\mathrm{d}r\right)=1,\end{aligned}$$

得出矛盾.

于是由 $x_1(t) \leqslant x_2(t), 0 \leqslant t \leqslant 1$, 可得

$$0 \leqslant f(t, x_1(t)) \leqslant f(t, x_2(t)), \qquad 0 \leqslant -A_{x_1} \leqslant -A_{x_2},$$

从而由式 (4.5.11) 可知 $(Tx_1)(t) \leqslant (Tx_2)(t)$.

记

$$B = \frac{\left(1 - \sum_{i=1}^{n} \beta_i\right) \Phi_q \left(1 - \Phi_p\left(\sum_{i=1}^{n} \alpha_i\right)\right)}{\left(1 - \sum_{i=1}^{n} \beta_i \xi_i\right) \Phi_q \left(\int_0^1 q(r)\mathrm{d}r\right)} > 0,$$

$$A = \frac{1 - \sum_{i=1}^{n} \beta_i}{\int_0^1 \Phi_q \left(\int_0^s q(r)\mathrm{d}r\right) \mathrm{d}s - \sum_{i=1}^{n} \beta_i \int_0^{\xi_i} \Phi_q \left(\int_0^s q(r)\mathrm{d}r\right) \mathrm{d}s} > 0. \tag{4.5.12}$$

定理 4.5.1[13] 假设条件 (H_{10}) 满足，且 $\exists b > a > 0$，

(1) $\forall t \in [0,1], f(t,\cdot) : [a,b] \to \mathbf{R}^+$ 单调不减；

(2) $t \in [0,1]$ 时，

$$f(t,b) \leqslant (bB)^{p-1}, \qquad f(t, a(1-t)) \geqslant (aA)^{p-1},$$

则 BVP (4.5.1) 至少有一个解 $x \in K$，且记

$$u_0(t) = a(1-t), \quad v_0(t) = b,$$

$$u_n(t) = (Tu_{n-1})(t), \quad v_n(t) = (Tv_{n-1})(t)$$

时，可取 $x = \lim\limits_{n\to\infty} u_n$ 或 $x = \lim\limits_{n\to\infty} v_n$.

证明 由条件 (1)，根据引理 4.5.4 可得 $0 \leqslant t \leqslant 1$ 时,

$$u_n(t) \leqslant v_n(t), \qquad n = 0, 1, 2, \cdots$$

下证 $u_n(t) \geqslant u_{n-1}(t), n = 1, 2, \cdots$. 为此只需证

$$u_1(t) = Tu_0(t) \geqslant u_0(t), \qquad 0 \leqslant t \leqslant 1. \tag{4.5.13}$$

将 $x(t) = u_0(t) = a(1-t)$ 代入式 (4.5.11) 中, 不难看出 $u_1'(t) = (Tu_0)'(t) \leqslant 0$ 且 $u_1(t)$ 为凹函数. 因此只需证 $u_1(0) = (Tu_0)(0) \geqslant a$ 就可保证式 (4.5.13) 成立. 实际

上,

$$u_1(0)\geqslant \frac{\sum_{i=1}^{n}\beta_i\int_{\xi_i}^{1}\Phi_q\left(\int_0^s q(r)f(r,a(1-r))\mathrm{d}r\right)\mathrm{d}s}{1-\sum_{i=1}^{n}\beta_i}+\int_0^1\Phi_q\left(\int_0^s q(r)f(r,a(1-r))\mathrm{d}r\right)\mathrm{d}s$$

$$\geqslant aA\left[\left(1-\sum_{i=1}^{n}\beta_i\right)^{-1}\sum_{i=1}^{n}\beta_i\int_{\xi_i}^{1}\Phi_q\left(\int_0^s q(r)\mathrm{d}r\right)\mathrm{d}s+\int_0^1\Phi_q\left(\int_0^s q(r)\mathrm{d}r\right)\mathrm{d}s\right]$$

$$=\frac{aA}{1-\sum_{i=1}^{n}\beta_i}\left[\int_0^1\Phi_q\left(\int_0^s q(r)\mathrm{d}r\right)\mathrm{d}s-\sum_{i=1}^{n}\beta_i\int_0^{\xi_i}\Phi_q\left(\int_0^s q(r)\mathrm{d}r\right)\mathrm{d}s\right]$$

$$=a.$$

同样，证 $v_n(t)\leqslant v_{n-1}(t),t\in[0,1]$. 只需证 $v_1(0)=(Tv_0)(0)\leqslant b=v_0(0)$. 实际上由式 (4.5.5) 可得

$$A v_0\geqslant \overline{C}_{u_0}=-\frac{\Phi_p\left(\sum_{i=1}^{n}\alpha_i\right)}{1-\Phi_p\left(\sum_{i=1}^{n}\alpha_i\right)}\int_0^1 q(r)f(r,b)\mathrm{d}r$$

$$\geqslant-\frac{\Phi_p\left(\sum_{i=1}^{n}\alpha_i\right)\Phi_p(bB)}{1-\Phi_p\left(\sum_{i=1}^{n}\alpha_i\right)}\int_0^1 q(r)\mathrm{d}r.$$

因此

$$v_1(0)\leqslant\frac{1}{1-\sum_{i=1}^{n}\beta_i}\left[\sum_{i=1}^{n}\beta_i\int_{\xi_i}^{1}\Phi_q\left(-A_{v_0}+\Phi_p(bB)\int_0^s q(r)\mathrm{d}r\right)\mathrm{d}s\right]$$

$$+\int_0^1\Phi_q\left(-A_{v_0}+\Phi_p(bB)\int_0^s q(r)\mathrm{d}r\right)\mathrm{d}s$$

$$
\begin{aligned}
&\leqslant \frac{bB}{1-\sum\limits_{i=1}^{n}\beta_i}\left[\sum_{i=1}^{n}\beta_i\int_{\xi_i}^{1}\Phi_q\left(\frac{\Phi_p\left(\sum\limits_{i=1}^{n}\alpha_i\right)\int_0^1 q(r)\mathrm{d}r}{1-\Phi_p\left(\sum\limits_{i=1}^{n}\alpha_i\right)}+\int_0^s q(r)\mathrm{d}r\right)\mathrm{d}s\right]\\
&\quad +bB\int_0^1\Phi_q\left(\frac{\Phi_p\left(\sum\limits_{i=1}^{n}\alpha_i\right)\int_0^1 q(r)\mathrm{d}r}{1-\Phi_p\left(\sum\limits_{i=1}^{n}\alpha_i\right)}+\int_0^s q(r)\mathrm{d}r\right)\mathrm{d}s\\
&\leqslant \frac{bB}{\Phi_q\left(1-\Phi_p\left(\sum\limits_{i=1}^{n}\alpha_i\right)\right)\left(1-\sum\limits_{i=1}^{n}\beta_i\right)}\left[\sum_{i=1}^{n}\beta_i\int_{\xi_i}^{1}\Phi_q\left(\int_0^1 q(r)\mathrm{d}r\right)\mathrm{d}s\right]\\
&\quad +bB\int_0^1\Phi_q\left(\int_0^1 q(r)\mathrm{d}r\right)\mathrm{d}s\\
&\leqslant \frac{bB}{\Phi_q\left(1-\Phi_p\left(\sum\limits_{i=1}^{n}\alpha_i\right)\right)\left(1-\sum\limits_{i=1}^{n}\beta_i\right)}\sum_{i=1}^{n}\beta_i(1-\xi_i)\Phi_q\left(\int_0^1 q(r)\mathrm{d}r\right)\\
&\quad +bB\Phi_q\left(\int_0^1 q(r)\mathrm{d}r\right)\\
&= bB\frac{\left(1-\sum\limits_{i=1}^{n}\beta_i\xi_i\right)\Phi_q\left(\int_0^1 q(r)\mathrm{d}r\right)}{\left(1-\sum\limits_{i=1}^{n}\beta_i\right)\Phi_q\left(1-\sum\limits_{i=1}^{n}\alpha_i\right)}\\
&= b.
\end{aligned}
$$

由引理 4.5.4，我们有

$$
u_0\leqslant u_1\leqslant u_2\leqslant\cdots\leqslant u_n\leqslant\cdots\leqslant v_n\leqslant v_{n-1}\leqslant\cdots\leqslant v_1\leqslant v_0.
$$

由于 $\{u_n\}$ 是一致有界的单调增序列，且易证 $\{u_n\}$ 是等度连续的，故有

$$
\lim_{n\to\infty}u_n=u^*\in K
$$

满足 $u_0(t)=a(1-t)\leqslant u^*(t)\leqslant b$ 及 $Tu^*=u^*, x=u^*$ 是 BVP (4.5.1) 的一个解.

同样由 $\lim\limits_{n\to\infty}v_n=v^*\in K, u_0(t)\leqslant v^*(t)\leqslant a$，可得 BVP (4.5.1) 的解 $x=v^*$.

当 $u^*=v^*$ 时，BVP (4.5.1) 在 $\{x\in K: a(1-t)\leqslant x(t)\leqslant b\}$ 中的解唯一; 当 $u^*\neq v^*$ 时，BVP(4.5.1) 在该区域中有多个解，定理证毕.

推论 4.5.1[13] 设条件 (H_{10}) 成立，且对 $t \in [0,1]$

(1) $f(t,\cdot): \mathbf{R}^+ \to \mathbf{R}^+$ 单调不减；

(2) $\limsup\limits_{l\to 0} \inf\limits_{0\leqslant t\leqslant 1} \dfrac{f(t,l(1-t))}{l^{p-1}} > A^{p-1}$, $\liminf\limits_{l\to\infty} \sup\limits_{0\leqslant t\leqslant 1} \dfrac{f(t,l)}{l^{p-1}} < B^{p-1}$，其中 A 和 B 由式 (4.5.12) 给出，则 BVP (4.5.1) 至少有一个正解，且当选取充分小的 $a>0$ 和充分大的 $b>a>0$ 使

$$\frac{f(t,a(1-t))}{a^{p-1}} \geqslant A^{p-1}, \qquad \frac{f(t,b)}{b} \leqslant B^{p-1}, \qquad 0 \leqslant t \leqslant 1,$$

则令 $u_0(t)=a(1-t), v_0(t)=b$ 及 $u_n(t)=(Tu_{n-1})(t), v_n(t)=(Tv_{n-1})(t)$，正解 x 可取为

$$u^* = \lim_{n\to\infty} u_n \quad \text{或} \quad v^* = \lim_{n\to\infty} v_n.$$

证明 验证定理 4.5.1 的条件即可.

例 4.5.1[13] 设 $0 \leqslant k, m < 4$，边值问题

$$\begin{cases} (\varPhi_5(u'))' + \dfrac{1}{t(1-t)}\left[u^m + \ln(u^k+1)\right] = 0, \\ u'(0) = \displaystyle\sum_{i=1}^{n} \alpha_i u'(q_i), \qquad u(1) = \displaystyle\sum_{i=1}^{n} \beta_i u(\xi_i) \end{cases} \tag{4.5.14}$$

中 α_i, ξ_i, β_i 满足 $\alpha_i, \beta_i \geqslant 0, \sum\limits_{i=1}^{n} \alpha_i, \sum\limits_{i=1}^{n} \beta_i < 1, 0 < \xi_1 < \xi_2 < \cdots < \xi_n < 1$. 记 $f(t,x) = x^m + \ln(1+x^k)$. 由于

$$\lim_{l\to 0} \frac{f(t,l(1-t))}{l^4} = +\infty, \qquad \lim_{l\to\infty} \frac{f(t,l)}{l^4} = 0.$$

故推论 4.5.1 的条件满足，因此 BVP (4.5.14) 存在正解，可由单调迭代求出.

4.5.3 三点边值问题的拟对称解

定义 4.5.1 设 $x(t)$ 是定义在 $[0,T]$ 上的函数,$\eta \in (0,1)$，对 $t \in [0,T]$, 当 $t, 2\eta - t \in [0,T]$ 时，有

$$x(t) = x(2\eta - t),$$

就说 x是关于 $t=\eta$ 的拟对称函数，当拟对称函数是给定边值问题的解时，就说它是边值问题的拟对称解，特别是当 $\eta = \dfrac{T}{2}$ 时，拟对称函数 (拟对称解) 就是对称函数 (对称解).

现在我们研究 BVP (4.5.7) 关于 $t = \dfrac{1+\eta}{2}$ 的拟对称解的存在性.

仍记 $X=C[0,1]$, 定义 $\|x\|=\sup\limits_{0\leqslant t\leqslant 1}|x(t)|$. 取

$$P=\left\{x\in K: x\text{关于}t=\frac{1+\eta}{2}\text{拟对称}\right\}\subset K,$$

这是 K 中的子锥.

引理 4.5.5 设条件 (H_{10}) 成立，且 $t\in[\eta,1]$ 时，

$$f(t,x)=f(1+\eta-t,x),\qquad q(t)=q(1+\eta-t)$$

对 $\forall x\geqslant 0$ 成立，则由式 (4.5.10) 定义的全连续算子

$$T:P\to X$$

有 $TP\subset P$.

证明 由引理 4.5.3 可知 $TP\subset TK\subset K$. 因此只需证 $\forall x\in P,(Tx)(t)=(Tx)(1+\eta-t),t\in\left[\eta,\dfrac{1+\eta}{2}\right]$.

在 $T:P\to K$ 的定义 (4.5.10) 中，A_x 由式 (4.5.9) 给出，且是唯一的，我们先证

$$A_x=\int_0^{\frac{1+\eta}{2}}q(r)f(r,x(r))\mathrm{d}r. \tag{4.5.15}$$

实际上，这时将式 (4.5.15) 代入式 (4.5.10) 的右方，得

$$\begin{aligned}
&\int_\eta^1\varPhi_q\left(\int_0^{\frac{1+\eta}{2}}q(r)f(r,x(r))\mathrm{d}r-\int_0^s q(r)f(r,x(r))\mathrm{d}r\right)\mathrm{d}s\\
=&\int_\eta^1\varPhi_q\left(\int_s^{\frac{1+\eta}{2}}q(r)f(r,x(r))\mathrm{d}r\right)\mathrm{d}s\\
=&\int_\eta^{\frac{1+\eta}{2}}\varPhi_q\left(\int_s^{\frac{1+\eta}{2}}q(r)f(r,x(r))\mathrm{d}r\right)\mathrm{d}s+\int_{\frac{1+\eta}{2}}^1\varPhi_q\left(\int_s^{\frac{1+\eta}{2}}q(r)f(r,x(r))\mathrm{d}r\right)\mathrm{d}s.
\end{aligned}$$

由于先后作变量代换 $u=1+\eta-s$ 及 $v=1+\eta-r$，最后再更换变量符号可得

$$\begin{aligned}
&\int_{\frac{1+\eta}{2}}^1\varPhi_q\left(\int_s^{\frac{1+\eta}{2}}q(r)f(r,x(r))\mathrm{d}r\right)\mathrm{d}s\\
=&-\int_{\frac{1+\eta}{2}}^\eta\varPhi_q\left(\int_{1+\eta-u}^{\frac{1+\eta}{2}}q(r)f(r,x(r))\mathrm{d}r\right)\mathrm{d}u\\
=&\int_{\frac{1+\eta}{2}}^\eta\varPhi_q\left(\int_u^{\frac{1+\eta}{2}}q(1+\eta-v)f(1+\eta-v,x(1+\eta-v))\mathrm{d}v\right)\mathrm{d}u\\
=&-\int_\eta^{\frac{1+\eta}{2}}\varPhi_q\left(\int_s^{\frac{1+\eta}{2}}q(r)f(r,x(r))\mathrm{d}r\right)\mathrm{d}s,
\end{aligned}$$

故式 (4.5.15) 使式 (4.5.9) 成立, 即 A_x 由式 (4.5.15) 给出.

这时

$$(Tx)(t)=\int_0^t \Phi_q\left(\int_s^{\frac{1+\eta}{2}} q(r)f(r,x(r))\mathrm{d}r\right)\mathrm{d}s, \qquad 0\leqslant t\leqslant 1. \tag{4.5.16}$$

对于 $t\in\left[\eta,\dfrac{1+\eta}{2}\right]$, 我们证

$$(Tx)(t)=(Tx)(1+\eta-t). \tag{4.5.17}$$

由式 (4.5.16) 我们有

$$\begin{aligned}
&(Tx)(1+\eta-t)=\int_0^{1+\eta-t} \Phi_q\left(\int_s^{\frac{1+\eta}{2}} q(r)f(r,x(r))\mathrm{d}r\right)\mathrm{d}s\\
&=\int_0^t \Phi_q\left(\int_s^{\frac{1+\eta}{2}} q(r)f(r,x(r))\mathrm{d}r\right)\mathrm{d}s+\int_t^{1+\eta-t} \Phi_q\left(\int_s^{\frac{1+\eta}{2}} q(r)f(r,x(r))\mathrm{d}r\right)\mathrm{d}s\\
&=(Tx)(t)+\int_t^{\frac{1+\eta}{2}} \Phi_q\left(\int_s^{\frac{1+\eta}{2}} q(r)f(r,x(r))\mathrm{d}r\right)\mathrm{d}s\\
&\quad+\int_{\frac{1+\eta}{2}}^{1+\eta-t} \Phi_q\left(\int_s^{\frac{1+\eta}{2}} q(r)f(r,x(r))\mathrm{d}r\right)\mathrm{d}s,
\end{aligned}$$

和证明式 (4.5.15) 一样, 经过变量代换可得

$$\int_{\frac{1+\eta}{2}}^{1+\eta-t} \Phi_q\left(\int_s^{\frac{1+\eta}{2}} q(r)f(r,x(r))\mathrm{d}r\right)\mathrm{d}s=-\int_t^{\frac{1+\eta}{2}} \Phi_q\left(\int_s^{\frac{1+\eta}{2}} q(r)f(r,x(r))\mathrm{d}r\right)\mathrm{d}s,$$

故式 (4.5.17) 成立, 引理得证.

引理 4.5.6[14] $\forall x\in P$, 有如下性质:

(1) $x(t)\geqslant \dfrac{2}{1+\eta}\|x\|\min\{t,1+\eta-t\}$, $t\in[0,1]$;

(2) $x(t)\geqslant \dfrac{2\eta}{1+\eta}\|x\|$, $t\in[\eta,1]$;

(3) $\|x\|=x\left(\dfrac{1+\eta}{2}\right)$.

证明 结论是显然的.

引理 4.5.7 设条件 (H_{10}) 成立, 且 $t\in[0,1]$ 时, $f(t,\cdot):\mathbf{R}^+\to\mathbf{R}^+$ 单调不减, 则由式 (4.5.16) 给出的全连续算子 $T:P\to P$ 有如下性质:

$\forall x_1,x_2\in P, x_1(t)\leqslant x_2(t), t\in[0,1]$, 可得

$$(Tx_1)(t)\leqslant (Tx_2)(t), \qquad t\in[0,1].$$

证明 由 $(Tx_2)(t),(Tx_1)(t)$ 关于 $t=\dfrac{1+\eta}{2}$ 的拟对称性，我们只需证 $(Tx_1)(t)\leqslant(Tx_2)(t)$ 在 $\left[0,\dfrac{1+\eta}{2}\right]$ 上成立即可. 根据式 (4.5.16)，这是显然成立的.

记

$$A=\left[\int_0^{\frac{1+\eta}{2}}\Phi_q\left(\int_s^{\frac{1+\eta}{2}}q(r)\mathrm{d}r\right)\mathrm{d}s\right]^{-1}. \tag{4.5.18}$$

定理 4.5.2[14] 假设条件 (H_{10}) 成立，且 $\exists b>a>0$ 使

(1) $\forall t\in[0,1],f(t,\cdot):\mathbf{R}^+\to\mathbf{R}^+$ 是单调不减的，$\forall x\in\mathbf{R}^+,f(\cdot,x):[0,1]\to\mathbf{R}^+$ 关于 $t=\dfrac{1+\eta}{2}$ 是拟对称的; $q(t)$ 关于 $t=\dfrac{1+\eta}{2}$ 为拟对称;

(2) $f\left(t,\dfrac{2at}{1+\eta}\right)\geqslant\Phi_p(aA),f(t,b)\leqslant\Phi_p(bA),0\leqslant t\leqslant\dfrac{1+\eta}{2}$,

则 BVP (4.5.7) 至少有一个正解 $x(t)$，且当记

$$u_0(t)=\frac{2a}{1+\eta}\min\{t,1+\eta-t\},\qquad v_0(t)=b,$$

$$u_n(t)=(Tu_{n-1})(t),\qquad v_n(t)=(Tv_{n-1})(t)$$

时，可取 $x(t)=\lim\limits_{n\to\infty}u_n(t)$ 或 $x(t)=\lim\limits_{n\to\infty}v_n(t)$.

证明 由条件 (1) 及引理 4.5.6 可知

$$u_n(t)\leqslant v_n(t),\qquad 0\leqslant t\leqslant 1,\qquad n=0,1,2,\cdots.$$

下证 $u_n(t)\geqslant u_{n-1}(t),n=1,2,\cdots$，结合引理 4.5.6，我们只需证

$$u_1(t)=(Tu_0)(t)\geqslant u_0(t),\qquad 0\leqslant t\leqslant 1. \tag{4.5.19}$$

由于 $u_0,u_1\in P,u_1(t)$ 是关于 $t=\dfrac{1+\eta}{2}$ 的拟对称凹函数，为得式 (4.5.19)，仅需要证 $u_1\left(\dfrac{1+\eta}{2}\right)\geqslant u_0\left(\dfrac{1+\eta}{2}\right)=a$.

实际上，

$$\begin{aligned}u_1\left(\frac{1+\eta}{2}\right)&=\int_0^{\frac{1+\eta}{2}}\Phi_q\left(\int_s^{\frac{1+\eta}{2}}q(r)f(r,u_0(r))\mathrm{d}r\right)\mathrm{d}s\\&=\int_0^{\frac{1+\eta}{2}}\Phi_q\left(\int_s^{\frac{1+\eta}{2}}q(r)f\left(r,\frac{2ar}{1+\eta}\right)\mathrm{d}r\right)\mathrm{d}s\\&\geqslant aA\int_0^{\frac{1+\eta}{2}}\Phi_q\left(\int_s^{\frac{1+\eta}{2}}q(r)\mathrm{d}r\right)\mathrm{d}s\\&=a,\end{aligned}$$

故式 (4.5.19) 成立. 同样，由

$$
\begin{aligned}
v_1\left(\frac{1+\eta}{2}\right) &= \int_0^{\frac{1+\eta}{2}} \Phi_q\left(\int_s^{\frac{1+\eta}{2}} q(r)f(r,b)\mathrm{d}r\right)\mathrm{d}s \\
&\leqslant bA\int_0^{\frac{1+\eta}{2}} \Phi_q\left(\int_s^{\frac{1+\eta}{2}} q(r)\mathrm{d}r\right)\mathrm{d}s \\
&= b
\end{aligned}
$$

可得 $v_1(t)\leqslant v_0(t), 0\leqslant t\leqslant 1$, 于是有

$$
u_0(t)\leqslant u_1(t)\leqslant\cdots\leqslant u_{n-1}(t)\leqslant u_n(t)\leqslant\cdots\leqslant v_n(t)\leqslant v_{n-1}(t)\leqslant\cdots\leqslant v_1(t)\leqslant v_0(t).
$$

和定理 4.5.1 的证明一样可得 BVP (4.5.7) 正解 $x(t)$ 存在，可取 $x(t)=\lim\limits_{n\to\infty}u_n(t)$ 或 $x(t)=\lim\limits_{n\to\infty}v_n(t)$.

推论 4.5.2[14] 在定理 4.5.2 中条件 (2) 用 (2′) $\limsup\limits_{l\to 0}\inf\limits_{0\leqslant t\leqslant\frac{1+\eta}{2}}\dfrac{f\left(t,\dfrac{2d}{1+\eta}t\right)}{l^{p-1}}>A^{p-1}$，$\liminf\limits_{l\to 0}\inf\limits_{0\leqslant t\leqslant\frac{1+\eta}{2}}\dfrac{f(t,l)}{l^{p-1}}<A^{p-1}$ 代替，结论仍成立 (这时取 $0<a\ll 1\ll b<\infty$).

例 4.5.2[14] 设 $0\leqslant k,m<4$，考虑边值问题

$$
\begin{cases}
(\Phi_5(u'))'+\left(\dfrac{4}{3}t-t^2\right)^{-\frac{1}{2}}[u^m+\ln(u^k+1)]=0,\\
u(0)=0,\quad u(1)=u\left(\dfrac{1}{3}\right),
\end{cases}
\tag{4.5.20}
$$

验证推论 4.5.2 的条件，可得 BVP (4.5.20) 有关于 $t=\dfrac{2}{3}$ 的拟对称正解 $x(t)$.

取 $0<a\ll 1\ll b<\infty, u_0(t)=\dfrac{3}{2}a\min\left\{t,\dfrac{4}{3}-t\right\}$，$v_0(t)=b$，由迭代序列 $u_n=Tu_{n-1}$ 或 $v_n=Tv_{n-1}$, 可得出 $x(t)=\lim\limits_{n\to\infty}u_n(t)$ 或 $x(t)=\lim\limits_{n\to\infty}v_n(t)$.

4.6 连续性定理对边值问题的应用

本节应用葛渭高和任景莉在文献 [15] 中建立的连续性定理讨论边值问题解的存在性.

4.6.1 三点边值问题

讨论三点边值问题

$$\begin{cases} (\Phi_p(u'))' + f(t,u) = 0, & 0 < t < 1, \\ u(0) = 0 = G(u(\eta), u(1)), \end{cases} \tag{4.6.1}$$

其中 $\eta \in (0,1), G: \mathbf{R}^2 \to \mathbf{R}$ 和 $f: [0,1] \times \mathbf{R} \to \mathbf{R}$ 都是连续函数，令

$$X = \{x \in C[0,1] : x(0) = 0\}, \qquad Y = C[0,1], \qquad Z = Y \times \mathbf{R},$$

$$M = \left(\frac{\mathrm{d}}{\mathrm{d}t}\left(\Phi_p\left(\frac{\mathrm{d}}{\mathrm{d}t}, \cdot\right)\right), \theta\right), \qquad \theta\text{为}X\text{中零元素}.$$

则

$$M : X \cap \mathrm{dom}M \to Y \times \{0\}, \qquad \ker M = \{x = at : a \in \mathbf{R}\},$$

$$\mathrm{dom}M = \{x \in C[0,1] : \Phi_p(u') \in C^1[0,1]\},$$

$$\mathrm{Im}M = Y \times \{0\}.$$

记

$$X_1 = \ker M, \qquad X_2 = \{x \in X : x(1) = 0\},$$

$$Z_1 = \{0\} \times \mathrm{R}, \qquad Z_2 = Y \times \{0\}.$$

由

$$Px = x(1)t, \qquad Qz = Q\begin{pmatrix} y \\ \alpha \end{pmatrix} = \begin{pmatrix} 0 \\ \alpha \end{pmatrix}$$

定义投影算子 $P: X \to X_1$ 和 $Q: Z \to Z_1$. 显然 $\dim X_1 = \dim Z_1 = 1$. 对 $\forall \overline{\Omega} \subset X$，由

$$(N_\lambda x)(t) = (-\lambda f(t, x(t)), G(x(\eta), x(1)))$$

定义算子 $N_\lambda : \overline{\Omega} \to Z$. 则

$$(I - Q)N_\lambda(\overline{\Omega}) \subset Y \times \{0\} = \mathrm{Im}M = (I - Q)Z, \tag{4.6.2}$$

$$QN_\lambda x = \theta, \lambda \in (0,1) \Longleftrightarrow QNx = QN_1 x = \theta. \tag{4.6.3}$$

由

$$J(0,a) = at, \qquad a \in \mathbf{R}, t \in [0,1]$$

定义同胚 $J: Z_1 \to X_1$，则 $J(\theta) = \theta$. 最后由

$$R(x,\lambda)(t) = \int_0^t \Phi_q\left[\Phi_p(x(1)) + c - \int_0^s \lambda f(r, x(r))\mathrm{d}r\right]\mathrm{d}s - x(1)t, \qquad 0 < t < 1 \tag{4.6.4}$$

定义算子 $R:\overline{\Omega}\times[0,1]\to X_2$，其中 $c=c_{x,\lambda}$ 满足

$$\int_0^1 \Phi_q\left[\Phi_p(x(1))+c-\int_0^s \lambda f(r,x(r))\mathrm{d}r\right]\mathrm{d}s-x(1)=0. \tag{4.6.5}$$

下证对 $\forall x\in\overline{\Omega},\lambda\in[0,1]$, 存在唯一的 $c=c_{x,\lambda}$ 使式 (4.6.5) 成立. 令

$$F(c)=\int_0^1 \Phi_q\left[\Phi_p(x(1))+c-\int_0^s \lambda f(r,x(r))\mathrm{d}r\right]\mathrm{d}s-x(1),$$

$$c_1=\min_{0\leqslant t\leqslant 1}\int_0^t \lambda f(r,x(r))\mathrm{d}r,\qquad c_2=\max_{0\leqslant t\leqslant 1}\int_0^t \lambda f(r,x(r))\mathrm{d}r.$$

显然 $F(c)$ 是连续严格增函数, 且 $F(c_1)\leqslant 0\leqslant F(c_2)$. 故有唯一 $c\in[c_1,c_2]$ 满足式 (4.6.5).

我们进一步证: $c:\overline{\Omega}\times[0,1]\to\mathbf{R}$ 是连续的.

设不然, 存在 $(x_0,\lambda_0)\in\overline{\Omega}\times[0,1]$ 及 $(x_n,\lambda_n)\to(x_0,\lambda_0)$ 使

$$c^n=c_{x_n,\lambda_n}\not\to c_{x_0,\lambda_0}=c_0,\qquad n\to\infty.$$

令

$$r=\max\{\|x\|:x\in\overline{\Omega}\},\qquad d=\max\{|f(t,x)|:|x|\leqslant r,0\leqslant t\leqslant 1\}.$$

则 $-d\leqslant c_1\leqslant c^n\leqslant c_2\leqslant d$. 因此在 $\{(x_n,\lambda_n)\}$ 中有子序列，不妨设就是它自身，满足

$$c^n=c(x_n,\lambda_n)\to\overline{c}\neq c_0.$$

但是

$$F(c^n)=\int_0^1 \Phi_q\left(\Phi_p(x_n(1))+c^n-\int_0^s \lambda_n f(r,x_n(r))\mathrm{d}r\right)\mathrm{d}s-x_n(1)=0,$$

由 Lebesgue 控制收敛定理得

$$F(\overline{c})=\int_0^1 \Phi_q\left(\Phi_p(x_0(1))+\overline{c}-\int_0^s \lambda_n f(r,x_0(r))\mathrm{d}r\right)\mathrm{d}s-x_0(1)=0,$$

这和 $c_0=c(x_0,\lambda_0)$ 的唯一性矛盾. $c(x,\lambda)$ 的连续性得证.

由此, 对 X 中的任意有界集 $\Omega\neq\varnothing$，易证由式 (4.6.4) 定义的算子 $R:\overline{\Omega}\times[0,1]\to X_2\subset X$ 是全连续的.

我们由式 (4.6.4) 可得

$$\forall\, x\in\Sigma_\lambda=\{x\in\overline{\Omega}:Mx=N_\lambda x\}\subset\{x\in\overline{\Omega}:(\Phi_p(x'))'(t)=-\lambda f(t,x(t))\},$$

有

$$\begin{aligned}R(x,\lambda)(t)&=\int_0^t \Phi_q\left[\Phi_p(x(1))+c-\int_0^s \lambda f(r,x(r))\mathrm{d}r\right]\mathrm{d}s-x(1)t\\&=\int_0^t \Phi_q\left[\Phi_p(x(1))+c+\int_0^s (\Phi_p(x'(r)))'\mathrm{d}r\right]\mathrm{d}s-x(1)t\\&=\int_0^t \Phi_q\left[\Phi_p(x(1))+c+\Phi_p(x'(s))-\Phi_p(x'(0))\right]\mathrm{d}s-x(1)t.\end{aligned}$$

用 $-\Phi_p(x'(1))+\Phi_p(x'(0))$ 代替上式中的 c 得

$$R(x,\lambda)(1)=\int_0^1 \Phi_q\left[\Phi_p(x'(s))\right]\mathrm{d}s-x(1)=x(1)-x(1)=0,$$

即式 (4.6.5) 满足. 由式 (4.6.5) 解的唯一性可知，必定有 $c=-\Phi_p(x'(1))+\Phi_p(x'(0))$. 因此

$$R(x,\lambda)(t)=\int_0^t x'(s)\mathrm{d}s-x(1)t=x(t)-x(1)t=((I-P)x)(t). \tag{4.6.6}$$

同时，由 $R(x,0)(t)=\int_0^t \Phi_q\left[\Phi_p(x(1))+c\right]\mathrm{d}s-x(1)t$ 及式 (4.6.5) 得 $c=0$. 于是

$$R(x,0)(t)\equiv 0,\qquad x\in\overline{\Omega}. \tag{4.6.7}$$

由 P 和 $R(x,\lambda)$ 的定义可验证

$$M[P+R(\cdot,\lambda)]=(I-Q)N_\lambda. \tag{4.6.8}$$

因此 N_λ 在 $\overline{\Omega}$ 上是 M- 紧的.

下证定理 4.6.1.

定理 4.6.1[15] 设 $f\in C([0,1]\times\mathbf{R},\mathbf{R}), G\in C(\mathbf{R}^+,\mathbf{R})$. 如果存在 $a>0$ 使

(1) $f(t,a)<0<f(t,-a), t\in[0,1]$；

(2) $G(x,a)<0<G(x,-a)$ 或 $G(x,-a)<0<G(x,a)$ 对 $|x|\leqslant a$ 成立，

则 BVP (4.6.1) 至少有一个解 x 满足 $|x(t)|<a$.

证明 在 $X=\{x\in C[0,1]:x(0)=0\}$ 中考虑边值问题

$$\begin{cases}(\Phi_p(u'))'+\lambda f(t,u)=0,\\ G(u(\eta),u(1))=0=u(0),\end{cases} \tag{4.6.9}$$

如前定义 M 和 N_λ，则 BVP (4.6.9) 的解等价于

$$Mu=N_\lambda u,\qquad \lambda\in[0,1]$$

在 X 中的解.

取 $\Omega = \{x \in X : \|x\| < a\}$，我们证

$$Mu \neq N_\lambda, \qquad \lambda \in (0,1), u \in \partial\Omega. \tag{4.6.10}$$

如不然，有 $\lambda_0 \in (0,1), u \in \partial\Omega$ 使

$$Mu = N_{\lambda_0} u,$$

则有 $t_0 \in [0,1]$，使

$$|u(t_0)| = a, \qquad |u(t)| \leqslant a,\ t \in [0,1].$$

不失一般性，设 $u(t_0) = a > 0$. 显然 $t_0 \neq 0$.

当 $t_0 \in (0,1)$ 时，$u'(t_0) = 0$, 且有

$$(\varPhi_p(u'(t_0)))' = -\lambda_0 f(t_0, u(t_0)) = -\lambda_0 f(t_0, a) > 0.$$

因此，$\exists \delta \in (0, \min\{t_0, 1-t_0\})$，使

$$(\varPhi_p(u'(t)))' > 0, \qquad t \in (t_0 - \delta, t_0 + \delta). \tag{4.6.11}$$

同时，$\exists t_1 \in (t_0 - \delta, t_0), t_2 \in (t_0, t_0 + \delta)$, 使

$$u'(t_2) \leqslant 0 \leqslant u'(t_1).$$

但是式 (4.6.11) 可导出

$$\begin{aligned} &\varPhi_p(u'(t)) < \varPhi_p(u'(t_0)) = 0, \qquad t \in (t_0 - \delta, t_0), \\ &\varPhi_p(u'(t)) > \varPhi_p(u'(t_0)) = 0, \qquad t \in (t_0, t_0 + \delta), \end{aligned}$$

从而有

$$u'(t_1) < u'(t_0) = 0 < u'(t_2),$$

得出矛盾.

如果 $t_0 = 1$, 则 $u(1) = a, |u(\eta)| \leqslant a$. 这时有

$$0 = G(u(\eta), a) \neq 0,$$

同样得出矛盾.

由此知式 (4.6.10) 成立.

至于拓扑度的计算，我们有

$$\begin{aligned}\deg\{JQN,\Omega\cap X_1,0\} &= \deg\{QNJ,J^{-1}(\Omega\cap X_1),J^{-1}(0)\}\\ &= \deg\{\widehat{G},(-a,a),0\},\end{aligned}$$

其中 $\widehat{G}(x)=G(\eta x,x)$. 不失一般性, 不妨设条件 (2) 中 $G(x,a)<0<G(x,-a)$ 对 $|x|\leqslant a$ 成立.

取同伦

$$H(x,\mu)=-\mu x+(1-\mu)\widehat{G}(x)=-\mu x+(1-\mu)G(\eta x,x).$$

对 $\forall x\in\partial(J^{-1}(\Omega\cap X_1)),\mu\in[0,1]$, 我们有 $|x|=a$.

$$\begin{aligned}\langle x,H(x,\mu)\rangle &= -\mu x^2+(1-\mu)G(\eta x,x)x\\ &= -\mu a^2+(1-\mu)G(\eta x,x)x\\ &< 0.\end{aligned}$$

因此

$$\deg\{JQN,\Omega\cap X_1,0\}=\deg\{-I,(-a,a),0\}=-1.$$

这时利用定理 2.3.3 即可得本定理结论.

定理 4.6.2[15] 设 $f\in C([0,1]\times\mathbf{R}^+,\mathbf{R}),G\in C(\mathbf{R}^+\times\mathbf{R}^+,\mathbf{R})$，如果 $\exists a>0$ 使:

(1) $f(t,a)<0<f(t,0),t\in[0,1]$;

(2) $G(x,a)<0<G(x,0)$ 或 $G(x,0)<0<G(x,a)$ 对 $0\leqslant x\leqslant a$ 成立,

则 BVP (4.6.1) 至少有一个正解 $x(t)$ 满足 $0<x(t)<a$.

证明 不妨设 $G(x,0)<0<G(x,a)$ 对 $0\leqslant x\leqslant a$ 成立. 令

$$f^*(t,x)=\begin{cases}f(t,x), & x\geqslant 0,\\ f(t,0), & x<0;\end{cases}$$

$$G^*(x,y)=\begin{cases}G(x,y), & x,y\geqslant 0,\\ G(x,0), & x\geqslant 0>y,\\ G(0,y), & x<0\leqslant y,\\ G(0,0), & x,y<0.\end{cases}$$

这时有

$$f^*(t,a)<0<f^*(t,-a),\qquad 0\leqslant t\leqslant 1,$$

$$G^*(x,-a)<0<G^*(x,a),\qquad |x|\leqslant a.$$

由定理 4.6.1 知

$$\begin{cases}(\varPhi_p(u'))'+f^*(t,u)=0,\\ G^*(u(\eta),u(1))=0\end{cases}\tag{4.6.12}$$

在 X 上有解 $u=u(t), |u(t)|<a$. 下证

$$u(t)>0, \qquad 0<t\leqslant 1. \tag{4.6.13}$$

如不然，$\exists t_0\in(0,1]$，使

$$u(t_0)\leqslant 0, \qquad u(t)<a, \qquad t\in[0,1].$$

如果 $u(1)\leqslant 0$，则

$$G^*(u(\eta),u(1))=G(u(\eta),0)<0,$$

故有 $u(1)>0$. 因此得到 $t_0\in(0,1)$. 不妨设

$$u(t_0)=\min_{0\leqslant t\leqslant 1} u(t)\leqslant 0.$$

则有 $u'(t_0)=0$，由于 $(\varPhi_p(u'(t_0)))'=-f^*(t_0,u(t_0))<0$, 故存在 $\delta\in(0,\min\{t_0,1-t_0\})$，使

$$(\varPhi_p(u'(t)))'<0, \qquad t\in(t_0-\delta,t_0+\delta), \tag{4.6.14}$$

并有 $t_1\in(t_0-\delta,t_0)$, $t_2\in(t_0,t_0+\delta)$，使

$$u'(t_1)>u'(t_0)=0>u'(t_2), \tag{4.6.15}$$

但由式 (4.6.14) 可得

$$\varPhi_p(u'(t_1))>\varPhi_p(u'(t_0))=0>\varPhi_p(u'(t_2)),$$

从而

$$u'(t_1)<u'(t_0)=0<u'(t_2)$$

和式 (4.6.15) 矛盾. 因此式 (4.6.13) 成立，从而

$$f^*(t,u(t))=f(t,u(t)),$$

$$G^*(u(\eta),u(1))=G(u(\eta),u(1)).$$

这就是说，$u(t)$ 是 BVP (4.6.1) 的正解.

4.6.2　多点边值问题

考虑多点边值问题

$$\begin{cases} (\varPhi_p(u'))'+f(t,u)=0, \qquad 0<t<1, \\ u(0)=0, \qquad \varPhi_p(u'(1))=\displaystyle\sum_{i=1}^{m-2}\alpha_i\varPhi_p(u'(\eta_i)) \end{cases} \tag{4.6.16}$$

解的存在性，其中 $\alpha_i>0,\sum\limits_{i=1}^{m-2}\alpha_i=1$(共振条件),

$$0<\eta_1<\eta_2<\cdots<\eta_{m-2}<1,\qquad f\in C([0,1]\times\mathbf{R},\mathbf{R}).$$

由 $\alpha_i>0,\sum\limits_{i=1}^{m-2}\alpha_i=1$ 可得

$$\sum_{i=1}^{m-2}\alpha_i\eta_i<1. \tag{4.6.17}$$

记 $X=\{x\in C[0,1]:x(0)=0\},Z=C[0,1]$，$M=\left(\frac{\mathrm{d}}{\mathrm{d}t}\left(\varPhi_p\left(\frac{\mathrm{d}}{\mathrm{d}t}\cdot\right)\right),\theta\right)$，$\theta$ 为 X 中零元素，则对算子 $M:X\cap\mathrm{dom}M\to Z$ 有

$$\ker M=\{at:a\in\mathbf{R}\},\qquad \mathrm{Im}M=\left\{z\in Z:\sum_{i=1}^{m-2}\alpha_i\int_{\eta_i}^1 z(r)\mathrm{d}r=0\right\},$$

$$\mathrm{dom}M=\{x\in X:\varPhi_p(x')\in C^1[0,1]\}.$$

令

$$X_1=\ker M,\qquad X_2=\{x\in X:x'(0)=0\},$$

$$Z_1=R,\qquad Z_2=\mathrm{Im}M,$$

则 $X=X_1\oplus X_2,Z=Z_1\oplus Z_2$, 且

$$\mathrm{dom}X_1=\mathrm{dom}Z_1=1,$$

故 M 是拟线性算子，分别定义投影算子

$$P:X\to X_1,x\mapsto x'(0)t,\quad Q:Z\to Z_1,z\mapsto\frac{1}{1-\sum\limits_{i=1}^{m-2}\alpha_i\eta_i}\sum_{i=1}^{m-2}\alpha_i\int_{\eta_i}^1 z(r)\mathrm{d}r.$$

令

$$(N_\lambda x)(t)=-\lambda f(t,x(t)),$$

$$R(x,\lambda)(t)=\int_0^t\varPhi_q\left[\varPhi_p(x'(0))-\lambda\int_0^s\left(f(r,x(r))-\frac{\sum\limits_{i=1}^{m-2}\alpha_i\int_{\eta_i}^1 f(\tau,x(\tau))\mathrm{d}\tau}{1-\sum\limits_{i=1}^{m-2}\alpha_i\eta_i}\right)\mathrm{d}r\right]\mathrm{d}s-x'(0)t. \tag{4.6.18}$$

对 X 中的任意有界集 $\Omega \neq \varnothing$, 易证

$$R : \overline{\Omega} \times [0,1] \to X$$

是全连续的，而对

$$\begin{aligned}\forall\, x \in \Sigma_\lambda = &\{x \in \overline{\Omega} : Mx = N_\lambda x\}\\ &\subset \left\{x \in \overline{\Omega} : (\varPhi_p(x'))' = -\lambda f(t, x(t)), \sum_{i=1}^{m-2} \alpha_i \int_{\eta_i}^1 f(r, x(r))\mathrm{d}r = 0\right\},\end{aligned}$$

我们有

$$R(x,\lambda)(t) = \int_0^t \varPhi_q \left[\varPhi_p(x'(0)) - \lambda \int_0^s f(r, x(r))\mathrm{d}r\right] \mathrm{d}s - x'(0)t,$$

于是

$$(R(x,\lambda))'(0) = x'(0) - x'(0) = 0,$$

$$\begin{aligned}R(x,\lambda)(t) &= \int_0^t \varPhi_q \left[\varPhi_p(x'(0)) + \int_0^s (\varPhi_p(x'(r)))'\mathrm{d}r\right] \mathrm{d}s - x'(0)t\\ &= \int_0^t \varPhi_q \left[\varPhi_p(x'(0)) + \varPhi_p(x'(s)) - \varPhi_p(x'(0))\right] \mathrm{d}s - x'(0)t\\ &= x(t) - x'(0)t\\ &= (I-P)x(t).\end{aligned} \tag{4.6.19}$$

同时由式 (4.6.18) 得

$$R(x,0) = x'(0) - x'(0) = 0. \tag{4.6.20}$$

由 P 和 $R(x,\lambda)$ 的定义，很容易验证

$$M[P + R(\cdot,\lambda)] = (I-Q)N_\lambda. \tag{4.6.21}$$

由式 (4.6.19)~ 式 (4.6.21) 及

$$QN_\lambda x = 0, \lambda \in (0,1) \Leftrightarrow QNx = QN_1 x = 0,$$

可知 N_λ 在 $\overline{\Omega}$ 上 M- 紧的.

定理 4.6.3[16]　设 $f \in C([0,1] \times \mathbf{R}, \mathbf{R})$. 又设存在 $a, M > 0$，对

$$\varphi(t) = \begin{cases} a, & 0 \leqslant t \leqslant \eta_1,\\ a + \varPhi_q\left(\varPhi_p\left(\dfrac{a}{\eta_1}\right) + M\right)(t - \eta_1), & \eta_1 \leqslant t \leqslant 1\end{cases}$$

满足:

(1) $xf(t,x)<0, t\in[0,1], a\leqslant|x|\leqslant\varphi(t)$;

(2) $|f(t,x)|\leqslant M, t\in[0,1], |x|\leqslant\varphi(t)$,

则 BVP (4.6.16) 至少有一个解 $x:|x(t)|<\varphi(t), 0\leqslant t\leqslant 1$.

证明 取 $\Omega=\{x\in X:|x(t)|<\varphi(t)\}$, 则 $\Omega\subset X$ 为非空有界开集. 下证

$$Mu\neq N_\lambda u, \qquad \lambda\in(0,1), u\in\partial\Omega. \tag{4.6.22}$$

设 $Mu=N_\lambda u$, 则 $u(t)$ 满足

$$(\Phi_p(u'))'(t)=-\lambda f(t,u(t)),$$

$$u(0)=0, \qquad \sum_{i=1}^{m-2}\alpha_i\int_{\eta_i}^1 f(r,u(r))\mathrm{d}r=0.$$

由条件 (1) 知, $\exists t_0\in(\eta_1,1)$, 使 $|u(t_0)|<a$. 于是有

$$|u(t)|<a, \qquad t\in(0,t_0), \tag{4.6.23}$$

由此知 $\exists t_1\in(0,t_0)$, 使

$$|u'(t_1)|=\left|\frac{u(t_0)-u(0)}{t_0}\right|<\frac{a}{\eta_1}.$$

于是由 $|u(t_0)|<a=\varphi(\eta_1)$ 证

$$|u(t)|<\varphi(t), \qquad t_0\leqslant t\leqslant 1. \tag{4.6.24}$$

设不然, $\exists t_2\in(t_0,1]$, 使

$$|u(t)|<\varphi(t), \quad t\in[t_0,t_2); \quad |u(t_2)|=\varphi(t_2).$$

但由

$$|(\Phi_p(u'(t)))'|\leqslant M, \qquad t\in[t_1,t_2]$$

得

$$|\Phi_p(u'(t))|\leqslant|\Phi_p(u'(t_1))|+M(t-t_0)<\Phi_p\left(\frac{a}{\eta_1}\right)+M.$$

因而由

$$|u'(t)|<\Phi_q\left(\Phi_p\left(\frac{a}{\eta_1}\right)+M\right), \qquad t\in[t_0,t_2],$$

$$
\begin{aligned}
|u(t_2)| &< |u(t_0)| + \Phi_q\left(\Phi_p\left(\frac{a}{\eta_1}\right)+M\right)(t_2-t_0)\\
&< a + \Phi_q\left(\Phi_p\left(\frac{a}{\eta_1}\right)+M\right)(t_2-t_0)\\
&< \varphi(t_2),
\end{aligned}
$$

得出矛盾. 由式 (4.6.23) 和式 (4.6.24) 得 $|u(t)| < \varphi(t)$，$0 \leqslant t \leqslant 1$. 于是式 (4.6.22) 成立.

定义 $J : Z_1 \to X_1$ 为

$$
J(a) = at, \qquad a \in \mathbf{R}, t \in [0,1].
$$

显然 $J(\theta) = \theta$.

由于 $\Omega \cap X_1 = \left\{\alpha t : |\alpha| < \dfrac{a}{\eta_1}\right\}$，故

$$
\begin{aligned}
\deg\{JQN, \Omega\cap X_1, 0\} &= \deg\{QNJ, J^{-1}(\Omega\cap X_1), J^{-1}(0)\}\\
&= \deg\left\{QNJ, \left(-\frac{a}{\eta_1}, \frac{a}{\eta_1}\right), 0\right\}.
\end{aligned}
$$

又

$$
QNz|_{z=-\frac{a}{\eta}} = \frac{1}{1-\sum\limits_{i=1}^{m-2}\alpha_i\eta_i}\sum_{i=1}^{m-2}\alpha_i\int_{\eta_i}^{1} f\left(r, -\frac{a}{\eta}r\right)\mathrm{d}r > 0,
$$

$$
QNz|_{z=\frac{a}{\eta}} = \frac{1}{1-\sum\limits_{i=1}^{m-2}\alpha_i\eta_i}\sum_{i=1}^{m-2}\alpha_i\int_{\eta_i}^{1} f\left(r, \frac{a}{\eta}r\right)\mathrm{d}r < 0,
$$

得

$$
\deg\{JQN, \Omega\cap X_1, 0\} = \deg\left\{QNJ, \left(-\frac{a}{\eta_1}, \frac{a}{\eta_1}\right), 0\right\} = -1.
$$

应用定理 2.3.3 得到定理结论.

例 4.6.1 考虑边值问题

$$
\begin{cases}
(\Phi_5(u'))' - u^3 - t^2 = 0, & 0 < t < 1,\\[2mm]
u(0) = 0, \quad u'(1) = \dfrac{1}{3}u'\left(\dfrac{3}{4}\right) + \dfrac{2}{3}u'\left(\dfrac{4}{5}\right),
\end{cases}
\tag{4.6.25}
$$

其中，$\eta_1 = \dfrac{3}{4}, f(t,x) = -x^3 - t^2$.

取 $a = \dfrac{3}{2}, M = 28$, 则

$$\varphi(t)=\begin{cases}\dfrac{3}{2}, & 0\leqslant t\leqslant \dfrac{3}{4},\\ \dfrac{3}{2}+\varPhi_{\frac{5}{4}}(\varPhi_5(2)+28)\left(t-\dfrac{3}{4}\right), & \dfrac{3}{4}\leqslant t\leqslant 1.\end{cases}$$

显然，$\varphi(t)<3$, 当 $(t,x)\in[0,1]\times[-\varphi(t),\varphi(t)]$ 时，

$$|f(t,x)|<27+1=28=M,$$

且 $|x|\geqslant \dfrac{3}{2}$ 时，$xf(t,x)<0,t\in[0,1]$. 故定理 4.6.3 保证 BVP (4.6.25) 有解 x 满足

$$|x(t)|<\varphi(t).$$

评　注

在广义极坐标系下讨论带 p-Laplace 算子的边值问题解的存在性和在锥上研究此类边值问题正解存在性，一般都是对单个微分方程进行讨论，绝少用于研究微分方程系统的边值问题. 广义极坐标系对多点边值问题的适用性则尚需探讨.

用单调迭代序列得出非线性边值问题的解通常是以上下解方法为基础，结合非线性项关于 x 的单增性进行讨论的. 4.5 节所讨论的单调迭代实际上是综合了上下解方法和锥拉伸锥压缩原理获得迭代序列的初始函数，需要注意的是，在 4.5 节中讨论的迭代序列都是在区间 $[0,1]$ 中的同一点 $\left(\text{如 } t=0 \text{ 或 } t=\dfrac{1+\eta}{2}\right)$ 处取得最大值的，在不能保证序列中的每一函数的最大值在区间中的同一点上取得的情况下，能否及如何建立单调迭代序列，是有待于今后探讨的.

用推广的连续性定理研究边值问题解的存在性，适用于边值问题限制在拟线性算子的零空间上时仍有非平凡解的情况，这种情况即所谓共振情况. 当利用 $R(x,\lambda)$ 建立算子

$$(Tx)(t)=R(x,\lambda)(t)+Px$$

时，实际上在方程

$$(\varPhi_p(u'))'(t)=-\lambda f(t,x(t))$$

的求解中加进了 $Pu=Px$ 的要求. 由 P 的定义不唯一，决定了 $R(x,\lambda)$ 的表达式不唯一，需要注意的是 $R(x,\lambda)(t)$ 的表达式中凡出现非线性项 f 的地方均应去掉 Qf，这样才可保证 $M(P+R(\cdot,\lambda))=(I-Q)N_\lambda$. 同时，4.6 节中虽然只讨论了单个微分方程构成的边值问题，但也适用于微分方程组构成的 n- 维边值问题.

在具有 p-Laplace 算子的边值问题中，尚无讨论时滞影响的工作，有必要在今后探讨.

至于无穷区间研究边值问题解的存在性，我们已取得一些结果，参见文献 [17], [21].

参 考 文 献

[1] Ge W, Sun W. Relative superlinearity implies the existence of infinitely many solutions to BVPs. Acta Math. Sinica, 2005, 21(5): 1015~1026

[2] Sun W, Ge W. The existence of solutions to Sturm-Liouville boundary value problems with Laplacian-like operator. Acta math. Sinica, 2002, 18(2): 341~348

[3] Capietto A, Mawhin J, Zanolin F. A continuation approach to some superlinear Sturm-Liouville boundary value problems. Topo. Meth. in Nonl. Anal., 1994, (3): 81~100

[4] Capietto A, Mawhin J, Zanolin F. On the existence of two solutions with a prescribed number of zero for a superlinear two point boundary value problems. Topo. Meth. in Nonl. Anal., 1995, (6): 175~188

[5] Krasnoselskii M A, Zabreiko P P. Geometrical Methods of Nonlinear Analysis. Springer-Verlag, Berlin, 1984

[6] Yang Z, Fan X. The existence of positive solutions of a class of two order quasilinear boundary value problems. Natucal Science Journal of Xiangtan Univ. 1993, (15): 205~209

[7] Wang J. The existence of positive solutions for the one-dimensional p-Laplacian, Proc. Amer. Math. Soc. 1997, 125(8): 2275~2283

[8] 贺小明, 葛渭高. 一维 p-Laplacian 方程正解的存在性. 数学学报, 2003, 46(4): 805~810

[9] 孙伟平, 葛渭高. 一类非线性边值问题正解的存在性. 数学学报, 2001, 44(4): 577~580

[10] He X, Ge W. Twin positive solutions for the one-dimensional p-Laplacian boundary value problems. Nonlinear Analysis, 2004, 56(7): 975~984

[11] 贺小明, 葛渭高. 一维 p-Laplacian 方程正解的三解定理. 应用数学学报, 2003, 26(3): 495~503

[12] Ren J, Ge W. Existence of three positive solutions for quasilinear BVP. Acta Math. Appl. Sinica, 2005, 21(3): 353~358

[13] Ma D, Du Z, Ge W. Exsitence and iteration of monotone positive solutions for multipoint boundary value problem with p-Laplacian operator. Comput. Math. Appl., 2005, (50): 729~739

[14] Ma D, Ge W. Existence and iteration of positive pseudo-symmetric solutions for a three point second order p-Laplacian BVP. Appl. Math. Lett., accepted

[15] Ge W, Ren J. An extension of Mawhin's continuation theorem and its applications to boundary value problems with a p-Laplacian. Nonlinear Analysis, 2004, (58): 477~488

[16] 任景莉. 不动点定理和微分方程边值问题. 北京理工大学博士学位论文, 2004

[17] Lian H, Ge W. Solvability for second-order three point boundary value problems on a half line. Appl. Math. Lett., 2006, (19): 1000~1006

[18] Lian H, Ge W. Existence of positive solutions for Sturm-Liouville boundary value problems on the half line, J. Math. Anal. Appl., 2006, (321): 781~792

[19] Lin X, Du Z, Ge W. Multiple positive solutions for a singular boundary value problems on infinite intervals at resonance, Comm. Appl. Anal., 2006, (10): 177~184

[20] Tian Y, Ge W. Positive solutions for multi-point value problems on the half line, JMAA, 2007, (325): 1339~1349

[21] Tian Y, Ge W G. Multiple Positive Solutions of Boundary Value Problems for Second-Order Discrete Equations on the Half-Line. Journal of Difference Equations and Applications, 2006, 12(2): 191~208

第 5 章　周期边值问题

周期运动，无论在自然界还是在人类活动领域中，都是十分常见的现象. 描述此类现象的微分方程，历来得到人们的极大关注.

5.1　周期微分方程和周期边值问题

设 $f \in C(\mathbf{R} \times \mathbf{R}^{2n}, \mathbf{R}^n)$，且存在 $T > 0$，使 $\forall t \in \mathbf{R}$ 有 $f(t+T, x, y) = f(t, x, y)$，则

$$x'' = f(t, x, x') \tag{5.1.1}$$

就是一个二阶周期微分方程组. 一个函数 $x \in C^2(\mathbf{R}, \mathbf{R}^n)$ 如果在 $t \in \mathbf{R}$ 时满足方程组 (5.1.1)，且

$$x(t+T) = x(t), \qquad t \in \mathbf{R}, \tag{5.1.2}$$

则 $x(t)$ 成为周期微分方程组 (5.1.1) 的一个 T- 周期解，也称为是方程组 (5.1.1) 的一个调和解. 由式 (5.1.2) 可得 $x'(t+T) = x'(t)$.

讨论周期微分方程组的周期解，可以只在一个给定周期 $[0, T]$ 上讨论方程 (5.1.1) 是否有满足

$$x(0) = x(T), \qquad x'(0) = x'(T)$$

的解. 这时

$$\begin{cases} x'' = f(t, x, x'), & 0 \leqslant t \leqslant T, \\ x(0) - x(T) = x'(0) - x'(T) = 0 \end{cases} \tag{5.1.3}$$

就成为一个周期边值问题.

反之，如果 $f \in C([0, T] \times \mathbf{R}^{2n}, \mathbf{R}^n)$，且满足

$$f(0, x, y) = f(T, x, y), \tag{5.1.4}$$

则 f 可以通过对 t 的周期延拓

$$f(t, x, y) = f\left(t - (m-1)T, x, y\right), \qquad t \in [(m-1)T,\ mT)$$

成为关于 t 的 T- 周期函数，且 BVP(5.1.3) 的解 $x(t)$ 通过同样的延拓

$$x(t) = x(t - (m-1)T), \qquad t \in [(m-1)T,\ mT)$$

成为周期微分方程组 (5.1.1) 的周期解.

当式 (5.1.4) 不满足时，BVP(5.1.3) 中的 f 及方程 (5.1.3) 的解 $x(t)$ 仍可按如上方式作周期延拓. 但是 $f(\cdot,x,y)$ 的定义域延拓到 $\mathbf{R}$ 之后，它在 $t=mT$ 处有间断，因而不属于 $C(\mathbf{R}\times\mathbf{R}^{2n},\mathbf{R}^n)$. 同样 BVP(5.1.3) 的解 $x(\cdot)$ 延拓到 $\mathbf{R}$ 后，由于 $x''(t)$ 在 $t=mT$ 处有间断而不属于 $C^2(\mathbf{R},\mathbf{R}^n)$.

这就表明，如果式 (5.1.4) 不成立，则在古典意义下周期微分方程的周期解和周期边值问题的解之间是有区别的.

现在我们对周期微分方程组 (5.1.1) 中 f 的光滑性降低要求，即 f 满足 Carathéodory 条件：

(1) 对 a.e. $t\in\mathbf{R}$，f 关于 $(x,y)\in\mathbf{R}^{2n}$ 是连续的;

(2) 对 $\forall(x,y)\in\mathbf{R}^{2n}$，$f$ 关于 t 是 L^p 局部可积的，其中 $p\geqslant 1$;

且满足

(3) 对 a.e. $t\in[0,T]$, $\forall m\in\mathbf{Z}$,

$$f(t+mT,x,y)=f(t,x,y)$$

对所有 $(x,y)\in\mathbf{R}^{2n}$ 成立.

同时对解 $x(t)$ 的要求也减弱为：

$$x\in W^{2,p}=\{x\in C^1(\mathbf{R},\mathbf{R}^n):\ x(0)=x(T),\ x'(0)=x'(T),\ x'(t)\text{在}\mathbf{R}\text{局部}L^p\text{可积}\}.$$

这时，由于 $f(t,x,y)$ 关于 t 并非处处有定义，因此条件 (5.1.4) 本身已失去意义. 从而周期微分方程组 (5.1.1) 的周期解问题和周期边值问题 (5.1.3) 实际上是同一个问题.

基于以上讨论，我们将周期微分方程组的周期解问题也纳入周期边值问题的研究之中.

对于二阶周期微分方程边值问题，已有较多的工作[1~4]. 尤其是 Duffing 方程周期解的一系列结果，可见于丁同仁编著的文献 [5] 中的第 5 章.

本章主要讨论带 p-Laplace 算子的周期微分方程，时滞微分方程周期边值问题，以及由多个时滞导出的微分方程系统.

5.2　带 Laplace 型算子的微分方程

设算子 $\phi:\mathbf{R}\to\mathbf{R}$ 为连续算子, 严格单调且 $\phi(\mathbf{R})=\mathbf{R}$, 则称 ϕ 为一个 Laplace 型算子. 显然, p-Laplace 算子 ϕ_p 必定是一个 Laplace 型算子.

我们讨论带 Laplace 型算子的微分方程

$$(\phi(u'))'+f(t,u,u')=0 \tag{5.2.1}$$

T- 周期解的存在性, 其中 f 关于 t 是 T- 周期的, 且假定 (H_2)

(1) ϕ 是一个 Laplace 型算子, 存在 $p>1, n\geqslant 0, m_2>0$ 及 $m_1\in\left(\left(\dfrac{n}{n+1}\right)^{\frac{p}{2}}m_2,\ m_2\right)$, 使

$$m_1|y|^{p-1}\leqslant\phi(y)\leqslant m_2|y|^{p-1}.$$

(2) $f\in C(\mathbf{R}^3,\mathbf{R})$ 使方程 (5.2.1) 的初值解存在唯一, 且满足

$$\frac{m_2}{m_1}\left(\frac{2n\pi_p}{T}\right)^p<L_1<\varliminf_{u\to\infty}\frac{f(t,u,v)}{\phi(u)}\leqslant\varlimsup_{u\to\infty}\frac{f(t,u,v)}{\phi(u)}<L_2<\frac{m_1}{m_2}\left(\frac{2(n+1)\pi_p}{T}\right)^p,$$

其中 $\pi_p=\dfrac{2\pi}{p^{\frac{1}{q}}q^{\frac{1}{p}}\sin\dfrac{\pi}{p}}$.

从 (1) 可以导出 $y\phi(y)>0,\ y\neq 0$, 且不难发现当 n 很大时, m_1 将接近于 m_2, 从而 ϕ 十分接近于 ϕ_p. (2) 表明 $u\to\infty$ 时 v 对 f 影响不大.

对方程 (5.2.1) 我们有如下结论.

定理 5.2.1[6] 设条件 (H_2) 成立, 则方程 (5.2.1) 至少有一个 T 周期解.

由于方程 (5.2.1) 中非线性项 f 显含 u', 因而当令 $v=\phi(u')$ 时, 在平面 $(u,\ v)$ 定义 Poincaré映射

$$F:\mathbf{R}^2\to\mathbf{R}^2,\quad (x,y)\longmapsto(u(T;x,y),v(T;x,y)),$$

其中 $(u(t;x,y),v(t;x,y))$ 是式 (5.2.1) 的等价方程组

$$\begin{cases}u'=\phi^{-1}(v),\\ v'=-f(t,u,\phi^{-1}(v))\end{cases}\tag{5.2.2}$$

的满足初值 $(u(0;x,y),v(0;x,y))=(x,y)$ 的解.

在证明定理之前, 先证两个引理.

引理 5.2.1 设条件 (H_2) 成立, 则对 $\forall\, c>0, \exists\, A>0$, 使

$$\frac{1}{p}|x|^p+\frac{1}{q}|y|^q=A^2$$

时, 方程 (5.2.2) 的解 $(u(t;x,y),v(t;x,y))$ 满足

$$\frac{1}{p}|u(t;x,y)|^p+\frac{1}{q}|v(t;x,y)|^q\geqslant C^2,\qquad t\in[0,T].$$

证明 将 $(u(t;x,y),v(t;x,y))$ 简记为 $(u(t),v(t))$. 令

$$r^2(t)=\frac{2}{p}|u(t)|^p+\frac{2}{q}|v(t)|^q.$$

条件 (2) 意味着 $\exists\, \varepsilon_0 \in (0, L_1)$ 及 $M > 0$, 使

$$-M+(L_1-\varepsilon_0)\phi(u)\mathrm{sgn}(u)<f(t,u,\phi^{-1}(v))\mathrm{sgn}u<M+(L_2+\varepsilon_0)\phi(u)\mathrm{sgn}(u), \tag{5.2.3}$$

$$\frac{m_2}{m_1}\left(\frac{2n\pi_p}{T}\right)^p < L_1-\varepsilon_0, \qquad L_2+\varepsilon_0 < \frac{m_1}{m_2}\left(\frac{2(n+1)\pi_p}{T}\right)^p, \tag{5.2.4}$$

则

$$\begin{aligned}
\frac{1}{2}\left|\frac{\mathrm{d}r^2(t)}{\mathrm{d}t}\right| &= \left||u(t)|^{p-2}u(t)u'(t)+|v(t)|^{q-2}v(t)v'(t)\right| \\
&\leqslant |u(t)|^{p-1}|\phi^{-1}(v(t))| + |v(t)|^{\frac{q}{p}}|f(t,u(t),\phi^{-1}(v(t)))| \\
&\leqslant |u(t)|^{p-1}\left(\frac{|v|}{m_1}\right)^{\frac{1}{p-1}} + |v(t)|^{\frac{q}{p}}(L_2+\varepsilon_0)m_2|u(t)|^{\frac{q}{p}} + M|v(t)|^{\frac{q}{p}} \\
&\leqslant \left(m_1^{-\frac{q}{p}}+(L_2+\varepsilon_0)m_2\right)\left(|u(t)|^{\frac{p}{q}}|v(t)|^{\frac{q}{p}}\right) + \frac{1}{p}|v|^q + \frac{1}{q}M^q \\
&\leqslant \left(m_1^{-\frac{q}{p}}+(L_2+\varepsilon_0)m_2\right)\left(\frac{1}{q}|u(t)|^p+\frac{1}{p}|v(t)|^q\right) + \frac{1}{p}|v|^q + \frac{1}{q}M^q \\
&\leqslant \left(m_1^{-\frac{q}{p}}+(L_2+\varepsilon_0)m_2\right)\left(\frac{1}{q}|u(t)|^p+\frac{1}{p}|v(t)|^q\right)\max\left\{\frac{q}{p},\frac{p}{q}\right\} \\
&\quad + \frac{q}{2p}r^2(t) + \frac{1}{q}M^q \\
&= \frac{m}{2}r^2(t) + \frac{1}{q}M^q,
\end{aligned}$$

其中

$$m = \left(m_1^{-\frac{q}{p}}+(L_2+\varepsilon_0)m_2\right)\max\left\{\frac{q}{p},\frac{p}{q}\right\} + \frac{q}{p}.$$

于是有

$$\begin{aligned}
\left(r^2(0)+\frac{2M^q}{mq}\right)\mathrm{e}^{-mT} &\leqslant \left(r^2(0)+\frac{2M^q}{mq}\right)\mathrm{e}^{-mt} \leqslant r^2(t)+\frac{2M^q}{mq} \\
&\leqslant \left(r^2(0)+\frac{2M^q}{mq}\right)\mathrm{e}^{mt} \leqslant \left(r^2(0)+\frac{2M^q}{mq}\right)\mathrm{e}^{mT}, \quad 0\leqslant t\leqslant T.
\end{aligned}$$

令

$$A = \left[\left(c^2+\frac{2M^q}{mq}\right)\mathrm{e}^{mT} - \frac{2M^q}{mq}\right]^{\frac{1}{2}},$$

则由 $r(0) = A$, 可得 $r(t) \geqslant c$, $0 \leqslant t \leqslant T$.

引理 5.2.2 设条件 (H_1), (H_2) 成立, 则对 $\forall\, \lambda > 0$, $\exists\, A \gg 1$, 使 (x, y) 满足

$$\frac{1}{p}|x|^p + \frac{1}{q}|y|^q = A^2$$

时, 方程 (5.2.2) 的解 $(u(t;x,y),v(t;x,y))=(u(t),v(t))$ 有

$$(u(T),v(T))\neq\left(\lambda^{\frac{2}{p}}x,\lambda^{\frac{2}{q}}y\right). \tag{5.2.5}$$

证明 由引理 5.2.1 知, 如果

$$\frac{1}{p}|x|^p+\frac{1}{q}|y|^q=A^2,$$

则有

$$\frac{1}{p}|u(t)|^p+\frac{1}{q}|v(t)|^q\geqslant C^2,\qquad 0\leqslant t\leqslant T.$$

即 $r(0)=\sqrt{2}A$ 时, $r(t)\geqslant\sqrt{2}C,\ 0\leqslant t\leqslant T$.

另一方面, 当 $r(0)\to\infty$ 时, 由式 (5.2.3) 以及广义极坐标变换

$$\begin{cases}u=\left(\dfrac{p}{2}\right)^{\frac{1}{p}}r^{\frac{2}{p}}|\cos\theta|^{\frac{2}{p}}\operatorname{sgn}(\cos\theta),\\ v=\left(\dfrac{q}{2}\right)^{\frac{1}{q}}r^{\frac{2}{q}}|\sin\theta|^{\frac{2}{q}}\operatorname{sgn}(\sin\theta),\end{cases}$$

即

$$\begin{cases}r\cos\theta=\sqrt{\dfrac{2}{p}}|u|^{\frac{p}{2}-1}u,\\ r\sin\theta=\sqrt{\dfrac{2}{q}}|v|^{\frac{q}{2}-1}v,\end{cases}$$

得 $r(0)\to\infty$ 时,

$$\begin{aligned}0<-\theta'&=\frac{1}{r^2}\sqrt{pq}|u|^{\frac{p}{2}-1}|v|^{\frac{q}{2}-1}\left[\frac{1}{p}u'v-\frac{1}{q}v'u\right]\\&=\frac{1}{r^2}\sqrt{pq}|u|^{\frac{p}{2}-1}|v|^{\frac{q}{2}-1}\left[\frac{1}{q}v\phi^{-1}(v)-\frac{1}{p}uf(t,u,\phi^{-1}(v))\right]\\&<\frac{1}{r^2}\sqrt{pq}|u|^{\frac{p}{2}-1}|v|^{\frac{q}{2}-1}\left[\frac{1}{q}|v|\left(\frac{|v|}{m_1}\right)^{\frac{q}{p}}+(L_2+\varepsilon_0)\frac{1}{p}u\phi(u)+\frac{M}{p}|u|\right]\\&\leqslant\frac{1}{r^2}\sqrt{pq}|u|^{\frac{p}{2}-1}|v|^{\frac{q}{2}-1}\left[\frac{1}{q}|v|\left(\frac{|v|}{m_1}\right)^{\frac{q}{p}}+\frac{1}{p}(L_2+\varepsilon_0)m_2|u|^p\right]\\&\quad+\frac{|u|^{\frac{p}{2}}|v|^{\frac{q}{2}-1}}{r^2}\sqrt{\frac{q}{p}}M\\&=\sqrt{pq}\left(\frac{p}{2}\right)^{\frac{p-2}{2p}}\left(\frac{q}{2}\right)^{\frac{q-2}{2q}}\left[\frac{1}{2m_1^{\frac{q}{p}}}\sin^2\theta+(L_2+\varepsilon_0)m_2\frac{\cos^2\theta}{2}\right]|\sin\theta|^{\frac{q-2}{q}}\\&\quad\cdot|\cos\theta|^{\frac{p-2}{p}}+\frac{Mq^{\frac{1}{p}}}{2^{\frac{1}{p}}r^{\frac{2}{q}}}|\cos\theta||\sin\theta|^{\frac{q-2}{q}}\\&=c_1(d_1\cos^2\theta+\sin^2\theta)|\sin\theta|^{\frac{q-2}{q}}|\cos\theta|^{\frac{p-2}{p}}+b_1(r)|\cos\theta||\sin\theta|^{\frac{q-2}{q}},\end{aligned}$$

其中,

$$c_1 = \sqrt{pq}\left(\frac{p}{2}\right)^{\frac{p-2}{2p}}\left(\frac{q}{2}\right)^{\frac{q-2}{2q}} /2m_1^{\frac{q}{p}} = \frac{p^{\frac{1}{q}}q^{\frac{1}{p}}}{2m_1^{\frac{q}{p}}}, \quad d_1 = m_1^{\frac{q}{p}} m_2(L_2+\varepsilon_0), \quad b_1(r) = \frac{Mq^{\frac{1}{p}}}{2^{\frac{1}{p}}r^{\frac{2}{q}}}.$$

记 $\widehat{d} = \min\{d_1, 1\}$, 由于

$$|\cos\theta| \leqslant |\cos\theta|^{\frac{p-2}{p}} \leqslant \frac{1}{\widehat{d}}(d_1\cos^2\theta + \sin^2\theta)|\cos\theta|^{\frac{p-2}{p}},$$

故

$$0 < -\theta' < \left(c_1 + \frac{b_1(r)}{\widehat{d}}\right)(d_1\cos^2\theta + \sin^2\theta)|\cos\theta|^{\frac{p-2}{p}}|\sin\theta|^{\frac{q-2}{q}}.$$

记 $\widehat{c}_1(r) = c_1 + \dfrac{b_1(r)}{\widehat{d}}$. 设方程组 (5.2.2) 在广义极坐标系下的解 $(r(t), \theta(t))$ 满足 $(r(0), \theta(0)) = (A, \theta_0)$, 并假设它绕原点一周的时间记为 Δt, 则由上述不等式可得

$$\begin{aligned}
\Delta t &> \int_{\theta_0+2\pi}^{\theta_0} \frac{\mathrm{d}\theta}{\widehat{c}_1(r)(d_1\cos^2\theta+\sin^2\theta)|\sin\theta|^{\frac{q-2}{q}}|\cos\theta|^{\frac{p-2}{p}}} \\
&= \frac{4}{\widehat{c}_1(r)}\int_0^{\frac{\pi}{2}} \frac{\mathrm{d}\theta}{(d_1\cos^2\theta+\sin^2\theta)|\sin\theta|^{\frac{q-2}{q}}|\cos\theta|^{\frac{p-2}{p}}} \\
&= \frac{4}{\widehat{c}_1(r)d_1^{\frac{1}{p}}}\int_0^{\frac{\pi}{2}} \frac{\mathrm{d}\eta}{|\sin\eta|^{\frac{q-2}{q}}|\cos\theta|^{\frac{p-2}{p}}} \quad \left(\eta = \arctan\left(\frac{1}{\sqrt{d_1}}\tan\theta\right)\right) \\
&= \frac{2}{\widehat{c}_1(r)d_1^{\frac{1}{p}}}B\left(\frac{1}{p}, \frac{1}{q}\right) = \frac{p^{\frac{1}{q}}q^{\frac{1}{p}}}{\widehat{c}_1(r)d_1^{\frac{1}{p}}}\pi_p.
\end{aligned}$$

由于

$$\frac{p^{\frac{1}{q}}q^{\frac{1}{p}}\pi_p}{c_1(r)d_1^{\frac{1}{p}}} = \frac{2\pi_p}{[m_2(L_2+\varepsilon_0)/m_1]^{\frac{1}{p}}} > \frac{2\pi_p}{2(n+1)\pi_p/T} = \frac{T}{n+1},$$

而 $\widehat{c}_1(r) = c_1 + \dfrac{b_1(r)}{\widehat{d}} \to c_1$, 当 $r \to \infty$, 故 $\exists\ R_1 > 0,\ A_1 > 0$, 当 $r(0) = A_1$ 时, $r(t) > R_1$,

$$\Delta t > \frac{p^{\frac{1}{q}}q^{\frac{1}{p}}\pi_p}{c_1(r)d_1^{\frac{1}{p}}} > \frac{T}{n+1},$$

即 $\dfrac{T}{\Delta t} < n+1,\ r(0) \geqslant A_1$.

同理可证, $\exists\ A_2 > 0$, 当 $r(0) \geqslant A_2$ 时 $\dfrac{T}{\Delta t} > n$, 于是取 $A = \max\{A_1, A_2\}$, 有

$$n < \frac{T}{\Delta t} < n+1, \qquad r(0) \geqslant A. \tag{5.2.6}$$

现在我们由式 (5.2.6) 证式 (5.2.5) 成立.

设不然, $\exists\,(x,y)$ 及 $\lambda>0$ 满足

$$\frac{1}{p}|x|^p+\frac{1}{q}|y|^q>\frac{1}{2}A^2,$$

使

$$(u(T;x,y),u(T;x,y))=\left(\lambda^{\frac{2}{p}}x,\lambda^{\frac{2}{q}}y\right). \tag{5.2.7}$$

在广义极坐标下

$$\begin{aligned}
x&=\left(\frac{p}{2}\right)^{\frac{1}{p}}r^{\frac{2}{p}}(0)|\cos\theta(0)|^{\frac{2}{p}}\operatorname{sgn}\cos\theta(0),\\
y&=\left(\frac{q}{2}\right)^{\frac{1}{q}}r^{\frac{2}{q}}(0)|\sin\theta(0)|^{\frac{2}{q}}\operatorname{sgn}\sin\theta(0),\\
u(T;x,y)&=\left(\frac{p}{2}\right)^{\frac{1}{p}}r^{\frac{2}{p}}(T)|\cos\theta(T)|^{\frac{2}{p}}\operatorname{sgn}\cos\theta(T),\\
v(T;x,y)&=\left(\frac{q}{2}\right)^{\frac{1}{q}}r^{\frac{2}{q}}(T)|\sin\theta(T)|^{\frac{2}{q}}\operatorname{sgn}\sin\theta(T),
\end{aligned}$$

代人式 (5.2.7) 得

$$\begin{cases}
r^{\frac{2}{p}}(T)|\cos\theta(T)|^{\frac{2}{p}-1}\cos\theta(T)=\lambda^{\frac{2}{p}}r^{\frac{2}{p}}(0)|\cos\theta(0)|^{\frac{2}{p}-1}\cos\theta(0),\\
r^{\frac{2}{q}}(T)|\sin\theta(T)|^{\frac{2}{q}-1}\sin\theta(T)=\lambda^{\frac{2}{q}}r^{\frac{2}{q}}(0)|\sin\theta(0)|^{\frac{2}{q}-1}\sin\theta(0).
\end{cases}$$

于是有

$$\begin{cases}
r^{\frac{2}{p}}(T)|\cos\theta(T)|^{\frac{2}{p}}=(\lambda r(0))^{\frac{2}{p}}|\cos\theta(0)|^{\frac{2}{p}}, & \operatorname{sgn}\cos\theta(T)=\operatorname{sgn}\cos\theta(0),\\
r^{\frac{2}{q}}(T)|\sin\theta(T)|^{\frac{2}{q}}=(\lambda r(0))^{\frac{2}{q}}|\sin\theta(0)|^{\frac{2}{q}}, & \operatorname{sgn}\sin\theta(T)=\operatorname{sgn}\sin\theta(0),
\end{cases}$$

即

$$\begin{cases}
r(T)\cos\theta(T)=\lambda r(0)\cos\theta(0),\\
r(T)\sin\theta(T)=\lambda r(0)\sin\theta(0).
\end{cases}$$

进而导出

$$r(T)=\lambda r(0),\qquad \theta(T)-\theta(0)=2k\pi. \tag{5.2.8}$$

但是由式 (5.2.6) 知, $r(0)$ 充分大时, $n\Delta t<T<(n+1)\Delta t$, 故由 $\theta'<0$ 知

$$\begin{aligned}
&\theta(T)-\theta(0)<\theta(n\Delta t)-\theta(0)=-2n\pi,\\
&\theta(T)-\theta(0)<\theta((n+1)\Delta t)-\theta(0)=-2(n+1)\pi.
\end{aligned}$$

显然, 不存在 $k\in\mathbf{Z}$, 使式 (5.2.8) 成立, 引理得证.

定理 5.2.1 的证明.

由引理 5.2.1, 引理 5.2.2 知, 存在 $A \gg 1$, 使

$$\frac{1}{p}|x|^p + \frac{1}{q}|y|^q = A^2$$

时, 式 (5.2.2) 的初值解 $(u(t), v(t)) = (u(t; x, y), v(t; x, y))$ 有

$$(u(T), v(T)) \neq \left(\lambda^{\frac{2}{p}} x, \lambda^{\frac{2}{q}} y\right), \qquad \forall\ \lambda > 0. \tag{5.2.9}$$

取二维开区域

$$D_A = \left\{(x, y) : \frac{1}{p}|x|^p + \frac{1}{q}|y|^q < A^2\right\} \subset \mathbf{R}^2.$$

定义 Poincaré映射

$$H : \overline{D}_A \to \mathbf{R}^2, \qquad (x, y) \longmapsto (u(T), v(T)) = (\xi, \eta).$$

建立连续同伦 $h : \overline{D}_A \times [0, 1] \to \mathbf{R}^2$

$$h(x, y, \mu) = -\left(\mu^{\frac{2}{p}} x, \mu^{\frac{2}{q}} y\right) + \left((1-\mu)^{\frac{2}{p}} \xi, (1-\mu)^{\frac{2}{q}} \eta\right),$$

即

$$h(x, y, \mu) = -\begin{pmatrix} \mu^{\frac{2}{p}} & 0 \\ 0 & \mu^{\frac{2}{q}} \end{pmatrix}\begin{pmatrix} x \\ y \end{pmatrix} + \begin{pmatrix} (1-\mu)^{\frac{2}{p}} & 0 \\ 0 & (1-\mu)^{\frac{2}{q}} \end{pmatrix}\begin{pmatrix} \xi \\ \eta \end{pmatrix}.$$

当 $(x, y) \in \partial D_A$ 时, 显然

$$h(x, y, 0), \qquad h(x, y, 1) \neq (0, 0).$$

下证 $\forall\ (x, y) \in \partial D_A,\ \mu \in (0, 1),\ h(x, y, \mu) \neq (0, 0)$. 若不然, $\exists\ \mu_0 \in (0, 1),\ (x_0, y_0) \in \partial D_A$, 使 $h(x_0, y_0, \mu_0) = (0, 0)$, 即

$$\left((1-\mu)^{\frac{2}{p}} \xi - \mu_0^{\frac{2}{p}} x_0, (1-\mu_0)^{\frac{2}{q}} \eta - \mu_0^{\frac{2}{q}} y_0\right) = (0, 0),$$

其中 $(\xi, \eta) = (u(T; x_0, y_0), v(T; x_0, y_0))$. 由此导出

$$(\xi, \eta) = \left(\left(\frac{\mu_0}{1-\mu_0}\right)^{\frac{2}{p}} x_0,\ \left(\frac{\mu_0}{1-\mu_0}\right)^{\frac{2}{q}} y_0\right).$$

这和式 (5.2.9) 矛盾, 于是由

$$\begin{aligned} \deg\{H, D_A, 0\} &= \deg\{h(\cdot, \cdot, 0), D_A, 0\} \\ &= \deg\{h(\cdot, \cdot, 1), D_A, 0\} \\ &= \deg\{-I, D_A, 0\} = 1 \end{aligned}$$

得 D_A 在 H 中至少有一个不动点 (x^*, y^*). 由

$$(u(T;x^*,y^*), v(T;x^*,y^*)) = (x^*, y^*),$$

知 $(u(t;x^*,y^*), v(t;x^*,y^*))$ 是方程组 (5.2.2) 的一个 T- 周期解, $u(t;x^*,y^*)$ 是方程 (5.2.1) 的 T- 周期解, 定理得证.

5.3 周期微分系统的调和解

对二阶周期微分系统

$$\begin{cases} u'' + f(t,u,u') = 0, \\ u(0) - u(2\pi) = 0 = u'(0) - u'(2\pi), \end{cases} \tag{5.3.1}$$

设 $f : [0,2\pi] \times \mathbf{R}^n \times \mathbf{R}^n \to \mathbf{R}^n$ 满足 Carathéodory 条件, 同时 $f(0,x,y) = f(2\pi,x,y)$.

设 $u \in W_{2\pi}^{2,2} = H_{2\pi}^2$, 使式 (5.3.1) 中的方程几乎处处成立 (或说 a.e. 成立), 则说 $u(t)$ 是式 (5.3.1) 的一个调和解.

记 $H_0 = L^2([0,2\pi], \mathbf{R}^n)$, $H_2 = W_{2\pi}^{2,2}([0,2\pi], \mathbf{R}^n)$. 当 $x, y \in H_0$ 时, 定义

$$< x, y >= \frac{1}{2\pi}\int_0^{2\pi} (x(t), y(t))\mathrm{d}t, \qquad \|x\| = \sqrt{< x, x >}.$$

当 $x, y \in H_2$ 时

$$< x, y >= \frac{1}{2\pi}\int_0^{2\pi} [(x(t), y(t)) + (x'(t), y'(t)) + (x''(t), y''(t))]\,\mathrm{d}t, \qquad \|x\|_2 = \sqrt{< x, x >}.$$

在 H_0, H_2 中作 Fourier 展开, 两空间表示为

$$H_0 = \left\{ x(t) = \sum_{i=1}^{n} \left(a_{i,0} + \sum_{j=1}^{\infty} (a_{i,j}\cos jt + b_{i,j}\sin jt) \right) \boldsymbol{e}_i : \sum_{i=1}^{n}\sum_{j=1}^{\infty} (a_{i,j}^2 + b_{i,j}^2) < \infty \right\}, \tag{5.3.2}$$

$$H_2 = \left\{ x(t) = \sum_{i=1}^{n} \left(c_{i,0} + \sum_{j=1}^{\infty} (c_{i,j}\cos jt + d_{i,j}\sin jt) \right) \boldsymbol{e}_i : \sum_{i=1}^{n}\sum_{j=1}^{\infty} j^4 (c_{i,j}^2 + d_{i,j}^2) < \infty \right\}, \tag{5.3.3}$$

$\{\boldsymbol{e}_i\}$, $i = 1, 2, \cdots, n$ 是 $\mathbf{R}^n$ 中一组标准单位正交基.

5.3.1 n- 维 Duffing 系统的调和解

当式 (5.3.1) 的微分系统取特殊的形式

$$u'' + Cu' + g(t,u) = p(t) \tag{5.3.4}$$

时, 称为 n- 维 Duffing 系统, 其中 C 为 n 阶对称实常阵, g 满足 Carathéodory 条件, $g(t+2\pi,\cdot)=g(t,\cdot)$, $p\in L^2([0,2\pi],\mathbf{R}^n)$. 不失一般性, 我们可设

$$C=\mathrm{diag}\{\lambda_1,\lambda_2,\cdots,\lambda_n\}. \tag{5.3.5}$$

若不然, 因 C 是对称实常阵, 故存在正交阵 P 使

$$P^{-1}CP=\mathrm{diag}\{\lambda_1,\lambda_2,\cdots,\lambda_n\}.$$

在式 (5.3.4) 中, 令 $v=P^{-1}u$, 得

$$Pv''+CPv'+g(t,Pv)=p(t),$$

即

$$v''+P^{-1}CPv'+P^{-1}g(t,Pv)=P^{-1}p(t).$$

记 $\widetilde{g}(t,v)=P^{-1}g(t,Pv)$, $\widetilde{p}(t)=P^{-1}p(t)$, 就得到 C 为式 (5.3.5) 所示形式的 Duffing 系统.

记 $D=\dfrac{\mathrm{d}}{\mathrm{d}t}$, $L(\cdot)=[D^2+CD+V](\cdot)$, $N(\cdot)=V(\cdot)-g(t,\cdot)+p(t)$, 系统 (5.3.4) 可写成

$$Lu=Nu, \tag{5.3.6}$$

其中 $L:H_2\to H_0$ 为线性算子, 对 $\forall\ \Omega\subset H_0$, $N:N_0\to N_0$ 为非线性算子, $V=\mathrm{diag}\{v_1,v_2,\cdots,v_n\}$, $v_i\neq 0$, 且当 $\lambda_i=0$ 时 $v_i\neq m^2$, $m\in\mathbf{Z}^+$.

易证 $L:H_2\to H_0$ 是一一映射, 其逆存在.

实际上, L 显然是单射, 下证 L 是满射.

设 $x(t)=\displaystyle\sum_{i=0}^{n}\left[a_{i,0}+\sum_{j=1}^{\infty}(a_{i,j}\cos jt+b_{i,j}\sin jt)\right]\boldsymbol{e}_i\in H_0$, 由

$$(Ly)(t)=x(t),$$

可形式地解得

$$\begin{aligned}y(t)&=\sum_{i=1}^{n}\left[c_{i,0}+\sum_{j=1}^{\infty}(c_{i,j}\cos jt+d_{i,j}\sin jt)\right]\boldsymbol{e}_i\\&=\sum_{i=1}^{n}\left[\frac{a_{i,0}}{v_i}+\sum_{j=1}^{\infty}\left(\frac{(v_i-j^2)a_{i,j}-\lambda_i b_{i,j}}{(v_i-j^2)^2+\lambda_i^2j^2}\cos jt+\frac{\lambda_i a_{i,j}+(v_i-j^2)b_{i,j}}{(v_i-j^2)^2+\lambda_i^2j^2}\right)\sin jt\right]\boldsymbol{e}_i\end{aligned}$$

这时记

$$f_i(j)=\frac{j^4}{(v_i-j^2)^2+\lambda_i j^2}.$$

因 $f_i(0)=0,\ f_i(+\infty)=1$, 且 $j\in\mathbf{Z}^+$, 分母异于零, 故存在 $\overline{M}_i<\infty$, 使 $0<f_i(j)\leqslant\overline{M}_i$. 令 $\overline{M}=\max\limits_{1\leqslant i\leqslant n}\{\overline{M}_i\}$, 易得

$$\sum_{i=1}^{n}\sum_{j=1}^{\infty}j^4(c_{i,j}^2+d_{i,j}^2)=\sum_{i=1}^{n}\sum_{j=1}^{\infty}f_i(j)(a_{i,j}^2+b_{i,j}^2)\leqslant\overline{M}\sum_{i=1}^{n}\sum_{j=1}^{\infty}(a_{i,j}^2+b_{i,j}^2)<\infty,$$

故 $y\in H_2$.

记 L 的逆为 K, 并记 $M_i^2=\min\limits_{j\geqslant 0}[(v_i-j^2)^2+\lambda_i^2j^2]$. 由 v_i 的取法知 $M_i>0$. 取 $M=\max\limits_{1\leqslant i\leqslant n}m_i^{-1}<\infty$, 则

$$\begin{aligned}\|Kx\|_0^2&=\sum_{i=1}^{n}\left[\frac{a_{i,0}^2}{v_i}+\frac{1}{2}\sum_{j=1}^{\infty}\frac{a_{i,j}^2+b_{i,j}^2}{(v_i-j^2)^2+\lambda_i^2j^2}\right]\\&\leqslant\sum_{i=1}^{m}M_i^{-2}\left[a_{i,0}^2+\frac{1}{2}\sum_{j=1}^{\infty}(a_{i,j}^2+b_{i,j}^2)\right]\\&=\sum_{i=1}^{m}M_i^{-2}\int_0^{2\pi}|x_i(t)|^2\mathrm{d}t\leqslant M^2\|x\|_0.\end{aligned}\tag{5.3.7}$$

由于 $K:H_0\to H_2\subset H_0$ 连续, H_2 紧嵌入于 H_0, 故

$$K:H_0\to H_0$$

为全连续算子. 这时式 (5.3.6) 等价于

$$u=KNu.\tag{5.3.8}$$

定理 5.3.1[7] 设存在 $V=\mathrm{diag}\{v_1,v_2,\cdots,v_n\}$, $v_i\neq 0$, 且当 $\lambda_i=0$ 时, $v_i\neq m^2$, $m\in\mathbf{Z}^+$, 又设 $\exists\, R>0$, $\mu\in(0,1)$, 使 $\forall x\in\mathbf{R}^n$, $|x|>R$ 时

$$[Vx-g(t,x)+p(t)]^{\mathrm{T}}[Vx-g(t,x)+p(t)]\leqslant\mu^2\sum_{i=1}^{n}M_i^2x_i^2,\tag{5.3.9}$$

对 a.e. $t\in[0,2\pi]$ 成立, 其中 $M_i^2=\min\limits_{j\geqslant 0}[(v_i-j^2)^2+\lambda_i^2j^2]$, 则方程 (5.3.4) 至少有一个调和解.

证明 在定理条件下, 方程 (5.3.4) 在 H_2 中的有解性等价式 (5.3.8) 在 H_2 中的有解性. 为此, 只需证算子 KN 在 H_0 中有不动点.

条件 (5.3.9) 可以写成

$$(Nx)^{\mathrm{T}}(t)(Nx)(t)\leqslant\mu^2\sum_{i=1}^{n}M_i^2x_i^2.\tag{5.3.10}$$

下证对 $\Omega = B_R = \{x \in H_0 : \|x\|_0 < R\}$,

$$KN : \overline{\Omega} \to H_0$$

是全连续算子.

设 $\forall x \in \overline{\Omega}$, 则有 $\|x\|_0 \leqslant R$,

$$\begin{aligned}\|Nx\|_0^2 &= \int_0^{2\pi} [(Nx)(t)]^{\mathrm{T}}[(Nx)(t)]\mathrm{d}t \\ &\leqslant \int_{E\{t\in[0,2\pi]:\ |x(t)|\leqslant R\}} |(Nx)(t)|^2\mathrm{d}t + \int_{E\{t\in[0,2\pi]:\ |x(t)|>R\}} |(Nx)(t)|^2\mathrm{d}t \\ &\leqslant 2\pi\beta^2 + \mu^2\int_0^{2\pi}\sum_{i=1}^n M_i^2|x(t)|^2\mathrm{d}t \leqslant 2\pi\left(\beta^2 + \mu^2R^2\sum_{i=1}^n M_i^2\right) < \infty,\end{aligned}$$

故 $N(\overline{\Omega})$ 有界.

又设 $x_k \in \overline{\Omega}$, $x_k \to \bar{x} \in \overline{\Omega}$, 即

$$|x_k(t) - \bar{x}(t)| \to 0, \qquad \text{a.e. } t \in [0, 2\pi].$$

由 g 满足 Carathéodory 条件得

$$\begin{aligned}\|Nx_k - Nx\|_0^2 &= \int_0^{2\pi} |V(x_k(t)) - x(t) - g(t, x_k(t)) - g(t, x(t))|^2\mathrm{d}t \\ &\leqslant \int_0^{2\pi} |V(x_k(t)) - x(t)| + |g(t, x_k(t)) - g(t, x(t))|^2\mathrm{d}t \\ &\to 0, \qquad \text{当 } k \to \infty.\end{aligned}$$

因此 N 在 $\overline{\Omega}$ 上全连续.

由 K 在 $N(\overline{\Omega})$ 上连续, 即得 KN 在 $\overline{\Omega}$ 上全连续.

为在 $\overline{\Omega}$ 上对全连续算子 KN 应用 Schauder 不动点定理, 我们在 H_0 上定义 $\|\cdot\|_0$ 的等价范数 $\|\cdot\|_1$:

$$\|x\|_1 = \sqrt{< x, \mathrm{diag}\{M_1^2, \cdots, M_n^2\}x >} = \left(\int_0^{2\pi}\sum_{i=1}^n m_i^2x_i^2(t)\mathrm{d}t\right)^{\frac{1}{2}}.$$

显然 $\left(\min\limits_{1\leqslant i\leqslant n} M_i\right)\|x\|_0 \leqslant \|x\|_1 \leqslant \left(\max\limits_{1\leqslant i\leqslant n} M_i\right)\|x\|_0$，故 $\|\cdot\|_0$ 和 $\|\cdot\|_1$ 是 H_0 上的等价范数. 对 $x \in H_0$，由式 (5.3.7)，

$$\begin{aligned}\|KNx\|_1^2 &= \int_0^{2\pi} [(KNx)(t)]^{\mathrm{T}}\{M_1^2, \cdots, M_n^2\}(KNx)(t)\mathrm{d}t \\ &= \sum_{i=1}^n M_i^2\int_0^{2\pi} (KNx)_i^2(t)\mathrm{d}t\end{aligned}$$

$$
\begin{aligned}
&=\sum_{i=1}^{n} M_i^2 \int_0^{2\pi} (Nx)_i^2(t) M_i^{-2} \mathrm{d}t \\
&=\sum_{i=1}^{n} \int_0^{2\pi} (Nx)_i^2(t) \mathrm{d}t,
\end{aligned}
$$

$$
\begin{aligned}
&\int_0^{2\pi} |(Nx)(t)|^2 \mathrm{d}t \\
&\leqslant \mu^2 \int_0^{2\pi} x^{\mathrm{T}}(t) \mathrm{diag}\{M_1^2, \cdots, M_n^2\} x(t) \mathrm{d}t + \int_{E\{t\in[0,2\pi]:\ |x(t)|\leqslant R\}} |(Nx)(t)|^2 \mathrm{d}t \\
&\leqslant 2\pi(\mu^2 \|x\|_1^2 + \beta^2) < 2\pi(\mu\|x\|_1 + \beta)^2.
\end{aligned}
$$

取 $\overline{\mu} \in (\mu, 1)$. 当 $\|x\|_1 > \beta/(\overline{\mu} - \mu)$ 时，便有

$$
\|KNx\|_1 < \overline{\mu}\|x\|_1 < \|x\|_1.
$$

取 $R = \dfrac{\beta}{(\overline{\mu} - \mu)} + 1$，对 $\overline{B}_R = \{x \in H_0 : \|x\|_1 \leqslant R\}$ 上的全连续算子 $KN : \overline{B}_R \to \overline{B}_R$，应用 Schäuder 不动点定理，$KN$ 在 $\overline{B}_R \subset H_0$ 中有不动点 u，

$$
u = KNu.
$$

由于 $KN : \overline{B}_R \to \overline{B}_R \cap H_2$，故 $u = KNu \in \overline{B}_R \cap H_2$. 定理得证.

在定理 5.3.1 中，条件 (5.3.9) 可适当简化，得到如下定理.

定理 5.3.2 设 $\exists\, V = \mathrm{diag}\{v_1, v_2, \cdots, v_n\}$, $v_i \neq 0$，且当 $\lambda_i = 0$ 时 $v_i \neq m^2$, $m \in \mathbf{Z}^+$, 又设 $\exists\, R > 0$, $\mu \in (0,1)$ 使 $x \in \mathbf{R}^n$, $|x| > R$ 时

$$
[Vx - g(t,x)]^{\mathrm{T}}[Vx - g(t,x)] \leqslant \mu^2 \sum_{i=1}^{n} M_i^2 x_i^2 \tag{5.3.11}
$$

对 a.e. $t \in [0, 2\pi]$ 成立，其中 $M_i^2 = \min\limits_{j=0}[(v_i - j^2)^2 + \lambda_i^2 j^2]$, 则方程 (5.3.4) 至少有一个调和解.

证明 注意到

$$
\begin{aligned}
\|Nx\|_0^2 &\leqslant \int_0^{2\pi} |Vx(t) - g(t,x(t))|^2 \mathrm{d}t + 2\int_0^{2\pi} |Vx(t) - g(t,x(t))||p(t)| \mathrm{d}t + \int_0^{2\pi} |p(t)|^2 \mathrm{d}t \\
&\leqslant 2\pi \left(\beta^2 + \mu^2 \max_{1\leqslant i\leqslant n}\{M_i^2\}\right) \|x\|_0^2 + 2\|p\|_0 \sqrt{2\pi \left(\beta + \mu^2 \max_{1\leqslant i\leqslant n}\{M_i^2\}\right)} + \|p\|_0^2,
\end{aligned}
$$

取 $\widetilde{\mu} \in (\mu, 1)$ 及 $\widetilde{R} > R$, 使 $\|x\|_0 \geqslant \widetilde{R}$ 时，

$$
\|Nx\|_0^2 \leqslant 2\pi \left(\beta^2 + \mu^2 \max_{1\leqslant i\leqslant n}\{M_i^2\}\right).
$$

又取 $\overline{\mu} \in (\widetilde{\mu}, 1)$, $\overline{R} = \dfrac{\beta}{(\overline{\mu} - \widetilde{\mu})} + 1$, 和定理 5.4.1 一样可证，当 $\|x\|_1 \leqslant \bar{R}$ 时

$$\|KNx\|_1 < \overline{\mu}\|x\|_1 < \|x\|_1.$$

在 $\overline{B}_{\overline{R}}$ 上应用 Schäuder 不动点定理，即得本定理结论.

由定理 5.3.2 可得如下推论.

推论 5.3.1　微分系统 (5.3.4) 中，设 $g(t,x) = M(t,x)x$，M 为 n 阶函数阵，如果 $\exists\ R > 0$, $\mu \in (0,1)$，及对角阵

$$\begin{aligned}
V =&\mathrm{diag}\left\{\frac{N_1^2 + (N_1+1)^2 + \lambda_1^2}{2}, \cdots, \frac{N_m^2 + (N_m+1)^2 + \lambda_m^2}{2}, -r_{m+1}, \cdots, -r_n\right\},\\
Q =&\mathrm{diag}\left\{\left[\frac{N_1^2 + (N_1+1)^2 + \lambda_1^2}{2}\right]^2 - N_1(N_1+1)^2, \cdots,\right.\\
&\left.\left[\frac{N_m^2 + (N_m+1)^2 + \lambda_m^2}{2}\right] - N_m(N_m+1)^2, -r_{m+1}^2, \cdots, -r_n^2\right\},
\end{aligned}$$

当 $|x| > R$ 时，

$$[M(t,x) - V]^{\mathrm{T}}[M(t,x) - V] \leqslant \mu^2 Q$$

对 a.e. $t \in [0, 2\pi]$ 成立，其中 $N_1, \cdots, N_m \in \mathbf{Z}^+$, $r_{m+1}, \cdots, r_n > 0$，则

$$u'' + Cu + M(t,x)x = p(t) \tag{5.3.12}$$

有调和解.

注 5.3.1　若式 (5.3.4) 中 $g(t,x)$ 关于 x 可微，记偏导算子为 $D_x(t,x)$，令

$$\widetilde{g}(t,x) = g(t,x) - g(t,0), \qquad \widetilde{p}(t) = p(t) - g(t,0)$$

分别代替式 (5.3.4) 的 $g(t,x)$ 和 $p(t)$，则

$$\widetilde{g}(t,x) = \int_0^1 D_x(t,sx)x\mathrm{d}s = M(t,x)x.$$

就可以用定理 5.3.2 判断调和解的存在性.

5.3.2　n 维 Liénard 系统的调和解

当式 (5.3.1) 取另一类特殊形式

$$u'' + \frac{\mathrm{d}}{\mathrm{d}t}\mathrm{grad}F(u) + \mathrm{grad}G(u) = p(t) \tag{5.3.13}$$

时，称为 Liénard 系统，因为它可以看作是由一维 Liénard 方程

$$x'' + f(x)x' + g(x) = p(t)$$

推广而来. 方程 (5.3.13) 中我们总假设$F \in C^2(\mathbf{R}^n,\mathbf{R})$, $G \in C^2(\mathbf{R}^n,\mathbf{R})$, $p \in C(\mathbf{R},\mathbf{R}^n)$, $p(t+T)\equiv p(t)$, $\int_0^{\mathrm{T}} p(t)\mathrm{d}t = 0$.

对微分系统 (5.3.4)，通过引进线性函数 $V(u)$，使 $L = D^2 + CD + V$ 成为可逆算子，然后讨论调和解的存在条件. 我们对微分系统 (5.3.13) 的讨论，由于所取线性算子不是可逆的，因而方法有所不同.

记 $v = u' + \mathrm{grad}F(u)$，则方程 (5.3.13) 等价于

$$\begin{cases} u' = v - \mathrm{grad}F(u), \\ v' = -\mathrm{grad}G(u) + p(t). \end{cases} \tag{5.3.14}$$

进一步，令 $z = (u^{\mathrm{T}}, v^{\mathrm{T}})^{\mathrm{T}}$, $Lz = \dfrac{\mathrm{d}}{\mathrm{d}t}z$, $(Nz)(t) = ((v - \mathrm{grad}F(u))^{\mathrm{T}}, (-\mathrm{grad}G(u) + p(t))^{\mathrm{T}})$，式 (5.3.14) 可用

$$Lz = Nz \tag{5.3.15}$$

表示.

记 $Z = \{z \in C(\mathbf{R},\mathbf{R}^n) : z(t) \equiv z(t+T)\}$, $U = \{z \in Z : z \in C^1(\mathbf{R},\mathbf{R}^n)\}$，对 $\forall\, z \in Z$, $z \in U$ 分别定义范数

$$\|z\|_0 = \max_{0\leqslant t\leqslant T} |z(t), \qquad \|z\|_1 = \max\{\|z\|_0, \|z'\|_0\},$$

则 Z, U 为 Banach 空间.

易证 $L : Z \cap \mathrm{dom}L \to Z$ 是指标为 0 的 Frdeholm 算子，$\forall\, \Omega \subset Z$ 有界，则 $N : \overline{\Omega} \to Z$ 是 L- 紧的. 在验证 L- 紧性时，投影算子:

$$P : Z \to \mathrm{ker}L, \qquad Q : Z \to Z/\mathrm{Im}L$$

由

$$P(z) = \frac{1}{T}\int_0^{\mathrm{T}} z(t)\mathrm{d}t, \qquad Q(z) = \frac{1}{T}\int_0^{\mathrm{T}} z(t)\mathrm{d}t$$

给出. 同构 $J : Z/\mathrm{Im}L \to \mathrm{ker}L$ 为恒等算子，即 $J = I$, $I : \mathbf{R}^n \to \mathbf{R}^n$ 表示恒等算子 ($\mathrm{ker}L$ 和 $Z/\mathrm{Im}L$ 都是 $2n$ 维常值函数空间，同构于 $\mathbf{R}^{2n}$).

首先证一个抽象定理.

定理 5.3.3[8] 算子 L, N, Q 定义如上，Ω_1, $\Omega_2 \subset Z$ 是有界开集，$\Omega_1 \subset \overline{\Omega}_1 \subset \Omega_2$. 设

(1) $\forall\, \mu \in (0,1]$, $z \in \partial\Omega_1 \cup \partial\Omega_2$,

$$Lz \neq \mu Nz;$$

(2) $\forall\, z \in (\partial\Omega_1 \cup \partial\Omega_2) \cap \mathbf{R}^{2n}$, $QNz \neq 0$,

则

(a) $\deg\{QN, \Omega_1 \cap \mathbf{R}^{2n}, 0\} \neq 0$ 时，方程 (5.3.15) 在 Ω_1 中有解;

(b) $\deg\{QN, \Omega_2 \cap \mathbf{R}^{2n}, 0\} \neq \deg\{QN, \Omega_1 \cap \mathbf{R}^{2n}, 0\}$ 时，方程 (5.3.15) 在 $\Omega_2 \setminus \overline{\Omega}_1$ 中有解.

证明　结论 (a) 已经由定理 2.3.3 给出. 下证结论 (b) 成立.

记 $K = (L|_{z\cap\ker P})^{-1}$，则

$$Lz = \mu Nz \tag{5.3.16}$$

的解等价于

$$M_\mu z = z$$

的解，即算子 M_μ 的不动点，其中算子

$$M_\mu : \overline{D} \subset Z \to Z$$

由 $M_\mu = P + \mu K(I-Q)N - QN$ 定义. M_μ 为全连续算子，定理条件保证

$$\begin{aligned} &M_\mu z \neq z, \qquad z \in \partial\Omega_1 \cup \partial\Omega_2, \qquad \mu \in (0,1], \\ &M_0 z \neq z, \qquad z \in \partial\Omega_1 \cup \partial\Omega_2. \end{aligned}$$

于是由切除性原理得

$$\begin{aligned} &\deg\{I - M_1, \Omega_2 \setminus \overline{\Omega}_1, 0\} = \deg\{I - M_0, (\Omega_2 \setminus \overline{\Omega}_1) \cap \mathbf{R}^{2n}, 0\} \\ =&\deg\{-QN, (\Omega_2 \setminus \overline{\Omega}_1) \cap \mathbf{R}^{2n}, 0\} \\ =&\deg\{QN, \Omega_2 \cap \mathbf{R}^{2n}, 0\} - \deg\{QN, \Omega_2 \cap \mathbf{R}^{2n}, 0\} \\ \neq& 0, \end{aligned}$$

可知 M_1 在 $\Omega_2 \setminus \overline{\Omega}_1$ 至少有一个不动点，从而抽象方程 (5.3.15) 在 $\Omega_2 \setminus \overline{\Omega}_1$ 中有解.

由定理 5.3.3 可导出如下定理.

定理 5.3.4[8]　算子 L, N, Q 及空间 Z 的定义如上，$\Omega_i \subset Z$, $i = 1, 2, \cdots, m$ 是有界开集，$\overline{\Omega_i} \subset \Omega_{i+1}$. 设

(1) $\forall\, \mu \in (0,1]$, $z \in \sum\limits_{i=1}^{m} \partial\Omega_i$，有 $Lz \neq \mu Nz$;

(2) 当 $z \in \left(\sum\limits_{i=1}^{m} \partial\Omega_i\right) \cap \mathbf{R}^{2n}$ 时，$QNz \neq 0$;

(3) $\deg\{QN, \Omega_1 \cap \mathbf{R}^{2n}, 0\} \neq 0$，且对 $i = 2, 3, \cdots, m$,

$$\deg\{QN, \Omega_i \cap \mathbf{R}^{2n}, 0\} \neq \deg\{QN, \Omega_{i-1} \cap \mathbf{R}^{2n}, 0\},$$

则抽象方程 (5.3.15) 有 m 个互异解.

根据以上结果, 我们就微分系统 (5.3.13) 给出如下定理.

定理 5.3.5[8] 设式 (5.3.13) 中 $F(x)=\sum\limits_{i=1}^{n}F_i(x_i)$, $\|p\|=k>0$. 如果存在 a_1, a_2, a_3, $b>0$ 满足 $a_1+2kTb^{-1}\leqslant a_2<a_3$, 使

(1) $\forall\ x_i\in\mathbf{R}$, $F_i''(x_i)\geqslant b$;

(2) $a_1\leqslant\|x_i\|\leqslant a_2$ 时, $x_i\dfrac{\partial G(x)}{\partial x_i}>k|x_i|$;

(3) 当 $|x_i|\geqslant a_3$ 时, $x_i\dfrac{\partial G(x)}{\partial x_i}<-k|x_i|$,

对 $i=1,2,\cdots,n$ 成立, 则微分系统 (5.3.13) 至少有 3^n 个调和解.

证明 $\forall\mu\in(0,1]$, 式 (5.3.16) 等价于微分系统

$$\begin{cases}u'=\mu[v-\mathrm{grad}F(u)],\\ v'=\mu[-\mathrm{grad}G(u)+p(t)].\end{cases}\tag{5.3.17}$$

设 $(u(t),v(t))$ 是方程 (5.3.17) 的一个周期解, 记

$$A_i=\{u_i(t):\ 0\leqslant t\leqslant T\}.$$

现证 $\pm a_2$, $\pm a_3\notin A_i$, $i=1,2,\cdots,n$. 设若不然, 则

(i) $A_i\cap\{a_3,-a_3\}\neq\varnothing$. 不妨设 $a_3\in A_i$, 则 $(u_i(t),v_i(t))$ 满足方程组

$$\begin{cases}u_i'=\mu[v_i-F_i'(u_i)],\\ v_i'=\mu[-\mathrm{grad}G(u)+p(t)].\end{cases}$$

由条件 (3), $u_i\geqslant a_3$ 时

$$v_i'=\mu\left[-\frac{\partial G(u)}{\partial u_i}+p_i(t)\right]>0.$$

在平面 $\mathbf{R}^2$ 上讨论图 $(u_i,F_i'(u_i))$, 记 $S_i=\{(u_i,F_i'(u_i)):\ u_i\in\mathbf{R}\}$,

$$D_i^{(1)}=\{(u_i,v_i):\ v_i>F_i'(u_i)\},$$
$$D_i^{(2)}=\{(u_i,v_i):\ v_i<F_i'(u_i)\},$$

则

$$\begin{aligned}&u_i'=0,\ v_i'>0, &&\text{当 }(u_i,v_i)\in S_i,\ \ u_i\geqslant a_3,\\ &u_i'>0,\ v_i'>0, &&\text{当 }(u_i,v_i)\in D_i^{(1)},\ \ u_i\geqslant a_3,\\ &u_i'<0,\ v_i'>0, &&\text{当 }(u_i,v_i)\in D_i^{(2)},\ \ u_i\geqslant a_3.\end{aligned}$$

因此当 $\exists\, t_0 \in [0,T]$ 使 $u_i(t_0) = a_3$，则

$$v_i'(t) > 0, \qquad 当 t \geqslant t_0,$$

这和 $v(t)$ 的 T- 周期解矛盾.

(ii) $A_i \cap \{a_2, -a_2\} \neq \varnothing$. 不妨设，这时 $\exists\, t_1 \in [0,T)$，使 $u_i(t_1) = a_2$. 当 $a_1 \leqslant u_i \leqslant a_2$ 时

$$\begin{aligned} &u_i' = 0,\ v_i' < 0, \qquad 当\ (u_i, v_i) \in S_i, \\ &u_i' > 0,\ v_i' < 0, \qquad 当\ (u_i, v_i) \in D_i^{(1)}, \\ &u_i' < 0,\ v_i' < 0, \qquad 当\ (u_i, v_i) \in D_i^{(2)}. \end{aligned}$$

因此当 $(u_i(t_1), v_i(t_1)) \in S_i \cap D_i^{(2)}$，在 $t \leqslant t_1$ 且 $u_i(t) > a$ 时，

$$v_i'(t) < 0.$$

故 $a_1 \in A_i$，即 $\exists\, t_2 \in [0,T]$，使 $x_i(t_2) = a_1$.

式 (5.3.17) 的等价方程系是

$$u'' + \mu \frac{\partial^2 F(u)}{\partial u^2} u' + \mu^2 \frac{\partial G(u)}{\partial u} = \mu^2 p(t). \tag{5.3.18}$$

对 $x,\ y \in Z$，定义

$$\langle x, y \rangle = \frac{1}{T} \int_0^{\mathrm{T}} (x(t), y(t)) \mathrm{d}t,$$

则方程 (5.3.18) 的调和解 $u = u(t)$ 应满足

$$\langle u'', u' \rangle + \mu \left\langle \frac{\partial^2 F(u)}{\partial u^2} u', u' \right\rangle + \mu^2 \langle \mathrm{grad} G(u), u' \rangle = \mu^2 \langle p, u' \rangle.$$

因为 $\langle u'', u' \rangle = \langle \mathrm{grad} G(u), u' \rangle = 0$, 所以

$$\int_0^{\mathrm{T}} \left(u', \frac{\partial^2 F(u)}{\partial u^2} u' \right) \mathrm{d}t = \mu \int_0^{\mathrm{T}} (p(t), u') \mathrm{d}t.$$

于是由

$$bT^{-1} \left(\int_0^{\mathrm{T}} |u'| \mathrm{d}t \right) \leqslant b \int_0^{\mathrm{T}} |u'|^2 \mathrm{d}t \leqslant \int_0^{\mathrm{T}} \sum_{i=1}^{n} F_i''(u_i) |u_i|^2 \mathrm{d}t \leqslant k \int_0^{\mathrm{T}} |u'| \mathrm{d}t,$$

得

$$\int_0^{\mathrm{T}} |u'| \mathrm{d}t \leqslant \frac{kT}{b}.$$

记

$$x_i(t)=u_i(t)-\frac{1}{T}\int_0^{\mathrm{T}}u_i(t)\mathrm{d}t=u_i(t)-\bar{u}_i,$$

则 $\exists\, t_3\in[0,T]$, 使 $x_i(t_3)=0$, 于是有

$$|x_i(t)|=\left|\int_{t_3}^t u_i'(t)\mathrm{d}t\right|\leqslant\left|\int_{t_3}^t |u_i'(t)|\mathrm{d}t\right|\leqslant\frac{kT}{b},\qquad t\in[0,T].$$

由

$$\bar{u}_i-\max_{0\leqslant t\leqslant T}|x_i(t)|\leqslant\min_{0\leqslant t\leqslant T}u_i(t)<a_1,$$

得 $\bar{u}_i<a_1+\dfrac{kT}{b}$, 从而

$$u_i(t)<\bar{u}_i+x_i(t)\leqslant\bar{u}_i+|x_i(t)|<a_1+\frac{2kT}{b}<a_2,$$

这和 $a_2\in A_i$ 矛盾. 当 $u_i(t_1)$ 在 $D_i^{(2)}$ 一侧时，证法相同.

取 $C=\max\{F_i'(x_i):i=1,2,\cdots,n\}+1$，我们用 $\Omega_{k_1,\cdots,k_m}$ 表示 Banach 空间 Z 中的有界开集，其中 $k_i\in\{-1,0,1\}$. 定义

$$\begin{aligned}
&\Omega_{0,0,\cdots,0}=\{z\in Z:\ |u_i(t)|<a_2,\ |v_i(t)|<c,\ i=1,2,\cdots,n\},\\
&\Omega_{1,0,\cdots,0}=\{z\in Z:\ a_2<u_1(t)<a_3,\ \ |u_i(t)|<a_2,\ i=2,3,\cdots,n;\\
&\qquad\qquad |v_j(t)|<c,\ j=1,2,\cdots,n\},\\
&\Omega_{-1,0,\cdots,0}=\{z\in Z:\ -a_3<u_1(t)<-a_2,\ \ |u_i(t)|<a_2,\ i=2,3,\cdots,n;\\
&\qquad\qquad |v_j(t)|<c,\ j=1,2,\cdots,n\},\\
&\ \vdots\\
&\Omega_{-1,-1,\cdots,-1}=\{z\in Z:\ -a_3<u_i(t)<-a_2,\ \ |v_i(t)|<c,\ i=1,2,\cdots,n\}.
\end{aligned}$$

显然这样的开集共有 3^n 个，现证方程 (5.3.14) 在上述每一个开集中都有一个调和解.

由上讨论，对 $\forall\,\Omega_{k_1,\cdots,k_n}$ 及 $\mu\in[0,1]$, Leray-Schäuder $\deg\{I-M_\mu,\Omega_{k_1,\cdots,k_n},0\}$ 有定义，且

$$\begin{aligned}
\deg\{I-M_1,\Omega_{k_1,\cdots,k_n},0\}&=\deg\{QN,\Omega_{k_1,\cdots,k_n},0\}\\
&=\deg\{QN,\Omega_{k_1,\cdots,k_n}\cap\mathbf{R}^{2n},0\}.
\end{aligned}$$

先证 $\deg\{QN,\Omega_{k_1,\cdots,k_n},0\}=(-1)^{\sum\limits_{k=1}^n k_i}$. 为此，定义映射

$$T:\Omega_{k_1,\cdots,k_n}\cap\mathbf{R}^{2n}\to\mathbf{R}^{2n},\qquad z\longmapsto(\bar{u}_1,\cdots,\bar{u}_n;\bar{v}_1,\cdots,\bar{v}_n),$$

其中 $\bar{u}_i=(-1)^{k_i}+\frac{1}{2}k_i(a_2+a_3)$, $\bar{v}_i=v_i$, $i=1,2,\cdots,n$，易证 T 在 $\Omega_{k_1,\cdots,k_n}\cap\mathbf{R}^{2n}$ 中有唯一零点 E:

$$u_i=\frac{1}{2}k_i(a_2+a_3),\qquad v_i=0,\qquad i=1,2,\cdots,n.$$

故 Brouwer 度

$$\deg\{T,\Omega_{k_1,\cdots,k_n}\cap\mathbf{R}^{2n},0\}=\operatorname{sgn}\det(\operatorname{diag}\{(-1)^{k_1},\cdots,(-1)^{k_n},1,\cdots,1\})=(-1)^{\sum\limits_{i=1}^{n}k_i}.$$

再证 T 和 QN 在 $\Omega_{k_1,\cdots,k_n}\cap\mathbf{R}^{2n}$ 上为同伦映射.

对 $\forall\ \mu\in[0,1]$，在 $\overline{\Omega}_{k_1,\cdots,k_n}\cap\mathbf{R}^{2n}$ 上定义同伦

$$h(z,\mu)=\mu QNz+(1-\mu)Tz,\tag{5.3.19}$$

这时 $\Omega_{k_1,\cdots,k_n}\cap\mathbf{R}^{2n}=I_{k_1}\times\cdots\times I_{k_n}\times I_c^n$，其中

$$I_0=(-a_2,a_2),\quad I_1=(a_2,a_3),\qquad I_{-1}=(-a_3,-a_2),\quad I_c=(-c,c).$$

所以

$$\partial\Omega_{k_1,\cdots,k_n}\cap\mathbf{R}^{2n}=\sum_{i=1}^{n}(D_i\cap H_i),$$

其中,

$$D_i=\overline{I}_{k_1}\times\cdots\times\overline{I}_{k_{i-1}}\times\partial I_{k_i}\times\overline{I}_{k_{i+1}}\times\cdots\times\overline{I}_{k_n}\times\overline{I}_c^n,$$
$$H_i=\overline{I}_{k_1}\times\cdots\times\overline{I}_{k_n}\times\overline{I}_c^{l-1}\times\partial I_c\times\overline{I}_c^{n-l}.$$

对 $z\in\partial\Omega_{k_1,\cdots,k_n}\cap\mathbf{R}^{2n}$，不妨设 $z\in D_i\cap H_i$，当 $z\in H_i$ 时考虑式 (5.3.19) 中的第 $n+i$ 个分量，由 c 的取值可得

$$[QNz]_{n+i}=c-F'(u_i)>0,\qquad [Tx]_{n+i}=c>0.$$

因而 $z\in H_i$ 时 $h(z,\mu)\neq0$. 当 $z\in D_i$，同样可证 $h(z,\mu)\neq0$. 由此可知 QN 和 T 在 $\overline{\Omega}_{k_1,\cdots,k_n}\cap\mathbf{R}^{2n}$ 上同伦，并导出

$$\deg\{QN,\Omega_{k_1,\cdots,k_n}\cap\mathbf{R}^{2n},0\}=\deg\{T,\Omega_{k_1,\cdots,k_n}\cap\mathbf{R}^{2n},0\}=(-1)^{\sum\limits_{i=1}^{n}k_i}.$$

由定理 5.3.3 知抽象方程 (5.3.15) 在每个 $\Omega_{k_1,\cdots,k_n}$ 中至少有一个解，从而方程 (5.3.14) 在每个 $\Omega_{k_1,\cdots,k_n}$ 中有一个调和解，方程 (5.3.14) 调和解中的前 n 个分量则是方程 (5.3.13) 的调和解. 由于不同的 $\Omega_{k_1,\cdots,k_n}$ 有 3^n 个，定理得证.

同理可以证明如下定理.

定理 5.3.6[8] 设式 (5.3.13) 中 $F(x)=\sum\limits_{i=1}^{n}F_i(x_i)$, $\|p\|=k>0$,

(1) $\exists\, b>0$, $F_i''(x_i)\geqslant b$, $i=1,2,\cdots,n$;

(2) $\exists\, r>0$，当 $|x_i|>r$ 时，$x_i\dfrac{\partial G(x)}{\partial x_i}>0$, $i=1,2,\cdots,n$;

(3) $\exists\, a_{-1}<b_{-1}<0<a_0<b_0<a_1<b_1<\cdots<a_n<b_n<\cdots$ 满足 $b_j-a_j>kTb^{-1}$, $j=-1,0,1,2,\cdots$, 且

$$\begin{aligned}&\frac{\partial G(x)}{\partial x_1}<-k, &&\text{当 } a_{-1}\leqslant x_1\leqslant b_{-1},\\ &\frac{\partial G(x)}{\partial x_1}>k, &&\text{当 } a_{2i}\leqslant x_1\leqslant b_{2i},\\ &\frac{\partial G(x)}{\partial x_1}<-k, &&\text{当 } a_{2i+1}\leqslant x_1\leqslant b_{2i+1},\quad i=0,1,2,\cdots,\end{aligned}$$

则方程 (5.3.13) 有无穷多个互异的调和解.

例 5.3.1 微分系统 (5.3.13) 中 $F(u)=\sum\limits_{i=1}^{4}(u_i^2+u_i^4)+\left(\sum\limits_{i=1}^{4}c_ix_i\right)^2$, $G(u)=\sum\limits_{i=1}^{4}\left(u_i^4+u_i^2\sum\limits_{j\neq 1,i}u_j^2\right)+\sum\limits_{i\neq j}\sin u_i\sin u_j+100\sin\dfrac{u_i}{10}$, $p(t)=(\cos t,\sin t,\cos 2t,\sin 2t)^{\mathrm T}$, 即

$$\left\{\begin{aligned}&u_1''+2(1+6u_1^2)u_1'+10\cos\frac{u_1}{10}+\cos u_1\left(\sum_{j=2}^{4}\sin u_j\right)=\cos t,\\ &u_2''+2(1+c_2^2)u_2'+2c_2c_4u_4'+2u_2(2u_2^2+u_3^2+u_4^2)+\cos u_2\left(\sum_{j=2}\sin u_j\right)=\sin t,\\ &u_3''+2(1+c_3^2)u_3'+2c_2c_3u_2'+2c_3c_4u_4'+2u_3(2u_3^2+u_2^2+u_4^2)\\ &\quad+\cos u_3\left(\sum_{j\neq 3}\sin u_j\right)=\cos 2t,\\ &u_4''+2(1+c_4^2)u_4'+2c_2c_4u_2'++2c_3c_4u_3'+2u_4(2u_4^2+u_2^2+u_3^2)\\ &\quad+\cos u_2\left(\sum_{j=1}^{3}\sin u_j\right)=\sin 2t,\end{aligned}\right. \tag{5.3.20}$$

这时 $k=2, T=2\pi$, b 可取为 $2, a_{-1}=-\dfrac{40}{3}\pi, b_{-1}=-\dfrac{20}{3}\pi, a_k=10\pi\left(2k+\dfrac{5}{3}\right)$, $b_k=10\pi\left(k+\dfrac{7}{3}\right)$, $k=0,1,2,\cdots$, 满足定理 5.3.6 的所有条件，故式 (5.3.20) 有无穷多

个调和解.

系统 (5.3.13) 存在调和解的其他判据，见文献 [9]、[10].

5.4 含时间滞量的微分方程

微分方程或微分系统是将未知函数及其导数联系起来的一个或多个等式，其中的未知函数及其导函数要求“同时性”，也就是导数和函数在自变量的相同点上取值，例如系统

$$u'' + f(t, u, u') = 0, \qquad u \in \mathbf{R}^n, \tag{5.4.1}$$

实际上是要求

$$u'' + f(t, u(t), u'(t)) = 0, \qquad u \in \mathbf{R}^n. \tag{5.4.2}$$

对系统 (5.4.1) 或 (5.4.2) 给出边界条件

$$U_1(u) = 0, \qquad U_2(u) = 0 \tag{5.4.3}$$

就成为边值问题. $U_1(u)$, $U_2(u)$ 通常为 u 及 u' 在自变量指定变动区间中多点处取值的线性函数.

但是在许多实际问题中，未知函数在“t 时刻”及“t 时刻”之后的变化规律不仅取决于当前状态 $u(t)$, $u'(t)$, 还取决于 t 之前的状态 $u(t-\tau(t))$, $u'(t-\sigma(t))$, 其中 τ, σ: $\mathbf{R} \to \mathbf{R}^+$ 为连续函数或间断函数. 这时，和方程 (5.4.2) 相对应的微分系统

$$u''(t) + f(t, u(t), u(t-\tau(t)), u'(t), u'(t-\sigma(t))) = 0 \tag{5.4.4}$$

就是二阶时滞微分系统. 时滞微分系统中如果未知函数的最高阶导函数以 $(u(t) - Cu(t-r))''$ 的形式出现，成为

$$(u(t) - Cu(t-\tau))'' + f(t, u(t), u(t-\tau(t)), u'(t), u'(t-\sigma(t))) = 0, \tag{5.4.5}$$

就称为中立型二阶时滞微分系统，其中 C 为 n 阶常矩阵.

在微分系统中引入时滞 r, $\tau(t)$, $\sigma(t)$ 之后，一般而言边界条件，尤其是左端边界条件需在 $(-R, t_0]$ 上给出，其中

$$R = \max\left\{r, \sup\left\{\max_{t \geqslant t_0}\{\tau(t) - t,\ \sigma(t) - t\}\right\}\right\}.$$

但是对周期边值问题，由于函数的周期性，边界条件仍可按

$$U_1(u) = u(0) - u(T), \qquad U_2(u) = u'(0) - u'(T)$$

给出.

我们先对周期滞量 $\tau(t)$ 及中立型线性算子建立一些等式和不等式.

5.4.1 五个引理

引理 5.4.1 设 $\tau:\mathbf{R}\to\mathbf{R}$ 有界，对 $T>0$ 满足 $\tau(t+T)=\tau(t)$，则 $\exists\,\alpha,\ \beta\in\left[0,\dfrac{T}{2}\right]$，对 $\forall x\in W_T^{1,p}$ 有

$$\int_0^{\mathrm{T}}|x(t)-x(t-\tau(t))|^p\mathrm{d}t\leqslant(\alpha^p+\beta^p)\int_0^{\mathrm{T}}|x'(t)|^p\mathrm{d}t,\tag{5.4.6}$$

其中 $p\geqslant 1$.

证明 记 $S(t)=\tau(t)-\left[\dfrac{[\frac{2\tau(t)}{T}]+1}{2}\right]T$，其中 $[x]=\max\{m\in\mathbf{Z}:m\leqslant x\}$.

易证：$|S(t)|\leqslant\dfrac{T}{2}$，实际上，当 $kT\leqslant\tau(t)\leqslant\dfrac{2k+1}{2}T$ 时，$S(t)=\tau(t)-kT$. 故 $0\leqslant S(t)<\dfrac{T}{2}$，当 $\dfrac{2k+1}{2}T\leqslant\tau(t)<(k+1)T$ 时，$S(t)=\tau(t)-(k+1)T$，故 $-\dfrac{T}{2}\leqslant S(t)<0$，取

$$\alpha=-\inf S(t)\geqslant 0,\qquad\beta=\sup S(t)\geqslant 0.$$

于是当令 $E_1=\{t\in[0,T]:S(t)\geqslant 0\}$，$E_2=[0,T]\setminus E_1$ 时，

$$\begin{aligned}\int_0^{\mathrm{T}}|x(t)-x(t-\tau(t))|^p\mathrm{d}t&=\int_0^{\mathrm{T}}|x(t)-x(t-S(t))|^p\mathrm{d}t\\&\leqslant\int_0^{\mathrm{T}}\left|\int_{t-S(t)}^{t}|x'(r)|\mathrm{d}r\right|^p\mathrm{d}t\\&=\int_{E_1}\left[\int_{t-S(t)}^{t}|x'(r)|\mathrm{d}r\right]^p\mathrm{d}t+\int_{E_2}\left[\int_{t}^{t-S(t)}|x'(r)|\mathrm{d}r\right]^p\mathrm{d}t\\&\leqslant\int_0^{\mathrm{T}}\left[\int_{t-\beta}^{t}|x'(r)|\mathrm{d}r\right]^p\mathrm{d}t+\int_0^{\mathrm{T}}\left[\int_{t}^{t+\alpha}|x'(r)|\mathrm{d}r\right]^p\mathrm{d}t,\end{aligned}$$

交换积分顺序

$$\begin{aligned}&\int_0^{\mathrm{T}}\left[\int_{t-\beta}^{t}|x'(r)|\mathrm{d}r\right]^p\mathrm{d}t=\int_0^{\mathrm{T}}\beta^{p-1}\int_{t-\beta}^{t}|x'(r)|^p\mathrm{d}r\mathrm{d}t\\=&\beta^{p-1}\left[\int_{-\beta}^{t}\int_0^{r+\beta}|x'(r)|^p\mathrm{d}t\mathrm{d}r+\int_0^{T-\beta}\int_r^{r+\beta}|x'(r)|^p\mathrm{d}t\mathrm{d}r\right.\\&\left.+\int_{T-\beta}^{\mathrm{T}}\int_r^{\mathrm{T}}|x'(r)|^p\mathrm{d}t\mathrm{d}r\right]\end{aligned}$$

$$
\begin{aligned}
&= \beta^{p-1}\left[\int_{-\beta}^{t}(r+\beta)|x'(r)|^p\mathrm{d}r + \int_{0}^{T-\beta}\beta|x'(r)|^p\mathrm{d}r + \int_{T-\beta}^{\mathrm{T}}(T-r)|x'(r)|^p\mathrm{d}r\right]\\
&= \beta^{p-1}\left[\int_{-\beta}^{t}(r+\beta)|x'(r)|^p\mathrm{d}r + \int_{0}^{T-\beta}\beta|x'(r)|^p\mathrm{d}r - \int_{-\beta}^{0}r|x'(r)|^p\mathrm{d}r\right]\\
&= \beta^{p-1}\left[\beta\int_{-\beta}^{0}|x'(r)|^p\mathrm{d}r + \int_{0}^{T-\beta}\beta|x'(r)|^p\mathrm{d}r\right]\\
&= \beta^{p}\int_{-\beta}^{T-\beta}|x'(r)|^p\mathrm{d}r = \beta^p\int_0^{\mathrm{T}}|x'(t)|^p\mathrm{d}t.
\end{aligned}
$$

同理，

$$
\int_0^{\mathrm{T}}\left[\int_t^{t+\alpha}|x'(r)|\mathrm{d}r\right]^p \mathrm{d}t = \alpha^p\int_0^{\mathrm{T}}|x'(r)|^p\mathrm{d}r,
$$

于是得

$$
\int_0^{\mathrm{T}}|x(t)-x(t-\tau(t))|^p\mathrm{d}t \leqslant (\alpha^p+\beta^p)\int_0^{\mathrm{T}}|x'(t)|^p\mathrm{d}t.
$$

由于 $0\leqslant\alpha,\ \beta\leqslant\dfrac{T}{2}$，故很容易得到如下推论.

推论 5.4.1　设引理 5.4.1 的条件满足，则

$$
\int_0^{\mathrm{T}}|x(t)-x(t-\tau(t))|^p\mathrm{d}t \leqslant 2\left(\frac{T}{2}\right)^p\int_0^{\mathrm{T}}|x'(t)|^p\mathrm{d}t. \tag{5.4.7}
$$

又当 $\tau(t)=\tau$ 为常数时有：

推论 5.4.2　设 $x\in W_T^{1,p}$，对 $\forall\,\tau>0$，记

$$
s = \tau - \left[\frac{\left[\frac{2\tau(t)}{T}\right]+1}{2}\right]T,
$$

则

$$
\int_0^T|x(t)-x(t-\tau)|^p\mathrm{d}t \leqslant \begin{cases} s^p\displaystyle\int_0^T|x'(t)|^p\mathrm{d}t, & \text{当 } s\geqslant 0,\\ \left(\dfrac{T}{2}-s\right)^p\displaystyle\int_0^T|x'(t)|^p\mathrm{d}t, & \text{当 } s<0. \end{cases}
$$

引理 5.4.2[11,12]　设 $\tau\in C_T^1=\{u\in C^1(\mathbf{R},\mathbf{R}): u(t+T)=u(t)\}$，$\tau'(t)<1$ 对 $t\in[0,T]$ 成立，则

(1) $t-\tau(t)$ 的反函数 $\mu(t)$ 满足 $\mu(t+T)=\mu(t)+T$;

(2) 存在整数 m 使 $\max\limits_{t\in[0,T]}|\tau(t)-mT|<T$;

(3) 当 $\beta\in C_T=\{u\in C(\mathbf{R},\mathbf{R}): u(t+T)=u(t)\}$，有

$$
\int_0^{\mathrm{T}}\frac{\beta(\mu(s))}{1-\tau'(\mu(s))}\mathrm{d}s = \int_0^{\mathrm{T}}\beta(s)\mathrm{d}s.
$$

证明 (1) 记 $f(t)=t-\tau(t)$，由于 $f'(t)=1-\tau'(t)>0$，故 $f(t)$ 严格单调，反函数 $\mu(t)=f^{-1}(t)$ 存在，记 $y=f(t)=t-\tau(t)$，则 $t=f^{-1}(y)=\mu(y)$. 由于

$$f(t+T)=(t+T)-\tau(t+T)=t-\tau(t)+T=y+T,$$

故

$$t+T=f^{-1}(y+T)=\mu(y+T).$$

用 $t=\mu(y)$ 代入上式，即得 $\mu(y+T)=\mu(y)+T$，故 $\mu(t+T)=\mu(t)+T$ 成立.

(2) 记 $\tau_0=\min\limits_{0\leqslant t\leqslant T}\tau(t)$, $\tau_1=\max\limits_{0\leqslant t\leqslant T}\tau(t)$. 设 $\tau(t_0)=\tau_0$, $\tau(t_1)=\tau_1$, t_0, $t_1\in[0,T]$.

如果 $t_0<t_1$, 则 $0<t_1-t_0<T$,

$$\tau_1=\tau_0+\int_{t_0}^{t_1}\tau'(s)\mathrm{d}s\leqslant\tau_0+\int_{t_0}^{t_1}\tau'(s)\mathrm{d}s<\tau_0+(t_1-t_0)<\tau_0+T.$$

如果 $t_1<t_0$, 则 $0<t_1+T-t_0<T$,

$$\tau_1=\tau_0+\int_{t_0}^{t_1+T}\tau'(s)\mathrm{d}s<\tau_0+T.$$

由此可知 $0<\tau_1-\tau_0<T$，因此

$$[\tau_0,\tau_1]\cap\{iT:i\in\mathbf{Z}\}$$

至多有一点. 当 $[\tau_0,\tau_1]\cap\{iT:i\in\mathbf{Z}\}=\varnothing$ 时，存在 $k\in\mathbf{Z}$，使 $kT<\tau(t)<(k+1)T$，对 $t\in[0,T]$ 成立，故可取 $m=k$ 或 $m=k+1$，使结论成立.

当 $kT\in[\tau_0,\tau_1]\cap\{iT:i\in\mathbf{Z}\}$ 时，取 $m=k$，结论同样成立.

(3) 注意到 $\mu'(s)=\dfrac{1}{1-\tau'(u(s))}$，用 $\mu=\mu(s)$ 换元，得

$$\int_0^{\mathrm{T}}\frac{\beta(\mu(s))}{1-\tau'(\mu(s))}\mathrm{d}s=\int_{\mu(s)}^{\mu(\tau)}\beta(u)\mathrm{d}u=\int_{\mu(0)}^{\mu(0)+T}\beta(u)\mathrm{d}u=\int_0^{\mathrm{T}}\beta(u)\mathrm{d}u,$$

引理证毕.

研究中立型时滞微分方程时，需要定义一些算子，并讨论它们的相关性质.

设 r_i, $c_i(i=1,\cdots,n)$ 为实常数，定义

$$B:\ C_T\to C_T,\quad x(t)\longmapsto(Bx)(t)=\sum_{i=1}^{n}c_ix(t-r_i),$$

及

$$A:\ C_T\to C_T,\quad x(t)\longmapsto(Ax)(t)=(I-B)x(t)=x(t)-\sum_{i=1}^{n}c_ix(t-r_i).$$

容易证明，$\sum_{i=1}^{n}|c_i|$ 有界时，B 是有界线性算子且

$$\|B\| \leqslant \sum_{i=1}^{n}|c_i|, \tag{5.4.8}$$

$$\int_0^{\mathrm{T}} |(B^m x)(t)|\mathrm{d}t \leqslant \left(\sum_{i=1}^{n}|c_i|\right)^m \int_0^{\mathrm{T}} |x(t)|\mathrm{d}t, \tag{5.4.9}$$

$$(B^m x)'(t) = (B^m x')(t), \qquad m = 0, 1, 2, \cdots \tag{5.4.10}$$

由此得如下引理.

引理 5.4.3[12,13]　如果 $\sum_{i=1}^{n}|c_i| < 1$, 则对 $\forall\, x \in C_T$,

(1) A^{-1} 存在，且

$$\|A^{-1}\| < \frac{1}{1 - \sum_{i=1}^{n}|c_i|}; \tag{5.4.11}$$

(2)
$$\int_0^T |(A^{-1}x)(t)|^m \mathrm{d}t \leqslant \frac{1}{1 - \sum_{i=1}^{n}|c_i|}\int_0^T |x(t)|^m \mathrm{d}t, \qquad m = 1, 2. \tag{5.4.12}$$

证明　(1) 由于 $A = I - B$，故有形式展开式

$$(A^{-1}x)(t) = ((I - B)^{-1}x)(t) = \left(I + \sum_{i=1}^{\infty} B^i\right) x(t). \tag{5.4.13}$$

对 $\forall x \in C_T$, $\|x\| = 1$,

$$\left\|\left(I + \sum_{i=1}^{\infty} B^i\right) x\right\| \leqslant 1 + \sum_{i=1}^{n}|c_i| = \frac{1}{1 - \sum_{i=1}^{n}|c_i|} < \infty.$$

故式 (5.4.11) 对 $\forall x \in C_T$ 成立，即 A^{-1} 存在且

$$\|A^{-1}\| \leqslant \frac{1}{1 - \sum_{i=1}^{n}|c_i|}.$$

(2) 由式 (5.4.13)，利用式 (5.4.9) 可得

$$
\begin{aligned}
\int_0^T |(A^{-1}x)(t)|\mathrm{d}t &= \int_0^T \left| x(t) + \sum_{i=1}^{\infty} B^i x(t) \right| \mathrm{d}t \\
&\leqslant \int_0^T \left[|x(t)| + \sum_{i=1}^{\infty} |B^i x(t)| \right] \mathrm{d}t \\
&\leqslant \int_0^T \left[|x(t)| + \sum_{i=1}^{\infty} \left(\sum_{k=1}^{n} |c^k| \right)^i |x(t)| \right] \mathrm{d}t \\
&= \int_0^T \sum_{i=0}^{\infty} \left(\sum_{k=1}^{n} |c^k| \right)^i |x(t)|\mathrm{d}t \\
&\leqslant \frac{1}{1 - \sum\limits_{i=1}^{n} |c_i|} \int_0^T |x(t)|\mathrm{d}t.
\end{aligned}
$$

$m=1$ 时，式 (5.4.12) 得证. 当 $m=2$ 时，设

$$
x(t) = \sum_{k=-\infty}^{\infty} a_k \mathrm{e}^{\frac{2k\pi t}{T} i}, \qquad 则 \int_0^T |x(t)|^2 \mathrm{d}t = T \sum_{k=-\infty}^{\infty} |a_k|^2,
$$

其中 $a_k = \dfrac{1}{T} \displaystyle\int_0^T x(t) \mathrm{e}^{-\frac{2k\pi t}{T} i}$. 设

$$
(A^{-1}x)(t) = \sum_{k=-\infty}^{\infty} b_k \mathrm{e}^{\frac{2k\pi t}{T} i},
$$

即

$$
\begin{aligned}
x(t) &= A \left(\sum_{k=-\infty}^{\infty} b_k \mathrm{e}^{\frac{2k\pi t}{T} i} \right) \\
&= \sum_{k=-\infty}^{\infty} b_k (I - B) \mathrm{e}^{\frac{2k\pi t}{T} i} \\
&= \sum_{k=-\infty}^{\infty} b_k \mathrm{e}^{\frac{2k\pi t}{T} i} \left(1 - \sum_{l=1}^{n} c_l \mathrm{e}^{-\frac{2k\pi r_l}{T} i} \right),
\end{aligned}
$$

则可得

$$
b_k = a_k \left(1 - \sum_{l=1}^{n} c_l \mathrm{e}^{-\frac{2k\pi r_l}{T} i} \right)^{-1},
$$

于是

$$
\begin{aligned}
\int_0^T |(A^{-1}x)(t)|^2 \mathrm{d}t &= T \sum_{k=-\infty}^{\infty} |b_k|^2 \\
&= T \sum_{k=-\infty}^{\infty} |a_k|^2 \left| 1 - \sum_{l=1}^{n} c_l e^{-\frac{2k\pi r_l}{T} i} \right|^{-2} \\
&= T \sum_{k=-\infty}^{\infty} |a_k|^2 \left(1 - \sum_{l=1}^{n} |c_l| \right)^{-2} \\
&= \frac{1}{1 - \sum\limits_{l=1}^{n} |c_l|} \int_0^T |x(t)|^2 \mathrm{d}t.
\end{aligned}
$$

容易证明:

引理 5.4.4[12,13] 设 $\sum\limits_{i=1}^{n} |c_i| > 1$，则

(1) $\forall\ x \in C_T^1$，有 $Ax \in C_T^1$，$A^{-1}x \in C_T^1$，且

$$
(Ax)'(t) = Ax'(t), \qquad (A^{-1}x)'(t) = (A^{-1}x')(t);
$$

(2) $\forall\ x \in C_T^2$，有 $Ax \in C_T^2$，$A^{-1}x \in C_T^2$，且

$$
(Ax)''(t) = Ax''(t), \qquad (A^{-1}x)''(t) = A^{-1}x''(t).
$$

当 $\sum\limits_{i=1}^{n} |c_i| > 1$ 不满足，但如果 Ax 中有

$$
|c_k| = \max_{1 \leqslant i \leqslant n} |c_i| > 1 + \sum_{i \neq k} |c_i| \tag{5.4.14}
$$

成立，仍可导出引理 5.4.3 和引理 5.4.4 的类似结论.

当式 (5.4.14) 满足时，定义移位算子

$$
E_k:\ C_T \to C_T, \qquad x(t) \longmapsto x(t - r_k).
$$

显然，E_k 是可逆线性算子，$(E_k^{-1}x)(t) = x(t + r_k)$. 同时定义线性算子

$$
C_k:\ C_T \to C_T, \qquad x(t) \longmapsto c_k x(t),
$$

则线性算子 C_k 也可逆，$\left(C_k^{-1}x\right)(t) = -\dfrac{1}{c_k} x(t)$.

记 $\widehat{A}(t) = x(t) - \sum_{i=1}^{n} \hat{c}_i x(t - \widehat{r}_i) = (I - \widehat{B})x(t)$, 其中

$$\widehat{c}_i = \begin{cases} -\dfrac{c_i}{c_k}, & i \neq k, \\ \dfrac{1}{c_k}, & i = k, \end{cases}, \qquad \widehat{r}_i = \begin{cases} r_i - r_k, & i \neq k, \\ -r_k, & i = k, \end{cases},$$

则

$$\begin{aligned} A &= C_k E_k \widehat{A} = C_k E_k (I - \widehat{B}), \\ A^{-1} &= (I - \widehat{B})^{-1} E_k^{-1} C_k^{-1} = \widehat{A}^{-1} E_k^{-1} C_k^{-1}, \end{aligned}$$

且根据引理 5.4.3 有

$$\begin{aligned} \|A\|^{-1} &< \|(I - \widehat{B})^{-1}\| \|E_k^{-1}\| \|C_k\| = \frac{1}{|c_k|} \|\widehat{A}^{-1}\| \\ &\leqslant \frac{1}{|c_k| \left(1 - \sum_{i=1}^{n} \widehat{c}_i\right)} = \frac{1}{\|c_k\| - 1 - \sum_{i \neq k} |c_i|}, \end{aligned}$$

$$\begin{aligned} \int_0^T |(A^{-1}x)(t)| \mathrm{d}t &= \int_0^T |\widehat{A}^{-1}(E_k^{-1} C_k^{-1} x)(t)| \mathrm{d}t \\ &\leqslant \frac{1}{1 - \sum_{i=1}^{n} |\widehat{c}_i|} \int_0^T \left| E_k^{-1} (C_k^{-1} x)(t) \right| \mathrm{d}t \\ &= \frac{1}{|c_k| \left(1 - \sum_{i=1}^{n} |\widehat{c}_i|\right)} \int_0^T \left| (E_k^{-1} x)(t) \right| \mathrm{d}t \\ &= \frac{1}{\|c_k\| - 1 - \sum_{i \neq k} |c_i|} \int_0^T |x(t)| \, \mathrm{d}t, \end{aligned}$$

$$\begin{aligned} \int_0^T |(A^{-1}x)(t)|^2 \mathrm{d}t &= \int_0^T \left| \widehat{A}^{-1}(E_k^{-1} C_k^{-1} x)(t) \right|^2 \mathrm{d}t \\ &\leqslant \frac{1}{\left(1 - \sum_{i=1}^{n} |\widehat{c}_i|\right)^2} \int_0^T \left| (E_k^{-1} C_k^{-1} x)(t) \right|^2 \mathrm{d}t \end{aligned}$$

$$= \frac{1}{\left(1-\sum_{i=1}^{n}|\widehat{c}_i|\right)^2}\int_0^T \frac{1}{|c_k|^2}\left|(E_k^{-1}x)(t)\right|^2 \mathrm{d}t$$

$$= \frac{1}{\left(\|c_k\|-1-\sum_{i\neq k}|c_i|\right)^2}\int_0^T |x(t-r_k)|^2 \mathrm{d}t$$

$$= \frac{1}{\left(\|c_k\|-1-\sum_{i\neq k}|c_i|\right)^2}\int_0^T |x(t)|^2 \mathrm{d}t.$$

因此有:

引理 5.4.5[12,13] 在算子 A 的表示中, 如果 $\exists\, k \in \{1,\cdots,n\}$, $|c_k| > 1+\sum_{i\neq k}|c_i|$, 则对 $\forall\, x \in C_T$

(1) A^{-1} 存在, 且

$$\|A^{-1}\| \leqslant \frac{1}{|c_k|-1-\sum_{i\neq k}|c_i|}; \tag{5.4.15}$$

$$(2) \quad \int_0^T |(A^{-1}x)(t)|^m \mathrm{d}t \leqslant \frac{1}{\left(\|c_k\|-1-\sum_{i\neq k}|c_i|\right)^m}\int_0^T |x(t)|^m \mathrm{d}t, \qquad m=1,2, \tag{5.4.16}$$

其中引理 5.4.3 和引理 5.4.5 是对 M.R. Zhang[14] 相关工作的推广.

5.4.2 时滞 Liénard 方程的调和解

我们讨论广义时滞 Liénard 方程

$$u'' + f(t,u(t),u(t-\tau(t)))u'(t) + \beta(t)g(u(t-\sigma(t))) = p(t) \tag{5.4.17}$$

的调和解, 其中 $f \in C(\mathbf{R},\mathbf{R})$, g, p, τ, σ, $\beta \in C(\mathbf{R},\mathbf{R})$, 且 p, τ, σ, β 关于 t 是 T-周期的, $p(t) \not\equiv 0$, $\int_0^T p(s)\mathrm{d}s = 0$, $\beta(t) > 0$, $\tau(t)$, $\sigma(t) \geqslant 0$, $f(t+T,\cdot,\cdot) = f(t,\cdot,\cdot)$.

记 $\beta_0 = \min_{0\leqslant t\leqslant T}\beta(t)$, $\beta_1 = \max_{0\leqslant t\leqslant T}\beta(t)$, $|p|_1 = \max_{0\leqslant t\leqslant T}|p(t)|$. 我们有如下定理.

定理 5.4.1[12,15] 设 $l = \sup|f(t,x,y)| < \dfrac{1}{T}$, 且存在 $a > 0$, $r \in \left(0, \dfrac{1-lT}{\beta_1 T^2}\right)$,

使

$$\overline{\lim_{|x|\to\infty}}\left|\frac{g(x)}{x}\right|\leqslant r,$$

$$(\mathrm{sgn}x)g(x)>\frac{|p|_1}{\beta_0},\qquad \text{当}|x|>a$$

成立，则方程 (5.4.17) 有调和解.

证明 取 $X=C_T^1$, $Y=C_T$, X, Y 上的范数分别定义为 $\|x\|_X=\max\{\|x\|_Y, \|x'\|_Y\}$, $\|y\|_Y=\max\limits_{0\leqslant t\leqslant T}|y(t)|$. 定义 $L:D(L)\subset X\to Y$ 为 $Lx=x''$，则 L 是指标为零的 Fredholm 算子. $\forall\,\Omega\subset X$ 有界开集，$N:\overline{\Omega}\subset X\to Y$ 由

$$(Nx)(t)=-f(t,u(t),u(t-\tau(t)))u'(t)-\beta(t)g(u(t-\sigma(t)))+p(t)$$

给定，这时方程 (5.4.17) 等价于抽象方程

$$Lu=Nu.$$

为了应用连续性定理，在方程 (5.4.17) 中引入参数 $\lambda\in(0,1]$，

$$u''+\lambda f(t,u(t),u(t-\tau(t)))u'(t)+\lambda\beta(t)g(u(t-\sigma(t)))=\lambda p(t),\tag{5.4.18}$$

对应的抽象方程则是

$$Lu=\lambda Nu.\tag{5.4.19}$$

任取 $\Omega\subset X$ 为有界开集，易证 $N:\overline{\Omega}\to Y$ 是 L- 紧的，因此定理的证明归之为确定方程 (5.4.18) 解的先验界. 得到先验界后就可给定 Ω，在 $\overline{\Omega}$ 上验证定理 2.3.4 的条件.

为确定解 $u(t)$ 的先验界，先证对 $\forall\lambda\in(0,1]$ 存在 $\xi\in[0,T)$，使

$$|u(\xi)|\leqslant a.$$

设 $t_0\in[0,T)$, $u(t_0)=\max\limits_{0\leqslant t\leqslant T}u(t)$，则 $u'(t_0)=0$, $u''(t_0)\leqslant 0$. 由式 (5.4.18) 得

$$\beta(t_0)g(u(t_0-\sigma(t_0)))-p(t_0)\geqslant 0,$$

于是

$$g(u(t_0-\sigma(t_0)))\geqslant\frac{p(t_0)}{\beta(t_0)}\geqslant\frac{-|p|_1}{\min\limits_{0\leqslant t\leqslant T}\beta(t)}=-\frac{|p|_1}{\beta_0}.$$

由定理条件知

$$u(t_0-\sigma(t_0))\geqslant -a.$$

又设 $t_1 \in [0,T)$, $u(t_1) = \min\limits_{0\leqslant t\leqslant T} u(t)$，类似可证

$$u(t_1 - \sigma(t_1)) \leqslant a.$$

因而在 t_0 和 t_1 之间有一点 $\hat{t}$

$$-a \leqslant u(\hat{t} - \sigma(\hat{t})) \leqslant a.$$

记 $\xi = (\hat{t} - \sigma(\hat{t})) - \left[\dfrac{\hat{t} - \sigma(\hat{t})}{T}\right] T$, 其中符号“[ ]”表示取整运算, 则 $u\left(\hat{t} - \sigma(\hat{t})\right) = u\left(\hat{t} - \sigma(\hat{t}) - \left[\dfrac{\hat{t} - \sigma(\hat{t})}{T}\right] T\right) = u(\xi)$, 其中 $\xi \in [0,T)$. 这时 $|u(\xi)| \leqslant a$ 成立.

由此可得

$$\max_{0\leqslant t\leqslant T} |u(t)| \leqslant a + \int_0^T |u'(t)|\mathrm{d}t.$$

同时，由 $u(0) = u(T)$ 可知，$\exists\, \eta \in [0,T)$，使 $u'(\eta) = 0$，故由

$$|u'(t)| = \left|\int_\eta^t u''(s)\mathrm{d}s\right| \leqslant \int_0^T |u''(s)|\mathrm{d}s,$$

得

$$\|u'\|_Y \leqslant \int_0^T |u''(s)|\mathrm{d}s. \tag{5.4.20}$$

另一方面，对给定的 $\varepsilon = \dfrac{1}{2}\left(\dfrac{1 - lT}{\beta_1 T^2} - r\right)$，存在 $a_1 > a$，当 $|u(t - \sigma(t))| \geqslant a_1$ 时

$$|g(u(t - \sigma(t)))| \leqslant (r + \varepsilon)|u(t - \sigma(t))|. \tag{5.4.21}$$

令 $E_1 = \{t \in [0,T] : |u(t - \sigma(t))| < a_1\}$, $E_2 = [0,T] \setminus E_1$，由式 (5.4.18)，式 (5.4.20)，式 (5.4.21) 知

$$\begin{aligned}
\|u'\|_Y \leqslant{} & \lambda \int_0^T |f(t, u(t), u(t - \tau(t)))u'(t)|\mathrm{d}t + \lambda \int_0^T \beta(t)|g(u(t - \sigma(t)))|\mathrm{d}t \\
& + \lambda \int_0^T |p(t)|\mathrm{d}t \\
<{} & lT\|u'\|_Y + \beta_1 \int_{E_1} |g(u(t - \sigma(t)))|\mathrm{d}t + \beta_2 \int_0^T |g(u(t - \sigma(t)))|\mathrm{d}t + T|p|_1 \\
\leqslant{} & lT\|u'\|_Y + \beta_1(r + \varepsilon)T\|u\|_Y + \beta_2 g_1 T + T|p|_1 \\
\leqslant{} & lT\|u'\|_Y + \beta_1(r + \varepsilon)T\left(a_1 + \int_0^T |u'(s)|\mathrm{d}s\right) + \beta_2 g_1 T + T|p|_1 \\
\leqslant{} & lT\|u'\|_Y + \beta_1 T^2(r + \varepsilon)\|u'\|_Y + C,
\end{aligned}$$

其中 $g_1 = \max\{|g(x)| : |x| \leqslant a_1\}$, $C = \beta_1(r+\varepsilon)Ta_1 + \beta_2 g_1 T + T|p|_1$. 由此得

$$\left(1 - lT - \beta_1 T^2(r+\varepsilon)\right)\|u'\|_Y \leqslant C.$$

再由 ε 的定义及定理条件 $r < \dfrac{1-lT}{\beta_1 T^2}$ 可得

$$1 - lT - \beta_1 T^2(r+\varepsilon) = \frac{1}{2}(1 - lT - r\beta_1 T^2) > 0,$$

因此

$$\|u'\|_Y \leqslant \frac{2C}{1 - lT - \beta_1 T^2 r} < 1 + \frac{2C}{1 - lT - \beta_1 T^2 r} := M_1,$$

并且有

$$\|u\|_Y \leqslant a + \int_0^T |u'(t)|\mathrm{d}t < a + M_1 T := M_0,$$

在 $\lambda \in (0,1]$ 时一致成立. 当 $\lambda = 0$ 时，考虑 $u \in \ker L = \mathbf{R}$ 时 $QNu = 0$ 的解，其中投影算子 Q 按通常方式定义为

$$\begin{aligned} QNu &= \frac{1}{T}\int_0^T (Nu)(t)\mathrm{d}t \\ &= -\frac{1}{T}\int_0^T (\beta(t)g(u) - p(t))\mathrm{d}t \\ &= -\frac{1}{T}g(u)\int_0^T \beta(t)\mathrm{d}t. \end{aligned}$$

由 $QNu = 0$ 得 $g(u) = 0$，从而 $|u| \leqslant a < M_0$. 取 $M = \max\{M_0, M_1\}$.

定义 $\Omega = \{u \in X : \|u\|_X < M\}$，这是有界开集.

为应用定理 2.3.4，只需验证

$$\deg\{JQN, \Omega \cap \ker L, 0\} = \deg\{QN, \Omega \cap \ker L, 0\} \neq 0.$$

为此，定义

$$H(u,\mu) = \mu(-u) + (1-\mu)QNu.$$

$\forall\ \mu \in [0,1]$, $u \in \partial\Omega \cap \ker L$,

$$\begin{aligned} H(u,\mu) &= \mu(-u) + (1-\mu)\frac{1}{T}\int_0^T (\beta(t)g(u) + p(t))\mathrm{d}t \\ &= \mu(-u) - (1-\mu)\frac{1}{T}g(u)\int_0^T \beta(t)\mathrm{d}t \\ &= -\left[\mu u + (1-\mu)\frac{g(u)}{T}\int_0^T \beta(t)\mathrm{d}t\right] \neq 0, \end{aligned}$$

因此

$$\deg\{QN, \Omega \cap \ker L, 0\} = \deg\{-I, \Omega \cap \ker L, 0\} = -1.$$

从而定理结论成立.

定理 5.4.2[12,15]　设 $\inf\{|f(t,x,y)| : (t,x,y) \in [0,T] \times \mathbf{R}^2\} \geqslant \eta > 0$, 且存在 $a > 0,\ r \in \left(0, \dfrac{\eta}{\beta_1 T}\right)$, 使

$$\varlimsup_{|x|\to\infty} \left|\frac{g(x)}{x}\right| \leqslant r,$$

$$(\mathrm{sgn}x)g(x) > \frac{|p|_1}{\beta_0}, \qquad \text{当}|x| > a,$$

则方程 (5.4.17) 有调和解.

证明　我们仅证 $\lambda \in (0,1]$ 时，方程系 (5.4.18) 的解有先验界，其余的论证和定理 5.4.1 相同.

设 $u = u(t)$ 是式 (5.4.18) 当 $\lambda \in (0,1]$ 时的解，则 $u \in C^2(\mathbf{R},\mathbf{R})$. 和定理 5.4.1 一样，我们可证

$$\|u\|_Y \leqslant a + \int_0^T |u'(s)|\mathrm{d}s, \qquad \|u'\|_Y \leqslant \int_0^T |u''(s)|\mathrm{d}s$$

在式 (5.4.18) 两端乘以 $u'(t)$，然后在 $[0,T]$ 上积分得

$$\int_0^T f(t,u(t),u(t-\tau(t)),u'(t))(u'(t))^2\mathrm{d}t + \int_0^T \beta(t)g(u(t-\sigma(t)))u'(t)\mathrm{d}t = \int_0^T p(t)u'(t)\mathrm{d}t.$$

由定理条件导出

$$\eta\int_0^T |u'(t)|^2\mathrm{d}t \leqslant \int_0^T \beta(t)g(u(t-\sigma(t)))|u'(t)|\mathrm{d}t + \int_0^T |p(t)||u'(t)|\mathrm{d}t. \tag{5.4.22}$$

取 $\varepsilon = \dfrac{1}{2}\left(\dfrac{\eta}{\beta_1 T} - r\right)$, $\exists\, a_2 > a$，当 $|u(t-\sigma(t))| \geqslant a_2$ 时

$$|g(u(t-\sigma(t)))| \leqslant (r+\varepsilon)|u(t-\sigma(t))|.$$

令 $E_3 = \{t \in [0,T] : |u(t-\sigma(t))| < a_2\}$，$E_4 = [0,T] \setminus E_3$，由式 (5.4.22) 得

$$\begin{aligned}
\eta \int_0^T |u'(t)|^2 \mathrm{d}t \leqslant & \beta_1 \int_{E_3} |g(u(t-\sigma(t)))||u'(t)|\mathrm{d}t + \beta_1 \int_{E_4} |g(u(t-\sigma(t)))||u'(t)|\mathrm{d}t \\
& + \int_0^T |p(t)||u'(t)|\mathrm{d}t \\
\leqslant & (\beta_1 g_2 + |p|_1) \int_0^T |u'(t)|\mathrm{d}t + \beta_1(r+\varepsilon)\|u\|_Y \int_0^T |u'(t)|\mathrm{d}t \\
\leqslant & (\beta_1 g_2 + |p|_1) \int_0^T |u'(t)|\mathrm{d}t + \beta_1(r+\varepsilon)\left(a + \int_0^T |u'(t)|\mathrm{d}t\right) \int_0^T |u'(t)|\mathrm{d}t \\
\leqslant & \sqrt{T}(\beta_1 g_2 + |p|_1 + \beta_1(r+\varepsilon)a)\left(\int_0^T |u'(t)|^2\mathrm{d}t\right)^{\frac{1}{2}} \\
& + \beta_1(r+\varepsilon)T \int_0^T |u'(t)|^2\mathrm{d}t,
\end{aligned}$$

$$(\eta - \beta_1(r+\varepsilon)T)\left(\int_0^T |u'(t)|^2\mathrm{d}t\right)^{\frac{1}{2}} \leqslant \sqrt{T}(\beta_1 g_2 + |p|_1 + \beta_1(r+\varepsilon)a),$$

其中，$g_2 = \max\{|g(x)| : |x| \leqslant a_2\}$.

由 $r \in \left(0, \dfrac{\eta}{\beta_1 T}\right)$ 及 ε 的取值，有

$$\eta - \beta_1(r+\varepsilon)T = \frac{1}{2}(\eta - \beta_1 r T) > 0,$$

故可得

$$\int_0^T |u'(t)|^2\mathrm{d}t \leqslant \frac{T(\beta_1 g_2 + |p|_1 + \beta_1(r+\varepsilon)a)^2}{(\eta - \beta_1(r+\varepsilon)T)^2} := C_3.$$

由此

$$\|u\|_Y \leqslant a + \int_0^T |u'(t)|\mathrm{d}t \leqslant a\sqrt{T}\left(\int_0^T |u'(t)|^2\mathrm{d}t\right)^{\frac{1}{2}} \leqslant a + \sqrt{TC_3} := M_2. \quad (5.4.23)$$

又由式 (5.4.18) 得

$$|u''(t)| \leqslant \alpha|u'(t)| + \beta_1 g_3 + |p|_1,$$

其中 $\alpha = \max\{|f(t,x,y)| : 0 \leqslant t \leqslant T, |x|, |y| \leqslant M_2\}$，$g_3 = \max\{|g(x)| : |x| \leqslant M_2\}$.

于是

$$
\begin{aligned}
\|u'\|_Y &\leqslant \int_0^T |u''(t)|\mathrm{d}t \\
&\leqslant \alpha \int_0^T |u'(t)|\mathrm{d}t + \beta_1 g_3 + |p|_1 \\
&\leqslant \alpha\sqrt{TC_3} + (\beta_1 g_3 + |p|_1)T := M_3.
\end{aligned} \tag{5.4.24}
$$

由式 (5.4.23)，式 (5.4.24) 即知 $\lambda \in (0,1]$ 时方程 (5.4.18) 的解有先验界.

现在考虑 $\beta(t)$ 为常值的情况，对 $s(t) = \sigma(t) - \left[\dfrac{\left[\dfrac{2\tau(t)}{T}\right]+1}{2}\right]T$, 记 $\gamma = -\min s(t) \geqslant 0$, $\delta = \max s(t) \geqslant 0$.

定理 5.4.3[12,15]　设 $\beta(t) \equiv \beta > 0$，$\inf\{|f(t,x,y)| : (t,x,y) \in [0,T] \times \mathbf{R}^2\} = \eta > 0$，且存在 $a > 0$, $l \in \left(0, \dfrac{\eta}{\beta\sqrt{\gamma^2+\delta^2}}\right)$ 使

(1) $\mathrm{sgn}(x)g(x) > \dfrac{|p|_1}{\beta_0}$, 当$|x| > a$;

(2) $\forall x_1, x_2 \in \mathbf{R}$，有 $|g(x_1) - g(x_2)| \leqslant l|x_1 - x_2|$,

则方程 (5.4.17) 有调和解.

证明　和定理 5.4.2 一样，我们只需证 $\lambda \in (0,1]$ 时，方程系 (5.4.18) 的解 $u = u(t)$ 在 X 中有先验界.

和定理 5.4.1 一样，我们可证，

$$
\|u\|_Y \leqslant a + \int_0^T |u'(t)|\mathrm{d}t, \qquad \|u'\|_Y \leqslant \int_0^T |u''(t)|\mathrm{d}t.
$$

在式 (5.4.18) 两端乘 $u'(t)$，然后在 $[0,T]$ 上积分，可导出

$$
\begin{aligned}
\eta \int_0^T |u'(t)|^2\mathrm{d}t &\leqslant \int_0^T |f(t,u(t),u(t-\tau(t)),u'(t))||u'(t)|^2\mathrm{d}t \\
&\leqslant \beta\left|\int_0^T |g(u(t-\sigma(t)))u'(t)\mathrm{d}t\right| + \left|\int_0^T p(t)u'(t)\mathrm{d}t\right|.
\end{aligned}
$$

由于 $g(u(t-\sigma(t))) = g(u(t-\tau(t))) - g(u(t))$, $\displaystyle\int_0^T g(u(t))u''(t)\mathrm{d}t = 0$, 故

$$
\eta \int_0^T |u'(t)|^2\mathrm{d}t \leqslant \beta \int_0^T |g(u(t-\tau(t))) - g(u(t))||u'(t)|\mathrm{d}t + \int_0^T |p(t)||u'(t)|\mathrm{d}t
$$

$$\begin{aligned}&\leqslant\beta l\int_0^T|u(t-\tau(t))-u(t)||u'(t)|\mathrm{d}t+\int_0^T|p(t)||u'(t)|\mathrm{d}t\\&\leqslant\beta l\left(\int_0^T|u(t-\tau(t))-u(t)|^2\mathrm{d}t\right)^{\frac12}\left(\int_0^T|u'(t)|^2\mathrm{d}t\right)^{\frac12}\\&\quad+\left(\int_0^T|p(t)|^2\mathrm{d}t\right)^{\frac12}\left(\int_0^T|u'(t)|^2\mathrm{d}t\right)^{\frac12}.\end{aligned}$$

在 $m=2$ 时应用引理 5.4.2，有

$$\eta\int_0^T|u'(t)|^2\mathrm{d}t\leqslant\beta l\sqrt{\gamma^2+\delta^2}\int_0^T|u'(t)|^2\mathrm{d}t+\left(\int_0^T|p(t)|^2\mathrm{d}t\right)^{\frac12}\left(\int_0^T|u'(t)|^2\mathrm{d}t\right)^{\frac12},$$

因此

$$\begin{aligned}&(\eta-\beta l\sqrt{\gamma^2+\delta^2})\left(\int_0^T|u'(t)|^2\mathrm{d}t\right)^{\frac12}\leqslant\left(\int_0^T|p(t)|^2\mathrm{d}t\right)^{\frac12},\\&\int_0^T|u'(t)|^2\mathrm{d}t\leqslant\frac{\displaystyle\int_0^T|p(t)|^2\mathrm{d}t}{(\eta-\beta l\sqrt{\gamma^2+\delta^2})^2}:=d_1^2\ (d_1>0),\\&\|u\|_Y\leqslant a+\int_0^T|u'(t)|\mathrm{d}t\leqslant a+\sqrt{T}d_1:=M_0,\\&\|u'\|_Y\leqslant\int_0^T|u''(t)|\mathrm{d}t\leqslant d_2\int_0^T|u'(t)|\mathrm{d}t+\beta d_3T+|p|_1T\\&\qquad\leqslant d_2\sqrt{T}d_1+\beta d_3T+|p|_1T:=M_1,\end{aligned}$$

其中，

$$\begin{aligned}&d_2=\sup\{|f(t,x,y)|:0\leqslant t\leqslant T,\ |x|,|y|\leqslant M_0\},\\&d_3=\max\{|g(x)|:\ |x|\leqslant M_2\}.\end{aligned}$$

于是方程 (5.4.18) 解集的有界性得证. 由定理 5.4.1 的同样方法可证定理结论成立.

例 5.4.1[15] 考虑

$$u''+\eta\left[1+u^2(t)+u^2\left(t-\frac{\pi}{2}\right)\right]u'(t)+7u(t-\theta|\cos t|)=\sin t,\tag{5.4.25}$$

其中 $\theta>0$ 为参数. 对照定理 5.4.3，取 $\beta=7,\ l=1,\ T=2\pi,\ \delta,\ \gamma\leqslant\pi$. 由定理 5.4.2 知

$$\eta>\sqrt{\delta^2+\gamma^2}\beta l=7\sqrt{2}\pi$$

时方程 (5.4.25) 有 2π- 周期调和解.

当用 $\sum_{i=1}^{n}\beta_i(t)g(u(t-\sigma_i(t)))$ 代替 $\beta(t)g(u(t-\sigma(t)))$ 时，得到多时滞 Liénard 方程

$$u''+f(t,u(t),u(t-\tau(t)))u'(t)+\sum_{i=1}^{n}\beta_i(t)g(u(t-\sigma_i(t)))=e(t), \tag{5.4.26}$$

其中 $f,\ g\in C(\mathbf{R},\mathbf{R}),\ e,\ \beta_i,\ \sigma_i\in C(\mathbf{R},\mathbf{R})$ 关于 t 为 T- 周期函数，有关结论见文献 [11].

5.4.3 时滞 Rayleigh 方程的调和解

Rayleigh 方程区别于 Liénard 方程的主要特点是: 方程中显含的导数 $u'(t)$ 以其非线性形式 $f(u'(t))$ 出现，即

$$u''+f(u'(t))+g(u(t-\sigma(t)))=p(t), \tag{5.4.27}$$

其中假设 (H_3)

$f,\ g\in C(\mathbf{R},\mathbf{R}),\ \sigma,\ p\in C(\mathbf{R},\mathbf{R})$, 且 $\sigma,\ p$ 为 T- 周期函数，$\int_0^{2\pi}p(t)\mathrm{d}t=0,\ f(0)=0$.

取

$$X=C^1_{2\pi}=\{x\in C^1(\mathbf{R},\mathbf{R}):x(t+2\pi)\equiv x(t)\},$$
$$Y=C^0_{2\pi}=\{y\in C(\mathbf{R},\mathbf{R}):y(t+2\pi)\equiv y(t)\}.$$

定义范数 $|x|_0=\max\limits_{0\leqslant t\leqslant 2\pi}|x(t)|$, $\|x\|_1=\int_0^{2\pi}|x(t)|\mathrm{d}t$, $\|x\|_X=\max\{|x|_0,|x'|_0\}$, $\|y\|_Y=|y|_0$, 则 $(X,\|\cdot\|_X)$, $(Y,\|\cdot\|_Y)$ 都是 Banach 空间.

$L:\mathrm{dom}L\subset X\to Y$ 定义为 $Lx=x''$, 是指标为零的 Fredholm 算子. 定义投影算子

$$P:X\to \ker L \quad 为 \quad Px=x(0),$$
$$Q:Y\to Y/\mathrm{Im}L \quad 为 \quad Qy=\frac{1}{2\pi}\int_0^{2\pi}y(s)\mathrm{d}s.$$

则

$$L_P=L|_{\mathrm{dom}L\cap\ker P}:\mathrm{dom}L\cap\ker P\to \mathrm{Im}L$$

为一一映射, $K_P=L_P^{-1}$. 于是 $\forall\ y\in\mathrm{Im}L$, 对 $x\in K_Py$ 有

$$\begin{cases}x''=y(t),\\ x(0)=x(2\pi)=0.\end{cases} \tag{5.4.28}$$

因而 $x(t)=\int_0^{2\pi}G(t,s)\mathrm{d}s$，其中

$$G(t,s)=\begin{cases}-\dfrac{s(2\pi-t)}{2\pi}, & 0\leqslant s\leqslant t\leqslant 2\pi,\\ -\dfrac{t(2\pi-s)}{2\pi}, & 0\leqslant t\leqslant s\leqslant 2\pi\end{cases}$$

为 Green 函数.

令 $(Nx)(t)=-f(x'(t))-g(x(t-\sigma(t)))+p(t)$，则

$$N:X\to Y$$

为连续算子，对 $\forall\ \Omega\subset X$ 有界开集，N 在 $\overline{\Omega}$ 上是 L- 紧的，又 $\forall x\in L^p$，记 $\|x\|_p=\left(\int_0^{2\pi}|x(t)|^p\mathrm{d}t\right)^{\frac{1}{p}}$.

定理 5.4.4 设条件 (H_3) 成立，且有 $r_2>r_1\geqslant 0$, k, $d>0$ 满足 $4\pi(r_1+2\pi r_2)<1$，使

(1) $|f(y)|\leqslant r_1|y|+k,\forall y\in\mathbf{R}$;

(2) $g(x)\mathrm{sgn}x>r_1|x|+k$, 当 $|x|>d$;

(3) $\overline{\lim\limits_{x\to-\infty}}\dfrac{g(x)}{x}\leqslant r_2$,

则方程 (5.4.27) 至少存在一个 2π- 调和解.

证明 设 $u\in\ker L$, 则 u 是常值函数, $u'=0$. 这时 $Nu=-f(0)-g(u)+p(t)=-g(u)+p(t)$, $QNu=-g(u)$. 所以和定理 5.4.1、定理 5.4.2 一样，我们仅需证 $\lambda\in(0,1]$ 时，方程系

$$u''(t)+\lambda f(u'(t))+\lambda g(u(t-\sigma(t)))=\lambda p(t) \tag{5.4.29}$$

有先验界. 设 $u=u(t)$ 是方程 (5.4.29) 中的解.

对式 (5.4.29) 两边在 $[0,2\pi]$ 上积分，有

$$\int_0^{2\pi}[f(u'(t))+g(u(t-\sigma(t)))]\mathrm{d}t=0,$$

即

$$\int_0^{2\pi}f(u'(t))\mathrm{d}t=-\int_0^{2\pi}g(u(t-\sigma(t)))\mathrm{d}t. \tag{5.4.30}$$

取 $\varepsilon\in\left(0,\dfrac{1}{4\pi}-(r_1+2\pi r_2)\right)$, 则 $\exists\ \rho>d$，当 $x<-\rho$ 时 $g(x)>(r_2+\varepsilon)x$. 记

$$E_1=\{t\in[0,2\pi]:u(t-\sigma(t))>\rho\},\qquad E_2=\{t\in[0,2\pi]:u(t-\sigma(t))\leqslant\rho\},$$
$$E_1=[0,2\pi]\setminus\{E_1\cup E_2\}.$$

当 $E_1 \neq \varnothing$ 时，由式 (5.4.30) 可得

$$\begin{aligned}\int_{E_1} |g(u(t-\sigma(t)))|\mathrm{d}t &= \int_{E_1} g(u(t-\sigma(t)))\mathrm{d}t \\ &\leqslant \int_0^{2\pi} |f(u'(t))|\mathrm{d}t + \int_{E_2\cup E_3} |g(u(t-\sigma(t)))|\mathrm{d}t.\end{aligned}$$

从而由式 (5.4.29) 得

$$\int_0^{2\pi} |u''(t)|\mathrm{d}t \leqslant 2\int_0^{2\pi} |f(u'(t))|\mathrm{d}t + 2\int_{E_2\cup E_3} |g(u(t-\sigma(t)))|\mathrm{d}t + \|p\|_1. \tag{5.4.31}$$

而当 $E_1 = \varnothing$ 时，得

$$\int_0^{2\pi} |u''(t)|\mathrm{d}t \leqslant \int_0^{2\pi} |f(u'(t))|\mathrm{d}t + \int_{E_2\cup E_3} |g(u(t-\sigma(t)))|\mathrm{d}t + \|p\|_1. \tag{5.4.32}$$

记 $\widehat{g} = \max\{|g(x)| : |x| \leqslant \rho\}$.

情况 1　$E_2 \neq \varnothing$, $\exists\, t_0 \in [0, 2\pi)$ 使 $|u(t_0)| \leqslant \rho$，则

$$|u(t)| \leqslant \rho + \int_0^{2\pi} |u'(t)|\mathrm{d}t = \rho + \|u'\|_1, \qquad \|u\|_0 \leqslant \rho + \|u'\|_1. \tag{5.4.33}$$

由于 $u(t)$ 是 2π- 周期的，故 $\exists\, t_1 \in [0, 2\pi)$，使 $u'(t_1) = 0$. 从而有

$$|u'(t)| \leqslant \int_0^{2\pi} |u''(t)|\mathrm{d}t \leqslant 2\int_0^{2\pi} |f(u'(t))|\mathrm{d}t + 2\int_{E_2\cup E_3} |g(u(t-\sigma(t)))|\mathrm{d}t + \|p\|_1.$$

由于

$$\begin{aligned}&\int_0^{2\pi} |f(u'(t))|\mathrm{d}t \leqslant r_1\int_0^{2\pi} |u'(t)|\mathrm{d}t + 2\pi k = r_1\|u'\|_1 + 2\pi k, \\ &\int_{E_2} |g(u(t-\sigma(t)))|\mathrm{d}t \leqslant 2\pi\widehat{g}, \\ &\int_{E_3} |g(u(t-\sigma(t)))|\mathrm{d}t \leqslant \int_{E_3} (r_2+\varepsilon)|u(t-\sigma(t))|\mathrm{d}t \\ &\qquad\qquad \leqslant 2\pi(r_2+\varepsilon)\|u\|_0 \leqslant 2\pi(r_2+\varepsilon)(\|u'\|_1 + \rho).\end{aligned}$$

故由

$$|u'(t)| \leqslant \int_0^{2\pi} |u''(t)|\mathrm{d}t \leqslant 2(r_1 + 2\pi r_2 + 2\pi\varepsilon)\|u'\|_1 + 4\pi(k + r_2\rho + \varepsilon\rho + \widehat{g}) + \|p\|_1$$

导出

$$\|u'\|_1 \leqslant 4\pi(r_1 + 2\pi r_2 + 2\pi\varepsilon)\|u'\|_1 + 8\pi^2(k + r_2\rho + \varepsilon\rho + \widehat{g}) + 2\pi\|p\|_1.$$

于是有

$$\|u'\|_1 \leqslant \frac{2\pi\|p\|_1 + 8\pi^2(k + r_2\rho + \varepsilon\rho + \widehat{g})}{1 - 4\pi(r_1 + 2\pi r_2 + 2\pi\varepsilon)} := d_1. \tag{5.4.34}$$

由式 (5.4.33), 式 (5.4.34) 得先验界:

$$\|u\|_0 \leqslant \rho + d := M_0,$$
$$\|u'\|_0 \leqslant 2(r_1 + 2\pi r_2 + 2\pi\varepsilon)d_1 + 4\pi(k + r_2\rho + \varepsilon\rho + \widehat{g}) + \|p\|_1 := M_1.$$

情况 2 $E_2 = \varnothing$. 由 $u(t-\sigma(t))$ 的连续性，则 E_1 和 E_3 中至少有一个为空集. 设 $E_3 = \varnothing$，则由式 (5.4.31) 得

$$\int_0^{2\pi} |u''(t)|\mathrm{d}t \leqslant \int_0^{2\pi} |f(u'(t))|\mathrm{d}t.$$

同时由式 (5.4.30) 及条件 (1)，(2) 得

$$\begin{aligned} r_1\int_0^{2\pi} u(t-\sigma(t))\mathrm{d}t + 2\pi k &< \int_0^{2\pi} g(u(t-\sigma(t)))\mathrm{d}t \\ &\leqslant \int_0^{2\pi} |f(u'(t))|\mathrm{d}t \\ &= r_1\|u'\|_1 + 2\pi k. \end{aligned}$$

所以 $\exists\, t_1 \in [0, 2\pi)$，使 $u(t_1 - \sigma(t_1)) \leqslant \dfrac{1}{2\pi}\|u'\|_1$. 从而 $\exists\, \hat{t} \in [0, 2\pi)$,

$$0 \leqslant u(\hat{t}) < \frac{1}{2\pi}\|u'\|_1.$$

并且由

$$|u(t)| \leqslant u(\hat{t}) + \int_0^{2\pi} |u'(t)|\mathrm{d}t \quad 得 \quad \|u\|_0 \leqslant \frac{2\pi + 1}{2\pi}\|u'\|_1. \tag{5.4.35}$$

由于 $E_2 \cup E_3 = \varnothing$，从式 (5.4.31) 得

$$|u'(t)| \leqslant \int_0^{2\pi} |u''(t)|\mathrm{d}t \leqslant 2\int_0^{2\pi} |f(u'(t))|\mathrm{d}t + \|p\|_1 \leqslant 2r_1\|u'\|_1 + 4\pi k + \|p\|_1,$$

及

$$\|u'\|_1 \leqslant 4\pi r_1\|u'\|_1 + 8\pi^2 k + 2\pi\|p\|_1,$$
$$\|u'\|_1 \leqslant \frac{8\pi^2 k + 2\pi\|p\|_1}{1 - 4\pi r_1} := d_1,$$

并得到

$$\|u\|_0 \leqslant \rho + d_1 := M_0, \qquad \|u'\|_0 \leqslant 2r_1 d_1 + 4\pi k + \|p\|_1 := M_1.$$

设 $E_1=\varnothing$, 则由式 (5.4.32) 得

$$\begin{aligned}\int_0^{2\pi}|u''(t)|\mathrm{d}t &\leqslant \int_0^{2\pi}|f(u'(t))|\mathrm{d}t+\int_{E_3}|g(u(t-\sigma(t)))|\mathrm{d}t+\|p\|_1\\ &\leqslant r\|u'\|_1+2\pi k+2\pi(r_2+\varepsilon)\|u\|_0+\|p\|_1\\ &\leqslant (r_1+2\pi(r_2+\varepsilon))\|u'\|_1+2\pi(k+(r_2+\varepsilon)\rho)+\|p\|_1.\end{aligned}$$

于是由 $|u'(t)|\leqslant \int_0^{2\pi}|u''(t)|\mathrm{d}t$ 得

$$\|u'\|_1\leqslant 2\pi\int_0^{2\pi}|u''(t)|\mathrm{d}t\leqslant 2\pi(r_1+2\pi r_2+2\pi\varepsilon)\|u'\|_1+4\pi^2(k+r_2\rho+\varepsilon\rho)+2\pi\|p\|_1.$$

从而

$$\|u'\|_1\leqslant \frac{4\pi^2(k+r_2\rho+\varepsilon\rho)+2\pi\|p\|_1}{1-2\pi(r_1+2\pi r_2+2\pi\varepsilon)}:=d_2.$$

并由式 (5.4.30) 及条件 (1)，(2) 同样导出式 (5.4.35)，因而

$$\|u\|_0\leqslant \frac{2\pi+1}{2\pi}d_2:=M_0,$$

$$\|u'\|_1\leqslant \int_0^{2\pi}|u''(t)|\mathrm{d}t\leqslant (r_1+2\pi(r_2+\varepsilon))d_2+2\pi(k+(r_2+\varepsilon)\rho)+\|p\|_1:=M_1.$$

从而 $\lambda\in(0,1]$ 时，式 (5.4.29) 在 X 上解的先验界存在.

定理证毕.

同理可证如下定理.

定理 5.4.5　设条件 (H_3) 成立, 且有 $r_2>r_1\geqslant 0$, k, $d>0$ 满足 $4\pi(r_1+2\pi r_2)<1$, 使

(1) $|f(y)|\leqslant r_1|y|+k,\quad \forall y\in\mathbf{R}$;

(2) $g(x)\mathrm{sgn}x>r_1|x|+k,\quad$ 当 $|x|>d$;

(3) $\displaystyle\overline{\lim_{x\to+\infty}}\frac{g(x)}{x}\leqslant r_2$,

则方程 (5.4.27) 至少存在一个 2π- 调和解.

注 5.4.1　以上结论是对文献 [17] 中相关工作的推广.

定理 5.4.4 和定理 5.4.5 中的条件 (2) 可以用极限形式代替，得到如下推论.

推论 5.4.3　设条件 (H_3) 成立，且有 $r_2>r_1\geqslant 0$, $k>0$ 满足 $4\pi(r_1+2\pi r_2)<1$，使

(1) $|f(y)|\leqslant r_1|y|+k,\quad \forall y\in\mathbf{R}$;

(2) $\displaystyle r_1<\underline{\lim_{x\to-\infty}}\frac{g(x)}{x}\leqslant\overline{\lim_{x\to+\infty}}\frac{g(x)}{x}<r_2,\quad \underline{\lim_{x\to+\infty}}\frac{g(x)}{x}>r_1$，或

$$r_1 < \lim_{x\to+\infty}\frac{g(x)}{x} \leqslant \overline{\lim_{x\to-\infty}}\frac{g(x)}{x} < r_2, \quad \lim_{x\to-\infty}\frac{g(x)}{x} > r_1,$$

则方程 (5.4.27) 至少存在一个 2π- 调和解.

证明 由 $\lim\limits_{x\to-\infty}\dfrac{g(x)}{x}$, $\lim\limits_{x\to+\infty}\dfrac{g(x)}{x} > r_1$, 可推出 $\exists\, a>0$, $|x|>a$ 时,

$$g(x)\mathrm{sgn}x > r_1|x| + k.$$

故由定理 5.4.4 和定理 5.4.5 即得推论中的结论.

在定理 5.4.4 和定理 5.4.5 中, 对 $\dfrac{g(x)}{x}$ 所给的条件可以在一定的条件下用 $\dfrac{g(x)}{|x|^p}$ 代替, 其中 $p\geqslant 1$.

定理 5.4.6[12,16] 设条件 (H_3) 成立, $p(t)\neq 0$ 且有 $\eta>r_1$, $r_2\geqslant 0$, $a>0$, $p\geqslant 1$, 满足 $r_1+(2\pi)^p r_2<\eta$, 使

(1) $|y|>a$ 时, $f(y)\geqslant \eta|y|^p + h(y)$, 其中 $\overline{\lim\limits_{y\to\infty}}\dfrac{|h(y)|}{|y|^p}\leqslant r_1$;

(2) $|x|>a$ 时, $g(x)\mathrm{sgn}x > \|p\|_0$;

(3) $\overline{\lim\limits_{x\to-\infty}}\dfrac{|g(x)|}{|x|^p}\leqslant r_2 \left(\overline{\lim\limits_{x\to+\infty}}\dfrac{g(x)}{|x|^p}\leqslant r_2\right)$,

则方程 (5.4.27) 至少有一个 2π- 调和解.

证明 和定理 5.4.4 一样, 我们只需证方程系 (5.4.29)(当 $\lambda\in(0,1]$ 时) 在 X 上的解有先验界.

设 t_0, t_1 分别是解 $u=u(t)$ 在 $[0,2\pi)$ 上的最小值点和最大值点. 由于 $u'(t_0)=0$, $u''(t_0)\geqslant 0$, 我们有

$$g(u(t_0-\sigma(t_0)))\leqslant p(t_0)\leqslant \|p\|_0.$$

同样由 $u'(t_1)=0$, $u''(t_1)\leqslant 0$, 可得

$$g(u(t_1-\sigma(t_1)))\geqslant p(t_1)\geqslant -\|p\|_0.$$

因此 $\{g(u(t-\sigma(t))): t\in[0,2\pi]\}\cap[-\|p\|_0,\|p\|_0]\neq\varnothing$, 即 $\exists\, t_2\in[0,2\pi)$

$$|g(u(t_2-\sigma(t_2)))|\leqslant \|p\|_0.$$

由 u 关于 t 的 2π- 周期性, $\exists\, \hat{t}\in[0,2\pi)$, 使

$$|g(u(\hat{t}))|\leqslant \|p\|_0.$$

根据条件 (2), 可得 $|u(\hat{t})|\leqslant a$, 于是有

$$\|u\|_0\leqslant a+\|u'\|_1.$$

式 (5.4.29) 两边在 $[0,2\pi]$ 上积分得

$$\int_0^{2\pi}|f(u'(t))|\mathrm{d}t+\int_0^{2\pi}|g(u(t-\sigma(t)))|\mathrm{d}t=0. \tag{5.4.36}$$

令 $\varDelta_1=\{t\in[0,2\pi]:|u'(t)|\leqslant a\}$, $\varDelta_2=[0,2\pi]\setminus\varDelta_1$. 由条件 (1) 得

$$\eta\int_{\varDelta_2}|u'(t)|^p\mathrm{d}t\leqslant\int_{\varDelta_2}f(u'(t))\mathrm{d}t-\int_{\varDelta_2}h(u'(t))\mathrm{d}t. \tag{5.4.37}$$

记 $d=2\pi\eta a^p+2\pi\widehat{f}+2\pi\widehat{h}$, 其中, $\widehat{f}=\max\{|f(y)|:|y|\leqslant a\}$, $\widehat{h}=\max\{|h(y)|:|y|\leqslant a\}$. 由 $d\geqslant\eta\int_{\varDelta_1}|u'(t)|^p\mathrm{d}t-\int_{\varDelta_1}f(u'(t))\mathrm{d}t+\int_{\varDelta_1}h(u'(t))\mathrm{d}t$ 得

$$\eta\int_{\varDelta_1}|u'(t)|^p\mathrm{d}t\leqslant\int_{\varDelta_1}f(u'(t))\mathrm{d}t+d-\int_{\varDelta_1}h(u'(t))\mathrm{d}t. \tag{5.4.38}$$

由式 (5.4.36), 式 (5.4.37), 式 (5.4.38) 进一步导出

$$\begin{aligned}\eta\int_0^{2\pi}|u'(t)|^p\mathrm{d}t&\leqslant\int_0^{2\pi}f(u'(t))\mathrm{d}t+d-\int_0^{2\pi}h(u'(t))\mathrm{d}t\\&\leqslant\int_0^{2\pi}|g(u(t-\tau(t)))|\mathrm{d}t-\int_0^{2\pi}h(u'(t))\mathrm{d}t+d\end{aligned} \tag{5.4.39}$$

取 $\varepsilon>0$ 充分小, 使

$$(r_1+\varepsilon)+(2\pi)^p(r_2+\varepsilon)<\eta$$

成立, 则对上述取定的 $\varepsilon>0$, $\exists\,\rho>d$, 使

$$\frac{|g(x)|}{|x|^p}<r_2+\varepsilon,\qquad \text{当}\ x<-\rho, \tag{5.4.40}$$

$$\frac{|h(y)|}{|y|^p}<r_1+\varepsilon,\qquad \text{当}\ |y|>\rho. \tag{5.4.41}$$

和定理 5.4.4 中的证明一样, 我们将区间 $[0,2\pi]$ 划分为

$$E_1=\{t\in[0,2\pi]:u(t-\sigma(t))>\rho\},\qquad E_2=\{t\in[0,2\pi]:u(t-\sigma(t))\leqslant\rho\},$$
$$E_3=[0,2\pi]\setminus\{E_1\cup E_2\}.$$

由式 (5.4.36)

$$\int_{E_1\cup E_2\cup E_3}g(u(t-\sigma(t)))\mathrm{d}t=\int_0^{2\pi}g(u(t-\sigma(t)))\mathrm{d}t=-\int_0^{2\pi}f(u'(t))\mathrm{d}t,$$

得

$$\int_{E_1}|g(u(t-\sigma(t)))|\mathrm{d}t=\int_{E_1}g(u(t-\sigma(t)))\mathrm{d}t$$
$$\leqslant\int_{E_2\cup E_3}|g(u(t-\sigma(t)))|\mathrm{d}t-\int_0^{2\pi}f(u'(t))\mathrm{d}t.$$

故由式 (5.4.39) 导出

$$\eta\int_0^{2\pi}|u'(t)|^p\mathrm{d}t\leqslant 2\int_{E_2\cup E_3}|g(u(t-\sigma(t)))|\mathrm{d}t-\int_0^{2\pi}f(u'(t))\mathrm{d}t-\int_0^{2\pi}h(u'(t))\mathrm{d}t+d$$
$$\leqslant 4\pi g_\rho+4(r_2+\varepsilon)\pi\|u\|_0^p-\eta\int_0^{2\pi}|u'(t)|^p\mathrm{d}t-2\int_0^{2\pi}h(u'(t))\mathrm{d}t+d,$$

即

$$\eta\int_0^{2\pi}|u'(t)|^p\mathrm{d}t\leqslant 2\pi g_\rho+2(r_2+\varepsilon)\pi\|u\|_0^p-\int_0^{2\pi}h(u'(t))\mathrm{d}t+\frac{1}{2}d,$$

其中 $g_\rho=\sup\{|g(x)|:|x|\leqslant\rho\}$. 将区间 $[0,2\pi]$ 按 $u'(t)$ 的取值另作划分:

$$I_1=\{t\in[0,2\pi]:|u'(t)|\leqslant\rho\},\qquad I_2=[0,2\pi]\setminus I_1,$$

则

$$\eta\int_0^{2\pi}|u'(t)|^p\mathrm{d}t\leqslant 2\pi g_\rho+2(r_2+\varepsilon)\pi\|u\|_0^p+\int_{I_1}|h(u'(t))|\mathrm{d}t+\int_{I_2}|h(u'(t))|\mathrm{d}t+\frac{1}{2}d$$
$$\leqslant 2\pi g_\rho+2(r_2+\varepsilon)\pi\|u\|_0^p+2\pi h_\rho(r_1+\varepsilon)\int_0^{2\pi}|u'(t)|^p\mathrm{d}t+\frac{1}{2}d$$
$$\leqslant 2\pi g_\rho+2(r_2+\varepsilon)\pi(a+\|u'\|_1)^p+2\pi h_\rho(r_1+\varepsilon)\|u'\|_p^p+\frac{1}{2}d$$
$$\leqslant(r_1+\varepsilon)\|u'\|_p^p+2(r_2+\varepsilon)\pi\left(a+(2\pi)^{\frac{p-1}{p}}\|u'\|_p\right)^p+2\pi(g_\rho+h_\rho)+\frac{1}{2}d.$$

于是 $\|u'\|_p\to\infty$ 时有

$$\eta\|u'\|_p^p\leqslant(r_1+\varepsilon+(2\pi)^p(r_2+\varepsilon))\|u'\|_p^p+ap(2\pi)^{\frac{p-1}{p}}(r_2+\varepsilon)\|u'\|_p^{p-1}+o(1)\|u'\|_p^{p-1}.$$

由于 $\eta-(r_1+\varepsilon+(2\pi)^p(r_2+\varepsilon))>0$，故 $\exists\,\widetilde{M}>0$，使

$$\|u'\|_p\leqslant\widetilde{M}.$$

由 $\|u'\|_1\leqslant(2\pi)^{\frac{p-1}{p}}\|u'\|_p\leqslant(2\pi)^{\frac{p-1}{p}}\widetilde{M}$,

$$\|u\|_0\leqslant a+\|u'\|_1\leqslant a+(2\pi)^{\frac{p-1}{p}}\widetilde{M}:=M_0$$

为确定 $\|u'\|_0$ 的界，在方程系 (5.4.29) 两边同乘以 $u''(t)$，然后在 $[0,2\pi]$ 上积分得

$$\begin{aligned}\|u''\|_2^2 &\leqslant \int_0^{2\pi} |g(u(t-\tau(t)))||u''(t)|\mathrm{d}t + \int_0^{2\pi} |p(t)||u''(t)|\mathrm{d}t \\ &\leqslant g_{\mathrm{M}}\|u''\|_2\sqrt{2\pi} + \|p\|_2\|u''\|_2,\end{aligned}$$

故

$$\begin{aligned}&\|u''\|_2 \leqslant \sqrt{2\pi}g_{\mathrm{M}} + \|p\|_2, \\ &\|u''\|_1 \leqslant \sqrt{2\pi}\|u''\|_2 \leqslant 2\pi g_{\mathrm{M}} + \sqrt{2\pi}\|p\|_2,\end{aligned}$$

其中 $g_{\mathrm{M}} = \max\{|g(x)| : |x| \leqslant M_0\}$，由此得

$$\|u'\|_0 \leqslant \|u''\|_1 \leqslant 2\pi g_{\mathrm{M}} + \sqrt{2\pi}\|p\|_2 := M_1.$$

则 $u = u(t)$ 作为方程 (5.4.29) 的解，有先验界. 定理得证.

例 5.4.2[16] 考虑方程

$$u''(t) + \frac{1}{9\pi(1+\pi)}u'(t) + \frac{1}{8\pi(1+\pi)}h(u(t-(2+\sin t))) = \cos t, \tag{5.4.42}$$

其中

$$h(x) = \begin{cases} x^2, & x \geqslant 0, \\ x, & x < 0. \end{cases}$$

与推论 5.4.3 对应，取 $r_1 = \dfrac{1}{9\pi(1+\pi)}$，$r_2 = \dfrac{1}{8\pi(1+\pi)}$，$k \geqslant 1$ 满足

$$4\pi(r_1 + 2\pi r_2) = 4\pi\left(\frac{1}{9\pi(1+\pi)} + \frac{1}{4(1+\pi)}\right) = \frac{4+9\pi}{9(1+\pi)} < 1,$$

且

$$|f(y)| < k + r_1|y|, \quad r_1 < \lim_{x\to-\infty}\frac{g(x)}{x} = r_2, \quad \lim_{x\to+\infty}\frac{g(x)}{x} = +\infty.$$

故由推论 5.4.3 知，方程 (5.4.42) 至少有一个 2π- 调和解.

例 5.4.3[16] 讨论方程

$$u''(t) + 3(u'(t))^4 - 2(u'(t))^3 + u^3(t-(2+\sin t)) = \cos t. \tag{5.4.43}$$

显然 $\sigma(t) = 2 - \sin t$，$f(y) = 3y^4 - 2y^3$，$g(x) = x^3$，$p(t) = \cos t$. 取 $\eta = 3$，$a = 1$，$p = 4$，$h(x) = 2x^3$，则有

$$f(y) \geqslant \eta|y|^p + h(y), \qquad \lim_{|y|\to\infty}\frac{|h(y)|}{|y|^p} = 0 = r_1;$$

$$xg(x) > 0,\ x \neq 0, \quad \text{且当 } |x| > 1 \text{时}, \qquad |g(x)| > \|p\|_0 = 1;$$

$$\lim_{x\to-\infty}\frac{|g(x)|}{|x|^p} = 0 = r_2.$$

故由定理 5.4.6 知，方程 (5.4.43) 至少有一个 2π- 调和解.

5.4.4 中立型 Duffing 方程的调和解

对中立型时滞微分方程，我们首先讨论中立型 Duffing 方程

$$\left(u(t)-\sum_{i=1}^{n}c_iu(t-r_i)\right)''=g(u(t-\sigma(t)))+p(t),\tag{5.4.44}$$

其中假设 (H_4):

$g,\ \sigma,\ p\in C(\mathbf{R},\mathbf{R})$, $\sigma,\ p$ 为 t 的 2π- 周期函数，$\displaystyle\int_0^{2\pi}p(t)\mathrm{d}t=0$, $r_i>0$, c_i 为常数，$i=1,2,\cdots,n$.

这是 Liénard 方程当阻尼项 $f(u)u'=0$ 的特殊情况.

记 $X=\{x\in C(\mathbf{R},\mathbf{R}):x(t+2\pi)\equiv x(t)\}$, $|x|_0=\max\limits_{0\leqslant t\leqslant 2\pi}|x(t)|$. 则 $(X,\|\cdot\|_X)$ 为 Banach 空间. 由 $(Ax)(t)=x(t)-\sum\limits_{i=1}^{n}c_ix(t-r_i)$ 定义

$$A:X\to X,$$

并由 $Lx=(Ax)''$ 定义

$$L:\mathrm{dom}L\to X,$$

记 $(Nx)(t)=g(x(t-\sigma(t)))+p(t)$, 则

$$N:X\to X$$

为连续算子. 当 $\sum\limits_{i=1}^{n}c_i<1$ 或 $|c_k|=\max\limits_{1\leqslant i\leqslant n}|c_i|>1+\sum\limits_{i\neq k}|c_i|$ 时，由引理 5.4.3~ 引理 5.4.5 知，A^{-1} 存在.

L 是指标为零的 Fredholm 算子，投影算子 $P:X\to\ker L$, $Q:X\to X/\mathrm{Im}L$ 定义为

$$Px=Qx=\frac{1}{2\pi}\int_0^{2\pi}x(s)\mathrm{d}s,$$

则 $L_P^{-1}=(L|_{\mathrm{domL}\cap\ker L})^{-1}:\mathrm{Im}L\to X$ 由

$$\begin{aligned}(L_P^{-1}x)(t)=A^{-1}\Bigg(&\frac{t-2\pi^2}{2\pi}\int_0^{2\pi}sx(s)\mathrm{d}s+\int_0^t(t-s)x(s)\mathrm{d}s\\&-\frac{1}{2\pi}\int_0^{2\pi}\int_0^{v}(v-s)x(s)\mathrm{d}s\mathrm{d}v\Bigg)\end{aligned}$$

定义. 并且易证 $\forall\Omega\subset X$ 有界开集，则 N 在 $\overline{\Omega}$ 上是 L- 紧的.

实际上，由于 N 的连续性，就有 $QN : L_P^{-1}(I-Q)(\overline{\Omega}) \to X$ 的连续性，且 $QN(\overline{\Omega}) \subset \mathbf{R}$ 有界，$L_P^{-1}(I-Q)(\overline{\Omega})$ 有界，$L_P^{-1}(I-Q)(\overline{\Omega}) \subset \mathrm{dom}L \cap X \subset \{x \in X, x'' \in X\}$，故 $QN(\overline{\Omega}) \subset \mathbf{R}$ 为紧集，$L_P^{-1}(I-Q)(\overline{\Omega}) \subset X$ 为紧集，从而 N 在 $\overline{\Omega}$ 上 L- 紧.

为方便起见，对 $x \in X$，记 $\bar{x} = \dfrac{1}{2\pi}\displaystyle\int_0^{2\pi} x(s)\mathrm{d}s$, $\|x\|_p = \left(\displaystyle\int_0^{2\pi} |x(s)|^p \mathrm{d}s\right)^{\frac{1}{p}}$.

引理 5.4.6[20] 设$x \in C_{2\pi}^2 = \{x \in C^2(\mathbf{R},\mathbf{R}) : x(t+2\pi) \equiv x(t)\}$，则

$$\|x-\bar{x}\|_0 \leqslant \frac{\pi}{6}\int_0^{2\pi} |x''(s)|\mathrm{d}s.$$

证明 $x'(t)$ 在 $[0,2\pi]$ 上展开为 Fourier 级数，

$$x''(t) = \sum_{k\in\mathbf{Z}} a_k \mathrm{e}^{\mathrm{i}kt},$$

其中 $a_k = \dfrac{1}{2\pi}\displaystyle\int_0^{2\pi} x''(s)\mathrm{e}^{-\mathrm{i}ks}\mathrm{d}s$, $k \in \mathbf{Z}$. 因此

$$x(t)-\bar{x} = \sum_{k\neq 0} \frac{a_k}{k^2}\mathrm{e}^{\mathrm{i}kt},$$

$$|x(t)-\bar{x}| = \sum_{k\neq 0}\frac{1}{k^2}|a_k| \leqslant \frac{1}{k^2\cdot 2\pi}\int_0^{2\pi}|x''(s)|\mathrm{d}s = \frac{\pi}{6}\int_0^{2\pi}|x''(s)|\mathrm{d}s,$$

从而

$$\|x-\bar{x}\|_0 \leqslant \frac{\pi}{6}\int_0^{2\pi} |x''(s)|\mathrm{d}s.$$

定理 5.4.7[12] 假设条件 (H_4) 成立，$\displaystyle\sum_{i=1}^n c_i < 1$，且存在 $a > 0$, $r \in \left[0, \dfrac{3}{4\pi^2}\left(1-\displaystyle\sum_{i=1}^n |c_i|\right)\right)$，使

(1) $g(x)g(-x) > 0$, 当 $|x| > a$;

(2) $\displaystyle\varlimsup_{x\to-\infty}\left|\frac{g(x)}{x}\right| \leqslant r$，或 $\displaystyle\varlimsup_{x\to+\infty}\left|\frac{g(x)}{x}\right| \leqslant r$,

则方程 (5.4.44) 至少存在一个 2π 调和解.

证明 对照定理 2.3.4 的条件，我们仅需证

$$\left(u(t) - \sum_{i=1}^n c_i u(t-r_i)\right)'' = \lambda g(u(t-\sigma(t))) + \lambda p(t), \qquad \lambda \in (0,1] \tag{5.4.45}$$

的解 $u = u(t)$ 在 X 中有先验界.

式 (5.4.45) 两边在 $[0,2\pi]$ 上积分得

$$\int_0^{2\pi} g(u(t-\sigma(t)))\mathrm{d}t = 0.$$

从而存在 $\xi \in [0,2\pi)$，使 $g(u(\xi-\sigma(\xi)))=0$. 由条件 (1) 知，$|u(\xi-\sigma(\xi))| \leqslant a$，于是存在

$$t_0 = \xi - \sigma(\xi) - \left[\frac{\xi-\sigma(\xi)}{2\pi}\right] 2\pi \in [0,2\pi)$$

使 $|u'(t_0)| \leqslant a$，由此得

$$\|u\|_0 \leqslant a + \|u-\bar{u}\|_0 + |\bar{u}-a| \leqslant a + 2\|u-\bar{u}\|_0 \leqslant a + \frac{\pi}{3}\int_0^{2\pi} |x''(s)|\mathrm{d}s.$$

由条件中 r 的取值，$\exists\, \varepsilon > 0$ 使

$$\frac{4\pi^2(r+\varepsilon)}{3\left(1-\sum\limits_{i=1}^{n}|c_i|\right)} < 1.$$

对上述 $\varepsilon > 0$，不妨设条件 (2) 中 $\varlimsup\limits_{x\to-\infty}\left|\dfrac{g(x)}{x}\right| \leqslant r$，则 $\exists\, \rho > a$ 使

$$|g(u)| < (r+\varepsilon)|u|, \qquad 当 u < -\rho.$$

仍然如定理 5.4.4 和定理 5.4.6 中证明时一样，令

$$E_1 = \{t \in [0,2\pi] : u(t-\sigma(t)) > \rho\}, \qquad E_2 = \{t \in [0,2\pi] : |u(t-\sigma(t))| \leqslant \rho\},$$
$$E_3 = [0,2\pi] \setminus \{E_1 \cup E_2\}.$$

由

$$\int_0^{2\pi} g(u(t-\sigma(t)))\mathrm{d}t = 0$$

得

$$\begin{aligned}\int_{E_1} |g(u(t-\sigma(t)))|\mathrm{d}t &= \left|\int_{E_1} g(u(t-\sigma(t)))\mathrm{d}t\right| \\ &\leqslant \int_{E_2} |g(u(t-\sigma(t)))|\mathrm{d}t + \int_{E_3} |g(u(t-\sigma(t)))|\mathrm{d}t.\end{aligned}$$

因此

$$\begin{aligned}\int_0^{2\pi} g(u(t-\sigma(t)))\mathrm{d}t &\leqslant 2\int_{E_2} |g(u(t-\sigma(t)))|\mathrm{d}t + 2\int_{E_3} |g(u(t-\sigma(t)))|\mathrm{d}t \\ &< 4\pi g_\rho + 4(r+\varepsilon)\pi\|u\|_0,\end{aligned}$$

其中 $g_\rho = \max_{|x|<\rho}|g(x)|$. 由式 (5.4.45) 进一步得到

$$\begin{aligned}\int_0^{2\pi}|(Au'')(s)|\mathrm{d}s &= \int_0^{2\pi}|(Au)''(s)|\mathrm{d}s\\ &\leqslant \int_0^{2\pi} g(u(t-\sigma(t)))\mathrm{d}t + \int_0^{2\pi}|p(s)|\mathrm{d}s\\ &\leqslant 4\pi g_\rho + 4(r+\varepsilon)\pi\|u\|_0 + \|p\|_1\\ &\leqslant 4\pi g_\rho + \frac{4(r+\varepsilon)\pi^2}{3}\int_0^{2\pi}|u''(s)|\mathrm{d}s + \|p\|_1 + \frac{4(r+\varepsilon)\pi^2}{3}a.\end{aligned}$$

由引理 5.4.3 得

$$\begin{aligned}\int_0^{2\pi}|u''(s)|\mathrm{d}s &= \int_0^{2\pi}|A^{-1}(Au'')(s)|\mathrm{d}s \leqslant \frac{1}{1-\sum\limits_{i=1}^{n}|c_i|}\int_0^{2\pi}|(Au'')(s)|\mathrm{d}s\\ &\leqslant \frac{4(r+\varepsilon)\pi^2}{3\left(1-\sum\limits_{i=1}^{n}|c_i|\right)}\int_0^{2\pi}|u''(s)|\mathrm{d}s + c,\end{aligned}$$

其中

$$c = \frac{1}{1-\sum\limits_{i=1}^{n}|c_i|}\left[\frac{4(r+\varepsilon)\pi^2}{3}a + 4\pi g_\rho + \|p\|_1\right].$$

记 $\nu = \dfrac{4(r+\varepsilon)\pi^2}{3\left(1-\sum\limits_{i=1}^{n}|c_i|\right)} < 1$, 则 $\displaystyle\int_0^{2\pi}|u''(s)|\mathrm{d}s \leqslant \frac{c}{1-\nu}$. 于是

$$\|u\|_0 \leqslant a + \frac{\pi}{3}\frac{c}{1-\nu} := M_0.$$

方程系 (5.4.44) 解的先验界存在，定理得证.

同理可证如下定理.

定理 5.4.8[12] 假设条件 (H_4) 成立，存在

$$|c_k| = \max_{1\leqslant i\leqslant n}|c_i| > 1 + \sum_{i\neq k}|c_i|,$$

并存在 $a>0,\ r\in\left[0, \dfrac{3}{4\pi^2}\left(|c_k| - 1 - \sum\limits_{i\neq k}|c_i|\right)\right)$ 使定理 5.4.7 中条件 (1), (2) 成立，则方程 (5.4.44) 至少存在一个 2π- 调和解.

5.4.5 中立型 Liénard 方程的调和解

现在研究非线性项含多个滞量的中立型 Liénard 方程

$$(u(t)-ku(t-\tau))''=f(u(t))u'(t)+\alpha(t)g(u(t))+\sum_{i=1}^{n}\beta_i(t)g(u(t-\sigma(t)))+p(t) \quad (5.4.46)$$

的调和解问题，其中 (H_5):

$f,\ g\in C(\mathbf{R},\mathbf{R}),\ \alpha,\ p,\ \beta_i,\ \sigma_i$ 都是 $\mathbf{R}$ 上的连续 T- 周期函数，$k\neq\pm1,\ \tau>0$ 为常数，且 $\sigma_i\in C^1(\mathbf{R},\mathbf{R}),\ \sigma_i(t)\geqslant0,\ \sigma_i'(t)<1$.

取 $X=C_T^1=\{x\in C^1(\mathbf{R},\mathbf{R}):x(t+T)=x(t)\}$. 定义线性算子 $A:X\to X$ 为

$$(Ax)(t)=x(t)-kx(t-\tau).$$

线性算子 $L:\mathrm{dom}L\cap X\to Y=\{y\in C(\mathbf{R},\mathbf{R}):y(t+T)=y(t)\}$ 由 $Lx=(Ax)''$ 给定. 根据引理 5.4.5，易证 L 是指标为零的 Fredholm 算子，投影算子

$$P:X\to\ker L,\ Q:X\to X/\mathrm{Im}L$$

由 $(Px)(t)=(Qx)(t)=\dfrac{1}{2\pi}\displaystyle\int_0^T x(s)\mathrm{d}s$ 定义. 记

$$(L_p^{-1})(y)(t)=(A^{-1}Fy)(t),$$

其中 $(Fy)(t)=\dfrac{2t-T^2}{2T}\displaystyle\int_0^T sy(s)\mathrm{d}s-\frac{1}{T}\int_0^T\int_0^v(v-s)x(s)\mathrm{d}s\mathrm{d}v+\int_0^t(v-s)y(s)\mathrm{d}s.$

$\forall\,\Omega\subset X$ 有界开集，和对方程 (5.4.44) 的讨论一样，当 $|k|\neq1$ 时，可证 N 在 $\overline{\Omega}$ 上是 L- 紧的.

对 $x\in Y$，定义 $\|x\|_Y=\|x\|_0=\max\limits_{0\leqslant t\leqslant T}|x(t)|$，而对 $x\in X$，定义 $\|x\|_X=\max\{\|x\|_0,\|x'\|_0\}$，则 $(X,\|\cdot\|_X)$, $(Y,\|\cdot\|_Y)$ 为 Banach 空间.

由于 $\sigma_i(t)$ 所给定的条件满足引理 5.4.2 的要求，故 $t-\sigma_i(t)$ 的反函数 $\mu_i(t)$ 存在. 记

$$\bar{h}=\frac{1}{T}\int_0^T h(s)\mathrm{d}s,\qquad \|h\|_1=\int_0^T|h(s)|\mathrm{d}s,$$

$$\Gamma(t)=\alpha(t)+\sum_{i=1}^{n}\frac{\beta_i(\mu_i(t))}{1-\sigma_i'(t)},$$

$$\Gamma_1(t)=|\alpha(t)|+\sum_{i=1}^{n}\left|\frac{\beta_i(\mu_i(t))}{1-\sigma_i'(t)}\right|.$$

定理 5.4.9[12,18] 假设条件 (H_5) 成立，并且 $\eta\in\left(0,\dfrac{(1-|k|)^2}{|k|T}\right)$ 存在，使

(1) $|f(x)| \leqslant \eta$, 对 $\forall\, x \in \mathbf{R}$ 成立;

(2) $g(x) > 0,\ \forall\, x \in \mathbf{R};\ 0 = \lim\limits_{x\to-\infty} g(x) < \lim\limits_{x\to+\infty} g(x) = +\infty$

$$(\text{或 } 0 = \lim_{x\to+\infty} g(x) < \lim_{x\to-\infty} g(x) = +\infty);$$

(3) $\bar{p}\Gamma(t) < 0,\ \forall\, t \in [0,1]$,

则方程 (5.4.46) 有 T- 调和解.

证明　我们仍然按照定理 2.3.3 的框架给出证明. 因此首先证 $Lx = \lambda Nx$, $\lambda \in (0,1]$, 即

$$(u(t) - ku(t-\tau))'' = \lambda f(u(t))u'(t) + \lambda\alpha(t)g(u(t)) + \lambda\sum_{i=1}^{n}\beta_i(t)g(u(t-\sigma_i(t))) + p(t) \tag{5.4.47}$$

在 $\lambda \in (0,1]$ 时的解有先验界.

不妨设条件 (2) 中 ( ) 外的要求满足, 则存在 $\rho > 0$, 使

$$g(x) < \left|\frac{\bar{p}}{p}\right|, \quad \text{当} x < -\rho; \quad g(x) > \left|\frac{\bar{p}}{p}\right|, \quad \text{当} x > \rho. \tag{5.4.48}$$

方程 (5.4.47) 在 $[0,T]$ 上积分得

$$\int_0^T \alpha(t)g(u(t))\mathrm{d}t + \sum_{i=1}^{n}\int_0^T \beta_i(t)g(u(t-\sigma_i(t)))\mathrm{d}t = -\bar{p}T.$$

由于

$$\begin{aligned}\int_0^T \beta_i(t)g(u(t-\sigma_i(t)))\mathrm{d}t &= \int_{-\sigma_i(0)}^{T-\sigma_i(T)} \frac{\beta_i(\mu_i(s))}{1-\sigma_i'(\mu_i(s))}g(u(s))\mathrm{d}s \\ &= \int_0^T \frac{\beta_i(\mu_i(s))}{1-\sigma_i'(\mu_i(s))}g(u(s))\mathrm{d}s.\end{aligned}$$

故有

$$\int_0^T \Gamma(t)g(u(t))\mathrm{d}t = -\bar{p}T. \tag{5.4.49}$$

从条件 (3) 知 $\Gamma(t) \neq 0$, 故存在 $t_1 \in [0,T)$, 使

$$g(u(t_1))\bar{\Gamma}T = \int_0^T \Gamma(t)g(u(t))\mathrm{d}t = -\bar{p}T,$$

即 $g(u(t_1)) = -\dfrac{\bar{p}}{\bar{\Gamma}} = \left|\dfrac{\bar{p}}{\bar{\Gamma}}\right|$. 由式 (5.4.48) 知 $|u(t_1)| \leqslant \rho$, 于是

$$\|u\|_0 \leqslant \rho + \|u'\|_1. \tag{5.4.50}$$

与此同时，在式 (5.4.47) 两边同乘以 $(Au)(t)$，然后在 $[0,T]$ 上积分，可得

$$\begin{aligned}-\int_0^T |(Au')(t)|^2\mathrm{d}t =&\lambda\int_0^T f(u(t))u'(t)[u(t)-ku(t-\tau)]\mathrm{d}t\\&+\lambda\int_0^T \alpha(t)g(u(t))[u(t)-ku(t-\tau)]\mathrm{d}t\\&+\lambda\sum_{i=1}^{n}\int_0^T \beta_i(t)g(u(t-\sigma(t)))[u(t)-ku(t-\tau)]\mathrm{d}t\\&+\lambda\int_0^T p(t)[u(t)-ku(t-\tau)]\mathrm{d}t,\end{aligned}$$

$$\begin{aligned}\int_0^T |(Au')(t)|^2\mathrm{d}t \leqslant&|k|\eta\|u\|_0\|u'\|_1+(1+|k|)\|u\|_0\left(\int_0^T|\alpha(t)|g(u(t))\mathrm{d}t\right.\\&\left.+\sum_{i=1}^{n}\int_0^T \beta_i(t)g(u(t-\sigma(t)))\mathrm{d}t\right)+(1+|k|)\|u\|_0\|p\|_1\\=&|k|\eta\|u\|_0\|u'\|_1+(1+|k|)\|u\|_0\|p\|_1+(1+|k|)\|u\|_0\\&\cdot\int_0^T\Gamma_1(t)g(u(t))\mathrm{d}t.\end{aligned}$$

由 $\int_0^T\Gamma_1(t)g(u(t))\mathrm{d}t = \int_0^T\frac{\Gamma_1(t)}{\Gamma(t)}\Gamma(t)g(u(t))\mathrm{d}t \leqslant \left\|\frac{\Gamma_1}{\Gamma}\right\|_0\left|\int_0^T\Gamma(t)g(u(t))\mathrm{d}t\right|$ 及式 (5.4.49) 得

$$\int_0^T\Gamma_1(t)g(u(t))\mathrm{d}t\leqslant\left\|\frac{\Gamma_1}{\Gamma}\right\|_0\|p\|_1.$$

故

$$\int_0^T |(Au')(t)|^2\mathrm{d}t = |k|\eta\|u\|_0\|u'\|_1+(1+|k|)\|u\|_0\left(1+\left\|\frac{\Gamma_1}{\Gamma}\right\|_0\right)\|p\|_1.$$

利用式 (5.4.50)，得到

$$\begin{aligned}\int_0^T |(Au')(t)|^2\mathrm{d}t =& |k|\eta\|u'\|_1^2+\left[|k|\eta\rho+(1+|k|)\left(1+\left\|\frac{\Gamma_1}{\Gamma}\right\|_0\right)\|p\|_1\right]\|u'\|_1\\&+(1+|k|)\left(1+\left\|\frac{\Gamma_1}{\Gamma}\right\|_0\right)\|p\|_1\rho\\\leqslant& |k|\eta T\|u'\|_2^2+d_1\|u'\|_2+d_2,\end{aligned}$$

其中 $d_1=\sqrt{T}\left[|k|\eta\rho+(1+|k|)\left(1+\left\|\frac{\Gamma_1}{\Gamma}\right\|_0\right)\|p\|_1\right]$，$d_2=(1+|k|)\left(1+\left\|\frac{\Gamma_1}{\Gamma}\right\|_0\right)\|p\|_1$.

再由引理 5.4.3，引理 5.4.5 导出

$$\|u'\|_2^2=\int_0^T|A^{-1}Au'(t)|^2\mathrm{d}t\leqslant\frac{1}{(1-|k|)^2}\int_0^T|(Au')(t)|^2\mathrm{d}t,$$

因此得到

$$\|u'\|_2^2 \leqslant \frac{|k|\eta T}{(1-|k|)^2}\|u'\|_2^2 + \frac{d_1}{(1-|k|)^2}\|u'\|_2 + \frac{d_2}{(1-|k|)^2}.$$

由于定理条件要求 $|k|\eta T/(1-|k|)^2 < 1$, 故 $\exists\, M > 0$ 与 λ 无关，使 $\|u'\|_2 \leqslant M$. 于是

$$\|u\|_0 \leqslant \rho + \|u'\|_l \leqslant \rho + \sqrt{T}\|u'\|_1 \leqslant \rho + \sqrt{T}M := M_0. \tag{5.4.51}$$

同样利用引理 5.4.3 和引理 5.4.5，有

$$\begin{aligned}
\int_0^T |u''(t)|\mathrm{d}t &= \int_0^T \left|(A^{-1}Au'')(t)\right|^2 \mathrm{d}t \\
&\leqslant \frac{1}{|1-|k||}\int_0^T |(Au'')(t)|^2 \mathrm{d}t \\
&\leqslant \frac{1}{|1-|k||}\left(\int_0^T |f(u(t))||u'(t)|\mathrm{d}t + \int_0^T \sum_{i=1}^n |\beta_i(t)|g(u(t-\sigma(t)))\mathrm{d}t + \|p\|_1\right) \\
&\leqslant \frac{1}{|1-|k||}\left(f_M\sqrt{T}M + \int_0^T \sum_{i=1}^n \|\beta_i\|_1 g_M + \|p\|_1\right) := M_1,
\end{aligned}$$

其中 $\beta_0 = \alpha(t)$, $\sigma_0(t) = 0$, $f_M = \max\{|f(x)| : |x| \leqslant M\}$, $g_M = \max\{g(x) : |x| \leqslant M\}$，于是

$$\|u'\|_0 \leqslant \|u''\|_1 \leqslant M_1. \tag{5.4.52}$$

由式 (5.4.51) 和式 (5.4.52) 即知对 $\lambda \in (0,1]$，方程系 (5.4.47) 的周期解有先验界.

又，当 $u \in \ker L$，即 u 是常值函数时，

$$\begin{aligned}
QNu &= \frac{1}{T}\int_0^T \left[\alpha(t)g(u) + \sum_{i=1}^n \beta_i(t)g(u)\right]\mathrm{d}t + \bar{p} \\
&= \frac{1}{T}g(u)\int_0^T \left[\alpha(t) + \sum_{i=1}^n \beta_i(t)\right]\mathrm{d}t + \bar{p}.
\end{aligned}$$

令 $QNu = 0$，得

$$g(u)\int_0^T \left[\alpha(t) + \sum_{i=1}^n \beta_i(t)\right]\mathrm{d}t = -\bar{p}T,$$

即 $g(u)\left(\overline{\alpha} + \sum\limits_{i=1}^n \overline{\beta}_i\right) = -\bar{p}$. 由引理 5.4.2 的结论，

$$\int_0^T \beta_i(t)\mathrm{d}t = \int_0^T \frac{\beta(\mu(s))}{1-\sigma_i'(\mu(s))}\mathrm{d}s$$

知 $\overline{\alpha}+\sum_{i=1}^{n}\overline{\beta}_i=\overline{\Gamma}$，而条件 (3) 保证 $\overline{\Gamma}\neq 0$，因此

$$g(u)=-\frac{\bar{p}}{\overline{\Gamma}}=\left|\frac{\bar{p}}{\overline{\Gamma}}\right|.$$

由式 (5.4.48) 得，$\|u\|\leqslant\rho$. 也就是说 $QNu=0$ 的解有先验界.

取 $\Omega=\{x\in X:\|x\|_0<M_0+1,\ \|x'\|<M_1+1\}$，下证

$$\deg\{QN,\Omega\cap\ker L,0\}\neq 0.$$

$\forall\ u\in\Omega\cap\ker L$，由于 $QNu=\overline{\Gamma}g(u)+\bar{p}$，显然 $\forall\ u\in\Omega\cap\ker L$，$QNu\neq 0$.

定义同伦

$$H(u,\mu)=\begin{cases}\mu u+(1-\mu)(\overline{\Gamma}g(u)+\bar{p}), & \text{当 }\overline{\Gamma}>0,\\ -\mu u+(1-\mu)(\overline{\Gamma}g(u)+\bar{p}), & \text{当 }\overline{\Gamma}<0.\end{cases}$$

易证 $\forall u\in\partial\Omega\cap\ker L,\ \mu\in(0,1),\ H(u,\mu)\neq 0$. 故

$$\deg\{QN,\Omega\cap\ker L,0\}=\deg\{H(\cdot,0),\Omega\cap\ker L,0\}=\deg\{H(\cdot,1),\Omega\cap\ker L,0\}\neq 0.$$

由定理 2.3.4 即得本定理的结论.

现在讨论调和解的唯一性.

定理 5.4.10[12,18]　假设条件 (H_5) 成立，且 $f(x)\equiv a$, $|k|<1$，如果 $\exists\ l\in\left(0,\dfrac{4(1-|k|)}{T\left(\|\alpha\|_1+\sum_{i=1}^{n}\|\beta_i\|_1\right)}\right)$，使

(1) $g(x)>0,\ \forall x\in\mathbf{R}$; $0=\lim_{x\to-\infty}g(x)<\lim_{x\to+\infty}g(x)=+\infty$(或 $0=\lim_{x\to+\infty}g(x)<\lim_{x\to-\infty}g(x)=+\infty$);

(2) $\bar{p}\Gamma(t)<0,\ \forall t\in[0,T]$;

(3) $g(x)$ 严格单调，连续，且

$$|g(x_1)-g(x_2)|\leqslant l|x_1-x_2|,\qquad \forall x_1,\ x_2\in\mathbf{R},$$

则方程 (5.4.46) 有唯一的 T- 调和解.

证明　先证调和解的存在性.

我们仅证 $\lambda\in(0,1]$ 时方程系 (5.4.47) 的解有先验界. 由于本定理的条件 (1)，(2) 就是定理 5.4.9 中的条件 (2)，(3)，所以关于度的讨论和定理 5.4.9 是完全一样的.

为简单起见仍记 $\alpha(t) = \beta_0(t)$, $\sigma_0(t) = 0$.

式 (5.4.47) 两边在 $[0, T]$ 上积分得

$$\int_0^T \sum_{i=0}^n \beta_i(t) g(u(t - \sigma_i(t)))\mathrm{d}t = -\bar{p}T.$$

即

$$\int_0^T \Gamma(t) g(u(t))\mathrm{d}t = -\bar{p}T.$$

并有

$$\|u\|_0 \leqslant \rho + \int_0^T |u'(t)|\mathrm{d}t = \rho + \|u'\|_1,$$

其中 ρ 的取值和定理 5.4.9 的证明中一样.

式 (5.4.47) 两边乘上 $u(t)$，再在 $[0, T]$ 上积分，则得，

$$\begin{aligned} -\|u'\|_2^2 + k\int_0^T u'(t)u'(t-\tau)\mathrm{d}t &= \int_0^T (u(t) - ku(t-\tau))'' u(t)\mathrm{d}t \\ &= \lambda \sum_{i=0}^n \int_0^T \beta_i(t) g(u(t - \sigma_i(t)))\mathrm{d}t + \lambda \int_0^T p(t)u(t)\mathrm{d}t. \end{aligned}$$

于是

$$\begin{aligned} \|u'\|_2^2 &= k\int_0^T u'(t)u'(t-\tau)\mathrm{d}t - \lambda \sum_{i=0}^n \int_0^T \beta_i(t) g(u(t-\sigma_i(t)))\mathrm{d}t - \lambda\int_0^T p(t)u(t)\mathrm{d}t \\ &\leqslant |k|\|u'\|_2^2 + \|u\|_0 \int_0^T \Gamma_1(t) g(u(t))\mathrm{d}t + \|u\|_0\|p\|_1 \\ &\leqslant |k|\|u'\|_2^2 + \|u\|_0 \left(\|p\| + \left\|\frac{\Gamma_1}{\Gamma}\right\| \bar{p}T\right). \end{aligned}$$

故

$$\begin{aligned} \|u'\|_2^2 &\leqslant \frac{\|u\|_0}{1 - |k|}\left(\|p\| + \left\|\frac{\Gamma_1}{\Gamma}\right\| \bar{p}T\right) := d^2 (d > 0), \\ \|u'\|_1 &\leqslant \sqrt{T}\|u'\|_2 = \sqrt{T}d. \end{aligned}$$

于是

$$\|u\|_0 \leqslant \rho + \sqrt{T}d := M_0.$$

之后，和定理 5.4.9 一样可证 $\exists\, M_1 > 0$，使

$$\|u'\|_0 \leqslant M_1.$$

并在取 $\Omega = \{x \in X : \|x\| < M_0 + 1,\ \|x'\| < M_1 + 1\}$ 时证得

$$\deg\{QN, \Omega \cap \ker L, 0\} \neq 0.$$

从而定理 2.3.3 保证方程 (5.4.46) 至少有一个 T- 调和解.

下证调和解的唯一性. 不妨设 $u_1(t)$, $u_2(t)$ 是式 (5.4.46) 两个 T- 周期解，记 $z(t) = u_1(t) - u_2(t)$，则

$$(z(t) - z(t-\tau))'' = \alpha z'(t) + \sum_{i=0}^{n} \beta_i(t)[g(u_1(t - \sigma_i(t))) - g(u_2(t - \sigma_i(t)))]. \quad (5.4.53)$$

两边在 $[0, T]$ 上积分得

$$\int_0^T \Gamma(t)[g(u_1(t)) - g(u_2(t))]\mathrm{d}t = 0.$$

由于 $\Gamma(t) \neq 0$，由积分中值定理知 $\exists\, \bar{t} \in [0, T)$，使

$$[g(u_1(\bar{t})) - g(u_2(\bar{t}))]\overline{\Gamma}T = 0,$$

即

$$g(u_1(\bar{t})) = g(u_2(\bar{t})).$$

g 的严格单调性意味着 $z(\bar{t}) = u_1(\bar{t}) - u_2(\bar{t}) = 0$. 设 $|z(t_0)| = \|z\|_0$，不妨设 $t_0 \in [\bar{t}, 1)$，则

$$|z(t_0)| \leqslant \int_{\bar{t}}^{t_0} |z'(t)|\mathrm{d}t,$$

$$|z(t_0)| = |z(t_0 - T)| \leqslant \int_{t_0 - T}^{\bar{t}} |z'(t)|\mathrm{d}t,$$

得出

$$\|z\|_0 \leqslant \frac{1}{2}\int_{t_0-T}^{t_0} |z'(t)|\mathrm{d}t = \frac{1}{2}\int_0^T |z'(t)|\mathrm{d}t = \frac{1}{2}\|z'\|_1 = \frac{\sqrt{T}}{2}\|z'\|_2. \quad (5.4.54)$$

另一方面，在方程系 (5.4.53) 两边同乘以 $z(t)$，然后在 $[0, T]$ 上积分，得

$$\int_0^T (z(t) - z(t-\tau))'' z(t)\mathrm{d}t = \int_0^T \sum_{i=0}^{n} \beta_i(t)[g(u_1(t - \sigma_i(t))) - g(u_2(t - \sigma_i(t)))]z(t)\mathrm{d}t,$$

并导出

$$-\|z'\|_2^2 + k\int_0^T z'(t-\tau)z'(t)\mathrm{d}t = \int_0^T \sum_{i=0}^{n} \beta_i(t)[g(u_1(t-\sigma_i(t))) - g(u_2(t-\sigma_i(t)))]z(t)\mathrm{d}t,$$

$$\begin{aligned}\|z'\|_2^2 &= k\|z'\|_2^2 + l\|z'\|_0^2\int_0^T\sum_{i=0}^n|\beta_i(t)|\mathrm{d}t\\&= k\|z'\|_2^2 + l\|z'\|_0^2\int_0^T\Gamma_1(t)\mathrm{d}t\\&\leqslant |k|\|z'\|_2^2 + l\|\Gamma_1\|_1\|z'\|_0^2\\&\leqslant \left(|k| + \frac{1}{4}lT\|\Gamma_1\|_1\right)\|z'\|_2^2,\end{aligned}$$

于是

$$\left(1 - |k| + \frac{1}{4}lT\|\Gamma_1\|_1\right)\|z'\|_2^2 \leqslant 0.$$

根据 $1 - \left(|k| - \dfrac{1}{4}lT\|\Gamma_1\|_1\right) > 0$，有 $\|z'\|_2 = 0$，即

$$z'(t) = 0, \qquad \text{a.e. } t \in [0, T).$$

由于 $z \in C^2$，故 $z'(t) \equiv 0$，进一步由式 (5.4.54) 得

$$\|z\|_0 \leqslant \frac{\sqrt{T}}{2}\|z'\|_2 = 0,$$

从而 $z(t) \equiv 0$.

T- 周期解的唯一性得证.

同理可证如下定理.

定理 5.4.11[12,18]　假设条件 (H_5) 成立，且 $f(x) \equiv a$, $|k| < 1$，如果 $|k| \geqslant 2 + |a|T, \exists\, l \in \left[0, \dfrac{4[(1-|k|)^2 - |ak|T]}{\|\Gamma_1\|_1(1+|k|)T}\right)$，使

(1) $g(x) > 0$, $\forall x \in \mathbf{R}$; $0 = \lim\limits_{x\to-\infty} g(x) < \lim\limits_{x\to+\infty} g(x) = +\infty$(或 $0 = \lim\limits_{x\to+\infty} g(x) < \lim\limits_{x\to-\infty} g(x) = +\infty$);

(2) $\bar{p}\Gamma(t) < 0$, $\forall t \in [0, T]$;

(3) $g(x)$ 严格单调，连续，且

$$|g(x_1) - g(x_2)| \leqslant l|x_1 - x_2|, \qquad \forall x_1,\ x_2 \in \mathbf{R},$$

则方程 (5.4.46) 有唯一的 T- 调和解.

例 5.4.4　考虑方程

$$(u(t) - 9u(t+3))'' = \frac{u^2(t)}{1+u^2(t)}u'(t) + \frac{1}{2}\sin t\mathrm{e}^{u(t)} + \left(1 - \frac{1}{3}\cos t\right)\mathrm{e}^{u(1-\frac{1}{3}\sin t)} + \cos t - 1. \tag{5.4.55}$$

则 $T=2\pi$, $k=9$, $f(x)=\dfrac{x^2}{1+x^2}$, $g(x)=\mathrm{e}^x$, $\beta_0(t)=\alpha(t)=\dfrac{1}{2}\sin t$, $\beta_1(t)=1-\dfrac{1}{3}\cos t$, $\sigma_1(t)=\dfrac{1}{3}\sin t$, $p(t)=\cot t-1$, $\eta=1$. 由此得

$$\bar{p}=-1,\qquad \Gamma(t)=\frac{1}{2}\sin t+\frac{1-\dfrac{1}{3}\cos\mu(t)}{1-\dfrac{1}{3}\cos\mu(t)}=1+\frac{1}{2}\sin t>0,$$

$$g(x)>0,\qquad \lim_{x\to-\infty}g(x)=0,\qquad \lim_{x\to+\infty}g(x)=+\infty,$$

且

$$\frac{|k|\eta T}{(1-|k|)^2}<1.$$

故由定理 5.4.9 知方程 (5.4.55) 有 2π- 调和解.

5.5 时滞微分方程导出的周期微分系统

J. Kaplan 和 J. Yorke[19] 在研究时滞微分方程

$$u'=-f(u(t-1)),\tag{5.5.1}$$

$$u'=-f(u(t-1))-f(u(t-2))\tag{5.5.2}$$

的周期解时，要求 $f(-x)=-f(x)$. 他们令 $v(t)=u(t-1)$, $w(t)=u(t-2)$, 分别将方程 (5.5.1) 的 4-周期解和方程 (5.5.2) 的 6-周期解问题转换成

$$\begin{cases}u'= & -f(v),\\ v'=f(u) & \end{cases}\tag{5.5.3}$$

和

$$\begin{cases}u'= & -f(v)-f(w),\\ v'=f(u) & -f(w),\\ w'=f(u)+f(v) & \end{cases}\tag{5.5.4}$$

的 4-周期解和 6-周期解问题.

这种方法对单滞量和双滞量时滞微分方程行之有效，但对多滞量时滞微分方程，需要运用锥映射的方法，才能得到预期的结果.

5.5.1　单滞量时滞微分方程

我们首先讨论单滞量时滞微分方程 (5.5.1)

$$u' = -f(u(t-1))$$

多个 4- 周期解的存在性，其中假设

(H_6) $f \in C(\mathbf{R}, \mathbf{R})$, $xf(x) > 0$，当 $x \neq 0$; $f(-x) = -f(x)$.

令 $v(t) = u(t-1)$，则当方程 (5.5.3)

$$\begin{cases} u' = \quad -f(v), \\ v' = f(u), \end{cases}$$

有 4- 周期解 $(u(t), v(t))$，则 $u = u(t)$ 就是方程 (5.5.1) 的一个 4- 周期解. 为了讨论方程 (5.5.1) 的 4- 周期解的个数，我们规定:

如果 $x(t), y(t)$ 是方程 (5.5.1) 的解，如果 $\exists\, \alpha > 0$ 使 $x(t+\alpha) = y(t)$，则认为 $x(t)$ 和 $y(t)$ 是同一解.

同时，由于方程组 (5.5.3) 是在假定 $u(t-2) = -u(t)$ 的前提下从方程 (5.5.1) 得到的，为了说明除从方程组 (5.5.3) 得到的 4- 周期解外，方程 (5.5.1) 无其他的周期解，我们对方程 (5.5.1) 可能有的非平凡周期解作一分类. 当假设 (H_6) 成立时，令

$$P = \left\{ \begin{array}{r} x \in C^1(\mathbf{R}, \mathbf{R}) : x\text{是方程 (5.5.1) 的非平凡周期解},\ \forall T \geqslant 0, \\ x(t)\text{在}[T, T+1]\text{中至多有有限个零点.} \end{array} \right\}.$$

引理 5.5.1[20]　设 $x \in P$, $\bar{z}_0$, $\bar{z}_1, \cdots, \bar{z}_k, \cdots$ 是 $x(t)$ 的顺序零点，如果 $\bar{z}_{n+1} - \bar{z}_0 \geqslant 1$, $\bar{z}_n - \bar{z}_0 < 1$，设在 $\bar{z}_1$, $\bar{z}_2, \cdots, \bar{z}_n$ 中有 l 个变号零点 (即 $x(t)$ 在该零点两侧近旁异号)，记为 z_1, $z_2, \cdots, z_l$. 令 $z_0 = \bar{z}_0$, $z_{l+i} = \bar{z}_{n+i}$, $i = 1, 2, \cdots$. 这时有 $z_l - z_0 < 1$, $z_{l+1} - z_0 \geqslant 1$.

(1) 设 $l = 2k$，则

$$z_{m+2k+1} - z_m > 1, \qquad m = 1, 2, \cdots. \tag{5.5.5}$$

(2) l 必定为偶数.

证明　(1) 考虑区间 $[z_0, z_0+1)$，在其上有零点 z_0, $z_1, \cdots, z_{2k}$，即 $z_{2k} - z_0 < 1$, $z_{2k+1} - z_0 \geqslant 1$.

当 $m = 1$ 时，不妨设 $x(t) \geqslant 0$, $t \in (z_0, z_1)$，由 $x(t)$ 在 z_0, $z_1, \cdots, z_{2k}$ 近旁的变号性，可知 $t \in (z_{2k}, z_0+1)$ 时, $x(t) \geqslant 0$. 因为在 $[z_0+1, z_1+1]$ 上，$\dot{x}(t) = -f(x(t-1)) \leqslant 0$，故 $x(t)$ 在 $[z_0+1, z_1+1]$ 上严格单调减 ($\dot{x}(t) = 0$ 只在有限

个点上成立)，这就是说，$x(t)$ 在 $[z_0+1,z_1+1]$ 上最多有一个零点. 如果 $x(t)$ 在 $[z_0+1,z_1+1]$ 上有零点，它就是 z_{2k+1}，则在 z_{2k+1} 之后的零点 $z_{2k+2}>z_1+1$. 如果 $x(t)$ 在 $[z_0+1,z_1+1]$ 上无零点，则 $z_{2k+1}>z_1+1$. 由 $z_{2k+2}>z_{2k+1}$，自然有 $z_{2k+2}>z_1+1$. 因此，$m=1$ 时式 (5.5.5) 成立.

假设式 (5.5.5) 对 $m=n$ 成立，即 $z_{n+2k+1}-z_n>1$.

当 $m=n+1$ 时，不妨设 $x(t)>0$，当 $t\in(z_n,z_{n+1})$. 于是由 $x(t)$ 在 $[z_n+1,z_{n+1}+1]$ 中严格单调减，可知 $x(t)$ 在此区间上至多有一个零点. 若有，则是 z_{n+2k+1}，因而在 z_{n+2k+1} 之后的零点 $z_{n+2k+2}>z_{n+1}+1$，即 $z_{n+2k+2}-z_{n+1}>1$; 若无，则 $z_{n+2k+1}>z_{n+1}+1$，于是 $z_{n+2k+2}-z_{n+1}>z_{n+2k+1}-z_n>1$.

由数学归纳法知式 (5.5.5) 对 $\forall n\geqslant 1$ 成立.

(2) 设不然，$l=2k-1$, 则 z_0, $z_1,\cdots,z_{2k-1}\in[z_0,z_0+1)$, $z_{2k}\geqslant z_0+1$. 不失一般性设 $x(t)\geqslant 0$ 在 (z_0,z_1) 成立，则 $t\in(z_{2k-1},z_0+1)$ 上有 $x(t)\leqslant 0$. 由于 $t\in(z_0+1,z_1+1)$ 时 $\dot{x}(t)=-f(x(t-1))\leqslant 0$, 且等号只在最多有限个点上成立，故 $x(t)$ 在 $[z_0+1,z_1+1]$ 上严格单调减，由此导出 $x(t)$ 在 $[z_0+1,z_1+1]$ 上至多有一个零点. 若有，此零点即为 z_{2k}，而且由于 $x(z_0+1)\leqslant 0$，及 $x(t)$ 在 $[z_0+1,z_1+1]$ 上单调减，知 $z_{2k}=z_0+1$. 再由 $x(t)\leqslant 0$, $t\in(z_{2k-1},z_0+1)=(z_{2k-1},z_{2k})$，及

$$x(t)<0,\qquad t\in(z_{2k},z_1+1),$$

可知这时 z_{2k} 是 $x(t)$ 的一个非变号零点. 因此 $x(t)$ 在 (z_1,z_1+1) 仅有 z_2, $z_3,\cdots,z_{2k-1}$ 等 $2k$ 个变号零点，删去 z_{2k}，依次记 $\tilde{z}_i=z_{i+1}$，当 $i\geqslant 2k$ 之后仍用 z_i 表示 $\bar{z}_i$，则有

$$z_{2k-1}-z_1=z_{2(k-1)+1}-z_1<1,\qquad z_{2k}-z_1=z_{1+2(k-1)+1}-z_1\geqslant 1.$$

由本定理中 (1) 的结论有

$$z_{m+2(k-1)+1}-z_m>1,\qquad m=2,3,\cdots.$$

这样，对 $\forall T>z_2$，在 $[T,T+1)$ 中 $x(t)$ 最多有 $2k-1$ 个零点. 但另一方面，既然 $x(t)$ 是周期解，由于 $x(t)$ 在 $[z_0,z_0+1)$ 中有 $2k$ 个零点，就必定有无穷多个区间 $[T_i,T_i+1)$, $T_i\to\infty$，当 $i\to\infty$，在每个区间上有 $2k$ 个零点，从而导出矛盾.

引理 5.5.2[10]　设 $x\in P$，则 $x(t)$ 在其每个零点变号.

证明　设结论不真. 则 $\exists\tilde{z}\in\mathbf{R}$，$\tilde{z}$ 是 $x(t)$ 的非变号零点，由引理 5.5.1，设 z_0, $z_1,\cdots,z_{2k}$ 是 $x(t)$ 的顺序变号零点，z_{2k+1} 是大于 z_{2k} 的最小零点，

$$z_{2k}-z_0<1,\qquad z_{2k+1}-z_0\geqslant 1.$$

不妨设 $\tilde{z}\in(z_0,z_0+1)$，则在 $[z_0,z_1)$ 中 $x(t)$ 至少有 $2k+2$ 个零点，但由引理 5.5.1 知，对 $\forall\ T>z_1$, $x(t)$ 在区间 $[T,T+1)$ 至多有 $2k+1$ 个零点，得出矛盾.

由此可导出如下推论.

推论 5.5.1　设 $x \in P$, z_0, $z_1, \cdots, z_n, \cdots$ 是 x 的顺序零点，则必定有整数 $k \geqslant 0$ 使 $z_{m+2k+1} - z_m > 1$, $z_{m+2k} - z_m < 1$，对任意整数 $m \geqslant 0$ 成立.

令 $P_k = \{x \in P : \forall\ T \geqslant 0,\ x(t)$在$[T, T+1]$中至多有$2k+1$个零点至少有$2k$个零点$\}$.

显然 $k \neq l$ 时，$P_k \cap P_m = \varnothing$. 因此我们得到如下定理.

定理 5.5.1[20]　$P = \bigcup\limits_{k=0}^{\infty} P_k$.

命题 5.5.1[20]　设 $x \in P$，z_m 和 z_{m+1} 是 x 的两个顺序零点，则 x 在 z_m 和 z_{m+1} 间有且仅有一个极值点.

证明　若不然，则至少存在 t_1, t_2, $t_3 \in (z_m, z_{m+1})$, $t_1 < t_2 < t_3$ 使 $x'(t_1) = x'(t_2) = x'(t_3) = 0$, 不妨设 $x(t) > 0, t \in (z_m, z_{m+1})$.

如果 $x \in P_0$，则由于 $[z_m, z_{m+1})$ 上最多有一个零点，故 $z_{m+1} > z_m + 1$. 由于 $t_1 - 1$, $t_2 - 1$ 是 x 的两个零点，我们有 $(t_2 - 1) - (t_1 - 1) = t_2 - t_1 \geqslant 1$. 于是

$$z_m < t_1 \leqslant t_2 - 1 < t_2 < z_{m+1},$$

可知 $[z_m, z_{m+1})$ 有两个零点 z_m 和 $t_2 - 1$，矛盾.

如果 $x \in P_k$, $k > 0$. 令 z_m, $z_{m+1}, \cdots, z_{m+2k+1}$ 是 x 的顺序零点，$z_{m+2k+1} - z_m < 1$, $z_{m+2k} - z_m > 1$. 显然在 (z_{m+i}, z_{m+i+1}) 至少有一点 $\hat{t}_i$ 使 $x'(t_i) = 0$, $i = 1, 2, \cdots, 2k-1$. 这时 $z_{m+1} < \hat{t}_1 < \hat{t}_2 < \cdots < \hat{t}_{2k-1} < z_{m+2k+1} < z_m + 1$. 而 $[z_m, z_{m+1})$ 中至少有 3 个极值点 t_1, t_2, t_3. 于是在 $[z_m - 1, z_m)$ 中至少有 $2k+2$ 个零点

$$t_1 - 1,\ t_2 - 1,\ t_3 - 1,\ \hat{t}_1 - 1,\ \hat{t}_2 - 1,\ \cdots, \hat{t}_{2k-1},$$

这和 $x \in P_k$ 矛盾. 命题得证.

设 u 是方程 (5.5.1) 的一个周期解，当

$$\Gamma = \{u(t), u'(t) :\ t \in \mathbf{R}\}$$

是 $\mathbf{R}^2$ 上的一个简单闭曲线时，称 u 是方程 (5.5.1) 的一个简单周期解.

命题 5.5.2[20]　设 $u(t)$ 和 $v(t)$ 分别是方程

$$x'(t) = -h_1(x(t-1)),$$
$$x'(t) = -h_2(x(t-1))$$

的简单周期解，其中 h_1, $h_2 \in C^1(\mathbf{R}, \mathbf{R})$, $h_2'(x) \geqslant h_1'(x)$, $xh_2(x) > xh_1(x) > 0$. 记 $\Gamma = \{u(t), u'(t) :\ \ t \geqslant 0\}$, $\gamma = \{v(t), v'(t) :\ \ t \geqslant 0\}$，$\Gamma$ 在 γ 所围成连通

区域中，设 $\forall\ t_1,\ t_2 \geqslant 0$，由 $u(t_1) < v(t_2) < 0$ 或 $u(t_1) > v(t_2) > 0$ 可得出 $u'(t_1)h_1'(u(t_1)) \neq v'(t_2)h_2'(v(t_2))$, 则由 $(x,y) \in \Gamma \cap \gamma \neq \varnothing$ 可得出 $y=0$.

证明 设 $(x,y)=(u(t_0),u'(t_0))=(v(\tau_0),v'(\tau_0)) \in \Gamma\cap\gamma$. 如果 $u'(t_0)=v'(\tau_0)\neq 0$，不失一般性可设 $u'(t_0)=v'(\tau_0)>0$. 由 Γ 在 γ 所围区域内及 $(x,y)\in\Gamma\cap\gamma$，可知 Γ 和 γ 在 (x,y) 有公切线，于是

$$\frac{u''(t_0)}{u'(t_0)}=\frac{v''(\tau_0)}{v'(\tau_0)}.$$

因此，由 $u'(t_0)=v'(\tau_0)$ 得

$$h_1'(u(t_0-1))u'(t_0-1)=h_2'(v(\tau_0-1))v'(\tau_0-1), \tag{5.5.6}$$

$$h_1(u(t_0-1))=h_2(v(\tau_0-1))<0. \tag{5.5.7}$$

根据条件 $xh_2(x)>xh_1(x)>0,\ x\neq 0$，由式 (5.5.7) 得

$$u(t_0-1)<v(\tau_0-1)<0. \tag{5.5.8}$$

而式 (5.5.6) 和式 (5.5.8) 与命题条件矛盾.

命题 5.5.3 设 $x\in C^1([t_0,t_0+a],\mathbf{R})$, $y\in C^1([t_1,t_1+b],\mathbf{R})$ 分别在 $[t_0,t_0+a]$ 和 $[t_1,t_1+b]$ 上单调，$x(t_0)=y(t_1)$, $x(t_0+a)=y(t_1+b)$. 如果对 $x(t)=x(\tau)$ 总成立 $|x'(t)|<|y'(t)|$，则 $a>b$.

证明见文献 [19] 命题 3.2.

定理 5.5.2 设 $f\in C^1(\mathbf{R},\mathbf{R})$, $f(-x)=-f(x)$, $f'(x)>0$ 在 $[0,\infty)$ 上不增，且对某个 $\varepsilon>0$，在 $[0,\varepsilon)$ 上单调减，如果有两个整数 $k,\ \eta\geqslant 0$，使

$$\begin{aligned}&\frac{\pi}{2}[4(k+n)+1]<f'(0)\leqslant\frac{\pi}{2}[4(k+n)+5],\\&\max\left\{0,\frac{\pi}{2}[4k-3]\right\}\leqslant\lim_{x\to+\infty}f'(x)<\frac{\pi}{2}[4k+1].\end{aligned}$$

则方程 (5.5.1) 恰有 $n+1$ 个简单 4- 周期解.

在证明定理前，先证一个引理.

引理 5.5.3[20] 在定理 5.5.2 的条件下：

(1) 方程 (5.5.1) 至少有 $n+1$ 个简单 4- 周期解，其最小周期解分别为 $4/[4k+1]$, $4/[4k+5]$, $\cdots$, $4/[4(k+n)+1]$，每个解的导数 $x'(t)$ 达到极值时必定 $x(t)=0$;

(2) 方程 (5.5.1) 每个 4- 周期解的最小周期必是 $4/[4l+1]$，其中 $l\geqslant 0$ 是某个整数;

(3) 如果 x 是方程 (5.5.1) 的一个简单周期解，则 $x\in\sum\limits_{l=k}^{n+k}P_l$.

证明 (1) 由于 $\lim\limits_{x\to 0} f(x)/x = f'(0) > \frac{\pi}{2}[4(k+n)+1]$, $\lim\limits_{x\to\infty} f(x)/x = \lim\limits_{x\to\infty} f'(x) < \frac{\pi}{2}[4k+1]$，由文献 [21] 的结果可得 $n+1$ 个简单 4- 周期解的存在性，且这些解中的任一个 x，仅当 $x(\hat{t})=0$ 时，$x'(\hat{t})$ 才是 $x'(t)$ 的极值.

(2) 设 u 是简单 4- 周期解，则对 $\forall\, T\in \mathbf{R}$ 在 $[T,T+1)$ 上 x 最多有有限个零点，因此 $u\in P$. 记 u 的最小周期为 a，存在整数 $p>0$ 使 $pa=4$，我们可将 p 写出

$$p = 4l+i, \qquad i=0,1,2,3.$$

当 $i=0$, $l>0$，则 $la=1$，由 $u(t)=u(t-la)=u(t-1)$ 得

$$u'(t) = -f(u(t)).$$

因此 $\dfrac{\mathrm{d}}{\mathrm{d}t}\left(u^2(t)\right) = -2u(t)f(u(t)) < 0$，当 $u(t)\neq 0$. 由于 $u^2(t)$ 单调减，因此 $u(t)$ 不可能是周期解.

当 $i=2$, $l\geqslant 0$，则 $(2l+1)a=2$，u 在 $[0,2)$ 上的零点数为 $2(2l+1)$，不失一般性设 $u(0)=0$，则由 $x(a)=0$，得 $u(2)=0$. 由引理 5.5.1 中 (1) 的结论知 $x(1)\neq 0$. 于是可知在区间 $(0,1)$ 和 $(1,2)$ 之中至少有一个区间，其中 u 的零点数多于 $2l+1$ 个. x 在 $(0,1)$ 中的零点数多于 $2l+1$，则 $[0,1)$ 中至少有 $2l+3$ 个零点，而 $[1,2)$ 中至多有 $2l+1$ 个零点，则 $x\in P_m\cap P_n$, $m\geqslant l+1$, $n\leqslant l$. 由于 $m\neq n$, $P_m\cap P_n\neq\varnothing$，得出矛盾.

当 $i=3$, $l\geqslant 0$，则 $(4l+3)a=4$. 因此在 $[0,4)$ 中有 $8l+6$ 个零点. 由于当 $x\in P_k$ 时，x 在 $[T,T+1)$ 中的零点个数 n_x 为 $2k\leqslant n_x\leqslant 2k+1$，故 x 在 $[0,1)$, $[1,2)$, $[2,3)$, $[3,4)$ 的每两个区间中的零点个数之差不大于 1，由此可知 u 在上述四个区间中的两个区间上零点个数为 $2l+1$，而另两个区间上 u 的零点个数是 $2l+2$，于是 $u\in P_l$, $u\in P_{l+1}$，但 $P_l\cap P_{l+1}=\varnothing$，得出矛盾. 因此 $a=\dfrac{4}{4l+1}$.

(3) 设 $u\in P_l$, $l\geqslant k+n+1$，考虑

$$u'(t) = -\frac{\pi}{2}(4l+1)u(t-1). \tag{5.5.9}$$

方程 (5.5.9) 有周期解 $y_\alpha(t)=\alpha\sin\dfrac{\pi}{2}(4l+1)t$，周期是 $a=\dfrac{4}{4l+1}$，因此 $y_\alpha\in P_l$.

令 $\gamma_\alpha=\{(y_\alpha(t),y'_\alpha(t)):t\in\mathbf{R}\}$, $g(x)=-\dfrac{\pi}{2}(4l+1)x$, 显然 $\{\gamma_\alpha|\alpha|\geqslant 0\}=\mathbf{R}^2$. 因此对 $\Gamma=\{(u(t),u'(t)):t\in\mathbf{R}\}$, $\exists\,\alpha>0$ 使 Γ 位于 γ_α 所围区域内，且 $\Gamma\cap\gamma_\alpha\neq\varnothing$.

这时 f, $g\in C^1(\mathbf{R},\mathbf{R})$，奇函数

$$g'(x) = \frac{\pi}{2}(4l+1) \geqslant \frac{\pi}{2}[4(k+n)+5] \geqslant f'(x).$$

由于 $f'(x)$ 在 $[0,\varepsilon)$ 上单调减，故

$$f(x)=\int_0^x f'(s)\mathrm{d}s<f'(0)x\leqslant\frac{\pi}{2}(4l+1)x=g(x),\quad x\in(0,\varepsilon).$$

于是有 $g(x)>f(x)>0$，当 $x>0$. 显然 $xg(x)>xf(x)>0$，当 $x\neq 0$.

设 $(u(t_1),u'(t_1))\in\Gamma$，$(y_\alpha(t_2),y'_\alpha(t_2))\in\gamma_\alpha$. 当 $u(t_1)<y_\alpha(t_2)<0$ 时，$\exists\,\tau\in(0,\alpha)$ 使 $y_\alpha(t-\tau)=u(t_1)$. 不失一般性，假设 $u'(t_1)$，$y'_\alpha(t_2)$ 以及 $y'_\alpha(t_2-\tau)>0$，则有

$$0<u'(t_1)<y'_\alpha(t_2-\tau)<y'_\alpha(t_2).$$

再由

$$0<f'(u(t_1))\leqslant f'(y_\alpha(t_2-\tau))<g'(y_\alpha(t_2)),$$

可得出

$$u'(t_1)f'(u(t_1))<y'_\alpha(t_2)g'(y_\alpha(t_2)),$$

从而

$$u'(t_1)f'(u(t_1))\neq y'_\alpha(t_2)g'(y_\alpha(t_2)).\tag{5.5.10}$$

当 $u(t_1)>y_\alpha(t_2)>0$ 时，同样可证式 (5.5.10) 成立.

设 $(u(t_0),u'(t_0))=(y_\alpha(\bar{t}_0),y'_\alpha(\bar{t}_0))\in\Gamma\cap\gamma_\alpha$，由命题 5.5.2 知 $u'(t_0)=y'(\bar{t}_0)$. 不失一般性，假定 $u(t_0)>y_\alpha(\bar{t}_0)>0$，$t_0$，$\bar{t}_0>1$，则 $u(t_0-1)=y_\alpha(\bar{t}_0-1)=0$. 由于 $u(t)$ 和 $y_\alpha(t)$ 都是 $4/(4l+1)$ 周期的，对 $a=\dfrac{4}{4l+1}$ 有

$$(u(t_0-la),u'(t_0-la))=(y_\alpha(\bar{t}_0-la),y'_\alpha(\bar{t}_0-la)).$$

因此，

$$(t_0-la)-(t_0-1)=(\bar{t}_0-la)-(\bar{t}_0-1)=\frac{1}{4l+1}.$$

由 $u'(t_0)=0$ 及 $u(t_0)>0$ 可知，$u(t_0)$ 是 $u(t)$ 的极大值，因此 $u(t_0-1)=0$，$u'(t_0-1)\neq 0$，$u''(t_0)\leqslant 0$，由

$$u''(t_0)=-f'(u(t_0-1))u'(t_0-1)<0$$

得 $u'(t_0-1)>0$. 由于 $u(t)$ 在 $[t_0-la,t_0)$ 上有 $2l$ 个零点，而在 $[t_0-1,t_0)$ 上最多有 $2l+1$ 个零点，且

$$u(t_0-1)=0,\qquad u'(t_0-la)=u'(t_0)=0.$$

故知 $u(t)$ 在 $[t_0-1,t_0-la)$ 仅有一个零点 t_0-1，并得

$$u(t),\ u'(t)>0,\qquad t\in(t_0-1,t_0-la).$$

同样的推导可得

$$y_\alpha(t),\ y'_\alpha(t)>0,\quad t\in(\bar t_0-1,\bar t_0-la).$$

当 $u(t_1)=y_\alpha(t_2),\ t_1\in(t_0-1,t_0-la),\ t_2\in(\bar t_0-1,\bar t_0-la)$ 时，由于 Γ 在 γ_α 所围区域之内，必定有

$$y'_\alpha(t_2)>u'(t_1)>0.$$

由命题 5.5.3 得

$$\frac{1}{4l+1}=(t_0-la)-(t_0-1)>(\bar t_0-la)-(\bar t_0-1)=\frac{1}{4l+1},$$

出现矛盾.

因此当 $l\geqslant k+n+1$ 时，$u\notin P_l$.

同样的论证可得 $l\leqslant k-1$ 时，$u\notin P_l$. 因此有

$$u\in\sum_{l=k}^{n+k}P_l.$$

定理 5.5.2 的证明.

由文献 [21] 的结果可知，方程 (5.5.1) 在 P_l 中至少有一个简单 4- 周期解u_l, $l=k,k+1,\cdots,k+n$. u_l 的最小周期 $\dfrac{4}{4l+1}$，满足

$$u_l\left(t-\frac{2}{4l+1}\right)=-u_l(t).\tag{5.5.11}$$

下证对每个 $l\in\{k,k+1,\cdots,k+n\}$，方程 (5.5.1) 在 P_l 中仅有一个简单 4- 周期解 u_l.

设不然，方程 (5.5.1) 在 P_l 中另有周期解 $\widehat u_l$，由引理 5.5.3 知，$\widehat u_l$ 的最小正周期也是 $\dfrac{4}{4l+1}$，记

$$\Gamma=\{(u(t),u_l'(t)):t\in\mathbf R\},\qquad \widehat\gamma=\{(\hat u(t),\hat u_l'(t)):t\in\mathbf R\}.$$

如果 $\Gamma=\widehat\Gamma$，则 u_l 和 $\widehat u_l$ 是方程 (5.5.1) 的同一周期解. 如果 $\Gamma\neq\widehat\Gamma$，则分如下几种情况.

情况 1　假定 Γ 在 $\widehat\Gamma$ 所围区域之内，或是 $\widehat\Gamma$ 在 Γ 所围区域之内.

不妨设是前一种情况. 易证 (0,0) 在 $\widehat\Gamma$ 所围区域之内，令

$$r=\sup\{c\geqslant 0:\ (cx,xy)\in\Gamma,\qquad \text{当}(x,y)\in\widehat\Gamma\},\tag{5.5.12}$$

则 $r>1$, 且至少有一点 $(x_0,y_0)\in\widehat\Gamma$ 使 $(rx_0,ry_0)\in\Gamma$. 取 $\bar u(t)=\dfrac{1}{r}u_l(t)$，则 $\bar u(t)$ 的最小周期为 $\dfrac{4}{4l+1}$，且满足 $\bar u\left(t-\dfrac{2}{4l+1}\right)=-\bar u\left(t-\dfrac{2}{4l+1}\right)$ 及方程

$$u'(t)=-g(u(t-1)),\tag{5.5.13}$$

其中 $g(x)=r^{-1}f(rx)$，记 $\gamma=\{(\bar{u}(t),\bar{u}'(t)):t\in\mathbf{R}\}=\left\{\frac{1}{r}(u,v):(u,v)\in\Gamma\right\}$. 这时 γ 在 $\widehat{\Gamma}$ 所围区域内部，且 $\gamma\cap\overline{\Gamma}\neq\varnothing$. 设 $(\widehat{u}_l(t_0),\widehat{u}_l'(t_0))=(\bar{u}(\bar{t}_0),\bar{u}'(\bar{t}_0))$.

由于 $f,g\in C^1(\mathbf{R},\mathbf{R})$，奇函数，$f'(x)>f'(rx)=g'(x)>0$. 由 $f'(x)$ 在 $(0,\varepsilon)$ 上单调减，我们有 $f'(x)>g'(x)>0$, $x\neq 0$. 从而 $f(x)>g(x)>0$，当 $x>0$. 再由 f 和 g 的奇函数性得 $xf(x)>xg(x)>0$, $x\neq 0$.

和引理 5.5.3 中证明式 (5.5.10) 一样，可证 $\bar{u}(t_1)<\hat{u}_l(t_2)<0$ 或 $\bar{u}(t_1)>\widehat{u}_l(t_2)>0$ 时

$$f'(\widehat{u}_l(t_2))\widehat{u}_l'(t_2)\neq g'(\bar{u}(t_1))\bar{u}'(t_1),\qquad t_1,\ t_2\in\mathbf{R}.$$

于是根据命题 5.5.2 及 $(\hat{u}_l(0),\hat{u}_l'(0))=(\bar{u}(0),\bar{u}'(0))$ 得

$$\widehat{u}_l'(0)=\bar{u}'(0)=0.$$

但由命题 5.5.3 得

$$(t_0-la)-(t_0-1)=\frac{1}{41+1}>(\bar{t}_0-la)-(\bar{t}_0-1)=\frac{1}{4l+1},\tag{5.5.14}$$

出现矛盾.

情况 2 Γ 和 $\widehat{\Gamma}$ 都不在另一曲线所围区域内部，仍由式 (5.5.12) 定义 r，则 $r>1$ 成立. 和情况 1 一样可导出式 (5.5.14)，从而得出矛盾.

由此得 $\Gamma=\widehat{\Gamma}$，即方程 (5.5.1) 在 P_l 中有唯一简单周期解 $\widehat{u}_l$. 由 l 可取 $\{k,k+1,\cdots,k+n\}$ 中任一整数，定理的结论成立.

例 5.5.1[20] 方程

$$u'(t)=-\theta u(t-1)[a^2+u^2(t)],\qquad \theta,\ a>0,\tag{5.5.15}$$

当满足

$$\frac{\pi}{2}(4n+1)<\theta a^2<\frac{\pi}{2}(4n+5)$$

时恰有 $n+1$ 个简单周期解.

证明 令 $y=h(x)=\dfrac{1}{2a}\ln\dfrac{a+x}{a-x}$, 则

$$h:(-a,a)\to\mathbf{R}$$

是可逆 C^1 映射. 作变换 $y=h(u)$，则式 (5.5.15) 等价于

$$y'(t)=-\theta a\tanh(ay(t-1)).\tag{5.5.16}$$

记 $f(y)=a\theta\tanh(ay)$，则 $f\in C^1(\mathbf{R},\mathbf{R})$，奇函数，$f'(y)=\theta a^2/\coth^2(ay)>0$ 在 $[0,\infty)$ 单调减，且

$$\frac{\pi}{2}(4n+1)<f'(0)=\theta a^2<\frac{\pi}{2}(4n+5),$$
$$\lim_{y\to\infty}f'(y)=0.$$

这是定理 5.5.2 中 $k=0$ 的特例，故方程 (5.5.16) 恰有 $n+1$ 个简单 4- 周期解，从而方程 (5.5.15) 恰有 $n+1$ 个简单 4- 周期解.

J.L. Kaplan 和 J.A. Yorke 在文献 [19] 中研究单滞量和双滞量时滞微分方程的周期解时，要求非线性项 $f(x(t-1))$ 满足 $f\in C(\mathbf{R},\mathbf{R})$. 但是实际上 f 在整个 $\mathbf{R}$ 上有定义并非是必需的，而且去掉这一限制会呈现更丰富的现象.

我们仍讨论方程 (5.5.1)

$$u'(t)=-f(u(t-1)).$$

但假设

(H_7) $f\in C([-a,a],\mathbf{R})$, $f(-x)=-f(x)$, 且 $f(x)>0$, 当 $x\in(0,a)$.

令 $v(t)=u(t-1)$, 在 $u(t-2)=-v(t)$ 的前提下得式 (5.5.3)

$$\begin{cases}u'= & -f(v),\\ v'=f(u),\end{cases}$$

引理 5.5.4[22] 设条件 (H_7) 成立, 如果 $(u(t),v(t))$ 是式 (5.5.3) 的一个 $\dfrac{4}{4l+1}(l\geqslant 0)$ 周期解，$\|u\|=\max\limits_{0\leqslant t\leqslant 4}|u(t)|$，则 $u(t)$ 是方程 (5.5.1) 的周期解.

证明 易见式 (5.5.3) 在正方形区域 $\{(x,y)\in\mathbf{R}^2:|x|,|y|\leqslant a\}$ 内轨线由

$$F(u)+F(v)=c \tag{5.5.17}$$

确定，其中 $F(\xi)=\displaystyle\int_0^{\xi}f(s)\mathrm{d}s$, $|\xi|\leqslant a$, $c\in[0,2F(a)]$. 当 $c\in(0,F(a))$ 时，由式 (5.5.17) 表示的轨线都是关于 u 轴和 v 轴的闭轨线，当 $c=F(a)$ 时，$F(u)+F(v)=F(a)$ 仅当动点绕曲线一周的时间为有限时，才表示方程组 (5.5.3) 的一条闭轨线，否则曲线是由 4 条开轨线和 4 个奇点 $(a,0)$, $(0,a)$, $(-a,0)$, $(0,-a)$ 构成.

由于 $(u(t),v(t))$ 是方程组 (5.5.3) 的一个 $4/(4l+1)$ 周期解，我们有

$$u'(t)=-f(v(t)),\qquad v'(t)=f(u(t)).$$

令 $\Gamma=\{(u(t),v(t)):t\in\mathbf{R}\}$，并记 A, B, C, D 为 Γ 以逆时针顺序与两坐标轴的交

点，即

$$A=\left(u\left(t_0+\frac{4k}{4k+1}\right),v\left(t_0+\frac{4k}{4k+1}\right)\right)=(r,0),$$

$$B=\left(u\left(t_1+\frac{4k}{4k+1}\right),v\left(t_1+\frac{4k}{4k+1}\right)\right)=(0,r),$$

$$C=\left(u\left(t_2+\frac{4k}{4k+1}\right),v\left(t_2+\frac{4k}{4k+1}\right)\right)=(-r,0),$$

$$C=\left(u\left(t_3+\frac{4k}{4k+1}\right),v\left(t_3+\frac{4k}{4k+1}\right)\right)=(0,-r),$$

其中 $0\leqslant t_0<t_1<t_2<t_3\leqslant\dfrac{4}{4l+1}$，$k$ 为整数. 这时 Γ 由 $F(u)+F(v)=F(r)$ 确定. 由 Γ 关于坐标轴的对称性，可得

$$t_1=t_0+\frac{1}{4l+1},\qquad t_2=t_0+\frac{2}{4l+1},\qquad t_3=t_0+\frac{3}{4l+1}.$$

容易验证 $(v(t),-u(t))$ 和 $\left(u\left(t-\dfrac{1}{4l+1}\right),v\left(t-\dfrac{1}{4l+1}\right)\right)$ 都是方程组 (5.5.3) 的解，且

$$(v(t_0),-u(t_0))=\left(u\left(t_0-\frac{1}{4l+1}\right),v\left(t_0-\frac{1}{4l+1}\right)\right)=(0,-r).$$

由方程组 (5.5.3) 初值解的唯一性在 $|u|$, $|v|<a$ 时成立，我们有

$$(v(t),-u(t))=\left(u\left(t-\frac{1}{4l+1}\right),v\left(t-\frac{1}{4l+1}\right)\right),$$

于是

$$v(t)=u\left(t-\frac{1}{4l+1}\right)=u\left(t-\frac{1}{4l+1}-\frac{4l}{4l+1}\right)=u(t-1).$$

因此，

$$u'=-f(v(t))=-f(u(t-1)).$$

引理 5.5.5[22] 设条件 (H_7) 成立，$F(a)=0$. 取 $p,q\in(0,a)$, $(p,a)\in\Gamma=\{(x,y):F(x)+F(y)=F(a)\}$，假定 $(u_0(t),v_0(t))$ 是方程组 (5.5.3) 满足 $(u_0(t_0),v_0(t_0))=(p,q)$ 的解，s_1, $s_2>0$ 是两个正数，使 $t\in(t_0-s_1,t_0+s_2)$ 时 $u_0(t)$, $v_0(t)>0$，且

$$\lim_{t\to t_0-s}(u_0(t),v_0(t))=(a,0),\qquad \lim_{t\to t_0+s}(u_0(t),v_0(t))=(0,a).$$

则方程组 (5.5.3) 有一个 $4(s_1+s_2)$- 周期解 $(u(t),v(t))$ 满足:

(1) $(u(t+s_1+s_2),v(t+s_1+s_2))=(-v(t);u(t))$;

(2) $\max\limits_{t\in\mathbf{R}}|u(t)|=a$.

证明 由引理条件, 当 $t \in (t_0 - s_1, t_0 + s_2)$ 时,

$$
\begin{aligned}
&F(u_0(t)) + F(v_0(t)) = F(a),\\
&u_0'(t) = -f(v_0(t)), \qquad v_0'(t) = f(u_0(t)).
\end{aligned}
$$

令 $s = s_1 + s_2$, 定义 $(u(t), v(t))$ 为

$$
(u(t), v(t)) = \begin{cases}
(u_0(t - 4ks), v_0(t - 4ks)),\\
\qquad t \in [t_0 - s_1 + 4ks, t_0 + s_2 + 4ks];\\
(-v_0(t - 4(k+1)s), u_0(t - 4(k+1)s)),\\
\qquad t \in [t_0 - s_1 + 4(k+1)s, t_0 + s_2 + 4(k+1)s];\\
(-u_0(t - 4(k+2)s), -v_0(t - 4(k+2)s)),\\
\qquad t \in [t_0 - s_1 + 4(k+2)s, t_0 + s_2 + 4(k+2)s];\\
(v_0(t - 4(k+3)s), -u_0(t - 4(k+3)s)),\\
\qquad t \in [t_0 - s_1 + 4(k+3)s, t_0 + s_2 + 4(k+3)s],
\end{cases}
$$

其中 $k = 0, \pm 1, \pm 2, \cdots$. 显然向量函数 $(u(t), v(t))$ 是 $4s$- 周期的，满足引理中的要求 (1) 和 (2).

现在我们证 $(u(t), v(t))$ 满足方程组 (5.5.3).

当 $t \in [t_0 - s_1 + 4(k+1)s, t_0 + s_2 + 4(k+1)s]$ 时，令 $r = t - (4k+1)s$，则 $r \in [t_0 - s_1, t_0 + s_2]$, 因此

$$
\begin{aligned}
u'(t) &= -v_0'(t - (4k+1)s) = -v_0'(r) = -f(u_0(r)) = -f(v(t)),\\
v'(t) &= u_0'(t - (4k+1)s) = u_0'(r) = -f(v_0(r)) = f(u(t)),
\end{aligned}
$$

即 $(u(t), v(t))$ 满足方程组 (5.5.3).

当 t 在其余 3 类区间中时，同样可证 $(u(t), v(t))$ 满足方程组 (5.5.3)，引理得证.

当条件 (H_7) 成立时，$F : [0, a] \to [0, F(a)]$ 是严格单调函数，因而 $F^{-1} : [0, F(a)] \to [0, a]$ 存在. 定义

$$
H(x) := f[F^{-1}(F(a) - F(x))], \qquad x \in [0, a],
$$

则 $H \in C([0, a], [0, a])$.

定理 5.5.3[22] 设条件 (H_7) 成立，如果 $\exists\, k \in \mathbf{Z}^+$ 使

$$
\begin{aligned}
&\varliminf_{x \to 0} \frac{f(x)}{x} = \alpha > \frac{\pi}{2}(4k+1), \quad \int_0^a \frac{\mathrm{d}x}{H(x)} > \frac{1}{4k+1}\\
&\left(\varlimsup_{x \to 0} \frac{f(x)}{x} = \alpha < \frac{\pi}{2}(4k+1), \quad \int_0^a \frac{\mathrm{d}x}{H(x)} < \frac{1}{4k+1}\right),
\end{aligned}
$$

则方程 (5.5.1) 至少有一个最小周期为 $\dfrac{4}{4k+1}$ 的周期解 $u(t)$: $\|u\| < a$.

证明 取 $(u_0, v_0) \in \Gamma = \{(x,y) : F(x)+F(y) = F(a)\}$, $u_0, v_0 > 0$, $(u_1(t), v_1(t))$ 为方程组 (5.5.3) 满足初值 $(u_1(t_0), v_1(t_0)) = (u_0, v_0)$ 的解，取 s_1, $s_2 > 0$，使

$$(u_1(t_0 - s_1), v_1(t_0 - s_1)) = (a, 0), \qquad (u_1(t_0 + s_2), v_1(t_0 + s_2)) = (0, a).$$

我们有 $f(v_1(t)) = f(F^{-1}(F(a) - F(u_1(t)))) = H(u_1(t))$，于是由

$$\mathrm{d}t = -\frac{\mathrm{d}u_1(t)}{f(v_1(t))} = -\frac{\mathrm{d}u_1(t)}{H(v_1(t))}$$

得

$$s_1 + s_2 = -\int_a^0 \frac{\mathrm{d}x}{H(x)} = \int_0^a \frac{\mathrm{d}x}{H(x)} > \frac{1}{4k+1}.$$

这就是说，动点沿轨线 Γ 从 $(a,0)$ 到 $(0,a)$ 的时间 $\tau_a = s_1 + s_2 > \dfrac{1}{4k+1}$. 取 $\varepsilon \in (0,a)$，令 $b = a - \varepsilon$，并记方程组 (5.5.3) 过点 $(b,0)$ 的轨线为 γ_b,

$$\gamma_b = \{(x,y) : F(x) + F(y) = F(b)\},$$

则 $\varepsilon > 0$ 充分小时，动点沿 γ_b 从 $(b,0)$ 到 $(0,b)$ 的时间 $\tau_b > \dfrac{1}{4k+1}$.

$\forall s \in (0,b)$，记 $\gamma_s = \{(u_s(t), v_s(t)) : t \in \mathbf{R}\}$，其 (u_s, v_s) 是方程组 (5.5.3) 过 $(s,0)$ 和 $(0,s)$ 的轨线.

令 $u = \rho\cos\theta$, $v = \rho\sin\theta$，则方程组 (5.5.3) 等价于

$$\begin{cases} \rho' = -f(\rho\sin\theta)\cos\theta + f(\rho\cos\theta)\sin\theta, \\ \theta' = \dfrac{1}{\rho}(f(\rho\cos\theta)\cos\theta + f(\rho\sin\theta)\sin\theta). \end{cases} \tag{5.5.18}$$

显然对闭轨线 $F(u) + F(v) = F(s)$ 而言，$\lim\limits_{s\to 0} F(s) = 0$ 意味着 $\lim\limits_{s\to 0}\rho = 0$. 因此对 $\forall\varepsilon \in \left(0, \alpha - \dfrac{\pi}{2}(4k+1)\right)$，存在 $s > 0$ 充分小，使

$$\theta' = \frac{f(\rho\cos\theta)}{\rho\cos\theta}\cos^2\theta + \frac{f(\rho\sin\theta)}{\rho\sin\theta}\sin^2\theta > \alpha - \varepsilon > \frac{\pi}{2}(4k+1).$$

记闭轨线 γ_s 的最小周期为 T_s，则

$$T_s = 4\int_0^{\frac{\pi}{2}} \frac{\mathrm{d}\theta}{\theta'} < \frac{4}{4k+1}.$$

由 $\tau_a > \dfrac{1}{4k+1}$，可得 $T_a > \dfrac{4}{4k+1}$. 于是 $\exists\, d \in (0,a)$ 使

$$T_d = \frac{4}{4k+1}.$$

由引理 5.5.5, 即知定理结论成立.

推论 5.5.2 设条件 (H_7) 成立, 且 $\exists k,\ l \in \mathbf{Z}^+$, 使

$$\lim_{x\to 0}\frac{f(x)}{x}=\alpha>\frac{\pi}{2}(4k+1),\qquad \int_0^a\frac{\mathrm{d}x}{H(x)}>\frac{1}{4l+1}$$
$$\left(\lim_{x\to 0}\frac{f(x)}{x}=\alpha<\frac{\pi}{2}(4l+1),\qquad \int_0^a\frac{\mathrm{d}x}{H(x)}<\frac{1}{4k+1}\right),$$

则方程 (5.5.1) 至少有 $|k-l|+1$ 个非平凡周期解 $u_i(t)$, $\|u_i\|<a$, 最小周期为 $\dfrac{4}{4i+1}$, $\min\{k,l\}\leqslant i\leqslant \max\{k,l\}$.

推论 5.5.3 设条件 (H_7) 成立, 如果 $\lim\limits_{x\to 0}\dfrac{f(x)}{x}=\infty$, 则方程 (5.5.1) 有无穷多个不同的周期解.

证明 无论 $\displaystyle\int_0^a\frac{\mathrm{d}x}{H(x)}$ 是否收敛, 总存在 $k_0\in\mathbf{Z}^+$, 当 $k\geqslant k_0$ 时

$$\int_0^a\frac{\mathrm{d}x}{H(x)}>\frac{1}{4k+1}.$$

这时 $\lim\limits_{x\to 0}\dfrac{f(x)}{x}>\dfrac{\pi}{2}(4k+1)$ 显然成立. 根据定理 5.5.3, 方程 (5.5.1) 至少有一个最小周期为 $\dfrac{4}{4k+1}$ 的周期解. 由于 $k\geqslant k_0$ 可任取, 故推论的论断成立.

例 5.5.2[22] 考虑时滞微分方程

$$u'(t)=-\alpha f(u(t-1)),\tag{5.5.19}$$

其中 $\alpha>0$,

$$f(x)=\begin{cases}-\sqrt{(1+x)x}, & x\in[-1,0],\\ \sqrt{(1+x)x}, & x\in[0,1].\end{cases}$$

αf 满足条件 (H_7) 的要求, 由

$$\lim_{x\to 0}\frac{\alpha f(x)}{x}=+\infty,$$

推论 5.5.3 保证方程 (5.5.19) 有无穷多个非定常周期解.

从例 5.6.2 可以看到, 适于转换为常微分方程组讨论周期解的一阶微分差分方程, 并非只限于方程 (5.5.1) 的形式.

我们讨论一阶时滞微分方程

$$u'(t)=-f(u(t),u(t-1)),\tag{5.5.20}$$

并给出两组假设

(H_8):

(1) $f\in C(\mathbf{R}^2,\mathbf{R})$, $yf(x,y)>0$, 当 $y\neq 0$, $f(-x,y)=f(x,y)=-f(x,-y)$;

(2) $\forall\, x\in\mathbf{R}$，当 $y\to 0$ 时，$\dfrac{f(x,y)}{y}$ 一致趋于 $\alpha\geqslant 0$，而当 $y\to\infty$ 时，$\dfrac{f(x,y)}{y}$ 一致趋于 $\beta\geqslant 0$，其中 α, β 可以是 ∞;

(3) $\forall\, u\in\mathbf{R}$, $\overline{\lim\limits_{(x,y)\to(u,\infty)}}\left|\dfrac{f(y,x)}{f(x,y)}\right|<\infty$，或 $\forall\, x\in\mathbf{R}$, $|f(x,y)|\leqslant h(y)<\infty$，其中 $h\in C(\mathbf{R},\mathbf{R}^+)$.

(H_9):

(1) 同 (H_8) 中的 (1);

(2) $\overline{\lim\limits_{(x,y)\to(u,\infty)}}\left|\dfrac{f(y,x)}{f(x,y)}\right|<\infty$ 对 $\forall u\in\mathbf{R}$ 成立;

(3) $\lim\limits_{x^2+y^2\to 0}\dfrac{f(x,y)}{y}=\alpha\geqslant 0$, $\lim\limits_{x^2+y^2\to\infty}\dfrac{f(x,y)}{y}=\beta\geqslant 0$, 其中 α, β 可以是 ∞.

为研究方程 (5.5.20) 的周期解，我们考虑方程组

$$u'=-f(u,v),\qquad v'=f(v,u), \tag{5.5.21}$$

在 $f(-x,y)=f(x,y)=-f(x,-y)$, $yf(x,y)>0$, $y\neq 0$ 下，易见方程 (5.5.21) 的轨线关于 u 轴，v 轴对称，也关于 $u-v=0$ 和 $u+v=0$ 两条直线对称.

引理 5.5.6[23] 设条件 (H_8) 成立，且当 $\overline{\lim\limits_{(x,y)\to(u,\infty)}}\left|\dfrac{f(y,x)}{f(x,y)}\right|=\infty$ 时，$\exists\, m>0$ 使 $\underline{\lim\limits_{y\to\infty}}\,|f(u,y)|\geqslant m$, 则方程组 (5.5.21) 的轨线是包围原点的闭轨线.

证明 由于方程组 (5.5.21) 轨线关于 u 轴, v 轴及直线 $u-v=0$, $u+v=0$ 的对称性，只需证: 对 $\forall\lambda>0$, 从 (λ,λ) 经过的轨线和正 v 轴相交即可，否则，当 $u(t)$, $v(t)>0$ 时，由 $u'(t)<0$, $v'(t)>0$ 可知

$$\lim_{t\to+\infty}u(t)=u_0\geqslant 0,\quad \lim_{t\to+\infty}v(t)=+\infty.$$

因此，

$$\lim_{t\to+\infty}\frac{\mathrm{d}v}{\mathrm{d}u}=\lim_{(u,v)\to(u_0,\infty)}\left[-\frac{f(v,u)}{f(u,v)}\right]=-\infty. \tag{5.5.22}$$

如果 $\overline{\lim\limits_{(u,v)\to(u_0,\infty)}}\left|\dfrac{f(v,u)}{f(u,v)}\right|<\infty$. 则和式 (5.5.22) 矛盾. 如果 $\overline{\lim\limits_{(u,v)\to(u_0,\infty)}}\left|\dfrac{f(v,u)}{f(u,v)}\right|=\infty$, 则由条件 (H_8) 中的 (3) 知 $|f(y,u_0)|\leqslant h(u_0)<\infty$, 再由 $\underline{\lim\limits_{y\to\infty}}\,|f(u,y)|\geqslant m$ 得

$$\lim_{(u,v)\to(u_0,\infty)}\left|\frac{f(v,u)}{f(u,v)}\right|\leqslant\frac{h(u_0)}{m}<\infty,$$

也和式 (5.5.22) 矛盾，因此引理结论成立.

同理可证如下引理.

引理 5.5.7 假设条件 (H_9) 成立, 则方程组 (5.5.21) 的轨线是 $(u,\ v)$- 平面上围绕原点的闭轨线.

引理 5.5.8 如果 $(u(t),v(t))$ 是方程组 (5.5.21) 的最小周期为 4ω 的周期解, $\omega>0$, 则 $u(t)$ 是方程

$$u'(t)=-f(u(t),u(t-\omega))$$

的解，满足 $u(t-2\omega)=-u(t)$. 进一步假定 $\omega=\dfrac{1}{4k+1}$, $k\in\mathbf{Z}^+$, 则 $u(t)$ 是方程 (5.5.20) 的 $\dfrac{4}{4k+1}$ 周期解.

证明 设 $(u(t),v(t))$ 是方程组的 4ω - 周期解. 记 $\Gamma=\{(u(t),v(t)):t\in\mathbf{R}\}$. 易验证 $(v(t),-u(t))$ 也是方程组 (5.5.21) 的 4ω - 周期解. 由 Γ 关于 $u-v=0$ 及 v 轴的对称性，我们有

$$\Gamma=\{(u(t),v(t)):t\in\mathbf{R}\}=\{(v(t),-u(t)):t\in\mathbf{R}\}.$$

因而存在最小正数 $\alpha>0$，使对 $\forall\, t\in\mathbf{R}$ 有

$$(v(t),-u(t))=(u(t-\alpha),v(t-\alpha)).$$

于是，

$$\begin{aligned}(v(t-\alpha),-u(t-\alpha))&=(u(t-2\alpha),v(t-2\alpha)),\\(v(t-2\alpha),-u(t-2\alpha))&=(u(t-3\alpha),v(t-3\alpha)),\\(v(t-3\alpha),-u(t-3\alpha))&=(u(t-4\alpha),v(t-4\alpha)),\end{aligned}$$

并导出

$$\begin{aligned}(u(t-4\alpha),v(t-4\alpha))&=(v(t-3\alpha),-u(t-3\alpha))\\&=(-u(t-2\alpha),-v(t-2\alpha))\\&=(-v(t-\alpha),u(t-\alpha))\\&=(u(t),v(t)),\end{aligned}$$

即 $(u(t-4\alpha),v(t-4\alpha))=-(u(t-2\alpha),v(t-2\alpha))=(u(t),v(t))$, 可知 $(u(t),v(t))$ 是方程组 (5.5.21) 的最小周期为 4α 的周期解. 因此 $\alpha=\omega$ 并得出 $(u(t-2\omega),v(t-2\omega))=-(u(t),v(t))$.

如果 $\omega=\dfrac{1}{4k+1}$, 则 $u(t)$ 的周期为 $\dfrac{4}{4k+1}$. 于是

$$\begin{aligned}u'(t)=&-f\left(u(t),u\left(t-\frac{1}{4k+1}\right)\right)=-f\left(u(t),u\left(t-\frac{1}{4k+1}-\frac{4k}{4k+1}\right)\right)\\=&-f(u(t),u(t-1)).\end{aligned}$$

故这时 $u(t)$ 是方程 (5.5.20) 的 $\dfrac{4}{4k+1}$ 周期解, 满足

$$u\left(t-\frac{2}{4k+1}\right)=u(t-2)=-u(t).$$

定理 5.5.4[23] 设条件 (H_8) 或 (H_9) 成立. 如果 $\exists\, k\in\mathbf{Z}^+$, 使 $\alpha<\dfrac{\pi}{2}(4k+1)<\beta$ 或 $\beta<\dfrac{\pi}{2}(4k+1)<\alpha$ 满足，则方程 (5.5.20) 至少有一个周期为 $\dfrac{4}{4k+1}$ 的周期解.

证明 根据引理 5.5.8，我们只需证明方程组 (5.5.21) 有 $\dfrac{4}{4k+1}$ 周期解.

不失一般性，设 $\beta<\dfrac{\pi}{2}(4k+1)<\alpha$.

令 $\theta(t;\lambda)=\arctan[v(t,\lambda)/u(t,\lambda)]$，其中 $(u(t,\lambda),v(t,\lambda))$, $\lambda>0$ 是方程组 (5.5.21) 过点 (λ,λ) 的解，其轨线为闭曲线，这时 $\theta'(t;\lambda)=J_\lambda(t)$.

$$\begin{aligned}J_\lambda(t)&=\frac{u(t,\lambda)f(v,u)+v(t,\lambda)f(u,v)}{u^2(t,\lambda)+v^2(t,\lambda)}\\&=[u^2(t,\lambda)+v^2(t,\lambda)]^{-1}\left[u^2(t,\lambda)\frac{f(v,u)}{u(t,\lambda)}+v^2(t,\lambda)\frac{f(u,v)}{v(t,\lambda)}\right].\end{aligned}$$

在定理条件下，$\forall K>0$, 对 $t\in[-K,K]$, $\lambda\to0$ 时 $(u(t,\lambda),v(t,\lambda))$ 一致趋于 $(0,0)$, 否则方程组 (5.5.20) 将有异于 $(0,0)$ 的奇点，这和 f 的性质矛盾.

(1) 设条件 (H_9) 成立.

如果 $\alpha<\infty$, 则 $\lambda\to0$ 时

$$\frac{f(v,u)}{u(t,\lambda)}=\alpha+o(1),\qquad\frac{f(u,v)}{v(t,\lambda)}=\alpha+o(1).$$

这就得到

$$J_\lambda(t)=\alpha+o(1),\qquad\lambda\to0.$$

因此 λ 充分小时，

$$2\pi=\int_0^{2\pi}\mathrm{d}\theta=\int_0^{T_\lambda}J_\lambda(t)\mathrm{d}t=[\alpha+o(1)]T_\lambda,$$

其中 T_λ 是 $(u(t,\lambda),v(t,\lambda))$ 的最小周期解，则

$$T_\lambda=\frac{2\pi}{\alpha+o(1)}<\frac{4}{4k+1}.$$

如果 $\alpha=+\infty$，则对 $M>\dfrac{\pi}{2}(4k+1)$, $\exists\,\delta>0$, 当 $\lambda\in(0,\delta)$ 时

$$\frac{f(v,u)}{u(t,\lambda)}>M,\qquad\frac{f(u,v)}{v(t,\lambda)}>M.$$

因而由 $J_\lambda(t) > M$ 得出

$$T_\lambda < \frac{2\pi}{M} < \frac{4}{4k+1}.$$

同样，当 λ 充分大时，我们有 $T_\lambda > \dfrac{4}{4k+1}$，于是知 $\exists\ \lambda_0$，使 $T_{\lambda_0} = \dfrac{4}{4k+1}$.

(2) 设条件 (H_8) 成立，且 $\forall u \in \mathbf{R}$, $\displaystyle\lim_{(x,y)\to(u,\infty)} \left|\frac{f(y,x)}{f(x,y)}\right| < \infty$ 成立，或对 $\forall x \in \mathbf{R}$, $|f(x,y)| \leqslant h(y)$, $\displaystyle\varliminf_{y\to\infty} |f(x,y)| \geqslant m > 0$.

$y \to 0$ 时从 $\dfrac{f(x,y)}{y}$ 一致趋于 α, 可得

$$\begin{aligned}
&\frac{f(u,u)}{v(t,\lambda)} = \alpha + o(1), && \text{当 } \alpha < \infty, \\
&\frac{f(u,u)}{v(t,\lambda)} > M > \frac{\pi}{2}(4k+1)\alpha, && \text{当 } \alpha = \infty.
\end{aligned}$$

和 (1) 中的讨论相似，可得

$$T_\lambda < \frac{4}{4k+1}, \qquad \text{当}\lambda \to 0.$$

另一方面，由 $y \to \infty$ 时，$\dfrac{f(x,y)}{y}$ 一致趋于 0 可得对 $b \in \left(\beta, \dfrac{\pi}{2}(4k+1)\right)$, $\exists\ G > 0$ 使

$$\begin{aligned}
&\frac{f(u,u)}{v(t,\lambda)} < b < \frac{\pi}{2}(4k+1), && \text{当 } |v(t,\lambda)| > G, \\
&\frac{f(u,u)}{u(t,\lambda)} < b < \frac{\pi}{2}(4k+1)\alpha, && \text{当 } |u(t,\lambda)| > G.
\end{aligned}$$

令 $K = \displaystyle\max_{|y|\leqslant G} h(y)$，并且 $M > 0$ 充分大，使

$$M > \sqrt{\frac{GK}{\dfrac{\pi}{2}(4k+1) - b}}.$$

记

$$\begin{aligned}
D_1 &= \{(u,v):\ |u|,\ |v| > G\}, \\
D_2 &= \{(u,v):\ |u| \leqslant G,\ |v| > M\}, \\
D_3 &= \{(u,v):\ |v| \leqslant G,\ |u| > M\}.
\end{aligned}$$

显然 $D_1 \cap D_2 = D_2 \cap D_3 = D_3 \cap D_1 = \varnothing$，由于

$$\lim_{\lambda\to\infty} [u^2(t,\lambda) + v^2(t,\lambda)] = \infty,$$

所以 $\lambda\to\infty$ 时

$$\Gamma_\lambda=\{(u(t,\lambda),v(t,\lambda)):\ t\in\mathbf{R}\}\subset D_1\cup D_2\cup D_3.$$

当 $(u(t,\lambda),v(t,\lambda))\in D_1$，

$$\begin{aligned}J_\lambda(t)=&[u^2(t,\lambda)+v^2(t,\lambda)]^{-1}\left[u^2(t,\lambda)\frac{f(v,u)}{u(t,\lambda)}+v^2(t,\lambda)\frac{f(u,v)}{v(t,\lambda)}\right]\\&<b<\frac{\pi}{2}(4k+1).\end{aligned}$$

当 $(u(t,\lambda),v(t,\lambda))\in D_2$，

$$\begin{aligned}J_\lambda(t)=&[u^2(t,\lambda)+v^2(t,\lambda)]^{-1}\left[u^2(t,\lambda)\frac{f(v,u)}{u(t,\lambda)}+v^2(t,\lambda)\frac{f(u,v)}{v(t,\lambda)}\right]\\&\leqslant\frac{GK}{M^2}+b<\frac{\pi}{2}(4k+1).\end{aligned}$$

同样，当 $(u(t,\lambda),v(t,\lambda))\in D_3$ 时，$J_\lambda(t)<\dfrac{\pi}{2}(4k+1)$. 因此由

$$2\pi=\int_0^{2\pi}\mathrm{d}\theta=\int_0^{T_\lambda}J_\lambda(t)\mathrm{d}t<\frac{\pi}{2}(4k+1)T_\lambda,$$

也就是说

$$T_\lambda>\frac{4}{4k+1},\qquad 当\lambda充分大.$$

这样就得出 $\exists\ \lambda_0>0$，使 $T_{\lambda_0}=\dfrac{4}{4k+1}$.

(3) 设条件 (H_8) 成立，对 $\forall\ x\in\mathbf{R}$，$|f(x,y)|\leqslant h(y)$，但 $\inf\limits_{x>0}\varliminf\limits_{y\to\infty}|f(x,y)|=0$. 由于 $y\to\infty$ 时，$f(x,y)/y$ 一致趋于 β，故知 $\beta=0$. 因此，$\exists\ M_1>0$，使 $|y|\geqslant M_1$ 时

$$\frac{f(x,y)}{y}<1,\qquad \text{i.e. } |f(x,y)|<|y|.$$

令

$$M_2=\max_{|y|\leqslant M_1}h(y)\sup_{|y|\leqslant M_1}|f(x,y)|,\qquad M=1+\max\{M_1,\ M_2\}.$$

定义

$$F(x,y)=\begin{cases}f(x,y), & |y|\leqslant M,\\ f(x,M\mathrm{sgn}(y))+(y-M\mathrm{sgn}(y)), & |y|>M.\end{cases}$$

显然 $F(x,y)$ 满足条件 (H_8) 的所有要求，只是用 $\bar\alpha$, $\bar\beta$, $\bar h$ 代替其中的 α, β, h :

$$\bar\beta=1<\frac{\pi}{2}(4k+1)<\alpha=\bar\alpha,$$

及

$$\bar{h}=\begin{cases} h(y), & |y|\leqslant M,\\ f(M\operatorname{sgn}(y))+|y-M\operatorname{sgn}(y)|, & |y|>M. \end{cases}$$

条件

$$\frac{F(x,y)}{y}\to\bar{\beta}=1,\quad \text{当}y\to\infty\text{一致成立}.$$

可得出

$$\varliminf_{y\to\infty}|F(x,y)|=\infty.$$

由 (2) 中已得到的结果可知

$$u'(t)=-F(u(t),u(t-1)) \tag{5.5.23}$$

有一个 $4/(4k+1)$ 周期解 $\hat{u}(t)$.

下证

$$a:=\max_{t\in\mathbf{R}}|\widehat{u}(t)|=\max_{t\in\mathbf{R}}|\hat{u}(t-1)|\leqslant M.$$

否则 $a>M$. 令 $\widehat{u}(t_0)=a$, 则 $\widehat{u}'(t_0)=0$, 从而 $\widehat{u}(t_0-1)=0$. 令

$E_1=\{t\in[t_0-1,t_0]:|\widehat{u}(t-1)|\leqslant M_1\}, E_2=\{t\in[t_0-1,t_0]:M_1<|\widehat{u}(t-1)|<M\}$,

$E_3=[t_0-1,t_0]\setminus(E_1\cup E_2)$.

用 $\operatorname{mess}(E_i)$ 表示 E_i 的 Lebesgue 测度，$i=1,2,3$, 则 $\sum\limits_{i=1}^{3}\mu(E_i)=1$. 但是

$$\begin{aligned}\widehat{u}(t_0)&=-\int_{t_0-1}^{t_0}F(\hat{u}(s),\hat{u}(s-1))\mathrm{d}s\\ &\leqslant\int_{E_1}+\int_{E_2}+\int_{E_3}F(\hat{u}(s),\hat{u}(s-1))\mathrm{d}s\\ &\leqslant M_2\operatorname{mess}(E_1)+M\operatorname{mess}(E_2)+(M+(m-M))\operatorname{mess}(E_3)\\ &<m,\end{aligned}$$

得出矛盾. 因此 $|\hat{u}(t)|$, $|\hat{u}(t-1)|\leqslant M$.

由于 $\widehat{u}(t)$ 是方程 (5.5.23) 的一个 $4/(4k+1)$ 周期解，$|\widehat{u}(t-1)|\leqslant M$, 故 $F(\widehat{u}(t),\widehat{u}(t-1))=f(\widehat{u}(t),\widehat{u}(t-1))$. 由此可知 $\widehat{u}(t)$ 是方程 (5.5.20) 的 $4/(4k+1)$ 周期解.

定理证毕.

推论 5.5.4[23]　设条件 (H_8) 或 (H_9) 成立，当 α 或 β 中有一个是 ∞ 时，方程 (5.5.20) 有无穷多个非平凡常周期解.

例 5.5.3[23] 设 $f(x,y)=(ax^2+by^2)y,\ a,b>0$, 则方程组 (5.5.20) 有无穷多个非定常周期解.

证明 由于 $\forall u\in\mathbf{R}$,

$$\lim_{(x,y)\to(u,\infty)}\left|\frac{f(y,x)}{f(x,y)}\right|=\lim_{(x,y)\to(u,\infty)}\left|\frac{ay^2+bx^2}{ax^2+by^2}\cdot\frac{x}{y}\right|.$$

显然 f 满足假设 (H_9)，这时 $\alpha=0,\ \beta=0$. 由推论 5.5.4 导出本例结论.

例 5.5.4[23] 设 $f(x,y)=\dfrac{x^2+2y^2}{2x^2+y^2}\left(y^{\frac{1}{3}}+y^3\right)$，则方程 (5.5.20) 有无穷多个非定常周期解.

证明 容易验证

$$|f(x,y)|\leqslant h(y)=2\left|y^{\frac{1}{3}}+y^3\right|,$$
$$\left|\frac{f(x,y)}{y}\right|\geqslant\frac{1}{2|y|}\left|y^{\frac{1}{3}}+y^3\right|.$$

因此当 $y\to0$ 或 $y\to\infty$ 时，均有 $f(x,y)/y$ 一致趋于 ∞. 验证条件 (H_8)，由推论 5.5.4 可得本例结论.

5.5.2 多滞量时滞微分方程的周期解

J.L. Kaplan 和 J.A. Yorke 在文献 [19] 中研究单滞量和双滞量微分方程的 4- 周期解和 6- 周期解，给出简明判据之后，猜想类似的结论对

$$u'(t)=-\sum_{i=1}^{n}f(u(t-i)) \tag{5.5.24}$$

也成立，但未能给出证明. 事实上当 $n\geqslant3$ 时，方程 (5.5.24) 已不能用转换为常微分方程组的方法来讨论. R.D. Nussbaum 利用 Krasnoselskii 关于 Banach 空间中全连续算子在完全锥中的不动点定理，在文献 [24] 中对方程 (5.5.24) 给出了存在 $2(n+1)$- 周期解的充分条件，我们以文献 [24] 中的结果为基础，研究多种形式多滞量时滞微分方程的周期解.

我们将文献 [24] 中 $g_k(x)\equiv0$ 时定理 1, 3, 4 的结果综合为如下引理.

引理 5.5.9[24] 设 $f_i\in C(\mathbf{R},\mathbf{R}),\ xf_i(x)\geqslant0,\ f_i(-x)=-f_i(x),\ \lim\limits_{x\to0}\dfrac{f_i(x)}{x}=\alpha_i,\ \lim\limits_{x\to\infty}\dfrac{f_i(x)}{x}=\beta_i,\ i=1,2,\cdots,n$，其中 $\alpha_i,\ \beta_i$ 可以是 $+\infty$，且当 $\beta_i=+\infty$ 时，$f_i(x)$ 为单增函数. 对正实数 $q>0$ 及 $r_i,\ 0\leqslant r_i\leqslant q$，记

$$\lambda=\frac{2q}{\pi}\sum_{i=1}^{n}\alpha_i\sin\frac{\pi r_i}{q},\qquad\Lambda=\frac{2q}{\pi}\sum_{i=1}^{n}\beta_i\sin\frac{\pi r_i}{q},$$

则当 $\lambda < 1 < \Lambda$ 或 $\Lambda < 1 < \lambda$ 时方程

$$u'(t) = -\sum_{i=1}^{n}[f_i(u(t-r_i)) + f_i(u(t-q+r_i))] \tag{5.5.25}$$

有周期为 $2q$ 的周期解 $u(t)$ 满足 $u(t+q) = -u(t) = u(-t)$.

特别是当 $f_i(x) = f(x)$, $i = 1, 2, \cdots, n$ 时有如下推论.

推论 5.5.5　设 $f \in C(\mathbf{R}, \mathbf{R})$, $xf(x) \geqslant 0$, $f(-x) = -f(x)$, $\lim\limits_{x\to 0}\dfrac{f(x)}{x} = \alpha$, $\lim\limits_{x\to\infty}\dfrac{f(x)}{x} = \beta$，其中 α, β 可以是 $+\infty$, 且当 $\beta = +\infty$ 时，$f(x)$ 为单增函数. 对正实数 $q > 0$ 及 $r_i \in [0, q]$, $i = 1, 2, \cdots, n$，如果

$$\alpha < \frac{\pi}{2q\sum\limits_{i=1}^{n}\sin\dfrac{\pi r_i}{q}} < \beta \quad \text{或} \quad \beta < \frac{\pi}{2q\sum\limits_{i=1}^{n}\sin\dfrac{\pi r_i}{q}} < \alpha,$$

则方程

$$u'(t) = -\sum_{i=1}^{n}[f(u(t-r_i)) + f(u(t-q+r_i))] \tag{5.5.26}$$

有周期为 $2q$ 的周期解 $u(t)$, 满足 $u(t+q) = -u(t) = u(-t)$.

为讨论不同形式的多滞量时滞微分方程的周期解，我们建立如下引理.

引理 5.5.10[25]　设 l, $n \in \mathbf{Z}^+$, $l \leqslant n$, l 和 $n+1$ 互质，$S = \{1, 2, \cdots, n\}$. 定义映射，

$$T : S \to \mathbf{Z}^+, \qquad T(i) = il - \left[\frac{il}{n+1}\right](n+1),$$

其中 $[A] = \min\{n \in \mathbf{Z} : n \leqslant A\}$，则 $T(S) = S$，且

$$T : S \to S\text{是一一映射}.$$

证明　记 $k_i = T(i)$，显然 $0 \leqslant k_i \leqslant n+1$. 现证 $k_i \neq 0$.

设不然，对某个 $i \in S$，有 $k_i = 0$，则

$$il - \left[\frac{il}{n+1}\right](n+1) = 0.$$

因为 l 和 $n+1$ 互质，则 $(n+1)$ 需整除 i，但这是不可能的，故 $TS \subset S$.

又若 T 不是 $S \to S$ 的一一映射，则有 $i \neq j$ 使 $T(i) = T(j) = k_i$. 不妨设 $j > i$，由

$$il - \left[\frac{il}{n+1}\right](n+1) = jl - \left[\frac{jl}{n+1}\right](n+1) = k_i,$$

得 $(j-i)l = \left(\left[\dfrac{jl}{n+1}\right] - \left[\dfrac{il}{n+1}\right]\right)(n+1)$. 由 l 和 $(n+1)$ 互质，得 $n+1$ 整除 $j-i$，得出矛盾. 故 $T: S \to S$ 为一一映射，$T(S) = S$.

我们假设

(H_{10}) $f \in C(\mathbf{R}, \mathbf{R})$, $xf(x) \geqslant 0$, $f(-x) = -f(x)$, $\lim\limits_{x\to 0} \dfrac{f(x)}{x} = \alpha$, $\lim\limits_{x\to\infty} \dfrac{f(x)}{x} = \beta$，其中 α, β 可以是 ∞，且当 $\beta = \infty$ 时，$f(x)$ 为单增函数.

定理 5.5.5[25] 设条件 (H_{10}) 成立，$n \geqslant l \geqslant 1$ 为两整数，且 l 和 $(n+1)$ 互质，如果存在整数 $k \geqslant 0$ 使

$$\alpha < \frac{\pi[2k(n+1)+l]}{n+1} \tan \frac{\pi}{2(n+1)} < \beta \quad 或 \quad \beta < \frac{\pi[2k(n+1)+l]}{n+1} \tan \frac{\pi}{2(n+1)} < \alpha$$

成立，则方程

$$u'(t) = -\sum_{i=1}^{n} (-1)^{\left[\frac{il}{n+1}\right]} f(u(t-i)) \tag{5.5.27}$$

有周期为 $2(n+1)/[2k(n+1)+l]$ 的周期解 $u(t)$，满足

$$u(t-(n+1)) = (-1)^l u(t) = (-1)^{l-1} u(-t).$$

显然，当 $l = 1$ 时，方程 (5.5.27) 就成为式 (5.5.24).

证明 在引理 5.5.9 中取

$$q = \frac{n+1}{2k(n+1)+l}, \qquad r_i = \frac{i}{2k(n+1)+l}, \qquad i = 1, 2, \cdots, \left[\frac{n-1}{2}\right] + 1.$$

不妨设 $\alpha < \beta$. 令

$$f_i(x) = \begin{cases} f(x), & 1 \leqslant i < \dfrac{n-1}{2} + 1, \\ \dfrac{1}{2} f(x), & i = \dfrac{n-1}{2} + 1. \end{cases}$$

考虑

$$u'(t) = -\sum_{i=1}^{\left[\frac{n-1}{2}\right]+1} [f_i(u(t-r_i)) + f_i(u(t-q-+r_i))], \tag{5.5.28}$$

即

$$u'(t) = -\sum_{i=1}^{n} f_i\left(u\left(t - \frac{i}{2k(n+1)+l}\right)\right). \tag{5.5.29}$$

由定理所给条件有

$$\lambda=\frac{2q}{\pi}\sum_{i=1}^{\left[\frac{n-1}{2}\right]+1}\alpha_i\sin\frac{\pi r_i}{q}=\frac{q}{\pi}\sum_{i=1}^{n}\alpha\sin\frac{\pi i}{n+1}=\frac{(n+1)\alpha}{\pi(2k(n+1)+l)}\sum_{i=1}^{n}\alpha\sin\frac{\pi}{n+1}$$

$$=\frac{(n+1)\alpha}{\pi(2k(n+1)+l)}\frac{\sin\dfrac{\pi n}{2(n+1)}}{\sin\dfrac{\pi}{2(n+1)}}=\alpha\frac{n+1}{\pi(2k(n+1)+l)}\frac{1}{\tan\dfrac{\pi}{2(n+1)}}<1,$$

$$\Lambda=\frac{(n+1)\beta}{\pi(2k(n+1)+l)}\frac{1}{\tan\dfrac{\pi}{2(n+1)}}>1.$$

由引理 5.5.9 知，方程 (5.5.29) 有一个 $\dfrac{n+1}{k(n+1)+l}$- 周期解 $\widehat{u}(t)$，满足

$$\widehat{u}\left(t-\frac{n+1}{2k(n+1)+l}\right)=-\widehat{u}(t)=\widehat{u}(-t). \tag{5.5.30}$$

由式 (5.5.30) 得

$$\begin{aligned}\widehat{u}\left(t-\frac{k_i}{2k(n+1)+l}\right)&=(-1)^{\left[\frac{il}{n+1}\right]}\widehat{u}\left(t-\frac{k_i}{2k(n+1)+l}-\frac{2k(n+1)i+\left[\dfrac{il}{n+1}\right](n+1)}{2k(n+1)+l}\right)\\&=(-1)^{\left[\frac{il}{n+1}\right]}\widehat{u}\left(t-\frac{2k(n+1)i+\left[\dfrac{il}{n+1}\right](n+1)+k_i}{2k(n+1)+l}\right)\\&=(-1)^{\left[\frac{il}{n+1}\right]}\widehat{u}\left(t-\frac{2k(n+1)i+li}{2k(n+1)+l}\right)=(-1)^{\left[\frac{il}{n+1}\right]}\widehat{u}(t-i),\end{aligned}$$

其中 $k_i=T(i)$ 由引理 5.5.10 确定. 因而有

$$\left[\frac{il}{n+1}\right](n+1)+k_i=li.$$

由于 $T:\{1,2,\cdots,n\}\to\{1,2,\cdots,n\}$ 是一一映射，故

$$\begin{aligned}\widehat{u}'(t)&=-\sum_{i=1}^{n}f\left(\widehat{u}\left(t-\frac{i}{2k(n+1)+l}\right)\right)\\&=-\sum_{i=1}^{n}f\left(\widehat{u}\left(t-\frac{k_i}{2k(n+1)+l}\right)\right)\\&=-\sum_{i=1}^{n}(-1)^{\left[\frac{il}{n+1}\right]}f(\widehat{u}(t-i)),\end{aligned}$$

且

$$\widehat{u}\left(t-\frac{n+1}{2k(n+1)+l}\right)=(-1)^l\widehat{u}\left(t-\frac{n+1}{2k(n+1)+l}-\frac{2k(n+1)(n+1)+(l-1)(n+1)}{2k(n+1)+l}\right)$$

$$=(-1)^{l-1}\widehat{u}(t-(n+1)).$$

因此 $\widehat{u}(t)$ 是方程 (5.5.27) 满足要求的周期解.

同理可证如下定理.

定理 5.5.6[25] 设条件 (H_{10}) 成立, $n\geqslant l\geqslant 1$ 是两个整数，且 l 和 $n+1$ 互质，如果对某个 $k\in\mathbf{Z}^+$，

$$\alpha<\frac{\pi[2(k+1)(n+1)+l]}{n+1}\tan\frac{\pi}{2(n+1)}<\beta \quad 或$$
$$\beta<\frac{\pi[2(k+1)(n+1)+l]}{n+1}\tan\frac{\pi}{2(n+1)}<\alpha,$$

则方程

$$u'(t)=\sum_{i=1}^{n}(-1)^{\left[\frac{il}{n+1}\right]}f(u(t-i)) \tag{5.5.31}$$

有周期为 $\dfrac{2(n+1)}{(2k+1)(n+1)+l}$ 的周期解 $\widehat{u}(t)$，且有性质

$$\widehat{u}(t-(n+1))=(-1)^l\widehat{u}(t)=(-1)^{l-1}\hat{u}(-t).$$

例 5.5.5[25] 设 $f(x)=x^{\frac{1}{3}}$，则下列时滞微分方程

$$u'(t)=-f(u(t-1))-f(u(t-2))-f(u(t-3))-f(u(t-4)),$$
$$u'(t)=-f(u(t-1))-f(u(t-2))+f(u(t-3))+f(u(t-4)),$$
$$u'(t)=-f(u(t-1))+f(u(t-2))+f(u(t-3))-f(u(t-4)),$$
$$u'(t)=-f(u(t-1))+f(u(t-2))-f(u(t-3))+f(u(t-4)),$$
$$u'(t)=f(u(t-1))-f(u(t-2))+f(u(t-3))-f(u(t-4)),$$
$$u'(t)=f(u(t-1))-f(u(t-2))-f(u(t-3))+f(u(t-4)),$$
$$u'(t)=f(u(t-1))+f(u(t-2))-f(u(t-3))-f(u(t-4)),$$
$$u'(t)=f(u(t-1))+f(u(t-2))+f(u(t-3))+f(u(t-4))$$

各有周期分别为

$$10,\ \frac{10}{11},\ \frac{10}{21},\cdots,\frac{10}{10k+1},\cdots;\qquad 5,\ \frac{5}{6},\ \frac{5}{11},\cdots,\ \frac{5}{5k+1},\cdots;$$
$$\frac{10}{3},\ \frac{10}{13},\ \frac{10}{21},\cdots,\frac{10}{10k+3},\cdots;\qquad \frac{5}{2},\ \frac{5}{7},\ \frac{5}{12},\cdots,\ \frac{5}{5k+2},\cdots;$$
$$\frac{5}{3},\ \frac{5}{8},\ \frac{5}{13},\cdots,\ \frac{5}{5k+3},\cdots;\qquad \frac{10}{7},\ \frac{10}{17},\ \frac{10}{27},\cdots,\frac{10}{10k+7},\cdots;$$
$$\frac{5}{4},\ \frac{5}{9},\ \frac{5}{14},\cdots,\ \frac{5}{5k+4},\cdots;\qquad \frac{10}{9},\ \frac{10}{19},\ \frac{10}{29},\cdots,\frac{10}{10k+9},\cdots$$

的无穷多个周期解.

只要注意到以上方程是定理 5.5.5 和定理 5.5.6 中 $n=4,\ l=1,2,3,4$ 的特例，且 $\alpha=+\infty,\ \beta=0$，则以上结论可由定理 5.5.5 和定理 5.5.6 导出.

现在我们讨论更一般的多滞量时滞微分方程

$$u'(t)=-\sum_{i=1}^{n}\delta_i(-1)^{\left[\frac{il}{n+1}\right]}f(u(t-r_i)) \tag{5.5.32}$$

周期解的存在性，其中 $\delta_i\in\{-1,1\}$.

为方便起见，我们记 $\sigma_i=\frac{1}{2}[1-\delta_i]$ 及

$$\varDelta_{n,k}(l)=\frac{\pi[2k(n+1)+l]}{n+1}\tan\frac{\pi}{2(n+1)}.$$

显然，$\delta_i(-1)^{\sigma_i l}=1$ 当 l 为奇数时成立.

定理 5.5.7 设条件 (H_{10}) 成立，且存在 $m_i\in\mathbf{Z}^+,\ i=1,2,\cdots,n,\ \lambda>0$，使 $r_i=\lambda[(2m_i+\sigma_i)(n+1)+i]$. 又设 l 与 $n+1$ 互质，且 l 为奇数，$\exists\, k\geqslant 0$ 使

$$\lambda\alpha<\varDelta_{n,k}(l)<\lambda\beta\quad 或\quad \lambda\beta<\varDelta_{n,k}(l)<\lambda\alpha$$

成立，则方程 (5.5.32) 至少有一个 $2(n+1)\lambda/[2k(n+1)+l]$ 周期解 $\widehat{u}(t)$，满足

$$\widehat{u}(t-(n+1))=(-1)^l\widehat{u}(t)=(-1)^{l-1}\widehat{u}(-t).$$

证明 考虑

$$u'(t)=-\sum_{i=1}^{n}(-1)^{\left[\frac{il}{n+1}\right]}f(u(t-\lambda i)). \tag{5.5.33}$$

令 $t=\lambda s,\ y(s)=u(\lambda s),\ F(x)=\lambda f(x)$，则

$$\begin{aligned}y'(s)&=-\lambda\sum_{i=1}^{n}(-1)^{\left[\frac{il}{n+1}\right]}f(u(\lambda(s-i)))=-\lambda\sum_{i=1}^{n}(-1)^{\left[\frac{il}{n+1}\right]}f(y(s-i))\\&=-\sum_{i=1}^{n}(-1)^{\left[\frac{il}{n+1}\right]}F(y(s-i)).\end{aligned}$$

因此，方程 (5.5.33) 有周期为 $2(n+1)\lambda/[2k(n+1)+l]$ 的周期解，当且仅当方程

$$y'(t)=-\sum_{i=1}^{n}(-1)^{[\frac{il}{n+1}]}F(y(s-i)) \tag{5.5.34}$$

有 $2(n+1)/[2k(n+1)+l]$- 周期解.

显然当记 $\bar{\alpha}=\lambda\alpha,\ \bar{\beta}=\lambda\beta$ 后，F 满足条件 (H_{10}) 的要求，且 $\bar{\alpha},\ \bar{\beta}$ 满足

$$\bar{\alpha}<\Delta_{n,k}(l)<\bar{\beta}\quad 或\quad \bar{\beta}<\Delta_{n,k}(l)<\bar{\alpha}.$$

由定理 5.5.5 知，方程 (5.5.34) 至少有一个 $2(n+1)/[2k(n+1)+l]$- 周期解 $\widehat{y}(t)$，满足

$$\widehat{y}(t-(n+1))=(-1)^{l}\widehat{y}(t)=(-1)^{l-1}\widehat{y}(-t).$$

易验证，$\widehat{u}(t)=\widehat{y}(s)=\widehat{y}(\lambda^{-1}t)$ 是方程 (5.5.33) 的 $2(n+1)/[2k(n+1)+l]$- 周期解，满足

$$\widehat{u}(t-(n+1))=(-1)^{l}\widehat{u}(t)=(-1)^{l-1}\hat{u}(-t).$$

下证 $\widehat{u}(t)$ 也是方程 (5.5.32) 的周期解.

由 f 的奇函数性质及 $\widehat{u}(t-(n+1))=(-1)^{l-1}\widehat{u}(t)=(-1)^{l}\widehat{u}(-t)$ 得

$$\begin{aligned}\delta_i(-1)^{\left[\frac{il}{n+1}\right]}f(u(t-r_i))&=\delta_i(-1)^{\left[\frac{il}{n+1}\right]}f(\widehat{u}(t-\lambda[(2m_i+\sigma_i)(n+1)+i]))\\&=(-1)^{\left[\frac{il}{n+1}\right]}\delta_i f((-1)^{\sigma_i l}\widehat{u}(t-\lambda i))\\&=(-1)^{\left[\frac{il}{n+1}\right]}\delta_i(-1)^{\sigma_i l}f(\widehat{u}(t-\lambda i))\\&=(-1)^{\left[\frac{il}{n+1}\right]}f(\widehat{u}(t-\lambda i)),\end{aligned}$$

因此有

$$\widehat{u'}(t)=-\sum_{i=1}^{n}\delta_i(-1)^{\left[\frac{il}{n+1}\right]}f(u(t-r_i)).$$

定理结论成立.

在定理中令 $l=1$，就得文献 [26] 中定理 1.

现讨论 $n+1=(2j+1)(q+1)$ 时的时滞差分方程

$$u'(t)=-\sum_{i=1}^{n}\delta_i f(u(t-r_i)). \tag{5.5.35}$$

定理 5.5.8[26] 设条件 (H_{10}) 成立，$n+1=(2j+1)(q+1)$，其中 $j\geqslant 0,\ q\geqslant 1$. 又 $l\in\{1,2,\cdots,2n+1\}$ 与 $q+1$ 互质，$r_i=\lambda[m_i(q+1)+i],\ i=1,2,\cdots,n$，其中

$\lambda > 0$ 为参数，$m_i \geqslant 0$ 为整数，假定

$$\sum_{p=1}^{2r}(-1)^{l(p+m_{p(q+1)})}\delta_{p(q+1)} = 0,$$

$$(-1)^{\left[\frac{il}{q+1}\right]}(-1)^{l(p+m_{p(q+1)+i})}\delta_{p(q+1)+i} = M > 0, \qquad i = 1, 2, \cdots, q,$$

并且存在 $k \in \mathbf{Z}^+$，使

$$\lambda M\alpha < \Delta_{n,k}(l) < \lambda M\beta \quad 或 \quad \lambda M\beta < \Delta_{n,k}(l) < \lambda M\alpha$$

成立，则方程 (5.5.35) 至少有一个周期为 $2(q+1)\lambda/[2k(q+1)+l]$ 的周期解 $\hat{u}(t)$，满足

$$\hat{u}(t-(q+1)) = (-1)^q\hat{u}(t) = (-1)^{q-1}\hat{u}(-t).$$

证明　令 $F(x) = Mf(x)$，考虑

$$u'(t) = -\sum_{i=1}^{q}(-1)^{\left[\frac{il}{q+1}\right]}\delta_i F(u(t-\lambda i)). \tag{5.5.36}$$

令 $t = \lambda s$, $u(t) = u(\lambda s) = y(s)$, $h(x) = \lambda F(x)$, 和定理 5.5.7 中的证明类似，由定理 5.5.5 和定理 5.5.6 可得

$$y'(s) = -\sum_{i=1}^{n}(-1)^{\left[\frac{il}{q+1}\right]}h(y(t-i))$$

至少有一个 $2(q+1)/[2k(q+1)+l]$- 周期解 $\widehat{y}(s)$，满足

$$\widehat{y}(s-(q+1)) = (-1)^q\widehat{y}(s) = (-1)^{q-1}\widehat{y}(-s).$$

令 $\widehat{u}(t) = \widehat{y}(t/\lambda)$，则 $\widehat{u}(t)$ 是方程 (5.5.36) 的一个 $2(q+1)\lambda/[2k(q+1)+l]$- 周期解，满足

$$\widehat{u}(t-(q+1)) = (-1)^l\widehat{u}(t) = (-1)^{l-1}\hat{u}(-t).$$

下证 $\widehat{u}(t)$ 也是方程 (5.5.35) 的解.

由定理条件 $r_{p(q+1)+i} = \lambda[(q+1)m_{p(q+1)+i} + p(q+1) + i]$,

$$\begin{aligned}\sum_{p=1}^{2j}\delta_{p(q+1)}f(\widehat{u}(t-r_{p(q+1)})) &= \sum_{p=1}^{2j}\delta_{p(q+1)}f\left(\widehat{u}(t-\lambda(q+1)(m_{p(q+1)}+q))\right)\\ &= \sum_{p=1}^{2j}\delta_{p(q+1)}f\left((-1)^{q(p+m_{p(q+1)})}\widehat{u}(t)\right)\\ &= \sum_{p=1}^{2j}\delta_{p(q+1)}(-1)^{q(p+m_{p(q+1)})}f(\widehat{u}(t)) = 0,\end{aligned}$$

且对 $i=1,2,\cdots,q$ 有

$$\begin{aligned}\sum_{p=1}^{2j}\delta_{p(q+1)+i}f(\widehat{u}(t-r_{p(q+1)+i}))&=\sum_{p=1}^{2j}\delta_{p(q+1)+i}f\left(\widehat{u}(t-\lambda(q+1)(m_{p(q+1)+i}+i))\right)\\&=\sum_{p=1}^{2j}\delta_{p(q+1)}f\left((-1)^{q(p+m_{p(q+1)+i})}\widehat{u}(t-\lambda i)\right)\\&=(-1)^{\left[\frac{il}{q+1}\right]}Mf(\widehat{u}(t-\lambda i))=(-1)^{\left[\frac{il}{q+1}\right]}F(\widehat{u}(t-\lambda i)),\end{aligned}$$

于是

$$\begin{aligned}\widehat{u}'(t)&=-\sum_{i=1}^{q}(-1)^{\left[\frac{il}{q+1}\right]}F(\widehat{u}(t-\lambda i))\\&=-\sum_{i=1}^{q}\sum_{p=0}^{2j}\delta_{p(q+1)}f(\widehat{u}(t-r_{p(q+1)}))-\sum_{p=1}^{2j}\delta_{p(q+1)+i}f(\widehat{u}(t-r_{p(q+1)+i}))\\&=-\sum_{i=0}^{q}\sum_{p=1}^{2j}\delta_{p(q+1)+i}f(\widehat{u}(t-r_{p(q+1)+i}))-\sum_{p=1}^{2j}\delta_{i}f(\widehat{u}(t-r_{i}))\\&=-\sum_{p=1}^{2j(q+1)+q}\delta_{i}f(\widehat{u}(t-r_{i}))=-\sum_{p=1}^{n}\delta_{i}f(\widehat{u}(t-r_{i})).\end{aligned}$$

这就表明，$\widehat{u}(t)$ 是方程 (5.5.35) 的 $2(q+1)\lambda/[2k(q+1)+l]$- 周期解.

例 5.5.6[34] 时滞微分方程

$$u'(t)=-\sum_{i=1}^{5}\delta_{i}f(u(t-2i)) \tag{5.5.37}$$

中取 $f(x)=4(x-\sin x)$，则 $\alpha=0,\ \beta=4$，设 $(\delta_1,\ \delta_2,\cdots,\delta_5)$ 为下列 6 种情况之一：

(1) $(1,\ 1,\ 1,\ 1,-1)$； (2) $(1,-1,\ 1,-1,-1)$； (3) $(-1,\ 1,-1,\ 1,\ 1)$；

(4) $(-1,-1,-1,-1,\ 1)$； (5) $(-1,\ 1,-1,\ 1,-1)$； (6) $(-1,-1,-1,-1,-1)$.

则在定理 5.5.8 中取 $n=5,\ q=1,\ j=1,\ l=3,\ \lambda=2,\ M=1,\ k=0,\ m_i=0$，可知方程 (5.5.37) 有周期为 8/3 的周期解.

又设 $(\delta_1,\ \delta_2,\cdots,\delta_5)$ 是下列两种情况之一：

(1) $(-1,\ 1,\ 1,\ 1,-1)$； (2) $(-1,-1,\ 1,-1,-1)$，

则在定理 5.5.8 中取 $n=5,\ q=1,\ j=1,\ l=3,\ \lambda=2,\ M=3,\ k=0,1,2,3,\ m_i=0$，可知方程 (5.5.37) 有周期为 8/3, 8/7, 8/11, 8/15 的周期解.

同样，当 $(\delta_1,\ \delta_2,\cdots,\delta_5)$ 是下列两种情况之一：

$$(1)\ (\ 1,\ 1,-1,\ 1,\ 1);\qquad (2)\ (\ 1,-1,-1,-1,\ 1),$$

则在定理 5.5.8 中取 $n=5,\ q=1,\ l=2,\ \lambda=2,\ m_i=0,\ M=3,\ k=0,1,2,3,$ 可知方程 (5.5.37) 有周期为 8, 8/5, 8/9, 8/13 的周期解.

由于 $n=2$ 时的双滞量时滞微分方程的周期解问题，有其特有的丰富内容，我们就其 4 种不同形式作专门的讨论，这 4 种形式是

$$u'(t)=-f(u(t-r_1))-f(u(t-r_2)), \tag{5.5.38}$$

$$u'(t)=\ f(u(t-r_1))+f(u(t-r_2)), \tag{5.5.39}$$

$$u'(t)=\ f(u(t-r_1))-f(u(t-r_2)), \tag{5.5.40}$$

$$u'(t)=-f(u(t-r_1))+f(u(t-r_2)), \tag{5.5.41}$$

其中 f 满足条件 (H_{10}) 的假设，$r_1,\ r_2>0$.

定理 5.5.9[27]　设条件 (H_{10}) 成立，如果对 $r_1,\ r_2>0$. 存在整数 $m,\ n\geqslant 0$, 使 $\dfrac{2m}{2n+1}<\dfrac{r_1}{r_2}<\dfrac{2m+1}{2n}\left(n=0\text{时，取}\dfrac{2m+1}{2n}\text{为}+\infty\right)$, 则当

$$\alpha<\frac{\pi[2m+2n+1]}{2(r_1+r_2)\sin\dfrac{\pi[(2n+1)r_1-2mr_2]}{r_1+r_2}}<\beta\quad\text{或}$$

$$\beta<\frac{\pi[2m+2n+1]}{2(r_1+r_2)\sin\dfrac{\pi[(2n+1)r_1-2mr_2]}{r_1+r_2}}<\alpha$$

时方程 (5.5.38) 有 $\dfrac{2(r_1+r_2)}{2m+2n+1}$ 周期解 $\widehat{u}(t)$，满足

$$\widehat{u}(t-(r_1+r_2))=-\widehat{u}(t)=\widehat{u}(-t).$$

证明　考虑方程

$$u'(t)=-f\left(u\left(t-\frac{(2n+1)r_1-2mr_2}{2(m+n)+1}\right)\right)-f\left(u\left(t-\frac{(2m+1)r_2-2nr_1}{2(m+n)+1}\right)\right) \tag{5.5.42}$$

的 $2q=\dfrac{2(r_1+r_2)}{2m+2n+1}$ 周期解，记 $r=\dfrac{(2n+1)r_1-2mr_2}{2(m+n)+1}>0$，则由 $q-r=\dfrac{(2m+1)r_2-2nr_1}{2m+2n+1}>0$ 及

$$r+\frac{(2m+1)r_2-2nr_1}{2m+2n+1}=\frac{r_1+r_2}{2m+2n+1}=q,$$

知方程 (5.5.42) 等价于

$$u'(t) = -f(u(t-r)) - f(u(t-q+r)), \tag{5.5.43}$$

在方程 (5.5.25) 中取 $n=1$，并将 r_i 取为 r，则由引理5.5.9 知方程 (5.5.43)，亦即方程 (5.5.42) 有 $\dfrac{2(r_1+r_2)}{2m+2n+1}$ 周期解 $\widehat{u}(t)$ 满足 $\widehat{u}(t-q) = -q\widehat{u}(t) = \widehat{u}(-t)$.

这时由 $\widehat{u}(t)$ 的周期性得

$$\widehat{u}\left(t-\frac{(2n+1)r_1-2mr_2}{2m+2n+1}\right)=\widehat{u}\left(t-\frac{(2n+1)r_1-2mr_2}{2m+2n+1}-\frac{2m(r_1+r_2)}{2m+2n+1}\right)=\hat{u}(t-r_1),$$
$$\widehat{u}\left(t-\frac{(2m+1)r_2-2mr_1}{2m+2n+1}\right)=\widehat{u}\left(t-\frac{(2m+1)r_2-2mr_1}{2m+2n+1}-\frac{2n(r_1+r_2)}{2m+2n+1}\right)=\hat{u}(t-r_2).$$

故 $\widehat{u}(t)$ 是方程 (5.5.38) 的周期解，且满足

$$\begin{aligned}-\widehat{u}(t) = \widehat{u}(-t) &= \widehat{u}\left(t-\frac{r_1+r_2}{2m+2n+1}\right)\\ &= \widehat{u}\left(t-\frac{r_1+r_2}{2m+2n+1}-\frac{2(m+n)(r_1+r_2)}{2m+2n+1}\right) = \hat{u}(t-(r_1+r_2)).\end{aligned}$$

注 5.5.1 对 $\forall\, r_1$，$r_2>0$，取 $m=n=0$ 时，总有

$$0 = \frac{2m}{2n+1} < \frac{r_1}{r_2} < \frac{2m+1}{2n} = +\infty,$$

故方程 (5.5.38) 当

$$\alpha < \frac{\pi}{2(r_1+r_2)\sin\dfrac{\pi r_1}{r_1+r_2}} < \beta \quad 或 \quad \beta < \frac{\pi}{2(r_1+r_2)\sin\dfrac{\pi r_1}{r_1+r_2}} < \alpha$$

时至少有一个 $2(r_1+r_2)$ 周期解.

注 5.5.2 当 $\dfrac{r_1}{r_2} = \dfrac{6m+1}{6n+2}$ 时，由于

$$\frac{2m}{2n+1} < \frac{r_1}{r_2} = \frac{6m+1}{6n+2} < \frac{2m+1}{2n}$$

和

$$\sin\frac{\pi[(2n+1)r_1-2mr_2]}{r_1+r_2} = \sin\frac{\pi}{3} = \frac{\sqrt{3}}{2},$$

这时当

$$\alpha < \frac{(2n+2m+1)\pi}{\sqrt{3}(r_1+r_2)} < \beta \quad 或 \quad \beta < \frac{(2n+2m+1)\pi}{\sqrt{3}(r_1+r_2)} < \alpha$$

时方程 (5.5.38) 有 $\dfrac{2(r_1+r_2)}{2n+2m+1}$- 周期的周期解.

同理可证如下定理.

定理 5.5.10[27] 设条件 (H_{10}) 成立, 对 $\forall\, r_1,\ r_2>0$, 如果有 $m>0,\ n\geqslant 0$, 满足 $\dfrac{2m-1}{2n+2}<\dfrac{r_1}{r_2}<\dfrac{m}{2n+1}$, 则当

$$\alpha<\frac{\pi[2m+2n+1]}{2(r_1+r_2)\sin\dfrac{\pi[(2n+1)r_1-(2m-1)r_2]}{r_1+r_2}}<\beta \quad 或$$

$$\beta<\frac{\pi[2m+2n+1]}{2(r_1+r_2)\sin\dfrac{\pi[(2n+1)r_1-(2m-1)r_2]}{r_1+r_2}}<\alpha$$

时方程 (5.5.39) 有一个 $\dfrac{2(r_1+r_2)}{2m+2n+1}$- 周期解 $\widehat{u}(t)$, 满足

$$\widehat{u}(t-(r_1+r_2))=-\widehat{u}(t)=\widehat{u}(-t).$$

定理 5.5.11[27] 设条件 (H_{10}) 成立, 对 $\forall\, r_1,\ r_2>0$,如果有 $m>0,\ n\geqslant 0$, 使 $\dfrac{2m-1}{2n+2}<\dfrac{r_1}{r_2}<\dfrac{m}{n}$, 则当

$$\alpha<\frac{\pi[2m+2n+1]}{(r_1+r_2)\sin\dfrac{\pi[(2n+1)r_1-(2m-1)r_2]}{r_1+r_2}}<\beta \quad 或$$

$$\beta<\frac{\pi[2m+2n+1]}{2(r_1+r_2)\sin\dfrac{\pi[(2n+1)r_1-(2m-1)r_2]}{r_1+r_2}}<\alpha$$

时方程 (5.5.40) 有一个 $\dfrac{r_1+r_2}{m+n}$- 周期解 $\widehat{u}(t)$, 满足

$$\widehat{u}(t-(r_1+r_2))=-\widehat{u}(t)=\widehat{u}(-t).$$

定理 5.5.12[27] 设条件 (H_{10}) 成立, 且对 $\forall\, r_1,\ r_2>0$, 如果有 $m\geqslant 0,\ n>0$, 使 $\dfrac{m}{n}<\dfrac{r_1}{r_2}<\dfrac{2m+1}{2n+1}$, 则当

$$\alpha<\frac{\pi(m+n)}{2(r_1+r_2)\sin\dfrac{\pi[mr_2-nr_1]}{r_1+r_2}}<\beta \quad 或 \quad \beta<\frac{\pi(m+n)}{2(r_1+r_2)\sin\dfrac{\pi[mr_2-nr_1]}{r_1+r_2}}<\alpha$$

时方程 (5.5.41) 有一个 $\dfrac{r_1+r_2}{m+n}$- 周期解 $\widehat{u}(t)$, 满足

$$\widehat{u}(t-(r_1+r_2))=\widehat{u}(t)=-\widehat{u}(-t).$$

在对方程 (5.5.38)~(5.5.41) 给出无穷多个周期解的存在条件之前先证引理.

引理 5.5.11[27] 设 r_1, $r_2 > 0$ 为任意实数，则满足下列要求之一的非负整数对 (m,n) 各有无穷多个：

(1) $\dfrac{m}{2n+1} < \dfrac{r_1}{r_2} < \dfrac{2m+1}{n}$;

(2) $\dfrac{2m-1}{2n+2} < \dfrac{r_1}{r_2} < \dfrac{2m}{2n+1}$;

(3) $r_1 \neq r_2$, $\dfrac{2m-1}{2n+1} < \dfrac{r_1}{r_2} < \dfrac{m}{n}$;

(4) $r_1 \neq r_2$, $\dfrac{m}{n} < \dfrac{r_1}{r_2} < \dfrac{2m+1}{2n-1}$,

而且对 $\forall K > 0$，当限定 m, $n \geqslant K$ 时，这样的数对仍有无穷多个.

证明 我们以 (1) 和 (3) 为例证明此引理.

(1) 中的不等式组等价于求

$$\begin{cases} 2r_2m - 2r_1n - r_1 < 0, \\ 2r_2m - 2r_1n + r_2 > 0 \end{cases} \tag{5.5.44}$$

的非负整数解.

在 (m, n)- 平面上，不等式组表示介于两平行直线间的带状区域. 我们的问题就是讨论此一区域中坐标为非负整数的点的存在性. 当 $r_1 = r_2$ 时对 $\forall n > K$，点 (n,n) 满足式 (5.5.44)，故结论成立. 当 $r_1 \neq r_2$ 时，不妨设 $r_2 > r_1$，这时式 (5.5.44) 等价于

$$\frac{r_2}{r_1}m - \frac{1}{2} < n < \frac{r_2}{r_1}m + \frac{r_2}{2r_1}. \tag{5.5.45}$$

任取 $m = m_0 > K$，则在 (m, n)- 平面上的直线 $m = m_0$ 和式 (5.5.45) 所给区域的边界交于两点

$$n_1 = \frac{r_2}{r_1}m_0 - \frac{1}{2}, \qquad n_2 = \frac{r_2}{r_1}m_0 + \frac{r_2}{2r_1}.$$

由于 $n_2 - m_1 = \dfrac{r_2}{2r_1} + \dfrac{1}{2} > 1$，故在直线 $m = m_0$ 上必有整数坐标点 (m_0, n_0) 位于区域 (5.5.45) 中，考虑到 $m_0 > K$ 可任取，引理的结论显然成立.

(3) 中的不等式组等价于求

$$\begin{cases} 2r_2m - 2r_1n - (r_1 + r_2) < 0, \\ r_2m - r_1n > 0 \end{cases} \tag{5.5.46}$$

的整数解，不妨设 $r_2 > r_1$，则满足式 (5.5.46) 的解位于区域

$$\frac{r_2}{r_1}m - \frac{1}{2} - \frac{r_2}{2r_1} < n < \frac{r_2}{r_1}m \tag{5.5.47}$$

中. 任取 $m_0>K$，直线 $m=m_0$ 和区域 (5.5.47) 恒有公共点 (m_0,n_0), 由于 m_0 可以任意选取，引理结论成立.

由此得如下定理.

定理 5.5.13[27] 设条件 (H_{10}) 成立，则当

$$\alpha<\beta=+\infty \quad 或 \quad \beta<\alpha=+\infty$$

时，方程 (5.5.38)~(5.5.41) 各有周期各不相同的无穷多个周期解.

证明 不妨设 $\beta<\alpha=+\infty$，我们以方程 (5.5.38) 为例给出证明，其余情况证法相同.

由于 $\beta<+\infty$，对任意取定的 r_1, $r_2>0$, $\exists\, K>0$, $m,n>K$ 时

$$\frac{\pi[2m+2n+1]}{2(r_1+r_2)\sin\dfrac{\pi[(2n+1)r_1-2mr_2]}{r_1+r_2}}>\frac{\pi[2m+2n+1]}{2(r_1+r_2)}>\beta.$$

由引理 5.5.11 知，有无穷多个整数对 (m,n) 满足

$$\frac{2m}{2n+1}<\frac{r_1}{r_2}<\frac{2m+1}{2n}, \qquad m,n>K.$$

在这些数对中选取坐标和 $m+n$ 各不相同的无穷多个数对 (m,n)，则对其中的每一个数对，都满足

$$\frac{\pi[2m+2n+1]}{2(r_1+r_2)\sin\dfrac{\pi[(2n+1)r_1-2mr_2]}{r_1+r_2}}<\alpha=+\infty.$$

由定理 5.5.9，方程 (5.5.38) 有周期为 $\dfrac{2(r_1+r_2)}{2m+2n+1}$ 的周期解，由于选取的数对中 $m+n$ 各不相同，易知方程 (5.5.38) 有无穷多个各不相同的周期解.

例 5.6.7[27] 下列方程

$$\begin{aligned}
u'(t)&=-\frac{u^{\frac{1}{3}}(t-\sqrt{2})}{1+u^2(t-\sqrt{2})}-\frac{u^{\frac{1}{3}}(t-\sqrt{3})}{1+u^2(t-\sqrt{3})},\\
u'(t)&=\ \frac{u^{\frac{1}{3}}(t-\sqrt{2})}{1+u^2(t-\sqrt{2})}+\frac{u^{\frac{1}{3}}(t-\sqrt{3})}{1+u^2(t-\sqrt{3})},\\
u'(t)&=\ \frac{u^{\frac{1}{3}}(t-\sqrt{2})}{1+u^2(t-\sqrt{2})}-\frac{u^{\frac{1}{3}}(t-\sqrt{3})}{1+u^2(t-\sqrt{3})},\\
u'(t)&=-\frac{u^{\frac{1}{3}}(t-\sqrt{2})}{1+u^2(t-\sqrt{2})}+\frac{u^{\frac{1}{3}}(t-\sqrt{3})}{1+u^2(t-\sqrt{3})}
\end{aligned}$$

各有无穷多个两两不同的无穷多个周期解. 这是因为各方程中 $f(x)=x^{\frac{1}{3}}/(1+x^2)$,

不难证条件 (H_{10}) 的要求都满足，$\lim\limits_{x\to 0}\dfrac{f(x)}{x}=+\infty=\alpha$，$\lim\limits_{x\to+\infty}\dfrac{f(x)}{x}=\beta=0$，由定理 5.5.9 得出本结论.

关于时滞微分方程周期解的其他结果还可参看文献 [28] 和 [29].

5.6 迭代微分方程的周期解

迭代微分方程是一类特殊的泛函微分方程，目前除一阶迭代微分方程外，高阶的迭代微分方程的研究工作还很少. 一阶迭代微分方程的一般形式为

$$u'=f(t,u,u^{<2>},u^{<3>},\cdots,u^{<n>}),\tag{5.6.1}$$

其中 $u^{<1>}=u(t)$, $u^{<k>}=u(u^{<k-1>}(t))$.

设 $u(t)$ 定义在区间 I 上，$u(I)\subset I$，当 u 在 I 上满足式 (5.6.1) 时，就说是方程 (5.6.1) 在 I 上的一个解.

和通常的微分方程一样，当 f 中不显含 t 时

$$u'=f(u,u^{<2>},u^{<3>},\cdots,u^{<n>})\tag{5.6.2}$$

称为自治的迭代微分方程, 当 I 为无穷区间时，我们在文献 [32] 中给出了一个变换定理.

另外，如果方程右方只出现未知函数 u 的单一迭代项，例如

$$u'=f(t,u^{<n>}),\tag{5.6.3}$$

我们称之为单一迭代微分方程，而当方程右方有异次迭代项出现，例如

$$u'=f(t,u,u^{<n>}),\tag{5.6.4}$$

则称之为异次迭代微分方程.

5.6.1 单一迭代微分方程的周期解

我们讨论迭代微分方程

$$u'=a(t)f(u^{<n>})\tag{5.6.5}$$

周期解的存在条件，恒假设

(H_{11}) $a\in C(\mathbf{R},\mathbf{R})$ 为 T- 周期的，$f\in C(\mathbf{R},\mathbf{R})$ 为有界、局部 Lipschitz 的.

定理 5.6.1[31] 设条件 (H_{11}) 成立，且 $\exists\ t_0\in\left(-\dfrac{T}{2},\dfrac{T}{2}\right]$ 使$a(t+t_0)=-a(-t+t_0)$，则对 $\forall\ (\xi,\eta)\in\mathbf{R}^2$，$f(\eta)\neq 0$，方程 (5.6.5) 存在周期解 $\widehat{u}(t)$ 满足 $\widehat{u}(\xi)=\eta$.

证明　由条件可知 $a(t)$ 满足

$$
\begin{aligned}
&a(t+t_0+mT/2)=-a(-t+t_0-mT/2)=-a(-t+t_0+mT/2), \qquad m\in\mathbf{Z},\\
&a(t_0+mT/2)=-a(t_0-mT/2)=-a(t_0+mT/2),
\end{aligned}
\tag{5.6.6}
$$

因此 $a(t_0+mT/2)=0$.

令 $M=\sup\limits_{(t,x)\in\mathbf{R}^2}|a(t)f(x)|$, $L=MT/2$，取整数 l 充分大，使

$$
t_0-lT\leqslant\eta-L<\eta+L\leqslant t_0+lT, \qquad t_0-lT\leqslant\xi\leqslant t_0+lT.
$$

记 $I=[t_0-lT,t_0+lT]$ 及

$$
G=\{g\in C(I,\mathbf{R}):g(\xi)=\eta,\ \eta-L\leqslant g(t)\leqslant\eta+L,\ |g(t_2)-g(t_1)|\leqslant M|t_2-t_1|\}.
$$

显然 G 是 $C(I,\mathbf{R})$ 中的凸紧集，由

$$
(Tg)(t)=\max\left\{\min\left\{\eta+L,\ \eta+\int_\xi^t a(s)f(g^{<n>}(s))\mathrm{d}s\right\},\ \eta-L\right\}
$$

定义 $T:G\to C(I,\mathbf{R})$，易证 T 是连续映射，且

$$
\begin{aligned}
&(Tg)(\xi)=\eta, \quad \eta-L\leqslant(Tg)(t)\leqslant\eta+L, \qquad \text{当 } t\in I,\\
&|(Tg)(t_2)-(Tg)(t_1)|\leqslant M|t_2-t_1|,
\end{aligned}
$$

故 $TG\subset G$. 由 Schäuder 不动点定理知，$\exists u\in G$ 使 $Tu=u$.

显然由 $|u(t)-\eta|<L$ 可得

$$
u(t)=\eta+\int_\xi^t a(s)f(u^{<n>}(s))\mathrm{d}s, \qquad t\in I.
$$

令 $Q=\{t\in I:|u(t)-\eta|<L\}$. Q 是 I 中的相对开集，要证 u 是方程 (5.6.5) 的解，只需证 $Q=I$.

对任意取定的 ξ，有 $m\in\{-2l,-2l+1,\cdots,2l-1\}$，使 $\xi\in(t_0+mT/2,t_0+(m+1)T/2]$. 由于 $u(\xi)=\eta$ 及

$$
|u(t)-\eta|=\left|\int_\xi^t a(s)f(u^{<n>}(s))\mathrm{d}s\right|<MT/2=L,
$$

我们有

$$
\eta-L<u(t)<\eta+L, \qquad t\in(t_0+mT/2,t_0+(m+1)T/2).
$$

记 $I_k=[t_0+kT/2, t_0+(k+1)T/2]$, $u_k=u|_{I_k}$, $k=-2l,-2l+1,\cdots,2l-1$，则 u_m 和 u_{m-1} 分别在 I_m 和 I_{m-1} 上满足方程

$$\begin{cases} y'=a(t)f(u^{<n>}(y)), \\ y\left(t_0+\dfrac{mT}{2}\right)=u(t_0+mT/2). \end{cases} \tag{5.6.7}$$

令 $\tau=2t_0+mT-t$，则 $t\in I_m$ 时，$\tau\in I_{m-1}$. 又令 $v(t)=u_{m-1}(\tau)=u_{m-1}(2t_0+mT-t)$, $t\in I_m$. 由于

$$a(2t_0+mT-t)=a(2t_0-t)=-a(t), \qquad v'(t)=-u'_{m-1}(2t_0+mT-t),$$

易知 v 在 I_m 上满足方程 (5.6.7).

f 满足局部 Lipschitz 条件，而 $u\in C^1(I,\mathbf{R})$, 可得 $u^{<n-1>}\in C^1(I,\mathbf{R})$. 因此 $f\circ u^{<n-1>}$ 是局部 Lipschitz 的，进而可知方程 (5.6.7) 在 I 上的解是唯一的，即

$$v(t)\equiv u_m(t), \qquad t\in I_m.$$

于是，

$$u_m(t)=u_{m-1}(2t_0+mT-t), \qquad t\in I_{m-1}.$$

由此可证

$$\begin{aligned} &u_{m-2}(t)=u_{m-1}(2t_0+mT-t)=u_m(t+T), \qquad t\in I_{m-2}, \\ &u_{m-3}(t)=u_{m-1}(t+T)=u_m(2t_0+(m-1)T-t), \qquad t\in I_{m-3}, \\ &\quad\vdots \\ &u_{m-2j}(t)=u_m(t+jT), \quad t\in I_{m-2j}, \\ &u_{m-2j-1}(t)=u_m(2t_0+(m-j)T-t), \quad t\in I_{m-2j-1}, \end{aligned}$$

以及

$$\begin{aligned} &u_{m+1}(t)=u_m(2t_0+(m+1)T-t), \quad t\in I_{m+1}, \\ &u_{m+2}(t)=u_m(t-T), \quad t\in I_{m+2}, \\ &\quad\vdots \\ &u_{m+2i}(t)=u_m(t-iT), \quad t\in I_{m+2i}, \\ &u_{m+2i+1}(t)=u_m(2t_0+(m+i+1)T-t), \quad t\in I_{m+2i+1}, \end{aligned}$$

对 $k\in\{-2l,\ -2l+1,\ \cdots,\ 2l-1\}$，显然有 $\eta-L<u_k(t)<\eta+L$. 由于

$$u(t)=u_k(t), \qquad t\in I_k.$$

故

$$\eta - L < u(t) < \eta + L,$$

因此 $Q = I$，且成立

$$u(t) = u(t+T), \qquad t \in [t_0 - lT,\ t_0 + lT].$$

最后我们证 $u(t)$ 可在 $\mathbf{R}$ 上作周期延拓，为此定义

$$\begin{aligned}
&I_k = [t_0 + kT/2, t_0 + (k+1)T/2], \qquad k = 2l,\ \pm(2l+1),\ \pm(2l+2), \cdots \\
&\quad u_{m+2i} = u_m(t - iT), \qquad t \in I_{m+2i}, \\
&\quad u_{m+2i+1} = u_m(2t_0 + (m+i+1)T - t), \qquad t \in I_{m+2i+1},
\end{aligned}$$

则 $t \in I_{m+2i}$ 时，$t - iT \in I_m$，$u_m(I_m) \subset I$.

$$u'_{m+2i}(t) = u'(t - iT) = a(t - iT) f(u^{<n-1>}(u_m(t - iT))) = a(t) f(u^{<n>}_{m+2i}(t)).$$

同样 $t \in I_{m+2i+1}(t)$ 时，$2t_0 + (m+i+1)T - t \in I_m$，$u_m(I_m) \subset I$.

$$u'_{m+2i+1}(t) = -u'_m(2t_0 + (m+i+1)T - t) = a(t) f(u^{<n>}_m(t)).$$

令

$$\widehat{u}(t) = \begin{cases} u(t), & t \in I, \\ u_k(t), & t \in I_k \setminus I. \end{cases}$$

定理得证.

5.6.2　异次迭代微分方程的周期解

对异次迭代微分方程

$$u'(t) = p(t)(au(t) - bu^{<2>}(t)), \tag{5.6.8}$$

我们假定

(H_{12}) $p \in C(\mathbf{R}, \mathbf{R})$, $p(t+T) = p(t)$, $p(-t) = -p(t)$, 且 $t \in \left(0, \dfrac{T}{2}\right)$ 时, $p(t) > 0$; $a > b > 0$.

由 (H_{12}) 不难得出 $p(kT - t) = -p(t)$, $p(kT/2) = 0$ 且

$$p(t) > 0,\ \ t \in \left(kT, \frac{2k+1}{2k}T\right); \qquad p(t) < 0,\ \ t \in \left(\frac{2k+1}{2k}T, (k+1)T\right).$$

为方便起见，引入如下记号

$$[\alpha]_a = \max\{\alpha, a\}, \qquad [\alpha]^b = \min\{\alpha, b\}, \qquad [\alpha]^b_a = \max\{\min\{\alpha, b\}, a\}$$

引理 5.6.1[32] 对 $m \in \mathbf{Z}$，如果 $u(t)$ 是方程 (5.6.8) 在区间 $\left(mT, \dfrac{2m+1}{2}T\right)$ $\left(或\left(\dfrac{2m+1}{2}T, (m+1)T\right)\right)$ 上的解，则 u 在该区间上是单调的.

证明 只对括号外的论断给出证明.

若 $u(t)$ 并非单增，则 $\exists\, t_1, t_2 \in \left(mT, \dfrac{2m+1}{2}T\right)$，$t_1 \neq t_2$，使 $u(t_1) = u(t_2)$，且 $u'(t_1)u'(t_2) < 0$，但由

$$\begin{aligned}
&u'(t_1) = p(t_1)(au(t_1) - bu^{<2>}(t_1)),\\
&u'(t_2) = p(t_2)(au(t_2) - bu^{<2>}(t_2)) = p(t_2)(au(t_1) - bu^{<2>}(t_1)),
\end{aligned}$$

得

$$u'(t_1)u'(t_2) = p(t_1)p(t_2)(au(t_1) - bu^{<2>}(t_1))^2 \geqslant 0,$$

出现矛盾，引理得证

记 $I_k = \left[\dfrac{k}{2}T, \dfrac{k+1}{2}T\right]$.

引理 5.6.2[32] 设 $u(t)$ 是方程 (5.6.8) 在 $I_k \cup I_{k+1}$ 上的解，且 $au\left(\dfrac{k+1}{2}T\right) - bu^{<2>}\left(\dfrac{k+1}{2}T\right) \neq 0$，则 u 在 I_k 和 I_{k+1} 上的单调性相反.

证明 不妨设 $k = 2m$，且 u 在 I_{2m} 上单调增，其余情况证法相同. 由于

$$u'(t) = p(t)(au(t) - bu^{<2>}(t)) > 0, \qquad t \in \left(mT, \frac{2m+1}{2}T\right),$$

得 $au(t) - bu^{<2>}(t) > 0,\ t \in \left(mT, \dfrac{2m+1}{2}T\right)$，故 $\exists\, \varepsilon \in \left(0, \dfrac{\pi}{2}\right)$，使

$$au(t) - bu^{<2>}(t) > 0,\ t \in \left(mT - \varepsilon, \frac{2m+1}{2}T + \varepsilon\right).$$

于是 $t \in \left(\dfrac{2m+1}{2}T, \dfrac{2m+1}{2}T + \varepsilon\right)$ 时，

$$u'(t) = p(t)(au(t) - bu^{<2>}(t)) < 0.$$

根据引理 5.6.1，$u(t)$ 在 $\left(\dfrac{2m+1}{2}T, \dfrac{2m+1}{2}T + \varepsilon\right)$ 上的单调性导出它在 $\left(\dfrac{2m+1}{2}T, (m+1)T\right)$ 上的单调性，引理得证.

定理 5.6.2[32] 设条件 (H_{12}) 成立，则对 $\forall\, (\xi, \eta) \in \mathbf{R}^2$，方程 (5.6.8) 有满足 $u(\xi) = \eta$ 的 T- 周期解 $u(t)$.

证明　当 $\eta=0$, $u(t)\equiv 0$ 是平凡的周期解.

当 $\eta\neq 0$ 时，不妨设 $\eta>0$.

我们考虑非负解 $u(t)>0$.

(1) 若 $\xi\in\left[mT,\dfrac{2m+1}{2}T\right]$，由于 $t\in\left(mT,\dfrac{2m+1}{2}T\right)$ 时 $p(t)>0$，所以 $u'(t)\leqslant p(t)au(t)\leqslant aNu(t)$，其中 $N=\max\limits_{0\leqslant t\leqslant T}|p(t)|$，不妨设 u 在 $I_{2m}=\left(mT,\dfrac{2m+1}{2}T\right]$ 上单调增.

当 $t\in\left(\xi,\dfrac{2m+1}{2}T\right)$ 时，由 $u'(t)\leqslant aNu(t)$ 得

$$\ln u(t)-\ln\eta\leqslant aN(t-\xi),$$

$$\eta\leqslant u(t)\leqslant \eta\mathrm{e}^{aN(t-\xi)}\leqslant \eta\mathrm{e}^{aNT}.$$

同样当 $t\in(mT,\xi]$ 时有

$$\eta\mathrm{e}^{-aNT}<u(t)\leqslant\eta.$$

于是得到

$$\eta\mathrm{e}^{-aNT}\leqslant u(t)\leqslant\eta\mathrm{e}^{aNT},\qquad t\in I_{2m}. \tag{5.6.9}$$

记 $n=[\eta(1+aNT\mathrm{e}^{aNT})/T]+1$, $L=nT$，定义

$$G=\left\{g\in C([-L,L],\mathbf{R}):\ \begin{array}{r}g(\xi)=\eta,\ g(-t)=-g(t),\ 0\leqslant g(t)\leqslant L,\ t\in I_{2m};\\ g(t+T)=g(t),\ t\in[-L,L-T];\\ 0\leqslant g(t_2)-g(t_1)\leqslant aN\eta\mathrm{e}^{aNT}(t_2-t_1),\ t_2\geqslant t_1.\end{array}\right\}$$

显然 $G\subset C([-L,L],\mathbf{R})$ 为凸紧集. 由 g 在 $[-L,L]$ 的 T- 周期性，有

$$\max_{-L\leqslant t\leqslant L}|g(t)|=\max_{\xi\leqslant t\leqslant\xi+T}|g(t)|\leqslant L,$$

故 $g([-L,L])\subset[-L,L]$，由此知 $g^{<2>}(t)$ 在 $[-L,L]$ 上有意义，由

$$(Qg)(t)=\begin{cases}\left[\eta+\displaystyle\int_{\xi}^{t}p(s)\left[ag(s)-bg^{<2>}(s)\right]_0\mathrm{d}s\right]_0, & t\in I_{2m},\\ \left[\eta+\displaystyle\int_{(2m+1)T-\xi}^{(2m+1)T-t}p(s)\left[ag(s)-bg^{<2>}(s)\right]_0\mathrm{d}s\right]_0, & t\in I_{2m+1}\end{cases}$$

定义 $Q:G\to C(I_{2n}\cap I_{2m+1},\mathbf{R})$. 由算子 Q 进一步定义

$$(Pg)(t)\begin{cases}(Qy)(t), & t\in I_{2m}\cup I_{2m+1},\\ (Qy)(t+(m-k)T), & t\in I_{2k}\cup I_{2k+1},\\ & k=-n,-(n-1),\cdots,m-1,m+1,\cdots,n-1,\end{cases}$$

则 $P:G\to C([-L,L],\mathbf{R})$ 满足

$$(Pg)(\xi)=(Qg)(\xi)=\eta,\qquad (Pg)(t+T)=(Pg)(t).$$

当 $t\in I_{2m}$ 时, $-t\in I_{-2m-1}$, $(2m+1)T-t\in I_{2m+1}$,

$$\begin{aligned}(Pg)(-t)=(Qy)(-t+(2m+1)T)&=\left[\eta+\int_{(2m+1)T-\xi}^{(2m+1)T-t}p(s)\left[ag(s)-bg^{<2>}(s)\right]_0\mathrm{d}s\right]_0\\&=\left[\eta-\int_{\xi}^{t}p((2m+1)T-u)\left[ag(u)-bg^{<2>}(u)\right]_0\mathrm{d}u\right]_0\\&=\left[\eta+\int_{\xi}^{t}p(s)\left[ag(u)-bg^{<2>}(u)\right]_0\mathrm{d}u\right]_0\\&=(Qg)(t)=(Pg)(t).\end{aligned}$$

当 $t\in I_{2m+1}$，同样有 $(Pg)(t)=(Pg)(-t)$. 当 $t\in I_{2k}\cup I_{2k+1}$，$k\neq m$，不妨设 $t\in I_{2k}$，则 $t+(m-k)T\in I_{2m}$，$-t\in I_{-2k-1}$，

$$(Pg)(-t)=(Qg)(-t+(m-k-1)T)=(Qg)(t-(m-k-1)T)=(Pg)(t).$$

故

$$(Pg)(-t)=(Pg)(t),\qquad t\in[-L,L].$$

显然，$t\in\left(mT,\dfrac{2m+1}{2}T\right)$，$(Pg)(t)>0$，且

$$\begin{aligned}(Pg)(t)=(Qg)(t)&=\left[\eta+\int_{\xi}^{t}p(s)\left[ag(s)-bg^{<2>}(s)\right]_0\mathrm{d}s\right]_0\\&\leqslant\eta+Na\left|\int_{\xi}^{t}g(s)\mathrm{d}s\right|\\&\leqslant\eta+Na\eta T\mathrm{e}^{aNT}\leqslant L.\end{aligned}$$

同时 $\forall\, t_1$，$t_2\in\left[mT,\dfrac{2m+1}{2}T\right]$，$t_1\leqslant t_2$，有 $(Pg)(t_2)-(Pg)(t_1)\geqslant 0$ 且

$$\begin{aligned}(Pg)(t_2)-(Pg)(t_1)&=\left|\int_{t_1}^{t_2}p(s)\left[ag(s)-bg^{<2>}(s)\right]_0\mathrm{d}s\right|\\&\leqslant Na\left[\int_{t_1}^{t_2}g(s)\mathrm{d}s\right]_0\leqslant\eta+Na\eta\mathrm{e}^{aNT}(t_2-t_1)\leqslant L(t_2-t_1).\end{aligned}$$

因此，我们有 $PG\subset G$.

下证 $P:G\to G$ 是连续的.

设 $g,h\in G$，$\forall\varepsilon>0$，由 h 连续，知 $\exists\ \delta_1>0$，当 $|s_1-s_2|<\delta_1$ 时，有 $|h(s_1)-h(s_2)|\leqslant\dfrac{\varepsilon}{4NLb}$. 取 $\delta=\min\left\{\dfrac{\varepsilon}{4NLb},\delta_1\right\}$，于是 $\|g-h\|\leqslant\delta$ 时，有

$$
\begin{aligned}
|(Pg)(t)-(Ph)(t)&=\left[\int_{-L}^{L}p(s)\left\{[ag(s)-bg^{<2>}(s)]_0-[ah(s)-bh^{<2>}(s)]_0\right\}\mathrm{d}s\right]_0\\
&\leqslant N\int_{-L}^{L}[a|g(s)-h(s)|+b|g^{<2>}(s)-h^{<2>}(s)|]\mathrm{d}s\\
&\leqslant N\int_{-L}^{L}|a\delta+b[h(h(s))-h(g(s))]+b[h(g(s))-g(g(s))]|\mathrm{d}s\\
&<2NL\left[a\delta+b\frac{\varepsilon}{4NL(b+a)}+b\delta\right]=2NL\delta(a+b)+\frac{b\varepsilon}{2(a+b)}\\
&<\frac{\varepsilon}{2}+\frac{\varepsilon}{2}=\varepsilon.
\end{aligned}
$$

故由 $\|g-h\|<\delta$ 可得 $\|Pg-Ph\|<\varepsilon$，算子 P 的连续性得证. 由 Schäuder 不动点定理得知 P 在 G 中有不动点 $\widehat{u}$，$\widehat{u}=P\widehat{u}$, 即

$$
\widehat{u}(t)=\begin{cases}\left[\eta+\displaystyle\int_{\xi}^{t}p(s)\left[a\widehat{u}(s)-b\widehat{u}^{<2>}(s)\right]_0\mathrm{d}s\right]_0, & t\in I_{2m},\\ \left[\eta+\displaystyle\int_{(2m+1)T-\xi}^{(2m+1)T-t}p(s)\left[a\widehat{u}(s)-b\widehat{u}^{<2>}(s)\right]_0\mathrm{d}s\right]_0, & t\in I_{2m+1},\\ Q\widehat{u}(t+mT-kT), & t\in I_{2k}\cup I_{2k+1},\ k\neq m.\end{cases}
$$

下证 $t\in I_{2m}$ 时，$\widehat{u}(t)=\eta+\displaystyle\int_{\xi}^{t}p(s)\left[a\widehat{u}(s)-b\widehat{u}^{<2>}(s)\right]_0\mathrm{d}s$，即证 $t\in I_{2m}$ 时，

$$
\eta+\int_{\xi}^{t}p(s)\left[a\widehat{u}(s)-b\widehat{u}^{<2>}(s)\right]_0\mathrm{d}s:=y(t)>0. \tag{5.6.10}
$$

设若不然，$\exists\ t_0\in(mT,\xi)$ 使

$$
y(t_0)=\eta+\int_{\xi}^{t_0}p(s)\left[a\widehat{u}(s)-b\widehat{u}^{<2>}(s)\right]_0\mathrm{d}s<0. \tag{5.6.11}
$$

由于 $t\in I_{2m}$ 时 $p(s)>0$, $\left[a\widehat{u}(s)-b\widehat{u}^{<2>}(s)\right]_0\geqslant 0$，故 $y(t)$ 在 I_m 上单调增. 又根据 $y(\xi)=\eta>0$，可知 $\exists\mid t_1\in(t_0,\xi)$ 使 $y(t_1)=0$. 这样，$t\in[mT,t_1)$, $y(t)\leqslant y(t_1)=0$. 从而

$$
\begin{aligned}
&\widehat{u}(t)=[y(t)]_0=0,\qquad t\in[mT,t_1),\\
&y(t_0)=y(t_1)+\int_{t_1}^{t_0}p(s)\left[a\widehat{u}(s)-b\widehat{u}^{<2>}(s)\right]_0\mathrm{d}s=0,
\end{aligned}
$$

和式 (5.6.11) 矛盾，因此式 (5.6.10) 成立，再证

$$t \in I_{2m} \text{ 时}, \qquad a\widehat{u}(t) - b\widehat{u}^{<2>}(t) \geqslant 0. \tag{5.6.12}$$

设不然，则

$$E = \{t \in I_{2m} : a\widehat{u}(s) - b\widehat{u}^{<2>}(s) < 0\} \subset I_{2m}$$

为非空集合，且 $E \neq I_{2m}$. 因为当 $E = I_{2m}$ 时，可得 $\widehat{u}(t) \equiv \eta$，这和 E 非空矛盾.

设 $[t_1, t_2]$ 是 $\overline{E}$ 中最大的闭子区间，$t_1 > mT$，则 $a\widehat{u}(t_1) - b\widehat{u}^{<2>}(t_1) = 0$，且 $t \in (t_1, t_2)$ 时 $a\widehat{u}(t) - b\widehat{u}^{<2>}(t) < 0$，于是在 $[t_1, t_2]$ 上，

$$\begin{aligned}\widehat{u}(t) &= \eta + \int_{\xi}^{t} \left[a\widehat{u}(s) - b\widehat{u}^{<2>}(s)\right]_0 \mathrm{d}s \\ &= \eta + \int_{\xi}^{t_1} \left[a\widehat{u}(s) - b\widehat{u}^{<2>}(s)\right]_0 \mathrm{d}s = \widehat{u}(t_1) = 0,\end{aligned}$$

导出 $a\widehat{u}(t) - b\widehat{u}^{<2>}(t) = a\widehat{u}(t_1) - b\widehat{u}^{<2>}(t_1) = 0$，这和 $[t_1, t_2]$ 的性质矛盾，因此式 (5.6.12) 成立.

同样可证 $t \in I_{2m+1}$ 时，$a\widehat{u}(t) - b\widehat{u}^{<2>}(t) \geqslant 0$ 也成立. 因此 $\widehat{u}(t)$ 是式 (5.6.8) 在 $[-L, L]$ 的解.

令

$$u(t) = \begin{cases} \widehat{u}(t), & t \in [-L, L] = [-nT, nT], \\ \widehat{u}(t - 2kL), & t \in [(2k-1)L, (2k+1)L], \quad k = \pm 1,\ \pm 2, \cdots, \end{cases}$$

则 $u(t)$ 是方程 (5.6.8) 满足要求的 T- 周期解.

定理证毕.

评 注

周期边值问题 (包括周期解问题) 是微分方程研究中深受关注的研究课题.

对高维系统的研究一般采用拓扑度理论及相应方法. 至于高维系统是否以及如何建立正解存在性和多重性的判定准则则是需要作进一步探索的课题.

在微分方程中出现时滞项时，依据泛函微分方程的基本理论对解的讨论通常需要在给定初始函数的情况下进行. 但是对时滞微分方程周期解进行研究时，初始函数实际上是周期解在 $[-r, 0]$(或 $(-\infty, 0]$) 上的一段，因此可以像常微分方程周期解问题一样，在 $[0, T]$ 上的函数空间 $C^r([0, T], \mathbf{R}^n)$ 中讨论，因此本质上也给出了时滞微分方程周期解的结果.

迭代微分方程至今研究成果不多，至于迭代微分方程的周期解，工作更少，有待探索.

保守系统周期解的研究中，临界点理论也是十分重要的方法，但需要更多的非线性泛函的理论基础, 可参阅 J. Mawhin 和 M. Willem 的著作 [33].

参 考 文 献

[1] Mawhin J. An extension of a theorem of A.C. Lager on forced oscillations. JMAA, 1972, 40

[2] Ward J. Periodic solutions for systems of second-order differential equations. JMAA, 1981, 81: 94～98

[3] Ding W. On the existence of periodic solutions for the Liénard systems. 数学学报, 1982, 25(5)

[4] 王铎. 周期扰动的非保守系统的 2π– 周期解. 数学学报, 1983, 26(3): 341～353

[5] 丁同仁. 常微分方程定性方法的应用. 北京: 高等教育出版社, 2004

[6] Wang Y, Ge W. Existence of periodic solutions for nonlinear differential equation with a p-Laplacian-like operator. Appl. Math. Lett., 2006, 19: 241～259

[7] 葛渭高. n 维 Duffing 型方程 $\ddot{x}+c\dot{x}+g(t,x)=p(t)$ 的 2π– 周期解. 数学年刊, 1988, 9A4: 498～549

[8] 葛渭高. 向量 Liénard 型方程的多个调和解. 应用数学学报, 1992, 15(4): 541～549

[9] Ge W. On the existence of harmonic solutions of Liénard system, Nonlinear Anal., 1991, 16(2): 183～190

[10] 葛渭高. n 维 Liénard 型方程的调和解. 数学年刊, 1990, 11A3: 297～307

[11] Lu Sh, Ge W. Periodic solutions for a kind of second order differential equations with multiple deviating arguments. Appl. Math. Comp. 2003, 146: 195～209

[12] 鲁世平. 泛函微分方程周期解问题. 北京理工大学博士学位论文, 2004

[13] Lu Sh, Ge W. On the existence of periodic solutions for neutral functional differential equation. Nonlinear Anal. TMA, 2003, 54: 1285～1306

[14] Zhang M R. Periodic solutions of linear and quasilinear neutral functional differential equations. JMAA, 1995, 189(2): 378～392

[15] 鲁世平, 葛渭高. 一类具偏差变元二阶微分方程的周期解存在性问题. 数学学报, 2002, 4(4): 811～818

[16] 鲁世平, 葛渭高, 郑祖庥. 具偏差变元的 Rayleigh 方程周期解问题. 数学学报, 2004, 47(2)

[17] Wang G. A prior bounds for periodic solutions of a delay Reyleigh equation. Appl. Math. Lett., 1999, 12: 41～44

[18] Lu Sh, Ge, W. On the existence of periodic solutions for a kind of 2nd order Liénard neutral functional differential equation. Acta. Math. Sinica, 2004, 17B4

[19] Kaplam J, Yorke J. Ordinary differential equations which yields periodic solutions of differential delay equations. JMAA, 1974, 48: 317～324

[20] Ge W. Existence of exactly $n+1$ simple 4-solutions of the differential delay equation $\dot{x}(t)=-f(x(t-1))$. Acta Math. Sinica, 1994, 10(1): 80～87

[21] Wen L. Existence of periodic solutions of a type of differential-difference equations, Chin. Annals of Math. (in Chinese), 1989, 10A3: 254～289

[22] Ge W. Periodic solutions of the differential delay equation $\dot{x}(t)=-f(x(t-1))$. Acta Math. Sinica, 1996, 12(2): 113～121

[23] Ge W. Two existence theorems of periodic solutions for differential delay equations, chin. Ann. Math., 1994, 15B2: 217~224

[24] Nussbaum R D. Periodic solutions of special differential equations: an example in nonlinear analysis, Proc. Roy. Soc. Edinburgh, 1978, 81A : 131~151

[25] 葛渭高. 多滞量时滞微分方程周期解的存在性. 应用数学学报, 1994, 17(2): 173~181

[26] Ge W, Yu Y. Further results on the existence of periodic solutions to DDEs with multiple lags, Acta Math. Appl. Sinica, 1999, 15(2): 190~196

[27] 葛渭高. 双滞量时滞微分方程的周期解. 系统科学与数学, 1995, 15(1): 83~96

[28] Ge W. Oscillatory periodic solutions of differential delay equations with multiple lags, Chin. Sci. Bull., 1997, 42(6): 444~447

[29] 葛渭高. 三维时滞微分方程的不可列个周期解. 数学学报, 1996, 39(4): 442~449

[30] 葛渭高. 微分迭代方程的变化定理及其应用. 数学学报, 1997, 40(6): 881~888

[31] Ge W, Liu Zh, Yu Y. On the periodic solutions of a type of differential-iterative equations. Chin. Sci. Bull., 1998, 43(3): 204~207

[32] 相秀芬, 葛渭高. $\dot{x}(t)=\omega(t)(ax(t)-bx(x(t)))(a>b>0)$ 的周期解. 系统科学与数学, 1999, 19(4): 457~464

[33] Mawhin J, Willem M. Critical point theory and Hamiltonian systems. New York: Springer-Verlag, 1989

第 6 章　高阶微分方程边值问题

对高阶微分方程边值问题的研究兴趣，最初起源于实际问题，例如 G. H. Meyer[1] 研究边值问题

$$\begin{cases} x^{(n)}(t) = f(t, x(t)), & t \in [0,1], \\ x^{(j)}(t) = 0,\ j = 0, 1, \cdots, k_i, & i = 0, 1, \cdots, r, \end{cases}$$

其中 $n \geqslant 2$，$k_i \geqslant 0$，$r \geqslant 1$，$\sum_{i=0}^{r} k_i = n$，就是一个用于描述具有 n 个自由度，且在 n 个位置观察其动态的动力系统模型. 早期的研究工作见于 Ravi P. Agarwal 的专著 [2].

6.1　高阶微分方程边值问题的降阶

设 $X = C[a,b]$ 或 $X = L^p[a,b]$. $L_n : D(L_n) \subset X \to X$ 由

$$L_n x = x^{(n)} + \sum_{i=1}^{n} a_i(t) x^{(n-i)}$$

定义，其中 $a_i(t)$ 有适当的光滑性. 齐次方程

$$L_n x = 0 \tag{6.1.1}$$

的解 $x(t)$ 的光滑性，取决于 $a_i(t)$ 的光滑性. 易证如下命题.

命题 6.1.1　对 $\forall i \in \{0, 1, \cdots, n\}$，当 $a_i \in C^r[a,b]$ 时，方程 (6.1.1) 的解 $x \in C^{n+r}[a,b]$; 当 $a_i \in W^{r,p}[a,b]$ 时，方程 (6.1.1) 的解 $x \in W^{n+r,p}[a,b]$.

由此可得出如下命题.

命题 6.1.2　在任何区间 $[a,b]$ 上常系数线性齐次方程的解 $x \in C^\infty[a,b]$.

对 $[a,b]$ 上的函数 $f : [a,b] \to \mathbf{R}$，考虑

$$L_n x = f(t) \tag{6.1.2}$$

的解，则有如下命题.

命题 6.1.3 设 $f \in C^l[a,b]$，对 $\forall i \in \{|0,1,\cdots,n]$，当 $a_i \in C^r[a,b]$ 时，则方程 (6.1.2) 的解 $x \in C^{k+n}[a,b]$; 设 $f \in W^{l,p}[a,b]$，$\forall\, i \in \{0,1,\cdots,n\}$，$a_i \in W^{r,p}[a,b]$，则方程 (6.1.2) 的解 $x \in W^{k+n,p}[a,b]$，其中 $k = \min\{r,l\}$.

命题 6.1.4 设 L_n 为常系数线性微分算子，则当 $f \in C^l[a,b]$ 时，方程 (6.1.2) 的解 $x \in C^{n+l}[a,b]$; 当 $f \in W^{l,p}[a,b]$ 时，方程 (6.1.2) 的解 $x \in W^{n+l}[a,b]$.

现考虑齐次线性边界条件

$$U(x) = (U_1(x),\cdots,U_n(x)) = 0, \tag{6.1.3}$$

其中

$$U_i(x) = \sum_{k=0}^{m-1}\sum_{j=0}^{n-1} b_{i,k,j}x^{(j)}(\tau_k), \qquad i = 1,2,\cdots,n,$$

$$a = \tau_0 \leqslant \tau_1 \leqslant \cdots \leqslant \tau_{m-1} = b.$$

在第 1 章中已经讨论，在边界条件 $U(x) = 0$ 时如果线性算子有 Green 函数 $G(t,s)$，则边值问题

$$\begin{cases} L_n x = f(t), \\ U(x) = 0 \end{cases} \tag{6.1.4}$$

的解可以表示为

$$x(t) = \int_a^b G(t,s)f(s)\mathrm{d}s.$$

显然微分算子 L_n 的阶次 n 越高，计算其在相应边界条件下的 Green 函数就越复杂. 因此将边值问题降阶为两个或两个以上阶次较低的边值问题，是一种可行的方法. 但是边值问题 (6.1.4) 是否能降阶，取决于线性算子 L_n 和边界条件中 U 是否满足一定的关系.

以下我们假定 L_n 是常系数线性微分算子.

记 $D = \dfrac{\mathrm{d}}{\mathrm{d}t}$，则微分算子 L_n 可以表示为

$$L_n(D) = D^n + \sum_{i=1}^{n} a_i D^{n-i}.$$

边值问题 (6.1.4) 可写成

$$\begin{cases} L_n(D)x = f(t), \\ U(x) = 0. \end{cases} \tag{6.1.5}$$

如果 $L_n(D)$ 在实数域上可分解为

$$L_n(D) = L_k(D)L_l(D), \tag{6.1.6}$$

$n=k+l$，则可令 $L_l(D)x=y$，从而式 (6.1.5) 中的微分方程成为

$$L_k(D)y=f(t),$$
$$L_l(D)x=y(t).$$

这时式 (6.1.5) 中的 n 阶微分方程就降阶为一个 k 阶方程 $L_k(D)y=f(t)$ 和一个 l 阶方程 $L_l(D)x=y(t)$.

但作为一个微分方程边值问题，式 (6.1.5) 能否降阶为两个较低阶边值问题还需考察边界条件.

设在 $U(x)=(U_1(x),\cdots,U_n(x))$ 中有 l 个分量，不妨设是后 l 个分量，满足

$$\sum_{j=1}^{n-1}b_{i,p,j}D^jx(\tau_p)=\sum_{j=0}^{l-1}c_{i,p,j}D^jx(\tau_p),\quad i=k+1,\cdots,n,\ p=0,1,\cdots,m-1.\tag{6.1.7}$$

而其余 k 个分量中有

$$\sum_{j=1}^{n-1}b_{i,p,j}D^jx(\tau_p)=\sum_{j=0}^{k-1}c_{i,p,j}D^j(L_l(D)x(\tau_p)),\quad i=1,\cdots,k,\ p=0,1,\cdots,m-1.\tag{6.1.8}$$

记 $U^{<1>}(x)=(U_1(x),\cdots,U_k(x))$，$U^{<2>}(x)=(U_{k+1}(x),\cdots,U_n(x))$. 由

$$U_i(x)=\sum_{p=0}^{m-1}\sum_{j=0}^{k-1}c_{i,p,j}D^j(L_l(D)x(\tau_p))=\sum_{p=0}^{m-1}\sum_{j=0}^{k-1}c_{i,p,j}D^jy(\tau_p):=\hat{U}_i(y),$$

其中 $i=1,2,\cdots,k$. 故

$$U^{<1>}(x)=(\hat{U}_1(y),\cdots,\hat{U}_k(y)):=U^{<1>}(y),$$

从而边界条件 (6.1.3) 等价于

$$(U^{<1>}(y),U^{<2>}(x))=0.$$

这时，BVP(6.1.5) 等价于两个边值问题

$$\begin{cases}L_k(D)y=f(t),\\U^{<1>}(y)=0\end{cases}\tag{6.1.9}$$

和

$$\begin{cases}L_l(D)x=y(t),\\U^{<2>}(x)=0.\end{cases}\tag{6.1.10}$$

容易证明，如果在边界条件 $U(x)=0$ 时算子 L_n 的 Green 函数 $G(t,s)$ 存在，则 L_k 在 $U^{<1>}(y)=0$ 条件下的 Green 函数 $G_1(t,s)$ 和 L_l 在 $U^{<2>}(x)=0$ 条件下的 Green 函数 $G_2(t,s)$ 都存在.

BVP(6.1.9) 的解可以表示为

$$y(t)=\int_a^b G_1(t,s)f(s)\mathrm{d}s. \tag{6.1.11}$$

BVP(6.1.10) 的解则是

$$x(t)=\int_a^b G_2(t,s)y(s)\mathrm{d}s. \tag{6.1.12}$$

将式 (6.1.11) 代入式 (6.1.12) 中得到

$$\begin{aligned}x(t)&=\int_a^b G_2(t,s)\int_a^b G_1(s,u)f(u)\mathrm{d}u\mathrm{d}s\\&=\int_a^b\left[\int_a^b G_2(t,s)G_1(s,u)\mathrm{d}s\right]f(u)\mathrm{d}u \qquad (\text{交换积分次序})\\&=\int_a^b\left[\int_a^b G_2(t,u)G_1(u,s)\mathrm{d}u\right]f(s)\mathrm{d}s \qquad (\text{符号 } u,\ s \text{ 互换}),\end{aligned}$$

直接由 BVP(6.1.5) 求解，则

$$x(t)=\int_a^b G(t,s)f(s)\mathrm{d}s.$$

由 Green 函数的定义及 Green 函数存在时的唯一性，我们得到如下命题.

命题 6.1.5 当式 (6.1.6)，式 (6.1.7)，式 (6.1.8) 成立时，边值问题 (6.1.5) 可分解为 BVP(6.1.9) 和 BVP(6.1.10). 记 $G(t,s)$，$G_1(t,s)$，$G_2(t,s)$ 分别是算子 L_n,L_k,L_l 的 Green 函数，则

$$G(t,s)=\int_a^b G_2(t,u)G_1(u,s)\mathrm{d}u. \tag{6.1.13}$$

注 6.1.1 表达式 (6.1.13) 中，G_2,G_1 一般是不可交换的.

例 6.1.1 边值问题

$$\begin{cases}u^{(4)}=f(t),\\u(0)=u'(1)=u''(0)=u^{(3)}(1)=0,\end{cases} \tag{6.1.14}$$

其中 $L_4(D)=D^4=D^2\cdot D^2=L_2(D)\cdot L_2(D)$ $(L_2(D)=D^2)$. 令 $v=D^2u$，则 $U(x)=(u(0),u'(1),v(0),v'(1))$. 故 BVP(6.1.14) 可分解为

$$\begin{cases}v''=f(t),\\v(0)=v'(1)=0\end{cases} \tag{6.1.15}$$

和

$$\begin{cases} u'' = v(t), \\ u(0) = u'(1) = 0. \end{cases} \tag{6.1.16}$$

由 BVP(6.1.15) 和 BVP(6.1.16) 求得 Green 函数

$$G_1(t,s) = G_2(t,s) = \begin{cases} -t, & 0 \leqslant t \leqslant s \leqslant 1, \\ -s, & 0 \leqslant s \leqslant t \leqslant 1. \end{cases}$$

因此, 在 BVP(6.1.14) 的边界条件下，$L_4(D)$ 的 Green 函数

$$G(t,s) = \int_0^1 G_2(t,u)G_1(u,s)\mathrm{d}u = \begin{cases} \dfrac{1}{6}t(6s - 3s^2 - t^2), & 0 \leqslant t \leqslant s \leqslant 1, \\ \dfrac{1}{6}s(6t - 3t^2 - s^2), & 0 \leqslant s \leqslant t \leqslant 1. \end{cases}$$

这时 BVP(6.1.14) 的解就可以表示为

$$u(t) = \int_0^1 G(t,s)f(s)\mathrm{d}s.$$

例 6.1.2　边值问题

$$\begin{cases} u^{(4)} - 2u^{(3)} + u'' = f(t), \\ u(0) = u(1) = u''(0) = u''(1) = 0 \end{cases} \tag{6.1.17}$$

中 $L(D) = (D^2 - 2D + 1)D^2$. 令 $L_1(D) = D^2$，$L_2(D) = D^2 - 2D + 1$. 令 $y = L_1(D)u = D^2u$，则边界条件为

$$U(u) = (y(0), y(1), u(0), u(1)) = 0.$$

这时，BVP(6.1.17) 可分解为两个二阶边值问题

$$\begin{cases} y'' - 2y' + 1 = f(t), \\ y(0) = y(1) = 0 \end{cases} \tag{6.1.18}$$

和

$$\begin{cases} u'' = y(t), \\ u(0) = u(1) = 0. \end{cases} \tag{6.1.19}$$

由 BVP(6.1.18) 和 BVP(6.1.19) 分别得到 Green 函数

$$G_1(t,s) = \begin{cases} -t(1-s)\mathrm{e}^{t-s}, & 0 \leqslant t \leqslant s \leqslant 1, \\ -s(1-t)\mathrm{e}^{t-s}, & 0 \leqslant s \leqslant t \leqslant 1; \end{cases}$$

$$G_2(t,s)=\begin{cases}-t(1-s), & 0\leqslant t\leqslant s\leqslant 1,\\ -s(1-t), & 0\leqslant s\leqslant t\leqslant 1.\end{cases}$$

因此，$L(D)$ 在 BVP(6.1.17) 的边界条件下，其 Green 函数为

$$\begin{aligned}G(t,s)&=\int_0^1 G_2(t,\tau)G_1(\tau,s)\mathrm{d}\tau\\&=\begin{cases}(1-s)[(2-t)\mathrm{e}^{t-s}-2(1-t)\mathrm{e}^{-s}]+t[(s-3)+2s\mathrm{e}^{1-s}], & 0\leqslant t\leqslant s\leqslant 1,\\ (1-t)[(2-s)-2(1-s)\mathrm{e}^{-s}]+s[(t-3)\mathrm{e}^{t-s}-2t\mathrm{e}^{1-s}], & 0\leqslant s\leqslant t\leqslant 1.\end{cases}\end{aligned}$$

有了 Green 函数，BVP(6.1.17) 的解就可以表示为 $[0,1]$ 上的积分形式了.

6.2　三阶微分方程边值问题

6.2.1　三阶两点边值问题

首先运用拓扑度理论研究边值问题

$$\begin{cases}u'''=h(t,u,u',u''),\\ U(u)=0\end{cases}\tag{6.2.1}$$

解的存在性和唯一性，其中 $U(u)=0$ 为两点线性边界条件

$$u(0)-A=u'(0)-B=u'(1)-C=0,\tag{6.2.2}$$

$$u(0)-A=u'(0)-B=u''(1)-C=0,\tag{6.2.3}$$

$$u(0)-A=u'(0)-B=u(1)-C=0,\tag{6.2.4}$$

$$u(0)-A=u(1)-B=u''(1)-C=0,\tag{6.2.5}$$

$$u(0)-A=u'(1)-B=u''(1)-C=0\tag{6.2.6}$$

中的任一形式，$A,B,C\in\mathbf{R}$ 为任意给定常数.

我们假定

(H_1) h 满足 Caratheodory 条件，且 $\exists\ a,b,c\in\mathbf{R}^+$，$\sigma\in[0,1)$，$\alpha,\beta,\gamma,d\in L^\infty([0,1],\mathbf{R}^+)$，$e,\delta\in L^1([0,1],\mathbf{R}^+)$，使当 $(t,u,v,w)\in[0,1]\times\mathbf{R}^3$ 时，有

$$h(t,u,v,w)v\geqslant -a|uv|-b|v^2|-c|vw|-d(t)|v|^{1+\sigma}-e(t),$$

$$|h(t,u,v,w)|\leqslant\alpha(t)|u|^{1+\sigma}+\beta(t)|v|^{1+\sigma}+\gamma(t)|w|^{1+\sigma}+\delta(t);$$

(H_2) h 满足 Caratheodory 条件，且 $\exists\, a,b,c\in\mathbf{R}^+$，$\sigma\in[0,1)$，$d\in L^\infty([0,1],\mathbf{R})$，$\alpha,\beta,\gamma,e,\delta\in L^1([0,1],\mathbf{R}^+)$，使当 $(t,u,v,w)\in[0,1]\times\mathbf{R}^3$ 时，有

$$h(t,u,v,w)v\geqslant -a|uv|-bv^2-c|vw|-d(t)|v|^{1+\sigma}-e(t),$$

$$|h(t,u,v,w)|\leqslant \alpha(t)|u|+\beta(t)|v|+\gamma(t)|w|+\delta(t);$$

(H_3) h 满足 Caratheodory 条件，且 $\exists\,\alpha,\beta,\gamma\in L^2([0,1],\mathbf{R}^+)$，使 $\forall(t,u_1,v_1,w_1)$，$(t,u_2,v_2,w_2)\in[0,1]\times\mathbf{R}^3$，有

$$|h(t,u_1,v_1,w_1)-h(t,u_2,v_2,w_2)|\leqslant \alpha(t)|u_1-u_2|+\beta(t)|v_1-v_2|+\gamma(t)|w_1-w_2|.$$

这里所说的 h 满足 Caratheodory 条件是指：

(1) $\forall\ (u,v,w), h(\cdot,u,v,w)$ 在 $[0,1]$ 上可测；

(2) a.e. $t\in[0,1]$，$h(t,\cdot,\cdot,\cdot)$ 在 $\mathbf{R}^3$ 上连续；

(3) $\forall\ r>0,\exists\ \delta_r\in L^1([0,1],\mathbf{R}^+)$，使得对 a.e. $t\in[0,1]$ 及 $\forall\ (u,v,w)\in R^3$ 在 $u^2+v^2+w^2\leqslant r^2$ 时，

$$|h(t,u,v,w)|\leqslant \delta_r(t).$$

当 $U(u)=0$ 由式 (6.2.2) 给定时，取 $l(t)=A+Bt+\dfrac{1}{2}(C-B)t^2$. 作变换 $u=x+l(t)$，则 BVP(6.2.1) 成为

$$\begin{cases}x'''=h(t,x+l(t),x'+l'(t),x''+l''(t)),\\ x(0)=x'(0)=x'(1)=0.\end{cases}\tag{6.2.7}$$

记 $W^{3,1}=\{u\in C^2([0,1],\mathbf{R}):u''$ 在 $[0,1]$ 上绝对连续 $\}$，$H^3=\{u\in C^2([0,1],\mathbf{R}):u'''\in L^2([0,1],\mathbf{R})\}$. 显然 $H^3\subset W^{3,1}$.

对 $u\in W^{3,1}$, $v\in H^3$，分别定义

$$\|u\|_{W^{3,1}}=\sum_{i=0}^3\int_0^1|u^{(i)}(t)|\mathrm{d}t,\ \|v\|_{H^3}=\left[\sum_{i=0}^3\int_0^1|v^{(i)}(t)|^2\mathrm{d}t\right]^{\frac{1}{2}}.$$

则 $(W^{3,1},\|\cdot\|_{W^{3,1}})$ 和 $(H^3,\|\cdot\|_{H^3})$ 都是 Sobolev 空间.

$X=\{x\in C^2([0,1],\mathbf{R}):x(0)=x'(0)=x'(1)=0\}$，$Y=L^1([0,1],\mathbf{R})$. 定义

$$L:\mathrm{dom}L\subset X\to Y,$$
$$x(t)\mapsto x'''(t).$$

由于算子 $L=D^3$ 在边界条件 $x(0)=x'(0)=x'(1)=0$ 之下其相应方程 $Lx=0$ 仅有零解，故 L 是可逆线性算子，记其逆为 K. 同时定义

$$N:X\to Y,$$
$$x\mapsto h(t,x+l,x'+l',x''+l'').$$

则 BVP(6.2.7) 等价于方程 $Lx = Nx$，即

$$x = KNx. \tag{6.2.8}$$

由于 $\mathrm{dom}L = W^{3,1}$ 紧嵌入于 X 中，易证

$$KN : X \to X$$

是全连续算子. 因此，如果能找到一个非空有界开域 $\Omega \subset X$，对 $\forall\ \lambda \in [0,1)$，$x \in \partial\Omega$，

$$x \neq \lambda KNx.$$

则不妨设 $x \in \partial\Omega$ 时，$x \neq KNx$. 由 Leray-Schäuder 度的同伦不变性原理

$$\deg\{I - KN, \mathrm{dom}L \cap \Omega, 0\} = \deg\{I, \mathrm{dom}L \cap \Omega, 0\} = 1,$$

即知方程 (6.2.8) 在 Ω 中有解.

以上讨论对边界条件分别为式 (6.2.3)，式 (6.2.4)，式 (6.2.5)，式 (6.2.6) 时都适用. 所不同的是对边界条件式 (6.2.3) 取

$$l(t) = A + Bt + \frac{1}{2}Ct^2,\ X = \{x \in C^2([0,1], \mathbf{R}) : x(0) = x'(0) = x''(1) = 0\},$$

对边界条件 (6.2.4) 取

$$l(t) = A + Bt + (C - A - B)t^2,\ X = \{x \in C^2([0,1], \mathbf{R}) : x(0) = x'(0) = x(1) = 0\},$$

对边界条件 (6.2.5) 取

$$l(t) = A + \left(B - A - \frac{C}{2}\right)t + \frac{C}{2}t^2,\ X = \{x \in C^2([0,1], \mathbf{R}) : x(0) = x(1) = x''(1) = 0\},$$

对边界条件 (6.2.6) 取

$$l(t) = A + (B - C)t + \frac{C}{2}t^2,\ X = \{x \in C^2([0,1], \mathbf{R}) : x(0) = x'(1) = x''(1) = 0\}.$$

为了给出非空有界开域 Ω，需对

$$x = \lambda KNx, \qquad \lambda \in [0,1) \tag{6.2.9}$$

的解及其各阶导数的模作出估计. 为此先建立几个不等式.

引理 6.2.1[3] 设 $u \in W^{3,1}$，则

(1) 当 $u(0)=u'(0)=u'(1)=0$ 时，有

$$\|u\|_2 \leqslant \frac{2}{\pi}\|u'\|_2 \leqslant \frac{2}{\pi^2}\|u''\|_2,$$
$$|u''(0)|+|u''(1)| \leqslant \|u'''\|_1;$$

(2) 当 $u(0)=u'(0)=u''(1)=0$ 时，有

$$\|u\|_2 \leqslant \frac{2}{\pi}\|u'\|_2 \leqslant \frac{4}{\pi^2}\|u''\|_2,$$
$$|u''(0)|, \qquad |u'(1)| \leqslant \|u'''\|_1;$$

(3) 当 $u(0)=u'(0)=u(1)=0$ 时，有

$$\|u\|_2 \leqslant \frac{1}{\pi}\|u'\|_2 \leqslant \frac{1}{\pi^2}\|u''\|_2,$$
$$|u'(1)| \leqslant \|u'''\|_1, \qquad |u''(0)|+|u''(1)| \leqslant \|u'''\|_1;$$

(4) 当 $u(0)=u(1)=u''(1)=0$ 时，有

$$\|u\|_2 \leqslant \frac{1}{\pi}\|u'\|_2 \leqslant \frac{1}{\pi^2}\|u''\|_2,$$
$$|u'(0)|+|u'(1)| \leqslant \|u'''\|_1, \qquad |u''(0)| \leqslant \|u'''\|_1;$$

(5) 当 $u(0)=u'(1)=u''(1)=0$ 时，有

$$\|u\|_2 \leqslant \frac{2}{\pi}\|u'\|_2 \leqslant \frac{4}{\pi^2}\|u''\|_2,$$
$$|u'(0)|, \qquad |u''(0)| \leqslant \|u'''\|_1.$$

证明 我们只对 (1) 中的结论给出证明，其余情况证法相同. 首先将 $u(t)$ 延拓为周期函数，即对 $\forall\, k \in \mathbf{Z}$，定义

$$y(t)=\begin{cases} u(t-4k), & 4k \leqslant t \leqslant 4k+1, \\ u(4k+2-t), & 4k+1 \leqslant t \leqslant 4k+2, \\ -u(t-4k-2), & 4k+2 \leqslant t \leqslant 4k+3, \\ -u(4k+4-t), & 4k+3 \leqslant t \leqslant 4k+4. \end{cases}$$

则 $y(t)$ 为连续的 4- 周期函数，且满足

$$y(t)=y(2-t).$$

故 $y(t)$ 可展为正弦级数 $y(t)=\sum\limits_{n=1}^{\infty}b_n\sin\dfrac{n\pi}{2}t$. 由上式得

$$\sum_{n=1}^{\infty}b_n\sin\frac{n\pi}{2}t\equiv\sum_{n=1}^{\infty}b_n\sin\frac{n\pi}{2}(2-t)\equiv\sum_{n=1}^{\infty}(-1)^{n+1}b_n\sin\frac{n\pi}{2}t.$$

故 $n=2k$ 时，$b_{2k}=0$，$k=1,2,\cdots$. 于是

$$y(t)=\sum_{k=0}^{\infty}b_{2k+1}\sin\frac{(2k+1)\pi}{2}t,$$

又 $y(t)$ 在任一开区间 $(n,n+1)$ 是 C^2 函数，且 $y'(n)=0$. 因此 $y'(t)$ 是 $\mathbf{R}$ 上的连续周期函数，可展为

$$y'(t)=\frac{\pi}{2}\sum_{k=0}^{\infty}(2k+1)b_{2k+1}\cos\frac{(2k+1)\pi}{2}t.$$

注意到 $y(t)=u(t),t\in[0,1]$，且 $y(t)$ 关于 $t=1$ 对称，可得

$$\|u\|_2^2=\int_0^1u^2(t)\mathrm{d}t=\int_0^1y^2(t)\mathrm{d}t=\frac{1}{4}\int_{-2}^{2}|y(t)|^2\mathrm{d}t=\frac{1}{4}\|y\|_2^2=\frac{1}{2}\sum_{k=0}^{\infty}b_{2k+1}^2,$$

$$\|u'\|_2^2=\int_0^1|u'(t)|^2\mathrm{d}t=\int_0^1|y'(t)|^2\mathrm{d}t=\frac{1}{4}\int_{-2}^{2}|y'(t)|^2\mathrm{d}t=\frac{\pi^2}{8}\sum_{k=0}^{\infty}(2k+1)^2b_{2k+1}^2.$$

因此，$\|u\|_2\leqslant\dfrac{2}{\pi}\|u'\|_2$.

对 $k\in\mathbf{Z}$，定义

$$z(t)=\begin{cases}u(2k-t), & 2k-1\leqslant t\leqslant 2k,\\ u(t-k), & 2k\leqslant t\leqslant 2k+1.\end{cases}$$

显然 $z(t)$ 在 $\mathbf{R}$ 上是周期为 2 的 C^1 偶函数，且对 $\forall\, k\in\mathbf{Z}$，$z(t)$ 在 $(k,k+1)$ 上是 C^2 函数，且

$$\lim_{t\to 2k+1-0}z''(t)=u''(1),\qquad \lim_{t\to 2k+1+0}z''(t)=u''(1),\qquad \lim_{t\to 2k}z''(t)=u''(0).$$

可知 $z(t)$ 在 $\mathbf{R}$ 上是 C^2 函数. 展为 Fourier 级数

$$z(t)=a_0+\sum_{n=1}^{\infty}a_n\cos n\pi t,$$

$$z'(t)=-\pi\sum_{n=1}^{\infty}na_n\sin n\pi t,$$

$$z''(t)=-\pi^2\sum_{n=1}^{\infty}n^2a_n\cos n\pi t.$$

由于在 $[0,1]$ 上 $z(t)=u(t)$，易知

$$\|u'\|_2^2=\int_0^1|u'(t)|^2\mathrm{d}t=\frac{1}{2}\int_{-1}^1|z'(t)|^2\mathrm{d}t=\frac{\pi^2}{2}\sum_{n=1}^{\infty}n^2a_n^2,$$

$$\|u''\|_2^2=\frac{1}{2}\int_{-1}^1|z''(t)|^2\mathrm{d}t=\frac{\pi^4}{2}\sum_{n=1}^{\infty}n^4a_n^2.$$

因此，$\|u'\|_2\leqslant\frac{1}{\pi}\|u''\|_2$.

只要注意到 $u'(0)=u'(1)=0$, 即知 $\exists\,\eta\in(0,1)$，使 $u''(\eta)=0$，从而

$$|u''(0)|+|u''(1)|\leqslant\int_0^{\eta}|u'''(t)|\mathrm{d}t+\int_{\eta}^1|u'''(t)|\mathrm{d}t=\|u'''\|_1.$$

因此 (1) 中的结论成立.

定理 6.2.1[3]　假设条件 (H_1) 成立, 且

$$\frac{2a}{\pi^3}+\frac{b}{\pi^2}+\frac{c}{\pi}<1.$$

则当边界条件由式 (6.2.2) 给定时，BVP(6.2.1) 至少有一个解.

证明　我们只需证 $x=\lambda KNx$，$\lambda\in[0,1)$，即

$$\begin{cases}x'''=\lambda h(t,x+l,x'+l',x''+l''), & \lambda\in[0,1),\\ x(0)=x'(0)=x'(1)=0\end{cases}\tag{6.2.10}$$

的解有先验界.

注意到 $l(t)=A+Bt+\frac{1}{2}(C-B)t^2$，则

$$l'(t)=B+(C-B)t,\quad l''(t)=C-B.$$

设 $x(t)$ 是 BVP(6.2.10) 的解，我们有

$$\begin{aligned}\int_0^1x'''(x'+l')\mathrm{d}t&=-\|x''+l''\|_2^2+(x''+l'')(x'+l')\,\big|_0^1\\&=-\|x''+l''\|_2^2+Cx''(1)-Bx''(0)+(C-B)^2\end{aligned}$$

及

$$\int_0^1|x'+l'|^{1+\sigma}\mathrm{d}t\leqslant\|x'+l'\|_2^{1+\sigma},$$

$$\begin{aligned}\|x'+l'\|_2^{1+\sigma}&\leqslant\|2x'\|_2^{1+\sigma}+\|2l'\|_2^{1+\sigma}\\&=2^{1+\sigma}(\|x'\|_2^{1+\sigma}+\|l'\|_2^{1+\sigma})\\&<4(\|x'\|_2^{1+\sigma}+\|l'\|_2^{1+\sigma}).\end{aligned}$$

用 $x'+l'$ 乘式 (6.2.10) 中微分方程两边，并在 $[0,1]$ 上积分可得

$$\begin{aligned}
&-\|x''+l''\|_2^2+Cx''(1)-Bx''(0)+(C-B)^2\\
=&\lambda\int_0^1(x'+l')h(t,x+l,x'+l',x''+l'')\mathrm{d}t\\
\geqslant&-\lambda\int_0^1[a|x+l||x'+l'|+b|x'+l'|^2+c|x'+l'||x''+l''|+d(t)|x'+l'|^{1+\sigma}+e(t)]\mathrm{d}t\\
\geqslant&-[a\|x+l\|_2\|x'+l'\|_2+b\|x'+l'\|_2^2+c\|x'+l'\|_2\|x''+l''\|_2\\
&+4\|d\|_\infty(\|x'\|_2^{1+\sigma}+\|l'\|_2^{1+\sigma})+\|e\|_1]\\
\geqslant&-[a\|x\|_2\|x'\|_2+b\|x'\|_2^2+c\|x'\|_2\|x''\|_2]-[a\|l\|_2+2b\|l'\|_2+c\|l''\|]\|x'\|_2\\
&-a\|l'\|_2\|x\|_2-c\|l'\|_2\|x''\|_2-[a\|l\|_2\|l'\|_2+b\|l'\|_2^2+c\|l'\|_2\|l''\|_2]-\|e\|_1\\
&-4\|d\|_\infty(\|x'\|_2^{1+\sigma}+\|l'\|_2^{1+\sigma})\\
\geqslant&-\left(\frac{2a}{\pi^3}+\frac{b}{\pi^2}+\frac{c}{\pi}\right)\|x''\|_2^2-\left[\frac{a}{\pi^2}\|l''\|_2+\frac{1}{\pi}\Big(a\|l\|_2+2b\|l'\|_2+c\|l''\|_2\Big)\right]\|x''\|_2\\
&-(a\|l\|_2\|l'\|_2^2+c\|l'\|_2\|l''\|_2+\|e\|_1)-4\|d\|_\infty(\|x'\|_2^{1+\sigma}+\|l'\|_2^{1+\sigma}).
\end{aligned}\tag{6.2.11}$$

我们有

$$\begin{aligned}
\|x''\|_2^2=&\|x''+l''-l''\|_2^2\leqslant\|x''+l''\|_2^2+2\|l''\|_2\|x''+l''\|_2+\|l''\|_2^2\\
\leqslant&\|x''+l''\|_2^2+2\|l''\|_2\|x''\|_2+3\|l''\|_2^2
\end{aligned}$$

$$\begin{aligned}
\leqslant&[\|x''+l''\|_2^2-Cx''(1)+Bx''(0)-(C-B)^2]+2\|l''\|_2\|x''\|_2+3(C-B)^2\\
&+|Cx''(1)|+|Bx''(0)|+(C-B)^2\\
\leqslant&[\|x''+l''\|_2^2-Cx''(1)+Bx''(0)-(C-B)^2]+2|C-B|\|x''\|_2+4(C-B)^2\\
&+(|B|+|C|)(|x''(1)|+|x''(0)|)\\
\leqslant&[\|x''+l''\|_2^2-Cx''(1)+Bx''(0)-(C-B)^2]+2|C-B|\|x''\|_2\\
&+(|B|+|C|)\|x'''\|_1+4(C-B)^2.
\end{aligned}\tag{6.2.12}$$

由 $z \in L^2([0,1],\mathbf{R})$，$\|z\|_{1+\sigma}^{1+\sigma} \leqslant \|z\|_2^{1+\sigma}$ 得

$$\begin{aligned}\|x'''\|_1 \leqslant& \int_0^1 |h(t,x+l,x'+l',x''+l'')|\mathrm{d}t\\ \leqslant& \|\alpha\|_\infty\|x+l\|_{1+\sigma}^{1+\sigma} + \|\beta\|_\infty\|x'+l'\|_{1+\sigma}^{1+\sigma} + \|\gamma\|_\infty\|x''+l''\|_{1+\sigma}^{1+\sigma} + \|\delta\|_1\\ \leqslant& \|\alpha\|_\infty\|x+l\|_2^{1+\sigma} + \|\beta\|_\infty\|x'+l'\|_2^{1+\sigma} + \|\gamma\|_\infty\|x''+l''\|_2^{1+\sigma} + \|\delta\|_1\\ \leqslant& 4(\|\alpha\|_\infty\|x\|_2^{1+\sigma} + \|\beta\|_\infty\|x'\|_2^{1+\sigma} + \|\gamma\|_\infty\|x''\|_2^{1+\sigma}) + 4(\|\alpha\|_\infty\|l\|_2^{1+\sigma}\\ &+\|\beta\|_\infty\|l'\|_2^{1+\sigma} + \|\gamma\|_\infty\|l''\|_2^{1+\sigma}) + \|\delta\|_1\\ \leqslant& 4(\|\alpha\|_\infty + \|\beta\|_\infty + \|\gamma\|_\infty)\|x''\|_2^{1+\sigma} + 4(\|\alpha\|_\infty\|l\|_2^{1+\sigma} + \|\beta\|_\infty\|l'\|_2^{1+\sigma}\\ &+\|\gamma\|_\infty\|l''\|_2^{1+\sigma}) + \|\delta\|_1.\end{aligned} \tag{6.2.13}$$

因此，将式 (6.2.11)，式 (6.2.13) 代入式 (6.2.12) 中，并记

$$\begin{aligned}M_1 =& 4[\|d\|_\infty + (|B|+|C|)(\|\alpha\|_\infty + \|\beta\|_\infty + \|\gamma\|_\infty)],\\ M_2 =& \frac{a}{\pi}\|l'\|_2 + \frac{1}{\pi}(a\|l\|_2 + 2b\|l'\|_2 + c\|l''\|_2),\\ M_3 =& 4[\|d\|_\infty\|l'\|_2^{1+\sigma} + (|B|+|C|)(\|\alpha\|_\infty\|l\|_2^{1+\sigma} + \|\beta\|_\infty\|l'\|_2^{1+\sigma} + \|\gamma\|_\infty\|l''\|_2^{1+\sigma}])]\\ &+ a\|l\|_2\|l'\|_2 + b\|l'\|_2^2 + c\|l'\|_2\|l''\|_2 + (|B|+|C|)\|\delta\|_1 + \|e\|_1 + 4(C-B)^2,\end{aligned}$$

则得

$$\left[1-\left(\frac{2a}{\pi^3}+\frac{b}{\pi^2}+\frac{c}{\pi}\right)\right]\|x''\|_2^2 \leqslant M_1\|x''\|_2^{1+\sigma} + M_2\|x''\|_2 + M_3.$$

由此知 $\exists\, K_1 > 0$, $\|x''\|_2 \leqslant K_1$，并由 $x(0)=x'(0)=0$ 得

$$\|x\|_0,\ \|x'\|_0 \leqslant K_1,$$

其中 $\|\cdot\|_0$ 由 $\|y\|_0 = \max\limits_{0\leqslant t\leqslant 1}|y(t)|$ 定义，当 $y \in C([0,1],\mathbf{R})$. 于是由式 (6.2.13) 知，$\exists\, K_2 > 0$，使 $\|x'''\|_1 \leqslant K_2$. 再由 $x'(0)=x'(1)=0$ 知，$x''(t)$ 在 $(0,1)$ 中有零点，从而 $\|x''\|_0 \leqslant K_2$，并得

$$\|x\|_X \leqslant \max\{K_1,\ K_2\},$$

即 x 在 X 中有先验界. 定理得证.

同理可证如下定理.

定理 6.2.2[3] 设条件 (H_1) 成立，边界条件由式 (6.2.3) 给定，则当

$$\frac{a}{\pi^3}+\frac{4b}{\pi^2}+\frac{2c}{\pi}<1$$

时，BVP(6.2.1) 至少有一个解.

定理 6.2.3[3] 设条件 (H_2) 成立，边界条件由式 (6.2.4) 给定，则当

$$\frac{a}{\pi^3}+\frac{b}{\pi^2}+\frac{c}{\pi}+\frac{\|\alpha\|_2}{\pi^2}+\frac{\|\beta\|_2}{\pi}+\|\gamma\|_2<1$$

时，BVP(6.2.1) 至少有一个解.

定理 6.2.4[3] 设条件 (H_2) 成立，边界条件由式 (6.2.5) 给定，则当

$$\frac{a}{\pi^3}+\frac{b}{\pi^2}+\frac{c}{\pi}+\frac{\|\alpha\|_2}{\pi^2}+\frac{\|\beta\|_2}{\pi}+\|\gamma\|_2<1$$

时，BVP(6.2.1) 至少有一个解.

定理 6.2.5[4] 设条件 (H_2) 成立，边界条件由式 (6.2.6) 给定，则当

$$\frac{8a}{\pi^3}+\frac{4b}{\pi^2}+\frac{2c}{\pi}+\frac{4\|\alpha\|_2}{\pi^2}+\frac{2\|\beta\|_2}{\pi}+\|\gamma\|_2<1$$

时，BVP(6.2.1) 至少有一个解.

下面讨论解的唯一性.

引理 6.2.2[3] 条件 (H_1) 和 (H_2) 中的常数 a,b,c 分别用函数 $a,b,c\in L^2([0,1],\mathbf{R}^+)$ 代替，如果定理 6.2.1~ 定理 6.2.5 中的各不等式分别换成

$$\begin{aligned}
&\frac{2\|a\|_2}{\pi^2}+\frac{\|b\|_2}{\pi}+\|c\|_2<1,\\
&\frac{4\|a\|_2}{\pi^2}+\frac{2\|b\|_2}{\pi}+\|c\|_2<1,\\
&\frac{\|a\|_2+\|\alpha\|_2}{\pi^2}+\frac{\|b\|_2+\|\beta\|_2}{\pi}+\|c\|_2+\|\gamma\|_2<1,\\
&\frac{\|a\|_2+\|\alpha\|_2}{\pi^2}+\frac{\|b\|_2+\|\beta\|_2}{\pi}+\|c\|_2+\|\gamma\|_2<1,\\
&\frac{4(\|a\|_2+\|\alpha\|_2)}{\pi^2}+\frac{2(\|b\|_2+\|\beta\|_2)}{\pi}+\|c\|_2+\|\gamma\|_2<1,
\end{aligned}$$

则各定理中的结论仍成立.

证明 我们仅以定理 6.2.1 为例给出条件更换后的证明.

定理 6.2.1 的证明中，在用 $x'+l'$ 乘 BVP(6.2.10) 中微分方程的两端后，利用不等式

$$\begin{aligned}
&\int_0^1(a|x+l||x'+l'|+b|x'+l'|^2+c|x'+l'||x''+l''|)\mathrm{d}t\\
\leqslant&a\|x+l\|_2\|x'+l'\|_2+b\|x'+l'\|_2^2+c\|x'+l'\|_2\|x''+l''\|_2,
\end{aligned}$$

导出 $\|x''\|_2\leqslant K_1$. 这里由于 $a,b,c\in L^2([0,1],\mathbf{R}^+)$，故有

$$\begin{aligned}
&\int_0^1 (a|x+l||x'+l'|+b|x'+l'|^2+c|x'+l'||x''+l''|)\mathrm{d}t\\
\leqslant&\|x'+l'\|_C\int_0^1 (a|x+l|+b|x'+l'|+c|x''+l''|)\mathrm{d}t\\
\leqslant&(\|x'\|_C+\|l'\|_C)(\|a\|_2\|x+l\|_2+\|b\|_2\|x'+l'\|_2+\|c\|_2\|x''+l''\|_2)\\
\leqslant&\left(\frac{2\|a\|_2}{\pi^2}+\frac{\|b\|_2}{\pi}+\|c\|_2\right)\|x''\|_2^2+(\text{低于}\|x''\|_2^2\text{的项}).
\end{aligned}$$

易见用 $\dfrac{2\|a\|_2}{\pi^2}+\dfrac{\|b\|_2}{\pi}+\|c\|_2$ 代替定理 6.2.1 中的条件 $\dfrac{2a}{\pi^2}+\dfrac{b}{\pi^2}+\dfrac{c}{\pi}$，即可证得 $\|x''\|_2\leqslant K_1$，进而得出 x 在 $C^2([0,1],\mathbf{R})$，即 X 中的先验界，从而结论成立.

定理 6.2.6[4] 设条件 (H_3) 成立，在边界条件分别由式 (6.2.2)~ 式 (6.2.6) 给定时，如果 α,β,γ 分别对应满足

$$\begin{aligned}
&\frac{2\|\alpha\|_2}{\pi^2}+\frac{\|\beta\|_2}{\pi}+\|\gamma\|_2<1,\\
&\frac{4\|\alpha\|_2}{\pi^2}+\frac{2\|\beta\|_2}{\pi}+\|\gamma\|_2<1,\\
&\frac{2\|\alpha\|_2}{\pi^2}+\frac{2\|\beta\|_2}{\pi}+\|\gamma\|_2<1,\\
&\frac{2\|\alpha\|_2}{\pi^2}+\frac{2\|\beta\|_2}{\pi}+\|\gamma\|_2<1,\\
&\frac{8\|\alpha\|_2}{\pi^2}+\frac{4\|\beta\|_2}{\pi}+2\|\gamma\|_2<1
\end{aligned}$$

时，BVP(6.2.1) 有且仅有一个解.

证明 我们仅对边界条件为式 (6.2.2) 的情况给出证明，其余情况证法类似. 由假设 (H_3) 可得

$$\begin{aligned}
&|h(t,u,v,w)|\leqslant\alpha(t)|u|+\beta(t)|v|+\gamma(t)|w|+|h(t,0,0,0)|,\\
&h(t,u,v,w)v\geqslant-\alpha(t)|uv|-\beta(t)|v|^2-\gamma(t)|vw|-|h(t,0,0,0)||v|.
\end{aligned}$$

由定理 6.2.1 和引理 6.2.2 知，BVP(6.2.1) 有解.

设 u_1,u_2 是 BVP(6.2.1) 的解，记 $z(t)=u_1(t)-u_2(t)$，则

$$\begin{cases}
z'''=h(t,u_1,u_1',u_1'')-h(t,u_2,u_2',u_2''),\\
z(0)=z'(0)=z'(1)=0.
\end{cases}\tag{6.2.14}$$

BVP(6.2.14) 的微分方程两端乘 z'，在 $[0,1]$ 上积分得

$$\|z''\|_2^2\leqslant\left(\frac{2\|\alpha\|_2}{\pi^2}+\frac{\|\beta\|_2}{\pi}+\|\gamma\|_2\right)\|z''\|_2^2.$$

因此 $\|z''\|_2=0$，并推出 $\|z'\|_0=\|z\|_0=0$，即

$$u_1(t)\equiv u_2(t),\qquad t\in[0,1].$$

唯一性得证.

例 6.2.1[3] 考虑方程

$$\begin{cases}u'''+(1-t)^{\frac{2}{3}}(u'')^{\frac{4}{3}}(u')^{\frac{1}{3}}+t^2(u')^{\frac{5}{3}}+(2t-1)^{\frac{4}{5}}u'u^{\frac{2}{3}}-tu=(3t-2)^{-\frac{2}{7}}+1,\\ u(0)-A=u'(0)-B=u'(1)-C=0.\end{cases}\tag{6.2.15}$$

令 $h(t,u,v,w)=-(1-t)^{\frac{2}{3}}(u'')^{\frac{4}{3}}(u')^{\frac{1}{3}}-t^2(u')^{\frac{5}{3}}-(2t-1)^{\frac{4}{5}}u'u^{\frac{2}{3}}+tu+(3t-2)^{-\frac{2}{7}}+1$，易见对 a.e. $t\in[0,1]$，$h(t,\cdot,\cdot,\cdot)$ 连续，对 $\forall\ (u,v,w)\in\mathbf{R}^3$，$h(\cdot,u,v,w)$ 可测，且 $u^2+v^2+w^2\leqslant r^2$ 时

$$|h(\cdot,u,v,w)|\leqslant[(1-t)^{\frac{2}{3}}+t^2+(2t-1)^{\frac{4}{5}}]r^{\frac{5}{3}}+tr+(3t-2)^{-\frac{2}{7}}+1:=\delta_r(t).$$

则 $\delta_r\in L([0,1],\mathbf{R})$. 因此 h 满足 Caratheodory 条件.

由 Minkovskii 不等式可得

$$\begin{aligned}|h(t,u,v,w)|\leqslant&\left[\frac{3}{5}t+\frac{1}{5}(2t-1)^{\frac{4}{5}}\right]|u|^{\frac{5}{3}}+\left[\frac{(1-t)^{\frac{2}{3}}}{5}+t^2+\frac{3}{5}(2t-1)^{\frac{4}{5}}\right]|v|^{\frac{5}{3}}\\&+\frac{4}{5}(1-t)^{\frac{2}{3}}|w|^{\frac{5}{3}}+\left[1+(3t-2)^{-\frac{2}{7}}+\frac{2}{5}t\right].\end{aligned}$$

记

$$\alpha(t)=\frac{3}{5}t+\frac{1}{5}(2t-1)^{\frac{4}{5}},\qquad\beta(t)=\frac{1}{5}(1-t)^{\frac{2}{3}}+t^2+\frac{3}{5}(2t-1)^{\frac{4}{5}},$$
$$\gamma(t)=\frac{4}{5}(1-t)^{\frac{2}{3}},\qquad\delta(t)=1+(3t-2)^{-\frac{2}{7}}+\frac{2}{5}t.$$

由

$$\begin{aligned}vh(t,u,v,w)=&-(1-t)^{\frac{2}{3}}w^{\frac{4}{3}}v^{\frac{4}{3}}-t^2v^{\frac{8}{3}}-(2t-1)^{\frac{4}{6}}u^{\frac{2}{3}}v^2+tuv\\&+[(3t-2)^{-\frac{2}{7}}+1]v\\\geqslant&-|uv|-\frac{3}{5}|v|^{\frac{5}{3}}-\frac{2}{5}[(3t-2)^{-\frac{2}{7}}+1]^{\frac{5}{2}},\end{aligned}$$

取 $a=1,b=c=0$，$d(t)=\dfrac{3}{5}$，$\sigma=\dfrac{2}{3}$，$e(t)=\dfrac{2}{5}[(3t-2)^{-\frac{2}{7}}+1]^{\frac{5}{2}}$，则条件 (H_1) 满足，且

$$\frac{2a}{\pi^3}+\frac{b}{\pi^2}+\frac{c}{\pi}=\frac{2}{\pi^3}<1.$$

由定理 6.2.1 可知，BVP(6.2.15) 对 $\forall\ A,B,C\in\mathbf{R}$ 都有解.

例 6.2.2[3]　考虑边值问题

$$\begin{cases} u''' = \dfrac{1}{4}t^{-\frac{1}{3}}\sin(2u+u') + \dfrac{1}{6}(1-t^2)^{-\frac{1}{4}}[(u'')^2+1]^{\frac{1}{2}} + t + t^{-\frac{3}{4}}, \qquad \text{a.e. } t\in[0,1], \\ U(u)=0, \end{cases} \tag{6.2.16}$$

其中 $h(t,u,v,w) = \dfrac{1}{4}t^{-\frac{1}{3}}\sin(2u+u') + \dfrac{1}{6}(1-t^2)^{-\frac{1}{4}}[(u'')^2+1]^{\frac{1}{2}} + t + t^{-\frac{3}{4}}$，显然满足 Caratheodory 条件，且 a.e. $t\in[0,1]$，$(u_1,v_1,w_1),(u_2,v_2,w_2)\in\mathbf{R}^3$，有

$$\begin{aligned} &|h(t,u_1,v_1,w_1)-h(t,u_2,v_2,w_2)| \\ \leqslant&\frac{1}{4}t^{-\frac{1}{3}}|\sin(2u_1+v_1)-\sin(2u_2+v_2)| + \frac{1}{6}(1-t^2)^{-\frac{1}{4}}\left|(1+w_1^2)^{\frac{1}{2}}-(1+w_2^2)^{\frac{1}{2}}\right| \\ \leqslant&\frac{1}{2}t^{-\frac{1}{3}}|u_1-u_2| + \frac{1}{4}t^{-\frac{1}{3}}|v_1-v_2| + \frac{1}{6}(1-t^2)^{-\frac{1}{4}}|w_1-w_2|. \end{aligned}$$

容易验证条件 (H_3) 满足.

记 $\alpha(t)=\dfrac{1}{2}t^{-\frac{1}{3}}$，$\beta(t)=\dfrac{1}{4}t^{-\frac{1}{3}}$，$\gamma(t)=\dfrac{1}{6}(1-t^2)^{-\frac{1}{4}}$，则

$$\|\alpha\|_2 = \frac{\sqrt{3}}{2}, \qquad \|\beta\|_2 = \frac{\sqrt{3}}{2}, \qquad \|\gamma\|_2 = \frac{\sqrt{2\pi}}{12} < 0.209,$$

且这时

$$\frac{\|\alpha\|_2}{\pi^2} < 0.09, \qquad \frac{\|\beta\|_2}{\pi} < 0.14.$$

不难验证定理 6.2.6 中前 4 个不等式成立. 故对 $\forall\, A,B,C\in\mathbf{R}$，当边界条件 $U(u)$=0 由式 (6.2.2)~ 式 (6.2.5) 给定时，BVP(6.2.16) 有唯一解.

现在我们用上下解方法结合降阶讨论三阶两点边值问题

$$\begin{cases} u''' = f(t,u,u',u''), \\ u(a)=A, \qquad \alpha u'(a)-\beta u''(a)=B, \qquad \gamma u'(b)+\delta u''(b)=C. \end{cases} \tag{6.2.17}$$

我们假设:

(H_4) $f\in C([a,b]\times\mathbf{R}^3,\mathbf{R})$，$f(t,x,y,z)$ 关于 x 不增; $\alpha,\beta,\gamma,\delta\geqslant 0$，$\alpha+\beta,\gamma+\delta,\alpha+\gamma>0$; $\exists\, v,w\in C^3([a,b],\mathbf{R})$，满足 $v(a)\leqslant w(a)$, $v'(t)\leqslant w'(t)$，且

$$\begin{aligned} v'''(t) &\geqslant f(t,v(t),v'(t),v''(t)), \\ w'''(t) &\leqslant f(t,w(t),w'(t),w''(t)); \end{aligned}$$

$\forall\, t\in[a,b], z\in\mathbf{R}, v(t)\leqslant x\leqslant w(t), v'(t)\leqslant y\leqslant w'(t)$ 时

$$|f(t,x,y,z)|\leqslant h(|z|),$$

其中正值函数 $h(|z|)$ 满足

$$\int_0^\infty \frac{s\mathrm{d}s}{h(s)} = \infty.$$

当令 $y = u'$ 时，BVP(6.2.17) 可降阶为两个阶次较低的边值问题，

$$\begin{cases} y'' = f(t, u, u', u''), \\ \alpha y(a) - \beta y'(a) = B, \qquad \gamma y(b) + \delta y'(b) = C, \end{cases} \tag{6.2.18}$$

$$\begin{cases} u' = y(t), \\ u(a) = A. \end{cases} \tag{6.2.19}$$

由 $\alpha, \beta, \gamma, \delta$ 所满足的条件，得 $\alpha\gamma(b-a) + (\alpha\delta + \beta\gamma) > 0$，因此由

$$\begin{cases} y'' = 0, \\ \alpha y(a) - \beta y'(a) = B, \qquad \gamma y(b) + \delta y'(b) = C \end{cases}$$

解得内插多项式

$$l(t) = \frac{(\alpha C - \gamma B)t + (\gamma b + \delta)B - (\alpha a - \beta)C}{\alpha\gamma(b-a) + (\alpha\delta + \beta\gamma)}.$$

同时，由于算子 $L = D^2$ 在齐次边界条件

$$\alpha y(a) - \beta y'(a) = \gamma y(b) + \delta y'(b) = 0$$

下有 Green 函数

$$g(t,s) = \begin{cases} -\dfrac{[\alpha(t-a)+\beta][\gamma(b-s)+\delta]}{\alpha\gamma(b-a)+(\alpha\delta+\beta\gamma)}, & a \leqslant t \leqslant s \leqslant b, \\ -\dfrac{[\alpha(s-a)+\beta][\gamma(b-t)+\delta]}{\alpha\gamma(b-a)+(\alpha\delta+\beta\gamma)}, & a \leqslant s \leqslant t \leqslant b. \end{cases}$$

因此，在 $u = u(t)$ 给定后，BVP(6.2.18) 的解可以表示为

$$y(t) = l(t) + \int_a^b g(t,s) f(s, u(s), u'(s), u''(s))\mathrm{d}s. \tag{6.2.20}$$

而 BVP(6.2.19) 的解为

$$u(t) = A + \int_0^t y(s)\mathrm{d}s. \tag{6.2.21}$$

根据 6.1 节中的方法，应将式 (6.2.20) 代入式 (6.2.21) 中得出方程 (6.2.17) 的解的表达式. 但由于式 (6.2.21) 的特殊性，我们将 $u(t)$ 记为 $(My)(t)$，即定义

$$\begin{aligned} M : & C([a,b], \mathbf{R}) \to C([a,b], \mathbf{R}) \\ & y(t) \mapsto A + \int_a^t y(s)\mathrm{d}s \end{aligned}$$

然后代入式 (6.2.20) 中，得到

$$y(t)=l(t)+\int_a^b g(t,s)f(s,(My)(s),y(s),y'(s))\mathrm{d}s. \tag{6.2.22}$$

记 $(Ty)(t)=l(t)+\int_a^b g(t,s)f(s,(My)(s),y(s),y'(s))\mathrm{d}s$. 则 BVP(6.2.22) 在 $C^1([a,b],\mathbf{R})$ 的有解性等价于算子

$$T:C^1([a,b],\mathbf{R})\to C^1([a,b],\mathbf{R})$$

不动点的存在性. 显然方程 (6.2.22) 有解等价于 BVP(6.2.17) 有解.

引理 6.2.3[4] 设条件 (H_4) 成立，且 $\exists\ K>0$，使 $(t,x,y,z)\in[a,b]\times\mathbf{R}^3$ 时，$|f(t,x,y,z)|\leqslant K$，则对 $\forall\ B,C\in\mathbf{R}$，方程 (6.2.22) 有解.

证明 我们证算子 T 在 $C^1([a,b],\mathbf{R})$ 中有不动点. 记 $X=C^1([a,b],\mathbf{R})$.

显然 T 是全连续算子，且由于 $T(X)\subset C^2([a,b],\mathbf{R})$，可知 $T(X)$ 紧嵌入于 X 中，故 T 是全连续算子. 由 $l(t),l'(t)$ 的有界性及 g,g_t' 的有界性，再根据条件 $|f(t,x,y,z)|\leqslant K$，不难选取 R 充分大及

$$\Omega=\{u\in X:\ \|u\|_X<R\},$$

使 $T\bar{\Omega}\subset\bar{\Omega}$, 从而 T 在 X 中有不动点.

引理 6.2.4[5] 设条件 (H_4) 成立，则 $\exists\ N>0$ 使方程

$$y''=f(t,My,y,y')$$

满足 $v'(t)\leqslant y(t)\leqslant w'(t)$ 的解 $y(t)$ 有

$$|y'(t)|\leqslant N,\qquad t\in[a,b] \tag{6.2.23}$$

成立. N 称为 Nagumo 常数，它只和 v,w 及 h 有关.

证明 取 $\lambda=\dfrac{1}{b-a}\max\{|v'(a)-w'(b)|,|v'(b)-w'(a)|\}$. 则存在 $N>\lambda$，使

$$\int_\lambda^N\frac{s\mathrm{d}s}{h(s)}>\max_{a\leqslant t\leqslant b}w'(t)-\min_{a\leqslant t\leqslant b}v'(t).$$

由于 $\exists\ t_0\in(a,b)$，使 $|y'(t_0)|=\left|\dfrac{y(b)-y(a)}{b-a}\right|\leqslant\lambda$, 故如果对上述 N，式 (6.2.23) 不成立，则 $\exists\ t_1,t_2\in(a,b)$，$t_1\neq t_2$.

$$\begin{aligned}&|y'(t_1)|=\lambda,\qquad |y'(t_2)|=N,\\&\lambda<|y'(t)|<N,\qquad t\in[\min\{t_1,t_2\},\max\{t_1,t_2\}).\end{aligned}$$

不妨设 $y'(t_2) > y'(t_1) > 0$，$t_2 > t_1$，则

$$y''(t) > 0, \qquad t \in (t_1, t_2).$$

在 $[t_1, t_2]$ 上我们有

$$y'(t)y''(t) = y'(t)|y''(t)| = y'(t)|f(t, My(t), y(t), y'(t))| \leqslant h(y'(t))y'(t).$$

两边除以 $h(y'(t))$ 并积分，得

$$\int_\lambda^N \frac{u\mathrm{d}u}{h(u)} = \int_{t_1}^{t_2} \frac{y'(t)\mathrm{d}(y'(t))}{h(y'(t))} \leqslant \int_{t_1}^{t_2} y'(t)\mathrm{d}t = y(t_2) - y(t_1).$$

由于 $y(t_2) - y(t_1) \leqslant \max\limits_{a\leqslant t\leqslant b} w'(t) - \min\limits_{a\leqslant t\leqslant b} v'(t)$，得出矛盾，故式 (6.2.23) 成立.

定理 6.2.7 设条件 (H_4) 成立，则 BVP(6.2.17) 有解 $u(t)$，满足 $v(t) \leqslant u(t) \leqslant w(t)$，$v'(t) \leqslant u'(t) \leqslant w'(t)$.

证明 记 $d = \max\left\{N, \dfrac{w'(b) - v'(a)}{b-a}, \dfrac{w'(a) - v'(b)}{b-a}\right\}$，其中 N 由引理 6.2.4 给定. 取 $m = d + 1$，令

$$f_m(t,x,y,z) = \begin{cases} f(t,x,y,m), & z > m, \\ f(t,x,y,z), & |z| \leqslant m, \\ f(t,x,y,-m), & z < -m; \end{cases}$$

$$F_m(t,x,y,z) = \begin{cases} f_m(t,w(t),y,z), & x > w(t), \\ f_m(t,x,y,z), & v(t) \leqslant x \leqslant w(t), \\ f_m(t,v(t),y,z), & x < v(t); \end{cases}$$

及

$$F(t,x,y,z) = \begin{cases} F_m(t,x,w'(t),z) + \dfrac{y - w'(t)}{1+y^2}, & y > w'(t), \\ F_m(t,x,y,z), & v'(t) \leqslant y \leqslant w'(t), \\ F_m(t,x,v'(t),z) + \dfrac{y - v'(t)}{1+y^2}, & y < v'(t); \end{cases}$$

这时，F 在 $[a,b] \times \mathbf{R}^3$ 上有界，故由引理 6.2.3 知，方程

$$y(t) = l(t) + \int_a^b g(t,s)F(s,(My)(s),y(s),y'(s))\mathrm{d}s \tag{6.2.24}$$

有解 $\hat{y}(t)$. 显然 $|f_m|, |F_m|, |F| \leqslant h(|z|)$.

现证

$$v'(t) \leqslant \hat{y}(t) \leqslant w'(t), \qquad t \in [a,b]. \tag{6.2.25}$$

设不然，不妨设 $v'(t) \leqslant \hat{y}(t)$ 不成立. 则存在 $t_0 \in [a,b]$，使

$$q(t_0) = v'(t_0) - \hat{y}(t_0) = \max_{a \leqslant t \leqslant b}\{v'(t) - \hat{y}(t)\} > 0,$$

其中 $q(t) := v'(t) - \hat{y}(t)$.

如果 $t_0 = a$，则 $q'(a) \leqslant 0$. 由此得

$$v'(a) > \hat{y}(a), \qquad v''(a) \leqslant \hat{y}'(a).$$

由定理条件，我们有

$$\alpha v'(a) - \beta v''(a) \leqslant B = \alpha \hat{y}(a) - \beta \hat{y}'(a). \tag{6.2.26}$$

若 $\alpha \neq 0$，式 (6.2.26) 不成立; 若 $\alpha = 0$，因 $\beta > 0$，$v''(a) \leqslant \hat{y}'(a)$. 由式 (6.2.26) 得 $v''(a) = \hat{y}'(a)$. 从而得 $v'''(a) \leqslant \hat{y}''(a)$.

同理，$t_0 = b$ 时，得 $\gamma = 0$，$v'''(b) \geqslant \hat{y}''(b)$.

当 $t_0 \in (a,b)$ 时，有 $v''(t_0) = \hat{y}(t_0)$，$v'''(t_0) \leqslant \hat{y}'(t_0)$. 记

$$\eta(t_0) = \begin{cases} w(t_0), & \text{当}(M\hat{y})(t_0) > w(t_0), \\ (M\hat{y})(t_0), & \text{当} v(t_0) \leqslant (M\hat{y})(t_0) \leqslant w(t_0), \\ v(t_0), & \text{当}(M\hat{y})(t_0) < v(t_0). \end{cases}$$

显然 $v(t_0) \leqslant \eta(t_0) \leqslant w(t_0)$. 由 F_m 的定义

$$F_m(t_0, (M\hat{y})(t_0), y, z) = f_m(t_0, \eta(t_0), y, z).$$

于是注意到 F, F_m, f_m 和 f 一样，关于 x 不增，我们有

$$\begin{aligned} & v'''(t_0) - \hat{y}''(t_0) \\ \geqslant & f(t_0, v(t_0), v'(t_0), v''(t_0)) - F(t_0, (M\hat{y})(t_0), \hat{y}(t_0), \hat{y}'(t_0)) \\ \geqslant & f(t_0, v(t_0), v'(t_0), v''(t_0)) - F_m(t_0, (M\hat{y})(t_0), v'(t_0), \hat{y}'(t_0)) + \frac{v'(t_0) - \hat{y}(t_0)}{1 + \hat{y}^2(t_0)} \\ > & f(t_0, v(t_0), v'(t_0), v''(t_0)) - F_m(t_0, (M\hat{y})(t_0), v'(t_0), v''(t_0)) \\ \geqslant & f(t_0, v(t_0), v'(t_0), v''(t_0)) - f_m(t_0, \eta(t_0), v'(t_0), v''(t_0)) \\ = & f(t_0, v(t_0), v'(t_0), v''(t_0)) - f(t_0, \eta(t_0), v'(t_0), v''(t_0)) \geqslant 0, \end{aligned}$$

得出矛盾. 因此 $v'(t) \leqslant \hat{y}(t)$.

同理可证 $\hat{y}(t) \leqslant w'(t)$. 由此知式 (6.2.24) 成立. 由式 (6.2.25) 进一步得

$$v(t) \leqslant A + \int_a^t v'(s)\mathrm{d}s \leqslant A + \int_a^t \hat{y}(s)\mathrm{d}s = (M\hat{y})(t) \leqslant A + \int_a^t w'(s)\mathrm{d}s \leqslant w(t). \tag{6.2.27}$$

故 $\hat{y}(t)$ 满足

$$F(t,(M\hat{y})(t),\hat{y}(t),\hat{y}'(t)) = F_m(t,(M\hat{y})(t),\hat{y}(t),\hat{y}'(t))$$
$$= f_m(t,(M\hat{y})(t),\hat{y}(t),\hat{y}'(t)).$$

由式 (6.2.25)，式 (6.2.26) 结合引理 6.2.4，得到 $|\hat{y}'(t)| \leqslant N$，故

$$F(t,(M\hat{y})(t),\hat{y}(t),\hat{y}'(t)) = f(t,(M\hat{y})(t),\hat{y}(t),\hat{y}'(t)).$$

亦即 $\hat{y}(t)$ 满足方程 (6.2.22).

BVP(6.2.17) 的有解性得证, 且解 $\hat{u}(t) = M\hat{y}(t)$ 满足设定的不等式.

6.2.2 边界条件为非线性的三阶边值问题

对于边界条件为非线性的情况

$$\begin{cases} u''' = f(t,u,u',u'') \\ u(a) = A, \qquad g(u(a),u'(a),u''(a)) = B, \qquad h(u(b),u'(b),u''(b)) = C. \end{cases} \tag{6.2.28}$$

我们假设 (H_5)

(1) $f \in C([a,b]\times \mathbf{R}^3, \mathbf{R})$，$\forall\, (t,y,z) \in [a,b]\times \mathbf{R}^2$，$f(t,\cdot,y,z)$ 不增;

(2) $g,h \in C(\mathbf{R}^3,\mathbf{R})$，$g(x,y,\cdot), g(\cdot,y,z), h(\cdot,y,z)$ 不增，$h(x,y,\cdot)$ 不减;

(3) $\exists\, \alpha,\beta \in C^3([a,b],\mathbf{R})$，$\alpha(a) \leqslant A \leqslant \beta(a)$，$\alpha'(t) \leqslant \beta'(t)$，使

$$g(\alpha(a),\alpha'(a),\alpha''(a)) \leqslant B \leqslant g(\beta(a),\beta'(a),\beta''(a)),$$

$$h(\alpha(b),\alpha'(b),\alpha''(b)) \leqslant C \leqslant h(\beta(b),\beta'(b),\beta''(b)),$$

且满足

$$\alpha'''(t) \geqslant f(t,\alpha(t),\alpha'(t),\alpha''(t)),$$
$$\beta'''(t) \leqslant f(t,\beta(t),\beta'(t),\beta''(t));$$

(4) $\forall\, t \in [a,b]$，$z \in \mathbf{R}$，$\alpha(t) \leqslant x \leqslant \beta(t)$，$\alpha'(t) \leqslant y \leqslant \beta'(t)$ 时，$\exists\, W : \mathbf{R}^+ \to \mathbf{R}^+$，$\displaystyle\int_0^\infty \frac{s\mathrm{d}s}{W(s)} = \infty$，使

$$|f(t,x,y,z)| \leqslant W(|z|).$$

记 $(Mu)(t) = A + \displaystyle\int_a^t u(s)\mathrm{d}s$.

引理 6.2.5 设 $u'' = f(t,Mu,u,u')$ 的初值解可延拓至 $[a,b]$ 或在 $[a,b]$ 的某个子区间上达到无穷，$\{f_i(t,x,y,z)\}$ 是 $[a,b]\times\mathbf{R}^3$ 上的连续函数列，且在 $[a,b]\times\mathbf{R}^3$ 上的任何紧子集上一致收敛于 $f(t,x,y,z)$. 又设 $u_i(t)$ 是

$$u'' = f_i(t,Mu,u,u')$$

的解，$\{u_i(t)\}$ 一致有界，则 $u''=f(t,Mu,u,u')$ 在 $[a,b]$ 上有解 $u(t)$，$\{u_i(t)\}$ 一致收敛于 $u(t)$.

据 Hartman 定理 (文献 [6] 定理 3.2)，采用文献 [2] 中引理 7.5 的方法，可证此引理.

定理 6.2.8[4] 设条件 (H_5) 成立，则 BVP(6.2.28) 有解.

证明 考虑边值问题

$$\begin{cases} u'''=f(t,u,u',u''), \\ u(a)=A,\ \ u'(a)=m, \qquad u'(b)=n, \end{cases} \tag{6.2.29}$$

其中 $m\in[\alpha'(a),\beta'(a)]$, $n\in[\alpha'(b),\beta'(b)]$. 显然 BVP(6.2.29) 的边界条件是 BVP(6.2.17) 的一种特殊情况，BVP(6.2.29) 满足定理 6.2.7 的条件，因此 BVP(6.2.29) 有解 $u(t;m,n)$

$$\alpha'(t)\leqslant u'(t;m,n)\leqslant\beta'(t).$$

特别当 $m=\alpha'(a)$ 时，BVP(6.2.29) 的任一解 $\tilde{u}(t)=u(t;\alpha'(a),n)$ 由 $\tilde{u}'(a)=\alpha'(a)$, $\tilde{u}'\ (t)=\alpha'(t)$ 可得 $\tilde{u}''(a)\geqslant\alpha''(a)$. 于是

$$g(\tilde{u}(a),\tilde{u}'(a),\tilde{u}''(a))\leqslant g(\alpha(a),\alpha'(a),\tilde{u}''(a))\leqslant g(\alpha(a),\alpha'(a),\alpha''(a))\leqslant B.$$

同理当 $m=\beta'(a)$ 时，BVP(6.2.29) 的任一解 $\bar{u}(t)=u(t;\beta'(a),n)$ 满足

$$g(\bar{u}(a),\bar{u}'(a),\bar{u}''(a))\geqslant B.$$

下证 $\forall\ n\in[\alpha'(b),\beta'(b)]$，$\exists\ m=m(n)\in[\alpha'(a),\beta'(a)]$，使 BVP(6.2.29) 有解 $u(t;m(n),n)$ 满足

$$g(u(a),u'(a),u''(a))=B. \tag{6.2.30}$$

不妨设

$$g(\tilde{u}(a),\tilde{u}'(a),\tilde{u}''(a))<B<g(\bar{u}(a),\bar{u}'(a),\bar{u}''(a)).$$

否则，如果两个不等式中有一个为等号代替，则结论已经成立.

对 $\forall\ n\in[\alpha'(b),\beta'(b)]$，记

$$S=\{m\in[\alpha'(a),\beta'(a)]:u'(a)=m\text{时 BVP(6.2.29)有解使}g(u(a),u'(a),u''(a))<B\}.$$

S 非空，且有

$$\alpha'(a)\leqslant m_0=\sup S\leqslant\beta'(a).$$

如果 $m_0\in S$，则显然 $m_0<\beta'(a)$. 在 $m=m_0$ 时，BVP(6.2.29) 有解记为 $u_0(t)$，满足

$$g(u_0(a),u_0'(a),u_0''(a))<B. \tag{6.2.31}$$

如果 $m_0 \notin S$，则 $\exists\{m_i\}$: $m_i \in [\alpha'(a), m_0)$，$i=1,2,\cdots$

$$m_i \to m_0, \qquad 当\ i \to \infty,$$

且 $m=m_i$ 时，BVP(6.2.29) 的解 $u_i(t)$ 满足

$$\alpha(t) \leqslant u_i(t) \leqslant \beta(t), \qquad \alpha'(t) \leqslant u_i'(t) \leqslant \beta'(t),$$
$$u_i(a)=A, \qquad g(u_i(a), u_i'(a), u_i''(a)) < B.$$

记 $y_i(t)=u_i'(t)$，则 $u_i(t)=(My_i)(t)=A+\int_a^t y_i(s)\mathrm{d}s$，且 $y_i(t)$ 是

$$\begin{cases} y''=f(t, My, y, y'), \\ y(a)=m_i, \qquad y'(b)=n \end{cases} \tag{6.2.32}$$

的解. 和定理 6.2.7 一样，f 经 f_m, F_m 修改为 F，$y_i(t)$ 是方程 $y''=F(t, My, y, y')$ 满足

$$\alpha'(t) \leqslant y_i(t) \leqslant \beta'(t), \qquad y_i(a)=m_i,\ y_i(b)=n$$

的解. 这时由于 F 在 $[a,b]\times \mathbf{R}^3$ 上有界，故 $y''=F(t, My, y, y')$ 的初值解在 $[a,b]$ 上存在且有界，对引理 6.2.5 中的 f_i 取为 $f_i \equiv F$，则由引理结论知 $\{y_i(t)\}$ 在 $[a,b]$ 上有子序列 $\{y_i^{(1)}\}$ 一致收敛于方程 $y''=F(t, My, y, y')$ 的一个解 $y_0(t)$，

$$\alpha'(t) \leqslant y_0(t) \leqslant \beta'(t).$$

且 $y_0(a)=\lim\limits_{i\to\infty} y_i^{(1)}(a)=m_0$，$y_0(b)=n$. 这时 $u_0(t)=My_0(t)$ 是 $m=m_0$ 时 BVP(6.2.29) 的解，满足

$$\begin{aligned} g(u_0(a), u_0'(a), u_0''(a)) &= \lim_{i\to\infty} g\left(A, \left(My_i^{(1)}\right)(a), y_i^{(1)}(a), \left(y_i^{(1)}\right)'(a)\right) \\ &= \lim_{i\to\infty} g\left(A, u_i^{(1)}(a), \left(u_i^{(1)}\right)'(a), \left(u_i^{(1)}\right)''(a)\right) \leqslant B. \end{aligned}$$

如果等式成立，则结论 (6.2.30) 得证. 如不成立，则 $g(u_0(a), u_0'(a), u_0''(a)) < B$. 这时有 $m_0 < \beta'(a)$.

因此，当式 (6.2.31) 成立时，我们可用 $u_0(t)$ 作为条件中的下解 $\alpha(t)$，且取 $\bar{m}_i \in (m_0, \beta'(a))$，$i=1,2,\cdots$ 使 $\lim\limits_{i\to\infty} \bar{m}_i = m_0$，则 $m=\bar{m}_i$ 时 BVP(6.2.29) 有解 $\bar{u}_i(t)$:

$$u_0(t) \leqslant \bar{u}_i(t) \leqslant \beta(t), \qquad u_0'(t) \leqslant \bar{u}_i'(t) \leqslant \beta'(t),$$
$$g(\bar{u}_i(a), \bar{u}_i'(a), \bar{u}_i''(a)) > B, \qquad \bar{u}_i'(a)=\bar{m}_i.$$

记 $\bar{u}_i'(t) = \bar{y}_i(t)$，$\bar{u}_i(t) = (M\bar{y}_i)(t)$，和对 $\{y_i(t)\}$ 的讨论一样，可证 $\{\bar{y}_i(t)\}$ 有子列 $\{\bar{y}_i^{(1)}(t)\}$ 一致收敛于方程 $y'' = F(t, My, y, y')$ 的一个解 $\bar{y}_0(t)$. $(M\bar{y}_0)(t) = \bar{u}_0(t)$ 则是 BVP(6.2.29) 当 $m = m_0$ 时的一个解，满足

$$\begin{aligned}&u_0(t) \leqslant \bar{u}_0(t) \leqslant \beta(t), \qquad u_0'(t) \leqslant \bar{u}_0'(t) \leqslant \beta'(t),\\&g(\bar{u}_0(a), \bar{u}_0'(a), \bar{u}_0''(a)) \geqslant B.\end{aligned}$$

上式中等号成立，则式 (6.2.30) 得证. 否则我们有

$$g(\bar{u}_0(a), \bar{u}_0'(a), \bar{u}_0''(a)) > B. \tag{6.2.33}$$

由 $u_0'(t) \leqslant \bar{u}_0'(t)$ 及 $u_0'(a) = \bar{u}_0'(a) = m_0$，得

$$u_0''(a) \leqslant \bar{u}_0''(a).$$

又根据 $g(x, y, z)$ 关于 x, z 不增，由式 (6.2.31) 和式 (6.2.33) 导出

$$B < g(\bar{u}_0(a), \bar{u}_0'(a), \bar{u}_0''(a)) \leqslant g(u_0(a), u_0'(a), u_0''(a)) < B,$$

这是矛盾式.

这时我们在定理条件下证明了 $\forall\ n \in [\alpha'(a), \beta'(a)]$，在 BVP(6.2.29) 取 $m = m(n)$ 使其解满足

$$\begin{cases}u''' = f(t, u, u', u''),\\u(a) = A, \qquad g(u(a), u'(a), u''(a)) = B, \qquad u'(b) = n,\end{cases} \tag{6.2.34}$$

且 $\alpha'(t) \leqslant u'(t) \leqslant \beta'(t)$. 利用 BVP(6.2.34) 的有解性及条件 $h(\alpha(b), \alpha'(b), \alpha''(b)) \leqslant C \leqslant h(\beta(b), \beta'(b), \beta''(b))$，采用上述方法，可证 $\exists n_0 \in [\alpha'(b), \beta'(b)]$，在 BVP(6.2.29) 中取 $n = n_0$，$m = m(n_0)$ 可使 BVP(6.2.29) 的解 $\hat{u}(t)$ 同时满足

$$g(\hat{u}(a), \hat{u}'(a), \hat{u}''(a)) = A, \qquad g(\hat{u}(b), \hat{u}'(b), \hat{u}''(b)) = C.$$

则 $\hat{u}(t)$ 就是非线性边界条件的 BVP(6.2.28) 的解.

例 6.2.3 对三阶两点边值问题

$$\begin{cases}u''' = (t-u)^2 + t(1+t)^2 u' + (u')^2 \sin(u''),\\u(0) = 0,\ 5[u'(0)]^2 - \dfrac{1}{2}u''(0) = B,\\-u(\pi) + [u'(\pi)]^2 + \pi^2[u''(\pi)]^3 = C,\end{cases} \tag{6.2.35}$$

取 $\alpha(t)=-t^2$，$\beta(t)=t$，则 $\alpha(t)$ 和 $\beta(t)$ 分别是 BVP(6.2.35) 在 $[0,\pi]$ 上的下解和上解. 记

$$g(u)=5[u'(0)]^2-\frac{1}{2}u''(0),\qquad h(u)=-u(\pi)+[u'(\pi)]^2+\pi^2[u''(\pi)]^3,$$

则 g,h 满足定理 6.2.8 中的条件. 又记

$$f(t,u,u',u'')=(t-u)^2+t(1+t)^2u'+(u')^2\sin(u''),$$

则 $t\in[0,\pi]$，$\alpha(t)\leqslant u\leqslant\beta(t)$ 时，f 关于 u 不增，满足定理 6.2.8 的要求. 由于

$$g(\alpha(0),\alpha'(0),\alpha''(0))=1,\qquad g(\beta(0),\beta'(0),\beta''(0))=5,$$
$$h(\alpha(\pi),\alpha'(\pi),\alpha''(\pi))=-3\pi^2,\qquad h(\beta(\pi),\beta'(\pi),\beta''(\pi))=-\pi+1,$$

故 $1\leqslant B\leqslant 5$，$-3\pi^2\leqslant C\leqslant -\pi+1$ 时 BVP(6.2.35) 有解.

注 6.2.1 定理中关于 g,h 增减性的要求，可以分别用

$$g(x,y,z)\text{ 关于 }x,z\text{ 不增},\qquad h(x,y,z)\text{ 关于 }x,y\text{ 不增}$$

和

$$g(x,y,z)\text{ 关于 }x,y\text{ 不增},\qquad h(x,y,z)\text{ 关于 }x\text{ 不增},\qquad \text{关于 }z\text{ 不减}$$

代替.

这时作为定理证明的出发点，BVP(6.2.29) 需分别用

$$\begin{cases}u'''=f(t,u,u',u''),\\ u(a)=A,\qquad u'(a)=m,\qquad u''(b)=n\end{cases}\tag{6.2.36}$$

和

$$\begin{cases}u'''=f(t,u,u',u''),\\ u(a)=A,\qquad u''(a)=m,\qquad u'(b)=n\end{cases}\tag{6.2.37}$$

代替.

以下我们不采用降阶的方法，直接对 BVP(6.2.28) 研究其解的存在性，但是其边界条件较特殊一些，即

$$\begin{cases}u'''=f(t,u,u',u''),\\ u(0)=0,\qquad g(u'(0),u''(0))=B,\qquad h(u'(1),u''(1))=C.\end{cases}\tag{6.2.38}$$

假设 (H_6)

(1) $f\in C([0,1]\times\mathbf{R}^3,\mathbf{R})$，$f(t,x,y,z)$ 关于 x 不增;

(2) $\exists\alpha,\ \beta \in C^3([0,1],\mathbf{R})$，$\alpha'(t) \leqslant \beta'(t),\ \alpha(0) \leqslant 0 \leqslant \beta(0)$，满足

$$\alpha'''(t) \geqslant f(t,\alpha(t),\alpha'(t),\alpha''(t)),$$

$$\beta'''(t) \leqslant f(t,\beta(t),\beta'(t),\beta''(t))$$

及

$$g(\alpha'(0),\alpha''(0)) \leqslant B \leqslant g(\beta'(0),\beta''(0)),$$

$$h(\alpha'(1),\alpha''(1)) \leqslant C \leqslant g(\beta'(1),\beta''(1));$$

(3) 在 $D=\{(t,x,y,z): t\in[0,1],\ \alpha(t)\leqslant x\leqslant\beta(t),\ \alpha'(t)\leqslant y\leqslant\beta'(t),\ z\in\mathbf{R}\}$ 上存在 $\phi\in L^1(\mathbf{R}^+,\ (0,\infty))$ 满足 $\displaystyle\int_0^{+\infty}\frac{s\mathrm{d}s}{\phi(s)}=+\infty$, 使

$$|f(t,x,y,z)| \leqslant \phi(|z|);$$

(4) $g,h\in C(\mathbf{R}^2,\mathbf{R})$，$g(y,z)$ 关于 z 单调不增，$h(y,z)$ 关于 z 单调不减.

我们有如下定理.

定理 6.2.9[6]　设条件 (H_6) 成立，则边值问题 (6.2.38) 有解.

由于假设 (H_6) 包含于 (H_5) 中，BVP(6.2.38) 作为 BVP(6.2.28) 的特例，定理 6.2.9 的结论实际上已包含于定理 6.2.8 之中. 但是我们这里由另一种途径给出定理的证明.

证明　首先由条件中的 (3)，假设 BVP(6.2.38) 有解 $u=u(t)$，满足

$$\{(t,u(t),u'(t),u''(t)): t\in[0,1]\}\subset D,$$

类似于引理 6.2.4，可证 $\exists\, N>0$，使 $|u''(t)|\leqslant N$，其中 N 和具体的解无关. 定义

$$\omega(v_1,v_2,v_3)=\begin{cases} v_3, & v_2\geqslant v_3,\\ v_2, & v_1\leqslant v_2\leqslant v_3,\\ v_1, & v_2\leqslant v_1,\end{cases}$$

其中 $v_1\leqslant v_3$. 对 $\lambda\in[0,1]$，考虑辅助方程

$$\begin{cases} u'''=\lambda f(t,\omega(\alpha(t),u,\beta(t)),\omega(\alpha'(t),u',\beta'(t)),u'')\\ \qquad\quad +(1-\lambda)u'+\lambda[u'-\omega(\alpha'(t),u',\beta'(t))]\phi(|u''|),\\ u(0)=0, u'(0)=\lambda[B-g(\omega(\alpha'(0),u'(0),\beta'(0))+\omega(\alpha'(0),u'(0),\beta'(0)))],\\ u'(1)=\lambda[C-h(\omega(\alpha'(1),u'(1),\beta'(1))+\omega(\alpha'(1),u'(1),\beta'(1)))]. \end{cases}\tag{6.2.39}$$

选择常数 $M_1>0$，使对 $\forall\, t\in[0,1]$，

$$\begin{aligned}&-M_1<\alpha'(t)<\beta'(t)<M_1,\\&f(t,\alpha(t),\alpha'(t),0)-[M_1+\alpha'(t)]\phi(0)<0,\\&f(t,\beta(t),\beta'(t),0)+[M_1-\beta'(t)]\phi(0)>0,\end{aligned}$$

$$\begin{aligned}&|B-g(\beta'(0),0)+\beta'(0)|<M_1,\ \ |B-g(\alpha'(0),0)+\alpha'(0)|<M_1,\\&|C-h(\beta'(1),0)+\beta'(1)|<M_1,\ \ |C-h(\alpha'(1),0)+\alpha'(1)|<M_1\end{aligned}$$

全成立.

第一步，先证 BVP(6.2.39) 的任一解 $u=u(t)$ 满足

$$|u(t)|,\ |u'(t)|<M_1,\qquad t\in[0,1]. \tag{6.2.40}$$

设 $|u'(t)|<M_1$ 不恒成立，则 $\exists\, t_0\in[0,1]$，使

$$|u'(t_0)|=\max_{0\leqslant t\leqslant 1}|u'(t)|\geqslant M_1.$$

不妨设 $u'(t_0)\geqslant M_1>0$.

如果 $t_0\in(0,1)$，则 $u''(t_0)=0$，$u'''(t_0)\leqslant 0$. 于是 $\lambda>0$ 时，

$$\begin{aligned}0\geqslant u'''(t_0)=&\lambda f(t_0,\omega(\alpha(t_0),u(t_0),\beta(t_0)),\omega(\alpha'(t_0),u'(t_0),\beta'(t_0)),u''(t_0))\\&+(1-\lambda)u'(t_0)+\lambda[u'(t_0)-\omega(\alpha'(t_0),u'(t_0),\beta'(t_0))]\phi(|u''(t_0)|)\\=&\lambda f(t_0,\omega(\alpha(t_0),u(t_0),\beta(t_0)),\beta'(t_0),0)+(1-\lambda)u'(t_0)\\&+\lambda[u'(t_0)-\beta'(t_0)]\phi(0)\\\geqslant&\lambda f(t_0,\beta(t_0),\beta'(t_0),0)+(1-\lambda)u'(t_0)+\lambda[M_1-\beta'(t_0)]\phi(0)\\\geqslant&\lambda[f(t_0,\beta(t_0),\beta'(t_0),0)+(M_1-\beta'(t_0))\phi(0)]>0,\end{aligned}$$

得出矛盾. $\lambda=0$ 时, 则

$$0\geqslant u'''(t_0)=u'(t_0)\geqslant M_1>0,$$

同样得出矛盾. 故 $t_0\notin(0,1)$.

如果 $t_0=0$，则 $u'(0)=\max\limits_{0\leqslant t\leqslant 1}u'(t)\geqslant M_1>0$，$u''(0)\leqslant 0$. 于是

$$\begin{aligned}M_1\leqslant u'(0)&=\lambda[B-g(\omega(\alpha'(0),u'(0),\beta'(0)),u''(0))+\omega(\alpha'(0),u'(0),\beta'(0))]\\&\leqslant\lambda[B-g(\beta'(0),u''(0))+\beta'(0)]\\&\leqslant\lambda[B-g(\beta'(0),0)+\beta'(0)]<M_1,\end{aligned}$$

得出矛盾. 故 $t_0 \neq 0$.

同理可证 $t_0 \neq 1$. 于是 $|u'(t)| < M_1$ 成立，再由

$$|u(t)| = \left|\int_0^t |u'(s)|\mathrm{d}s\right| < M_1 t \leqslant M_1$$

可知式 (6.2.40) 成立.

第二步，证 $\exists\, M_2 > 0$，使 BVP(6.2.39) 的解 $u(t)$ 满足

$$|u''(t)| < M_2, \qquad t \in [0,1] \tag{6.2.41}$$

且 M_2 与 u 及 λ 无关.

设 $u = u(t)$ 是 BVP(6.2.39) 的一个解，记

$$D_{M_1} = \{(t,x,y,z) \in [0,1] \times \mathbf{R}^3 : |x|, |y| \leqslant M_1\}.$$

定义 $F_\lambda : D_{M_1} \to \mathbf{R}$ 为

$$\begin{aligned} F_\lambda(t,x,y,z) =& \lambda f(t, \omega(\alpha(t), x, \beta(t)), \omega(\alpha'(t), y, \beta'(t)), z) \\ &+ (1-\lambda)y + \lambda[y - \omega(\alpha'(t), y, \beta'(t))]\phi(|z|). \end{aligned}$$

我们证 $\lambda \in [0,1]$ 时 F_λ 在 D_{M_1} 上满足定理中条件 (3)(用 F_λ 代替 f，用 D_{M_1} 代替 D).

实际上

$$\begin{aligned} |F_\lambda(t,x,y,z)| \leqslant& |f(t, \omega(\alpha(t), x, \beta(t)), \omega(\alpha'(t), y, \beta'(t)), z)| \\ &+ |y| + |y - \omega(\alpha'(t), y, \beta'(t))|\phi(|z|) \\ \leqslant& \phi(|z|) + M_1 + (|y| + |\beta'(t)|)\phi(|z|) \\ =& M_1 + (1 + 2M_1)\phi(|z|) := \hat{\phi}(z). \end{aligned}$$

这时有

$$\int_0^{+\infty} \frac{s\mathrm{d}s}{\hat{\phi}(s)} = \int_0^{+\infty} \frac{s\mathrm{d}s}{M_1 + (1+2M_1)\phi(s)} \geqslant \int_0^{+\infty} \frac{1}{(1+2M_1)} \cdot \frac{s\mathrm{d}s}{1+\phi(s)} = +\infty.$$

因此类似引理 6.2.4 的过程，可证式 (6.2.41) 成立.

第三步，证 $\lambda = 1$ 时，BVP(6.2.39) 至少有一解.

由 $Lu = (u''', u(0), u'(0), u'(1))$ 定义

$$L : C^2[0,1] \cap \mathrm{dom}L \to C[0,1] \times \mathbf{R}^3.$$

并由

$$(N_\lambda u)(t) = (\lambda f(t, \omega(\alpha(t), u(t), \beta(t)), \omega(\alpha'(t), u'(t), \beta'(t)), u''(t)) + (1-\lambda)u'(t) + \lambda[u'(t) - \omega(\alpha'(t), u'(t), \beta'(t))]\phi(|u''(t)|), 0, B_\lambda, C_\lambda)$$

定义 $N_\lambda : C^2[0,1] \to C[0,1] \times \mathbf{R}^3$，其中

$$B_\lambda := \lambda[B - g(\omega(\alpha'(0), u'(0), \beta'(0)), u''(0)) + \omega(\alpha'(0), u'(0), \beta'(0))],$$

$$C_\lambda := \lambda[C - h(\omega(\alpha'(1), u'(1), \beta'(1)), u''(1)) + \omega(\alpha'(1), u'(1), \beta'(1))].$$

由 L 可逆，记其逆为 L^{-1}，定义 $T_\lambda = L^{-1}N_\lambda$. $N_\lambda : C^2[0,1] \to C[0,1] \times \mathbf{R}^3$ 为连续算子，$L^{-1} : C[0,1] \times \mathbf{R}^3 \to C^2[0,1]$ 为全连续算子，故

$$T_\lambda : C^2([0,1], \mathbf{R}) \to C^2([0,1], \mathbf{R})$$

是全连续算子. 取有界开集

$$\Omega = \{x \in C^2[0,1] : \|x\|_0,\ \|x'\|_0 < M_1,\ \|x''\|_0 < M_2\}.$$

由第一、二步可知，$\forall\ \lambda \in [0,1]$，$\deg\{I - T_\lambda, \Omega, 0\}$ 有意义，且 $\deg\{I - T_1, \Omega, 0\} = \deg\{I - T_0, \Omega, 0\}$.

因为 $u = T_0 u$ 只有平凡解，故

$$\deg\{I - T_0, \Omega, 0\} = 1.$$

由此知 T_1 有不动点 $\hat{u} = \hat{u}(t)$，即 $\hat{u}(t)$ 是边值问题 (6.2.39) 在 $\lambda = 1$ 时的解.

第四步，证 $\hat{u}$ 是 BVP(6.2.38) 的解.

由于

$$\begin{cases} \hat{u}'''(t) = f(t, \omega(\alpha(t), \hat{u}(t), \beta(t)), \omega(\alpha'(t), \hat{u}'(t), \beta'(t)), \hat{u}''(t)) \\ \qquad\qquad + [\hat{u}'(t) - \omega(\alpha'(t), \hat{u}'(t), \beta'(t))]\phi(|\hat{u}''(t)|), \\ \hat{u}(0) = 0, \hat{u}'(0) = B - g(\omega(\alpha'(0), \hat{u}'(0), \beta'(0)), \hat{u}''(0)) + \omega(\alpha'(0), \hat{u}'(0), \beta'(0)), \\ \hat{u}'(1) = C - h(\omega(\alpha'(1), \hat{u}'(1), \beta'(1)), \hat{u}''(1)) + \omega(\alpha'(1), \hat{u}'(1), \beta'(1)), \end{cases}$$

只需证 $\hat{u}$ 满足 $\alpha(t) \leqslant \hat{u}(t) \leqslant \beta(t)$，$\alpha'(t) \leqslant \hat{u}'(t) \leqslant \beta'(t)$ 即可.

先证 $\alpha'(t) \leqslant \hat{u}'(t) \leqslant \beta'(t)$. 设若结论不真，不妨设 $\exists\ t_1 \in [0,1]$，使

$$\hat{u}'(t_1) - \beta_1'(t_1) = \max_{0 \leqslant t \leqslant 1} [\hat{u}'(t) - \beta'(t)] > 0.$$

若 $t_1 \in (0,1)$，有 $\hat{u}''(t_1) = \beta''(t_1)$，$\hat{u}'''(t_1) \leqslant \beta'''(t_1)$. 于是

$$\begin{aligned}
0 \geqslant& \hat{u}'''(t_1) - \beta'''(t_1) \\
\geqslant& f(t_1, \omega(\alpha(t_1), \hat{u}(t_1), \beta(t_1)), \omega(\alpha'(t_1), \hat{u}'(t_1), \beta'(t_1)), \hat{u}''(t_1)) \\
&+ [\hat{u}'(t_1) - \omega(\alpha'(t_1), \hat{u}'(t_1), \beta'(t_1))]\phi(|\hat{u}''(t_1)|) - f(t_1, \beta(t_1), \beta'(t_1), \beta''(t_1)) \\
\geqslant& f(t_1, \beta(t_1), \beta'(t_1), \hat{u}''(t_1)) - f(t_1, \beta(t_1), \beta'(t_1), \beta''(t_1)) + [\hat{u}'(t_1) - \beta'(t_1)]\phi(|\hat{u}''(t_1)|) \\
=& [\hat{u}'(t_1) - \beta'(t_1)]\phi(|\hat{u}''(t_1)|) > 0,
\end{aligned}$$

得出矛盾. 如果 $t_1 = 0$，有

$$u'(0) - \beta'(0) = \max_{0 \leqslant t \leqslant 1} [\hat{u}'(t) - \beta'(t)] > 0, \qquad \hat{u}''(0) - \beta''(0) \leqslant 0.$$

则

$$\begin{aligned}
\beta'(0) < \hat{u}'(0) =& B - g(\omega(\alpha'(0), \hat{u}'(0), \beta'(0)), \hat{u}''(0)) + \omega(\alpha'(0), \hat{u}'(0), \beta'(0)) \\
=& B - g(\beta'(0), \hat{u}''(0)) + \beta'(0) \\
=& B - g(\beta'(0), \beta''(0)) + \beta'(0) \leqslant 0,
\end{aligned}$$

也得出矛盾. 至于 $t_1 = 1$ 时，同样推出矛盾，于是 $\alpha'(t) \leqslant \hat{u}'(t) \leqslant \beta'(t)$ 成立. 由 $\alpha(0) \leqslant \hat{u}(0) \leqslant \beta(0)$，可得

$$\alpha(t) \leqslant \hat{u}(t) \leqslant \beta(t), \qquad t \in [0,1].$$

这样我们就证得了定理的结果.

对多点非线性边界条件也可以给出类似的结果[6].

6.2.3 共振条件下的三阶方程边值问题

我们研究共振条件下三阶微分方程的多点边值问题

$$\begin{cases} u''' = f(t, u, u', u''), & t \in (0,1), \\ u(0) - \alpha u(\xi) = u''(0) = 0, & u'(1) = \sum_{i=1}^{m-2} \beta_i u'(\eta_i), \end{cases} \tag{6.2.42}$$

其中 $\alpha \geqslant 0, \xi \in (0,1)$, $0 < \eta_1 < \eta_2 < \cdots < \eta_{m-2} < 1$. f 满足 Carathéodory 条件.

对 $X = C^2([0,1], \mathbf{R}), \forall\, x \in X$, 定义 $\|x\|_0 = \max_{0 \leqslant t \leqslant 1} |x(t)|, \|x\| = \max\{\|x\|_0, \|x'\|_0, \|x''\|_0\}$，$Y = L^1([0,1], \mathbf{R})$，当 $y \in Y$ 时，定义 $\|y\|_1 = \int_0^1 |y(t)| \mathrm{d}t$. 又 Sobolev 空间

$$W^{3,1}[0,1] = \{x \in X : x''\text{在}[0,1]\text{上绝对连续}, x''' \in Y\}.$$

显然 $W^{3,1}[0,1]$ 紧嵌入于 X 中.

首先考虑边界条件中系数非负的情况，即假设 (H_7):

(1) $\alpha=0, \beta_i \geqslant 0, \sum\limits_{i=1}^{m-2} \beta_i=1$;

(2) $\exists\, a, b, c, r \in L^1([0,1], \mathbf{R}^+)$，使 $(t, x, y, z) \in[0,1] \times \mathbf{R}^3$ 时

$$|f(t, x, y, z)| \leqslant a(t)|x|+b(t)|y|+c(t)|z|+r(t);$$

(3) $\exists\, M>0$，使 $|c| \geqslant M$ 时，对 $\forall\,(t, x, z) \in[0,1] \times \mathbf{R}^2$，

$$c f(t, x, c, z)<0(>0).$$

在边界条件的上述假设下, 由于齐次线性边值问题

$$\begin{cases}u'''=0, & t \in(0,1), \\ u(0)=u''(0)=0, & u'(1)=\sum\limits_{i=1}^{m-2} \beta_i u'(\eta_i)\end{cases}$$

有非平凡解 $u(t)=At$，$A \neq 0$，因此 BVP(6.2.42) 是共振情况下的边值问题，且 $\ker L=\{At: A \in \mathbf{R}\}$.

我们将运用 Mawhin 连续性定理 (定理 2.3.3) 给出 BVP(6.2.42) 有解的结论，因此先定义算子

$$L: X \cap \operatorname{dom} L \rightarrow Y$$

为 $Lx=x'''$，其中 $\operatorname{dom} L=\{x \in W^{3,1}[0,1]: x(0)=x''(0)=0,\ x'(1)=\sum\limits_{i=1}^{m-2} \beta_i x'(\eta_i)\}$.

这是一个线性算子. 定义

$$N: X \rightarrow Y$$

为 $(Nx)(t)=f(t, x(t), x'(t), x''(t))$，$t \in(0,1)$.

由 $\sum\limits_{i=1}^{m-2} \beta_i=1$，可得 $\sum\limits_{i=1}^{m-2} \beta_i \eta_i^2<1$.

引理 6.2.6[7] 设条件 (H_7) 成立，则 $L: X \cap \operatorname{dom} L \rightarrow Y$ 是一个指标为零的 Fredholm 算子，且投影算子

$$Q: Y \rightarrow Y / \operatorname{Im} L, \qquad P: X \rightarrow \ker L$$

可分别定义为

$$Qy=\frac{2}{1-\sum\limits_{i=1}^{m-2} \beta_i \eta_i^2} \sum_{i=1}^{m-2} \beta_i\left[\int_0^{\eta_i}(1-\eta_i) y(s) \mathrm{d} s+\int_{\eta_i}^1(1-s) y(s) \mathrm{d} s\right],$$

$$(Px)(t)=x'(0) t.$$

这时

$$(K_p y)(t) = \frac{1}{2}\int_0^t (t-s)^2 (I-Q)y(s)\mathrm{d}s,$$

且当 $y \in \mathrm{Im}L$ 时，$\|K_p y\|_0 \leqslant \frac{1}{2}\|y\|_1$，$\|(K_p y)'\|_0$，$\|(K_p y)''\|_0 \leqslant \|y\|_1$，其中 $K_p = K(I-Q)$，$K = (L|_{\ker p})^{-1}$.

证明　由于 $\ker L = \{x \in X : x = At, A \in \mathbf{R}\}$，因而 $(Px)(t) := x'(0)t$ 是合理的. 对 $\forall\, y \in \mathrm{Im}L$，则 $K_p y \in X/\ker L$，即 $(K_p y)(t)$ 满足

$$\begin{cases} u''' = y(t), \\ u(0) = u'(0) = u''(0) = 0, \end{cases}$$

因而可解出

$$(K_p y)(t) = \frac{1}{2}\int_0^t (t-s)^2 y(s)\mathrm{d}s.$$

显然 $\|K_p y\|_0 \leqslant \frac{1}{2}\int_0^1 |y(s)|\mathrm{d}s = \frac{1}{2}\|y\|_1$，$\|(K_p y)'\|_0$，$\|(K_p y)''\|_0 \leqslant \|y\|_1$.

以下确定 $y \in \mathrm{Im}L$ 所应满足的条件，然后给出 Q 的定义. 对 $y \in \mathrm{Im}L$，则 $\exists\, x \in \mathrm{dom}L$，使 $Lx = y$. 由

$$\begin{cases} x''' = y(t), & t \in (0,1), \\ x(0) = x''(0) = 0, & x'(1) = \sum\limits_{i=1}^{m-2} \beta_i x'(\eta_i) \end{cases}$$

中的微分方程及 $x(0) = x''(0) = 0$ 解得

$$x(t) = bt + \frac{1}{2}\int_0^t (t-s)^2 y(s)\mathrm{d}s,$$

带入最后一个边界条件，要使等式成立当且仅当

$$\sum_{i=1}^{m-2} \beta_i \left[\int_0^{\eta_i} (1-\eta_i) y(s)\mathrm{d}s + \int_{\eta_i}^1 (1-s)y(s)\mathrm{d}s\right] = 0. \tag{6.2.43}$$

由于 $\dim(Y/\mathrm{Im}L) = 1$，可取 $Y/\mathrm{Im}L = \mathbf{R}$. 对 $y \in Y$，设 $Qy = c$，则 $(I-Q)y = y - c \in \mathrm{Im}L$，从而由

$$\begin{aligned}0 &= \sum_{i=1}^{m-2}\beta_i\left[\int_0^{\eta_i}(1-\eta_i)(I-Q)y(s)\mathrm{d}s+\int_{\eta_i}^1(1-s)(I-Q)y(s)\mathrm{d}s\right]\\&= \sum_{i=1}^{m-2}\beta_i\left[\int_0^{\eta_i}(1-\eta_i)y(s)\mathrm{d}s+\int_{\eta_i}^1(1-s)y(s)\mathrm{d}s\right]\\&\quad - c\sum_{i=1}^{m-2}\beta_i\left[\int_0^{\eta_i}(1-\eta_i)\mathrm{d}s+\int_{\eta_i}^1(1-s)\mathrm{d}s\right]\\&= \sum_{i=1}^{m-2}\beta_i\left[\int_0^{\eta_i}(1-\eta_i)y(s)\mathrm{d}s+\int_{\eta_i}^1(1-s)y(s)\mathrm{d}s\right]-c\frac{1}{2}\left(1-\sum_{i=1}^{m-2}\beta_i\eta_i^2\right),\end{aligned}$$

故

$$Qy=c=\frac{2}{1-\sum\limits_{i=1}^{m-2}\beta_i\eta_i^2}\sum_{i=1}^{m-2}\beta_i\left[\int_0^{\eta_i}(1-\eta_i)y(s)\mathrm{d}s+\int_{\eta_i}^1(1-s)y(s)\mathrm{d}s\right].$$

由于 $y\in\mathrm{Im}L$，当且仅当式 (6.2.43) 成立，结合 $\ker L$ 的维数为 1，可知 L 是指标为 0 的 Fredholm 算子.

定理 6.2.10 设条件 (H_7) 成立，则当

$$\|a\|_1+\|b\|_1+\|c\|_1<1$$

时，BVP(6.2.42) 在 $W^{3,1}[0,1]$ 中至少有一个解.

证明 首先证明

$$\Omega_1=\{x\in\mathrm{dom}L\subset X: Lx=\lambda Nx,\ \lambda\in(0,1)\}$$

是有界的.

设 $x\in\Omega_1, Lx=\lambda Nx, \lambda\in(0,1)$，则 $QNx=0$，即

$$\sum_{i=1}^{m-2}\beta_i\left[\int_0^{\eta_i}(1-\eta_i)f(s,x(s),x'(s),x''(s))\mathrm{d}s+\int_{\eta_i}^1(1-s)f(s,x(s),x'(s),x''(s))\mathrm{d}s\right]=0.$$

由假设 (H_7) 的条件 (3)，有 $t_0\in[0,1]$，使 $|x'(t_0)|\leqslant M$. 因此，

$$\|x''\|_0\leqslant\|x'''\|_1,\ \|x'\|_0\leqslant|x'(t_0)|+\int_0^1|x''(s)|\mathrm{d}s\leqslant M+\|x''\|_1\leqslant M+\|x'''\|_1,$$

$$\|x\|_0\leqslant\|x'\|_1\leqslant\|x'\|_0\leqslant M+\|x'''\|_1.$$

由假设 (H_7) 的条件 (2) 得

$$\begin{aligned}\|x'''\|_1&\leqslant\|a\|_1\|x\|_0+\|b\|_1\|x'\|_0+\|c\|_1\|x''\|_0+\|r\|_1\\&\leqslant(\|a\|_1+\|b\|_1+\|c\|_1)\|x'''\|_1+(\|a\|_1+\|b\|_1)M+\|r\|_1.\end{aligned}$$

根据条件 $\|a\|_1+\|b\|_1+\|c\|_1<1$，我们有

$$\|x'''\|_1\leqslant\frac{(\|a\|_1+\|b\|_1)M+\|r\|_1}{1-(\|a\|_1+\|b\|_1+\|c\|_1)}.$$

易知存在与 λ 无关的 $\hat{M}>0$，使

$$\|x''\|_0,\ \|x'\|_0,\ \|x\|_0<\hat{M}.$$

Ω_1 的有界性得证.

又记 $\Omega_2=\{x\in\ker L:QNx=0\}$.

由 $x\in\ker L$，则 $x=ct$，$c\in\mathbf{R}$. 根据 $QNx=0$，有

$$\sum_{i=1}^{m-2}\beta_i\left[\int_0^{\eta_i}(1-\eta_i)f(s,cs,c,0)\mathrm{d}s+\int_{\eta_i}^1(1-s)f(s,cs,s,0)\mathrm{d}s\right]=0.$$

条件 (3) 表明 $|c|\leqslant M$，因而 $\Omega_2\subset\{ct:|c|\leqslant M\}$ 是有界的.

取 $\Omega=\{x\in X:\|x\|<1+\max\{M,\hat{M}\}\}$. 则 $\forall\, x\in\partial\Omega\cap\ker L$，有 $x=c_0t$，$|c_0|=1+\max\{M,\hat{M}\}>M$.

令 $H(x,\mu)=-\mu x+(1-\mu)JQNx$, $x\in\bar{\Omega}$, $\mu\in[0,1]$, 其中同胚映射 $J:\mathbf{R}\to\ker L$ 由 $J(c)=ct$ 定义. 当 $x\in\partial\Omega\cap\ker L$ 时

$$\begin{aligned}H(x,\mu)&=-\mu x+(1-\mu)JQf(t,c_0t,c_0,0)\\&=-\mu c_0t+(1-\mu)\frac{2t}{1-\sum\limits_{i=1}^{m-2}\beta_i\eta_i^2}\sum_{i=1}^{m-2}\beta_i\left[\int_0^{\eta_i}(\eta_i-s)f\mathrm{d}s+\int_{\eta_i}^1(1-s)f\mathrm{d}s\right]\\&\neq0.\end{aligned}$$

于是

$$\deg\{JQN,\Omega\cap\ker L,0\}=\deg\{-I,(-c_0t,c_0t),0\}\neq0.$$

并知 BVP(6.2.42) 在 Ω 中有解 $\hat{u}(t),\hat{u}\in W^{3,1}[0,1]$.

以下设 (H_8):

(1) $\alpha=1,\beta_i\geqslant0,\sum\limits_{i=1}^{m-2}\beta_i=1$;

(2) 同条件 (H_7) 中的 (2);

(3) $\exists\, M>0$，使 $|c|\geqslant M$ 时，对 $\forall\,(t,y,z)\in[0,1]\times\mathbf{R}^2$，

$$cf(t,c,y,z)<0(>0).$$

我们有如下定理.

定理 6.2.11 设条件 (H_8) 成立，则当

$$\|a\|_1+\|b\|_1+\|c\|_1<1$$

时，BVP(6.2.42) 至少有一个解.

证明 投影算子 $Q:Y\to Y/\mathrm{Im}L$ 和引理 6.2.5 中相同. 但此时，$\ker L=\{x(t)\equiv c:c\in\mathbf{R}\}=\mathbf{R}$，故投影算子 $P:X\to\ker L$ 和算子 $K_p:Y\to\ker P$ 分别由

$$Px=x(0),\ (K_py)(t)=-\frac{t^2}{2\xi^2}\int_0^{\xi}(\xi-s)^2y(s)\mathrm{d}s+\frac{1}{2}\int_0^t(t-s)^2y(s)\mathrm{d}s$$

定义.

对于 $Lx=\lambda Nx,\lambda\in(0,1)$ 的解，注意到由条件 (3) 可得 $\exists\ t_0\in[0,1]$，使 $|x(t_0)|\leqslant M<\infty$. 并且由 $x(0)=x(\xi)$，知 $\exists\ t_1\in(0,\xi)$ 使 $x'(t_1)=0$. 于是有

$$\begin{aligned}&\|x''\|_0\leqslant\|x'''\|_1,\ \|x'\|_0\leqslant\|x''\|_1\leqslant\|x''\|_0\leqslant\|x'''\|_1,\\&\|x\|_0\leqslant M+\|x'\|_1\leqslant M+\|x'''\|_1.\end{aligned}$$

由此，经过和定理 6.2.10 相同的论证，即得本定理的结论.

例 6.2.4 对三阶微分方程边值问题

$$\begin{cases}u'''=t^2+4+\dfrac{3}{8}u\left(1+\dfrac{1}{2}\sin u'\right)+\dfrac{1}{4}t\cos(u'')^3,\\u(0)-u\left(\dfrac{1}{2}\right)=u''(0)=0,\ u(1)=\dfrac{1}{4}u\left(\dfrac{1}{4}\right)+\dfrac{1}{6}u\left(\dfrac{1}{3}\right)+\dfrac{7}{12}u\left(\dfrac{1}{2}\right),\end{cases}\tag{6.2.44}$$

讨论解的存在性. 不难验证这是一个共振边值问题，属于 BVP(6.2.42) 中 $\alpha=1$ 的情况. 这里

$$f(t,x,y,z)=t^2+4+\frac{3}{8}x\left(1+\frac{1}{2}\sin y\right)+\frac{1}{4}t\cos z^3.$$

由于

$$|f(t,x,y,z)|\leqslant\frac{9}{16}|x|+t^2+\frac{1}{4}t+4,$$

即知 $a(t)=\dfrac{9}{16},b(t)=c(t)=0,r(t)=t^2+\dfrac{1}{4}t+4$. 这时

$$\|a\|_1+\|b\|_1+\|c\|_1=\frac{9}{16}<1.$$

根据定理 6.2.11，BVP(6.2.44) 至少有一个解.

当设定 $\beta_i \geqslant 0$, $i = 1, 2, \cdots, m-2$，则由 $\sum\limits_{i=1}^{m-2} \beta_i = 1$，对 $\forall\ k > 1$，可导出 $\sum\limits_{i=1}^{m-2} \beta_i \eta_i^k < 1$. 但当 β_i 允许变号时，$\sum\limits_{i=1}^{m-2} \beta_i \eta_i^k = 1$ 仍然可以出现.

在讨论边界条件中 β_i 允许变号的情况之前，首先给一个引理.

引理 6.2.7　设 $\beta_i \in \mathbf{R}$, $i = 1, 2, \cdots, m-2$, $\sum\limits_{i=1}^{m-2} \beta_i = 1, \xi \in (0,1), 0 < \eta_1 < \eta_2 < \cdots < \eta_{m-2} < 1$，则 $\exists\, l \in \mathbf{Z}^+$，使

$$2\left(1 - \sum_{i=1}^{m-2} \beta_i \eta_i^{l+3}\right) - (l+3)\left(1 - \sum_{i=1}^{m-2} \beta_i \eta_i\right) \xi^{l+1} \neq 0. \tag{6.2.45}$$

证明　只需令 $l \to \infty$，可知上式左方极限为 2，因而结论成立.

现讨论边值问题

$$\begin{cases} u''' = f(t, u, u', u'') + e(t), \qquad 0 < t < 1, \\ u'(0) = u'(\xi) = 0, \qquad u(1) = \sum\limits_{i=1}^{m-2} \beta_i u(\eta_i) \end{cases} \tag{6.2.46}$$

的可解性，其中 $0 < \eta_1 < \eta_2 < \cdots < \eta_{m-2} < 1$，$\xi \in (0, \eta_{m-2})$. 当 $\sum\limits_{i=1}^{m-2} \beta_i = 1$ 时，BVP(6.2.46) 是一个共振边值问题.

假设 (H_9):

(1) $0 \neq \beta_i \in \mathbf{R}$, $\sum\limits_{i=1}^{m-2} \beta_i = 1$, $e \in L^1[0,1]$;

(2) f 满足 Carathéodory 条件，且 $\exists\, d, r \in L^1[0,1]$，使

$$|f(t,x,y,z)| \leqslant |d(t)||x| + |r(t)|;$$

(3) $\exists\, M > 0$，使 $\forall\ (t,x,y,z) \in [0, \eta_{m-2}] \times \mathbf{R}^3$，有

$$|f(t,x,y,z)| \leqslant M;$$

(4) $\exists\, [a,b] \subset (\eta_{m-2}, 1]$，$\forall\ (t,y,z) \in [a,b] \times \mathbf{R}^2$,

$$\lim_{x \to \infty} f(t,x,y,z) \mathrm{sgn} x = +\infty(-\infty),$$

$\forall\ (t,y,z) \in ([\eta_{m-2}, 1] \setminus [a,b]) \times \mathbf{R}^2$,

$$\lim_{x \to \infty} f(t,x,y,z) \mathrm{sgn} x > 0(< 0).$$

定理 6.2.12 设条件 (H_9) 成立，则当 $\|\alpha\|_1 < 1$ 时，对 $\forall\, e \in L[0,1]$，BVP(6.2.46) 至少有一个解.

证明 令 $L = D^3 = \dfrac{\mathrm{d}^3}{\mathrm{d}t^3}$，$X = C^2[0,1]$，$Y = L^1[0,1]$，$\mathrm{dom}L = W^{3,1}[0,1]$. 按照通常的方式在 $X, Y, W^{3,1}$ 上定义范数. 则 $L : \mathrm{dom}L \subset X \to Y$ 是指标为零的 Fredholm 算子. $\forall\, \Omega \subset X$，由

$$(Nx)(t) = f(t, x(t), x'(t), x''(t)) + e(t)$$

定义 $N : \bar{\Omega} \to Y$，则 N 在 $\bar{\Omega}$ 上是 L- 紧的.

由于 $\ker L = \{x(t) \equiv c : c \in \mathbf{R}\}$，定义 $P : X \to \ker L$ 为 $Px = x(0)$. 而投影算子 $Q : Y \to Y/\mathrm{Im}L$ 由

$$\begin{aligned}(Qy)(t) =& \Big\{t^l(l+1)(l+2)(l+3)\sum_{i=1}^{m-2}\beta_i\Big[\int_0^1(1-s)^2y(s)\mathrm{d}s\\
&-\int_0^{\eta_i}(\eta_i-s)^2y(s)\mathrm{d}s-\frac{1-\eta_i^2}{\xi}\int_0^{\xi}(\xi-s)y(s)\mathrm{d}s\Big]\Big\}\Big/\\
&\Big\{2\Big(1-\sum_{i=1}^{m-2}\beta_i\eta_i^{l+3}\Big)-\Big(1-\sum_{i=1}^{m-2}\beta_i\eta_i\Big)(l+3)\xi^{l+1}\Big\}\end{aligned}$$

其中 l 根据引理 6.2.6 确定，使上式分母不为零. 通过计算 $(L|_{\ker P})^{-1}$ 由

$$(Ky)(t) = -\frac{t^2}{2\xi}\int_0^{\xi}(\xi-s)y(s)\mathrm{d}s + \frac{1}{2}\int_0^t(t-s)^2y(s)\mathrm{d}s, \qquad y \in \mathrm{Im}L$$

给定.

为应用 Mawhin 的连续性定理，先估计先验界.

设 $u \in \mathrm{dom}L = \{x \in W^{3,1}[0,1] : x'(0) = x'(\xi) = 0,\ x(1) = \sum_{i=1}^{m-2}\beta_i x(\eta_i)\}$ 是方程

$$Lx = \lambda Nx, \qquad \lambda \in (0,1) \tag{6.2.47}$$

的解, 则 $(Nx)(t) = f(t, x(t), x'(t), x''(t)) + e(t)$ 在 $\mathrm{Im}L$ 之中，从而 $KNx \in \mathrm{dom}L$. 由 $(KNx)(1) = \sum_{i=1}^{m-2}\beta_i(KNx)(\eta_i)$ 得

$$\begin{aligned}&\frac{1}{2}\left[\int_0^1(1-s)^2(Nx)(s)\mathrm{d}s - \sum_{i=1}^{m-2}\beta_i\int_0^{\eta_i}(\eta_i-s)^2(Nx)(s)\mathrm{d}s\right]\\
&-\frac{1}{2\xi}\left[\int_0^{\xi}(\xi-s)(Nx)(s)\mathrm{d}s - \sum_{i=1}^{m-2}\beta_i\eta_i^2\int_0^{\xi}(\xi-s)(Nx)(s)\mathrm{d}s\right] = 0.\end{aligned}$$

即

$$\int_{\eta_{m-2}}^{1}(1-s)^2 f(s,x(s),x'(s),x''(s))\mathrm{d}s+\left[\int_{\eta_{m-2}}^{1}(1-s)^2 e(s)\mathrm{d}s\right.$$
$$+\int_0^{\eta_{m-2}}(1-s)^2(f+e(s))\mathrm{d}s-\sum_{i=1}^{m-2}\beta_i\int_0^{\eta_i}(\eta_i-s)^2(f+e(s))\mathrm{d}s$$
$$\left.-\frac{1}{\xi}\int_0^{\xi}(\xi-s)(f+e(s))\mathrm{d}s+\frac{1}{\xi}\sum_{i=1}^{m-2}\beta_i\eta_i^2\int_0^{\xi}(\xi-s)(f+e(s))\mathrm{d}s\right]=0.$$

由于 $|f(t,x,y,z)|\leqslant M$，$t\in[0,\eta_{m-2}]$，故存在与 x 无关的 $K>0$，使上式方括号中计算结果的绝对值小于 K. 由条件 (4)，$\exists\, L>0$，当 $|x(t)|>L$，$t\in[\eta_{m-2},1]$，有

$$\left|\int_{\eta_{m-2}}^{1}(1-s)^2 f(s,x(s),x'(s),x''(s))\mathrm{d}s\right|>K.$$

因此 $\exists\, t_0\in[\eta_{m-2},1]$，使 $|x(t_0)|<L$.

同时，由 $x'(0)=x'(\xi)$，可知 $\exists\, t_1\in(0,\xi)$，使 $x''(t_1)=0$. 由此可得

$$\|x''\|_0\leqslant\|x'''\|_1,\qquad \|x'\|_0\leqslant\|x'''\|_1,\qquad \|x\|_0\leqslant L+\|x'''\|_1.$$

结合 $\|x'''\|_1\leqslant\|f(t,x,x',x'')\|_1+\|e\|_1\leqslant\|a\|_1\|x\|_0+\|r\|_1+\|e\|_1$，就得出方程 (6.2.47) 解的先验界.

再考虑方程 $QNx=0$ 的解 $x\in\ker L$. 由 Q 的定义得

$$\sum_{i=1}^{m-2}\beta_i\left[\int_0^1(1-s)^2 Nx\mathrm{d}s-\int_0^{\eta_i}(\eta_i-s)^2 Nx\mathrm{d}s-\frac{1-\eta_i^2}{\xi}\int_0^{\xi}(\xi-s)Nx\mathrm{d}s\right]=0.$$

而由 $x(t)=c\in\ker L$ 得

$$\int_{\eta_{m-2}}^{1}(1-s)^2 f(s,c,0,0)\mathrm{d}s+\left[\int_{\eta_{m-2}}^{1}(1-s)^2 e(s)\mathrm{d}s+\int_0^{\eta_{m-2}}(1-s)^2(f+e(s))\mathrm{d}s\right.$$
$$\left.-\sum_{i=1}^{m-2}\beta_i\left(\int_0^{\eta_i}(\eta_i-s)^2(f+e(s))\mathrm{d}s-\frac{1-\eta_i^2}{\xi}\int_0^{\xi}(\xi-s)(f(s,c,0,0)+e(s))\mathrm{d}s\right)\right]=0.$$

由条件 (3) 和 (4) 得 c 有界，不妨设 $|c|<L$.

于是取 $\Omega=\{x\in X:\|x\|<L+1\}$，其中 $\|x\|=\max\{\|x\|_0,\|x'\|_0,\|x''\|_0\}$. 于是 $x\in\partial\Omega\cap\ker L$ 时，有

$$xQNx>0(<0).$$

取 $J:Y/\mathrm{Im}L\to\ker L$ 为 $J(ct^l)=c$，则易证

$$\deg\{JQN,\Omega\cap\ker L,0\}=\deg\{I,\Omega\cap\ker L,0\}\neq0.$$

由此知 BVP(6.2.46) 在 $\bar{\Omega}$ 中至少有一个解 $\hat{u}$, 显然 $\hat{u} \in \bar{\Omega} \cap W^{3,1}[0,1]$.

关于三阶微分方程边值问题的结果还可参看文献 [8]、[9].

6.3 四阶微分方程边值问题

四阶微分方程边值问题的研究有很强的实际背景，如研究梁的受力情况导出的数学模型就是一个四阶微分方程边值问题.

6.3.1 四阶方程的两点边值问题

我们讨论四阶微分方程边值问题

$$\begin{cases} u^{(4)} - au'' + bu = f(t, u, u''), \\ u(0) = u(1) = u''(0) = u''(1) = 0, \end{cases} \tag{6.3.1}$$

其中 $a^2 - 4b \geqslant 0$.

记微分算子 $L = D^4 - aD^2 + b$，由条件 $a^2 - 4b \geqslant 0$ 知 L 可以表示为

$$L = (D^2 + r_2)(D^2 + r_1),$$

其中 $r_1 = -\dfrac{1}{2}(a + \sqrt{a^2 - 4b})$，$r_2 = -\dfrac{1}{2}(a - \sqrt{a^2 - 4b})$. 如果 $a^2 - 4b = 0$, 则 $r_1 = r_2$.

由于 BVP(6.3.1) 等价于

$$\begin{cases} u^{(4)} - au'' + bu = f(t, u, u''), \\ u(0) = u(1) = u''(0) + r_1 u(0) = u''(1) + r_1 u(1) = 0. \end{cases} \tag{6.3.2}$$

故可以由 $v = u'' + r_1 u$ 降阶为

$$\begin{cases} v'' + r_2 v = f(t, u, u''), \\ v(0) = v(1) = 0 \end{cases} \tag{6.3.3}$$

和

$$\begin{cases} u'' + r_1 u = v, \\ u(0) = u(1) = 0. \end{cases} \tag{6.3.4}$$

为了用上下解方法讨论 BVP(6.3.1) 解的存在性，我们先给出两个引理.

引理 6.3.1 设 $r < \dfrac{\pi^2}{(b-a)^2}$, $u \in W^{2,1}[a,b]$, 满足

$$\begin{cases} u''(t) + ru(t) \geqslant 0 \quad (\leqslant 0), \\ u(a), \qquad u(b) \leqslant 0 \quad (\geqslant 0), \end{cases}$$

则 $t\in[a,b]$ 时，$u(t)\leqslant 0(u(t)\geqslant 0)$.

证明　我们仅对括号外的条件和结论给出证明.

记 $f(t)=u''(t)+ru(t)\geqslant 0$，则 $f\in L^1[a,b]$. 又记 $\alpha=u(a)\leqslant 0,\beta=u(b)\leqslant 0$. 显然 $u(t)$ 满足边值问题

$$\begin{cases}u''+ru=f(t),\\ u(a)=\alpha,\qquad u(b)=\beta.\end{cases}\tag{6.3.5}$$

设 $u''+ru=0$ 满足 $u(a)=0$ 的解和满足 $u(b)=0$ 的解分别为 $u_1(t)$ 和 $u_2(t)$，可得 Green 函数

$$G(t,s)=\begin{cases}\dfrac{1}{W(s)}u_1(t)u_2(s), & a\leqslant t\leqslant s\leqslant b,\\ \dfrac{1}{W(s)}u_1(s)u_2(t), & a\leqslant s\leqslant t\leqslant b.\end{cases}$$

而 $u''+ru=0$ 满足 $u(a)=\alpha,u(b)=\beta$ 的解为

$$l(t)=\frac{1}{Q(u_1,u_2)}\{\alpha[u_1(t)u_2(b)-u_2(t)u_1(b)]+[u_2(t)u_1(a)-u_1(t)u_2(a)]\}.$$

其中

$$W(s)=\begin{pmatrix}u_1(s) & u_2(s)\\ u_1'(s) & u_2'(s)\end{pmatrix},$$

$$Q(u_1,u_2)=\begin{pmatrix}u_1(a) & u_2(a)\\ u_1(b) & u_2(b)\end{pmatrix}.$$

因此，BVP(6.3.5) 的解为

$$u(t)=l(t)+\int_a^b G(t,s)f(s)\mathrm{d}s.\tag{6.3.6}$$

当 $r<0$ 时，取

$$u_1(t)=\sinh\sqrt{-r}(t-a),\qquad u_2(t)=\sinh\sqrt{-r}(b-t).$$

则

$$W(s)=-\sqrt{-r}\sinh\sqrt{-r}(b-a),\qquad Q(u_1,u_2)=-\sinh^2\sqrt{-r}(b-a),$$

$$l(t)=\frac{1}{\sinh\sqrt{-r}(b-a)}[\alpha\sinh\sqrt{-r}(b-t)+\beta\sinh\sqrt{-r}(t-a)],$$

$$G(t,s)=-\frac{1}{\sqrt{-r}\sinh\sqrt{-r}(b-a)}\begin{cases}\sinh\sqrt{-r}(t-a)\sinh\sqrt{-r}(b-s), & a\leqslant t\leqslant s\leqslant b,\\ \sinh\sqrt{-r}(s-a)\sinh\sqrt{-r}(b-t), & a\leqslant s\leqslant t\leqslant b.\end{cases}$$

由式 (6.3.6) 可知，$t \in [a,b]$ 时，$u(t) \leqslant 0$.

当 $r=0$ 时，取

$$u_1(t) = t-a, \qquad u_2(t) = b-t,$$

则

$$W(s) = -(b-a), \qquad Q(u_1,u_2) = -(b-a)^2,$$
$$l(t) = \frac{1}{b-a}[\alpha(b-t)+\beta(t-a)],$$
$$G(t,s) = -\frac{1}{b-a}\begin{cases}(t-a)(b-s), & a \leqslant t \leqslant s \leqslant b,\\ (s-a)(b-t), & a \leqslant s \leqslant t \leqslant b.\end{cases}$$

因此，$t \in [a,b]$ 时，有 $u(t) \leqslant 0$.

当 $0 < r < \dfrac{\pi^2}{(b-a)^2}$ 时，取

$$u_i(t) = \sin\sqrt{r}(t-a), \qquad u_2(t) = \sin\sqrt{r}(b-t),$$

则

$$W(s) = -\sqrt{r}\sin\sqrt{r}(b-a), \qquad Q(u_1,u_2) = -\sin^2\sqrt{r}(b-a),$$
$$l(t) = \frac{1}{\sin\sqrt{r}(b-a)}[\alpha\sin\sqrt{r}(b-t)+\beta\sin\sqrt{r}(t-a)],$$
$$G(t,s) = -\frac{1}{\sqrt{r}\sin\sqrt{r}(b-a)}\begin{cases}\sin\sqrt{r}(t-a)\sin\sqrt{r}(b-s), & a \leqslant t \leqslant s \leqslant b,\\ \sin\sqrt{r}(s-a)\sin\sqrt{r}(b-t), & a \leqslant s \leqslant t \leqslant b.\end{cases}$$

显然，$0 < r < \dfrac{\pi^2}{(b-a)^2}$ 时，对 $t \in [a,b]$，有 $l(t) \leqslant 0$，$G(t,s) \leqslant 0$，从而 $u(t) \leqslant 0$.

引理得证.

注 6.3.1 引理 6.3.1 取自文献 [11]，但条件有所减弱. 当 $a=0, b=1$ 时，引理中对 r 的要求就是

$$r < \pi^2. \tag{6.3.7}$$

引理 6.3.2[12] 设 $u \in C^4[0,1]$，满足

$$\begin{cases}u^{(4)} - au'' + bu \geqslant 0 \ (\leqslant 0),\\ u(0) = u(1) = 0 \ \ (=0),\\ u''(0), u''(1) \leqslant 0 \ \ (\geqslant 0),\end{cases} \tag{6.3.8}$$

其中 $a^2 - 4b \geqslant 0, \pi^4 + a\pi^2 + b > 0, a > -2\pi^2$，则

$$u''(t) + r_1 u(t) \leqslant 0 \ \ (\geqslant 0),$$
$$u(t) \geqslant 0 \ \ (\leqslant 0),$$

其中 $r_1 = -\dfrac{1}{2}(a + \sqrt{a^2 - 4b})$.

证明 记 $r_2 = -\dfrac{1}{2}(a - \sqrt{a^2 - 4b})$，则

$$u^{(4)} - au'' + bu = (u'' + r_1 u)'' + r_2(u'' + r_1 u).$$

令 $v = u'' + r_1 u$，则式 (6.3.8) 等价于

$$\begin{cases} v'' + r_2 v \geqslant 0, \\ v(0),\ v(1) \leqslant 0, \end{cases} \tag{6.3.9}$$

$$\begin{cases} u'' + r_1 u = v(t), \\ u(0) = u(1) = 0. \end{cases} \tag{6.3.10}$$

由于 $a\pi^2 + \pi^4 + b > 0$，得

$$a^2 + 4a\pi^2 + 4\pi^4 > a^2 - 4b.$$

即 $(a + 2\pi^2)^2 > a^2 - 4b$. 因 $a > -2\pi^2$, 故 $a + 2\pi^2 > \sqrt{a^2 - b}$. 由此得

$$r_1 \leqslant r_2 < \pi^2.$$

于是由式 (6.3.9) 得，$v(t) \leqslant 0, t \in [0,1]$. 将 $v(t)$ 代入式 (6.3.10)，再由引理 6.3.1，即得 $u(t) \geqslant 0,\ t \in [0,1]$. 同时因 $v(t) \leqslant 0$，可得 $u''(t) + r_1 u(t) \leqslant 0$. 引理得证.

注 6.3.2 在式 (6.3.8) 中如果将 $u(0) = u(1) = 0$ 放宽为 $u(0), u(1) \geqslant 0$，则在式 (6.3.10) 中如果 $v(t) \leqslant 0$ 成立，仍可得 $u(t) \geqslant 0$，但在式 (6.3.9) 中为保证

$$v(0) = u''(0) + r_1 u(0) \leqslant 0, \qquad v(1) = u''(1) + r_1 u(1) \leqslant 0,$$

只需 $r_1 \leqslant 0$，即 $a + \sqrt{a^2 - 4b} \geqslant 0$. 因此，当 $b \leqslant 0$ 或当 $b \in \left(0, \dfrac{a^2}{4}\right)$ 且 $a > 0$ 时，引理 6.3.2 中 $u(0) = u(1) = 0$ 可用

$$u(0), u(1) \geqslant 0 (\leqslant 0)$$

代替.

定义 6.3.1 设 $x \in C^4[0,1]$，满足

$$\begin{cases} x^{(4)} - ax''(t) + bx(t) - f(t, x(t), x''(t)) \leqslant 0\ (\geqslant 0), \\ x(0) = x(1) = 0\ (= 0), \\ x''(0), x''(1) \geqslant 0\ (\leqslant 0), \end{cases}$$

则 $x(t)$ 称为 BVP(6.3.1) 的一个下解 (上解).

在下解和上解的定义中，当 $a<0, b\leqslant \dfrac{a^2}{4}$ 或 $a\geqslant 0, b<0$ 时, $x(0)=x(1)=0$ 可分别用 $x(0), x(1)\leqslant 0$ 和 $x(0), x(1)\geqslant 0$ 代替.

我们假设 (H_{10}):

(1) $a+b\pi^2+\pi^4>0,\ a^2-4b\geqslant 0,\ a\in(-2\pi^2, 0]$;

(2) BVP(6.3.1) 有上解 $\beta(t)$，下解 $\alpha(t)$，且

$$\alpha(t)\leqslant\beta(t),\qquad \beta''(t)\leqslant\alpha''(t);$$

(3) 当 $\alpha(t)\leqslant u_1\leqslant u_2\leqslant\beta(t),\ \beta''(t)\leqslant v_2\leqslant v_1\leqslant\alpha''(t)$ 时有

$$f(t,u_1,v_1)\leqslant f(t,u_2,v_2).$$

记 $g_i(t,s)$ 为算子 $L=D^2+r_i$ 在边界条件为 $u(0)=u(1)=0$ 时的 Green 函数，其中

$$r_1=-\frac{1}{2}(a+\sqrt{a^2-4b})>0,\qquad r_2=-\frac{1}{2}(a-\sqrt{a^2-4b})>0,$$

则 $L=D^4-aD^2+b$ 在边界条件为 $u(0)=u(1)=u''(0)=u''(1)=0$ 时的 Green 函数为

$$G(t,s)=\int_0^1 g_1(t,\tau)g_2(\tau,s)\mathrm{d}\tau.$$

设条件 (H_{10}) 成立，记 $\beta_0(t)=\beta(t)$，$\alpha_0(t)=\alpha(t)$，取

$$N=\max\left\{\max_{0\leqslant t\leqslant 1}|\alpha''(t)|, \max_{0\leqslant t\leqslant 1}|\beta''(t)|\right\},$$

$$\bar{\Omega}=\{x\in C^2[0,1]:\alpha(t)\leqslant x(t)\leqslant\beta(t),\ |x'(t)|\leqslant N,\ \beta''(t)\leqslant x''(t)\leqslant\alpha''(t)\}.$$

并由

$$(Tx)(t)=\int_0^1 G(t,s)f(s,x(s),x''(s))\mathrm{d}s \tag{6.3.11}$$

定义 $T:\bar{\Omega}\to C^2[0,1]$. 易证，这是一个全连续算子.

记 $\beta_n(t)=(T\beta_{n-1})(t),\ \alpha_n(t)=(T\alpha_{n-1})(t)$, 我们有如下定理.

定理 6.3.1 设条件 (H_{10}) 成立，则根据算子 (6.3.11) 定义的 $\{\beta_n\},\{\alpha_n\}$ 均收敛于 BVP(6.3.1) 的解.

证明 第一步，先证 $T\bar{\Omega}\subset\bar{\Omega}$. 由此可得 $\{\beta_n\},\{\alpha_n\}\subset\bar{\Omega}$.

$\forall\, x \in \bar{\Omega}$, 则 $\alpha(t) \leqslant x(t) \leqslant \beta(t), \beta''(t) \leqslant x''(t) \leqslant \alpha''(t)$. 记 $u(t) = (Tx)(t), w(t) = u(t) - \beta(t)$, 则

$$\begin{aligned}
& w^{(4)}(t) - aw''(t) + bw(t) \\
=& \Big(u^{(4)}(t) - au''(t) + bu(t)\Big) - \Big(\beta^{(4)}(t) - a\beta''(t) + b\beta(t)\Big) \\
\leqslant & f(t, x(t), x''(t)) - f(t, \beta(t), \beta''(t)) \leqslant 0.
\end{aligned}$$

$$\begin{aligned}
& w(0) = u(0) - \beta(0) = 0, \qquad w(1) = u(1) - \beta(1) = 0, \\
& w''(0) = u''(0) - \beta''(0) \geqslant 0, \qquad w''(1) = u''(1) - \beta''(1) \geqslant 0.
\end{aligned}$$

由引理 6.3.2 知,

$$w(t) \leqslant 0, \qquad w''(t) + r_1 w(t) \geqslant 0, \qquad t \in [0, 1].$$

由于 $r_1 \geqslant 0$，及 $w(t) \leqslant 0$，由上面第二个不等式可得 $w''(t) \geqslant 0$. 因此

$$u(t) \leqslant \beta(t), \qquad u''(t) \geqslant \beta''(t).$$

同理可证

$$\alpha(t) \leqslant u(t), \qquad u''(t) \leqslant \alpha''(t).$$

并由 N 的取值及 $u(0) = u(1)$, 可得 $|u'(t)| \leqslant \|u'\|_0 \leqslant \|u''\|_0 \leqslant N$. 因此, $u = Tx \in \bar{\Omega}$.

现于 $C^2[0, 1]$ 中定义锥

$$K = \{x \in C^2[0, 1] : x(t) \geqslant 0,\ x''(t) \leqslant 0,\ x(0) = x(1) = 0\}.$$

由 K 可定义序关系“$\preccurlyeq$”: $x \preccurlyeq y$ 当且仅当 $y - x \in K$. 易知 K 是正规锥.

第二步，证 $\{\beta_n\}$ 是 K 中的单调减序列，且下有界.

为此取 $w_n(t) = \beta_n(t) - \beta_{n-1}(t)$，当 $n = 1$ 时，有

$$\begin{cases}
w_1^{(4)}(t) - aw_1''(t) + bw_1(t) \geqslant 0, \\
w_1(0) = w_1(1) = 0, \\
w_1''(t),\ w_1''(t) \leqslant 0.
\end{cases}$$

同样由引理 6.3.2 得 $w_1(t) \leqslant 0, w_1''(t) + r_1 w(t) \geqslant 0$，从而导出 $\beta_1(t) \leqslant \beta_0(t)$, $\beta_1''(t) \geqslant \beta_0''(t)$，即 $\beta_1 \preccurlyeq \beta_0$.

设 $\beta_n \preccurlyeq \beta_{n-1}$，下证 $\beta_{n+1} \preccurlyeq \beta_n$. 由于

$$\begin{aligned}
& w_{n+1}^{(4)}(t) - aw_{n+1}''(t) + bw_{n+1}(t) \\
=& \Big(\beta_{n+1}^{(4)}(t) - a\beta_{n+1}''(t) + b\beta_{n+1}(t)\Big) - \Big(\beta_n^{(4)}(t) - a\beta_n''(t) + b\beta_n(t)\Big) \\
\leqslant & f(t, \beta_n(t), \beta_n''(t)) - f(t, \beta_{n-1}(t), \beta_{n-1}''(t)) \leqslant 0,
\end{aligned}$$

及 $w_{n+1}(0) = w_{n+1}(1) = w''_{n+1}(0) = w''_{n+1}(1) = 0$，则由引理 6.3.2 得 $\beta_{n+1}(t) \leqslant \beta_n(t), \beta''_{n+1}(t) \geqslant \beta''_n(t)$，即 $\beta_{n+1} \preccurlyeq \beta_n$.

因此 $\{\beta_n\}$ 是 K 中单调减序列，由于 $\beta_n \in \bar{\Omega}$，因而 $\alpha \preccurlyeq \beta_n$. 下有界显然.

同理可证 $\{\alpha_n\}$ 是上有界单调增序列.

第三步，证 $\lim\limits_{n\to\infty} \beta_n, \lim\limits_{n\to\infty} \alpha_n$ 分别是 BVP(6.3.1) 的极大解和极小解.

由于锥 K 是正规锥，且 T 是全连续算子，则由文献 [13] 第 4 章，定理 2.1，知结论成立.

定理得证.

6.3.2 带 p-Laplace 算子的四阶方程边值问题

带 p-Laplace 算子的四阶微分方程多点边值问题同样可以利用降阶和上下解方法讨论解的存在性.

考虑四阶微分方程边值问题

$$\begin{cases} (\phi_p(u''))'' = f(t, u, u''), \\ u(0) = u(1) - au(\xi) = u''(0) = u''(1) - bu''(\eta) = 0, \end{cases} \tag{6.3.12}$$

其中 $\phi_p(s) = |s|^{p-2}s, p > 1;\ 0 < \xi, \eta < 1$，$f \in C([0,1] \times \mathbf{R}^2, \mathbf{R})$.

引理 6.3.3 设 $u, v \in \{x \in C^2[0,1] : \phi_p(x'') \in C^2[0,1]\}$ 满足

$$\begin{cases} (\phi_p(u''(t)) - \phi_p(v''(t)))'' \geqslant 0\ (\leqslant 0), \\ u(0) - v(0), (u(1) - v(1)) - a(u(\xi) - v(\xi)) \geqslant 0\ (\leqslant 0), \\ u''(0) - v''(0), (u''(1) - v''(1)) - b(u''(\eta) - v''(\eta)) \leqslant 0\ (\geqslant 0), \end{cases} \tag{6.3.13}$$

其中 $0 \leqslant a < \dfrac{1}{\xi}, 0 \leqslant b^{p-1} < \dfrac{1}{\eta}$，且

$$u''(1) - bu(\eta) = 0, \qquad v''(1) - bv''(\eta) = 0 \tag{6.3.14}$$

至少有一个成立，则

$$u(t) - v(t) \geqslant 0, \qquad u''(t) - v''(t) \leqslant 0, \qquad t \in [0,1].$$

证明 记 $w(t) = \phi_p(u''(t)) - \phi_p(v''(t))$. 由 $u''(0) - v''(0) \leqslant 0$，可得 $w(0) = \phi_p(u''(0)) - \phi_p(v''(0)) \leqslant 0$; 不妨设 $v''(1) - bv''(\eta) = 0$，则有 $\phi_p(v''(1)) - b^{p-1}\phi_p(v''(\eta)) =$

0，因此

$$\begin{aligned}w(1)-b^{p-1}w(\eta)&=\phi_p(u''(1))-\phi_p(v''(1))-b^{p-1}[\phi_p(u''(\eta))-\phi_p(v''(\eta))]\\&=\phi_p(u''(1))-b^{p-1}\phi_p(u''(\eta))\\&=\phi_p(u''(1))-\phi_p(bu''(\eta))\\&=\phi_p(u''(1)-v''(1))-\phi_p(b(u''(\eta)-v''(\eta)))\\&\leqslant 0.\end{aligned}$$

于是 $w(t)$ 满足

$$\begin{cases}w''(t)\geqslant 0,\\ w(0)\leqslant 0,\qquad w(1)-b^{p-1}w(\eta)\leqslant 0.\end{cases}$$

记 $w''(t)=h(t)\geqslant 0$，$w(0)=\alpha\leqslant 0$，$w(1)-b^{p-1}w(\eta)=\beta\leqslant 0$，则 $w(t)$ 满足

$$\begin{cases}w''(t)=h(t),\\ w(0)=\alpha,\qquad w(1)-b^{p-1}w(\eta)=\beta.\end{cases}\tag{6.3.15}$$

这时，$w(t)$ 可表示为

$$w(t)=l_1(t)+\int_0^1 g_1(t,s)h(s)\mathrm{d}s,$$

其中

$$l_1(t)=\frac{(1-b^{p-1}\eta)-(1-b^{p-1})t}{1-b^{p-1}\eta}\alpha+\frac{t}{1-b^{p-1}}\beta\leqslant 0,$$

$$g_1(t,s)=-\frac{1}{1-b^{p-1}\eta}\begin{cases}[(1-t)-b^{p-1}(\eta-t)]s, & 0\leqslant s\leqslant\min\{t,\eta\},\\ [(1-s)-b^{p-1}(\eta-s)]t, & t\leqslant s\leqslant\eta\leqslant 1,\\ (1-t)s+b^{p-1}\eta(t-s), & \eta\leqslant s\leqslant t\leqslant 1,\\ (1-s)t, & \max\{t,\eta\}\leqslant s\leqslant 1.\end{cases}\tag{6.3.16}$$

下证

$$g_1(t,s)\leqslant 0,\qquad (t,s)\in[0,1]\times[0,1].\tag{6.3.17}$$

当 $\eta\leqslant s\leqslant t$ 或 $\max\{t,\eta\}\leqslant s\leqslant 1$ 时，结论显然.

当 $0\leqslant s\leqslant\min\{t,\eta\}$ 时，记 $\varphi(t)=(1-t)-b^{p-1}(\eta-t)$. 如果 $t\in[\eta,1]$，则 $\varphi(t)>0$ 成立. 如果 $t\in[0,\eta)$，由

$$0\leqslant b^{p-1}<\frac{1}{\eta}<\frac{1-t}{\eta-t}$$

也有 $\varphi(t)>0$. 因此，$g_1(t,s)\leqslant 0$.

当 $t \leqslant s \leqslant \eta$ 时，记 $\varphi(s) = (1-s) - b^{p-1}(\eta - s)$，同样可证 $\varphi(s) > 0$，从而 $g_1(t,s) \leqslant 0$.

于是式 (6.3.17) 成立.

由于 $h(t) \geqslant 0$，故 $\int_0^1 g_1(t,s)h(s)\mathrm{d}s \leqslant 0$，因此，$w(t) \leqslant 0$，即 $\phi_p(u''(t)) \leqslant \phi_p(v''(t))$，并导出 $u''(t) \leqslant v''(t)$.

记 $z(t) = u(t) - v(t)$，$q(t) = u''(t) - v''(t) \leqslant 0$，则 $z(t)$ 满足

$$\begin{cases} z'' = q(t), \\ z(0) = \gamma \geqslant 0, \qquad z(1) - az(\xi) = \delta \geqslant 0. \end{cases}$$

这时 $z(t)$ 可表示为

$$z(t) = l_2(t) + \int_0^1 g_2(t,s)q(s)\mathrm{d}s,$$

其中

$$l_2(t) = \frac{(1-a\xi) - (1-a)t}{1-a\xi}\gamma + \frac{t}{1-a\xi}\delta \geqslant 0.$$

Green 函数 $g_2(t,s)$ 为

$$g_2(t,s) = -\frac{1}{1-a\xi}\begin{cases} [(1-t) - a(\xi - t)]s, & 0 \leqslant s \leqslant \min\{t,\xi\}, \\ [(1-s) - a(\xi - s)]t, & 0 \leqslant t \leqslant s \leqslant \xi, \\ (1-t)s + a\xi(t-s), & \xi \leqslant s \leqslant t \leqslant 1, \\ (1-s)t, & \max\{t,\xi\} \leqslant s \leqslant 1. \end{cases} \tag{6.3.18}$$

和 $g_1(t,s)$ 一样，可证 $g_2(t,s) \leqslant 0$. 因此由 $q(t) \leqslant 0$ 得

$$z(t) \geqslant 0, \qquad \text{即}u(t) \geqslant v(t), \qquad t \in [0,1].$$

引理证毕.

记 $X = \{x \in C^2[0,1] : \phi_p(x'') \in C^2[0,1]\}$.

定义 6.3.2[14] 设 $x \in X$ 满足

$$\begin{cases} (\phi_p(x''(t)))'' - f(t,x(t),x''(t)) \leqslant 0 \ (\geqslant 0), \\ x(0), x(1) - ax(\xi) \leqslant 0 \ (\geqslant 0), \\ x''(0), x''(1) - bx''(\eta) \geqslant 0 \ (\leqslant 0), \end{cases}$$

则说 $x(t)$ 是 BVP(6.3.12) 的一个下解 (上解).

设 (H_{11}):

(1) $p>1,\xi,\eta\in(0,1),a\in\left[0,\dfrac{1}{\xi}\right),b\in\left[0,\dfrac{1}{\phi_q(\eta)}\right)$;

(2) BVP(6.3.12) 有下解 $\alpha(t)$ 和上解 $\beta(t)$，且

$$\alpha(t)\leqslant\beta(t),\qquad \beta''(t)\leqslant\alpha''(t),\qquad t\in[0,1];$$

(3) 当 $\alpha(t)\leqslant u_1\leqslant u_2\leqslant\beta(t)$，$\beta''(t)\leqslant v_2\leqslant v_1\leqslant\alpha''(t)$ 时，

$$f(t,u_2,v_2)\geqslant f(t,u_1,v_1).$$

令 $N=\max\{|\beta(0)-\alpha(1)|,|\beta(1)-\alpha(0)|\}+\max\{\|\alpha''\|_0,\|\beta''\|_0\}$，其中 $\|\cdot\|_0$ 定义为 $\|x\|_0=\max\limits_{0\leqslant t\leqslant1}|x(t)|$. 取

$$\bar\Omega=\{x\in C^2[0,1]:\alpha(t)\leqslant x(t)\leqslant\beta(t),\beta''(t)\leqslant x''(t)\leqslant\alpha''(t),\ |x'(t)|\leqslant N\}.$$

$\forall\, x\in\bar\Omega$，由

$$(Tx)(t)=\int_0^1 g_2(t,s)\phi_q\left(\int_0^1 g_1(s,\tau)f(\tau,x(\tau),x''(\tau))\mathrm{d}\tau\right)\mathrm{d}s \tag{6.3.19}$$

定义 $T:\bar\Omega\to C^2[0,1]$，其中 g_2,g_1 分别由式 (6.3.18) 和式 (6.3.16) 给定. 易证 T 是 $\bar\Omega$ 上的全连续算子.

记 $\alpha_0(t)=\alpha(t)$，$\beta_0(t)=\beta(t)$，并由

$$\alpha_n(t)=(T\alpha_{n-1})(t),\qquad \beta_n(t)=(T\beta_{n-1})(t)$$

定义函数列 $\{\alpha_n\}$ 和 $\{\beta_n\}$.

定理 6.3.2　设条件 (H_{11}) 成立，则由式 (6.3.19) 定义的函数列 $\{\alpha_n\}$ 和 $\{\beta_n\}$ 均收敛于 BVP(6.3.12) 的解.

证明　证明过程和定理 6.3.1 相似.

第一步，先证 $T\bar\Omega\subset\bar\Omega$，以保证 $\{\alpha_n\}$，$\{\beta_n\}$ 有定义.

$\forall\, x\in\bar\Omega$，则 $\alpha(t)\leqslant x(t)\leqslant\beta(t)$，$\beta''(t)\leqslant x''(t)\leqslant\alpha''(t)$. 记 $u(t)=(Tx)(t)$，显然有 $u(0)=u(1)-au(\xi)=u''(0)=u''(1)-bu''(\eta)=0$. 这时有

$$\begin{aligned}&(\phi_p(u''(t))-\phi_p(\beta''(t)))''\leqslant f(t,x(t),x''(t))-f(t,\beta(t),\beta''(t))\leqslant0,\\&u(0)-\beta(0)\geqslant0,\ (u(1)-\beta(1))-a(u(\xi)-\beta(\xi))=-(\beta(1)-a\beta(\xi))\geqslant0,\\&u''(0)-\beta''(0)\leqslant0,\ (u''(1)-\beta''(1))-b(u''(\xi)-\beta''(\xi))=-[\beta''(1)-b\beta''(\xi)]\leqslant0,\end{aligned}$$

由引理 6.3.3 知

$$u(t)\leqslant\beta(t),\qquad u''(t)\geqslant\beta''(t).$$

同理可证

$$\alpha(t) \leqslant u(t), \qquad u''(t) \leqslant \alpha''(t).$$

于是

$$\alpha(t) \leqslant u(t) \leqslant \beta(t), \qquad \beta''(t) \leqslant u''(t) \leqslant \alpha''(t). \tag{6.3.20}$$

显然 $|u''(t)| \leqslant \max\{\|\alpha''\|, \|\beta''\|\}$，且 $\exists\ t_0 \in (0,1)$ 使

$$|u'(t_0)| = |u(1) - u(0)| \leqslant \max\{|\beta(1) - \alpha(0)|,\ |\beta(0) - \alpha(1)|\}.$$

因此，

$$|u'(t)| \leqslant |u'(t_0)| + \int_0^1 |u''(s)|\mathrm{d}s \leqslant N. \tag{6.3.21}$$

由式 (6.3.20) 和式 (6.3.21) 知，$T\bar{\Omega} \subset \bar{\Omega}$.

现于 $C^2[0,1]$ 中定义锥

$$K = \{x \in C^2[0,1] : x(t) \geqslant 0,\ x''(t) \leqslant 0\},$$

并导出序关系“$\preccurlyeq$”. 任给序区间 $[\varphi, \psi] \subset K$，$\forall\ x \in [\varphi, \psi]$，我们有

$$\|x\|_0 \leqslant \max\{\|\varphi\|_0, \|\psi\|_0\},\ \|x''\|_0 \leqslant \max\{\|\varphi''\|_0, \|\psi''\|_0\},$$
$$\|x'\| \leqslant \max\{|\varphi(0) - \psi(1)|, |\varphi(1) - \psi(0)|\} + \|x''\|_0.$$

因此，序有界可得范数有界，即 K 是正规锥.

第二步和第三步与定理 6.3.1 完全一样，从而证得定理结论.

现在我们讨论带 p-Laplace 算子四阶微分方程边值问题多个正解的存在性. 由于对高阶方程边值问题研究多个正解的存在条件是相当复杂的问题，这里仅对非线性项 f 只与 u 有关的情况进行讨论，即考虑边值问题

$$\begin{cases} (\phi_p(u''))'' = a(t)f(u), \qquad 0 < t < 1, \\ u(0) - \delta u'(\eta) = u'(1) = (\phi_p(u''))'(0) - \alpha(\phi_p(u''))'(\xi) = u''(1) - \beta u''(\xi) = 0, \end{cases} \tag{6.3.22}$$

其中 $p > 1, \delta \geqslant 0, \xi, \eta \in (0,1), \alpha, \beta \in [0,1)$.

令 $v = \phi_p(u'')$，则 v 满足

$$\begin{cases} v'' = a(t)f(u), \qquad 0 < t < 1, \\ v'(0) - \alpha v'(\xi) = v(1) - \beta^{p-1}v(\xi) = 0. \end{cases} \tag{6.3.23}$$

而 u 满足

$$\begin{cases} u'' = \phi_q(v), \\ u(0) - \delta u'(\eta) = u'(1) = 0. \end{cases} \tag{6.3.24}$$

这时，BVP(6.3.22) 降阶为两个二阶微分方程边值问题，其中 $q>1$ 满足 $\dfrac{1}{p}+\dfrac{1}{q}=1$.

取 $X=C[0,1]$. $\forall\, x\in X$，在式 (6.3.23) 中令 $u=x(t)$，则可解出

$$v(t)=\int_0^1 g_1(t,s)a(s)f(x(s))\mathrm{d}s,$$

其中

$$g_1(t,s)=-\frac{1}{(1-\alpha)(1-\beta)}\begin{cases}(1-t)-\beta(\xi-t), & 0\leqslant s\leqslant\min\{t,\xi\},\\ (1-s)-\beta(\xi-s)+\alpha(1-\beta)(s-t), & 0\leqslant t\leqslant s\leqslant\xi,\\ (1-\alpha)[(1-t)+\beta(t-s)], & \xi\leqslant s\leqslant t\leqslant 1,\\ (1-\alpha)(1-s), & \max\{t,\xi\}\leqslant s\leqslant 1.\end{cases}\tag{6.3.25}$$

在 BVP(6.3.24) 中用 $v=v(t)$ 代入可解出

$$u(t)=\int_0^1 g_2(t,s)\phi_q(v(s))\mathrm{d}s,$$

其中

$$g_2(t,s)=\begin{cases}-s, & 0\leqslant s\leqslant\min\{t,\eta\},\\ -t, & 0\leqslant t\leqslant s\leqslant\eta,\\ -(s+\delta), & \eta\leqslant s\leqslant t\leqslant 1,\\ -(t+\delta), & \max\{t,\eta\}\leqslant s\leqslant 1.\end{cases}\tag{6.3.26}$$

显然 $(t,s)\in[0,1]\times[0,1]$ 时，$g_1(t,s),g_2(t,s)\leqslant 0$. 且仅当 $s=1$ 时，$g_1(t,s)=0$; 仅当 $s=0$ 时，$g_2(t,s)=0$.

因此

$$u(t)=\int_0^1 g_2(t,s)\phi_q\left(\int_0^1 g_1(s,\tau)a(\tau)f(x(\tau))\mathrm{d}\tau\right)\mathrm{d}s.$$

记 $u(t)=(Tx)(t)$，即

$$(Tx)(t)=\int_0^1 g_2(t,s)\phi_q\left(\int_0^1 g_1(s,\tau)a(\tau)f(x(\tau))\mathrm{d}\tau\right)\mathrm{d}s.\tag{6.3.27}$$

通过标准的程序，可证当 $a\in L^1[0,1]$，$f\in C(\mathbf{R}^+,\mathbf{R}^+)$ 时

$$T:C[0,1]\to C[0,1]$$

是全连续算子. 当 $f(x(t))\geqslant 0$ 时，由

$$(Tx)(t)\geqslant 0,\ (Tx)''(t)=\phi_q\left(\int_0^1 g_1(t,\tau)a(\tau)f(x(\tau))\mathrm{d}\tau\right)\leqslant 0$$

知，$(Tx)(t)$ 是非负凹函数. 又由

$$(Tx)'(t) = -\int_t^1 \phi_q\left(\int_0^1 g_1(s,\tau)a(\tau)f(x(\tau))\mathrm{d}\tau\right)\mathrm{d}s \geqslant 0$$

得 $(Tx)(t)$ 单调增，$\|Tx\|_0 = (Tx)(1)$. 特别是 $f(x) \equiv 1$ 时，

$$W(t) := \int_0^1 g_2(t,s)\phi_q\left(\int_0^1 g_1(s,\tau)a(\tau)\mathrm{d}\tau\right)\mathrm{d}s > 0$$

是单调增的. 记

$$N = W(1) > 0, \quad M = \int_0^1 g_2(t,s)\phi_q\left(\int_\eta^1 g_1(s,\tau)a(\tau)\mathrm{d}\tau\right)\mathrm{d}s > 0,$$

则 $M < N$. 定义 X 上的闭锥

$$K = \{x \in X : x(t) \geqslant 0, \text{且 } x \text{ 在}[0,1]\text{上凹, 不减}\}.$$

于是 $\forall\, x \in K$，有

$$x(t) \geqslant \eta\|x\|,$$

其中 $\|x\| = \|x\|_0 = \max\limits_{0\leqslant t\leqslant 1}|x(t)|$.

由此我们证明如下定理.

定理 6.3.3 设

(1) $f \in C(\mathbf{R}, \mathbf{R}^+)$，$a \in C((0,1), \mathbf{R}^+)$，$\xi, \eta \in (0,1)$，$p > 1$，$\alpha, \beta \in [0,1)$，$f(0) > 0$;

(2) 存在 $a, b, c > 0$ 满足

$$0 < a < \eta b < b < \frac{N}{M}c,$$

使

$$f(x) < \phi_p\left(\frac{a}{N}\right), \qquad 0 < x \leqslant a,$$

$$f(x) > \phi_p\left(\frac{b}{M}\right), \qquad \eta b \leqslant x \leqslant b,$$

$$f(x) < \phi_p\left(\frac{c}{N}\right), \qquad a \leqslant x \leqslant c,$$

则 BVP(6.3.22) 至少有三个正解.

证明 $\forall\, x \in K$，定义 $\alpha(x) = x(\eta)$. 则 $\alpha : K \to \mathbf{R}^+$ 是连续单增凹泛函. 记

$$K_a = \{x \in K : \|x\| < a\},\ K_c = \{x \in K : \|x\| < c\},$$

$$K_c(b) = \{x \in K : \|x\| < c, \alpha(x) > b\},\ K(b) = \{x \in K : \alpha(x) < b\}.$$

$\forall\, x \in \partial K_a$,

$$\begin{aligned}\|Tx\| = (Tx)(1) &= \int_0^1 g_2(t,s)\phi_q\left(\int_0^1 g_1(s,\tau)a(\tau)f(x(\tau))\mathrm{d}\tau\right)\mathrm{d}s\\ &< \frac{a}{N}\int_0^1 g_2(t,s)\phi_q\left(\int_0^1 g_1(s,\tau)a(\tau)\mathrm{d}\tau\right)\mathrm{d}s\\ &= a.\end{aligned}$$

因此 $\deg\{I-T,K_a,0\}=1$.

同样可证，$\forall\, x \in \partial K_c$ 时，$\|Tx\|<c$，从而 $\deg\{I-T,K_c,0\}=1$.

$\forall\, x \in K_c(b), \alpha(x)=b$，则 $x(t)\geqslant \eta b, \eta\leqslant t\leqslant 1$. 因此

$$\begin{aligned}\alpha(Tx) = (Tx)(\eta) &= \int_0^1 g_2(\eta,s)\phi_q\left(\int_0^1 g_2(s,\tau)a(\tau)f(x(\tau))\mathrm{d}\tau\right)\mathrm{d}s\\ &> \int_0^1 g_2(\eta,s)\phi_q\left(\int_\eta^1 g_2(s,\tau)a(\tau)f(x(\tau))\mathrm{d}\tau\right)\mathrm{d}s\\ &> \frac{b}{M}\int_0^1 g_2(\eta,s)\phi_q\left(\int_\eta^1 g_2(s,\tau)a(\tau)\mathrm{d}\tau\right)\mathrm{d}s\\ &= b.\end{aligned}$$

显然 $\forall\, x \in \partial K_c(b)\cup\partial K_a$，$Tx\neq x$，且 $\bar{K}_a\cap\bar{K}_c(b)=\varnothing$,

$$\begin{aligned}&\deg\{I-T,K_c(b),0\}=1,\\ &\deg\{I-T,K_c\setminus\overline{K_c(b)}\cup\bar{K}_a,0\}\\ =&\deg\{I-T,K_c,0\}-\deg\{I-T,K_c(b),0\}-\deg\{I-T,K_a,0\}\\ =&1-1-1=-1,\end{aligned}$$

因此，T 在 $K_a, K_c\setminus\overline{K_c(b)}\cup\bar{K}_a, K_c(b)$ 中各有一个不动点 u_1,u_2,u_3:

$$\|u_1\|<a<\|u_2\|,\qquad \|u_3\|<c,\qquad \alpha(u_2)<b<\alpha(u_3).$$

由 $f(0)>0$ 可得 $u_1(t)>0, t\in(0,1)$. 故 u_1,u_2,u_3 都是正解.

同理可证如下定理.

定理 6.3.4　设 (1) 同定理 6.3.3，$f(0)>0$ 用 $f(0)\geqslant 0$ 代替;

(2) 存在 $a,b,c>0$，满足

$$0<\frac{N}{M}a<b<\eta c,$$

使

$$f(x) > \phi_p\left(\frac{a}{M}\right), \qquad \eta a < x \leqslant a,$$

$$f(x) < \phi_p\left(\frac{b}{N}\right), \qquad 0 < x < b,$$

$$f(x) > \phi_p\left(\frac{c}{M}\right), \qquad \eta c < x < c,$$

则 BVP(6.3.22) 至少有两个正解 u_1, u_2,

$$a < \alpha(u_1) < \|u_1\| < b < \|u_2\| < c, \qquad \alpha(u_2) > b.$$

相关的结果可参阅文献 [15]、[16].

6.4 高阶微分方程边值问题解的存在性

我们首先讨论一般的高阶方程在特定边界条件下解的存在条件.

6.4.1 两点边值问题解的存在性

考虑高阶微分方程边值问题

$$\begin{cases} u^{(2n)} = f(t, u, u', \cdots, u^{(2n-1)}), & t \in (0,1), \\ u^{(2i)}(0) = u^{(2i+1)}(1) = 0, & i = 0, 1, \cdots, n-1 \end{cases} \tag{6.4.1}$$

解的存在性. 如 6.2 节中对三阶微分方程边值问题的讨论那样，解的存在性通常要求非线性项 f 满足线性增长条件. 这里我们准备放弃对 f 的线性增长要求，因而设

$$f(t, x_0, x_1, \cdots, x_{2n-1}) = \beta |x_{2n-1}|^{m-1} x_{2n-1} + h(t, x_0, \cdots, x_{2n-1}), \tag{6.4.2}$$

其中 $m \geqslant 1$ 为整数，$\beta > 0$ 为实数. 记 $\|x\|_0 = \max\limits_{0 \leqslant t \leqslant 1} |x(t)|$.

定理 6.4.1 假设 f 具有式 (6.4.2) 所示形式，且对 a.e. $t \in [0,1]$，$h(t, \cdot, \cdots, \cdot)$ 连续，对 $\forall\ (x_0, \cdots, x_{2n-1}) \in \mathbf{R}^{2n}$，$h(\cdot, x_0, \cdots, x_{2n-1}) \in L^{\frac{m+1}{m}}[0,1]$，如果 $\exists\ e \in L^{\frac{m+1}{m}}[0,1]$，$g_i \in C[0,1]$，$e(t), g_i(t) \geqslant 0$，$\sum\limits_{i=1}^{2n-1} \|g_i\|_0 < \beta$，使

$$|h(t, x_0, \cdots, x_{2n-1})| \leqslant \sum_{i=1}^{2n-1} g_i(t) |x_i|^m + e(t). \tag{6.4.3}$$

则 BVP(6.4.1) 至少有一个解.

证明　对 $L=D^2$ 在 $x(0)=x'(0)=0$ 的条件下可求得 Green 函数

$$g(t,s)=\begin{cases}-t, & 0\leqslant t\leqslant s\leqslant 1,\\ -s, & 0\leqslant s\leqslant t\leqslant 1,\end{cases}$$

利用降阶法，可得 $L=D^{2n}$ 在边界条件 $x^{(2i)}(0)=x^{(2i+1)}(1)=0$ 时 Green 函数

$$G(t,s)=\int_0^1\cdots\int_0^1 g(t,\tau_1)g(\tau_1,\tau_2)\cdots g(\tau_n,s)\mathrm{d}\tau_n\mathrm{d}\tau_{n-1}\cdots\mathrm{d}\tau_1.$$

取 $X=\{x\in C^{2n-1}[0,1]:x^{(2i)}(0)=x^{(2i+1)}(1)=0,\ i=0,1,\cdots,n-1\}$. 由

$$(Tx)(t)=\int_0^1 G(t,s)f(s,x(s),\cdots,x^{(2n-1)}(s))\mathrm{d}s \tag{6.4.4}$$

定义 $T:X\to X$. 则易证 T 是全连续算子，且 $u=u(t)$ 是 BVP(6.4.1) 的解当且仅当 u 是算子 T 的不动点.

我们注意到 $|x^{(i)}(t)|\leqslant\|x^{(2n-1)}\|_1$，其中 $\|x\|_k:=\left(\int_0^1|x(t)|^k\mathrm{d}t\right)^{\frac{1}{k}}$. 于是 $\|x^{(i)}\|_0\leqslant\|x^{(2n-1)}\|_1\leqslant\|x^{(2n-1)}\|_0$. 因此 $\forall\, x\in X$，可定义 $\|x\|=\|x^{(2n-1)}\|_0$.

为证 T 有不动点，我们考虑算子方程 $x=\lambda Tx$ 在 Banach 空间 X 上解的有界性，其中 $\lambda\in[0,1]$.

设 $L=D^{2n}$，$x\in\mathrm{dom}L=\{x\in X:x^{(2n)}\in L[0,1]\}$ 是 $x=\lambda Tx$ 的解，$\lambda\in(0,1]$，则 $x(t)$ 满足

$$x^{(2n)}(t)=\lambda f(t,x(t),\cdots,x^{(2n-1)}(t)),\ \lambda\in(0,1]. \tag{6.4.5}$$

上式两边乘 $x^{(2n-1)}(t)$，再在 $[0,1]$ 上积分，则

$$\begin{aligned}0\geqslant&\frac{1}{2}\left(x^{(2n-1)}(1)\right)^2-\frac{1}{2}\left(x^{(2n-1)}(0)\right)^2\\ =&\lambda\int_0^1 f(s,x(s),\cdots,x^{(2n-1)}(s))x^{(2n-1)}(s)\mathrm{d}s\\ \geqslant&\lambda\left[\beta\int_0^1|x^{(2n-1)}(s)|^{m+1}\mathrm{d}s-\sum_{i=0}^{2n-1}\int_0^1 g_i(s)|x^{(i)}(s)|^m|x^{(2n-1)}(s)|\mathrm{d}s\right.\\ &\left.-\int_0^1 e(s)|x^{(2n-1)}(s)|\mathrm{d}s\right].\end{aligned}$$

因此，

$$
\begin{aligned}
&\beta\int_0^1 |x^{(2n-1)}(s)|^{m+1}\mathrm{d}s\\
\leqslant&\sum_{i=0}^{2n-1}\|g_i\|_0\int_0^1 |x^{(i)}(s)|^m|x^{(2n-1)}(s)|\mathrm{d}s+\int_0^1 e(s)|x^{(2n-1)}(s)|\mathrm{d}s\\
=&\|g_{2n-1}\|_0\int_0^1 |x^{(2n-1)}(s)|^{m+1}\mathrm{d}s+\sum_{i=0}^{2n-2}\|g_i\|_0\int_0^1 \|x^{(2n-1)}\|_1^m|x^{(2n-1)}(s)|\mathrm{d}s\\
&+\left(\int_0^1 |e(s)|^{\frac{m+1}{m}}\mathrm{d}s\right)^{\frac{m}{m+1}}\left(\int_0^1 |x^{(2n-1)}(s)|^{m+1}\mathrm{d}s\right)^{\frac{1}{m+1}}\\
=&\|g_{2n-1}\|_0\int_0^1 |x^{(2n-1)}(s)|^{m+1}\mathrm{d}s+\sum_{i=0}^{2n-2}\|g_i\|_0\|x^{(2n-1)}\|_1^{m+1}+A\|x^{(2n-1)}\|_{m+1}\\
=&\|g_{2n-1}\|_0\|x^{(2n-1)}\|_{m+1}^{m+1}+\sum_{i=0}^{2n-2}\|g_i\|_0\|x^{(2n-1)}\|_1^{m+1}+A\|x^{(2n-1)}\|_{m+1},
\end{aligned}
$$

其中 $\|x\|_k:=\left(\int_0^1 |x(s)|^k\mathrm{d}s\right)^{\frac{1}{k}}$，$k>1$，$A=\|e\|_{\frac{m+1}{m}}$. 注意到

$$
\|x^{(2n-1)}\|_1\leqslant\|x^{(2n-1)}\|_{m+1},
$$

因而有

$$
\left(\beta-\sum_{i=0}^{2n-1}\|g_i\|_0\right)\|x^{(2n-1)}\|_{m+1}^{m+1}\leqslant A\|x^{(2n-1)}\|_{m+1},
$$

由此知 $\exists\, M_1>0$，使得

$$
\|x^{(2n-1)}\|_{m+1}\leqslant M_1. \tag{6.4.6}
$$

同样用 $x^{(2n-1)}(t)$ 乘式 (6.4.5) 的两边，在 $[t,1]$ 上积分，则有

$$
\begin{aligned}
&\frac{1}{2}\left(x^{(2n-1)}(1)\right)^2-\frac{1}{2}\left(x^{(2n-1)}(t)\right)^2\\
=&\lambda\int_t^1 f(s,x(s),\cdots,x^{(2n-1)}(s))\mathrm{d}s\\
\geqslant&\lambda\left(\beta\int_t^1 |x^{(2n-1)}(s)|^{m+1}\mathrm{d}s-\sum_{i=0}^{2n-1}\|g_i\|_0\int_t^1 |x^{(i)}(s)|^m|x^{(2n-1)}(s)|\mathrm{d}s\right.\\
&\left.-\int_0^1 e(s)|x^{(2n-1)}(s)|ds\right)\\
\geqslant&-\sum_{i=0}^{2n-1}\|g_i\|_0\|x^{(2n-1)}\|_{m+1}^{m+1}-A\|x^{(2n-1)}\|_{m+1}.
\end{aligned}
$$

于是

$$
\begin{aligned}
|x^{(2n-1)}(t)|^2 &< 2\sum_{i=0}^{2n-1}\|g_i\|_0\|x^{(2n-1)}\|_{m+1}^{m+1} + 2A\|x^{(2n-1)}\|_{m+1} \\
&= 2M_1^{m+1}\sum_{i=0}^{2n-1}\|g_i\|_0 + 2AM_1 := M.
\end{aligned}
$$

即 $\|x^{(2n-1)}\|_0 < M$.

当 $\lambda = 0$ 时，在 X 中 $x^{(2n)} = 0$ 仅有零解.

取 $\Omega = \{x \in X : \|x\| < M\}$，则由

$$
\deg\{I - T, \Omega, 0\} = \deg\{I, \Omega, 0\} = 1
$$

即知，BVP(6.4.1) 在 Ω 中至少有一个解.

对边值问题

$$
\begin{cases}
u^{(2n+1)} = f(t, u, u', \cdots, u^{(2n)}), & t \in (0,1), \\
u^{(2i)}(0) = u^{(2i+1)}(1) = 0, & i = 0, 1, \cdots, n-1, \\
u^{(2n)}(0) = 0,
\end{cases}
\tag{6.4.7}
$$

假定

$$
f(t, x_0, x_1, \cdots, x_{2n}) = \beta|x_{2n}|^{m-1}x_{2n} + g(t, x_0, \cdots, x_{2n}),
\tag{6.4.8}
$$

其中 $\beta > 0$. 同理可证如下定理.

定理 6.4.2　假设 f 具有式 (6.4.7) 所示形式，且对 a.e. $t \in [0,1]$，$g(t, \cdot, \cdots, \cdot) \in C(\mathbf{R}_+^{2n+1})$，对 $\forall\ (x_0, \cdots, x_{2n}) \in \mathbf{R}_+^{2n+1}$，$g(\cdot, x_0, \cdots, x_{2n}) \in L^{\frac{m+1}{m}}[0,1]$，如果 $\exists\ e \in L^{\frac{m+1}{m}}[0,1]$ 及 $g_i \in C[0,1]$，$e(t), g_i(t) \geqslant 0$，$\sum\limits_{i=0}^{2n}\|g_i\|_0 < \beta$，则 BVP(6.4.7) 至少有一个解.

其余相关结果可参阅文献 [17].

6.4.2　多点边值问题解的存在性

多点边值问题解的存在性结果中，我们介绍用上下解方法得到的边值问题

$$
\begin{cases}
u^{(n)}(t) = f(t, u), \qquad t \in (0,1), \\
u^{(i)}(0) = 0, \qquad i = 0, 1, \cdots, n-2, \qquad u^{(n-2)}(1) = au^{(n-2)}(\eta)
\end{cases}
\tag{6.4.9}
$$

的有解性条件，其中 $f \in C([0,1] \times \mathbf{R}, \mathbf{R})$，$a \in \left(0, \dfrac{1}{\eta}\right)$，$\eta \in (0,1)$.

针对 BVP(6.4.9)，我们有如下定义.

定义 6.4.1 设 $x \in C^n[0,1]$ 满足

$$\begin{cases} x^{(n)}(t) - f(t,x) \geqslant 0 \ \ (\leqslant 0), \\ x^{(i)}(0),\ x^{(n-2)}(1) - ax^{(n-2)}(\eta) \leqslant 0 \ \ (\geqslant 0), \qquad i = 0,1,\cdots,n-2, \end{cases}$$

则 $x(t)$ 称为 BVP(6.4.9) 的下解 (上解).

同时，我们记 $v = u^{(n-2)}$，则 BVP(6.4.9) 可降阶为两个边值问题，即三点边值问题

$$\begin{cases} v''(t) = f(t,u(t)), \qquad t \in (0,1), \\ v(0) = v(1) - av(\eta) = 0 \end{cases} \tag{6.4.10}$$

和单点边值问题 (即初值问题)

$$\begin{cases} u^{(n-2)}(t) = v(t), \qquad t \in (0,1), \\ u^{(i)}(0) = 0, \qquad i = 0,1,\cdots,n-3. \end{cases} \tag{6.4.11}$$

记 $X = \{x \in C[0,1] : x(0) = 0\}$，则 $\forall\ u \in X$，BVP(6.4.10) 的解可以表示为

$$v(t) = \int_0^1 g_1(t,s)f(s,u(s))\mathrm{d}s,$$

其中 $g_1(t,s)$ 为 Green 函数，当 $\rho = 1 - a\eta \neq 0$，

$$g_1(t,s) = \frac{1}{\rho}\begin{cases} -s[(1-\alpha\eta) - t(1-\alpha)], & 0 \leqslant s \leqslant \min\{t,\eta\}, \\ -t[(1-\alpha\eta) - s(1-\alpha)], & 0 \leqslant t \leqslant s \leqslant \eta, \\ -s(1-\alpha\eta) - t(s-\alpha\eta), & \eta \leqslant s \leqslant t \leqslant 1, \\ -t(1-s), & \max\{t,\eta\} \leqslant s \leqslant 1. \end{cases}$$

BVP(6.4.11) 的解为

$$u(t) = \frac{1}{\rho(n-3)!}\int_0^t (t-s)^3 v(s)\mathrm{d}s.$$

因此，BVP(6.4.9) 的解可以表示为

$$\begin{aligned} u(t) &= \frac{1}{(n-3)!\rho}\int_0^t (t-\tau)^3 \int_0^1 g_1(\tau,s)f(s,u(s))\mathrm{d}s\mathrm{d}\tau \\ &= \frac{1}{(n-3)!\rho}\int_0^t \left[\int_0^1 (t-\tau)^3 g_1(\tau,s)\mathrm{d}\tau\right] f(s,u(s))\mathrm{d}s \\ &= \int_0^t G(t,s)f(s,u(s))\mathrm{d}s, \end{aligned}$$

其中

$$G(t,s)=\frac{1}{(n-3)!\rho}\int_0^1(t-\tau)^3g_1(\tau,s)\mathrm{d}\tau.$$

由

$$(Tu)(t)=\int_0^t G(t,s)f(s,u(s))\mathrm{d}s \tag{6.4.12}$$

定义

$$T:X\to X,$$

易证这是一个全连续算子.

定理 6.4.3　设 $f\in C([0,1]\times\mathbf{R},\mathbf{R})$，$\eta\in(0,1)$，$a\in\left(0,\dfrac{1}{\eta}\right)$，且 BVP(6.4.9) 有下解 $\alpha(t)$ 和上解 $\beta(t)$，$\alpha^{(n-2)}(t)\leqslant\beta^{(n-2)}(t)$，则 BVP(6.4.9) 至少存在一个解 $u(t)$:

$$\alpha^{(i)}(t)\leqslant u^{(i)}(t)\leqslant\beta^{(i)}(t),\qquad i=0,1,\cdots,n-2.$$

证明　由 $\alpha^{(n-2)}(t)\leqslant\beta^{(n-2)}(t)$ 及 $\alpha(t),\beta(t)$ 满足

$$\alpha^{(i)}(t)\leqslant u^{(i)}(t)\leqslant\beta^{(i)}(t),\qquad i=0,1,\cdots,n-3.$$

同样，对定理的结论而言，我们只需证有解 $u(t)$ 满足

$$\alpha^{(n-2)}(t)\leqslant u^{(n-2)}(t)\leqslant\beta^{(n-2)}(t)$$

即可.

取 $\bar{\Omega}=\{x\in X:\alpha(t)\leqslant x(t)\leqslant\beta(t)\}$. 易证 $\bar{\Omega}\subset X$ 是闭凸集，算子 T 由式 (6.4.12) 给定.

令

$$f^*(t,x)=\begin{cases}f(t,\beta(t))+\mathrm{th}(x-\beta(t)), & x\geqslant\beta(t),\\ f(t,x), & \alpha(t)\leqslant x\leqslant\beta(t),\\ f(t,\alpha(t))+\mathrm{th}(x-\alpha(t)), & x\leqslant\alpha(t).\end{cases}$$

并由

$$(T^*u)(t)=\int_0^t G(t,s)f^*(s,u(s))\mathrm{d}s \tag{6.4.13}$$

定义 $T^*:\bar{\Omega}\to X$，易证 T^* 是全连续算子. 下证

$$T^*\bar{\Omega}\subset\bar{\Omega}. \tag{6.4.14}$$

$\forall\, x\in\bar{\Omega}$，记 $v=(T^*x)^{(n-2)}$，则

$$v''(t)=f^*(t,x(t)).$$

记 $z(t) = v(t) - \beta^{(n-2)}(t)$，我们证 $z(t) \leqslant 0$. 设不然，有 $t_0 \in [0,1]$，使 $z(t_0) = \max\limits_{0\leqslant t\leqslant 1} z(t) > 0$. 由边界条件易知 $t_0 \notin \{0,1\}$. 因此，$t_0 \in (0,1)$. 于是有

$$z'(t_0) = 0, \qquad z''(t_0) \leqslant 0.$$

但

$$z''(t_0) = v''(t_0) - \beta^{(n)}(t_0) = f^*(t_0, v(t_0)) - f(t_0, v(\beta_0)) = \mathrm{th}z(t_0) > 0,$$

得出矛盾. 因此，$z(t) \leqslant 0$ 成立，即 $(T^*u)^{(n-2)}(t) \leqslant \beta^{(n-2)}(t)$.

同样可证: $\alpha^{(n-2)}(t) \leqslant (T^*u)^{(n-2)}(t)$. 因此，式 (6.4.14) 成立. 由 Schauder 不动点定理，T^* 在 $\bar{\Omega}$ 中有不动点 $u : \alpha^{(n-2)}(t) \leqslant u^{(n-2)}(t) \leqslant \beta^{(n-2)}(t)$. 并由此得出

$$\alpha(t) \leqslant u(t) \leqslant \beta(t).$$

于是有

$$u^{(n)}(t) = f^*(t, u(t)) = f(t, u(t)).$$

因此，$u(t)$ 也是 BVP(6.4.9) 的解，满足定理所给的要求.

注 6.4.1 将 BVP(6.4.9) 降阶为两个边值问题 (6.4.10) 和 (6.4.11) 之后，也可以考虑先由 BVP(6.4.11) 解出

$$u(t) = \frac{1}{(n-3)!}\int_0^t (t-s)^3 v(s)\mathrm{d}s,$$

代入 BVP(6.4.10) 中解出

$$\begin{aligned} v(t) &= \int_0^1 g_1(t,s) f(s, u(s))\mathrm{d}s \\ &= \int_0^1 g_1(t,s) f\left(s, \frac{1}{(n-3)!}\int_0^s (s-\tau)^3 v(\tau)\mathrm{d}\tau\right)\mathrm{d}s. \end{aligned}$$

由

$$(Tv)(t) = \int_0^1 g_1(t,s) f\left(s, \frac{1}{(n-3)!}\int_0^s (s-\tau)^3 v(\tau)\mathrm{d}\tau\right)\mathrm{d}s$$

定义 $T : \hat{X} \to \hat{X}$ 的全连续算子，其中

$$\hat{X} = \{x \in C[0,1] : x(0) = x(1) - ax(\eta) = 0\}.$$

同样可以用上下解方法讨论 BVP(6.4.9) 的有解性，可参阅文献 [18].

6.4.3　两点边值问题解的存在唯一性

除文献 [19] 中对非线性微分方程边值问题解的唯一性作过讨论外，对一般的高阶微分方程边值问题很少研究解的唯一性.

现考虑 n 阶非线性微分方程两点边值问题

$$\begin{cases} u^{(n)}=f(t,u,u',\cdots,u^{(n-1)}), \\ u^{(2i)}(0)=A_{2i}, \qquad 0\leqslant i\leqslant \left[\dfrac{n-1}{2}\right], \\ u^{(2j+1)}(1)=A_{2j+1}, \qquad 0\leqslant j\leqslant \left[\dfrac{n-2}{2}\right] \end{cases} \tag{6.4.15}$$

和

$$\begin{cases} u^{(n)}=f(t,u,u',\cdots,u^{(n-1)}), \\ u^{(2i+1)}(0)=A_{2i+1}, \qquad 0\leqslant i\leqslant \left[\dfrac{n-2}{2}\right], \\ u^{(2j)}(1)=A_{2j}, \qquad 0\leqslant j\leqslant \left[\dfrac{n-1}{2}\right] \end{cases} \tag{6.4.16}$$

解的存在唯一性.

我们假设 (H_{12}):

(1) 在 $(t,x_0,x_1,\cdots,x_{n-1})\in[0,1]\times\mathbf{R}^n$ 时，f 满足 Carathéodory 条件，且 $\forall\ (x_0,x_1,\cdots,x_{n-1})\in\mathbf{R}^n$，$f(\cdot,x_0,x_1,\cdots,x_{n-1})\in L^2[0,1]$;

(2) $\exists\ a_i\in C[0,1]$，$a_i(t)\geqslant 0$，$i=0,1,\cdots,n-1$，使对 $\forall\ (x_0,x_1,\cdots,x_{n-1})$，$(y_0,y_1,\cdots,y_{n-1})\in\mathbf{R}^n$，a.e. $t\in[0,1]$，有

$$|f(t,x_0,x_1,\cdots,x_{n-1})-f(t,y_0,y_1,\cdots,y_{n-1})|\leqslant\sum_{i=0}^{n-1}a_i(t)|x_i-y_i|.$$

引理 6.4.1　设 $u\in W^{n,1}$，$u(0)=u'(1)=0$ $(u'(0)=u(1)=0)$，则

$$\|u^{(i)}\|_2\leqslant\left(\frac{2}{\pi}\right)^{n-i}\|u^{(n)}\|_2, \qquad i=0,1,\cdots,n-1,$$

其中

$$\|u^{(i)}\|_2=\left(\int_0^1|u^{(i)}(t)|^2\mathrm{d}t\right)^{\frac{1}{2}}, \qquad \|u^{(n)}\|_1=\int_0^1|u^{(n)}(t)|\mathrm{d}t.$$

证明　当条件 $u(0)=u'(1)=0$ 时，证明和引理 6.2.1 类似. 当 $u'(0)=u(1)=0$

时，可考虑作周期延拓

$$v(t)=\begin{cases}u(t-4k), & 4k\leqslant t\leqslant 4k+1,\\ -u(4k+2-t), & 4k+1\leqslant t\leqslant 4k+2,\\ -u(t-4k-2), & 4k+2\leqslant t\leqslant 4k+3,\\ u(4k+4-t), & 4k+3\leqslant t\leqslant 4k+4.\end{cases}$$

$v(t)$ 是周期为 4 的偶函数，且均值为 0，故

$$v(t)=\sum_{n=1}^{\infty}a_n\cos\frac{n\pi}{2}t,$$

$$v'(t)=\sum_{n=1}^{\infty}\left(-\frac{n\pi}{2}a_n\right)\sin\frac{n\pi}{2}t.$$

由 $\|v\|_2^2=\sum\limits_{n=1}^{\infty}a_n^2<\infty$，$\|v'\|_2^2=\sum\limits_{n=1}^{\infty}\frac{n^2\pi^2}{4}a_n^2\geqslant\frac{\pi^2}{4}\|v\|_2^2$，得

$$\|v\|_2\leqslant\frac{2}{\pi}\|v'\|_2,$$

再由

$$v'(t)=\sum_{n=1}^{\infty}a_{n,1}\sin\frac{n\pi}{2}t\qquad\left(a_{n,1}=-\frac{n\pi}{2}a_n\right),$$

$$v''(t)=\sum_{n=1}^{\infty}\frac{n\pi}{2}a_{n,1}\cos\frac{n\pi}{2}t,$$

得

$$\|v'\|_2^2=\sum_{n=1}^{\infty}a_{n,1}^2<\infty,\qquad \|v''\|_2^2=\sum_{n=1}^{\infty}\frac{n^2\pi^2}{4}a_{n,1}^2\geqslant\frac{\pi^2}{4}\|v'\|_2^2,$$

于是

$$\|v'\|_2\leqslant\frac{2}{\pi}\|v''\|_2,\qquad \|v\|_2\leqslant\left(\frac{2}{\pi}\right)^2\|v''\|_2.$$

依次递推，得

$$\|v^{(i)}\|_2\leqslant\left(\frac{2}{\pi}\right)^{n-i}\|v^{(n)}\|_2,\tag{6.4.17}$$

$$\|v^{(n-1)}\|_2\leqslant\|v^{(n-1)}\|_0\leqslant\|v^{(n)}\|_1.$$

由

$$\|u^{(i)}\|_2=\frac{1}{4}\|v^{(i)}\|_2,\qquad \|u^{(n)}\|_2=\frac{1}{4}\|v^{(n)}\|_2,$$

故 $\|u^{(i)}\|_2 \leqslant \left(\dfrac{2}{\pi}\right)^{n-i}\|u^{(n)}\|_2$ 成立.

引理 6.4.2　存在唯一的 $n-1$ 阶多项式 $l(t)$ 满足

$$\begin{cases} u^{(n)}=0, \\ u^{(2i)}(0)=A_{2i}, \quad 0\leqslant i\leqslant\left[\dfrac{n-1}{2}\right], \\ u^{(2j+1)}(1)=A_{2j+1}, \quad 0\leqslant j\leqslant\left[\dfrac{n-2}{2}\right], \end{cases} \tag{6.4.18}$$

$$\left(\begin{cases} u^{(n)}=0, \\ u^{(2i+1)}(0)=A_{2i+1}, \quad 0\leqslant i\leqslant\left[\dfrac{n-2}{2}\right], \\ u^{(2j)}(1)=A_{2j}, \quad 0\leqslant j\leqslant\left[\dfrac{n-1}{2}\right] \end{cases}\right) \tag{6.4.19}$$

证明　我们只对 ( ) 的结论作出证明.

由 $u^{(n)}=0$，可知 $u(t)=\sum\limits_{k=0}^{n-1}a_kt^k$，则

$$u^{(s)}(t)=\sum_{k=s}^{n-1}a_k\frac{k!}{(k-s)!}t^{k-s},$$

代入边界条件求 $a_k, k=0,1,\cdots,n-1$，得线性方程组

$$\begin{pmatrix} 1 & 0 & 0 & 0 & \cdots & 0 \\ 0 & 1 & 2 & 3 & \cdots & n-1 \\ 0 & 0 & 2! & 0 & \cdots & 0 \\ 0 & 0 & 0 & 3! & \cdots & \dfrac{(n-1)!}{(n-4)!} \\ \vdots & \vdots & \vdots & \vdots & \ddots & \vdots \\ 0 & 0 & 0 & 0 & \cdots & (n-1)! \end{pmatrix}\cdot\begin{pmatrix} a_0 \\ a_1 \\ a_2 \\ a_3 \\ \vdots \\ a_{n-1} \end{pmatrix}=-\begin{pmatrix} A_0 \\ A_1 \\ A_2 \\ A_3 \\ \vdots \\ A_{n-1} \end{pmatrix}.$$

显然，$a_0,a_1,\cdots,a_{n-1}$ 是唯一确定的. 引理得证.

引理 6.4.3　存在 Green 函数 $G(t,s)$，使 $\forall\ f\in L[0,1]$，

$$\begin{cases} u^{(n)}=f(t), \\ u^{(2i)}(0)=0 \quad (u^{(2i)}(1)=0), \quad 0\leqslant i\leqslant\left[\dfrac{n-1}{2}\right], \\ u^{(2j+1)}(1)=0 \quad (u^{(2j+1)}(0)=0), \quad 0\leqslant j\leqslant\left[\dfrac{n-2}{2}\right] \end{cases} \tag{6.4.20}$$

的解表示为

$$u(t)=\int_0^1 G(t,s)f(s)\mathrm{d}s. \tag{6.4.21}$$

证明 设 $n=2m$，则对

$$\begin{cases}u^{(2m)}=f(t),\\ u^{(2i)}(0)=u^{(2i+1)}(1)=0, \qquad 0\leqslant i\leqslant m-1,\end{cases} \tag{6.4.22}$$

由定理 6.4.1 证明中所作同样讨论可得 $\hat{G}_1(t,s)$ 的存在性. 同样，对

$$\begin{cases}u^{(2m)}=f(t),\\ u^{(2i+1)}(0)=u^{(2i)}(1)=0, \qquad 0\leqslant i\leqslant m-1.\end{cases} \tag{6.4.23}$$

可以由

$$\begin{cases}u''=0,\\ u'(0)=u(1)=0\end{cases}$$

的 Green 函数

$$g(t,s)=\begin{cases}s-1, & 0\leqslant t\leqslant s\leqslant 1,\\ t-1, & 0\leqslant s\leqslant t\leqslant 1\end{cases}$$

递推给出

$$\begin{cases}u^{(2m)}=0,\\ u^{(2i+1)}(0)=u^{(2i)}(1)=0, \qquad 0\leqslant i\leqslant m-1\end{cases}$$

的 Green 函数 $\hat{G}_2(t,s)$.

当 $n=2m+1$ 时，令 $v=u^{(2m)}$，则

$$\begin{cases}u^{(2m+1)}=f(t),\\ u^{(2i)}(0)=0, \qquad 0\leqslant i\leqslant m,\\ u^{(2j+1)}(1)=0, \qquad 0\leqslant j\leqslant m-1\end{cases} \tag{6.4.24}$$

可降阶为

$$\begin{cases}u^{(2m)}=v(t),\\ u^{(2i)}(0)=u^{(2i+1)}(1)=0, \qquad 0\leqslant i\leqslant m-1\end{cases} \tag{6.4.25}$$

和

$$\begin{cases}v'=f(t),\\ v(0)=0.\end{cases} \tag{6.4.26}$$

由式 (6.4.26) 解得 $v(t)=\int_0^t f(s)\mathrm{d}s$，代入式 (6.4.25) 中，则

$$\begin{aligned}u(t)&=\int_0^1\hat{G}_1(t,s)\int_0^s f(\tau)\mathrm{d}\tau\mathrm{d}s=\int_0^1\left[\int_\tau^1\hat{G}_1(t,s)\mathrm{d}s\right]f(\tau)\mathrm{d}\tau\\&=\int_0^1\left[\int_s^1\hat{G}_1(t,\tau)\mathrm{d}\tau\right]f(s)\mathrm{d}s,\end{aligned}$$

记 $\hat{G}_3(t,s)=\int_s^1\hat{G}_1(t,\tau)\mathrm{d}\tau$，则 $u(t)=\int_0^1\hat{G}_3(t,s)f(s)\mathrm{d}s$.

同样，记 $\hat{G}_4(t,s)=\int_0^s\hat{G}_2(t,\tau)\mathrm{d}\tau$，则

$$\begin{cases}u^{(2m+1)}=f(t),\\u^{(2i+1)}(0)=0,\quad 0\leqslant i\leqslant m-1,\\u^{(2j)}(1)=0,\quad 0\leqslant j\leqslant m\end{cases}$$

的唯一解可表示为

$$u(t)=\int_0^1\hat{G}_4(t,s)f(s)\mathrm{d}s.$$

因此，令

$$G(t,s)=\begin{cases}\hat{G}_1(t,s),&\text{当}n=2m,u^{(2i)}(0)=u^{(2i+1)}(1)=0,0\leqslant i\leqslant m-1,\\\hat{G}_2(t,s),&\text{当}n=2m,u^{(2i+1)}(0)=u^{(2i)}(1)=0,0\leqslant i\leqslant m-1,\\\hat{G}_3(t,s),&\text{当}n=2m+1,u^{(2i)}(0)=u^{(2i+1)}(1)=u^{(2m)}(0)=0,0\leqslant i\leqslant m-1,\\\hat{G}_4(t,s),&\text{当}n=2m+1,u^{(2i+1)}(0)=u^{(2i)}(1)=u^{(2m)}(1)=0,0\leqslant i\leqslant m-1\end{cases}$$

时 BVP(6.4.20) 的解可以表示为式 (6.4.21). 引理证毕.

记 $X=C^{n-1}[0,1]$.

根据引理 6.4.2 和引理 6.4.3，$\forall\, x\in X$ 代入非线性项 f 中，则由 BVP(6.4.15) 或 BVP(6.4.16) 中的边界条件，可求得线性边值问题的解

$$u(t)=l(t)+\int_0^1 G(t,s)f(s,x(s),x'(s),\cdots,x^{(n-1)}(s))\mathrm{d}s.\tag{6.4.27}$$

$x(t)$ 是 BVP(6.4.15) 或 (6.4.16) 的解，当且仅当 $u(t)=x(t)$. 令 $v(t)=u(t)-l(t)$，$y(t)=x(t)-l(t)$，则 $u(t)=x(t)$ 等价于 $v(t)=y(t)$，式 (6.4.27) 等价于

$$v(t)=\int_0^1 G(t,s)f(s,y(s)+l(s),y'(s)+l'(s),\cdots,y^{(n-1)}(s)+l^{(n-1)}(s))\mathrm{d}s.$$

且 $y \in X$ 满足 BVP(6.4.20) 中的齐次边界条件.

$\forall\, y \in Y = \{y \in X : y$满足 BVP(6.4.20)的边界条件$\}$，定义

$$(Ty)(t) = \int_0^1 G(t,s)f(s, y(s)+l(s), y'(s)+l'(s), \cdots, y^{(n-1)}(s)+l^{(n-1)}(s))\mathrm{d}s.$$

则 $T: Y \to Y$ 为全连续算子，且 BVP(6.4.15)(BVP(6.4.16)) 有解当且仅当 T 在 Y 中有不动点.

根据拓扑度理论，为证 T 在 Y 中有不动点，只需证 $\lambda \in [0,1]$ 时，

$$y = \lambda T y \tag{6.4.28}$$

的解在 Y 中一致有界.

定理 6.4.4 设条件 (H_{12}) 成立，则当

$$\sum_{i=0}^{n-1}\left(\frac{2}{\pi}\right)^{n-i}\|a_i\|_0 < 1$$

时，BVP(6.4.15) 或 BVP(6.4.16) 分别有且仅有一解.

证明 先证解的存在性，由式 (6.4.28)，只需证 $y \in Y, \lambda \in [0,1]$ 时，方程

$$y^{(n)}(t) = \lambda f(t, y(t)+l(t), y'(t)+l'(t), \cdots, y^{(n-1)}(t)+l^{(n-1)}(t)) \tag{6.4.29}$$

的解一致有界.

设 $y \in Y$ 是方程 (6.4.29) 的一解，则 $y \in W^{n,2} \cap Y$. 等式 (6.4.29) 两边乘以 $y^{(n-2)}(t)$，之后在 [0,1] 上积分，由于

$$\int_0^1 y^{(n-2)}(t)y^{(n)}(t)\mathrm{d}t = y^{(n-2)}(t)y^{(n-1)}(t)|_0^1 - \int_0^1 |y^{(n-1)}(t)|^2\mathrm{d}t = -\|y^{(n-1)}\|_2^2,$$

得

$$-\|y^{(n-1)}\|_2^2 = \lambda\int_0^1 y^{(n-2)}(s)f(s, y(s)+l(s), y'(s)+l'(s), \cdots, y^{(n-1)}(s)+l^{(n-1)}(s))\mathrm{d}s.$$

因此，记 $\varphi(t)=f(t,0,\cdots,0)$. 则 $\varphi\in L^2[0,1]$，并得

$$\begin{aligned}\|y^{(n-1)}\|_2^2 &\leqslant \int_0^1\sum_{i=0}^{n-1}(a_i(s)|y^{(i)}(s)+l^{(i)}(s)|)|y^{(n-2)}(s)|\mathrm{d}s+\int_0^1|\varphi(t)||y^{(n-2)}(s)|\mathrm{d}s\\ &\leqslant \sum_{i=0}^{n-1}\int_0^1 a_i(s)|y^{(i)}(s)||y^{(n-2)}(s)|\mathrm{d}s\\ &\quad+\int_0^1\left(|\varphi(t)|+\sum_{i=0}^{n-1}a_i(s)|l^{(i)}(s)|\right)|y^{(n-2)}(s)|\mathrm{d}s\\ &\leqslant \sum_{i=0}^{n-1}\|a_i\|_0\|y^{(i)}\|_2\|y^{(n-2)}\|_2+\|\varphi\|_2\|y^{(n-2)}\|_2+L\|y^{(n-2)}\|_1\\ &\leqslant \sum_{i=0}^{n-1}\|a_i\|_0\left(\frac{2}{\pi}\right)^{n-i}\|y^{(n-1)}\|_2^2+(\|\varphi\|_2+L)\|y^{(n-2)}\|_2\\ &\leqslant \left(\sum_{i=0}^{n-1}\left(\frac{2}{\pi}\right)^{n-i}\|a_i\|_0\right)\|y^{(n-1)}\|_2^2+\frac{2}{\pi}(\|\varphi\|_2+L)\|y^{(n-1)}\|_2,\end{aligned}$$

其中 $L=\max\limits_{0\leqslant t\leqslant 1}\sum\limits_{i=0}^{n-1}a_i(t)|l^{(i)}(t)|$. 由于 $\sum\limits_{i=0}^{n-1}\left(\frac{2}{\pi}\right)^{n-i}\|a_i\|_0<1$，故

$$\|y^{(n-1)}\|_2\leqslant\left[1-\sum_{i=0}^{n-1}\left(\frac{2}{\pi}\right)^{n-i}\|a_i\|_0\right]^{-1}\frac{2}{\pi}(\|\varphi\|_2+L):=M_1.$$

从而

$$\|y^{(i)}\|_2\leqslant\left(\frac{2}{\pi}\right)^{n-i-1}M_1\leqslant M_1,\qquad i=0,1,\cdots,n-1. \tag{6.4.30}$$

之后，在式 (6.4.29) 两边取绝对值并在 $[0,1]$ 上积分得

$$\begin{aligned}\|y^{(n)}\|_1&\leqslant\sum_{i=0}^{n-1}\|a_i\|_0\|y^{(i)}\|_1+\|\varphi\|_1\\ &\leqslant\sum_{i=0}^{n-1}\|a_i\|_0\|y^{(i)}\|_2+\|\varphi\|_2\\ &\leqslant\|\varphi\|_2+M_1\sum_{i=0}^{n-1}\|a_i\|_0:=M.\end{aligned} \tag{6.4.31}$$

结合 $y^{(i)}$ 满足的边界条件，可得

$$\|y^{(i)}\|_0\leqslant M. \tag{6.4.32}$$

M 和 λ 无关，故方程 (6.4.29) 在 Y 中解的一致有界性得证，从而保证解的存在性.

下证解的唯一性.

设有两解 $u(t)$ 和 $v(t)$ 同时满足 BVP(6.4.15)、(6.4.16)，$z(t)=u(t)-v(t)$，则 $z\in Y$，且

$$z^{(n)}(t)=f(t,u(t),u'(t),\cdots,u^{(n-1)}(t))-f(t,v(t),v'(t),\cdots,v^{(n-1)}(t)). \quad (6.4.33)$$

上式两边乘 $z^{(n-1)}(t)$，在 $[0,1]$ 上积分得

$$-\|z^{(n-1)}\|_2^2=\int_0^1 z^{(n-2)}(t)\left[f(t,u(t),\cdots,u^{(n-1)}(t))-f(t,v(t),\cdots,v^{(n-1)}(t))\right]\mathrm{d}t.$$

于是

$$\|z^{(n-1)}\|_2^2\leqslant\int_0^1|z^{(n-2)}(t)|\left(\sum_{i=0}^{n-1}a_i(t)|z^{(i)}(t)|\right)\mathrm{d}t\leqslant\sum_{i=0}^{n-1}\|a_i\|_0\left(\frac{2}{\pi}\right)^{n-i}\|z^{(n-1)}\|_2^2. \quad (6.4.34)$$

由 $\displaystyle\sum_{i=0}^{n-1}\left(\frac{2}{\pi}\right)^{n-i}\|a_i\|_0<1$，得 $\|z^{(n-1)}\|_2=0$. 再由 $\|z\|_2\leqslant\left(\dfrac{2}{\pi}\right)^{n-1}\|z^{(n-1)}\|_2$，得 $\|z\|_2=0$，由 z 连续，知 $z(t)\equiv 0$. 唯一性得证.

注 6.4.2 定理 6.4.4 是对文献 [19] 中结果的扩展和推广.

6.5 高阶微分方程边值问题的正解

和解的存在性一样，目前对高阶微分方程正解存在性的研究只对一些特殊的方程和特殊的边界条件得到较多的结果.

6.5.1 两点边值问题正解存在性

考虑含参数的 n 阶两点边值问题

$$\begin{cases}-u^{(n)}=\lambda f(t,u),\\ u^{(i)}(0)=0,\qquad i=0,1,\cdots,n-2,\ u^{(p)}(1)=0,\end{cases} \quad (6.5.1)$$

其中 $n\geqslant 2$，$p\in\{1,2,\cdots,n-2\}$.

通过计算，BVP(6.5.1) 的解可以表示为

$$u(t)=\lambda\int_0^1 G(t,s)f(s,u(s))\mathrm{d}s,$$

其中 Green 函数

$$G(t,s)=\begin{cases}\dfrac{1}{(n-1)!}[t^{n-1}(1-s)^{n-p-1}-(t-s)^{n-1}], & 0\leqslant s\leqslant t\leqslant 1,\\ \dfrac{1}{(n-1)!}t^{n-1}(1-s)^{n-p-1}, & 0\leqslant t\leqslant s\leqslant 1.\end{cases}\tag{6.5.2}$$

显然，任意给定 $s\in[0,1]$，$G(\cdot,s):[0,1]\to\mathbf{R}$ 是连续的，且 $t\in(s,1]$ 时由

$$t^{n-1}(1-s)^{n-p-1}-(t-s)^{n-1}=t^{n-1}\left[(1-s)^{n-p-1}-\left(1-\frac{s}{t}\right)^{n-1}\right]\geqslant 0$$

知 $G(t,s)\geqslant 0$，等号仅在 $t=0$ 或 $s=0,1$ 时成立.

同时，当 $s\in(0,1)$ 时，$G(\cdot,s)$ 在 $[0,s]$ 上显然是 t 的增函数，在 $[s,1]$ 上，由

$$\begin{aligned}&\frac{\mathrm{d}}{\mathrm{d}t}[t^{n-1}(1-s)^{n-p-1}-(t-s)^{n-1}]\\ =&(n-1)[t^{n-2}(1-s)^{n-p-1}-(t-s)^{n-2}]\\ =&(n-1)t^{n-2}\left[(1-s)^{n-p-1}-\left(1-\frac{s}{t}\right)^{n-2}\right]>0,\end{aligned}$$

知 $G(\cdot,s)$ 也是 t 的增函数，因此，我们有

$$0\leqslant G(t,s)\leqslant G(1,s).\tag{6.5.3}$$

引理 6.5.1[20]　设 $u\in C^{n-1}[0,1]\cap C^n(0,1)$，满足

$$\begin{cases}-u^{(n)}\geqslant 0,\\ u(0)=a>0, \quad u^{(p)}(1)=0,\\ u^{(i)}(0)=0, \quad i=1,\cdots,n-2,\end{cases}\tag{6.5.4}$$

则 $u(t)\geqslant t^{n-1}\|u\|_0$.

证明　记 $-u^{(n)}(t)=h(t)\geqslant 0$，则 u 可以表示为

$$u(t)=a+\int_0^1 G(t,s)h(s)\mathrm{d}s.$$

由 $G(t,s)$ 关于 t 的单增性，

$$\|u\|_0=u(1)=a+\int_0^1 G(1,s)h(s)\mathrm{d}s,$$

又由式 (6.4.16)，当 $t\in(s,1]$ 时，

$$\begin{aligned}G(t,s)=&\frac{1}{(n-1)!}[t^{n-1}(1-s)^{n-p-1}-(t-s)^{n-1}]\\=&\frac{t^{n-1}}{(n-1)!}\left[(1-s)^{n-p-1}-\left(1-\frac{s}{t}\right)^{n-1}\right]\\\geqslant&\frac{t^{n-1}}{(n-1)!}\left[(1-s)^{n-p-1}-(1-s)^{n-1}\right]\\=&t^{n-1}G(1,s).\end{aligned}$$

$t\in(0,s)$ 时，$G(t,s)=t^{n-1}G(1,s)$. 因此，恒有

$$G(t,s)\geqslant t^{n-1}G(1,s),\qquad 0\leqslant t\leqslant 1.$$

于是

$$u(t)=a+\int_0^1 G(t,s)h(s)\mathrm{d}s\geqslant a+t^{n-1}\int_0^1 G(1,s)h(s)\mathrm{d}s\geqslant t^{n-1}u(1)=t^{n-1}\|u\|_0.$$

结论成立.

引理 6.5.2[21] 设 $w(t)$ 是

$$\begin{cases}-u^{(n)}=1,\\u^{(i)}(0)=0,\qquad i=0,1,\cdots,n-2,\qquad u^{(p)}(1)=0\end{cases}$$

的解，则 $w(t)=\dfrac{p}{n!(n-p)}t^{n-1}$.

证明 由

$$\begin{aligned}w(t)&=\int_0^1 G(t,s)\mathrm{d}s\\&=\frac{1}{(n-1)!}\left[\int_0^t(t^{n-1}(1-s)^{n-p-1}-(t-s)^{n-1})\mathrm{d}s+\int_t^1 t^{n-1}(1-s)^{n-p-1}\mathrm{d}s\right]\\&=\frac{1}{(n-1)!}\left[\int_0^1 t^{n-1}(1-s)^{n-p-1}\mathrm{d}s-\int_0^t(t-s)^{n-1}\mathrm{d}s\right]\\&=\frac{1}{(n-1)!}\left[\frac{1}{n-p}t^{n-1}-\frac{1}{n}t^{n-1}\right]\\&=\frac{p}{n!(n-p)}t^{n-1},\end{aligned}$$

现设 (H_{13}):

(1) $f\in C([0,1]\times[0,\infty),\mathbf{R})$，$\exists\, M>0$ 及 $L>-M$，使

$$-M\leqslant f(t,x)\leqslant L,\qquad 0\leqslant t\leqslant 1,\ 0\leqslant x\leqslant 1;$$

(2) $\lim\limits_{x\to\infty}\dfrac{f(t,x)}{x}=+\infty$，在 $t\in[\alpha,\beta]\subset[0,1]$ 上一致成立.

记 $\Gamma=\dfrac{p}{n!(n-p)}<1$，$q(t)=t^{n-1}$，$k=\min\left\{\dfrac{1}{M\Gamma},\dfrac{1}{(M+L)\Gamma}\right\}$.

定理 6.5.1[21]　设条件 (H_{13}) 成立，则当 $\lambda\in(0,k)$ 时，BVP(6.5.1) 至少有一个正解.

证明　令 $v(t)=\lambda Mw(t)=\lambda\Gamma Mq(t)\leqslant q(t)$，$u(t)=\hat{u}(t)+v(t)$，则 $\hat{u}(t)$ 是 BVP(6.5.1) 的正解，当且仅当 $u(t)$ 是

$$\begin{cases}-u^{(n)}=\lambda[f(t,u-v(t))+M],\\ u^{(i)}(0)=0,\qquad i=0,1,\cdots,n-2,\qquad u^{(p)}(1)=0\end{cases}\tag{6.5.5}$$

满足 $u(t)-v(t)>0\ (0<t<1)$ 的解.

取 $X=C[0,1]$，$K=\{x\in X:x(t)\geqslant q(t)\|x\|_0\}$，由

$$(Tx)(t)=\lambda\int_0^1 G(t,s)[f(s,x(s)-v(s))+M]\mathrm{d}s\tag{6.5.6}$$

定义 $T:K\to K$，则易证 T 是全连续算子.

对 $K_1=\{x\in K:\|x\|_0<1\}$，则对 $\forall\ x\in\partial K_1$，有

$$\begin{aligned}(Tx)(t)&=\lambda\int_0^1 G(t,s)[f(s,x(s)-v(s))+M]\mathrm{d}s\\&\leqslant\lambda(M+L)\int_0^1 G(t,s)\mathrm{d}s\\&\leqslant\lambda(M+L)\int_0^1 G(1,s)\mathrm{d}s\\&=\lambda(M+L)\Gamma<1.\end{aligned}$$

故当 $x\in\partial K_1$ 时，$\|Tx\|_0<\|x\|_0$.

又取 $N>0$ 充分大，使

$$\frac{\lambda Nq(\alpha)}{2}\int_\alpha^\beta G\left(\frac{\alpha+\beta}{2},s\right)\mathrm{d}s>1.$$

由条件 (2)，对上述取定的 $\lambda,N>0$，$\exists\ R>0$ 充分大，$R>2\lambda M\Gamma$，使

$$\frac{f(t,x)+M}{x}\geqslant N,\qquad \text{当 } t\in[\alpha,\beta],\ x\geqslant\frac{Rq(\alpha)}{2}.\tag{6.5.7}$$

对 $K_R=\{x\in K:\|x\|<R\}$，当 $x\in\partial K_R$ 时，有

$$x(t)>Rq(t)>2\lambda M\Gamma q(t)=2v(t).$$

因而

$$x(t)-v(t)>x(t)-\frac{1}{2}x(t)=\frac{1}{2}u(t)>\frac{1}{2}Rq(t), \qquad t\in[0,1],$$
$$x(t)-v(t)>\frac{1}{2}Rq(\alpha), \qquad t\in[\alpha,\beta].$$

根据式 (6.5.7) 得

$$f(t,x(t)-v(t))+M\geqslant N(x(t)-v(t))\geqslant\frac{NR}{2}q(\alpha), \qquad t\in[\alpha,\beta],$$

并导出

$$\begin{aligned}(Tx)(t)=&\lambda\int_0^1G\left(\frac{\alpha+\beta}{2},s\right)(f(s,x(s)-v(s))+M)\mathrm{d}s\\ \geqslant&\lambda\int_\alpha^\beta G\left(\frac{\alpha+\beta}{2},s\right)\frac{NR}{2}q(\alpha)\mathrm{d}s\\ \geqslant&\frac{\lambda NR}{2}q(\alpha)\int_\alpha^\beta G\left(\frac{\alpha+\beta}{2},s\right)\mathrm{d}s>R=\|x\|_0.\end{aligned}$$

可知

$$\|Tx\|_0>\|x\|_0, \qquad x\in\partial K_R.$$

由此知 $\exists\, u\in K_R\setminus\overline{K}_1$，使

$$u=Tu.$$

即 $u=u(t)$ 满足

$$\begin{cases}-u^{(n)}=\lambda[f(t,u-v(t))+M]\geqslant 0,\\ u^{(i)}(0)=0, \qquad i=0,1,\cdots,n-2, \qquad u^{(p)}(1)=0.\end{cases}$$

从而 $u(t)\geqslant q(t)\|u\|_0>q(t)>v(t)$，$t\in(0,1]$. 故 $z(t)=u(t)-v(t)>0$，$0<t\leqslant 1$，满足

$$\begin{cases}-u^{(n)}=\lambda f(t,u),\\ u^{(i)}(0)=0, \qquad i=0,1,\cdots,n-2, \qquad u^{(p)}(1)=0.\end{cases}$$

即 $z(t)>0$ $(0<t\leqslant 1)$ 是 BVP(6.4.15) 的一个正解.

注 6.5.1 如果假设 (H_{12}) 的条件 (1) 改为

(1)* $f\in C([0,1]\times(0,\infty),\mathbf{R})$，$\exists\, M>0$，$L>-M$，$c\in(0,1)$ 使

$$-M\leqslant f(t,x)\leqslant L, \qquad 0\leqslant t\leqslant 1, \qquad ct^{n-1}\leqslant x\leqslant 1,$$

条件 (2) 保持不变，用 (H_{13}) 表示改变后的假设，则定理成为：

设条件 (H_{13}) 成立，$\lambda\in\left(0,\min\left\{\frac{1-c}{M\varGamma},\frac{1}{(M+L)\varGamma}\right\}\right)$，则 BVP(6.5.1) 至少有一个正解.

改进后的定理和原定理不同之处是条件 (H_{13}) 允许 $f(t,x)$ 在 $x=0$ 时有奇性. 当 $c=0$ 时，就成为定理 6.5.1.

例 6.5.1 在 BVP(6.5.1) 中取 $n=2,p=1$，成为二阶微分方程两点混合边值问题

$$\begin{cases} u''+\lambda f(t,u)=0, & 0<t<1, \\ u(0)=u'(1)=0. \end{cases} \tag{6.5.8}$$

令 $f(t,u)=t^{10}u^2-10t^2\sin u$，则 $t\in[0,1]$ 且 $u\geqslant 0$ 时，$f(t,u)\geqslant -10$；$t\in[0,1]$，$0\leqslant u\leqslant 1$ 时，$f(t,u)\leqslant 1$. 取 $M=10,L=1$，则 $\Gamma=\int_0^1 G(1,s)\mathrm{d}s=\dfrac{1}{2}$，$k=\min\left\{\dfrac{1}{\Gamma M},\dfrac{1}{\Gamma(M+L_1)}\right\}=\dfrac{2}{11}$.

因此当 $\lambda\in\left(0,\dfrac{2}{11}\right)$ 时，BVP(6.5.8) 有正解.

用同样方法研究边值问题

$$\begin{cases} (-1)^{n-k}u^{(n)}=\lambda f(t,u), \\ u^{(i)}(0)=0, \quad 0\leqslant i\leqslant k-1, \quad u^{(j)}(1)=0, \quad 0\leqslant j\leqslant n-k-1 \end{cases} \tag{6.5.9}$$

正解存在性的结果见文献 [22].

6.5.2 多点边值问题的正解

我们运用降阶方法研究高阶微分方程边值问题

$$\begin{cases} u^{(2n)}=f(t,u,u',\cdots,u^{(2n-2)}), & 0<t<1, \\ u^{(2i)}(0)-\alpha_i u^{(2i+1)}(0)=u^{(2i)}(1)-\displaystyle\sum_{j=1}^{m-2}\beta_{ij}u^{(2i)}(\eta_j)=0, & 0\leqslant i\leqslant n-1 \end{cases} \tag{6.5.10}$$

正解的存在条件.

令 $v_i=u^{(2i)},i=1,2,\cdots,n-1$，则 BVP(6.5.10) 可降阶为 n 个二阶微分方程边值问题

$$\begin{cases} v''_{n-1}=f(t,u(t),u'(t),\cdots,u^{(2n-2)}(t)), \\ v_{n-1}(0)-\alpha_{n-1}v'_{n-1}(0)=v_{n-1}(1)-\displaystyle\sum_{j=1}^{m-2}\beta_{n-1,j}v_{n-1}(\eta_j)=0, \end{cases} \tag{6.5.11}$$

$$\begin{cases} v''_i=v_{i+1}(t), \\ v_i(0)-\alpha_i v'_i(0)=v_i(1)-\displaystyle\sum_{j=1}^{m-2}\beta_{i,j}v_i(\eta_j)=0, \quad i=1,2,\cdots,n-2 \end{cases} \tag{6.5.12}$$

和

$$\begin{cases} u'' = v_1(t), \\ u(0) - \alpha_0 u'(0) = u(1) - \sum_{j=1}^{m-2} \beta_{0,j} u(\eta_j) = 0. \end{cases} \tag{6.5.13}$$

这些二阶微分方程边值问题具有彼此相似的形式.

对二阶线性半齐次边值问题

$$\begin{cases} u'' = y(t), \\ u(0) - \alpha_0 u'(0) = u(1) - \sum_{j=1}^{m-2} \beta_j u(\eta_j) = 0, \end{cases} \tag{6.5.14}$$

通过计算可以证明如下引理.

引理 6.5.3[23] 当 $\rho = \Big(1 - \sum_{j=1}^{m-2} \beta_j \eta_j\Big) + \alpha\Big(1 - \sum_{j=1}^{m-2} \beta_i\Big) \neq 0$ 时，BVP(6.5.14) 的解唯一，且可表示为

$$u(t) = \int_0^1 g(t,s) y(s) \mathrm{d}s,$$

其中 Green 函数

$$g(t,s) = -\frac{1}{\rho} \begin{cases} (\alpha + t)\left[(1-s) - \sum_{j=i}^{m-2} \beta_j (\eta_j - s)\right], \\ \qquad \max\{\eta_{i-1}, t\} \leqslant s \leqslant \eta_i, \quad 1 \leqslant i \leqslant m-1, \\ (\alpha + s)\left[(1-t) - \sum_{j=i}^{m-2} \beta_j (\eta_j - t)\right] + \sum_{j=1}^{i-1} \beta_j (\alpha + \eta_j)(t - s), \\ \qquad 0 \leqslant \eta_{i-1} \leqslant s \leqslant \min\{\eta_i, t\}, \quad 1 \leqslant i \leqslant m-1, \end{cases}$$

且式中规定 $\eta_0 = 0, \eta_{m-1} = 1$.

以下，当 α, β_j 分别用 α_i, β_{ij} 代替时，相应的 Green 函数记为 $g_i(t,s)$，即

$$g_i(t,s) = -\frac{1}{\rho_i} \begin{cases} (\alpha_i + t)\left[(1-s) - \sum_{j=i}^{m-2} \beta_{ij} (\eta_j - s)\right], \\ \qquad \max\{\eta_{i-1}, t\} \leqslant s \leqslant \eta_i, \quad 1 \leqslant i \leqslant m-1, \\ (\alpha_i + s)\left[(1-t) - \sum_{j=i}^{m-2} \beta_{ij} (\eta_j - t)\right] + \sum_{j=1}^{i-1} \beta_{ij} (\alpha_i + \eta_j)(t - s), \\ \qquad 0 \leqslant \eta_{i-1} \leqslant s \leqslant \min\{\eta_i, t\}, \quad 1 \leqslant i \leqslant m-1, \end{cases}$$

其中 $\rho_i=\Big(1-\sum\limits_{j=1}^{m-2}\beta_{ij}\eta_j\Big)+\alpha_i\Big(1-\sum\limits_{j=1}^{m-2}\beta_{ij}\Big)\neq 0$.

假设 (H_{14}):

(1) $f\in C([0,1]\times S_0\times\mathbf{R}\times S_2\times\mathbf{R}\times\cdots\times S_{2n-4}\times\mathbf{R}\times S_{2n-2},S_{2n})$，其中

$$S_{2i}=\begin{cases}\mathbf{R}_+, & i=\text{偶数},\\ \mathbf{R}_-, & i=\text{奇数};\end{cases}$$

(2) $0=\eta_0<\eta_1<\cdots<\eta_{m-2}<\eta_{m-1}=1$，对 $0\leqslant i\leqslant n-1$，$1\leqslant j\leqslant m-2$,

$$\alpha_i,\beta_{ij}>0,\ 1-\sum_{j=1}^{m-2}\beta_{ij}\eta_j>0,\ \left(1-\sum_{j=1}^{m-2}\beta_{ij}\eta_j\right)+\alpha_i\left(1-\sum_{j=1}^{m-2}\beta_{ij}\right)>0.$$

记 $X=\{x\in C^{(2n-2)}[0,1]:x$ 满足 BVP(6.4.24) 中的边界条件$\}$，$K=\{x\in X:(-1)^ix^{(2i)}(t)\geqslant 0$且为$[0,1]$上的凹函数$\}$.

令 $G_{n-1}(t,s)=g_{n-1}(t,s)$，$G_i(t,s)=\int_0^1 g_i(t,\tau)G_{i+1}(\tau,s)\mathrm{d}\tau$，$0\leqslant i\leqslant n-2$. 则由 (2) 中 $\alpha_i,\beta_{ij}>0$ 及 $1-\sum\limits_{j=1}^{m-2}\beta_{ij}\eta_j>0$ 可得 $g_i(t,s)\leqslant 0$.

引理 6.5.4 设条件 (H_{14}) 成立，则 $\forall\ x\in K$，当 f 中 u 用 $x(t)$ 代入后，BVP(6.5.10) 的唯一解 $u(t)=(Tx)(t)$ 为

$$u(t)=\int_0^1 G_0(t,s)f(s,x(s),x'(s),\cdots,x^{(2n-2)}(s))\mathrm{d}s, \tag{6.5.15}$$

且 $(-1)^nG_0(t,s)\geqslant 0$, $(-1)^iu^{(2i)}(t)\geqslant 0$, $(-1)^iu^{(2i)}$ 为凹函数.

证明 我们先证 $1\leqslant i\leqslant n-1$ 时，对 $v_i=u^{(2i)}$ 有

$$v_i(t)=\int_0^1 G_i(t,s)f(s,x(s),x'(s),\cdots,x^{(2n-2)}(s))\mathrm{d}s, \tag{6.5.16}$$

且 $(-1)^{n-i}G_i(t,s)\geqslant 0$，$(-1)^iv_i(t)\geqslant 0$，$(-1)^iv_i$ 为 $[0,1]$ 上的凹函数.

当 $i=n-1$ 时，由引理 6.5.3 显然成立.

设 $i=l\in\{2,\cdots,n-2\}$，式 (6.5.16) 成立，即

$$v_l(t)=\int_0^1 G_l(t,s)f(s,x(s),x'(s),\cdots,x^{(2n-2)}(s))\mathrm{d}s,$$

且 $(-1)^{n-l}G_l(t,s)\geqslant 0$，$(-1)^l v_l(t)\geqslant 0$ 为凹函数.

$$\begin{aligned}v_{l-1}(t)&=\int_0^1 g_{l-1}(t,\tau)v_l(\tau)\mathrm{d}\tau\\&=\int_0^1 g_{l-1}(t,\tau)\int_0^1 G_l(\tau,s)f(s,x(s),x'(s),\cdots,x^{(2n-2)}(s))\mathrm{d}s\mathrm{d}\tau\\&=\int_0^1\left[\int_0^1 g_{l-1}(t,\tau)G_l(\tau,s)\mathrm{d}\tau\right]f(s,x(s),x'(s),\cdots,x^{(2n-2)}(s))\mathrm{d}s\\&=\int_0^1 G_{l-1}(t,s)f(s,x(s),x'(s),\cdots,x^{(2n-2)}(s))\mathrm{d}s.\end{aligned}$$

由 $(-1)^{n-l}G_l(t,s)\geqslant 0$，及 $g_{l-1}(t,s)\leqslant 0$，可得

$$(-1)^{n-l+1}G_{l-1}(t,s)=(-1)^{n-l+1}\int_0^1 g_{l-1}(t,\tau)G_l(\tau,s)\mathrm{d}\tau\geqslant 0,$$

再由 $(-1)^n f(t,x(t),\cdots,x^{(2n-2)}(t))\geqslant 0$，知 $(-1)^{l-1}v_{l-1}(t)\geqslant 0$，

$$\begin{aligned}u(t)=\int_0^1 g_0(t,\tau)v_1(\tau)\mathrm{d}\tau&=\int_0^1\left[\int_0^1 g_0(t,\tau)G_1(\tau,s)\mathrm{d}\tau\right]f(s,x(s),\cdots,x^{(2n-2)}(s))\mathrm{d}s\\&=\int_0^1 G_0(t,s)f(s,x(s),\cdots,x^{(2n-2)}(s))\mathrm{d}s\end{aligned}$$

及 $G_0(t,s)=\displaystyle\int_0^1 g_0(t,\tau)G_1(\tau,s)\mathrm{d}s$，得 $(-1)^n G_0(t,s)\geqslant 0$.

由于

$$u^{(2i)}(t)=v_i(t)=\int_0^1 G_i(t,s)f(s,x(s),\cdots,x^{(2n-2)}(s))\mathrm{d}s,$$

根据 $(-1)^{n-i}G_i(t,s)\geqslant 0$，$(-1)^n f(s,x(s),\cdots,x^{(2n-2)}(s))\geqslant 0$，即得 $(-1)^i u^{(2i)}(t)\geqslant 0$，同时由 $(-1)^i(u^{(2i)})''(t)=(-1)^i u^{(2i+2)}(t)\leqslant 0$ 知 $(-1)^i u^{(2i)}(t)\geqslant 0$ 是凹函数.

引理得证.

由

$$(Tx)(t)=\int_0^1 G_0(t,s)f(s,x(s),\cdots,x^{(2n)}(s))\mathrm{d}s$$

定义 K 上的算子 T. 由引理 6.5.1 可知

$$T:K\to K,$$

易证 T 是全连续算子.

同时, $\forall\, x\in K$，由于 $(-1)^i x^{(2i)}(t)\geqslant 0$ 是凹的，故有

$$(-1)^i x^{(2i)}(t)\geqslant\min\{t,1-t\}\|x^{(2i)}\|_0,\qquad i=0,1,\cdots,n-1,\tag{6.5.17}$$

以及

$$(-1)^i x^{(2i)}(t) \geqslant \delta \|x^{(2i)}\|_0, \qquad 0 \leqslant i \leqslant n-1,\ \delta \leqslant t \leqslant 1-\delta, \tag{6.5.18}$$

并且 $\exists\, t_i \in (0,1)$，使 $x^{(2i+1)}(t_i) = 0$，从而

$$\|x^{(2i+1)}\|_0 = \max_{0\leqslant t\leqslant 1} |x^{(2i+1)}(t)| \leqslant \|x^{(2i+2)}\|_1 \leqslant \|x^{(2i+2)}\|_0, \qquad 0 \leqslant i \leqslant n-2. \tag{6.5.19}$$

因此，当由

$$\alpha(x) = \{\|x\|_0^2 + \|x''\|_0^2 + \cdots + \|x^{(2n-2)}\|_0^2\}^{\frac{1}{2}}$$

定义凸泛函

$$\alpha : K \to \mathbf{R}^+$$

时，$K_r = \{x \in K : \alpha(x) < r\}$ 对 $\forall\, r > 0$ 都是 K 上的有界相对开集.

定理 6.5.2 设条件 (H_{14}) 成立，记 $\gamma_\delta = \min\limits_{0\leqslant i\leqslant n-1} \displaystyle\int_\delta^{1-\delta} G_i\Big(\frac{1}{2}, s\Big)\mathrm{d}s$，$\delta \in \Big(0, \dfrac{1}{2}\Big)$，$\varGamma = \max\limits_{0\leqslant i\leqslant n-1, 0\leqslant t\leqslant 1} \displaystyle\int_0^1 G_i(t,s)\mathrm{d}s$，设 $\exists\, r, R > 0$，满足 $\delta R > r$，使

(1) 当 $0 \leqslant t \leqslant 1$，$0 \leqslant \Big(\displaystyle\sum_{i=0}^{n-1} x_{2i}^2\Big)^{\frac{1}{2}} \leqslant r$，$(-1)^i x_{2i} \geqslant 0$，且 $\displaystyle\sum_{i=0}^{n-2} x_{2i+1}^2 \leqslant r$ 时，

$$(-1)^n f(t, x_0, x_1, \cdots, x_{2n-2}) < \frac{1}{\varGamma\sqrt{n}} r;$$

(2) 当 $\delta \leqslant t \leqslant 1-\delta$，$\gamma_\delta R \leqslant \Big(\displaystyle\sum_{i=0}^{n-1} x_{2i}^2\Big)^{\frac{1}{2}} \leqslant R$，$(-1)^i x_{2i} \geqslant 0$，且 $\Big(\displaystyle\sum_{i=0}^{n-2} x_{2i+1}^2\Big)^{\frac{1}{2}} \leqslant R$ 时，

$$(-1)^n f(t, x_0, x_1, \cdots, x_{2n-2}) > \frac{1}{\gamma_\delta\sqrt{n}} R;$$

(3) $f(t, 0, \cdots, 0) \not\equiv 0$，

则 BVP(6.5.10) 至少有两个正解 $u_1(t)$ 和 $u_2(t)$ 满足

$$0 < \sum_{i=0}^{n-1} \|u_1^{(2i)}\|_0^2 < r^2 < \sum_{i=0}^{n-1} \|u_2^{(2i)}\|_0^2 < R^2.$$

证明 先考虑 $x \in \partial K_R$，即 $\displaystyle\sum_{i=0}^{n-1} \|x^{(2i)}\|_0^2 = R^2$，且由式 (6.5.19) 知，这时 $\displaystyle\sum_{i=0}^{n-2} \|x^{(2i+1)}\|_0^2 \leqslant R^2$，从而 $\displaystyle\sum_{i=0}^{n-2} |x^{(2i+1)}(t)|^2 \leqslant R^2$.

设有 $\lambda_i \geqslant 0$，$i=0,1,\cdots,n-2$，$\sum \lambda_i^2=1$，使

$$\|x^{(2i)}\|_0=\lambda_i R, \qquad i=0,1,\cdots,n-1.$$

由 $(-1)^i x^{(2i)}(t)$ 的凹性及非负性，有

$$|x^{(2i)}(t)| \geqslant \delta\lambda_i R, \qquad \delta \leqslant t \leqslant 1-\delta.$$

因此，$\delta \leqslant t \leqslant 1-\delta$ 时，

$$\left[\sum_{i=0}^{n-1}|x^{(2i)}(t)|^2\right] \geqslant \delta R.$$

也就是说，将 $x(t)$ 代入非线性项 f 中，有

$$(-1)^{n-1}f(t,x(t),\cdots,x^{(2n-2)}(t)) > \frac{1}{\gamma_\delta\sqrt{n}}R, \qquad \delta \leqslant t \leqslant 1-\delta.$$

这样由

$$\begin{aligned}\left|(Tx)^{(2i)}\left(\frac{1}{2}\right)\right| &= \left|\int_0^1 G_i\left(\frac{1}{2},s\right)f(s,x(s),\cdots,x^{(2n-2)}(s))\mathrm{d}s\right| \\ &\geqslant \left|\int_\delta^{1-\delta} G_i\left(\frac{1}{2},s\right)f(s,x(s),\cdots,x^{(2n-2)}(s))\mathrm{d}s\right| \\ &> \frac{R}{\sqrt{n}\gamma_\delta}\left|\int_\delta^{1-\delta} G_i\left(\frac{1}{2},s\right)\mathrm{d}s\right| \\ &\geqslant \frac{R}{\sqrt{n}}\end{aligned}$$

得出 $\|Tx^{(2i)}\|_0 > \dfrac{R}{\sqrt{n}}$. 于是

$$\alpha(Tx)=\left(\sum_{i=0}^{n-1}\|Tx^{(2i)}\|_0^2\right)^{\frac{1}{2}} > R,$$

且得到

$$\deg\{I-T,K_R,0\}=0. \tag{6.5.20}$$

再考虑 $x \in \partial K_r$，即 $\sum\limits_{i=0}^{n-1}\|x^{(2i)}\|_0^2=r^2$，由式 (6.5.19) 知这时 $\sum\limits_{i=0}^{n-2}\|x^{(2i+1)}\|_0^2 \leqslant \sum\limits_{i=1}^{n-2}\|x^{(2i)}\|_0^2 \leqslant r^2$，即

$$\sum_{i=0}^{n-2}|x^{(2i+1)}(t)|^2 < R^2,$$

且由 $x\in\partial K_r$，易得 $\sum\limits_{i=0}^{n-1}|x^{(2i)}(t)|^2<r^2$. 因此将 $x(t)$ 代入 f 中有

$$(-1)^n f(t,x(t),\cdots,x^{(2n-2)}(t))<\frac{r}{\sqrt{n}\varGamma},\qquad 0\leqslant t\leqslant 1.$$

这样由

$$\begin{aligned}|(Tx)^{(2i)}(t)|&=\left|\int_0^1 G_i(t,s)f(s,x(s),\cdots,x^{(2n-2)}(s))\mathrm{d}s\right|\\&<\frac{r}{\sqrt{n}\varGamma}\left|\int_0^1 G_i(t,s)\mathrm{d}s\right|\\&\leqslant\frac{r}{\sqrt{n}}\end{aligned}$$

得 $\|Tx^{(2i)}\|_0<\dfrac{r}{\sqrt{n}}$，从而 $\alpha(Tx)<r$. 因此

$$\deg\{I-T,K_r,0\}=1.\tag{6.5.21}$$

这表明 T 在 K_r 中有不动点 u_1，由条件 $f(t,0,\cdots,0)\neq 0$ 知 $u_1(t)\neq 0$. 根据 u_1 的凹性有

$$0<u_1(t)<r.$$

又由式 (6.5.20)，式 (6.5.21) 得

$$\deg\{I-T,K_R\setminus\bar{K}_r,0\}=-1.$$

于是 T 在 $K_R\setminus\bar{K}_r$ 中有不动点 u_2，

$$r_1<u_2(t)<R.$$

$u_1(t),u_2(t)$ 作为算子 T 的不动点，正好就是 BVP(6.5.10) 的正解，定理得证.

注 6.5.2 和定理 6.4.3 中对 BVP(6.4.9) 所作讨论一样，为给出 BVP(6.5.10) 的有解性条件，$v=v_{n-1}=u^{(2n-2)}$，可对

$$v\in P=\{x\in C[0,1]:x(t)\geqslant 0\},$$

由

$$\begin{aligned}(\hat{T}v)(t)=\int_0^1 g_{n-1}(t,s)f\Bigg(s,\int_0^1 A_0(s,\tau)v(\tau)\mathrm{d}\tau,\int_0^1 A_1(s,\tau)v(\tau)\mathrm{d}\tau,\\ \cdots,\int_0^1 A_{n-1}(s,\tau)v(\tau)\mathrm{d}\tau,v(s)\Bigg)\mathrm{d}s\end{aligned}$$

定义全连续算子 $\hat{T}:P\to P$. 之后讨论 $\hat{T}$ 在 P 中的不动点. 其中 $A_i(s,\tau)$ 由递推关系给出:

$$A_{n-2}(s,\tau)=g_{n-2}(s,\tau),\ A_i(s,\tau)=\int_0^1 g_i(s,r)A_{i+1}(r,\tau)\mathrm{d}\tau,\qquad 0\leqslant i\leqslant n-3.$$

相关结果见文献 [23].

6.5.3 含参数多点边值问题的正解

考虑含参数三点边值问题

$$\begin{cases} u^{(n)} + \lambda a(t)f(u) = 0, & t \in (0,1), \\ u(0) - \alpha u(\eta) = u(1) - \beta u(\eta) = 0, \\ u^{(i)}(0) = 0, & i = 1, 2, \cdots, n-2, \end{cases} \tag{6.5.22}$$

其中 $\eta \in (0,1)$，$\alpha, \beta \geqslant 0$，参数 $\lambda > 0$.

我们假设 (H_{15}):

(1) $\eta \in (0,1)$，$\alpha, \beta \geqslant 0$，且 $\alpha + (\beta - \alpha)\eta^{n-1} < 1$;

(2) $f \in C(\mathbf{R}^+, \mathbf{R}^+)$，$f(0) > 0$;

(3) $a \in C([0,1], \mathbf{R})$，$a(t) \not\equiv 0$，$\exists\, k > 1$ 使

$$\int_0^1 G(t,s)a^+(s)\mathrm{d}s \geqslant k \int_0^1 G(t,s)a^-(s)\mathrm{d}s, \qquad 0 \leqslant t \leqslant 1,$$

其中 $a^+(t) = \max\{0, a(t)\}$，$a^-(t) = \min\{0, -a(t)\}$. 记 $\rho = 1 - \alpha - (\beta - \alpha)\eta^{n-1}$. $G(t,s)$ 为 Green 函数

$$G(t,s) = \frac{1}{(n-1)!\rho} \begin{cases} (1-s)^{n-1}[\alpha\eta^{n-1} - (\alpha-1)t^{n-1}] - (t-s)^{n-1}\rho \\ \quad - (\eta - s)^{n-1}[(\beta-\alpha)t^{n-1} + \alpha], \quad 0 \leqslant s \leqslant \min\{t, \eta\} \leqslant 1, \\ (1-s)^{n-1}[\alpha\eta^{n-1} - (\alpha-1)t^{n-1}] - (\eta-s)^{n-1}[(\beta-\alpha)t^{n-1} + \alpha], \\ \quad 0 \leqslant t \leqslant s \leqslant \eta \leqslant 1, \\ (1-s)^{n-1}[\alpha\eta^{n-1} - (\alpha-1)t^{n-1}], \quad 0 \leqslant \max\{t, \eta\} \leqslant s \leqslant 1, \\ (1-s)^{n-1}[\alpha\eta^{n-1} - (\alpha-1)t^{n-1}] - \rho(t-s)^{n-1}, \quad 0 < \eta \leqslant s \leqslant t \leqslant 1. \end{cases} \tag{6.5.23}$$

通过计算可得线性边值问题

$$\begin{cases} -u^{(n)} = 0, \\ u(0) - \alpha u(\eta) = u(1) - \beta u(\eta) = 0, \qquad u^{(i)}(0) = 0,\ i = 1, 2, \cdots, n-2 \end{cases}$$

的 Green 函数 $G(t,s)$ 有式 (6.5.23) 所给表示式. 因此，取

$$X = C[0,1], \qquad K = \{x \in X : x(t) \geqslant 0\},$$

则 $\forall\, x \in X$，以 $u = x(t)$ 代入 BVP(6.5.22) 的 f 中，解 $u(t)$ 可表示为

$$u(t) = \int_0^1 G(t,s)a(s)f(x(s))\mathrm{d}s. \tag{6.5.24}$$

由

$$(Tx)(t)=\int_0^1 G(t,s)a(s)f(x(s))\mathrm{d}s$$

定义 $T:K\to X$, T 是全连续算子.

而且有如下引理.

引理 6.5.5[26] 设 $\rho>0$，则对 $\forall\ y\in C[0,1]$，$y(t)\geqslant 0$，有

$$u(t)=\int_0^1 G(t,s)y(s)\mathrm{d}s\geqslant 0,\qquad 0\leqslant t\leqslant 1.$$

证明 由 $G(t,s)$ 的定义，分 4 种情况证明 $G(t,s)\geqslant 0$.

(1) $0\leqslant s\leqslant \min\{t,\eta\}\leqslant 1$ 时，有

$$\begin{aligned}
&(1-s)^{n-1}[\alpha\eta^{n-1}-(\alpha-1)t^{n-1}]-(t-s)^{n-1}\rho-(\eta-s)^{n-1}[(\beta-\alpha)t^{n-1}+\alpha]\\
=&(1-s)^{n-1}\left\{[\alpha\eta^{n-1}-(\alpha-1)t^{n-1}]-\left(\frac{t-s}{1-s}\right)^{n-1}\rho-\left(\frac{\eta-s}{1-s}\right)^{n-1}[(\beta-\alpha)t^{n-1}+\alpha]\right\}\\
\geqslant&(1-s)^{n-1}\left\{[\alpha\eta^{n-1}-(\alpha-1)t^{n-1}]-t^{n-1}[1-\alpha-(\beta-\alpha)\eta^{n-1}]-\eta^{n-1}[(\beta-\alpha)t^{n-1}+\alpha]\right\}\\
\geqslant&0.
\end{aligned}$$

(2) $0\leqslant t\leqslant s\leqslant \eta<1$ 时，有

$$\begin{aligned}
&(1-s)^{n-1}[\alpha\eta^{n-1}-(\alpha-1)t^{n-1}]-(\eta-s)^{n-1}[(\beta-\alpha)t^{n-1}+\alpha]\\
=&(1-s)^{n-1}\left\{[\alpha\eta^{n-1}-(\alpha-1)t^{n-1}]-\left(\frac{\eta-s}{1-s}\right)^{n-1}[(\beta-\alpha)t^{n-1}+\alpha]\right\}\\
\geqslant&(1-s)^{n-1}\left\{[\alpha\eta^{n-1}-(\alpha-1)t^{n-1}]-\eta^{n-1}[(\beta-\alpha)t^{n-1}+\alpha]\right\}\\
=&(1-s)^{n-1}t^{n-1}[1-\alpha-(\beta-\alpha)\eta^{n-1}]\\
\geqslant&0.
\end{aligned}$$

(3) $0\leqslant \max\{t,\eta\}\leqslant s\leqslant 1$ 时，有

$$\begin{aligned}
&(1-s)^{n-1}[\alpha\eta^{n-1}-(\alpha-1)t^{n-1}]\\
\geqslant&\begin{cases}0, & 0\leqslant\alpha\leqslant 1;\\ \eta^{n-1}(1-s), & \alpha>1,t\leqslant\eta;\\ (1-s)^{n-1}(\alpha\eta^{n-1}-\alpha+1)=(1-s)^{n-1}(\rho+\beta\eta^{n-1})\geqslant 0, & \eta<t\leqslant 1<\alpha.\end{cases}
\end{aligned}$$

(4) $0<\eta\leqslant s\leqslant t\leqslant 1$ 时，有

$$
\begin{aligned}
&(1-s)^{n-1}[\alpha\eta^{n-1}-(\alpha-1)t^{n-1}]-(t-s)^{n-1}[1-\alpha-(\beta-\alpha)\eta^{n-1}]\\
=&(1-s)^{n-1}\left\{[\alpha\eta^{n-1}-(\alpha-1)t^{n-1}]-\left(\frac{t-s}{1-s}\right)^{n-1}[1-\alpha-(\beta-\alpha)\eta^{n-1}]\right\}\\
\geqslant&(1-s)^{n-1}\left\{[\alpha\eta^{n-1}-(\alpha-1)t^{n-1}]-t^{n-1}[1-\alpha-(\beta-\alpha)\eta^{n-1}]\right\}\\
=&(1-s)^{n-1}[\alpha\eta^{n-1}(1-t^{n-1})+\beta\eta^{n-1}t^{n-1}]\\
\geqslant&0.
\end{aligned}
$$

因此，$G(t,s)$ 恒成立. 由 $y(t)\geqslant 0$ 即得 $u(t)\geqslant 0$.

引理 6.5.6[26] 设条件 (H_{15}) 成立，则存在 $\bar{\lambda}>0$，使 $\forall\ \lambda\in(0,\bar{\lambda})$，边值问题

$$
\begin{cases}
u^{(n)}+\lambda a^{+}(t)f(u)=0, & 0<t<1,\\
u(0)-\alpha u(\eta)=u(1)-\beta u(\eta)=0, & u^{(i)}(0)=0,\ i=1,2,\cdots,n-2
\end{cases}
\tag{6.5.25}
$$

有解 $u_\lambda(t)$. 且当记 $p(t)=\displaystyle\int_0^1 G(t,s)a^{+}(s)\mathrm{d}s$，给定 $\delta\in(0,1)$，

$$u_\lambda(t)\geqslant\delta\lambda f(0)p(t).$$

证明 取 $b>0$，使 $x\in[0,b]$ 时

$$\delta f(0)\leqslant f(x)\leqslant 2f(0).$$

由 $a(t)\not\equiv 0$ 及 (H_{15}) 中条件 (3) 可知 $\|p\|_0>0$，取 $\bar{\lambda}=\dfrac{1}{2f(0)\|p\|_0}$.

定义锥 $K=\{x\in C[0,1]:x(t)\geqslant 0\}$，并对 $\forall\ x\in K$，$\lambda\in(0,\bar{\lambda})$，

$$(T_\lambda x)(t)=\lambda\int_0^1 G(t,s)a^{+}(s)f(x(s))\mathrm{d}s, \tag{6.5.26}$$

则 $T_\lambda x\in K$. 因此 $T_\lambda:K\to K$ 为全连续算子.

取 $K_b=\{x\in K:\|x\|<b\}$，$\forall\ x\in\partial K_b$ 有

$$
\begin{aligned}
(T_\lambda x)(t)&=\lambda\int_0^1 G(t,s)a^{+}(s)f(x(s))\mathrm{d}s\\
&\leqslant 2\lambda f(0)\int_0^1 G(t,s)a^{+}(s)\mathrm{d}s\\
&=2\lambda f(0)p(t)\\
&<\frac{b}{\|p\|_0}p(t).
\end{aligned}
$$

于是 $\|T_\lambda x\|_0 < b = \|x\|_0$. 因此 T_λ 在 K_b 中有不动点 $u_\lambda(t)$. 由于 $\|u_\lambda\|_0 \leqslant b$, 故 $f(u_\lambda(t)) \geqslant f(0)$,

$$
\begin{aligned}
u_\lambda(t) = (T_\lambda u_\lambda)(t) &= \lambda \int_0^1 G(t,s)a^+(s)f(u_\lambda(s))\mathrm{d}s \\
&\geqslant \delta\lambda f(0)p(t).
\end{aligned}
$$

显然, $b \to 0$ 时, $\|u_\lambda\|_0 \to 0$.

定理 6.5.3[26] 设条件 (H_{15}) 成立,则存在 $\hat{\lambda} > 0$, 当 $\lambda \in (0, \hat{\lambda})$ 时, BVP(6.5.22) 有正解.

证明 令 $q(t) = \int_0^1 G(t,s)a^-(s)\mathrm{d}s$, 则由条件 (3), $p(t) > kq(t)$. 由 $k > 1$, 可取 $0 < d < \delta < 1$, 使 $\delta kd > 1$.

于是, $\exists\, c > 0$, 使

$$
0 < f(x) \leqslant \delta kdf(0), \qquad x \in [0, c], \tag{6.5.27}
$$

$$
|f(x) - f(y)| < \frac{(1-d)\delta}{2} f(0), \qquad x, y \in [0, c]. \tag{6.5.28}
$$

在引理 6.5.6 中, 取 $b \in (0, c)$, 并取 $\hat{\lambda} \in (0, \bar{\lambda})$, 使

$$
\|u_\lambda\| + \lambda f(0)\|p\| < c, \qquad \lambda \in (0, \hat{\lambda}). \tag{6.5.29}
$$

现将 BVP(6.5.22) 的解记为

$$
u(t) = u_\lambda(t) + y(t),
$$

则 BVP(6.5.22) 的有解性等价于

$$
\begin{cases}
y^{(n)} + \lambda a(t)f(u_\lambda(t) + y) - \lambda a^+(t)f(u_\lambda(t)) = 0, \\
y(0) - \alpha y(\eta) = y(1) - \beta y(\eta) = 0,\ y^{(i)}(0) = 0, \qquad i = 1, 2, \cdots, n-2
\end{cases} \tag{6.5.30}
$$

的有解性, 由

$$
(\hat{T}_\lambda y)(t) = \lambda \int_0^1 G(t,s)[a(s)\hat{f}(u_\lambda(s) + y(s)) - a^+(s)\hat{f}(u_\lambda(s))]\mathrm{d}s
$$

定义 $\hat{T} : C[0,1] \to C[0,1]$ 的全连续算子, 其中 $\hat{f}(x) = f(x)$, 当 $x \geqslant 0$; $\hat{f}(x) = 0$, 当 $x < 0$.

由 $\hat{f}$ 的定义及式 (6.5.27), 式 (6.5.28), 我们有

$$
|\hat{f}(x) - \hat{f}(y)| < \frac{(1-d)\delta}{2} f(0), \qquad 0 < \hat{f}(x) \leqslant \delta kdf(0), \qquad \forall\, x, y \in [-c, c]. \tag{6.5.31}
$$

取 $\bar{\Omega}_\lambda=\{x\in C[0,1]:\|x\|_0\leqslant \lambda f(0)\|p\|\}$，这是非空闭集. 由式 (6.5.29)

$$\|u_\lambda+y\|\leqslant \|u_\lambda\|+\|y\|\leqslant c.$$

$\forall\, y\in\partial\Omega_\lambda$，即 $\|y\|_0=\lambda\delta f(0)\|p\|$，利用式 (6.5.31), 得

$$\begin{aligned}|(\hat{T}_\lambda y)(t)|=&\lambda\left|\int_0^1 G(t,s)a^+(s)[\hat{f}(u_\lambda(s)+y(s))-\hat{f}(u_\lambda(s))]\mathrm{d}s\right.\\&\left.-\int_0^1 G(t,s)a^-(s)f(u_\lambda(s)+y(s))\mathrm{d}s\right|\\ \leqslant&\lambda\left[\int_0^1 G(t,s)a^+(s)\frac{\delta(1-d)}{2}f(0)\mathrm{d}s+\int_0^1 G(t,s)a^-(s)\delta kdf(0)\mathrm{d}s\right]\\ =&\lambda\left[\frac{\delta(1-d)}{2}f(0)p(t)+\delta kdf(0)q(t)\right]\\ \leqslant&\lambda\left[\frac{1-d}{2}p(t)+dp(t)\right]f(0)\\ =&\lambda\delta\frac{1+d}{2}f(0)p(t)\\ <&\delta\lambda f(0)p(t),\qquad 0<t<1.\end{aligned}\tag{6.5.32}$$

由此得

$$\|\hat{T}_\lambda y\|_0<\|y\|_0.$$

应用 Schäuder 不动点定理，即知 $\hat{T}_\lambda$ 在 Ω_λ 中有不动点 $\hat{y}\in\Omega_\lambda$. 于是 $y=\hat{y}(t)$ 满足

$$\begin{cases}y^{(n)}(t)+\lambda a(t)\hat{f}(u_\lambda(t)+y(t))-\lambda a^+(t)\hat{f}(u_\lambda(t))=0,\\ y(0)-\alpha y(\eta)=y(1)-\beta y(\eta)=0,\qquad y^{(i)}(0)=0,\qquad i=1,2,\cdots,n-2.\end{cases}$$

由于 $\|\hat{y}\|_0<\lambda\delta f(0)\|p\|$，由式 (6.5.32) 可得

$$|\hat{y}(t)|=|\hat{T}_\lambda\hat{y}(t)|<\lambda\delta f(0)p(t),\qquad 0<t<1,$$

因此由 $u_\lambda(t)\geqslant\lambda\delta f(0)p(t)$ 及

$$u_\lambda(t)+\hat{y}(t)>\lambda\delta f(0)p(t)-\lambda\delta f(0)p(t)=0,\qquad 0<t<1,\tag{6.5.33}$$

可知，$\hat{f}(u_\lambda(t)+\hat{y}(t))=f(u_\lambda(t)+\hat{y}(t))$，$\hat{f}(u_\lambda(t))=f(u_\lambda(t))$. 也就是说, $\hat{y}(t)$ 是 BVP(6.5.30) 的解，结合式 (6.5.33)，则

$$u(t)=u_\lambda(t)+\hat{y}(t)>0,\qquad 0<t<1$$

是 BVP(6.5.22) 的正解. 定理证毕.

注 6.5.3　定理 6.5.3 中只对 “(1)” 的 λ 给出了有正解的结论，而且正解 u 的范数很小. 但考虑到 $a(t)f(u)$ 的下方无界性，结果还是很有意义的.

对类似的边值问题

$$\begin{cases} u^{(n)}+\lambda a(t)f(u)=0, \quad t\in(0,1), \\ u^{(i)}(0)=0, \quad i=0,1,\cdots,n-3, \\ u^{(n-2)}(0)-\alpha u^{(n-2)}(\eta)=u^{(n-2)}(1)-\beta u^{(n-2)}(\eta)=0, \end{cases} \tag{6.5.34}$$

其中 $\eta\in(0,1)$，$\alpha,\beta\geqslant 0$，参数 $\lambda>0$，我们假定 (H_{15}) 中

$$\rho=1-\alpha-(\beta-\alpha)\eta>0,$$

Green 函数由

$$G(t,s)=\frac{1}{(n-1)!(n-2)!\rho}\begin{cases} -(n-2)!\rho(t-s)^{n-1}+[(n-2)!(1-\alpha)t^{n-1} \\ \quad +(n-1)!\alpha\eta t^{n-2}](1-s)+[(n-2)!(\alpha-\beta)t^{n-1} \\ \quad -(n-1)!\alpha t^{n-2}](\eta-s), \\ \quad 0\leqslant s\leqslant \min\{t,\eta\}<1, \\ [(n-2)!(1-\alpha)t^{n-1}+(n-1)!\alpha\eta t^{n-2}] \\ \quad \cdot(1-s)-(n-2)!\rho(t-s)^{n-1}, \quad 0<\eta\leqslant s\leqslant t\leqslant 1, \\ [(n-2)!(1-\alpha)t+(n-1)!\alpha\eta](1-s)t^{n-2}, \\ \quad \max\{t,\eta\}\leqslant s\leqslant 1, \\ [(n-2)!(1-\alpha)t^{n-1}+(n-1)!\alpha\eta t^{n-2}](1-s) \\ \quad +[(n-2)!(\alpha-\beta)t^{n-1}-(n-1)!\alpha t^{n-2}](\eta-s), \\ \quad 0\leqslant t\leqslant s\leqslant \eta<1 \end{cases}$$

给定.

当 $0\leqslant t\leqslant s\leqslant\eta<1$ 或 $\max\{t,\eta\}\leqslant s\leqslant 1$ 时，显然有 $G(t,s)\geqslant 0$.

当 $0 \leqslant s \leqslant \min\{t,\eta\} < 1$ 时，

$$\begin{aligned}
&-(n-2)!\,[1-\alpha-(\beta-\alpha)\eta](t-s)^{n-1}+[(n-2)!(1-\alpha)t^{n-1}\\
&\quad+(n-1)!\alpha\eta t^{n-2}](1-s)+[(n-2)!(\alpha-\beta)t^{n-1}-(n-1)!\alpha t^{n-2}](\eta-s)\\
\geqslant&-(n-2)![1-\alpha-(\beta-\alpha)\eta]t^{n-1}(1-s)+[(n-2)!(1-\alpha)t^{n-1}\\
&\quad+(n-1)!\alpha\eta t^{n-2}](1-s)+[(n-2)!(\alpha-\beta)t^{n-1}-(n-1)!\alpha t^{n-2}](\eta-s)\\
=&[(n-2)!(\beta-\alpha)\eta t^{n-1}+(n-1)!\alpha\eta t^{n-2}](1-s)\\
&\quad+[(n-2)!(\alpha-\beta)t^{n-1}-(n-1)!\alpha t^{n-2}](\eta-s)\\
=&[(n-2)!(\beta-\alpha)t+(n-1)!\alpha]t^{n-2}[\eta(1-s)-(\eta-s)]\\
=&[(n-2)!(\beta-\alpha)t+(n-1)!\alpha]t^{n-2}s(1-\eta)\\
=&(n-2)!t^{n-2}s(1-\eta)[\beta t+(n-1-t)\alpha]\geqslant 0.
\end{aligned}$$

在以上的推导中利用了

$$(t-s)^{n-1}\leqslant(t-ts)^{n-1}=t^{n-1}(1-s)^{n-1}\leqslant t^{n-1}(1-s).$$

当 $0<\eta\leqslant s\leqslant t\leqslant 1$ 时，

$$\begin{aligned}
&-(n-2)!\,[(1-\alpha)-(\beta-\alpha)\eta](t-s)^{n-1}+[(n-2)!(1-\alpha)t^{n-1}+(n-1)!\alpha\eta t^{n-2}](1-s)\\
\geqslant&-(n-2)![(1-\alpha)-(\beta-\alpha)\eta]t^{n-1}(1-s)+[(n-2)!(1-\alpha)t^{n-1}+(n-1)!\alpha\eta t^{n-2}](1-s)\\
=&(n-2)!\eta t^{n-2}(1-s)[(\beta-\alpha)t+(n-1)\alpha]\\
=&(n-2)!\eta t^{n-2}(1-s)[\beta t+(n-1-t)\alpha]\geqslant 0.
\end{aligned}$$

故 $G(t,s)\geqslant 0$ 恒成立.

通过和定理 6.5.3 同样的过程可证如下定理.

定理 6.5.4[26] 设条件 (H_{15}) 成立, 则存在 $\hat{\lambda}>0$, 当 $\lambda\in(0,\hat{\lambda})$ 时, BVP(6.5.34) 有解.

例 6.5.2 对三阶三点边值问题

$$\begin{cases}u'''+\lambda a(t)f(u)=0, & 0<t<1,\\ u(0)=u\left(\dfrac{1}{2}\right), \quad u(1)=\dfrac{1}{2}u\left(\dfrac{1}{2}\right), & u'(0)=0.\end{cases}\tag{6.5.35}$$

设 $a(t)=\dfrac{3}{4}-t$，f 满足 (H_{15}) 中的条件 (2). 这时

$$\rho=1-\alpha-(\beta-\alpha)\eta^{n-1}=\frac{1}{8}>0,$$

且可验证

$$\int_0^1 G(t,s)a^+(s)\mathrm{d}s=\begin{cases}\dfrac{11644}{4^6\times 30}+\dfrac{1}{24}t^4-\dfrac{1}{8}t^3+\dfrac{2}{4^4\times 15}t^2, & 0\leqslant t\leqslant \dfrac{3}{4},\\ \dfrac{7564}{4^6\times 30}-\dfrac{58}{4^4\times 15}t^2+\dfrac{9}{4^3\times 2}t, & \dfrac{3}{4}\leqslant t\leqslant 1,\end{cases}$$

$$\int_0^1 G(t,s)a^-(s)\mathrm{d}s=\begin{cases}\dfrac{1}{4^5}, & 0\leqslant t\leqslant \dfrac{3}{4},\\ \dfrac{59}{4^5\times 6}-\dfrac{1}{24}t^4+\dfrac{1}{8}t^3+\dfrac{9}{64}t^2-\dfrac{9}{128}t, & \dfrac{3}{4}\leqslant t\leqslant 1.\end{cases}$$

因此，

$$k=\inf_{0\leqslant t\leqslant 1}\int_0^1 G(t,s)a^+(s)\mathrm{d}s\Big/\int_0^1 G(t,s)a^-(s)\mathrm{d}s>0.$$

由定理 6.5.3 知，$\exists\,\hat{\lambda}>0$，当 $\lambda\in(0,\hat{\lambda})$ 时，BVP(6.5.35) 有解.

6.6　共振情况下高阶微分方程边值问题

共振情况下讨论微分方程边值问题，主要工具是连续性定理. 给定一个非线性边值问题，基本的研究方法是通过任取 $x\in X$，将 $u=x(t)$ 代入 $f(t,u,\cdots,u^{(n-1)})$ 中使原问题成为线性边值问题，再由线性边值问题的求解，得出解 $u(t)$ 与 $x(t)$ 的对应关系，从而定义 $u(t)=(Tx)(t)$. 但是在共振条件下，n 阶线性边值问题

$$\begin{cases}Lu=f(t,x(t),\cdots,x^{(n-1)}(t)),\\ U_i(u)=0, \qquad i=0,1,\cdots,n-1\end{cases}\tag{6.6.1}$$

未必有解，而且有解的话，解不唯一，这就给算子 T 的定义造成困难，连续性定理的实质就是: 变 f 为 $f-Qf$，使

$$\begin{cases}Lu=f(t,x(t),\cdots,x^{(n-1)}(t))-Qf(t,x(t),\cdots,x^{(n-1)}(t)),\\ U_i(u)=0, \qquad i=0,1,\cdots,n-1\end{cases}\tag{6.6.2}$$

有解. 同时，再对解 u 增加新的限制，使在新的限制下，解得的 u 唯一. 由此给出算子 T 的定义，将边值问题的有解性转换为算子不动点存在性. 当然在算子的具体构造中，需保证 $x=Tx$ 时，$Qf=0$. 这样当 u 是 T 的不动点时，它是 BVP(6.6.2) 的解，正好就是 BVP(6.6.1) 的解.

6.6.1 多点共振边值问题

边值问题

$$\begin{cases} u^{(n)} = f(t, u, u', \cdots, u^{(n-1)}), \qquad 0 < t < 1, \\ u^{(i)}(0) = 0, \qquad i = 0, 1, \cdots, n-2, \\ u^{(p)}(1) = \sum_{i=1}^{m-2} \alpha_i u^{(p)}(\xi), \qquad p \in \{0, 1, \cdots, n-1\} \end{cases} \tag{6.6.3}$$

当 $\sum_{i=1}^{m-2} \alpha_i \xi_i^{n-1-p} = 1$ 时是共振边值问题，其中 $m \geqslant 3$，

$$0 < \xi_1 < \xi_2 < \cdots < \xi_{m-2} < 1. \tag{6.6.4}$$

易知对 $\forall\ y \in C[0,1]$，线性边值问题

$$\begin{cases} u^{(n)} = y(t), \qquad 0 < t < 1, \\ u^{(i)}(0) = 0, \qquad i = 0, 1, \cdots, n-2, \\ u^{(p)}(1) = \sum_{i=1}^{m-2} \alpha_i u^{(p)}(\xi_i), \qquad p \in \{0, 1, \cdots, n-1\} \end{cases} \tag{6.6.5}$$

有解的充要条件是

$$\int_0^1 (1-s)^{n-p-1} y(s) \mathrm{d}s - \sum_{i=1}^{m-2} \alpha_i \int_0^{\xi_i} (\xi_i - s)^{n-p-1} y(s) \mathrm{d}s = 0. \tag{6.6.6}$$

引理 6.6.1 存在 $k \in \{0, 1, \cdots, m-2\}$，使

$$\sum_{i=1}^{m-2} \alpha_i \int_0^{\xi_i} (\xi_i - s)^{n-p-1} s^k \mathrm{d}s \neq \int_0^1 (1-s)^{n-p-1} s^k \mathrm{d}s. \tag{6.6.7}$$

证明 设不然，对所有 $k = 0, 1, \cdots, m-2$，

$$\sum_{i=1}^{m-2} \alpha_i \int_0^{\xi_i} (\xi_i - s)^{n-p-1} s^k \mathrm{d}s - \int_0^1 (1-s)^{n-p-1} s^k \mathrm{d}s = 0. \tag{6.6.8}$$

由于令 $s = \xi_i r$，

$$\int_0^{\xi_i} (\xi_i - s)^{n-p-1} s^k \mathrm{d}s = \xi_i^{n+k-p} \int_0^1 (1-r)^{n-p-1} r^k \mathrm{d}r = \xi_i^{n+k-p} \int_0^1 (1-s)^{n-p-1} s^k \mathrm{d}s$$

以及 $\int_0^1 (1-s)^{n-p-1}s^k\mathrm{d}s \neq 0$，故式 (6.6.8) 等价于

$$\sum_{i=1}^{m-2}\alpha_i\xi_i^{n+k-p}-1=0, \qquad k=0,1,\cdots,m-2. \tag{6.6.9}$$

和引理 3.2.2 一样可证得式 (6.6.9) 不成立. 引理得证.

记 $X=C^{n-1}[0,1]$，$Y=L^1[0,1]$. $\forall\, y\in Y$，$\|y\|=\int_0^1 |y(t)|\mathrm{d}t$. $\forall\, x\in X$，$\|x\|=\max\{\|x\|_0,\|x'\|_0,\cdots,\|x^{n-1}\|_0\}$. 由

$$Lx=x^{(n)}$$

定义 $L:X\cap\mathrm{dom}L\to Y$，则 L 是指标为 0 的 Fredholm 算子.

$$\ker L=\{ct^{n-1}:c\in\mathbf{R}\},$$

$$\mathrm{Im}L=\left\{y\in Y:\sum_{i=1}^{m-2}\alpha_i\int_0^{\xi_i}(\xi_i-s)^{n-p-1}y(s)\mathrm{d}s-\int_0^1(1-s)^{n-p-1}y(s)\mathrm{d}s=0\right\},$$

$$\mathrm{dom}L=\left\{x\in W^{n,1}[0,1]:x^{(i)}(0)=0,0\leqslant i\leqslant n-2,x(1)-\sum_{i=1}^{m-2}\alpha_i x(\xi_i)=0\right\}.$$

又，对 $\forall\Omega\subset X$ 为非空有界开集，由

$$(Nx)(t)=f(t,x(t),x'(t),\cdots,x^{(n-1)}(t))$$

定义 $N:\bar{\Omega}\to Y$，则 N 在 $\bar{\Omega}$ 上为 L- 紧.

于是 BVP(6.6.3) 有解当且仅当方程

$$Lx=Nx \tag{6.6.10}$$

在 $\bar{\Omega}$ 中有解.

设 (H_{16}):

(1) f 满足 Carathéodory 条件，且有非负 $a_0,a_1,\cdots,a_{n-1},b,r\in L[0,1]$，常数 $\theta\in[0,1)$，使对 $\forall\,(x_0,\cdots,x_{n-1})\in\mathbf{R}^n$ 以及 a.e. $t\in[0,1]$ 有

$$|f(t,x_0,x_1,\cdots,x_{n-1})|\leqslant\sum_{i=0}^{n-1}a_i(t)|x_i|+b(t)\sum_{i=0}^{n-1}|x_i|^\theta+r(t);$$

(2) 存在 $M>0$，当 $|x_{n-1}|\geqslant M$ 时

$$x_{n-1}f(t,x_0,x_1,\cdots,x_{n-1})>0(<0);$$

(3) $\alpha_i > 0$，$\sum\limits_{i=1}^{m-2} \alpha_i \xi_i^{n-1-p} = 1$.

定理 6.6.1 假设 (H_{16}) 成立，则当

$$\sum_{i=0}^{n-1} \|a_i\|_1 < 1$$

时，BVP(6.6.3) 有解.

证明 取投影算子 $P: X \to \ker L$，$Q: Y \to Y/\mathrm{Im}L$ 为

$$(Px)(t) = \frac{x^{(n-1)}(0)}{(n-1)!} t^{n-1},$$

$$(Qy)(t) = \frac{\sum\limits_{i=1}^{m-2} \alpha_i \int_0^{\xi_i} (\xi_i - s)^{n-1-p} y(s) \mathrm{d}s - \int_0^1 (1-s)^{n-1-p} y(s) \mathrm{d}s}{\sum\limits_{i=1}^{m-2} \alpha_i \int_0^{\xi_i} (\xi_i - s)^{n-1-p} s^k \mathrm{d}s - \int_0^1 (1-s)^{n-1-p} s^k \mathrm{d}s} t^k,$$

其中 k 按引理 6.6.1 选取，使分母不为 0. 记 $K = (L|_{\ker P \cap \mathrm{dom} L})^{-1}$，则 K 由

$$(Ky)(t) = \frac{1}{(n-1)!} \int_0^t (t-s)^{n-1} y(s) \mathrm{d}s, \qquad y \in \mathrm{Im}L$$

给定，而同构

$$J: \mathrm{Im}Q \to \ker L$$

由 $J(ct^n) = ct^{n-1}$ 定义.

首先证 $\lambda \in (0,1)$ 时

$$Lx = \lambda Nx,$$

即

$$\begin{cases} x^{(n)}(t) = \lambda f(t, x(t), x'(t), \cdots, x^{(n-1)}(t)), \\ x^{(i)}(0) = 0,\ i = 0, 1, \cdots, n-2,\ x^{(p)}(1) = \sum\limits_{i=1}^{m-2} \alpha_i x^{(p)}(\xi_i) \end{cases} \tag{6.6.11}$$

的解一致有界. 设 $x(t)$ 是方程 (6.6.11) 的解.

由条件 (2)，$\exists t_0 \in [0,1]$，使

$$|x^{(n-1)}(t_0)| < M. \tag{6.6.12}$$

若不然，不妨设 $x^{(n-1)}(t) \geqslant M$，则

$$
\begin{aligned}
&\lambda\left[\int_0^1 (1-s)^{n-p-1} f(s,x(s),\cdots,x^{(n-1)}(s))\mathrm{d}s\right.\\
&\left.-\sum_{i=1}^{m-2}\alpha_i\int_0^{\xi_i}(\xi_i-s)^{n-p-1}f(s,x(s),\cdots,x^{(n-1)}(s))\mathrm{d}s\right]\\
=&\lambda\sum_{i=1}^{m-2}\alpha_i\left[\int_0^1 \xi_i^{n-p-1}(1-s)^{n-p-1}f(s,x(s),\cdots,x^{(n-1)}(s))\mathrm{d}s\right.\\
&\left.-\int_0^{\xi_i}(\xi_i-s)^{n-p-1}f(s,x(s),\cdots,x^{(n-1)}(s))\mathrm{d}s\right]\\
=&\lambda\sum_{i=1}^{m-2}\alpha_i\left[\int_0^{\xi_i}\left[(\xi_i-\xi_i s)^{n-p-1}-(\xi_i-s)^{n-p-1}\right]f(s,x(s),\cdots,x^{(n-1)}(s))\mathrm{d}s\right.\\
&\left.+\int_{\xi_i}^1 \xi_i(1-s)^{n-p-1}f(s,x(s),\cdots,x^{(n-1)}(s))\mathrm{d}s\right]\\
>&0(<0).
\end{aligned}
$$

令 $y(t)=\lambda f(t,x(t),\cdots,x^{(n-1)}(t))$，则与式 (6.6.6) 矛盾，故式 (6.6.12) 成立. 由此得

$$
\begin{aligned}
|x^{(n-1)}(t)| &= \left|x^{(n-1)}(t_0)+\int_0^t x^{(n)}(s)\mathrm{d}s\right|\\
&\leqslant M+\int_0^1 |x^{(n)}(s)|\mathrm{d}s\\
&\leqslant M+\int_0^1 |f(s,x(s),\cdots,x^{(n-1)}(s))|\mathrm{d}s\\
&\leqslant M+\int_0^1\left[\sum_{i=0}^{n-1}a_i(t)|x^{(i)}(t)|+b(t)\sum_{i=0}^{n-1}|x^{(i)}(t)|^\theta+r(t)\right]\mathrm{d}t\\
&\leqslant M+\sum_{i=0}^{n-1}\|a_i\|_1\|x^{(i)}\|_0+\|b\|_1\sum_{i=0}^{n-1}\|x^{(i)}\|_0^\theta+\|r\|_1.
\end{aligned}
$$

由于 $\|x^{(i)}\|_0\leqslant\|x^{(n-1)}\|_0$，$i=0,1,2,\cdots,n-2$，故

$$
|x^{(n-1)}(t)|\leqslant M+\left(\sum_{i=0}^{n-1}\|a_i\|_1\right)\|x^{(n-1)}\|_0+n\|b\|_1\|x^{(n-1)}\|_0^\theta+\|r\|_1,
$$

并得到

$$
\left(1-\sum_{i=0}^{n-1}\|a_i\|_1\right)\|x^{(n-1)}\|_0\leqslant n\|b\|_1\|x^{n-1}\|_0^\theta+M+\|r\|_1.
$$

由定理条件知 $1-\sum\limits_{i=0}^{n-1}\|a_i\|_1>0$，结合 $\theta\in[0,1)$，有 $K>M$，使

$$\|x^{(n-1)}\|_0\leqslant K,$$

K 与 λ 无关. 由 $\|x^{(i)}\|_0\leqslant\|x^{(n-1)}\|_0$，得

$$\|x\|\leqslant K.$$

取 $\Omega=\{x\in X:\|x^{(i)}\|_0<K+1\}$，则 $\forall\ x\in\partial\Omega\cap\ker L$，有 $x=\dfrac{K+1}{(n-1)!}t^{n-1}$，$-\dfrac{K+1}{(n-1)!}t^{n-1}$.

这时由于 $|x^{(n-1)}(t)|=K+1>M$，不妨设

$$x(t)f(t,x(t),\cdots,x^{(n-1)}(t))>0,\tag{6.6.13}$$

可得 $QNx\neq 0$. 且记 $\Omega_1=\{ct^{n-1}:|c|<K+1\}$，有

$$\deg\{JQN,\Omega\cap\ker L,0\}=\deg\{JQN,\Omega_1,0\}.$$

这时 $\forall\ x\in\bar{\Omega}_1$，记 $f_c(s)=f(s,cs^{n-1},c(n-1)s^{n-2},\cdots,c(n-1)!)$

$$\begin{aligned}
&(JQNx)(t)\\
&=\frac{\displaystyle\int_0^1(1-s)^{n-p-1}f_c(s)\mathrm{d}s-\sum_{i=1}^{m-2}\alpha_i\int_0^{\xi_i}(\xi_i-s)^{n-p-1}f_c(s)\mathrm{d}s}{\displaystyle\int_0^1(1-s)^{n-p-1}s^k\mathrm{d}s-\sum_{i=1}^{m-2}\alpha_i\int_0^{\xi_i}(\xi_i-s)^{n-p-1}s^k\mathrm{d}s}t^{n-1}\\
&=\frac{\displaystyle\sum_{i=1}^{m-2}\alpha_i\int_{\xi_i}^1(\xi_i-\xi_is)^{n-p-1}f_c(s)\mathrm{d}s+\sum_{i=1}^{m-2}\alpha_i\int_0^{\xi_i}[(\xi_i-\xi_is)^{n-p-1}-(\xi_i-s)^{n-p-1}]f_c(s)\mathrm{d}s}{\displaystyle\sum_{i=1}^{m-2}\alpha_i\int_{\xi_i}^1(\xi_i-\xi_is)^{n-p-1}s^k\mathrm{d}s+\sum_{i=1}^{m-2}\alpha_i\int_0^{\xi_i}[(\xi_i-\xi_is)^{n-p-1}-(\xi_i-s)^{n-p-1}]s^k\mathrm{d}s}t^{n-1}\\
&=:M(c)t^{n-1}.
\end{aligned}$$

显然，当 $x\in\partial\Omega_1$ 时，$|x(t)|=(K+1)t^{n-1}$，$|x^{(n-1)}(t)|=(K+1)(n-1)!$. 故 $(K+1)M(K+1)>0$. 在 $\bar{\Omega}_1$ 上建立同伦

$$H(x,\lambda)=\lambda ct^{n-1}+(1-\lambda)M(c)t^{n-1},\qquad x\in\bar{\Omega}_1,\lambda\in[0,1].$$

则 $\forall\ x\in\partial\Omega_1,\lambda\in[0,1]$，$H(x,\lambda)\neq x$. 于是

$$\deg\{JQN,\Omega_1,0\}=\deg\{I,\Omega,0\}=1.$$

由定理 2.3.3 知 $Lx = Nx$ 在 Ω 中有解，从而 BVP(6.6.3) 有解.

注 6.6.1 定理 6.6.1 是根据文献 [27] 的结果综合简化而得.

6.6.2 Sturm-Liouville 型共振边值问题

高阶边值问题

$$\begin{cases} u^{(n)} = f(t, u, u', \cdots, u^{(n-1)}), \qquad 0 < t < 1, \\ u^{(i)}(0) = 0, \qquad i = 0, 1, \cdots, n-3, \\ u^{(n-2)}(0) - \alpha u^{(n-1)}(\xi) = u^{(n-1)}(1) - \beta u^{(n-2)}(\eta) = 0 \end{cases} \tag{6.6.14}$$

可以看作是二阶 Sturm-Liouville 边值问题的推广，这种推广，不仅体现在方程阶次的升高，而且即使在 $n = 2$ 时，边界条件也由通常的

$$u(0) - \alpha u'(0) = \beta u(1) - u'(1) = 0$$

改变为

$$u(0) - \alpha u'(\xi) = \beta u(\eta) - u'(1) = 0,$$

其中 $\xi, \eta \in (0, 1)$.

在 BVP(6.6.14) 中，当 ξ, η, α, β 满足

$$\alpha\beta + \beta\eta = 1 \tag{6.6.15}$$

时为共振情况.

记 $Lu = u^{(n)}$, $(Nu)(t) = f(t, u(t), \cdots, u^{(n-1)}(t))$, $X = C^{n-1}[0,1]$, $Y = L^1[0,1]$. $\forall\, x \in X$,

$$\|x\| := \max\{\|x\|_0, \|x'\|_0, \cdots, \|x^{(n-1)}\|_0\},$$

其中 $\|x\|_0 = \max\limits_{0 \leqslant t \leqslant 1} |x(t)|$. $\forall\, y \in Y$, $\|y\|_1 = \displaystyle\int_0^1 |y(t)| \mathrm{d}t$.

在 BVP(6.6.14) 的边界条件下

$$\begin{aligned} &\ker L = \left\{ c(\alpha t^{n-2} + t^{n-1}) : c \in \mathbf{R} \right\}, \\ &\mathrm{Im} L = \left\{ y \in Y : \int_0^1 y(s)\mathrm{d}s - \beta \int_0^\eta (\eta - s) y(s) \mathrm{d}s - \alpha\beta \int_0^\xi y(s)\mathrm{d}s = 0 \right\}, \\ &\mathrm{dom} L = \Big\{ x \in W^{n,1}[0,1] : x^{(i)}(0) = 0,\ 0 \leqslant i \leqslant n-3\,, \\ &\qquad\qquad x^{(n-2)}(0) - \alpha x^{(n-1)}(\xi) = x^{(n-1)}(1) - \beta x^{(n-2)}(\eta) = 0 \Big\}. \end{aligned}$$

$L : X \to Y$ 是指标为 0 的 Fredholm 算子. 同时，对 $\forall\, \Omega \subset X$ 非空有界开集，由 N 的定义

$$N : \bar{\Omega} \to Y$$

在 $\bar{\Omega}$ 上为 L- 紧. 于是 BVP(6.6.14) 有解 $u(t)$，当且仅当 u 满足

$$Lx = Nx.$$

投影算子 $P: X \to \ker L$ 由

$$(Px)(t) = \frac{x^{(n-1)}(0)}{(n-1)!}(t^{n-1} + \alpha t^{n-2})$$

定义. 当式 (6.6.15) 成立且 $\alpha, \beta \geqslant 0$ 时，

$$\begin{aligned}
&\int_0^1 \mathrm{d}s - \beta \int_0^\eta (\eta - s)\mathrm{d}s - \alpha\beta \int_0^\xi \mathrm{d}s \\
=&1 - \frac{1}{2}\beta\eta^2 - \alpha\beta\xi \\
=&\beta\eta - \frac{1}{2}\beta\eta^2 + \alpha\beta(1-\xi) \\
=&\beta\eta\left(1 - \frac{1}{2}\eta\right) + \alpha\beta(1-\xi) > 0.
\end{aligned}$$

故可由

$$Qy = \frac{\displaystyle\int_0^1 y(s)\mathrm{d}s - \beta\int_0^\eta (\eta - s)y(s)\mathrm{d}s - \alpha\beta\int_0^\xi y(s)\mathrm{d}s}{\beta\eta\left(1 - \frac{1}{2}\eta\right) + \alpha\beta(1-\xi)}$$

定义投影算子 $Q: Y \to Y/\mathrm{Im}L$. 同构算子

$$J: \mathrm{Im}Q \to \ker L$$

则由

$$J(c) = c(t^{n-1} + \alpha t^{n-2})$$

定义.

假设 (H_{17}):

(1) $f: [0,1]\times\mathbf{R}^n \to \mathbf{R}$ 满足 Carathéodory 条件，且有非负 $a_0, a_1, \cdots, a_{n-1}, b, r \in L^1[0,1]$，常数 $\theta \in (0,1)$，使 a.e. $t \in [0,1]$，$\forall\ (x_0, x_1, \cdots, x_{n-1}) \in \mathbf{R}^n$，有

$$|f(t, x_0, x_1, \cdots, x_{n-1})| \leqslant \sum_{i=0}^{n-1} a_i(t)|x_i| + b(t)\sum_{i=0}^{n-1}|x_i|^\theta + r(t);$$

(2) 存在 $M > 0$, 当 $|x_{n-1}| \geqslant M$ 时，

$$x_{n-1}f(t, x_0, x_1, \cdots, x_{n-1}) > 0(< 0);$$

(3) $\alpha,\beta>0$，$\alpha\beta+\beta\eta=1$.

定理 6.6.2　假设 (H_{17}) 成立，则当

$$\|a_{n-1}\|_1+(1+\alpha)\sum_{i=0}^{n-2}\|a_i\|_1<1$$

时，BVP(6.6.14) 至少有一个解.

证明　注意到 $\forall\, y\in Y$，

$$K=(L|_{\ker P\cap \mathrm{dom} L})^{-1}$$

由

$$(K(I-Q)y)(t)=\frac{1}{(n-1)!}\int_0^t(t-s)^{n-1}[y(s)-(Qy)(s)]\mathrm{d}s$$

给出. 证明过程和定理 6.6.1 一样，也是先由假设 x 是 $Lx=\lambda Nx$，$\lambda\in(0,1]$ 的解，根据 (H_{17}) 中的条件 (2) 得出 $|x^{(n-1)}(t)|\leqslant M+\|Nx\|_1$，再由条件 (1) 得出

$$\|Nx\|_1\leqslant\sum_{i=0}^{n-2}\|a_i\|\|x^{(n-2)}\|_0+\|a_{n-1}\|_1\|x^{(n-1)}\|_0+\|b\|_1[(n-1)\|x^{(n-2)}\|_0^{\theta}+\|x^{n-1}\|_0^{\theta}]+\|r\|_1. \tag{6.6.16}$$

由于 $x^{(n-2)}(0)=\alpha x^{(n-1)}(\xi)$，故

$$|x^{(n-2)}(t)|=|\alpha x^{(n-1)}(\xi)+\int_0^t x^{(n-1)}(s)\mathrm{d}s|\leqslant(1+\alpha)\|x^{(n-1)}\|_0.$$

从而有 $\|x^{(n-2)}\|_0\leqslant(1+\alpha)\|x^{(n-1)}\|_0$，代入式 (6.6.16) 得

$$\|Nx\|_1\leqslant\left[\|a_{n-1}\|_1+(1+\alpha)\sum_{i=0}^{n-2}\|a_i\|\right]\|x^{(n-1)}\|_0+\|b\|_1[1+(n-1)(1+\alpha)^{\theta}]\|x^{(n-1)}\|_0^{\theta}+\|r\|_1.$$

因此，由

$$\|x^{(n-1)}\|_0\leqslant\left[\|a_{n-1}\|_1+(1+\alpha)\sum_{i=0}^{n-2}\|a_i\|\right]\|x^{(n-1)}\|_0$$
$$+\|b\|_1[1+(n-1)(1+\alpha)^{\theta}]\|x^{(n-1)}\|_0^{\theta}+\|r\|_1+M$$

知 $\exists\, K>M$，使

$$\|x^{(n-1)}\|_0<K,$$

K 与 λ 无关. 进一步得出 $\|x\|$ 的先验界 $(1+\alpha)K$.

之后，$x \in \ker L$ 是 $QNx = 0$ 的解时，$\|x\| < (1+\alpha)K$. 记 $\Omega = \{x \in X : \|x\| < (1+\alpha)K + 1\}$，$\Omega_1 = \Omega \cap \ker L$. 通过 JQN 和 I 在 $\bar{\Omega}_1$ 上建立同伦而得到

$$\deg\{JQN, \Omega_1, 0\} \neq 0.$$

应用定理 2.3.3 就得到本定理的结论.

注 6.6.2 定理 6.6.2 是在文献 [28] 的基础上归纳并简化条件而得的.

6.6.3 偶数阶方程多点共振边值问题

对高阶方程的共振边值问题，也可以采用降阶的方法进行研究，在边值问题

$$\begin{cases} (-1)^{n-1}u^{(2n)} = f(t, u, u', \cdots, u^{(2n-1)}), \qquad 0 < t < 1, \\ u(1) - \displaystyle\sum_{i=1}^{m-2} \beta_i u(\eta_i) = u^{(2n-1)}(0) = 0, \\ u^{(2i-1)}(0) = u^{(2i-1)}(1) = 0, \qquad i = 1, \cdots, n-1 \end{cases} \tag{6.6.17}$$

中，当 $\displaystyle\sum_{i=1}^{m-2} \beta_i = 1$ 时，BVP(6.6.17) 是共振多点边值问题，其边界条件和 BVP(6.6.3) 和 BVP(6.6.14) 都不同.

取 $Lu = (-1)^{n-1}u^{(2n)}$, $X = C^{2n-1}[0,1]$. 当 f 满足 L^2-Carathéodory 条件，即对 a.e. $t \in [0,1]$, $f(t, x_0, x_1, \cdots, x_{2n-1})$ 关于 $(x_0, x_1, \cdots, x_{2n-1})$ 连续，对 $\forall\, (x_0, x_1, \cdots, x_{2n-1}) \in \mathbf{R}^{2n}$,

$$f(\cdot, x_0, x_1, \cdots, x_{2n-1}) \in L^2[0,1],$$

则取 $Y = L^2[0,1]$. 这时

$$\begin{aligned} \ker L =& \{x(t) \equiv c,\ c \in \mathbf{R}\}, \\ \mathrm{dom} L =& \left\{ x \in W^{2n,2}[0,1] : u(1) - \sum_{i=1}^{m-2} \beta_i u(\eta_i) = u^{(2n-1)}(0) = 0, \right. \\ & \left. u^{(2i-1)}(0) = u^{(2i-1)}(1) = 0, \qquad i = 1, \cdots, n-1 \right\}. \end{aligned}$$

在 BVP(6.6.17) 中，令 $v = (-1)^{n-1}u^{(2n-1)}$，$z = u'$，则有 $v = (-1)^{n-1}z^{(2n-2)}$，$z = u'$，这时 BVP(6.6.17) 等价于

$$\begin{cases} v' = f(t, u, u', \cdots, u^{(2n-1)}), \\ v(0) = 0, \end{cases} \tag{6.6.18}$$

$$\begin{cases} (-1)^{n-1}z^{(2n-2)} = v(t), \\ z^{(2i)}(0) = z^{(2i)}(1) = 0, \qquad i = 0, 1, \cdots, n-2, \end{cases} \tag{6.6.19}$$

$$
\begin{cases} u' = z, \\ u(1) - \sum_{i=1}^{m-2} \beta_i u(\eta_i) = 0. \end{cases} \tag{6.6.20}
$$

式 (6.6.18) 是个初值问题，易得

$$
v(t) = \int_0^t f(\tau, u(\tau), u'(\tau), \cdots, u^{(2n-1)}(\tau))\mathrm{d}\tau.
$$

BVP(6.6.19) 的解可表示为

$$
z(t) = \int_0^1 G(t,s)v(s)\mathrm{d}s,
$$

其中 Green 函数 $G(t,s)$ 类似对 BVP(6.4.24) 的讨论，可由递推的方法得到，即记

$$
\begin{cases} -y'' = 0, \\ y(0) = y(1) = 0 \end{cases}
$$

的 Green 函数为 $g(t,s)$，则

$$
g(t,s) = \begin{cases} t(1-s), & 0 \leqslant t \leqslant s \leqslant 1, \\ s(1-t), & 0 \leqslant s \leqslant t \leqslant 1. \end{cases} \tag{6.6.21}
$$

令 $G_1(t,s) = g(t,s)$，则定义

$$
G_i(t,s) = \int_0^1 g(t,\tau)G_{i-1}(\tau,s)\mathrm{d}\tau, \qquad i = 2, \cdots, n-1,
$$

于是 $G(t,s) = G_{n-1}(t,s)$. 由 $g(t,s)$ 的表示式 (6.6.21) 不难得到

$$
G(t,s) > 0, \qquad 0 < t, s < 1. \tag{6.6.22}
$$

至于 BVP(6.6.20)，其有解的条件是

$$
\int_0^1 z(t)\mathrm{d}t - \sum_{i=1}^{m-2} \beta_i \int_0^{\eta_i} z(t)\mathrm{d}t = 0,
$$

即

$$
\sum_{i=1}^{m-2} \beta_i \int_{\eta_i}^1 \int_0^1 G(t,s) \int_0^s f(\tau, u(\tau), u'(\tau), \cdots, u^{(2n-1)}(\tau))\mathrm{d}\tau\mathrm{d}s\mathrm{d}t = 0. \tag{6.6.23}
$$

因此，用 $y(t)$ 代替 $f(t,u(t),u'(t),\cdots,u^{(2n-1)}(t))$，可知

$$\mathrm{Im}L=\left\{y\in Y:\sum_{i=1}^{m-2}\beta_i\int_{\eta_i}^1\int_0^1G(t,s)\int_0^s y(\tau)\mathrm{d}\tau\mathrm{d}s\mathrm{d}t=0\right\}.$$

当 $\beta_i>0$ 时，由式 (6.6.22) 得

$$\sum_{i=1}^{m-2}\beta_i\int_{\eta_i}^1\int_0^1G(t,s)\int_0^s\mathrm{d}\tau\mathrm{d}s\mathrm{d}t=\int_0^1 s\left[\sum_{i=1}^{m-2}\int_{\eta_i}^1G(t,s)\mathrm{d}t\right]\mathrm{d}s>0.$$

据此由

$$(Qy)(t)=\frac{\displaystyle\sum_{i=1}^{m-2}\beta_i\int_{\eta_i}^1\int_0^1G(t,s)\int_0^s y(\tau)\mathrm{d}\tau\mathrm{d}s\mathrm{d}t}{\displaystyle\int_0^1 s\Big[\sum_{i=1}^{m-2}\int_{\eta_i}^1G(t,s)\mathrm{d}t\Big]\mathrm{d}s}$$

定义 $Q:Y\to Y/\mathrm{Im}L=\{y(t)\equiv c:c\in\mathbf{R}\}$. 这时算子 $K=(L|_{\mathrm{dom}L\cap\ker P})^{-1}$ 由

$$(K(I-Q)y)(t)=\int_0^t\int_0^1G(r,s)\int_0^s[y(\tau)-Qy(\tau)]\mathrm{d}\tau\mathrm{d}s\mathrm{d}r$$

给定. $J:\mathrm{Im}Q\to\ker L$ 取为恒等算子 I.

我们假设 (H_{18}):

(1) $f:[0,1]\times\mathbf{R}^{2n}\to\mathbf{R}$ 满足 L^2-Carathéodory 条件，且有非负 $a_0,a_1,\cdots,a_{2n-1},b,r\in L^2[0,1]$，常数 $\theta\in(0,1)$，使 a.e. $t\in[0,1]$，$\forall\,(x_0,x_1,\cdots,x_{2n-1})\in\mathbf{R}^{2n}$，有

$$|f(t,x_0,x_1,\cdots,x_{2n-1})|\leqslant\sum_{i=0}^{2n-1}a_i(t)|x_i|+b(t)\sum_{i=0}^{2n-1}|x_i|^\theta+r(t);$$

(2) 存在 $M>0$，当 $|x_0|\geqslant M$ 时，

$$x_0f(t,x_0,x_1,\cdots,x_{2n-1})>0\quad(<0);$$

(3) $\beta_i>0,\ \sum\limits_{i=1}^{m-2}\beta_i=1$.

定理 6.6.3 假设条件 (H_{18}) 成立，则当

$$\frac{\|a_0\|_2}{\pi^{2n-1}}+\frac{1}{\sqrt{3}}\sum_{i=1}^{2n-1}\frac{\|a_i\|_2}{\pi^{2n-i-1}}<1$$

时, BVP(6.6.17) 至少有一解.

证明 证明方法和定理 6.6.1 及定理 6.6.2 一样，主要应用连续性定理 (定理 2.3.3) 得出算子方程

$$Lx = Nx$$

的有解性.

L 由 $Lu = (-1)^{n-1}u^{(2n)}$ 定义，$u \in X$. 则 L 是指标为 0 的 Fredholm 算子. $\forall\, \Omega \subset X$ 非空有界开集，

$$N : \bar{\Omega} \to Y$$

由

$$(Nx)(t) = f(t, x(t), \cdots, x^{(2n-1)}(t))$$

定义，N 在 $\bar{\Omega}$ 上为 L- 紧.

为应用定理 2.3.3，第一步是给出方程

$$Lx = \lambda Nx, \qquad 0 < \lambda < 1 \tag{6.6.24}$$

解的先验界. 为此，设 $x(t)$ 是方程 (6.6.24) 的解. 由于 $x(t)$ 满足 $x'(0) = x'(1) = 0$. 由引理 6.2.1 的方法可得

$$\|x^{(r)}\|_2 \leqslant \left(\frac{1}{\pi}\right)^{2n-r} \|x^{(2n)}\|_2, \qquad r = 1, 2, \cdots, n-1,$$

结合 Sobolev 不等式有

$$\|x^{(r)}\|_0 \leqslant \frac{1}{\sqrt{3}}\|x^{(r+1)}\|_2 \leqslant \frac{1}{\sqrt{3}}\left(\frac{1}{\pi}\right)^{2n-r-1} \|x^{(2n)}\|_2, \qquad r = 1, 2, \cdots, n-1.$$

同时，由 (H_{18}) 中的条件 (2)，可得 $\exists t_0 \in [0, 1]$，使

$$|x(t_0)| < M.$$

因此，由

$$|x(t)| \leqslant |x(t_0)| + \left|\int_{t_0}^{t} x'(s)\mathrm{d}s\right| \leqslant M + \|x'\|_1 \leqslant M + \|x'\|_2$$

得

$$\|x\|_2 \leqslant \|x\|_0 \leqslant M + \|x'\|_2 \leqslant \left(\frac{1}{\pi}\right)^{2n-1} \|x^{(2n)}\|_2 + M. \tag{6.6.25}$$

当 x 是方程 (6.6.24) 的解时，x 满足方程

$$(-1)^{n-1}x^{(2n)} = \lambda f(t, x, x', \cdots, x^{(2n-1)}),$$

两边同乘以 $x^{(2n)}$，并在 $[0, 1]$ 上积分得

$$(-1)^{n-1}\|x^{(2n)}\|_2^2 = \lambda \int_0^1 x^{(2n)}(t) f(t, x(t), x'(t), \cdots, x^{(2n-1)}(t))\mathrm{d}t.$$

于是

$$
\begin{aligned}
\|x^{(2n)}\|_2^2 \leqslant & \sum_{i=0}^{2n-1} \|x^{(i)}\|_0 \int_0^1 |x^{(2n)}(t)|a_i(t)\mathrm{d}t \\
& + \sum_{i=0}^{2n-1} \|x^{(i)}\|_0^\theta \int_0^1 b(t)|x^{(2n)}(t)|\mathrm{d}t + \int_0^1 r(t)|x^{(2n)}(t)|\mathrm{d}t \\
\leqslant & \sum_{i=0}^{2n-1} \|a_i\|_2\|x^{(2n)}\|_2\|x^{(i)}\|_0 + \sum_{i=0}^{2n-1} \|b\|_2\|x^{(2n)}\|_2\|x^{(i)}\|_0^\theta + \|r\|_2\|x^{(2n)}\|_2 \\
\leqslant & \left(\frac{\|a_0\|_2}{\pi^{2n-1}} + \frac{1}{\sqrt{3}}\sum_{i=1}^{2n-1}\frac{\|a_i\|_2}{\pi^{2n-i-1}}\right)\|x^{(2n)}\|_2^2 + 2n\|b\|_2\|x^{(2n)}\|_2^{1+\theta} + M\|a_0\|_2 \\
& + (M+1)\|b\|_2 + [\|a_0\|_2 M + \|b\|_2(M+1) + \|r\|_2]\|x^{(2n)}\|_2.
\end{aligned}
$$

由定理条件，存在与 λ 无关的 $K>M$, 使

$$\|x^{(2n)}\|_2 < K.$$

因此,

$$\|x\| = \max\{\|x\|_0, \|x'\|_0, \cdots, \|x^{(2n-1)}\|\} < K+M.$$

取 $\Omega = \{x \in X : \|x\| < K+M\}$，则

$$\partial\Omega \cap \ker L = \{x(t) \equiv c : |c| = K+M\}.$$

由条件 (2) 得，$|c| = K+M$ 时，

$$cf(t,c,0,\cdots,0) > 0\ (<0).$$

故由同伦不变性原理，有

$$\deg\{JQN, \Omega\cap\ker L, 0\} = \deg\{I, (-K+M, K+M), 0\} \neq 0.$$

于是

$$Lx = Nx$$

在 Ω 中有解，即 BVP(6.6.17) 在 Ω 中有解. 定理得证.

关于偶数阶高阶微分方程共振边值问题的相关结果，可参阅文献 [29]、[30].

6.7　高阶微分方程周期边值问题

周期边值问题是一类共振边值问题. 线性算子 L 在周期边界条件下其核空间 $\ker L$ 通常是一维空间 (如果微分方程用微分方程系代替，则 $\ker L$ 的维数可以高于一维)，因而无论是研究方法还是研究所得到的有解性条件，都和其他类型的共振边值问题十分类似. 其区别主要在于周期函数及其各阶导数的范数之间可以给出更确切一些的估计式，即可以利用 Wirtinger 不等式.

6.7.1　n-阶微分方程周期边值问题

考虑 n-阶周期边值问题

$$\begin{cases} u^{(n)} = f(t,u,u',\cdots,u^{(n-1)}), \\ u^{(i)}(0) = u^{(i)}(1), \qquad i = 0,1,\cdots,n-1, \end{cases} \tag{6.7.1}$$

当 $f \in C([0,1]\times\mathbf{R}^n,\mathbf{R})$ 时，取 $X = C^{n-1}[0,1]$，$Y = C[0,1]$，线性算子 $L: X\cap \mathrm{dom}L \to Y$ 由 $Lx = x^{(n)}$ 定义. 这时

$$\mathrm{dom}L = \{x\in C^n[0,1]: x^{(i)}(0) = x^{(i)}(1), i = 0,1,\cdots,n-1\},$$

$$\mathrm{Im}L = \left\{y\in Y: \int_0^1 y(t)\mathrm{d}t = 0\right\},$$

$$\ker L = \{x(t)\equiv c: c\in\mathbf{R}\}.$$

L 是指标为 0 的 Fredholm 算子. $\forall\,\Omega\subset X$ 为非空有界开集，对 $x\in\bar{\Omega}$ 定义

$$(Nx)(t) = f(t,x(t),\cdots,x^{(n-1)}(t)),$$

则 $N:\bar{\Omega}\to Y$ 在 $\bar{\Omega}$ 上为连续算子. 对 $x\in X$，$y\in Y$ 定义投影算子

$$(Px)(t) = x(0), \qquad (Qy)(t) = \int_0^1 y(t)\mathrm{d}t.$$

则 $K:(L|_{X\cap\ker P})^{-1}:\mathrm{Im}L\to\ker P$ 由

$$(Ky)(t) = \sum_{j=1}^{n-1}\frac{c_j}{j!}t^j + \frac{1}{(n-1)!}\int_0^t (t-s)^{n-1}y(s)\mathrm{d}s$$

给出，其中 $c_j, j = 1,\cdots,n-1$，根据边界条件 $x^{(i)}(1)-x^{(i)}(0) = 0$，$i = 1,2,\cdots,n-1$,

由线性方程组

$$\begin{pmatrix} \frac{1}{1!} & \frac{1}{2!} & \frac{1}{3!} & \cdots & \frac{1}{j!} & \cdots & \frac{1}{(n-1)!} \\ 0 & \frac{1}{1!} & \frac{1}{2!} & \cdots & \frac{1}{(j-1)!} & \cdots & \frac{1}{(n-2)!} \\ 0 & 0 & \frac{1}{1!} & \cdots & \frac{1}{(j-2)!} & \cdots & \frac{1}{(n-3)!} \\ \vdots & \vdots & \vdots & \ddots & \vdots & \ddots & \vdots \\ 0 & 0 & 0 & \cdots & \frac{1}{1!} & \cdots & \frac{1}{(n-j)!} \\ \vdots & \vdots & \vdots & \ddots & \vdots & \ddots & \vdots \\ 0 & 0 & 0 & \cdots & 0 & \cdots & \frac{1}{1!} \end{pmatrix} \cdot \begin{pmatrix} c_1 \\ c_2 \\ c_3 \\ \vdots \\ c_j \\ \vdots \\ c_{n-1} \end{pmatrix} = -\begin{pmatrix} \frac{1}{(n-1)!}\int_0^1 (1-s)^{n-1} y(s)\mathrm{d}s \\ \frac{1}{(n-2)!}\int_0^1 (1-s)^{n-2} y(s)\mathrm{d}s \\ \frac{1}{(n-3)!}\int_0^1 (1-s)^{n-3} y(s)\mathrm{d}s \\ \vdots \\ \frac{1}{(n-j)!}\int_0^1 (1-s)^{n-j} y(s)\mathrm{d}s \\ \vdots \\ \frac{1}{1!}\int_0^1 (1-s) y(s)\mathrm{d}s \end{pmatrix}$$

唯一确定.

通过以上准备，BVP(6.7.1) 的有解性，就转变为 $Lx = Nx$ 在某个 $\bar{\Omega}$ 上的有解性. 为此，和上节一样先估计

$$Lx = \lambda Nx, \qquad \lambda \in (0,1)$$

解的先验界. 取 $J : \mathrm{Im}Q \to \ker L$ 中的 $J = I$.

我们先给出一个引理.

引理 6.7.1[31] 设 $u \in H_T^1, \int_0^T u(t)\mathrm{d}t = 0$, 则有

$$\|u\|_2 \leqslant \frac{T}{2\pi}\|u'\|_2 \qquad \text{(Wirtinger 不等式)},$$

$$\|u\|_0 \leqslant \frac{\sqrt{T}}{2\sqrt{3}}\|u'\|_2 \qquad \text{(Sobolev 不等式)}.$$

假设 (H_{19}):

(1) f 满足 L^2-Carathéodory 条件，$\exists\, a_i \in C[0,1], r \in L^2[0,1]$，使

$$|f(t, x_0, x_1, \cdots, x_{n-1})| \leqslant \sum_{i=0}^{n-1} |a_i(t)||x_i| + |r(t)|;$$

(2) $\exists\, M > 0$，当 $|x_0| \geqslant M$ 时，

$$x_0 f(t, x_0, x_1, \cdots, x_{n-1}) > 0 \ (< 0).$$

定理 6.7.1　设条件 (H_{19}) 成立，则当

$$\frac{\|a_0\|_0}{2(2\pi)^{n-1}}+\sum_{i=1}^{n-1}\frac{\|a_i\|_0}{(2\pi)^{n-i}}<1$$

时，周期边值问题 (6.7.1) 至少有一个解.

证明　估计方程

$$Lx=\lambda Nx,\qquad \lambda\in(0,1)$$

解的先验界. 即在周期边界条件 $x^{(i)}(0)=x^{(i)}(1)$ $(i=0,1,\cdots,n-1)$ 下方程

$$x^{(n)}=\lambda f(t,x,\cdots,x^{(n-1)}),\qquad \lambda\in(0,1)$$

解的先验界. 为此，两边乘以 $x^{(n)}(t)$，在 $[0,1]$ 上积分得

$$\begin{aligned}\|x^{(n)}\|_2^2&\leqslant\sum_{i=0}^{n-1}\|a_i\|_0\|x^{(i)}\|_2\|x^{(n)}\|_2+\|r\|_2\|x^{(n)}\|_2\\&\leqslant\sum_{i=1}^{n-1}\frac{\|a_i\|_0}{(2\pi)^{n-i}}\|x^{(n)}\|_2^2+\|a_0\|_0\|x\|_2\|x^{(n)}\|_2+\|r\|_2\|x^{(n)}\|_2.\end{aligned}\tag{6.7.2}$$

由于 (H_{19}) 中的条件 (2)，$\exists\, t_0\in[0,1]$，使

$$|x(t_0)|<M.$$

将 $x(t)$ 按 $x(t+k)=x(t)$ 延拓后仍分别记为 x 和 f，则 $\forall\, t\in(t_0,t_0+1)$，

$$x(t)=x(t_0)+\int_{t_0}^{t}x'(s)\mathrm{d}s=x(t_0)-\int_{t}^{t_0+1}x'(s)\mathrm{d}s.$$

于是由

$$|x(t)|\leqslant|x(t_0)|+\int_{t_0}^{t}|x'(s)|\mathrm{d}s,\qquad |x(t)|\leqslant|x(t_0)|+\int_{t}^{t_0+1}|x'(s)|\mathrm{d}s$$

得

$$\|x\|_2\leqslant\|x\|_0\leqslant M+\frac{1}{2}\int_{t_0}^{t_0+1}|x'(s)|\mathrm{d}s=M+\frac{1}{2}\|x'\|_1\leqslant M+\frac{1}{2}\|x'\|_2.$$

上式代入式 (6.7.2) 得

$$\|x^{(n)}\|_2^2\leqslant\left[\frac{\|a_0\|_0}{2(2\pi)^{n-1}}+\sum_{i=1}^{n-1}\frac{\|a_i\|_0}{(2\pi)^{n-i}}\right]\|x^{(n)}\|_2^2+(M+\|r\|_2)\|x^{(n)}\|_2,$$

根据定理条件，$\exists\ K>0$(与 λ 无关)，满足

$$\|x^{(n)}\|_2<K.$$

从而

$$\|x\|_0\leqslant M+\frac{K}{2(2\pi)^{n-1}},\qquad \|x^{(i)}\|_0<\frac{K}{(2\pi)^{n-1}}.$$

取 $\Omega=\left\{x\in X:\|x\|<\max\left\{M+\dfrac{K}{2(2\pi)^{n-1}},K\right\}\right\}$. 则易证 $\forall\ x\in\partial\Omega\cap\ker L, QNx\neq 0$，且

$$\deg\{JQN,\Omega\cap\ker L,0\}\neq 0.$$

于是 $Lx=Nx$ 在 $\bar{\Omega}$ 中有解，即 BVP(6.7.1) 在 $\bar{\Omega}$ 中有解. 定理证毕.

注 6.7.1 对 BVP(6.7.1) 存在解的更多判断，可见文献 [32].

6.7.2 带 *p*-Laplace 算子的周期边值问题

对于有 p-Laplace 算子的边值问题

$$\begin{cases}(\phi_p(u^{(n-1)}))'=f(t,u,u',\cdots,u^{(n-1)}), & 0<t<1,\\ u^{(i)}(0)=u^{(i)}(1), & i=0,1,\cdots,n-1.\end{cases}\tag{6.7.3}$$

可以给出与定理 6.7.1 类似的有解性判据. 我们这里将给出形式稍有不同的有解性定理.

令 $v=\phi_p(u^{(n-1)})$, 则 BVP(6.7.3) 等价于

$$\begin{cases}u^{(n-1)}=\phi_q(v(t)),\\ v'=f(t,u,u',\cdots,u^{(n-2)},\phi_q(v)),\\ u^{(i)}(0)=u^{(i)}(1), \qquad i=0,1,\cdots,n-2,\\ v(0)=v(1).\end{cases}\tag{6.7.4}$$

设 $f\in C([0,1]\times\mathbf{R}^n,\mathbf{R})$，则取 $X=C^{n-2}[0,1]\times C[0,1]$，$Y=C[0,1]\times C[0,1]$. 定义 $L:X\cap\mathrm{dom}L\to Y$ 为

$$Lx=L\begin{pmatrix}x_1\\ x_2\end{pmatrix}=\begin{pmatrix}x_1^{(n-1)}\\ x_2'\end{pmatrix},$$

则 L 是指标为 0 的 Fredholm 算子.

$$\begin{aligned}\ker L&=\{(x_1(t),x_2(t))\equiv(a,b):a,b\in\mathbf{R}\},\\ \mathrm{dom}L&=\{(x_1,x_2)\in C^{n-1}[0,1]\times C^1[0,1]:x_1^{(i)}(0)=x_1^{(i)}(1),\\ &\qquad\qquad i=0,1,\cdots,n-2,x_2(0)=x_2(1)\},\\ \mathrm{Im}L&=\left\{y=(y_1,y_2)\in Y:\int_0^1 y_1(t)\mathrm{d}t=\int_0^1 y_2(t)\mathrm{d}t=0\right\}.\end{aligned}$$

$\forall\ \Omega \subset X$，非空有界开集，对 $x \in \bar{\Omega}$，定义

$$(Nx)(t) = \begin{pmatrix} \phi_q(x_2(t)) \\ f(t, x_1(t), \cdots, x_1^{(n-2)}(t), \phi_q(x_2(t))) \end{pmatrix},$$

并分别由

$$(Px)(t) = (x_1(0), x_2(0)),$$
$$(Qy)(t) = \left(\int_0^1 y_1(t)\mathrm{d}t,\ \int_0^1 y_2(t)\mathrm{d}t\right)$$

定义投影算子 $P: X \to \ker L$ 和 $Q: Y \to \mathrm{Im}Q$. 则 N 在 $\bar{\Omega}$ 上为 L-紧. 这时对 $\forall\ y(t) = (y_1(t), y_2(t)) \in Y$ 广义逆 $K = (L|_{X\cap\ker P})^{-1}$ 由

$$(Ky)(t) = \left(\sum_{j=1}^{n-2} \frac{c_j}{j!}t^j + \frac{1}{(n-2)!}\int_0^t (t-s)^{n-2}y_1(s)\mathrm{d}s,\ \int_0^t y_2(s)\mathrm{d}s\right)$$

给定，其中 $c_1, c_2, \cdots, c_{n-2}$ 根据周期边界条件，由线性方程组

$$\begin{pmatrix} \frac{1}{1!} & \frac{1}{2!} & \cdots & \frac{1}{j!} & \cdots & \frac{1}{(n-2)!} \\ 0 & \frac{1}{1!} & \cdots & \frac{1}{(j-1)!} & \cdots & \frac{1}{(n-3)!} \\ \vdots & \vdots & \ddots & \vdots & \ddots & \vdots \\ 0 & 0 & \cdots & \frac{1}{1!} & \cdots & \frac{1}{(n-j-1)!} \\ \vdots & \vdots & \ddots & \vdots & \ddots & \vdots \\ 0 & 0 & \cdots & 0 & \cdots & \frac{1}{1!} \end{pmatrix} \cdot \begin{pmatrix} c_1 \\ c_2 \\ \vdots \\ c_j \\ \vdots \\ c_{n-2} \end{pmatrix} = -\begin{pmatrix} \frac{1}{(n-2)!}\int_0^1 (1-s)^{n-2}y_1(s)\mathrm{d}s \\ \frac{1}{(n-3)!}\int_0^1 (1-s)^{n-3}y_1(s)\mathrm{d}s \\ \vdots \\ \frac{1}{(n-j-1)!}\int_0^1 (1-s)^{n-j-1}y_1(s)\mathrm{d}s \\ \vdots \\ \frac{1}{1!}\int_0^1 (1-s)y_1(s)\mathrm{d}s \end{pmatrix}$$

唯一确定.

于是由 $QN(\bar{\Omega})$ 的有界性及 $K(I-Q)N(\bar{\Omega})$ 的紧性，得 N 在 $\bar{\Omega}$ 上是 L-紧的.

设 (H_{20}):

(1) $f \in C([0,1]\times\mathbf{R}^n, \mathbf{R})$，且存在非负函数 $l \in C[0,1]$，$g_i \in C([0,1]\times\mathbf{R}, \mathbf{R}^+)$，$i = 0, 1, \cdots, n-1$，使

$$|f(t, x_0, x_1, \cdots, x_{n-1})| \leqslant \sum_{i=0}^{n-1} g_i(t, x_i) + l(t),$$

其中 $g_i(t,x_i)$ 满足

$$\lim_{x\to\infty}\sup_{0\leqslant t\leqslant 1}\frac{g_i(t,x)}{\phi_p(|x|)}=r_i<\infty,\qquad i=0,1,\cdots,n-1;$$

(2) 存在常数 $M>0$，$|x_0|\geqslant M$ 时

$$x_0 f(t,x_0,x_1,\cdots,x_{n-1})>0\ (<0).$$

定理 6.7.2 设条件 (H_{20}) 成立，则当

$$\frac{r_0}{\phi_p^{n-2}(2\pi)}+\frac{1}{\phi_p(2\sqrt{3})}\sum_{i=1}^{n-2}\frac{r_i}{\phi_p^{n-i-1}(2\pi)}+r_{n-1}<1$$

时，周期边值问题 BVP(6.7.3) 有解.

证明 先估计方程

$$Lx=\lambda Nx,\qquad 0<\lambda<1 \tag{6.7.5}$$

解的先验界，设解 $x=(x_1,x_2)$，则有

$$\begin{cases}x_1^{(n-1)}=\lambda\phi_q(x_2),\\ x_2'=\lambda f(t,x_1,x_1',\cdots,x_1^{(n-2)},\phi_q(x_2)),\\ x_1^{(i)}(0)=x_1^{(i)}(1),\qquad i=0,1,\cdots,n-2,\\ x_2(0)=x_2(1),\end{cases} \tag{6.7.6}$$

其中 $q>1$ 满足 $\dfrac{1}{p}+\dfrac{1}{q}=1$. 取 $\varepsilon>0$ 充分小，使

$$\frac{r_0+2\varepsilon}{\phi_p^{n-2}(2\pi)}+\frac{1}{\phi_p(2\sqrt{3})}\sum_{i=1}^{n-2}\frac{r_i+\varepsilon}{\phi_p^{n-i-1}(2\pi)}+(r_{n-1}+\varepsilon)<1. \tag{6.7.7}$$

由于 $\lambda\int_0^1\phi_q(x_2(t))\mathrm{d}t=\int_0^1 x_1^{(n-1)}(t)\mathrm{d}t=x_1^{(n-2)}(1)-x_1^{(n-2)}(0)=0$, 故 $\exists\,\xi\in(0,1)$，使 $x_2(\xi)=0$. 于是

$$\begin{aligned}|x_2(t)|&\leqslant\int_0^1|x_2'(t)|\mathrm{d}t\leqslant\int_0^1 f(t,x_1(t),\cdots,x_1^{(n-2)},\phi_q(x_2(t)))\mathrm{d}t\\&\leqslant\int_0^1\left[\sum_{i=0}^{n-2}g_i(t,x_1^{(i)}(t))+g_{n-1}(t,\phi_q(x_2(t))+l(t))\right]\mathrm{d}t.\end{aligned}$$

由 (H_{20}) 中的条件 (1)，$\exists\,L>0$ 使对已取定的 $\varepsilon>0$, 有

$$g_i(t,x_i)\leqslant(r_i+\varepsilon)\phi_p(|x_i|)+L.$$

因此,

$$
\begin{aligned}
|x_2(t)| &\leqslant \sum_{i=0}^{n-2}(r_i+\varepsilon)\int_0^1 \phi_p(|x_1^{(i)}(t)|)\mathrm{d}t+(r_{n-1}+\varepsilon)\int_0^1 |x_2(t)|\mathrm{d}t+(nL+\|l\|_1)\\
&\leqslant \sum_{i=0}^{n-2}(r_i+\varepsilon)\phi_p(\|x_1^{(i)}\|_0)+(r_{n-1}+\varepsilon)\|x_2\|_0+nL+\|l\|_1. \qquad (6.7.8)
\end{aligned}
$$

由 $x_1^{(n-1)}=\lambda\phi_q(x_2)$ 得，$\|x_1^{(n-1)}\|_0\leqslant\phi_q(\|x_2\|_0)$. 于是

$$
\phi_p(\|x_1^{(n-1)}\|_0)\leqslant\|x_2\|_0.
$$

根据 Sobolev 不等式及 $\|x^{(i)}\|_2\leqslant\|x^{(i)}\|_0, i=1,2,\cdots,n-2$,

$$
\|x_1^{(i)}\|_0\leqslant\frac{1}{2\sqrt{3}}\|x^{(i+1)}\|_2\leqslant\frac{1}{2\sqrt{3}}\Big(\frac{1}{2\pi}\Big)^{n-i-2}\|x_1^{(n-1)}\|_2\leqslant\frac{1}{2\sqrt{3}}\Big(\frac{1}{2\pi}\Big)^{n-i-2}\|x_1^{(n-1)}\|_0.
$$

于是当 $i=1,2,\cdots,n-2$ 时，

$$
\begin{aligned}
\phi_p(\|x_1^{(i)}\|_0)&\leqslant\phi_p\left(\frac{1}{2\sqrt{3}}\right)\phi_p\left(\left(\frac{1}{2\pi}\right)^{n-i-2}\right)\phi_p(\|x_1^{(n-1)}\|_0)\\
&\leqslant\frac{1}{\phi_p(2\sqrt{3})\phi_p((2\pi)^{n-i-2})}\|x_2\|_0. \qquad (6.7.9)
\end{aligned}
$$

同时，由 (H_{20}) 中的条件 (2)，$\exists\,\eta\in[0,1]$ 使

$$
|x_1(\eta)|<M.
$$

(若不然，$x_2(1)=x_2(0)$ 不成立). 则

$$
|x_1(t)|\leqslant M+\int_0^1|x_1'(t)|\mathrm{d}t\leqslant M+\|x_1'\|_1\leqslant M+\|x_1'\|_2.
$$

再由

$$
\|x_1'\|_2\leqslant\left(\frac{1}{2\pi}\right)^{n-2}\|x_1^{(n-1)}\|_2\leqslant\left(\frac{1}{2\pi}\right)^{n-2}\|x_1^{(n-1)}\|_0
$$

得

$$
\|x_1\|_0\leqslant\left(\frac{1}{2\pi}\right)^{n-2}\|x_1^{(n-1)}\|_0+M.
$$

因此有 $\tilde{M}>M$，使

$$\begin{aligned}(r_0+\varepsilon)\phi_p(\|x_1\|_0)\leqslant&(r_0+2\varepsilon)\frac{1}{\phi_p((2\pi)^{n-2})}\phi_p(\|x_1^{(n-1)}\|_0)+\tilde{M}\\\leqslant&\frac{r_0+2\varepsilon}{\phi_p((2\pi)^{n-2})}\|x_2\|_0+\tilde{M}.\end{aligned}\tag{6.7.10}$$

将式 (6.7.9)，式 (6.7.10) 代入式 (6.7.8)，得

$$\begin{aligned}\|x_2\|_0\leqslant&\left[\frac{r_0+2\varepsilon}{\phi_p((2\pi)^{n-2})}+\frac{1}{\phi_p(2\sqrt{3})}\sum_{i=1}^{n-2}\frac{r_i+\varepsilon}{\phi_p((2\pi)^{n-i-1})}+(r_{n-1}+\varepsilon)\right]\|x_2\|_0\\&+(nL+\|l\|_1+\tilde{M})\\=&\left[\frac{r_0+2\varepsilon}{\phi_p^{n-2}(2\pi)}+\frac{1}{\phi_p(2\sqrt{3})}\sum_{i=1}^{n-2}\frac{r_i+\varepsilon}{\phi_p^{n-i-1}(2\pi)}+(r_{n-1}+\varepsilon)\right]\|x_2\|_0\\&+(nL+\|l\|_1+\tilde{M}).\end{aligned}$$

由式 (6.7.7) 知，$\exists\ M_2>0$ 使 $\|x_2\|_0<M_2$. 再由式 (6.7.9)，式 (6.7.10) 可得 $\exists M_1>M>0$ 使

$$\|x_1\|=\max\{\|x_1\|_0,\|x_1'\|_0,\cdots,\|x_1^{(n-2)}\|_0\}<M_1.$$

定义 $J:\mathrm{Im}Q\to\ker L$ 为

$$J=\begin{pmatrix}0&1\\1&0\end{pmatrix}.$$

取

$$\Omega=\{x=(x_1,x_2)\in X:\|x_1\|<M_1,\|x_2\|_0<M_2\},$$

则

$$\begin{aligned}&\deg\{JQN,\Omega\cap\ker L,0\}\\=&\deg\left\{\left(\int_0^1 f(t,0,0,\cdots,0)\mathrm{d}t,\int_0^1\phi_q(b)\mathrm{d}t\right),(-M_1,M_1)\times(-M_2,M_2),0\right\},\end{aligned}$$

其中 $c\in(-M_1,M_1)$，$b\in(-M_2,M_2)$ 为任意常值函数. 则由 (H_{20}) 中的条件 (2) 及 $b\phi_q(b)>0$，$b\neq0$，得

$$\deg\{JQN,\Omega\cap\ker L,0\}\neq0.$$

应用定理 2.3.4 即得本定理的结论.

6.7.3　高阶时滞微分方程周期解

现在我们讨论多滞量高阶微分方程

$$u^{(n)}(t)=\sum_{i=1}^{n-1} a_i u^{(i)}(t)+g(t,u(t))+h(t,u(t),u(t-\tau_1(t)),\cdots,u(t-\tau_m(t))),\quad t\in\mathbf{R} \tag{6.7.11}$$

T-周期解的存在性，其中 g,h 为连续函数，且关于 t 为 T-周期的，τ_i 是 t 的 T-周期连续可微函数.

为应用定理 2.3.3，我们取

$$X=\{x\in C^{n-1}(\mathbf{R},\mathbf{R}):x(t)=x(t+T)\},\ Y=\{y\in C(\mathbf{R},\mathbf{R}):y(t)=y(t+T)\}.$$

又令 $Lx=x^{(n)}$, 则

$$\ker L=\{x\equiv c:c\in\mathbf{R}\},\ \mathrm{Im}L=\left\{y\in Y:\int_0^T y(t)\mathrm{d}t=0\right\},$$

$$\mathrm{dom}L=\{x\in X:x^{(n-1)}\in C(\mathbf{R},\mathbf{R})\}=\{x\in C^n(\mathbf{R},\mathbf{R}):x(t)=x(t+T)\}.$$

$L:X\cap\mathrm{dom}L\to Y$ 是指标为 0 的 Fredholm 算子. 在 X,Y 上分别定义范数 $\|\cdot\|$ 和 $\|\cdot\|_0$:

$$\|x\|=\max\{\|x\|_0,\|x^{(n-1)}\|_0\},\qquad x\in X,$$

$$\|y\|_0=\max_{0\leqslant t\leqslant T}|y(t)|,\ y\in Y.$$

则 X,Y 为 Banach 空间，定义投影算子

$$P:X\to\ker L,\qquad Q:Y\to Y/\mathrm{Im}L,$$

$$x\mapsto x(0),\qquad y\mapsto\frac{1}{T}\int_0^T y(t)\mathrm{d}t.$$

且令

$$(Nx)(t)=\sum_{i=1}^{n-1}a_i x^{(i)}(t)+g(t,x(t))+h(t,x(t),x(t-\tau_1(t)),\cdots,x(t-\tau_m(t))).$$

则对 $\forall\ \Omega\subset X$ 非空有界开集，由

$$K=(L|_{X\cap\ker P})^{-1}:\mathrm{Im}Q\to\ker P,$$

$$y(t)\mapsto\int_0^T G(t,s)y(s)\mathrm{d}s,$$

其中

$$G(t,s)=-\frac{1}{T}\begin{cases}t(1-s), & 0\leqslant t\leqslant s\leqslant T,\\ s(1-t), & 0\leqslant s\leqslant T\leqslant T,\end{cases}$$

易证 N 在 $\bar{\Omega}$ 上为 L-紧. 定义 $J:\mathrm{Im}Q\to\ker L$ 为 $J=I$.

因此，方程 (6.7.10) 的 T-周期解的存在性等价于抽象方程 $Lx=Nx$ 在某个 $\bar{\Omega}$ 上的有解性.

假设 (H_{21}):

(1) 存在整数 $l>0, r, p_i\in\{x\in C(\mathbf{R},\mathbf{R}^+):x(t)=x(t+T)\}, i=1,2,\cdots,m$, 使

$$|h(t,x_0,x_1,\cdots,x_m)|\leqslant\sum_{i=0}^{m}p_i(t)|x_i|^l+r(t).$$

(2) $\exists\,\gamma>\beta>0, M>0$, 使下列两条件之一成立:

(A) $n=4k, 2k+1$ 时，$(-1)^i a_{2i}\leqslant 0, i=1,2,\cdots,\left[\dfrac{n-1}{2}\right]$，且

$$-\gamma|x_0|^{l+1}-M\leqslant x_0g(t,x_0)\leqslant-\beta|x_0|^{l+1}+M;$$

(B) $n=4k+2, 2k+1$ 时，$(-1)^i a_{2i}\geqslant 0, i=1,2,\cdots,\left[\dfrac{n-1}{2}\right]$，且

$$\beta|x_0|^{l+1}-M\leqslant x_0g(t,x_0)\leqslant\gamma|x_0|^{l+1}+M.$$

(3) $\tau_i\in C^1(\mathbf{R},\mathbf{R})$，$\tau_i(t)=\tau_i(t+T)$，$\tau_i'(t)<1$，$i=1,2,\cdots,m$.

记 $\sigma_i=1/[1-\max\limits_{0\leqslant t\leqslant T}\tau'(t)]$，$i=1,2,\cdots,m$，并记 $\sigma_0=1,\tau_0(t)=0$.

定理 6.7.3 设条件 (H_{21}) 成立，则当

$$\sum_{i=0}^{m}\sigma_i\|p_i\|_0<\beta,\qquad T^{\frac{3}{2}}\sum_{i=1}^{n-1}|a_i|\left(\frac{T}{2\pi}\right)^{n-1-i}<2$$

时，时滞微分方程 (6.7.11) 有 T-周期解.

证明 我们仅对 $n=4k+2$ 的情况给出证明. 其余情况证法相同.

为应用定理 2.3.3，先估计

$$Lx=\lambda Nx,\qquad 0<\lambda<1$$

解的先验界，即 $0<\lambda<1$ 时方程

$$x^{(n)}(t)=\lambda\left[\sum_{i=1}^{n-1}x^{(i)}(t)+g(t,x(t))+h(t,x(t),x(t-\tau_1(t)),\cdots,x(t-\tau_m(t)))\right]\tag{6.7.12}$$

解的先验界.

为此，设 $x(t)$ 是式 (6.7.12) 的解，我们先证 $\|x\|_{l+1}$ 有界，再证 $\|x\|$ 有界.

将 $x(t)$ 乘式 (6.7.12) 的两边，然后在 $[0,T]$ 上积分，利用

$$\int_0^T x^{(2i)}(t)x(t)\mathrm{d}t=(-1)^i\|x^{(i)}\|_2^2,\qquad i=0,1,\cdots,\frac{n}{2},$$
$$\int_0^T x^{(2i+1)}(t)x(t)\mathrm{d}t=0,\qquad i=0,1,\cdots,\frac{n}{2}-1$$

得

$$\begin{aligned}(-1)^{\frac{n}{2}}\|x^{(\frac{n}{2})}\|_2^2=&\lambda\sum_{i=1}^{\frac{n}{2}-1}(-1)^i a_{2i}\|x^{(i)}\|_2^2\\&+\lambda\int_0^T[g(t,x(t))x(t)+h(t,x(t),\cdots,x(t-\tau_m(t)))x(t)]\mathrm{d}t.\end{aligned}$$

由于 $(-1)^{\frac{n}{2}}=(-1)^{2k+1}=-1$，$(-1)^i a_{2i}\geqslant 0$，可得

$$\int_0^T[g(t,x(t))x(t)+h(t,x(t),\cdots,x(t-\tau_m(t)))x(t)]\mathrm{d}t<0.\tag{6.7.13}$$

由条件 (2)，显然

$$\begin{aligned}&\int_0^T[g(t,x(t))x(t)+h(t,x(t),\cdots,x(t-\tau_m(t)))x(t)]\mathrm{d}t\\&\geqslant\beta\int_0^T|x(t)|^{l+1}\mathrm{d}t-M-\sum_{i=0}^m\int_0^T p_i(t)|x(t-\tau_i(t))|^l|x(t)|\mathrm{d}t-\int_0^T r(t)|x(t)|\mathrm{d}t\\&\geqslant\beta\|x\|_{l+1}^{l+1}-\Big[\sum_{i=0}^m\|p_i\|_0\Big(\int_0^T|x(t-\tau_i(t))|^{l+1}\mathrm{d}t\Big)^{\frac{l}{l+1}}\|x\|_{l+1}+\|r\|_0T^{\frac{l}{l+1}}\|x\|_{l+1}+M\Big].\end{aligned}\tag{6.7.14}$$

令 $S(t)=t-\tau_i(t)$，则 $S(t)$ 为单调增函数，满足

$$S(t+T)=S(t)+T.$$

于是

$$\begin{aligned}\int_0^T|x(t-\tau_i(t))|^{l+1}\mathrm{d}t&=\int_0^T\frac{1}{1-\tau_i'(t)}|x(t-\tau_i(t))|^{l+1}(1-\tau_i'(t))\mathrm{d}t\\&\leqslant\sigma_i\int_{-\tau_i(0)}^{T-\tau_i(0)}|x(s)|^{l+1}\mathrm{d}s\\&=\sigma_i\int_0^T|x(s)|^{l+1}\mathrm{d}s\\&=\sigma_i\|x\|_{l+1}^{l+1}.\end{aligned}$$

上式代入式 (6.7.14) 中，有

$$\int_0^T [g(t,x(t))x(t)+h(t,x(t),\cdots,x(t-\tau_m(t)))x(t)]\mathrm{d}t$$
$$\geqslant \left(\beta-\sum_{i=0}^m \sigma_i\|p_i\|_0\right)\|x\|_{l+1}^{l+1}-\left(\|r\|_0 T^{\frac{l}{l+1}}\|x\|_{l+1}+M\right).$$

由式 (6.7.13) 得

$$\left[\beta-\sum_{i=0}^m \sigma_i\|p_i\|_0\right]\|x\|_{l+1}^{l+1}<\|r\|T^{\frac{l}{l+1}}\|x\|_{l+1}+M.$$

因此，存在与 λ 无关的 $M_1>0$，使

$$\|x\|_{l+1}<M_1. \tag{6.7.15}$$

以下证 $\|x\|$ 的有界性.

对式 (6.7.12) 的解 $x(t)$，由于 $x^{(n-2)}(0)=x^{(n-2)}(T)$，故存在 $t_0\in[0,T]$，使 $x^{(n-1)}(t_0)=0$.

$\forall\, t\in[0,T]$，当 $t\in[0,t_0)$ 时，由

$$|x^{(n-1)}(t)|=\left|\int_t^{t_0} x^{(n)}(s)\mathrm{d}s\right|\leqslant\int_t^{t_0}|x^{(n)}(s)|\mathrm{d}s$$

及

$$|x^{(n-1)}(t)|=\left|\int_{t_0-T}^{t} x^{(n)}(s)\mathrm{d}s\right|\leqslant\int_{t_0-T}^{t}|x^{(n)}(s)|\mathrm{d}s,$$

得

$$|x^{(n-1)}(t)|\leqslant\frac{1}{2}\int_{t_0-T}^{t_0}|x^{(n)}(s)|\mathrm{d}s=\frac{1}{2}\int_0^T|x^{(n)}(s)|\mathrm{d}s.$$

当 $t\in(t_0,T]$ 时，同样可证 $|x^{(n-1)}(t)|\leqslant\frac{1}{2}\int_0^T|x^{(n)}(s)|\mathrm{d}s$.

于是

$$\begin{aligned}|x^{(n)}(t)|&\leqslant\frac{1}{2}\int_0^T|x^{(n-1)}(s)|\mathrm{d}s\\&\leqslant\frac{1}{2}\left[\int_0^T\sum_{i=1}^{n-1}|a_i||x^{(i)}(s)|\mathrm{d}s+\int_0^T|g(s,x(s))|\mathrm{d}s\right.\\&\quad\left.+\int_0^T|h(s,x(s),\cdots,x(s-\tau_m(s)))|\mathrm{d}s\right].\end{aligned} \tag{6.7.16}$$

由 $\int_0^T x^{(i)}(s)\mathrm{d}s = 0$，$i = 1, 2, \cdots, n$, 应用 Wirtinger 不等式得

$$\begin{aligned}\int_0^T |x^{(i)}(s)|\mathrm{d}s &\leqslant \sqrt{T}\|x^{(i)}\|_2 \leqslant \sqrt{T}\left(\frac{T}{2\pi}\right)^{n-1-i}\|x^{(n-1)}\|_2 \\ &\leqslant T^{n-i-\frac{1}{2}}(2\pi)^{-n+1+i}\|x^{(n-1)}\|_0,\end{aligned}$$

且

$$\begin{aligned}\int_0^T |g(s, x(s))|\mathrm{d}s \leqslant& \gamma\int_0^T |x(s)|^l \mathrm{d}s + MT \\ \leqslant& \gamma T^{\frac{1}{l+1}}\|x\|_{l+1}^l + MT \leqslant \gamma T^{\frac{1}{l+1}} M_1^l + MT,\end{aligned}$$

$$\begin{aligned}&\int_0^T |h(s, x(s), \cdots, x(s-\tau_m(s)))|\mathrm{d}s \\ \leqslant& \sum_{i=0}^m \|p_i\|_0 \int_0^T |x(s-\tau_i(s))|^l \mathrm{d}s + T\|r\|_0 \\ \leqslant& \sum_{i=0}^m \sigma_i\|p_i\|_0 \int_0^T |x(\eta)|^l \mathrm{d}\eta + T\|r\|_0 \\ \leqslant& \sum_{i=0}^m \sigma_i\|p_i\|_0\|x\|_{l+1}^l + T\|r\|_0 \leqslant \sum_{i=0}^m \sigma_i\|p_i\|_0 M_1^l + T\|r\|_0.\end{aligned}$$

因此，令 $M_2 = \left(\gamma T^{\frac{1}{l+1}} + \sum_{i=0}^m \sigma_i\|p_i\|_0\right)M_1^l + (M + \|r\|_0)T$，由式 (6.7.16) 得

$$\|x^{(n-1)}\| \leqslant \frac{1}{2}\sum_{i=1}^{n-1}|a_i|T^{\frac{3}{2}}\left(\frac{T}{2\pi}\right)^{n-1-i}\|x^{(n-1)}\|_0 + M_2,$$

即

$$\left[1 - \frac{T^{\frac{3}{2}}}{2}\sum_{i=1}^{n-1}|a_i|\left(\frac{T}{2\pi}\right)^{n-1-i}\right]\|x^{(n-1)}\|_0 \leqslant M_2.$$

可知存在与 λ 无关的 $M_3 > 0$，使

$$\|x^{(n-1)}\|_0 < M_3. \tag{6.7.17}$$

同时，由式 (6.7.15) 可知，$\exists\, \xi \in [0, T]$，使

$$|x(\xi)| < M_1.$$

故令 $M_4 = M_1 + T^{\frac{3}{2}}\left(\frac{T}{2\pi}\right)^{n-2} M_3$，有

$$
\begin{aligned}
|x(t)| &\leqslant |x(\xi)| + \int_0^T |x'(s)|\mathrm{d}s \\
&< M_1 + \|x'\|_1 \\
&\leqslant M_1 + \sqrt{T}\|x'\|_2 \\
&\leqslant M_1 + T^{\frac{3}{2}}\left(\frac{T}{2\pi}\right)^{n-2} \|x^{(n-1)}\|_0 \\
&= M_1 + T^{\frac{3}{2}}\left(\frac{T}{2\pi}\right)^{n-2} M_3 = M_4.
\end{aligned}
$$

即 $\|x\|_0 < M_4$. 因此，

$$\|x\| < \max\{M_3, M_4\} := M_5.$$

之后，我们估计 $QNx = 0$ 解的先验界，即

$$\int_0^T (Nx)(t)\mathrm{d}t = 0$$

的先验界. 由 N 的定义及 $x(t) \equiv c \in \ker L$，得

$$\int_0^T [g(t,c) + h(t,c,c,\cdots,c)]\mathrm{d}t = 0.$$

于是

$$
\begin{aligned}
0 &= \int_0^T cg(t,c)\mathrm{d}t + \int_0^T ch(t,c,c,\cdots,c)\mathrm{d}t \\
&\geqslant (\beta|c|^{l+1} - M)T - \sum_{i=0}^{m}\int_0^T p_i(t)\mathrm{d}t|c|^{l+1} - \|r\|_0|c|T \\
&\geqslant \left(\beta - \sum_{i=0}^{m}\|p_i\|_0\right)T|c|^{l+1} - (M + \|r\|_0|c|)T.
\end{aligned}
\tag{6.7.18}
$$

由于 $\tau_i(t)$ 是 T-周期函数，故 $\max\limits_{0\leqslant t\leqslant T}\tau_i'(t) \geqslant 0$，可知

$$\sigma_i = \frac{1}{1 - \max\limits_{0\leqslant t\leqslant T}\tau_i'(t)} \geqslant 1.$$

因此有

$$\beta - \sum_{i=0}^{m}\|p_i\|_0 \geqslant \beta - \sum_{i=0}^{m}\sigma_i\|p_i\|_0 > 0.$$

此时由式 (6.7.18) 导出

$$\left[\beta-\sum_{i=0}^{m}\|p_i\|_0\right]|c|^{l+1}\leqslant M+\|r\|_0|c|,$$

可知 $\exists\, M_6>0$，使 $|c|<M_6$. 取 $\hat{M}=\max\{M_5,M_6\}$，并定义 $\Omega=\{x\in X:\|x\|<\hat{M}\}$. 此时可设

$$\int_0^T cg(t,c)\mathrm{d}t+\int_0^T ch(t,c,\cdots,c)\mathrm{d}t>0,\qquad \text{当}|c|=\hat{M}.$$

于是在 $\ker L=\mathbf{R}$ 上建立同伦

$$\begin{aligned}H(c,\mu)&=\mu c+(1-\mu)QNc\\&=\mu c+(1-\mu)\int_0^T[g(t,c)+h(t,c,\cdots,c)]\mathrm{d}t.\end{aligned}$$

$\forall\,\mu\in[0,1]$，当 $c\in\partial\Omega\cap\ker L=\{-\hat{M},\hat{M}\}$，由

$$cH(c,\mu)>0$$

得

$$\deg\{QN,\Omega\cap\ker L,0\}=\deg\{I,\Omega\cap\ker L,0\}=1.$$

故由定理 2.3.4 知，定理成立.

例 6.7.1[33]　设有时滞微分方程

$$u^{(4k+2)}(t)=\sum_{i=1}^{4k+1}a_iu^{(i)}(t)+\beta u^{2j+1}(t)+bu^{2j+1}\left(t-\frac{1}{2}\sin t\right)+l(t),\tag{6.7.19}$$

其中 $l\in C(\mathbf{R},\mathbf{R})$，$l(t)=l(t+2\pi)$. 则当

$$\beta>2|b|,\qquad\sum_{i=1}^{4k+1}|a_i|<2/(2\pi)^{\frac{3}{2}},\qquad(-1)^ia_{2i}\geqslant0,\qquad i=1,2,\cdots,2k$$

时，方程 (6.7.19) 至少有一个 2π-周期解.

实际上取 $g(t,x_0)=\beta x_0^{2j+1}$, $h(t,x_1)=bx_1^{2j+1}+l(t)$, $\tau_1(t)=\dfrac{1}{2}\sin t$, 则 $\sigma_1=2$. 定理 6.7.3 的条件满足. 故结论成立.

评　注

高阶微分方程边值问题类型众多，至今所作的工作对一些特殊类型的问题给出了结果，对一般情况尚需进一步深入研究.

出现这种局面的原因，对非共振情况主要是确定 Green 函数的困难，对共振边值问题则主要难点在于根据边界条件确定投影算子并给出线性算子的广义逆. 因此对高阶微分方程边值问题的进一步研究，可以从较容易克服上述困难的边界条件入手，然后逐步推向较一般的情况.

带 p-Laplace 算子的高阶微分方程结果更少，即使用降阶的办法，对一个或多个 p-Laplacian 算子出现在不同的求导位次上所成的边值问题，仍有待研究.

至于由高阶微分方程组及相应边界条件构成的耦合边值问题，其研究工作至今几乎是无人触及的.

最后需要说明的是，由于篇幅关系，本书未论及脉冲微分方程边值问题，可参阅文献 [34]~[38].

参 考 文 献

[1] Meyer G H. Initial Value Methods for Boundary Value Problems. Theory and Applications of Invariant Imbedding, New York: Academic Press, 1973

[2] Agarwal R P. Boundary Value Problems for Higher Order Differential Equation. World Scientific, Singapore, 1986

[3] 葛渭高, 郭玉芝. 三阶非线性常微分方程两点边值解的存在性. 系统科学与数学, 1996, 16(2): 181~192

[4] 葛渭高. 三阶常微分方程的两点边值问题. 高校应用数学学报, 1997, 12A3: 265~272

[5] Jackson L K. Subfunctions and second order ordinary differential inequalities. Advance in Math., 1968, 2: 307~363

[6] Du Z, Ge W, Lin X. Existence of solutions for a class of third order nonlinear boundary value problems, JMAA, 2004, 294(1): 104~112

[7] Du Z, Lin X, Ge W. Some higher order multi-point value problem at resonance. J. Comp. Appl. Math., 2005, 177(1): 55~65

[8] Du Z, Lin X, Ge W. On a third multi-point boundary value problem at resonance, JMAA, 2005, 302(1): 217~229

[9] Du Z, Cai G, Ge W. A class third order multi-point boundary value problem. Taiwanese J. Math., 2005, 9(1): 81~94

[10] 杜增吉, 林晓洁, 葛渭高. 具共振条件下的一类三阶非局部边值问题的可解性. 数学学报, 2006, 49(1): 87~94

[11] Lazer A C, Mckenna P J. Global bifurcation and a theorem of Tarantello. JMAA, 1994, 181: 648~655

[12] Bai Zh, Ge W, Wang Y. The method of lower-upper solutions for some fourth order equations. J. Ineq. Pur. Appl. Math., 2004, 5: 1~8

[13] 钟承奎等. 非线性泛函分析引论. 兰州大学出版社, 兰州: 2004

[14] Bai Zh, Huang B, Ge W. The iterative solutions for some fourth-order p-Laplacian equation boundary value problems. Appl. Math. Lett., 2006, 19: 8~14

[15] Liu Y, Ge W. Solvability od a nonlinear four-point boundary value problem for a fourth-order differential equation. Taiw. J. Math., 2003, 7(4): 591~604

[16] Liu Y, Ge W. Existence theorems of positive solutions for fourth-order four point boundary value problems. Analysis and Applications, 2004, 2(1): 71~85

[17] Liu Y, Ge W. Solvability of two-point boundary value problems for 2n-th order ordinary differential equations. to appear in Appl. math. Lett

[18] Liu Y, Ge W. Solvability of nonlocal boundary value problems for ordinary differential equations of higher order. Nonlinear Analysis, 2004, 57: 435~458

[19] 李翠哲, 葛渭高. 一类高阶常微分方程边值问题解的存在唯一性. 高校应用数学学报, 2001, (16A1): 51~54

[20] Agarwal R P, O'Regan D. V. Lakshmikantham, singular $(p, n-p)$ focal and (n, p)higher order boundary value problems. Nonlinear analysis, 2000, 42: 215~228

[21] He X, Ge W. Positive solutions for a semipositone (n, p)-boundary value problems. Partugaliae Mathematicae, 2003, 60(3): 252~253

[22] He X, Cao D, Ge W. Positive solutions for semi-positone $(k, n-k)$ boundary value problems. Indian J. Pur. Appl. Math., 2002, 33(9): 1361~1371

[23] Guo Y, Ge W. Twin positive solutions for higher order m-point boundary value problems with sign changing nonlinearity, Appl. Math. Comp., 2003, 146(2~3): 491~508

[24] Guo Y, Ge W. Multiple positive solutions for higher order boundary value problems with sign changing nonlinearity. Appl. Math. Lett., 2004, 17(3): 329~336

[25] Liu Y, Ge W. Twin positive solutions for multi-point boundary value problems of higher-order differential equations. Inter. J. Math. Math. Sci., 2004, 39(11): 2049~2063

[26] Liu Y, Ge W. Positive solutions for $(n-1, 1)$ three point boundary value problems with coefficient that changes sign. JMAA, 2003, 282: 816~825

[27] Liu Y, Ge W. Solutions of the $(n-1, 1)$ type multi-point boundary value problems for higher-order differential equations. Jamsui Oxford J. Math. Sci., 2005, 21(2): 121~134

[28] Liu Y, Ge W. Solutions of a multi-point BVP for higher-order differential equations at resonance (I). Tamkang J. Math., 2005, 36(2): 119~130

[29] Liu Y, Ge W. Solvability of multi-point boundary value problems for 2n-th order ordinary differential equations at resonance (Ⅱ). Hiroshima Math. J., 2005, 35(1): 1~29

[30] Liu Y, Ge W. Solvability of resonance multi-point boundary value problems for 2n-th order differential equations (Ⅲ). Soochow math. J. , 2005, 31: 187~204

[31] Mawhin J, Willem M. Critical Point Theory and Hamiltonian System, Springer-Verlag, New-York, 1989

[32] Liu Y, Ge W. Periodic boundary value problems for n-th order ordinary differential equations with a p-Laplacian, J. Anal. Math., 2005, 16: 1~22

[33] Liu Y, Yang P, Ge W. Periodic solutions of higher order delay differential equations. Nonlinear Analysis, 2005, 63: 136~152

[34] Liu Y, Ge W. Solutions of two-point boundary value problems at resonance for higher order impulsive differential equations. Nonlinear Analysis, 2005, 60: 887~923

[35] Liu Y, Ge W. Solutions of lidstone boundary value problems for higher order impulsive differential equations. Nonlinear Analysis, 2005, 61: 191~209

[36] Liu Y, Ge W. Solutions of a generalized multi-point conjugate boundary value problems for higher-order impulsive differential equations. Dym. Sys. Appl., 2005, 14: 265~280

[37] Cai G, Ge W. M-point boundary value problem for a second-order impulsive differential equation at resonance. Math. Sci. Res. J. 2005, 3: 76~86

[38] He Zh, Ge W. The monotone iterative technique and periodic boundary value problem for first order impulsive functional equations. Acta Math. Sinica(English Series), 2002, 18(2): 253~262

后 记

在本书完稿之际，遥望初春丽日下的西山，回想起许多令人难以忘却的往事.

在中华文明经历了最近一次的浩劫之后，我从西北古城来到燕赵之地. 感谢我的导师，北京理工大学已故孙树本教授和胡钦训教授将我引入微分方程的研究领域，并使我完成了由学生到教师的转变过程. 我也深深感谢中国科学院秦元勋教授、北京大学张芷芬教授和丁同仁教授的热情指导、帮助和鼓励.

自从成为一名教师之后，在与学生共同切磋之中建立起的亦师亦友的情谊，不仅推动了我在学术上的进取，而且当我的家庭突遇意外时，学生们的关怀、慰勉和照料，也帮助我和我的家人逐渐走出灾难的阴影. 在此，我道一声谢谢. 以下列出学生们完成的博士学位论文，表达对他们前程的祝福.

何智敏，带有脉冲的泛函微分方程边值问题，北京理工大学博士学位论文，1999

王培光，泛函微分方程与偏泛函微分方程的振动性及相关问题，北京理工大学博士学位论文，2000

彭名书，关于振动理论的若干问题，北京理工大学博士学位论文，2000

甘作新，Lurié 型控制的绝对稳定性研究，北京理工大学博士学位论文，2000

冯春华，微分方程的概周期解，北京理工大学博士学位论文，2000

孙卫平，微分方程边值问题的若干研究，北京理工大学博士学位论文，2001

王宏洲，奇性边值问题的初边值问题，北京理工大学博士学位论文，2001

李翠哲，微分方程边值问题解的存在性研究，北京理工大学博士学位论文，2002

贺晓明，若干常微分方程和泛函微分方程解的存在性，北京理工大学博士学位论文，2002

单文锐，时滞微分、差分方程的振动性及周期解存在性，北京理工大学博士学位论文，2002

邓立虎，偏泛函微分方程的振动性理论，北京理工大学博士学位论文，2002

郭彦平，微分方程边值问题的正解，北京理工大学博士学位论文，2003

任景莉，不动点理论和常微分方程边值问题，北京理工大学博士学位论文，2004

鲁世平，泛函微分方程周期解问题，北京理工大学博士学位论文，2004

刘玉记，高阶微分方程多点边值问题，北京理工大学博士学位论文，2004

薛春艳，微分方程共振与非共振边值问题，北京理工大学博士学位论文，2005

蔡果兰，脉冲微分方程非局部边值问题，北京理工大学博士学位论文，2005

杜增吉，非线性微分方程边值问题与奇摄动边值问题，北京理工大学博士学位论文，2005

白占兵，泛函方法在微分方程边值问题中的应用，北京理工大学博士学位论文，2005

田玉，微分差分方程边值问题中的临界点理论和拓扑方法，北京理工大学博士学位论文，2006

马德香，具 p-Laplacian 算子的边值问题解的存在性研究，北京理工大学博士学位论文，2006

王友雨，p-Laplacian 型微分方程边值问题，北京理工大学博士学位论文，2006

桂占吉，种群和神经网络模型的时滞和脉冲效应，北京理工大学博士学位论文，2006

阳平华，微分方程的可解性及其在种群动力学中的应用，北京理工大学博士学位论文，2006

廉海荣，无穷区间上非线性微分方程边值问题，北京理工大学博士学位论文，2007

此外，由于田玉、廉海荣、庞慧慧三位博士的计算机文档录入，本书才得以最终完稿. 为此特别感谢她们耐心细致的工作.

同时，作者对科学出版社张扬编辑及相关工作人员为本书出版付出的辛勤劳动深表谢意.

《现代数学基础丛书》已出版书目

1 数理逻辑基础(上册) 1981.1 胡世华 陆钟万 著
2 数理逻辑基础(下册) 1982.8 胡世华 陆钟万 著
3 紧黎曼曲面引论 1981.3 伍鸿熙 吕以辇 陈志华 著
4 组合论(上册) 1981.10 柯 召 魏万迪 著
5 组合论(下册) 1987.12 魏万迪 著
6 数理统计引论 1981.11 陈希孺 著
7 多元统计分析引论 1982.6 张尧庭 方开泰 著
8 有限群构造(上册) 1982.11 张远达 著
9 有限群构造(下册) 1982.12 张远达 著
10 测度论基础 1983.9 朱成熹 著
11 分析概率论 1984.4 胡迪鹤 著
12 微分方程定性理论 1985.5 张芷芬 丁同仁 黄文灶 董镇喜 著
13 傅里叶积分算子理论及其应用 1985.9 仇庆久 陈恕行 是嘉鸿 刘景麟 蒋鲁敏 编
14 辛几何引论 1986.3 J.柯歇尔 邹异明 著
15 概率论基础和随机过程 1986.6 王寿仁 编著
16 算子代数 1986.6 李炳仁 著
17 线性偏微分算子引论(上册) 1986.8 齐民友 编著
18 线性偏微分算子引论(下册) 1992.1 齐民友 徐超江 编著
19 实用微分几何引论 1986.11 苏步青 华宣积 忻元龙 著
20 微分动力系统原理 1987.2 张筑生 著
21 线性代数群表示导论(上册) 1987.2 曹锡华 王建磐 著
22 模型论基础 1987.8 王世强 著
23 递归论 1987.11 莫绍揆 著
24 拟共形映射及其在黎曼曲面论中的应用 1988.1 李 忠 著
25 代数体函数与常微分方程 1988.2 何育赞 萧修治 著
26 同调代数 1988.2 周伯壎 著
27 近代调和分析方法及其应用 1988.6 韩永生 著
28 带有时滞的动力系统的稳定性 1989.10 秦元勋 刘永清 王 联 郑祖庥 著
29 代数拓扑与示性类 1989.11 [丹麦] I.马德森 著
30 非线性发展方程 1989.12 李大潜 陈韵梅 著

31　仿微分算子引论　1990.2　陈恕行　仇庆久　李成章　编
32　公理集合论导引　1991.1　张锦文　著
33　解析数论基础　1991.2　潘承洞　潘承彪　著
34　二阶椭圆型方程与椭圆型方程组　1991.4　陈亚浙　吴兰成　著
35　黎曼曲面　1991.4　吕以辇　张学莲　著
36　复变函数逼近论　1992.3　沈燮昌　著
37　Banach 代数　1992.11　李炳仁　著
38　随机点过程及其应用　1992.12　邓永录　梁之舜　著
39　丢番图逼近引论　1993.4　朱尧辰　王连祥　著
40　线性整数规划的数学基础　1995.2　马仲蕃　著
41　单复变函数论中的几个论题　1995.8　庄圻泰　杨重骏　何育赞　闻国椿　著
42　复解析动力系统　1995.10　吕以辇　著
43　组合矩阵论(第二版)　2005.1　柳柏濂　著
44　Banach 空间中的非线性逼近理论　1997.5　徐士英　李　冲　杨文善　著
45　实分析导论　1998.2　丁传松　李秉彝　布　伦　著
46　对称性分岔理论基础　1998.3　唐　云　著
47　Gel'fond-Baker 方法在丢番图方程中的应用　1998.10　乐茂华　著
48　随机模型的密度演化方法　1999.6　史定华　著
49　非线性偏微分复方程　1999.6　闻国椿　著
50　复合算子理论　1999.8　徐宪民　著
51　离散鞅及其应用　1999.9　史及民　编著
52　惯性流形与近似惯性流形　2000.1　戴正德　郭柏灵　著
53　数学规划导论　2000.6　徐增堃　著
54　拓扑空间中的反例　2000.6　汪　林　杨富春　编著
55　序半群引论　2001.1　谢祥云　著
56　动力系统的定性与分支理论　2001.2　罗定军　张　祥　董梅芳　著
57　随机分析学基础(第二版)　2001.3　黄志远　著
58　非线性动力系统分析引论　2001.9　盛昭瀚　马军海　著
59　高斯过程的样本轨道性质　2001.11　林正炎　陆传荣　张立新　著
60　光滑映射的奇点理论　2002.1　李养成　著
61　动力系统的周期解与分支理论　2002.4　韩茂安　著
62　神经动力学模型方法和应用　2002.4　阮　炯　顾凡及　蔡志杰　编著
63　同调论——代数拓扑之一　2002.7　沈信耀　著
64　金兹堡-朗道方程　2002.8　郭柏灵　黄海洋　蒋慕容　著

65　排队论基础　2002.10　孙荣恒　李建平　著
66　算子代数上线性映射引论　2002.12　侯晋川　崔建莲　著
67　微分方法中的变分方法　2003.2　陆文端　著
68　周期小波及其应用　2003.3　彭思龙　李登峰　谌秋辉　著
69　集值分析　2003.8　李　雷　吴从炘　著
70　强偏差定理与分析方法　2003.8　刘　文　著
71　椭圆与抛物型方程引论　2003.9　伍卓群　尹景学　王春朋　著
72　有限典型群子空间轨道生成的格(第二版)　2003.10　万哲先　霍元极　著
73　调和分析及其在偏微分方程中的应用(第二版)　2004.3　苗长兴　著
74　稳定性和单纯性理论　2004.6　史念东　著
75　发展方程数值计算方法　2004.6　黄明游　编著
76　传染病动力学的数学建模与研究　2004.8　马知恩　周义仓　王稳地　靳　祯　著
77　模李超代数　2004.9　张永正　刘文德　著
78　巴拿赫空间中算子广义逆理论及其应用　2005.1　王玉文 著
79　巴拿赫空间结构和算子理想　2005.3　钟怀杰 著
80　脉冲微分系统引论　2005.3　傅希林　闫宝强　刘衍胜　著
81　代数学中的 Frobenius 结构　2005.7　汪明义　著
82　生存数据统计分析　2005.12　王启华　著
83　数理逻辑引论与归结原理(第二版)　2006.3　王国俊　著
84　数据包络分析　2006.3　魏权龄　著
85　代数群引论　2006.9　黎景辉　陈志杰　赵春来　著
86　矩阵结合方案　2006.9　王仰贤　霍元极　麻常利　著
87　椭圆曲线公钥密码导引　2006.10　祝跃飞　张亚娟　著
88　椭圆与超椭圆曲线公钥密码的理论与实现　2006.12　王学理　裴定一　著
89　散乱数据拟合的模型、方法和理论　2007.1　吴宗敏　著
90　非线性演化方程的稳定性与分歧　2007.4　马　天　汪宁宏　著
91　正规族理论及其应用　2007.4　顾永兴　庞学诚　方明亮　著
92　组合网络理论　2007.5　徐俊明　著
93　矩阵的半张量积:理论与应用　2007.5　程代展　齐洪胜　著
94　鞅与 Banach 空间几何学　2007.5　刘培德　著
95　非线性常微分方程边值问题　2007.6　葛渭高　著
96　戴维-斯特瓦尔松方程　2007.5　戴正德　蒋慕蓉　李栋龙　著
97　广义哈密顿系统理论及其应用　2007.7　李继彬　赵晓华　刘正荣　著
98　Adams 谱序列和球面稳定同伦群　2007.7　林金坤　著

99　矩阵理论及其应用　2007.8　陈公宁　编著
100　集值随机过程引论　2007.8　张文修　李寿梅　汪振鹏　高　勇　著
101　偏微分方程的调和分析方法　2008.1　苗长兴　张　波　著
102　拓扑动力系统概论　2008.1　叶向东　黄　文　邵　松　著
103　线性微分方程的非线性扰动(第二版)　2008.3　徐登洲　马如云　著
104　数组合地图论(第二版)　2008.3　刘彦佩　著
105　半群的 S-系理论(第二版)　2008.3　刘仲奎　乔虎生　著
106　巴拿赫空间引论(第二版)　2008.4　定光桂　著
107　拓扑空间论(第二版)　2008.4　高国士　著
108　非经典数理逻辑与近似推理(第二版)　2008.5　王国俊　著
109　非参数蒙特卡罗检验及其应用　2008.8　朱力行　许王莉　著
110　Camassa-Holm 方程　2008.8　郭柏灵　田立新　杨灵娥　殷朝阳　著
111　环与代数(第二版)　2009.1　刘绍学　郭晋云　朱　彬　韩　阳　著
112　泛函微分方程的相空间理论及应用　2009.4　王　克　范　猛　著
113　概率论基础(第二版)　2009.8　严士健　王隽骧　刘秀芳　著
114　自相似集的结构　2010.1　周作领　瞿成勤　朱智伟　著
115　现代统计研究基础　2010.3　王启华　史宁中　耿　直　主编
116　图的可嵌入性理论(第二版)　2010.3　刘彦佩　著
117　非线性波动方程的现代方法(第二版)　2010.4　苗长兴　著
118　算子代数与非交换 L_p 空间引论　2010.5　许全华　吐尔德别克　陈泽乾　著
119　非线性椭圆型方程　2010.7　王明新　著
120　流形拓扑学　2010.8　马　天　著
121　局部域上的调和分析与分形分析及其应用　2011.4　苏维宜　著
122　Zakharov 方程及其孤立波解　2011.6　郭柏灵　甘在会　张景军　著
123　反应扩散方程引论(第二版)　2011.9　叶其孝　李正元　王明新　吴雅萍　著
124　代数模型论引论　2011.10　史念东　著
125　拓扑动力系统——从拓扑方法到遍历理论方法　2011.12　周作领　尹建东　许绍元　著
126　Littlewood-Paley 理论及其在流体动力学方程中的应用　2012.3　苗长兴　吴家宏　章志飞　著
127　有约束条件的统计推断及其应用　2012.3　王金德　著
128　混沌、Mel'nikov 方法及新发展　2012.6　李继彬　陈凤娟　著
129　现代统计模型　2012.6　薛留根　著
130　金融数学引论　2012.7　严加安　著
131　零过多数据的统计分析及其应用　2013.1　解锋昌　韦博成　林金官　著

132　分形分析引论　2013.6　胡家信　著
133　索伯列夫空间导论　2013.8　陈国旺　编著
134　广义估计方程估计方程　2013.8　周　勇　著
135　统计质量控制图理论与方法　2013.8　王兆军　邹长亮　李忠华　著
136　有限群初步　2014.1　徐明曜　著
137　拓扑群引论(第二版)　2014.3　黎景辉　冯绪宁　著
138　现代非参数统计　2015.1　薛留根　著